KB138448

PSpice로 배우는

전자회로 실험

Electronic Circuit Experiments

김동식 지음

생능출판

저자 소개

김동식(金東植)

1986년 고려대학교 전기공학과 공학사 취득(고려대학교 전체 수석)
1988년 고려대학교 일반대학원 전기공학과 공학석사 취득
1992년 고려대학교 일반대학원 전기공학과 공학박사 취득
1997년~1998년 University of Saskatchewan, Visiting Professor
2004년 LG 연암문화재단 해외 연구교수 선정
2005년~2006년 University of Ottawa, Visiting Professor
2013년~2014년 고려대학교 전력시스템기술연구소 연구교수
1992년~현재 순천향대학교 전기공학과 교수
연구분야: 웹기반 교육용 컨텐츠 및 가상실험실 개발, 원격실험실 개발, 네트워크 시뮬레이터 개발, 비선형제어시스템, 지능제어시스템 등
저서: 전자회로(생능출판사), 전자회로실험(생능출판사), 공업수학 Express(생능출판사), 회로이론 Express(생능출판사), 알기 쉽게 풀어쓴 기초공학수학(생능출판사), 알기 쉽게 풀어쓴 기초회로이론(생능출판사)

PSpice로 배우는 **전자회로 실험**

초판인쇄 2023년 6월 14일
초판발행 2023년 6월 27일

지은이 김동식
펴낸이 김승기, 김민수
펴낸곳 (주)생능출판사 / **주소** 경기도 파주시 광인사길 143
출판사 등록일 2005년 1월 21일 / **신고번호** 제406-2005-000002호
대표전화 (031)955-0761 / **팩스** (031)955-0768
홈페이지 www.booksr.co.kr

책임편집 신성민 / **편집** 이종무, 유제훈 / **디자인** 유준범, 표혜린
마케팅 최복락, 심수경, 차종필, 백수정, 송성환, 최태웅, 명하나, 김민정
인쇄 · 제본 (주)상지사P&B

ISBN 979-11-92932-21-7 93560
정가 29,000원

머리말

현대 정보화 사회의 거의 모든 요소들이 전자회로와 밀접하게 연계되어 있기 때문에 이에 대한 충분한 개념 학습과 실험 능력은 관련 분야의 학생들에게는 매우 필수적인 것이라 할 수 있다. 이러한 이유로 전자회로 실험은 전기·전자·통신을 비롯한 다양한 분야에서 대학 2~3학년에 필수교육과정으로 편성되어 있는 매우 중요한 기초과목이다.

이 책을 쓰면서 전자회로 실험과 관련된 다양한 내용 중에서 반드시 알아야만 하는 필수적인 내용만을 엄선하는데 많은 고민을 하였다. 보통 대학에서 2학기(2~4시간/학기) 정도의 시간이 전자회로 실험에 할당되는 현실에서 무작정 많은 내용을 포함시켜서 정작 중요한 부분을 학습하지 못하는 것 보다는 반드시 알아야만 할 필수적인 내용만을 학습하여 전자회로 실험에 대한 전반적인 이해도를 극대화하는 것이 더 효율적이라는 생각을 하게 되었다.

이 책은 전체 24개의 단원으로 구성되어 있으며, 필자의 다양한 경험을 살려 최대한 쉽게 기술하여 학생들의 눈높이에 맞추려고 노력하였다. 각 학기별로 12개의 단원을 강의하면 2학기에 24개의 단원이 완료될 수 있도록 구성하였으나, 교수자의 상황에 따라 단원을 적절하게 재구성 할 수 있을 것이다. 이 책의 주요 특징들을 나열하면 다음과 같다.

① 각 단원의 실험에 대한 개념과 원리를 최대한 **학생들의 눈높이**에 맞도록 그림이나 표로 일목요연하게 2색으로 편집하여 이해하기 쉽게 구성하였으며, 또한 **실험원리를 간략하게 요약**하여 제공함으로써 실제 실험을 진행할 때 관련 내용을 쉽게 찾아볼 수 있도록 하였다.

② 교재의 내용에서 **여기서 잠깐!**이라는 코너를 통해 과거에 학습한 기억이 희미하거나 주의해야할 부분에 대하여 다시 간략하게 언급함으로써 굳이 학생들이 다른 교재를 찾아보는 수고를 덜어 **학습의 연속성을 유지**할 수 있도록 하였다.

③ 실제 실험에 앞서 예비보고서를 작성하는 단계로서 Cadence에서 개발한 아날로그/디지털회로 설계 소프트웨어인 **PSpice를 이용하여 시뮬레이션을 수행**하여 그 결과

를 확인할 수 있도록 하였다. 더욱이 교재에 수록된 모든 실험회로에 대한 PSpice 소스파일과 시뮬레이션 결과 파일을 학생들에게 공개함으로써 학습의 편의를 제공하였으며, 학생들은 PSpice 학생용 평가판을 OrCAD 홈페이지에서 무료로 다운로드 하여 활용할 수 있을 것이다.

④ 각 단원의 끝부분에는 실험 내용에 대한 이해도를 측정하기 위하여 **객관식 문제와 주관식 문제**를 수록하여 결과보고서에 풀이과정을 실험결과와 함께 제출하도록 지도함으로써 학생들로 하여금 전체적인 실험 내용을 복습하여 정리할 수 있도록 하였다.

⑤ 교수자와 학습자의 편의를 위하여 객관식 및 주관식 문제에 대한 정답을 부록에 수록하였다.

이 책을 집필하는데 있어 실험교재에 수록된 모든 전자회로 실험회로에 대하여 PSpice 시뮬레이션과 실제 실험을 병행하여 검증함으로써 전자회로 실험회로들의 오류를 최소화하는데 많은 시간과 노력을 투자하였다. 지금까지 출판된 다른 많은 책들과 차별성이 있는 이해하기 쉬운 교재를 출판하고자 하는 생각으로 집필을 시작하였으나, 원고가 완성되어 출판할 시점이 되니 한편으로는 무거운 책임감과 걱정이 앞선다. 전자회로 실험교재를 출판하는 과정에서 반복적인 교정과 편집을 통해 오류가 거의 없도록 교재의 완성도를 극대화함으로써 교재에 대한 신뢰성이 떨어지지 않도록 최대한 노력하였다. 앞으로도 이 책에 대한 많은 질책과 비판을 겸허하게 수용하여 필요한 경우 수정과 보완을 통하여 더욱 알찬 내용으로 재구성할 것을 약속드린다.

마지막으로 이 책이 출판될 수 있도록 도와주고 격려해준 생능출판사의 김승기 대표이사님과 방대한 원고의 편집 작업을 정성을 다해 도와준 생능출판사 관계자 여러분의 노고에 깊이 감사를 드린다. 특히 PSpice 시뮬레이션을 성심성의껏 도와준 4학년 고동훈 학생에게도 감사드리며, 이 책이 전자회로 실험을 처음 공부하는 학생들에게 올바른 길잡이 역할을 할 수 있는 교재로 자리매김하여 학생들에게 조금이나마 도움이 되었으면 하는 작은 소망과 함께 이 글을 마친다.

2023년 6월
미래 한국을 선도하는
존경받는 대학 순천향에서
저자 김동식 씀

강의 계획표

1. 두 학기 강의용

[1학기/16주 기준]

주	장	강의 내용	비고
1주	1장	• 다이오드 전압 · 전류 특성 • 반파정류회로	다이오드 기초 회로
2주	2장	• 전파정류회로 – 중간 탭 전파정류기 – 브리지 전파정류기 • 캐패시터 필터	
3주	3장	• 클리퍼(리미터) 회로 • 클램퍼 회로	다이오드 응용 회로
4주	4장	• 제너 다이오드 전압 · 전류 특성 • 제너 정전압조절기	
5주	5장	• BJT 컬렉터 특성곡선 • 트랜지스터 전자스위치	BJT 특성과 바이어스 회로
6주	6장	• BJT 바이어스 회로 – 베이스 바이어스 – 에미터 바이어스 – 전압분배 바이어스 – 컬렉터 피드백 바이어스	
7주	7장	• 소신호 에미터 공통(CE) 교류증폭기	소신호 BJT 교류증폭기와 대신호 전력 증폭기
8주		• 중간 평가	
9주	8장	• 소신호 베이스 공통(CB) 교류증폭기	
10주	9장	• 소신호 컬렉터 공통(CC) 교류증폭기	
11주	10장	• 다단 교류증폭기	
12주	11장	• A, B급 대신호 전력 증폭기 • AB급 대신호 푸시풀 전력 증폭기	
13주	12장	• JFET 드레인 특성곡선 • JFET 전달특성곡선	JFET 특성
14주		• Term Project 발표 I	Term Project
15주		• Term Project 발표 II	
16주		• 기말 평가	

[2학기/16주 기준]

주	장	강의 내용	비고
1주	13장	• MOSFET 드레인 특성곡선 • MOSFET 전달특성곡선	FET 특성과 바이어스 회로
2주	14장	• JFET 바이어스 회로 – 자기 바이어스 – 전압분배 바이어스 • MOSFET 바이어스 회로 – 제로 바이어스 – 전압분배 바이어스	
3주	15장	• 소신호 소스 공통(CS) 교류증폭기	소신호 FET 교류증폭기
4주	16장	• 소신호 드레인 공통(CD) 교류증폭기 • 소신호 게이트 공통(CG) 교류증폭기	
5주	17장	• 교류증폭기의 주파수 응답특성	
6주	18장	• 비반전증폭기 회로 • 전압플로어 회로 • 반전증폭기 회로	연산증폭기 기초 선형 회로
7주	19장	• 가산기/감산기 회로 • 미분기/적분기 회로	
8주		• 중간 평가	
9주	20장	• 비교기 • 슈미트 트리거 회로 • 출력제한 비교기 회로	연산증폭기 기초 비선형 회로
10주	21장	• 포화/비포화 능동 반파정류회로 • 능동 전파정류회로 • 능동 피크값 검출회로	연산증폭기 응용 회로
11주	22장	• 능동 저역/고역통과 필터 • 능동 대역통과/저지 필터	
12주	23장	• 정현파 발진기 –자기시동 빈 브리지 발진기	
13주	24장	• 비정현파 발진기 – 삼각파 발진기 – 구형파 릴랙세이션 발진기	
14주		• Term Project 발표 I	Term Project
15주		• Term Project 발표 II	
16주		• 기말 평가	

2. 한 학기 강의용

[16주 기준]

주	장	강의 내용	비고
1주	2장	• 전파정류회로 – 중간 탭 전파정류기 – 브리지 전파정류기 • 캐패시터 필터	다이오드 기초 회로
2주	3장	• 클리퍼(리미터) 회로 • 클램퍼 회로	다이오드 응용 회로
3주	4장	• 제너 다이오드 전압 · 전류 특성 • 제너 정전압조절기	
4주	6장	• BJT 바이어스 회로 – 베이스 바이어스, 에미터 바이어스 – 전압분배 바이어스, 컬렉터 피드백 바이어스	
5주	7장	• 소신호 에미터 공통(CE) 교류증폭기	소신호 BJT 교류증폭기와 대신호 전력 증폭기
6주	10장	• 다단 교류증폭기	
7주	11장	• A, B급 대신호 전력 증폭기 • AB급 대신호 푸시풀 전력 증폭기	
8주		• 중간 평가	
9주	14장	• JFET 바이어스 회로 – 자기 바이어스, 전압분배 바이어스 • MOSFET 바이어스 회로 – 제로 바이어스, 전압분배 바이어스	소신호 FET 교류증폭기
10주	15장	• 소신호 소스 공통(CS) 교류증폭기	
11주	18장	• 비반전증폭기 회로/전압플로어 회로 • 반전증폭기 회로	연산증폭기 선형 회로
12주	19장	• 가산기/감산기 회로 • 미분기/적분기 회로	
13주	20장	• 비교기, 슈미트 트리거 회로 • 출력제한 비교기 회로	연산증폭기 비선형 회로
14주	21장	• 포화/비포화 능동 반파정류회로 • 능동 전파정류회로, 능동 피크값 검출회로	연산증폭기 응용 회로
15주	24장	• 비정현파 발진기 – 삼각파 발진기 – 구형파 릴랙세이션 발진기	
16주		• 기말 평가	

학습 연계도

1. 세부 학습 연계도

전자회로 실험 내용은 다이오드, 트랜지스터(BJT, FET), 연산증폭기와 관련된 주제로 크게 구분할 수 있으며 각 주제별로 상호 연계도를 그림으로 나타내었다. 독자들은 주제별 학습 연계도를 통하여 전자회로 실험에서 학습하는 내용들이 상호간에 어떤 연관관계를 가지는지를 전체적으로 파악할 수 있을 것이다.

■ 다이오드 기초 및 응용

신호의 흐름을 제어하는 반도체 소자인 다이오드의 전압·전류 특성, 반파/전파정류회로, 캐패시터 필터에 대하여 학습하여 다이오드 소자에 대한 기본 동작원리를 이해한다. 또한 다이오드의 응용 회로로서 클리퍼/클램퍼 회로, 제너 다이오드의 전압·전류 특성, 제너 정전압 작용을 위한 전압조절기 회로에 대하여 순차적으로 학습함으로써 직류전원공급기의 구성 요소에 대해 정확하게 이해한다.

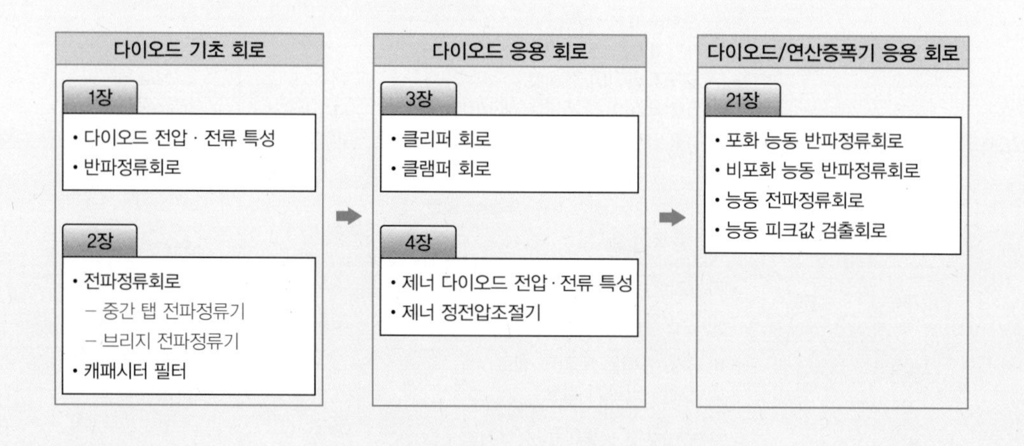

■ 트랜지스터(BJT, FET) 기초 및 응용

BJT와 FET 소자에 대한 전압·전류 특성, 트랜지스터 스위칭 동작, 소자별 여러 가지 바이어스 방법에 대하여 학습함으로써 트랜지스터 소자의 기본 동작원리에 대해 이해한다. 또한 BJT와 FET를 이용한 소신호 교류증폭기의 구성 방법과 직류 및 교류해석 기법, 그리고 여러 가지 대신호 전력 증폭기의 개념과 동작원리를 학습한다. 이를 기반으로 하여 여러 개의 교류증폭기를 종속으로 연결한 다단 증폭기의 해석과정과 일반적인 교류증폭기의 주파수 응답에 대하여 이해함으로써 신호의 크기를 증폭하는 반도체 소자인 트랜지스터의 기본적인 특성과 여러 응용 회로에 대하여 관련 지식을 구축한다.

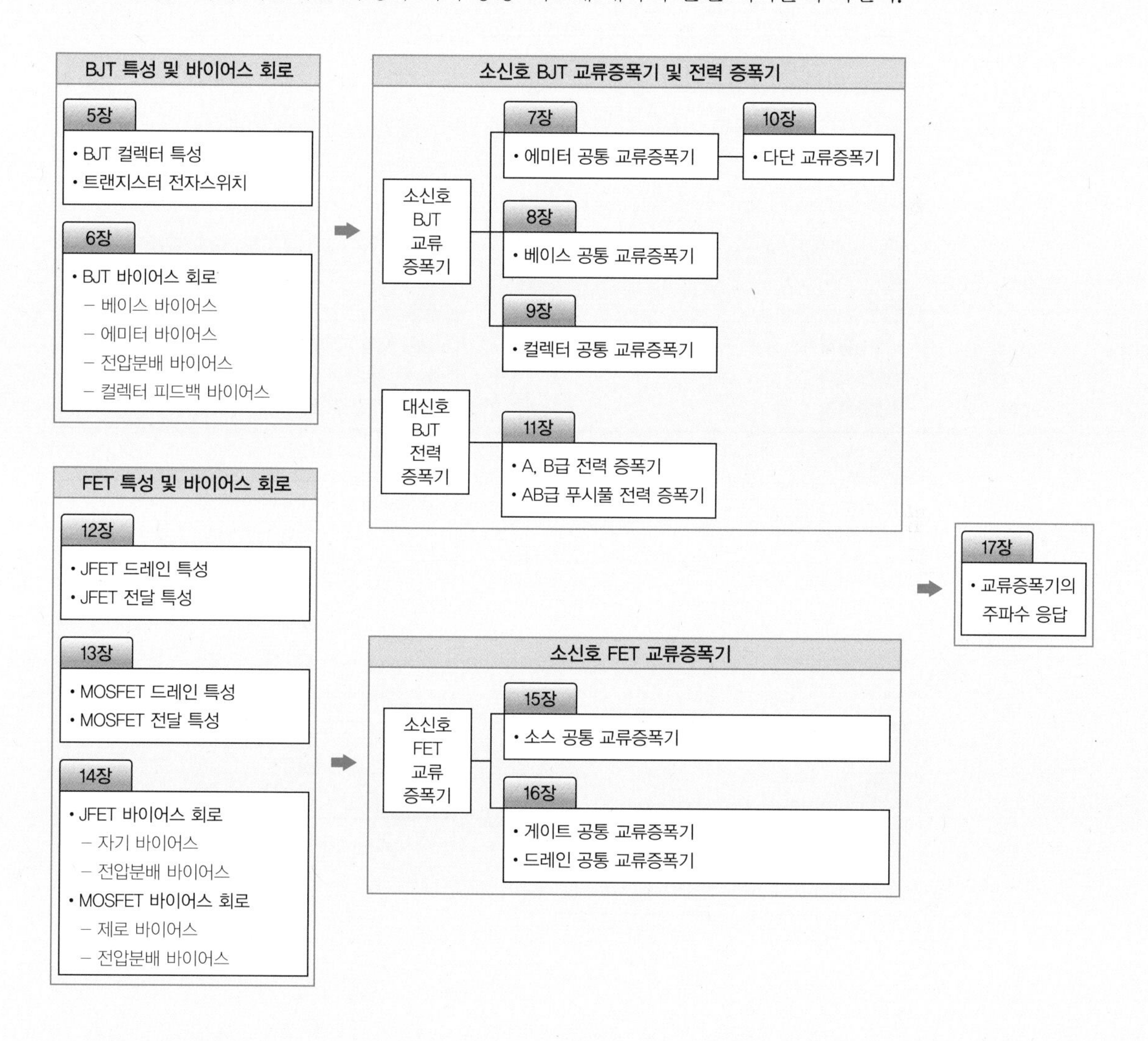

■ 연산증폭기 선형/비선형 응용 회로

지금까지 다루었던 개별 소자와 달리 집적회로(Integrated Circuit)인 연산증폭기의 구성과 기본적인 특성에 대하여 이해한 다음, 연산증폭기의 선형 특성과 비선형 특성을 이용한 여러 가지 연산증폭기 응용 회로들에 대하여 학습한다. 연산증폭기의 해석은 내부 특성이 아닌 입출력 특성만을 고찰하며, 피드백 루프(Feedback Loop)의 존재 여부에 따라 선형 동작과 비선형 동작으로 구분된다. 본 교재에서는 음의 피드백과 비포화 특성을 이용한 선형 연산증폭기인 가산기/감산기, 미분기/적분기 등의 동작원리에 대하여 다루며, 양의 피드백과 포화 특성을 이용한 비선형 연산증폭기인 비교기/슈미트 트리거, 출력제한 비교기 등을 다룬다. 또한 다이오드와 연산증폭기가 결합된 응용 회로로서 능동 반파/전파정류기와 능동 피크값 검출기 등에 대하여 학습하며, 마지막으로 능동 저역/고역통과 필터, 능동 대역통과/저지 필터, 정현파/비정현파 발진기의 기본 개념과 동작원리에 대하여 학습한다.

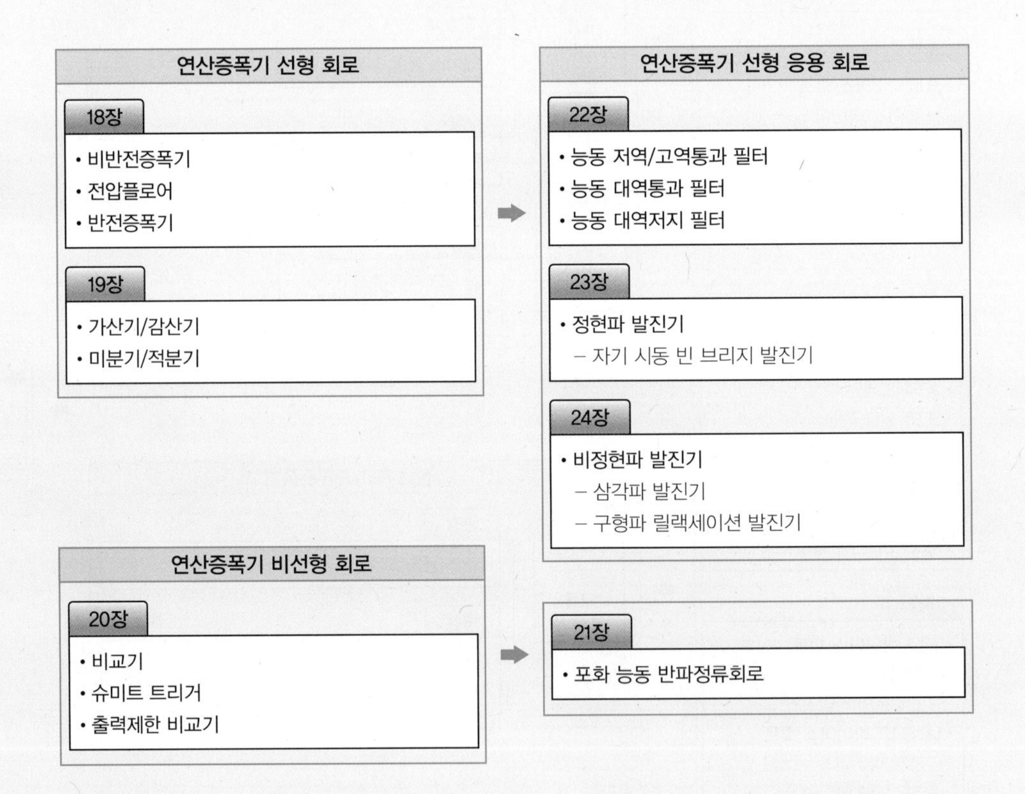

2. 전체 학습 연계도

전자회로 실험

다이오드(Diode)

다이오드 기초 회로

1장
- 다이오드 전압 · 전류 특성
- 반파정류회로

2장
- 전파정류회로
  - 중간 탭 전파정류기
  - 브리지 전파정류기
- 캐패시터 필터

다이오드 응용 회로

3장
- 클리퍼 회로
- 클램퍼 회로

4장
- 제너 다이오드 전압 · 전류 특성
- 제너 정전압조절기

다이오드/연산증폭기 응용 회로

21장
- 포화 능동 반파정류회로
- 비포화 능동 반파정류회로
- 능동 전파정류회로
- 능동 피크값 검출회로

트랜지스터(Transistor)

BJT 특성과 바이어스 회로

5장
- BJT 컬렉터 특성
- 트랜지스터 전자스위치

6장
- BJT 바이어스 회로
  - 베이스 바이어스, 에미터 바이어스
  - 전압분배 바이어스, 컬렉터 피드백 바이어스

소신호 BJT 교류증폭기/대신호 전력 증폭기

7장
- 에미터 공통 교류증폭기

10장
- 다단 교류증폭기

8장
- 베이스 공통 교류증폭기

9장
- 컬렉터 공통 교류증폭기

11장
- A, B급 전력 증폭기
- AB급 푸시풀 전력 증폭기

FET 특성과 바이어스 회로

12장
- JFET 드레인 특성 및 전달 특성

13장
- MOSFET 드레인 특성 및 전달 특성

14장
- JFET 바이어스 회로
  - 자기 바이어스, 전압분배 바이어스
- MOSFET 바이어스 회로
  - 제로 바이어스, 전압분배 바이어스

소신호 FET 교류증폭기

15장
- 소스 공통 교류증폭기

16장
- 게이트 공통 교류증폭기
- 드레인 공통 교류증폭기

17장
- 교류증폭기의 주파수 응답

연산증폭기(OP Amp)

선형 연산증폭기 회로

18장
- 비반전증폭기
- 전압플로어
- 반전증폭기

19장
- 가산기/감산기
- 미분기/적분기

↓

선형 연산증폭기 응용 회로

22장
- 능동 저역/고역통과 필터
- 능동 대역통과 필터
- 능동 대역저지 필터

23장
- 정현파 발진기
  - 자기시동 빈 브리지 발진기

24장
- 비정현파 발진기
  - 삼각파 발진기
  - 구형파 릴랙세이션 발진기

비선형 연산증폭기 회로

20장
- 비교기
- 슈미트 트리거
- 출력제한 비교기

↓

비선형 연산증폭기 응용 회로

21장
- 포화 능동 반파정류회로

본 교재를 100% 활용하는 방법은 다음과 같이 단계별로 충실하게 학습을 진행하여 학습 효율을 극대화하는 것이다.

- 단계 1: 실험원리 및 개념 이해를 위한 이론 학습
- 단계 2: PSpice를 활용한 시뮬레이션 학습
- 단계 3: 실제 실험을 통한 결과 데이터의 비교·분석 학습
- 단계 4: 객관식/주관식 문제 풀이를 통한 확인 학습

차례

CHAPTER 04 제너 다이오드 특성 및 전압조정기 실험

CHAPTER 05 컬렉터 특성 및 트랜지스터 스위치 실험

CHAPTER 06 트랜지스터 직류 바이어스 실험

CHAPTER 07 소신호 에미터 공통 교류증폭기 실험

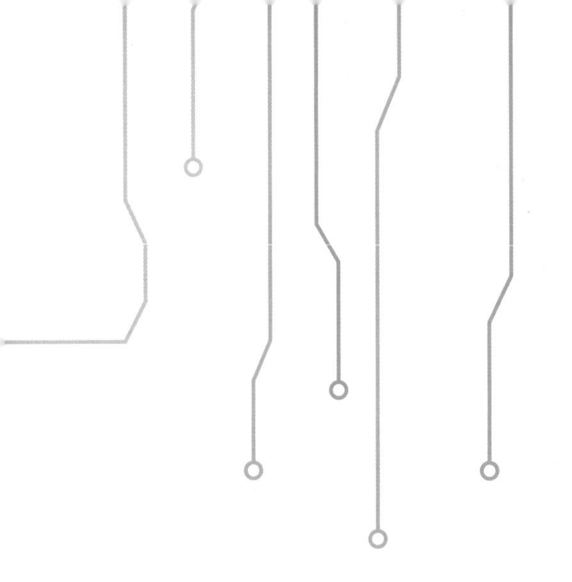

CHAPTER 01
다이오드 특성 및 반파정류회로 실험

contents

다이오드 특성 및 반파정류회로 실험

1.1 실험 개요

반도체 다이오드의 전압과 전류 특성을 실험적으로 구하고, 다이오드 응용회로인 반파정류회로의 동작원리와 출력파형을 관찰하고 측정한다.

1.2 실험원리 학습실

1.2.1 다이오드 전압-전류 특성

다이오드는 p형 반도체와 n형 반도체를 접합시켜 각 반도체 영역에 금속성 접촉(Metal Contacts)과 리드선이 연결된 소자로, 한쪽 방향으로만 전류를 흘릴 수 있고 다른 방향으로는 전류를 차단하는 기능을 한다. 그림 1-1에 다이오드 구조와 회로 심벌을 도시하였으며, 다이오드 회로 심벌에서 화살표 방향으로만 전류가 흐를 수 있음에 유의한다.

여기서 잠깐

- **n형 반도체**: 순수한 실리콘 반도체에 5가(Pentavalent)의 불순물 원자를 첨가하여 5가 불순물 원자의 4개의 가전자가 실리콘 원자와 공유결합을 이루도록 하여 결과적으로 1개의 여분의 전자가 남게 된다. 이와 같이 인위적으로 전자가 과잉되도록 만든 반도체를 n형 반도체라고 한다.
- **p형 반도체**: 순수한 실리콘 반도체에 3가(Trivalent)의 불순물 원자를 첨가하여 3가 불순물 원자의 3개의 가전자가 실리콘 원자와 공유결합을 이루도록 하여 결과적으로 1개의 전자가 부족하게 된다. 전자가 부족한 상태를 정공(Hole)이라고 하며, 이와 같이 인위적으로 전자가 부족하도록 만든 반도체를 p형 반도체라고 한다.

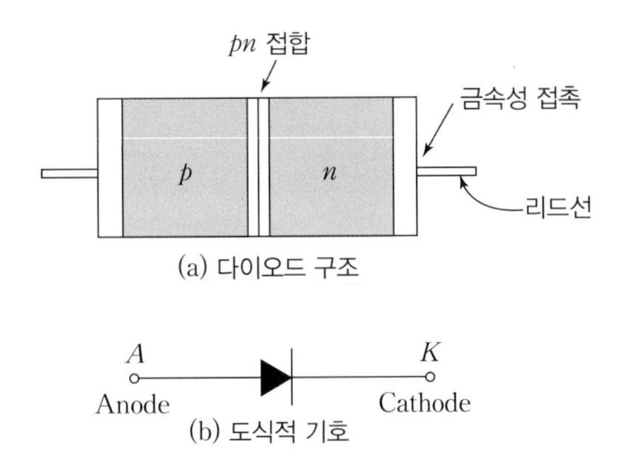

| 그림 1-1 다이오드 구조와 회로 심벌

(1) 순방향 바이어스

다이오드의 양극(A)이 음극(K)보다 높은 전위를 가지도록 전압을 인가하는 것을 순방향 바이어스(Forward Bias)라 한다. 순방향 바이어스시 다이오드의 양극과 음극 사이의 전위차가 증가하면 점차 전류가 증가하는데, Si 다이오드의 경우 대략 다이오드 양단 전압이 0.7V에 이를 때까지는 순방향 전류(I_F)는 조금밖에 증가하지 않지만 0.7V 이상이 되면 I_F는 급속히 증가한다. 따라서 다이오드 양단에 걸리는 순방향 전압 V_F는 대략 0.7V 정도가 걸리게 되며 이를 그림 1-2에 도시하였다.

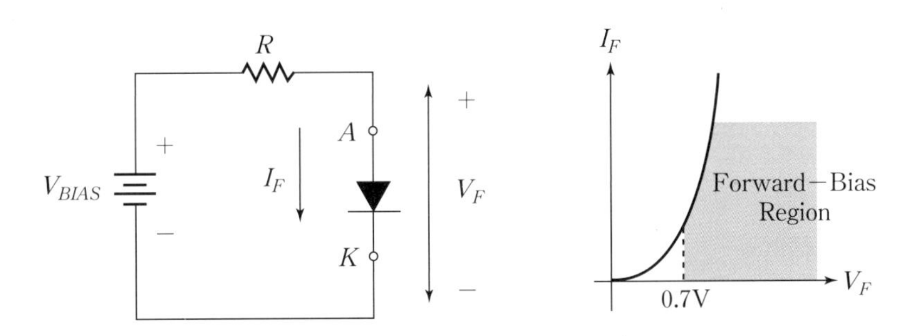

| 그림 1-2 다이오드의 순방향 바이어스 특성곡선

(2) 역방향 바이어스

다이오드의 양극(A)이 음극(K)보다 낮은 전위를 가지도록 전압을 인가하는 것을 역방향 바이어스(Reverse Bias)라 한다. 이 경우는 순방향 바이어스와는 달리 다이오드에는 역방향 전류(I_R)가 거의 흐르지 않게 된다. 따라서 다이오드 양단에 걸리는 역방향 전압은 전원전압과 같게 되며 이를 그림 1-3에 도시하였다.

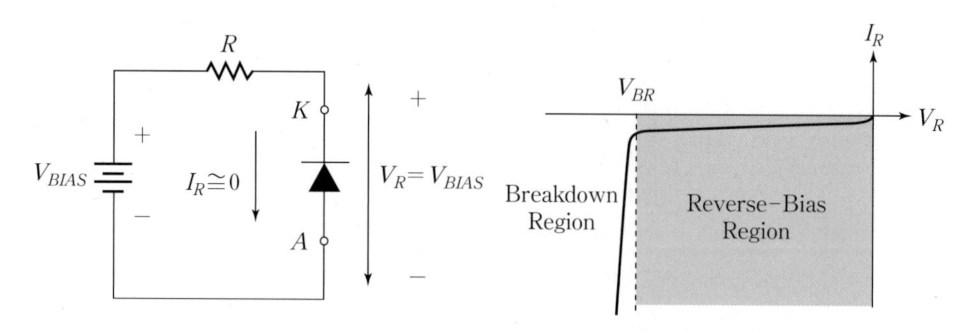

| 그림 1-3 다이오드의 역방향 바이어스 특성곡선

그러나 역방향 바이어스 전압의 크기가 증가하여 항복전압(Breakdown Voltage) V_{BR}에 도달하게 되면, 전자눈사태(Avalanche) 현상에 의해 다이오드에 급격한 전류가 흐르게 되어 소자가 파괴된다. 그러므로 일반 (정류)다이오드의 경우에는 순방향 및 역방향 바이어스 영역에서만 다이오드를 동작시켜야 한다.

여기서 잠깐

- **전자눈사태 항복현상:** *pn* 접합에 역방향 바이어스를 강하게 인가하게 되면, *p*형 반도체에 있는 소수 캐리어인 전자들에게 에너지가 공급되어 가속된다. 충분한 에너지를 가진 가속된 전자가 원자내의 가전자들과 충돌하여 가전자들이 궤도 밖으로 이탈되고, 이탈된 가전자들은 공핍층내에 형성된 강한 전계에 의해 또다시 가속되어 다른 원자의 가전자들과 충돌하게 된다. 이와 같은 과정이 반복되어 *pn* 접합내에 순간적으로 많은 개수의 자유전자들이 생겨나 *pn* 접합에 갑작스런 큰 전류가 흘러 *pn* 접합구조를 파괴시킨다. 이를 전자눈사태 항복(Avalanche Breakdown)이라 한다.

1.2.2 반파정류기

실험실에서 매우 중요한 장치 중에 하나인 직류전원공급장치(DC Power Supply)는 60Hz로 220V의 교류전압을 일정한 직류전압으로 변환하는 장치이다. 직류전원 공급장치에서 직류가 만들어지기까지의 과정을 개념적으로 도시하면 그림 1-4와 같다.

그림 1-4에서 정류기(Rectifier)는 교류전압 파형을 반파 혹은 전파정류된 맥류파형으로 변환하는 역할을 한다. 정류기에서 정류된 파형은 캐패시터 필터를 거치면 약간의 리플(Ripple)이 포함된 비교적 평탄한 직류전압으로 변환된다. 이 전압파형이 정전압 레귤레이터(Regulator)를 거쳐 완전히 평탄한 직류전압 파형으로 변환되어 부하에 공급된다.

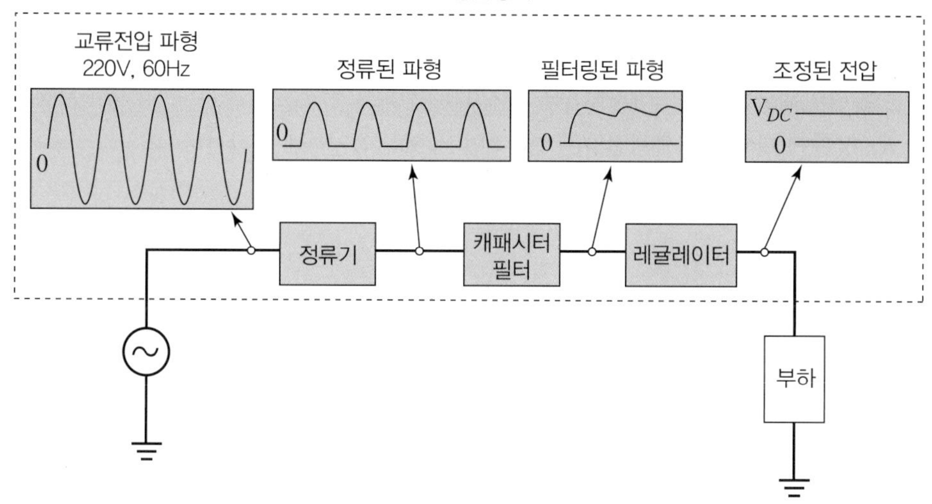

ㅣ그림 1-4 직류전원공급장치 개념도

앞에서 언급한 바와 같이 직류전원공급장치 중의 한 요소인 정류기에 대해 기술하기로 한다. 정류기에는 반파정류기와 전파정류기가 있는데 먼저 반파정류기(Half-wave Rectifier)에 대해 설명한다.

그림 1-5에 반파정류회로를 도시하였는데 입력전압의 각 반주기에 대한 회로의 동작을 이해하기 위해 다이오드를 이상적인 다이오드로 간주한다. 왜냐하면 다이오드 양단전압은 대략 0.7V 정도이고 입력전압의 최대치는 220V 정도이므로 무리없이 이상적인 다이오드로 간주할 수 있다.

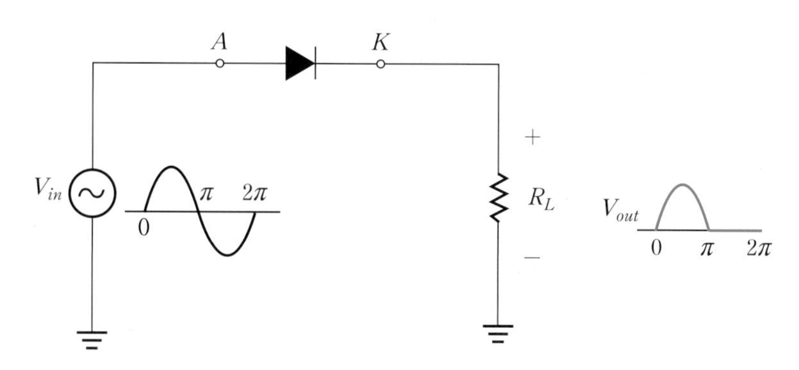

ㅣ그림 1-5 반파정류회로

(1) 양의 반주기 동작

그림 1–5에서처럼 입력전압의 양의 반주기 동안 다이오드는 순방향으로 바이어스 되기 때문에 다이오드는 닫힌 스위치(ON) 상태가 되어 회로에 전류가 흐른다. 따라서 부하저항 R_L 양단에 나타나는 출력전압은 입력전압 파형과 동일하게 나타난다.

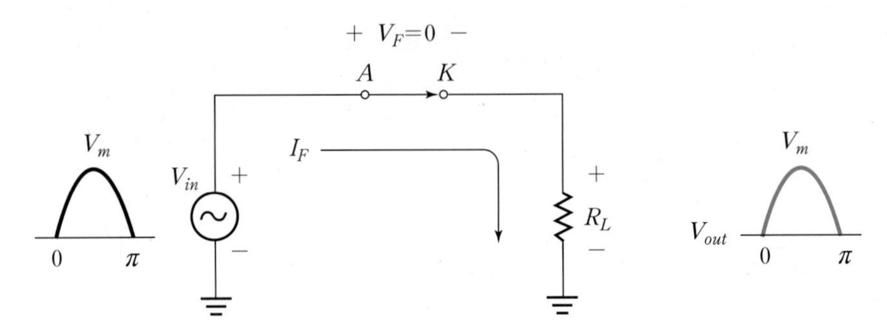

| 그림 1–6 반파정류회로의 양의 반주기 동작

(2) 음의 반주기 동작

그림 1–7에서처럼 입력전압의 음의 반주기 동안 다이오드는 역방향으로 바이어스 되기 때문에 다이오드는 열린 스위치(OFF) 상태가 되어 회로에 전류가 흐르지 않는다. 따라서 부하저항 R_L 양단에 나타나는 출력전압 V_{out}은 0이 된다.

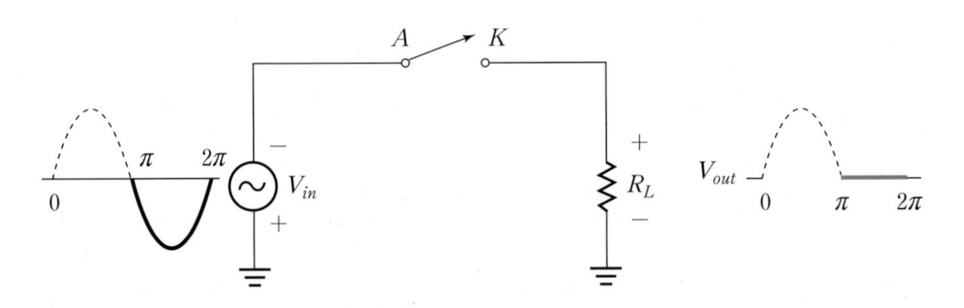

| 그림 1–7 반파정류회로의 음의 반주기 동작

일반적으로 정현파의 평균값은 0이지만 반파정류된 파형의 평균값은 0이 아닌 것이 자명하다. 반파정류된 파형의 평균값을 구해본다. 그림 1–8에 도시된 반파정류된 파형으로부터 평균값을 구하면 다음과 같다.

$$V_{AVG} = \frac{1}{2\pi}\int_0^{2\pi} V_{out}dt = \frac{1}{2\pi}\int_0^{\pi} V_m \sin t dt$$
$$= \frac{V_m}{2\pi}\Big[-\cos t\Big]_0^{\pi} = \frac{V_m}{\pi}$$

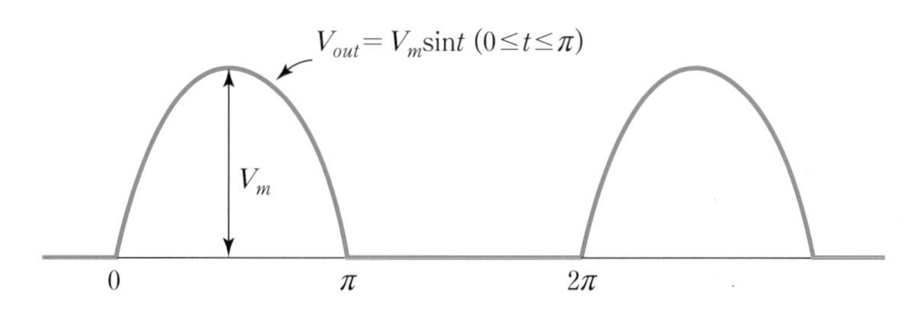

| 그림 1-8 반파정류된 출력파형

1.2.3 실험원리 요약

다이오드 전압-전류 특성

- 순방향 바이어스: 다이오드의 양극(A)이 음극(K)보다 높은 전위를 가지도록 전압을 인가 → 스위치 ON 상태에 대응(전류가 잘 흐른다.)
- 역방향 바이어스: 다이오드의 양극(A)이 음극(K)보다 낮은 전위를 가지도록 전압을 인가 → 스위치 OFF 상태에 대응(전류가 흐르지 않는다.)

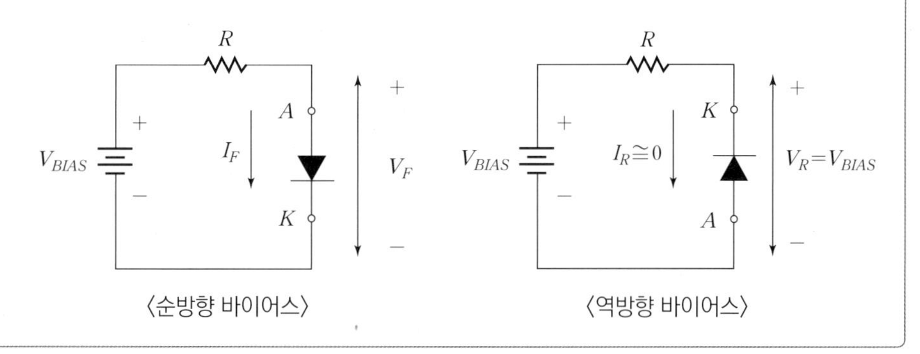

반파정류기

(1) 양의 반주기 동작

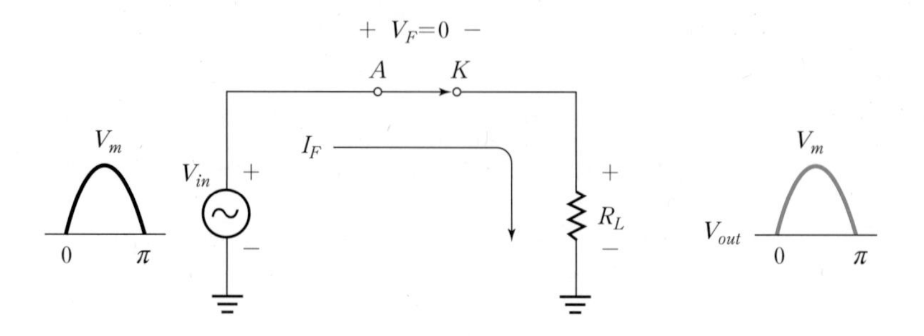

- 입력전압의 양의 반주기 동안 다이오드는 순방향으로 바이어스 되므로 다이오드는 닫힌 스위치(ON) 상태가 되어 회로에 전류가 흐른다.

(2) 음의 반주기 동작

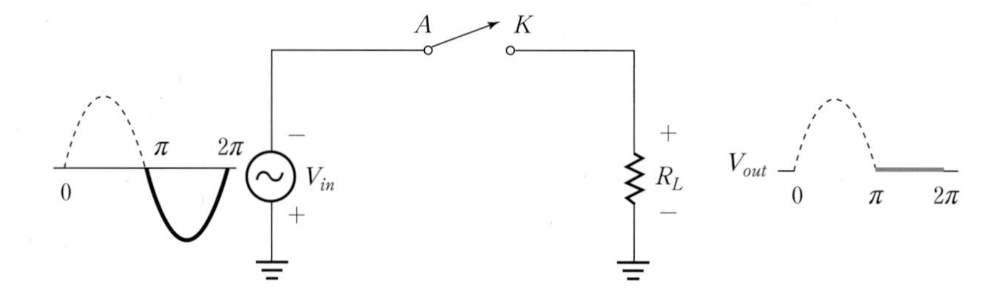

- 입력전압의 음의 반주기 동안 다이오드는 역방향으로 바이어스 되므로 다이오드는 열린 스위치(OFF) 상태가 되어 회로에 전류가 흐르지 않는다.

1.3 시뮬레이션 학습실

1.3.1 다이오드 특성 곡선 시뮬레이션

다이오드의 순방향 및 역방향 바이어스 특성을 살펴보기 위하여 그림 1-9와 그림 1-10의 회로에 대하여 PSpice를 이용하여 시뮬레이션을 수행한다.

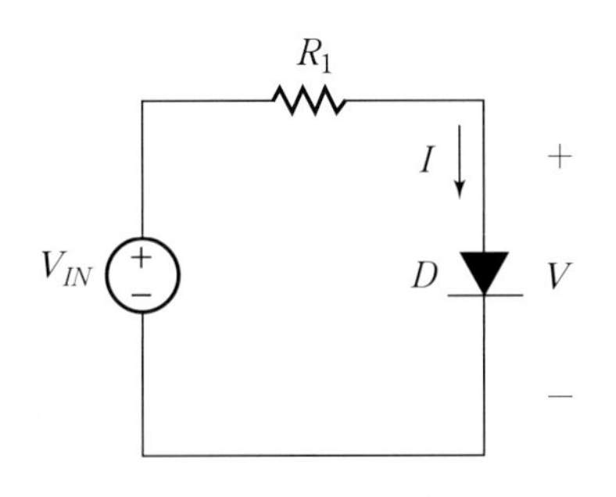

| 그림 1-9(a) 순방향 바이어스 회로

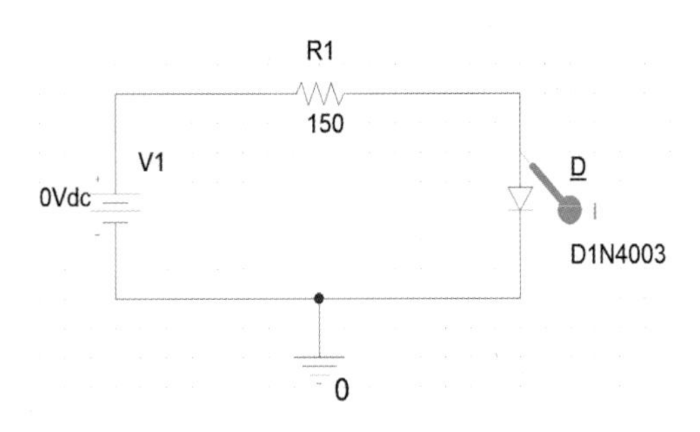

| 그림 1-9(b) PSpice 회로도

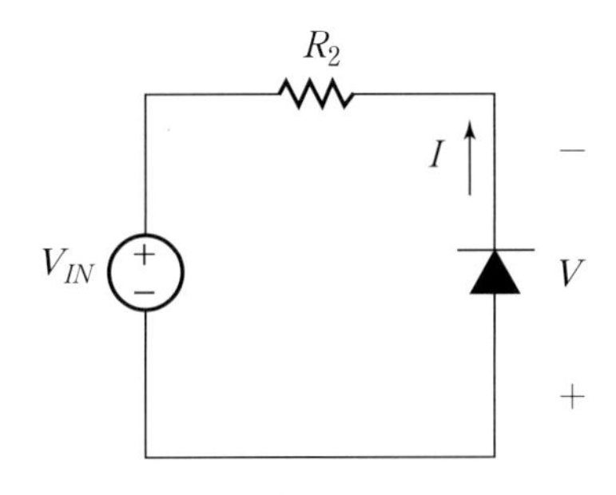

| 그림 1-10(a) 역방향 바이어스 회로

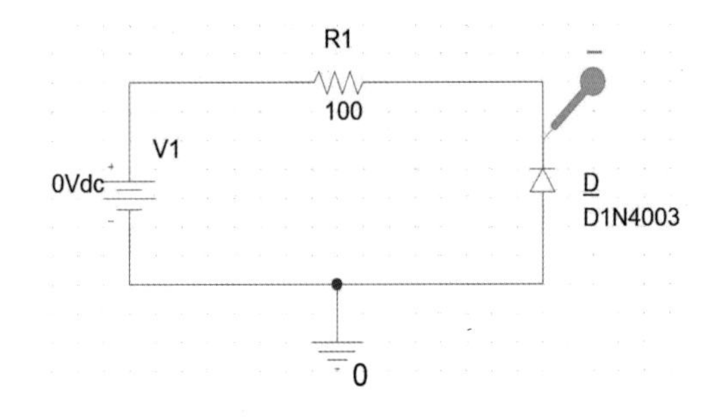

| 그림 1-10(b) PSpice 회로도

시뮬레이션 조건

- 다이오드 모델명: D1N4003
- 순방향 바이어스
  R_1=150Ω, V_{IN}은 0V에서 1.4V까지 0.2V씩 증가시키면서 I와 V를 측정한다.
- 역방향 바이어스
  R_2=100Ω, V_{IN}은 0V에서 14V까지 2V씩 증가시키면서 I와 V를 측정한다.

그림 1-9와 그림 1-10에 대한 PSpice 시뮬레이션 결과를 다음에 도시하였다.

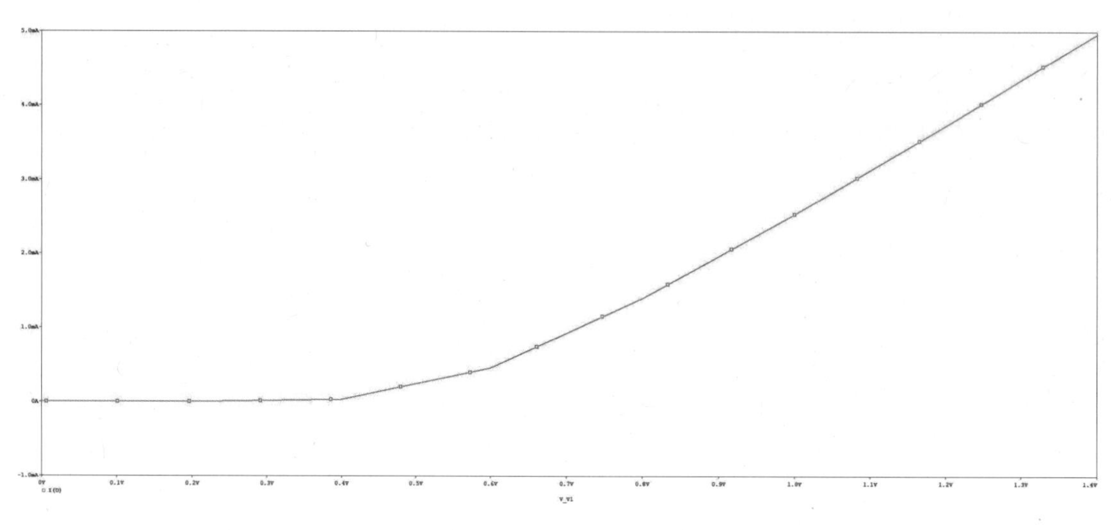

| 그림 1-11 그림 1-9(b)의 결과

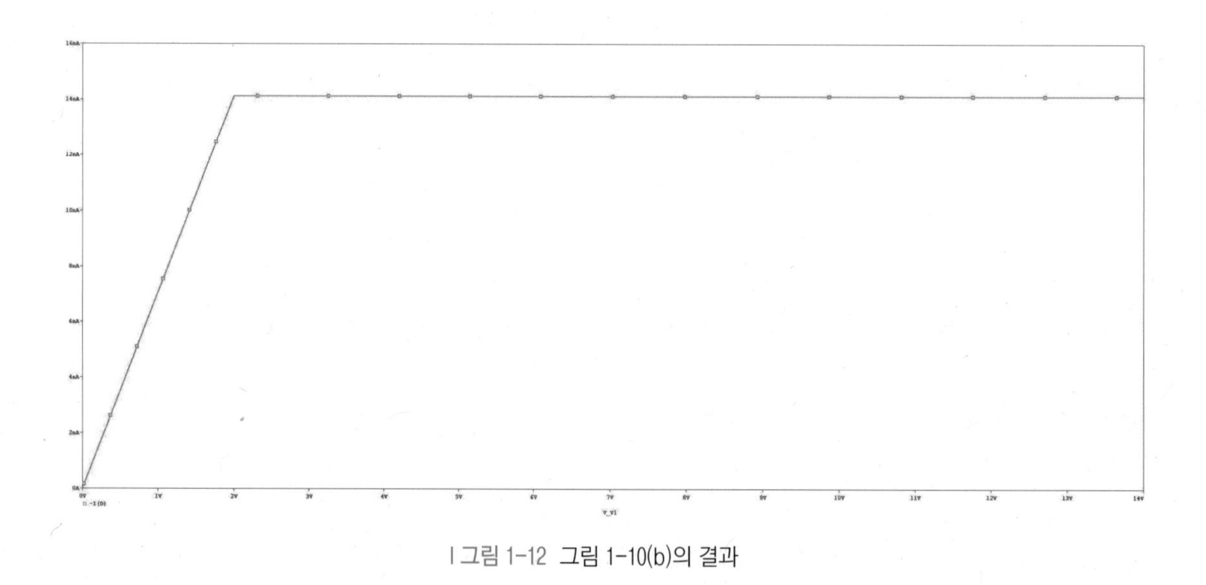

| 그림 1-12 그림 1-10(b)의 결과

1.3.2 반파정류기 시뮬레이션

그림 1-13의 반파정류기에 대한 출력파형을 살펴보기 위하여 PSpice로 시뮬레이션을 수행한다.

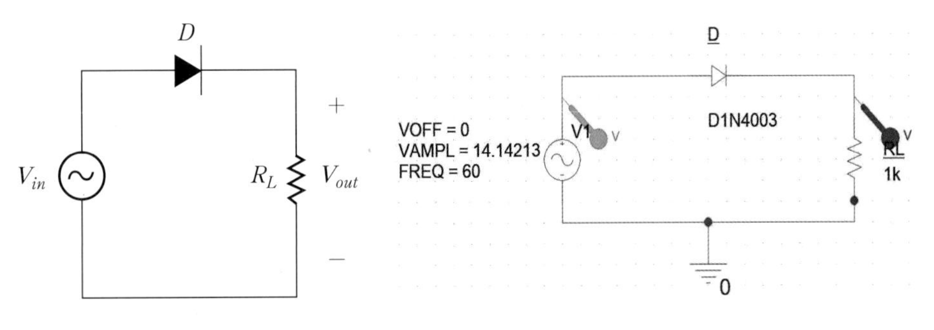

| 그림 1-13(a) 반파정류기 회로　　| 그림 1-13(b) PSpice 회로도

시뮬레이션 조건

- $R_L = 1\text{k}\Omega$
- $V_{in} = \sqrt{2}\, V_{rms} \sin 2\pi ft[\text{V}],\quad V_{rms} = 10,\quad f = 60\text{Hz}$
- 다이오드 모델명: D1N4003

그림 1-13에 대한 PSpice 시뮬레이션 결과를 다음에 도시하였다.

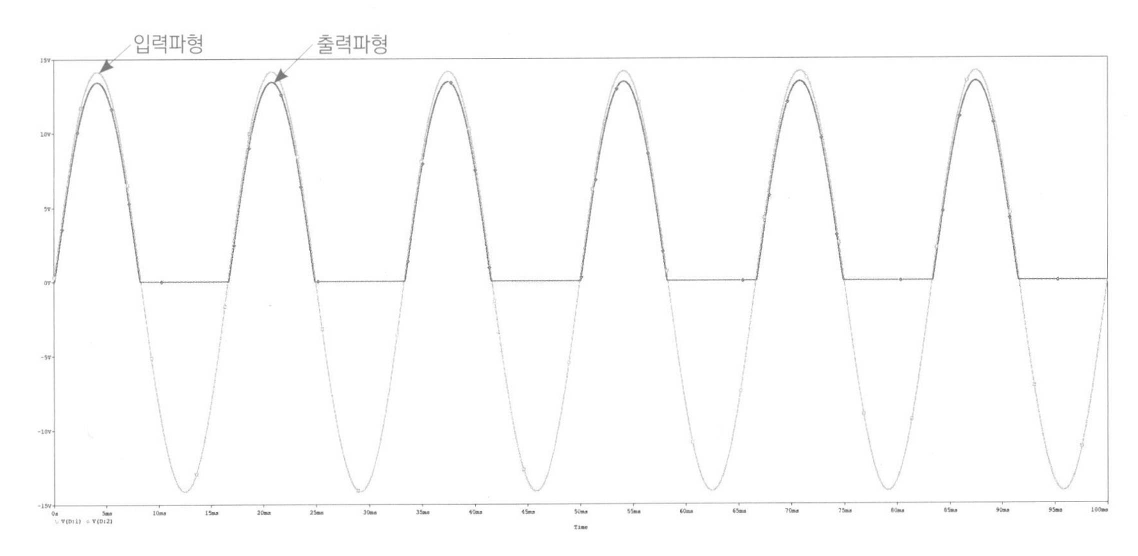

| 그림 1-14 그림 1-13(b)의 결과

1.4 실험기기 및 부품

• 브레드 보드	1대
• 디지털 멀티미터	1대
• 실리콘 다이오드 1N914	2개
• 저항 100Ω, 150Ω, 1kΩ	각 1개
• 신호발생기	1대
• 오실로스코프	1대
• 직류전원공급기	1대

1.5 실험방법

1.5.1 다이오드 전압-전류특성 실험

(1) 실리콘 다이오드를 사용하여 그림 1-15에 주어진 회로를 구성한다. 여기서 Ⓐ와 Ⓥ는 전류계와 전압계를 나타내는 심벌이다.

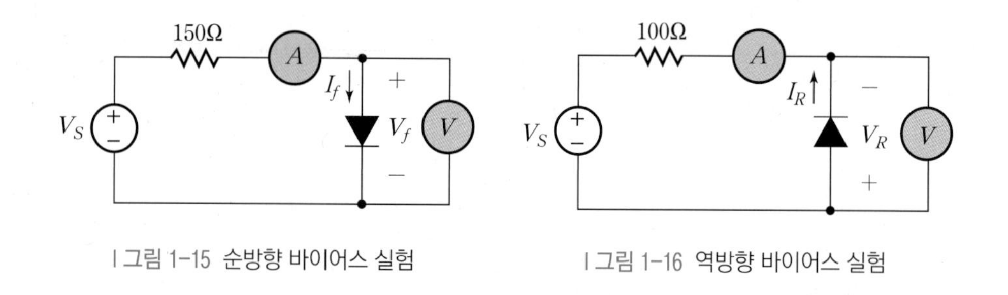

| 그림 1-15 순방향 바이어스 실험

| 그림 1-16 역방향 바이어스 실험

(2) 전원전압 V_S를 조절하여 표 1-1에 주어진 각 V_f의 값에 대한 I_f를 측정하여 기록한 다음 그래프로 나타낸다.

(3) 그림 1-15의 회로를 해체하고 그림 1-16의 회로를 재구성한다.

(4) 전원전압을 조절하여 표 1-1에 주어진 각 V_R의 값에 대한 I_R을 측정하여 기록한 다음 그래프로 나타낸다.

주의 다이오드의 양단전압과 전류의 기준 방향에 주의하면서 전압과 전류를 측정한다.

1.5.2 반파정류기 실험

(1) 그림 1-17의 회로를 구성한다.

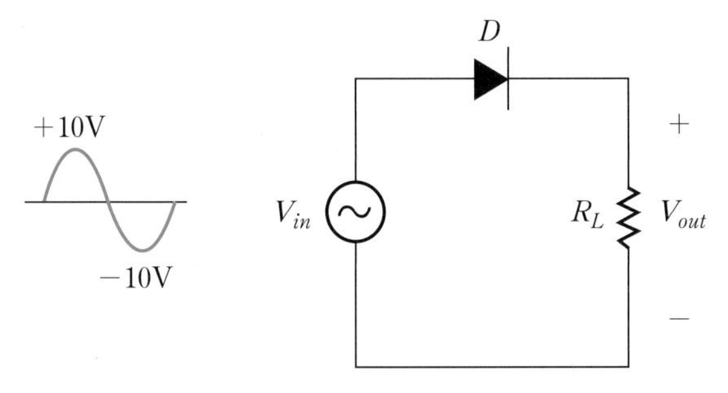

| 그림 1-17 반파정류회로

(2) 신호발생기를 이용하여 $V_{in}=10\sqrt{2}\sin 120\pi t[V]$를 발생시켜 회로에 인가한다.

(3) 오실로스코프의 채널 1과 채널 2를 각각 V_{in}과 V_{out}에 할당하여 입력 및 출력파형을 측정하여 그래프 1-1에 나타낸다.

1.6 실험결과 및 검토

1.6.1 실험결과

| 표 1-1 다이오드 특성 실험 측정 기록표

$V_S[V]$	0	0.4	0.8	1.2	1.6	2.0	2.4
$V_f[V]$							
$I_f[mA]$							
$V_R[V]$	0	2	4	6	8	10	12
$I_R[\mu A]$							

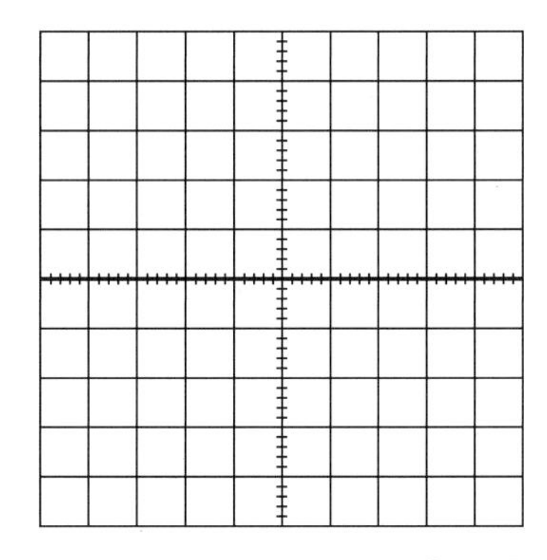

| 그래프 1-1 반파정류기의 입출력파형

1.6.2 검토 및 고찰

(1) 이상적인 다이오드와 실제 실험에서 사용하는 다이오드의 차이점은 무엇인가?

(2) 멀티미터로 다이오드의 극성을 조사할 수 있는가? 만일 조사할 수 있다면 그 이유를 설명하라.

(3) 반파정류회로에서 오실로스코프로 측정한 전압파형의 최댓값과 멀티미터로 측정한 값의 차이점은 무엇인가?

(4) 권선비가 1 : 1인 변압기로 구동되는 반파정류기에서 반파정류된 전압파형의 최댓값이 변압기 2차측 전압파형의 최댓값보다 조금 작은 이유는?

1.7 실험 이해도 측정 및 평가

1.7.1 객관식 문제

01 순방향 바이어스 된 다이오드 양단에 전압계를 연결하였을 때 그 지시값은 무엇인가?

① 바이어스 전원전압 ② 0V
③ 다이오드 전위장벽 ④ 전체 회로의 전압

02 교류로부터 직류를 얻는데 있어 첫 단계로 사용되는 회로는 무엇인가?

① 증폭기 ② 정류기
③ 맥류기 ④ 클리퍼

03 다이오드에 역방향으로 큰 전압을 가하면 갑자기 과도 전류가 흐르는 현상을 무엇이라고 하는가?

① 홀 효과 ② 압전현상
③ 클램핑 ④ 항복현상

04 60Hz의 정현파가 반파정류기에 공급될 때 출력파형의 주파수는?

① 120Hz ② 30Hz
③ 60Hz ④ 0Hz

1.7.2 주관식 문제

01 그림 1-18에서 V_R=40V, V_1=V_2=25V일 때 출력전압 V_0를 계산하라. 단, 회로 내의 모든 다이오드는 이상적인 특성을 가진다고 가정한다.

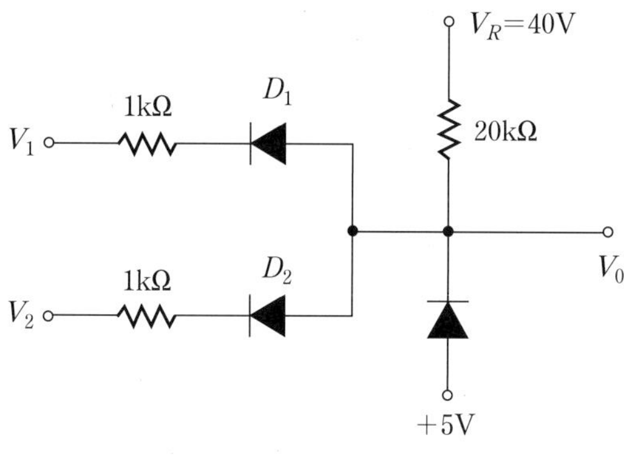

| 그림 1-18

02 그림 1-19에서 입력파형의 한 주기에 대한 출력파형을 도시하라. 단, 다이오드를 2차 근사모델로 대체한다.

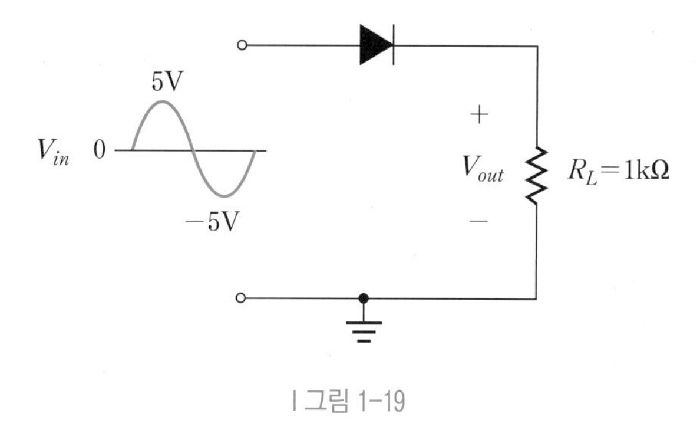

| 그림 1-19

CHAPTER 02
전파정류회로 및 캐패시터 필터회로 실험

contents

전파정류회로 및 캐패시터 필터회로 실험

2.1 실험 개요

다이오드의 응용회로인 전파정류회로와 캐패시터 필터회로의 동작원리와 출력파형을 실험적으로 확인한다.

2.2 실험원리 학습실

2.2.1 전파정류기와 캐패시터 필터

앞장에서 기술한 반파정류기는 극히 제한적인 상황에 응용되며, 직류전원을 얻기 위한 하나의 단계로서 주로 전파정류기(Full-wave Rectifier)가 사용된다. 전파정류기에는 중간 탭(Center-tapped) 방식과 브리지(Bridge) 방식의 두 가지 형태가 있으며 먼저 중간 탭 방식의 전파정류기에 대해 설명한다.

(1) 중간 탭 전파정류기

중간 탭 방식은 변압기의 2차측에 중간 탭(Center Tap; CT)을 달아 2개의 다이오드를 연결하여 그림 2-1과 같이 구성한다.

여기서 잠깐

- **변압기의 권선비와 유도전압**: 변압기에서 유도되는 전압은 권선비에 비례한다. 즉, 2차측의 권선수를 1차측에 비해 2배로 하였다면, 2차측에 유도되는 전압은 1차측에 인가된 전압의 2배가 된다. 또한 1차측과 2차측의 권선을 동일한 방향으로 감았다면, 1차측에 유도되는 전압의 극성과 2차측에 유도되는 전압의 극성은 동일하게 된다. 그런데 1차측과 2차측의 권선을 서로 반대방향으로 감았다면, 1차측 전압의 극성과 2차측 전압의 극성은 서로 반대가 된다.
- **변압기의 권선비와 유도전류**: 변압기에서 유도되는 전류는 전압과는 달리 권선비에 반비례한다. 즉, 2차측의 권선수를 1차측에 비해 2배로 하였다면, 2차측에 흐르는 전류는 1차측에 흐르는 전류의 1/2배가 된다. 그 이유는 변압기의 손실이 없다고 가정하면 1차측에서 공급한 에너지와 2차측에 공급된 에너지가 서로 같아야 하므로 2차측의 권선수를 2배로 하였다면, 2차측 전압이 2배로 되기 때문에 1차측과 동일한 에너지를 가지기 위해서는 전류가 1/2배로 감소해야함을 알 수 있다.

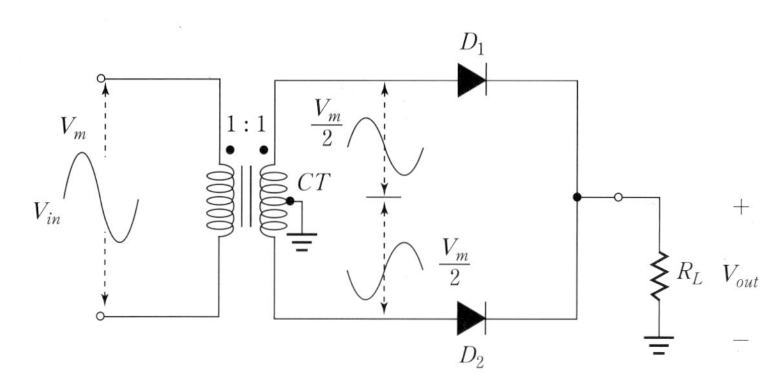

| 그림 2-1 중간 탭 전파정류기

■ 양의 반주기 동작

그림 2-2에서처럼 변압기 1차측 전원의 양의 반주기 동안 D_1은 순방향으로 D_2는 역방향으로 바이어스 된다. 변압비가 1:1이고 변압기 2차측의 중앙에 탭을 설치하였기 때문에 1차측의 절반 크기를 가진 정현파가 2차측의 중간 탭에서 D_1을 거쳐 부하저항 R_L까지 구성되는 회로에 인가된다. 여기서 부하저항에 흐르는 전류의 방향은 위에서 아래로 향한다는 사실에 주목한다. 따라서 다이오드 D_1을 이상적인 다이오드로 대치하면 출력 전압 V_{out}은 1차측 전압의 절반 크기의 전압이 나타난다.

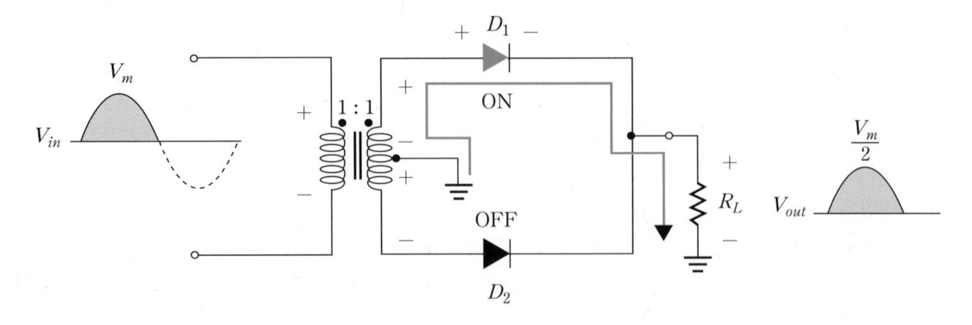

| 그림 2-2 중간 탭 전파정류기의 양의 반주기 동작

■ 음의 반주기 동작

그림 2-3에서처럼 변압기 1차측 전원의 음의 반주기 동안 D_1은 역방향으로 D_2는 순방향으로 바이어스 된다. 변압비가 1:1이고 변압기 2차측의 중앙에 탭을 설치하였기 때문에 1차측의 절반 크기를 가진 정현파가 2차측의 중간 탭에서 D_2를 거쳐 부하저항 R_L까지 구성되는 회로에 인가된다. 여기서 부하저항 R_L에 흐르는 전류의 방향은 양의 반주기 동작에서와 마찬가지로 위에서 아래로 향하기 때문에 양의 반주기 동안에 나타났던 동일한 극성으로 출력전압이 나타난다.

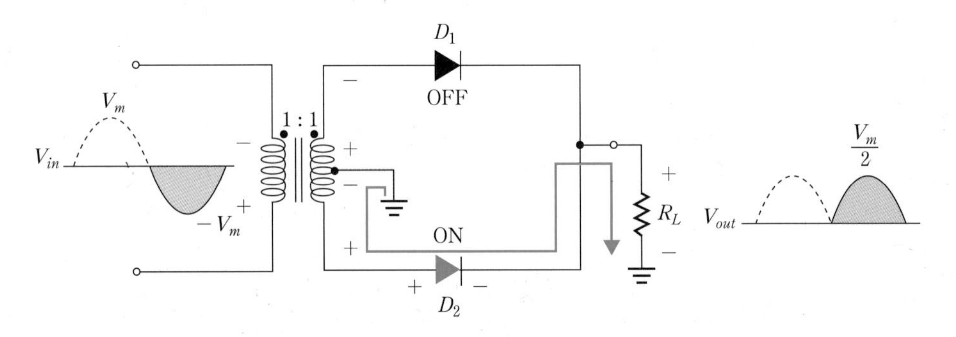

| 그림 2-3 중간 탭 전파정류기의 음의 반주기 동작

(2) 전파브리지 정류기

전파브리지 정류기(Full-wave Bridge Rectifier)는 4개의 다이오드를 이용하여 브리지 형태로 결선하여 구성하며, 변압기 1차측 전원의 양의 반주기 동작을 그림 2-4에 도시하였다.

■ 양의 반주기 동작

그림 2-4에서처럼 변압기 1차측의 양의 반주기 동안은 D_1과 D_2는 순방향으로 D_3, D_4는 역방향으로 바이어스 되기 때문에 변압기 2차측에는 1차측 전압과 동일한 크기의 전압이 인가되며, D_1과 부하저항 R_L 그리고 D_2로 구성된 회로 내에 전류가 흐르게 된다. 따라서 다이오드 양단전압들(0.7V + 0.7V = 1.4V)을 무시하면 부하저항 R_L 양단에는 변압기 1차측과 동일한 크기의 전압이 나타난다.

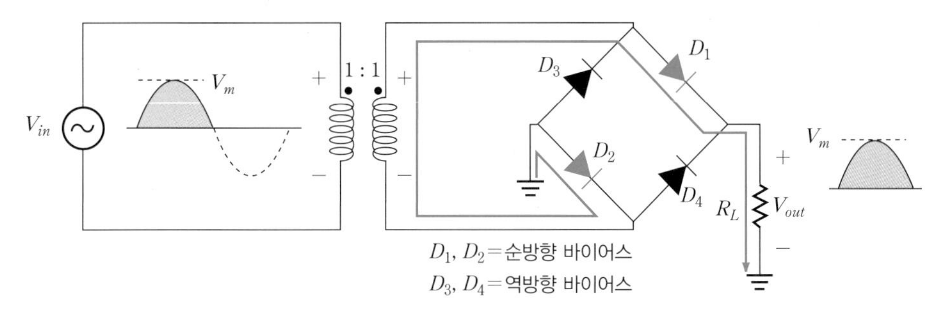

| 그림 2-4 전파브리지 정류기의 양의 반주기 동작

■ 음의 반주기 동작

그림 2-5에서처럼 변압기 1차측의 음의 반주기 동안은 D_1과 D_2는 역방향으로 D_3, D_4는 순방향으로 바이어스 된다. 결국 양의 반주기 동안과는 다이오드 상태가 정반대로 되기 때문에 변압기 2차측에는 1차측 전압과 동일한 크기의 전압이 인가되며, D_4와 부하저항 R_L 그리고 D_3로 구성된 회로에 전류가 흐르게 된다. 따라서 다이오드 양단전압들(0.7V + 0.7V = 1.4V)을 무시하면 부하저항 R_L 양단에는 변압기의 1차 측과 동일한 크기의 전압이 나타난다. R_L 양단에 흐르는 전류의 방향은 양의 반주기 동작에서 흐르는 방향과 동일하므로 양의 반주기 동안의 출력전압 V_{out}과 동일한 극성으로 R_L에 나타난다.

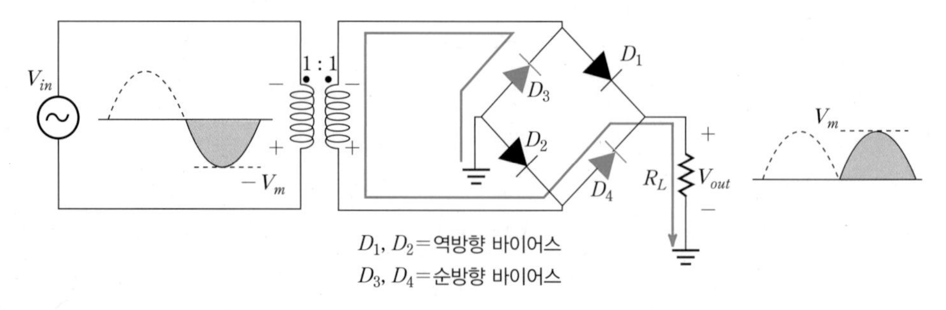

| 그림 2-5 전파브리지 정류기의 음의 반주기 동작

> **여기서 잠깐**
>
> - **다이오드 최대 역전압**: 다이오드가 역방향으로 바이어스 되어 있는 경우 다이오드 양단에 걸려있는 역방향 전압이 다이오드를 항복시키지 않도록 정류회로를 구성하여야 한다. 따라서 역방향 바이어스 되어 있는 다이오드의 최대 역전압이 얼마인가를 아는 것은 대단히 중요한 일이다. 이를 다이오드 최대 역전압(Peak Inverse Voltage; PIV)이라고 하며, 이 PIV가 다이오드의 항복전압보다 크지 않도록 회로를 설계해야 한다.

(3) 캐패시터 필터회로

전원공급장치의 필터(Filter)는 반파 또는 전파정류기의 출력전압의 변동을 줄여 거의 일정한 레벨의 직류전압을 만드는 기능을 한다. 이러한 필터는 캐패시터 또는 캐패시터나 인덕터의 조합으로 구성되며 전원공급장치에서 사용되는 필터의 개념도를 그림 2-6에 도시하였다.

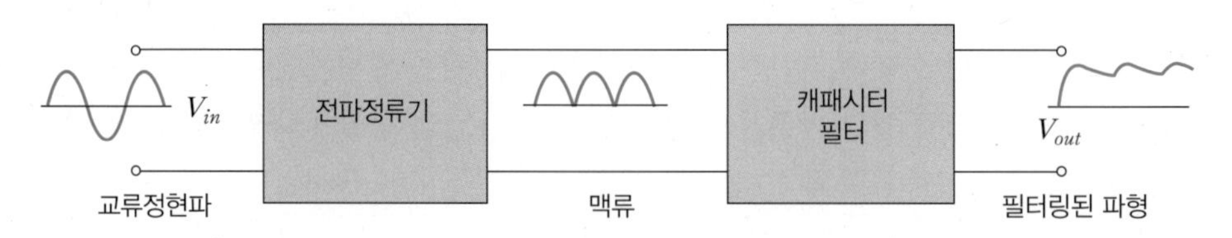

| 그림 2-6 전원공급장치에서의 캐패시터 필터

■ 캐패시터 충전 구간($t_0 \le t \le t_1$)

그림 2-7에서처럼 입력전압의 처음 양의 1/4주기 동안(캐패시터 충전 구간)에는 다이오드가 순방향으로 바이어스 되기 때문에 입력전압의 피크값을 향해 캐패시터가 순간적으

로 충전된다. 왜냐하면 다이오드의 순방향 저항은 대단히 작으므로 다이오드와 캐패시터로 이루어지는 회로의 시정수가 매우 적기 때문이다.

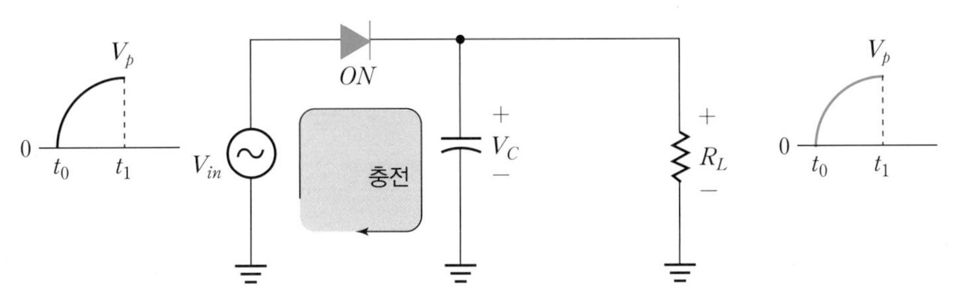

| 그림 2-7 캐패시터 필터의 충전 구간

■ 캐패시터 방전 구간($t_1 \le t \le t_2$)

입력전압이 양의 1/4주기를 지나가게 되면 캐패시터는 이미 입력전압의 피크값으로 충전되어 있는 상태이므로 다이오드의 음극이 $+V_p$로 바이어스 되기 때문에 다이오드는 역방향 바이어스가 된다. 따라서 다이오드가 차단되므로 캐패시터는 부하저항 R_L과 결합되어 그림 2-8과 같이 방전을 시작하게 되며 방전 시정수는 R_LC에 의해 결정된다.

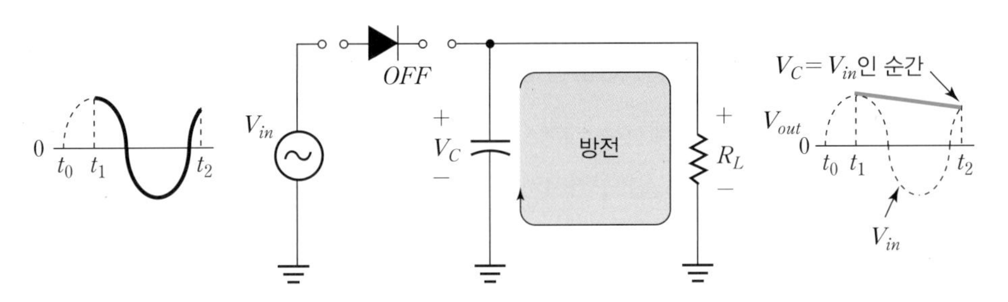

| 그림 2-8 캐패시터 필터의 방전 구간

■ 캐패시터의 재충전 구간($t_2 \le t \le t_3$)

캐패시터가 방전함에 따라 서서히 캐패시터 전압이 떨어지기 시작한다. 결국 입력전압이 캐패시터 전압과 같아지는 순간($t=t_2$ 순간)에 다이오드는 순방향으로 바이어스 되기 때문에 다시 ON 상태로 되어 또 다시 캐패시터가 입력전압의 피크값을 향해 그림 2-9와 같이 순간적으로 충전되기 시작한다(캐패시터 재충전 구간). 캐패시터가 입력전압의 피크값까지 충전되면 앞에서 설명된 바와 같이 동일한 동작을 계속 반복하게 된다.

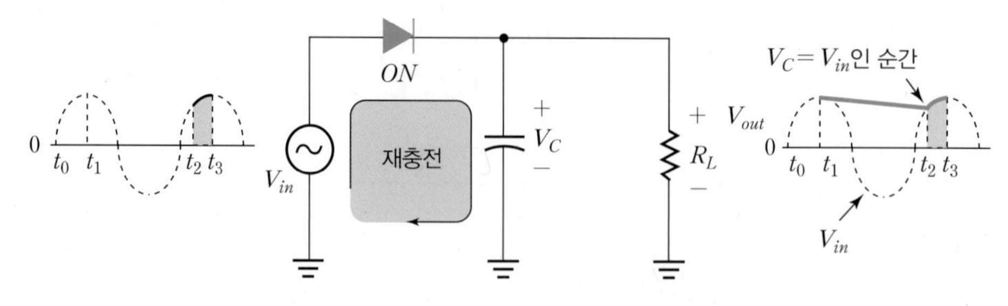

| 그림 2-9 캐패시터 필터의 재충전 구간

여기서 잠깐

- **캐패시터의 개방과 단락:** 캐패시터의 리액턴스는 $1/2\pi fC$ 이므로 주파수에 따라 전류가 흐르는 정도가 달라진다. 주파수가 충분히 큰 교류신호에 대해 캐패시터의 리액턴스는 충분히 작아지므로 단락회로(Shorted Circuit)로 대체될 수 있다. 한편 직류신호는 주파수가 0 이므로 리액턴스가 무한대가 되어 캐패시터는 개방회로(Open Circuit)로 대체될 수 있다.

동일한 부하저항, 동일한 캐패시턴스 값으로 필터링할 때, 전파정류된 전압이 반파정류된 전압보다 리플(Ripple)이 더 적어진다는 것을 그림 2-10으로부터 쉽게 이해할 수 있다. 이는 그림 2-10에서와 같이 펄스 사이의 구간이 전파정류된 파형이 반파정류된 파형보다 더 짧기 때문에 캐패시터 전압의 방전이 적어지기 때문이다.

한편, 리플을 감소시키기 위해서는 캐패시터의 방전을 매우 느리게, 즉 방전 시정수를 크게 하면 되므로 부하저항 R_L을 증가시키거나 캐패시턴스 값을 크게 증가시키면 된다.

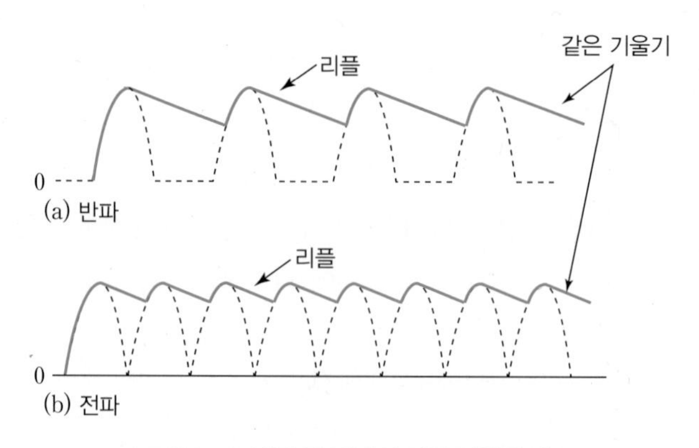

| 그림 2-10 반파 및 전파의 리플 전압의 비교

또한, 캐패시터와 인덕터를 조합하여 LC 필터를 구성하게 되면 리플 전압을 크게 감소시킬 수 있다는 사실을 참고적으로 기억해 두도록 하자.

여기서 잠깐

- LC 필터: 캐패시터 필터의 필터 입력부분에 인덕터를 삽입하게 되면 리플 전압을 현저하게 감소시킬 수 있다. 전파정류신호가 입력신호로 인가되는 경우 입력신호의 2배의 주파수에서 인덕터의 리액턴스를 매우 크게 하면, 입력신호전압의 대부분이 인덕터에 걸리도록 하여 직접 캐패시터 필터 전압으로부터 리플 전압을 충분히 줄일 수 있게 된다.

2.2.2 실험원리 요약

중간 탭 전파정류기

(1) 양의 반주기 동작

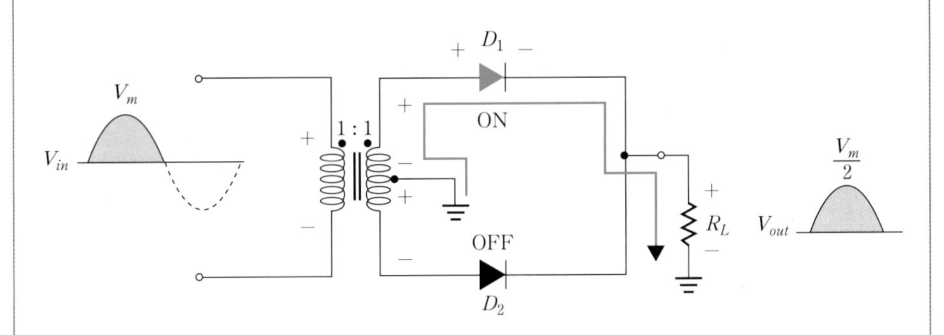

- 변압기 1차측 전원의 양의 반주기 동안 D_1은 순방향으로 D_2는 역방향으로 바이어스 된다. 부하저항 R_L에 흐르는 전류의 방향은 위에서 아래로 향한다는 사실에 주목한다.

(2) 음의 반주기 동작

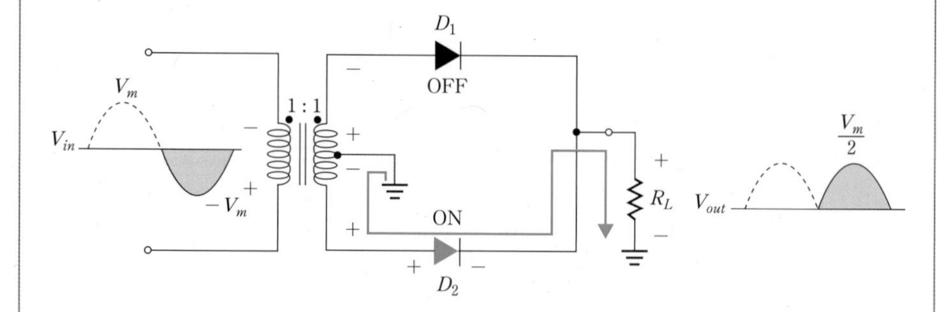

- 변압기 1차측 전원의 음의 반주기 동안 D_1은 역방향으로 D_2는 순방향으로 바이어스 된다. 부하저항 R_L에 흐르는 전류의 방향은 양의 반주기 동작에서와 마찬가지로 위에서 아래로 향하기 때문에 양의 반주기 동안과 동일한 극성으로 출력전압이 나타난다.

전파브리지 정류기

(1) 양의 반주기 동작

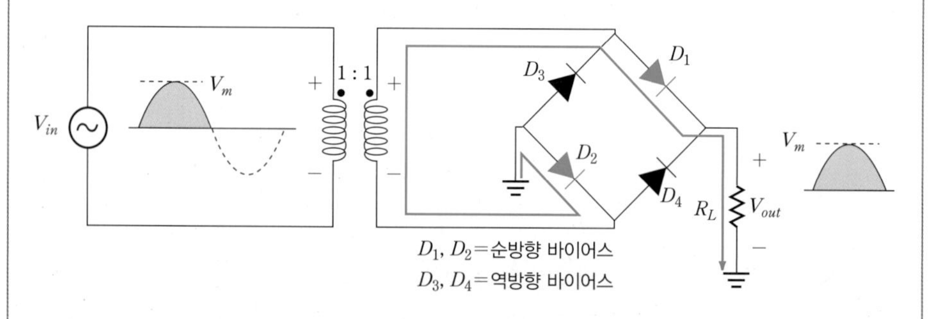

- D_1과 부하저항 R_L 그리고 D_2로 구성된 폐회로가 형성되어 부하저항 R_L에 변압기 2차측 전압과 동일한 크기의 전압이 나타난다(이상적인 경우).

(2) 음의 반주기 동작

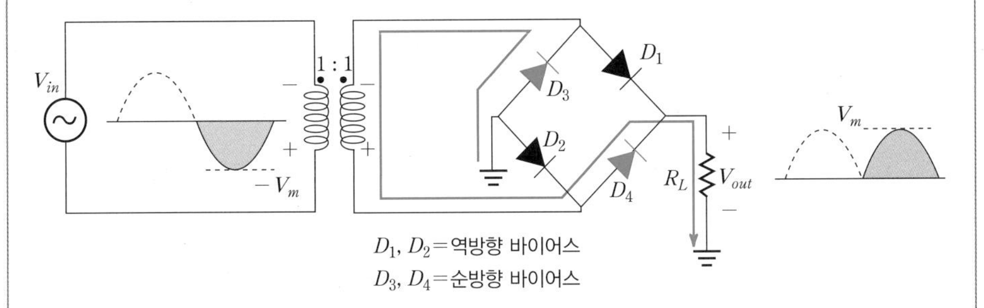

- D_3와 D_4 그리고 부하저항 R_L로 구성된 폐회로가 형성되어 부하저항 R_L에 변압기 2차측 전압과 동일한 크기의 전압이 나타난다(이상적인 경우).

캐패시터 필터

- 캐패시터 필터는 반파/전파정류기의 출력전압의 변동을 줄여 거의 일정한 레벨의 직류전압을 만드는 기능을 한다.

(1) 캐패시터 충전 구간

- 입력전압의 처음 1/4주기 동안 다이오드는 순방향 바이어스
  → 캐패시터가 입력전압의 피크값을 향해 순간적으로 충전

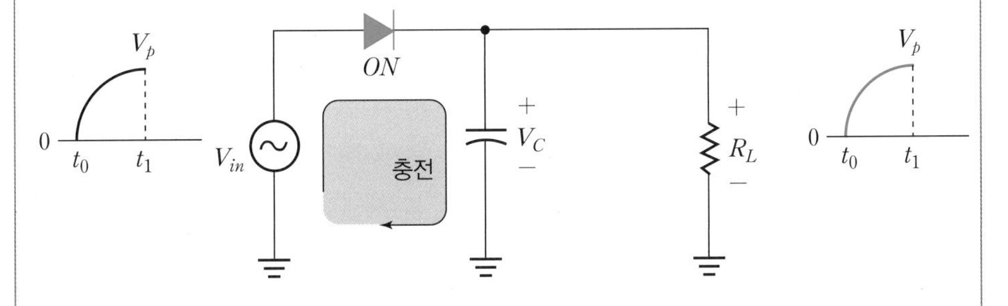

(2) 캐패시터 방전 구간

- 입력전압이 양의 1/4주기를 지나면 다이오드는 역방향 바이어스
  → 다이오드가 차단되므로 캐패시터는 부하저항 R_L과 결합되어 천천히 방전 시작

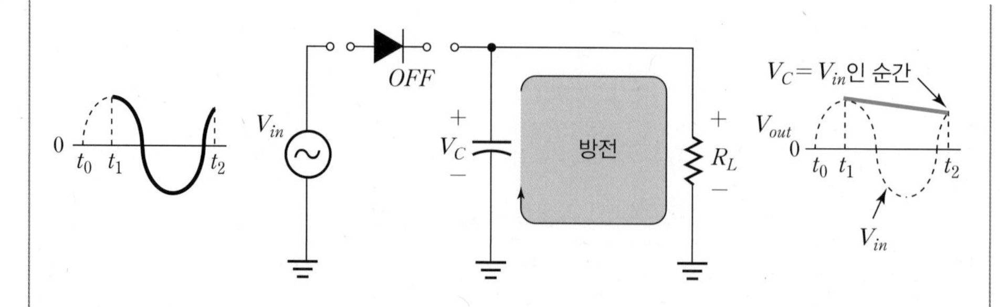

(3) 캐패시터의 재충전 구간

- 캐패시터가 방전하면서 캐패시터 전압이 떨어져서 결국 입력전압이 캐패시터 전압과 같아지는 순간 다이오드는 순방향 바이어스
  → 캐패시터가 다시 입력전압의 피크값을 향해 재충전

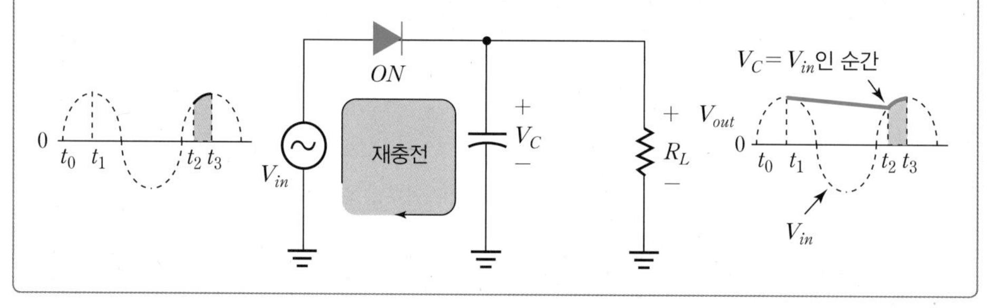

2.3 시뮬레이션 학습실

2.3.1 중간 탭 전파정류회로

그림 2-11의 중간 탭 전파정류회로에 대한 출력파형을 살펴보기 위하여 PSpice로 시뮬레이션을 수행한다.

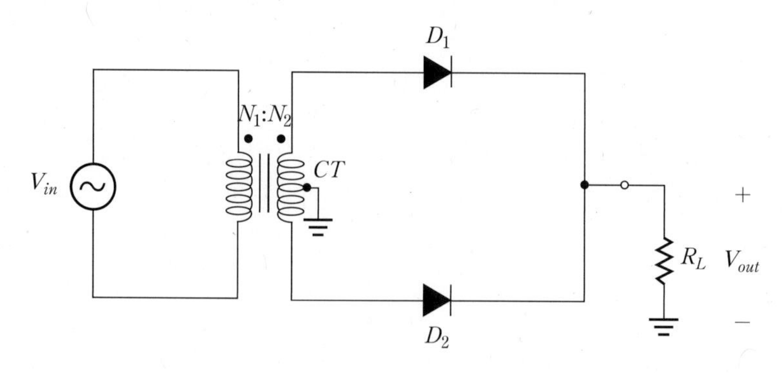

| 그림 2-11(a) 중간 탭 전파정류회로

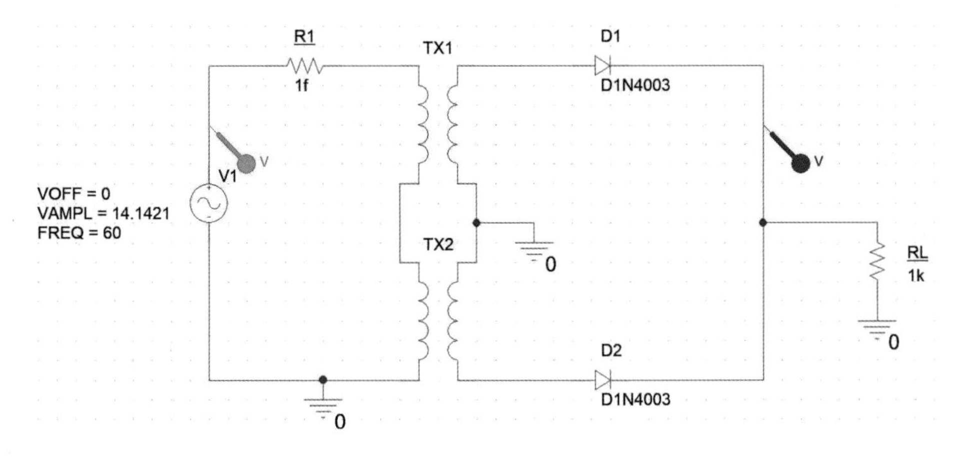

| 그림 2-11(b) PSpice 회로도

시뮬레이션 조건

- 다이오드 모델명: D1N4003
- $N_1 : N_2 = 2:1$ 센터 탭 변압기 TX1, TX2
- 부하저항 $R_L = 1\mathrm{k}\Omega$
- $V_{in} = \sqrt{2}\, V_{rms} \sin 2\pi ft[\mathrm{V}]$, $V_{rms} = 10$, $f = 60\mathrm{Hz}$

그림 2-11의 회로에 대한 PSpice 시뮬레이션 결과를 다음에 도시하였다.

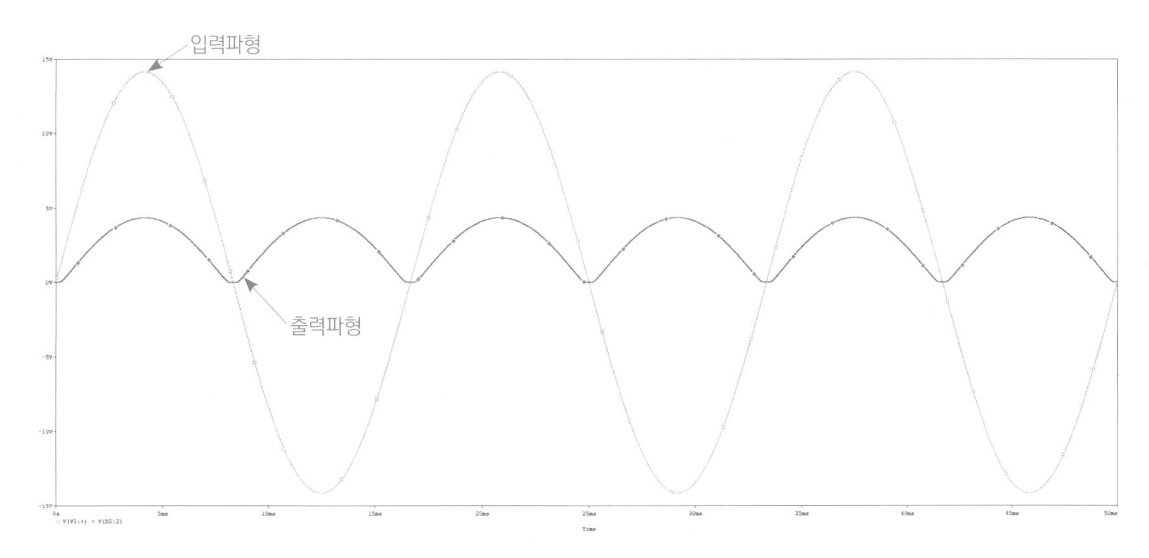

| 그림 2-12 그림 2-11(b)의 결과

2.3.2 전파브리지 정류회로

그림 2-13의 전파브리지 정류회로에 대한 출력파형을 살펴보기 위하여 PSpice로 시뮬레이션을 수행한다.

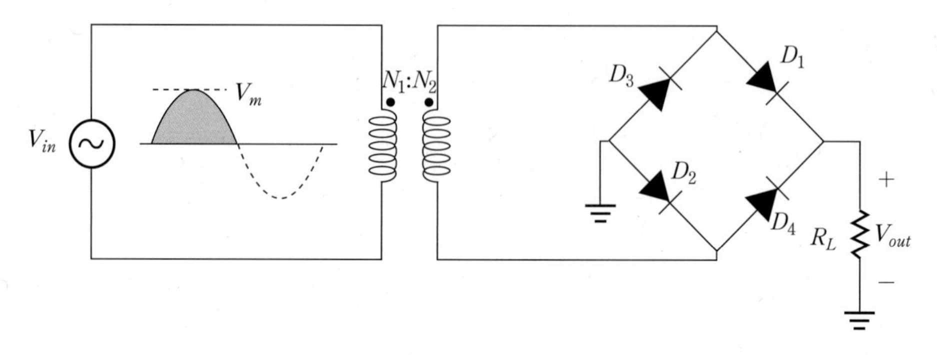

| 그림 2-13(a) 전파브리지 정류회로

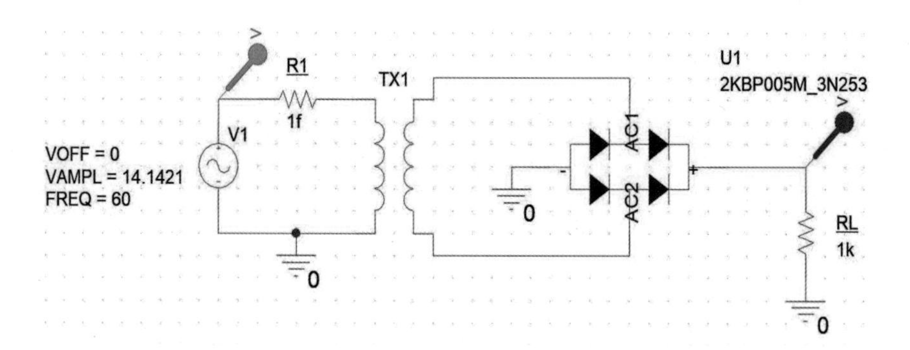

| 그림 2-13(b) PSpice 회로도

시뮬레이션 조건

- 다이오드 모델명: AC1, AC2
- $N_1 : N_2 = 1 : 1$ 변압기 TX1
- 부하저항 $R_L = 1\text{k}\Omega$
- $V_{in} = \sqrt{2}\, V_{rms} \sin 2\pi ft[\text{V}]$, $V_{rms} = 10[\text{V}]$, $f = 60\text{Hz}$

그림 2-13의 회로에 대한 PSpice 시뮬레이션 결과를 다음에 도시하였다.

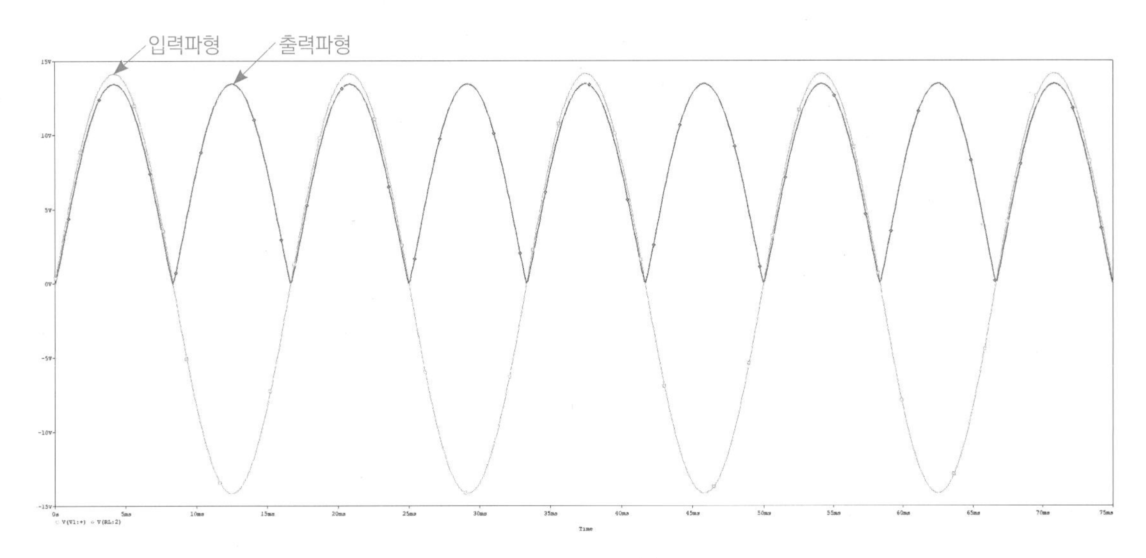

Ⅰ그림 2-14 그림 2-13(b)의 결과

2.3.3 캐패시터 필터회로

그림 2-15의 캐패시터 필터회로에 대한 출력파형을 살펴보기 위하여 PSpice로 시뮬레이션을 수행한다.

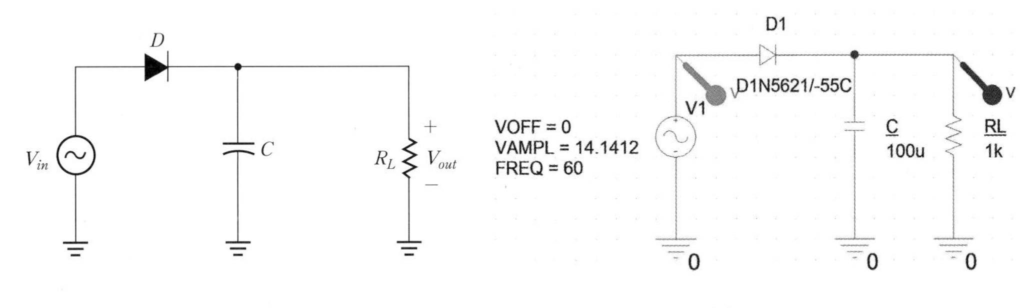

Ⅰ그림 2-15(a) 캐패시터 필터회로

Ⅰ그림 2-15(b) PSpice 회로도

시뮬레이션 조건

- 다이오드 모델명: D1N5621/−55C
- $C=100\mu\text{F}$, $R_L=2\text{k}\Omega$
- $V_{in}=\sqrt{2}\,V_{rms}\sin 2\pi ft[\text{V}]$, $V_{rms}=10$, $f=60\text{Hz}$

그림 2-15의 회로에 대한 PSpice 시뮬레이션 결과를 다음에 도시하였다.

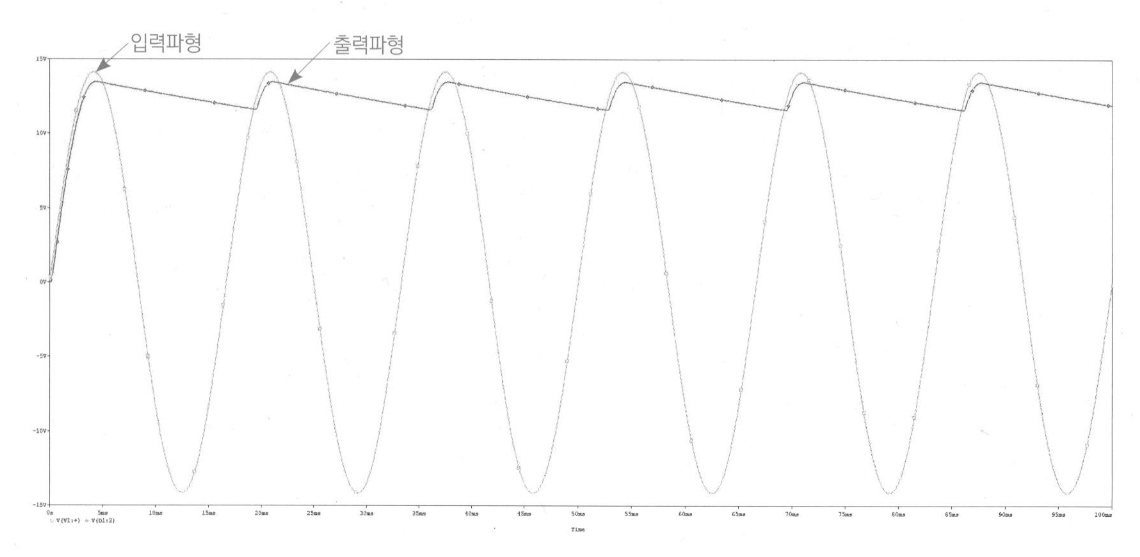

I 그림 2-16 그림 2-15(b)의 결과

2.4 실험기기 및 부품

•중간 탭 변압기	1개
•신호발생기	1대
•오실로스코프	1대
•저항 1kΩ, 2kΩ	각 1개
•다이오드 1N914	7개
•디지털 멀티미터	1대
•브레드 보드	1대

2.5 실험방법

2.5.1 중간 탭 전파정류회로

(1) 그림 2-17의 회로를 구성한다. 변압기는 2차 전압이 다이오드의 항복전압을 초과하지 않도록 선정한다.

(2) 입력파형 $V_{in}=10\sqrt{2}\sin 120\pi t[\mathrm{V}]$를 신호발생기를 이용하여 회로에 인가한다.

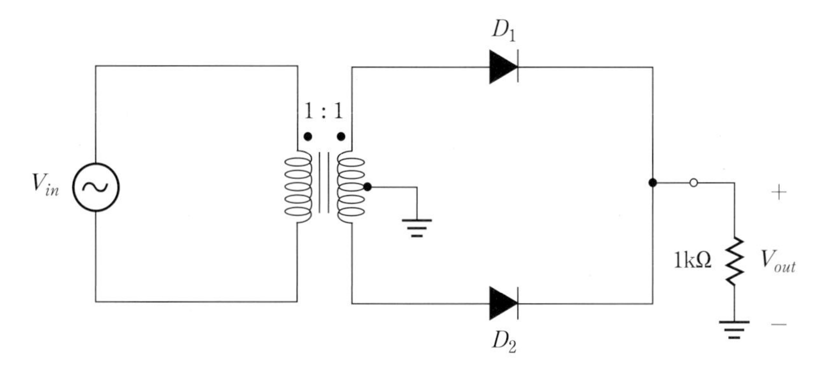

| 그림 2-17 중간 탭 전파정류회로

(3) 오실로스코프의 채널 1(CH1)을 입력파형, 채널 2(CH2)를 출력파형에 할당하여 입출력파형을 측정하여 그래프 2-1에 도시한다.

(4) 입력파형의 주파수를 2배 증가시켜 단계 (1)~(3)의 과정을 반복한다.

2.5.2 전파브리지 정류회로

(1) 그림 2-18과 같이 회로를 구성한다.

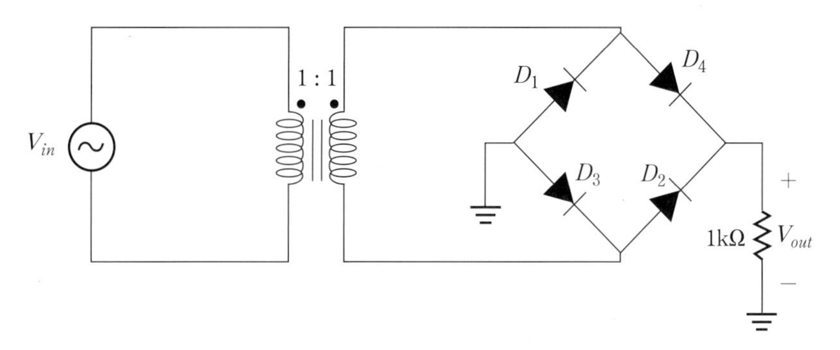

| 그림 2-18 전파브리지 정류회로

(2) 입력파형 $V_{in} = 10\sqrt{2}\sin 120\pi t[\mathrm{V}]$을 신호발생기를 이용하여 회로에 인가한다.

(3) 오실로스코프의 채널 1(CH1)을 입력파형, 채널 2(CH2)를 출력파형에 할당하여 입출력파형을 측정하여 그래프 2-2에 도시한다.

(4) 입력파형의 주파수를 2배 증가시켜 단계 (1)~(3)의 과정을 반복한다.

2.5.3 캐패시터 필터회로

(1) 그림 2-19와 같이 회로를 구성한다.

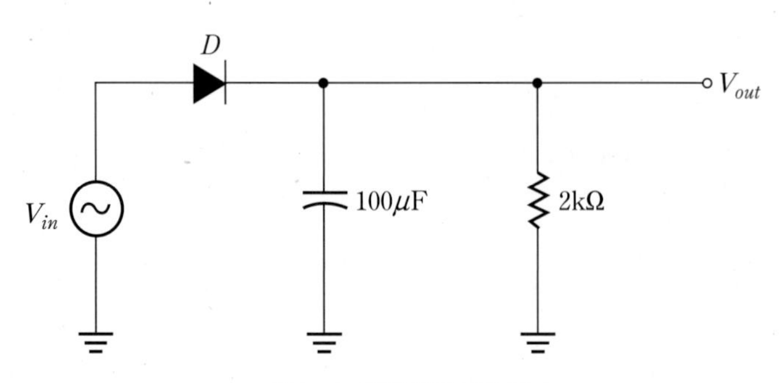

| 그림 2-19 캐패시터 필터회로

(2) 입력파형 $V_{in} = 10\sqrt{2}\sin 120\pi t[\mathrm{V}]$를 신호발생기를 이용하여 회로에 인가한다.

(3) 오실로스코프의 채널 1(CH1)을 입력파형, 채널 2(CH2)를 출력파형에 할당하여 입출력파형을 측정하여 그래프 2-3에 도시한다.

(4) 입력파형의 주파수를 2배 증가시켜 단계 (1)~(3)의 과정을 반복한다.

2.6 실험결과 및 검토

2.6.1 실험결과

(1) 중간 탭 전파정류회로

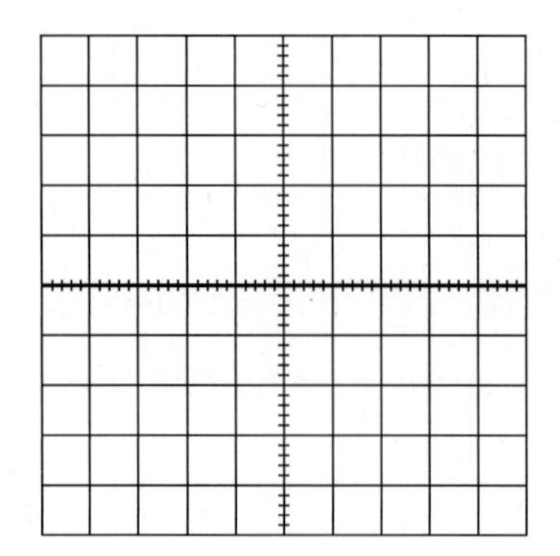

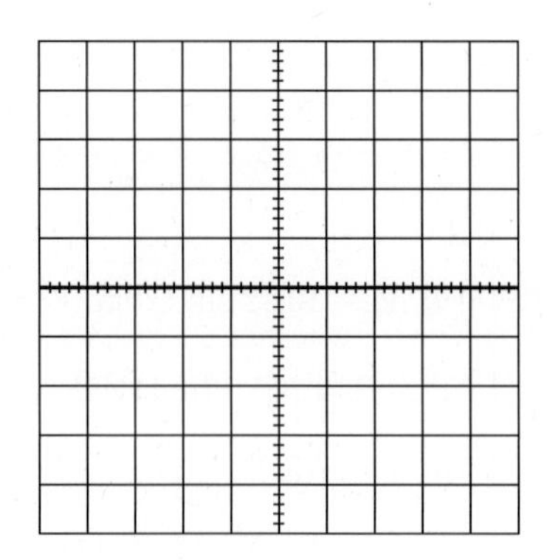

| 그래프 2-1 중간 탭 전파정류회로의 입출력파형

(2) 전파브리지 정류회로

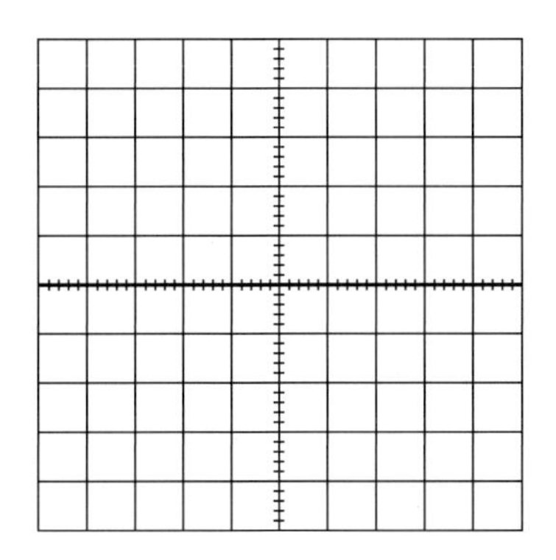
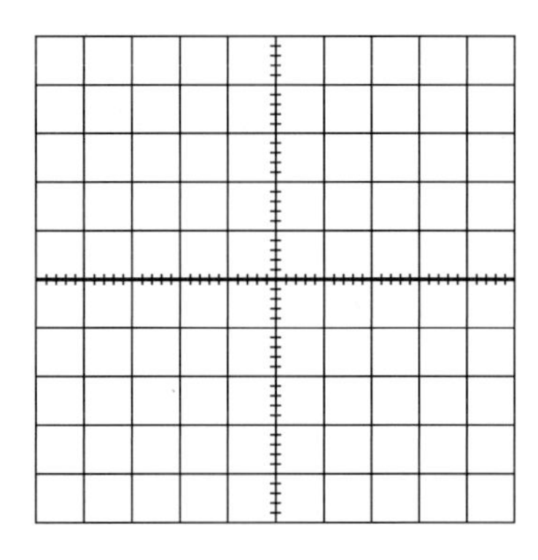

| 그래프 2-2 전파브리지 정류회로의 입출력파형

(3) 캐패시터 필터회로

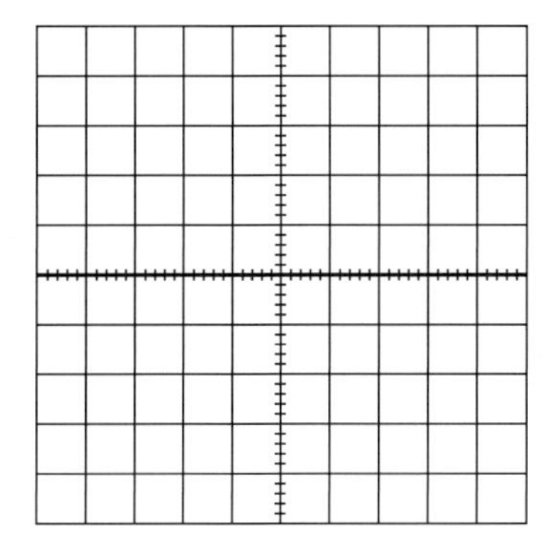
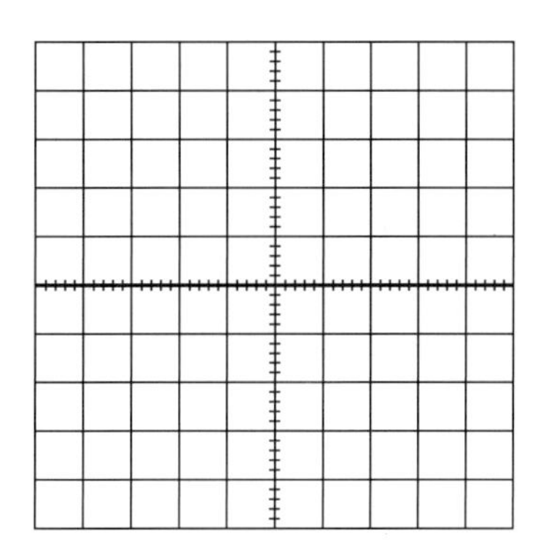

| 그래프 2-3 캐패시터 필터회로의 입출력파형

2.6.2 검토 및 고찰

(1) 반파정류기와 전파정류기의 차이점을 비교하라.

(2) 중간 탭 전파정류기와 전파브리지 정류기의 차이점을 출력파형의 피크값의 측면에서 비교하라.

(3) 전파브리지 정류회로에서 변압기를 사용하지 않고 직접 전원을 인가하는 경우 발생할 수 있는 문제점을 실험적인 관점에서 기술하라.

2.7 실험 이해도 측정 및 평가

2.7.1 객관식 문제

01 전파브리지 정류회로의 실험에 사용된 변압기가 1:1 변압기라면 1차측 전압의 실효값이 110V일 때 출력전압 V_{out}의 실효값은 얼마인가?

① 55V ② 110V
③ 220V ④ 440V

02 60Hz의 정현파가 전파정류기에 공급될 때 출력파형의 주파수는?

① 120Hz ② 30Hz
③ 60Hz ④ 0Hz

03 중간 탭 전파정류기에서 전체 2차 전압의 최댓값이 100V일 때 다이오드의 전압강하를 무시한 출력전압의 실효값은?

① 25V ② 50V
③ $\frac{50}{\sqrt{2}}$V ④ $\frac{100}{\sqrt{2}}$V

04 전파브리지 정류기 회로에서 다이오드 하나가 개방되었다면 출력전압은 어떻게 변화하는가?

① 0V ② 입력전압의 1/2배로 감소된다.
③ 반파정류 파형이 나타난다. ④ 입력전압의 2배가 된다.

2.7.2 주관식 문제

01 그림 2-20에 대해 다음 물음에 답하라.

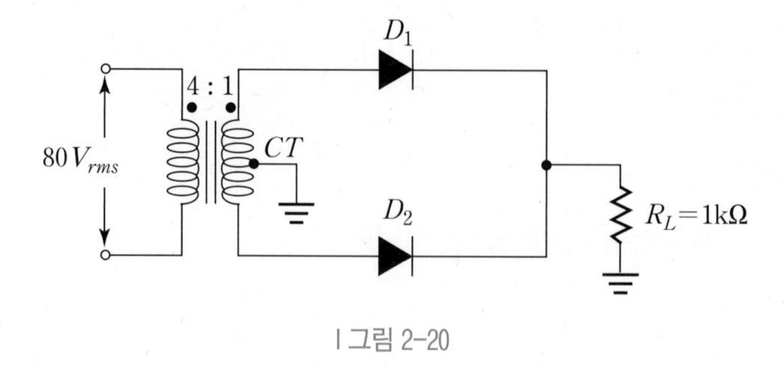

| 그림 2-20

(1) 중간 탭으로 양분된 2차측에서 한쪽에 나타나는 전압의 피크값을 구하라.

(2) 부하저항 R_L 양단의 전압파형을 그려라.

(3) 다이오드를 2차 근사모델로 대체할 때, 다이오드에 흐르는 전류의 피크값을 구하라.

02 그림 2-21의 브리지 전파정류회로에서 다이오드의 연결 방향에 유의하여 출력파형을 도시하라.

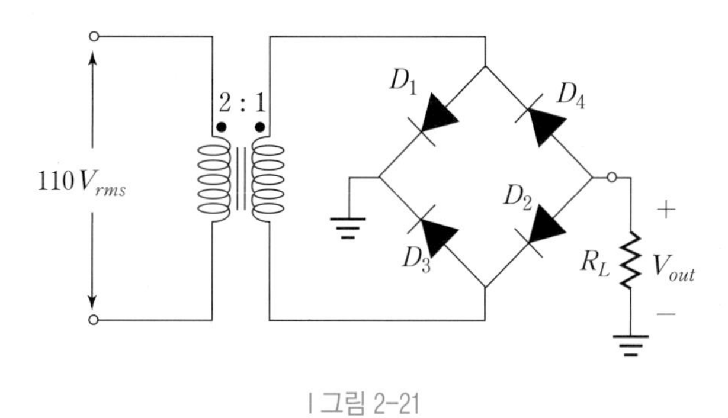

| 그림 2-21

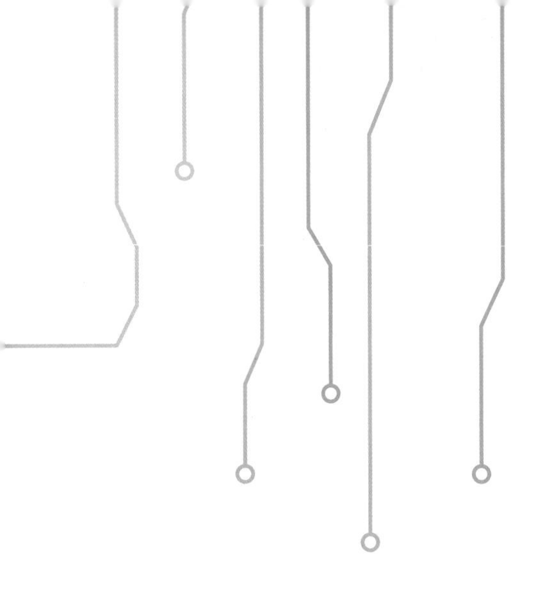

CHAPTER 03
다이오드 클리퍼 및 클램퍼 실험

contents

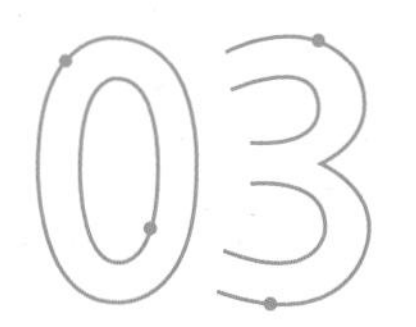

다이오드 클리퍼 및 클램퍼 실험

3.1 실험 개요

다이오드 클리퍼 및 클램퍼 회로의 입력파형과 출력파형의 관계를 관찰하여 그 기능을 실험적으로 확인한다.

3.2 실험원리 학습실

3.2.1 클리핑 및 클램핑 회로

(1) 클리퍼(리미터) 회로

리미터(Limiter) 혹은 클리퍼(Clipper)라 불리는 다이오드 회로는 신호전압을 일정한 레벨로 위 또는 아래로 자르는 회로이다.

그림 3-1의 회로는 입력전압의 양의 영역을 제한하거나 또는 잘라내는 다이오드 리미터 회로이다. 입력전압의 양의 반주기 동안 다이오드는 순방향 바이어스 된다. 다이오드와 부하저항 R_L은 병렬로 연결되어 있기 때문에 출력전압은 다이오드에 걸리는 전압과 같다. 다이오드를 실용 다이오드 모델로 대체하면 $V_{out} \cong 0.7\text{V}$가 된다.

한편, 입력전압의 음의 반주기 동안은 다이오드가 역방향으로 바이어스 되므로 출력전압 V_{out}은 R_1과 R_L로 구성된 전압분배기(Voltage Divider)에 의해 다음과 같이 결정된다.

$$V_{out} = \left(\frac{R_L}{R_1 + R_L}\right) V_{in} \cong V_{in} \quad (R_L \gg R_1) \tag{3.1}$$

만일 부하저항 R_L이 R_1보다 충분히 크다면 $V_{out} \cong V_{in}$이 된다.

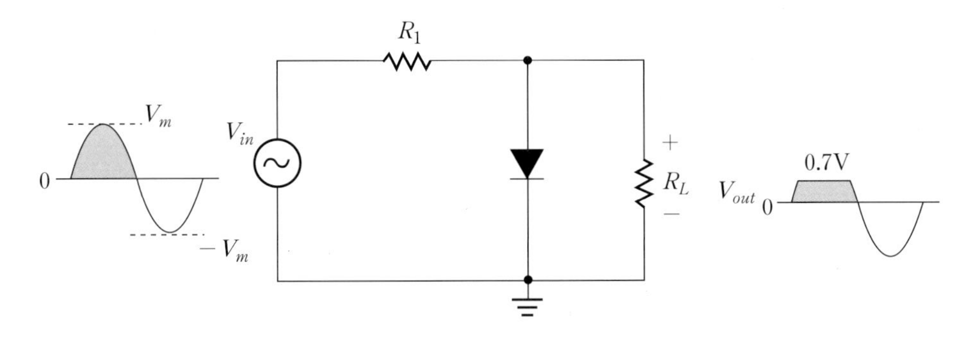

| 그림 3-1 다이오드 리미터 회로

그림 3–2와 같이 바이어스 전압 V_{BIAS}를 다이오드와 적당한 극성을 다이오드와 적당한 극성으로 직렬연결하면 교류전압의 제한레벨을 조정할 수 있으며 이와 같은 회로를 양의 리미터(Positive Limiter)라고 부른다.

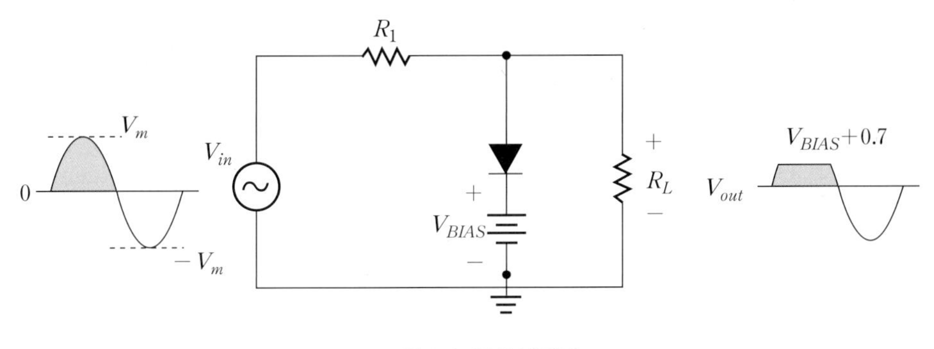

| 그림 3-2 양의 리미터

입력전압의 범위에 따른 다이오드의 상태를 그림 3–3에 도시하였다.

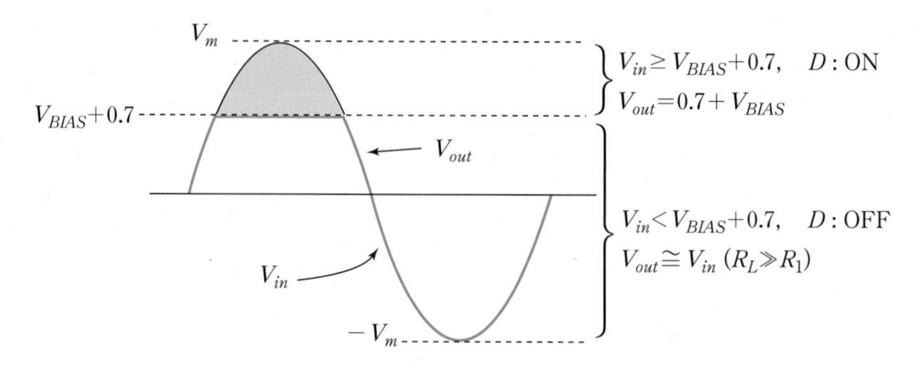

| 그림 3-3 입력전압 범위에 따른 다이오드의 상태

그림 3-3에서 표시된 바와 같이 입력전압 $V_{in} \geq V_{BIAS} + 0.7$의 조건을 만족하면 다이오드는 순방향으로 바이어스 되어 ON 상태가 되며, 이때 출력전압 $V_{out} = 0.7 + V_{BIAS}$가 된다. 입력전압 $V_{in} < V_{BIAS} + 0.7$의 조건을 만족하면 다이오드는 역방향으로 바이어스 되어 OFF 상태가 되며, 이때 출력전압 V_{out}은 R_1과 R_L의 전압분배기로부터 결정된다. 만일 $R_L \gg R_1$ 의 조건이 만족되면 $V_{out} \cong V_{in}$이 성립함에 유의하라.

$$V_{out}=\left(\frac{R_L}{R_1+R_L}\right)V_{in} \cong V_{in}\ \ (R_L \gg R_1) \tag{3.2}$$

만일, 그림 3-2에서 다이오드 방향을 반대로 바꾸어 주면 음의 리미터(Negative Limiter) 회로가 얻어진다. 양의 리미터 회로의 해석과정과 유사하게 진행하면 그림 3-4와 같은 출력파형을 얻을 수 있으며, 이에 대한 자세한 전개 과정은 독자들의 연습문제로 남겨 둔다.

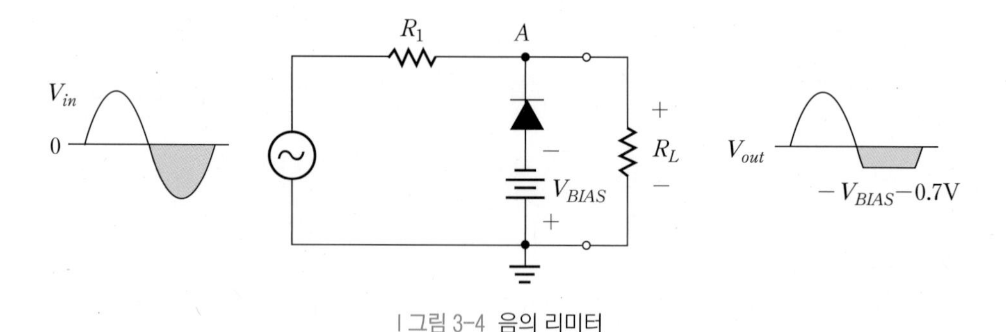

| 그림 3-4 음의 리미터

(2) 클램퍼 회로

클램퍼(Clamper)는 교류전압에 직류전압을 더하는 기능을 수행하기 위해 캐패시터를 첨가한 다이오드 응용회로이며, 양의 직류전압을 더해주는 양의 클램퍼(Positive Clamper)와 음의 직류전압을 더해주는 음의 클램퍼(Negative Clamper)가 있다.

① 양의 클램퍼(Positive Clamper)

■ 캐패시터 충전 구간

그림 3-5에 나타낸 것처럼 입력전압의 처음 음의 1/4주기 동안(캐패시터 충전 구간)에는 다이오드가 순방향으로 바이어스 되기 때문에 입력전압의 피크값을 향해 캐패시터가 충전되기 시작한다. 이때 다이오드와 캐패시터로 구성되는 회로 내의 저항은 매우 작은 값이므로 충전 시정수가 매우 작아 순간적으로 캐패시터가 아래 그림과 같은 극성으로 입력전압의 피크값까지 충전된다.

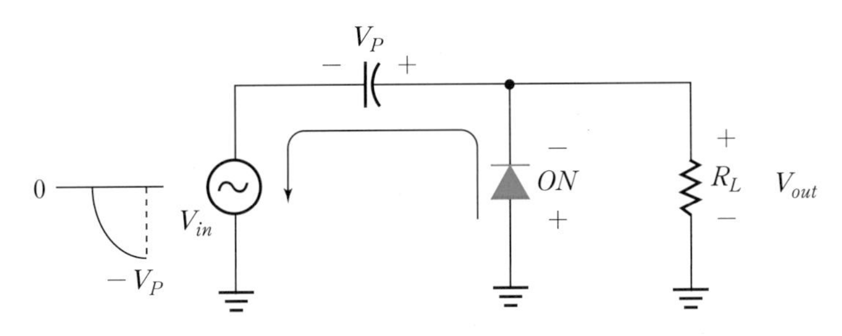

| 그림 3-5 양의 클램퍼에서의 캐패시터 충전 동작

■ 캐패시터 방전 구간

그림 3-6에 나타난 바와 같이 입력전압이 음의 피크값($-V_P$)을 지나가게 되면 캐패시터의 양단전압 $+V_P$가 다이오드의 음극에 바이어스 되어 있기 때문에 다이오드는 항상 역방향 바이어스 상태에 있게 된다. 따라서 캐패시터는 부하저항 R_L과 결합되어 방전하게 되는데 R_L을 충분히 크게 하여 방전 시정수를 증가시켜 천천히 방전이 이루어지도록 한다. 이때 캐패시터는 매우 느린 속도로 방전되도록 하였기 때문에 일종의 직류전원으로 간주할 수 있게 된다(캐패시터 방전 구간).

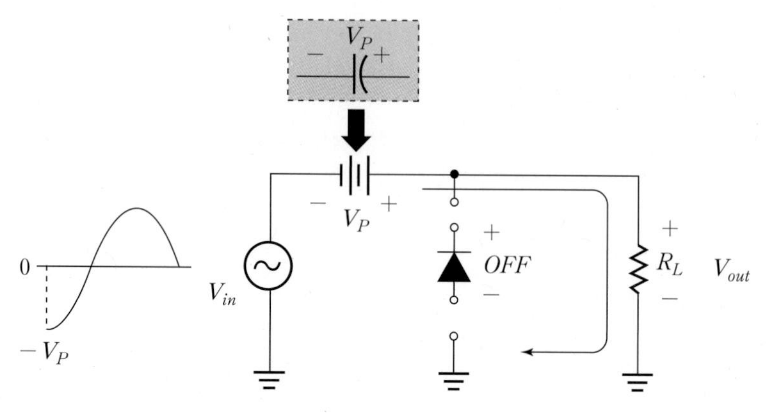

| 그림 3-6 양의 클램퍼에서의 캐패시터 방전 동작

결국 부하저항 R_L에 나타나는 전압은 그림 3-7과 같이 입력전압(V_{in})과 캐패시터 양단 전압 ($+V_P$)가 합쳐져서 나타나게 된다.

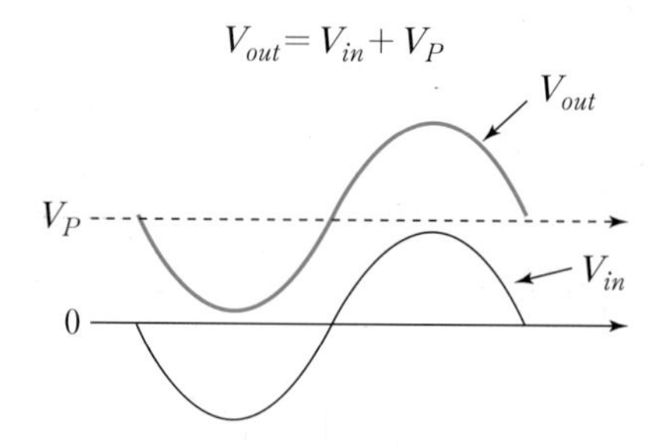

| 그림 3-7 양의 클램퍼 회로의 출력전압

② 음의 클램퍼(Negative Clamper)

■ 캐패시터 충전 구간

그림 3-8에 나타낸 것처럼 처음 양의 1/4주기 동안(캐패시터 충전 구간)에는 다이오드가 순방향으로 바이어스 되기 때문에 입력전압의 피크값을 향해 캐패시터가 충전되기 시작한다. 이때 다이오드와 캐패시터로 구성되는 회로내의 저항은 매우 작은 값이므로 충전시정수가 매우 작아 순간적으로 캐패시터가 아래 그림과 같은 극성으로 입력전압의 피크값까지 충전된다.

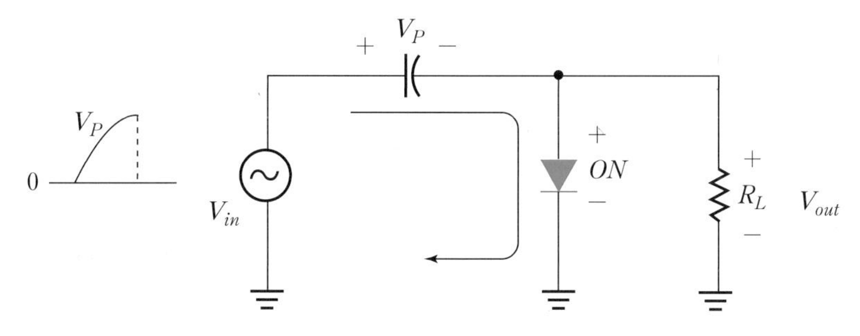

| 그림 3-8 음의 클램퍼에서의 캐패시터 충전 동작

그림 3-9에 나타낸 것처럼 입력전압이 양의 피크값($+V_P$)을 지나가게 되면 캐패시터의 양단전압 $-V_P$가 다이오드의 양극에 바이어스 되어 있기 때문에 다이오드는 항상 역방향 바이어스 상태에 있게 된다. 따라서 캐패시터는 부하저항 R_L과 결합되어 방전하게 되는데 R_L을 충분히 크게 하여 방전 시정수를 증가시켜 천천히 방전이 이루어지도록 한다. 이때 캐패시터는 매우 느린 속도로 방전되도록 하였기 때문에 일종의 직류전원으로 간주할 수 있게 된다(캐패시터 방전 구간).

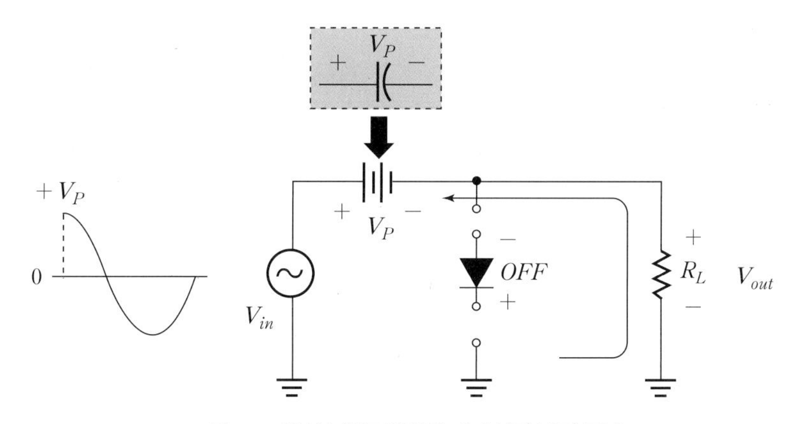

| 그림 3-9 음의 클램퍼에서의 캐패시터 방전 동작

결국 부하저항 R_L에 나타나는 전압은 그림 3-10과 같이 입력전압(V_{in})과 캐패시터 양단전압($-V_P$)이 합쳐져서 나타나게 된다.

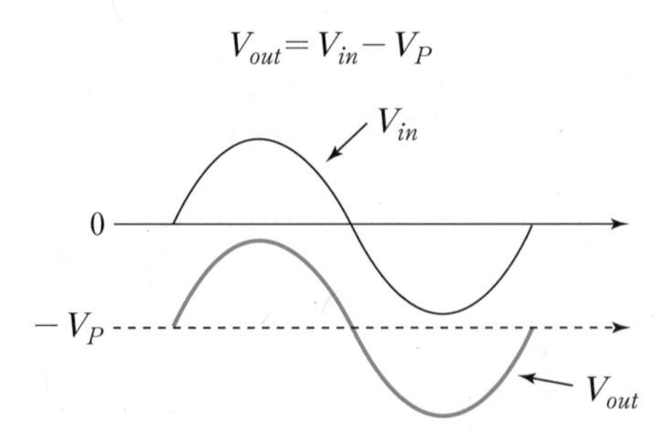

| 그림 3-10 음의 클램퍼 회로의 출력전압

3.2.2 실험원리 요약

클리퍼(리미터) 및 클램핑 회로

- 클리퍼 회로는 신호전압을 일정한 레벨로 위 또는 아래로 잘라내는 회로이다.
- 클램퍼 회로는 교류 신호전압에 직류레벨을 더하는 기능을 수행하기 위하여 캐패시터를 결합한 다이오드 응용회로이다.

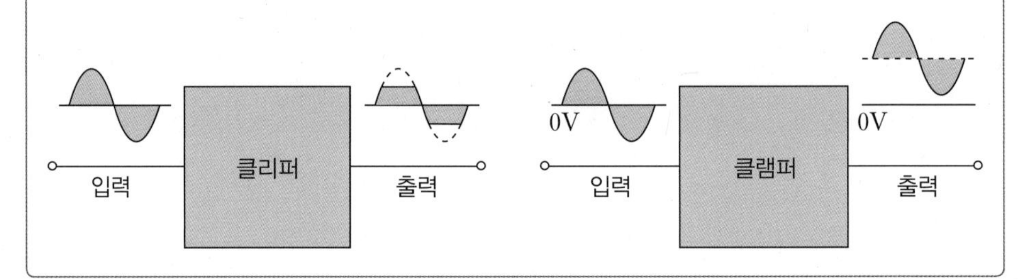

3.3 시뮬레이션 학습실

3.3.1 클리퍼 회로

교류전압의 제한레벨을 조정할 수 있는 양(+) 또는 음(−)의 클리퍼 회로에 대하여 PSpice를 이용하여 시뮬레이션을 수행한다.

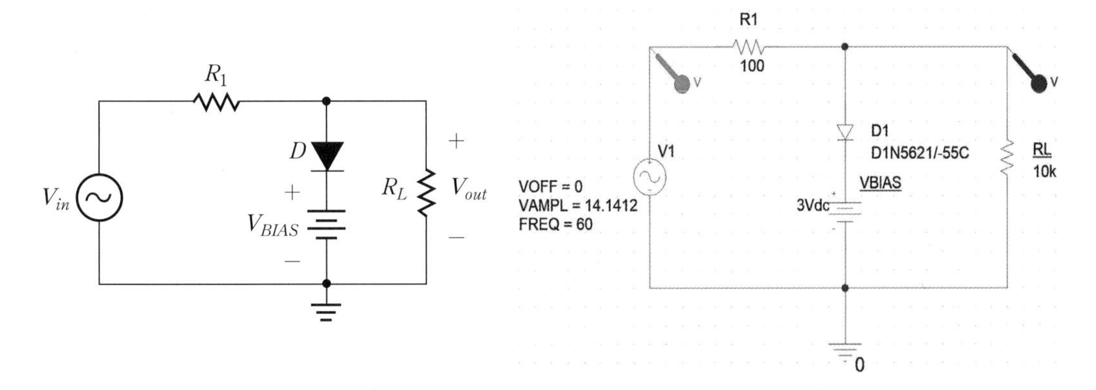

| 그림 3-11(a) 양의 클리퍼 회로

| 그림 3-11(b) PSpice 회로도

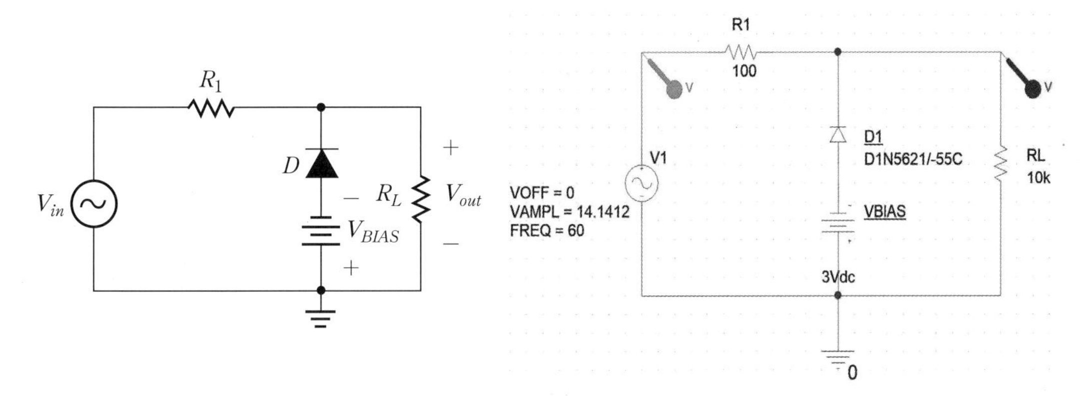

| 그림 3-12(a) 음의 클리퍼 회로

| 그림 3-12(b) PSpice 회로도

시뮬레이션 조건

- 다이오드 모델명: D1N5621/−55C
- $R_1 = 100\Omega$, $R_L = 10\text{k}\Omega$
- $V_{BIAS} = 3\text{V}$
- $V_{in} = \sqrt{2}\, V_{rms} \sin 2\pi ft[\text{V}]$, $V_{rms} = 10$, $f = 60\text{Hz}$

그림 3−11과 그림 3−12에 대한 PSpice 시뮬레이션 결과를 다음에 도시하였다.

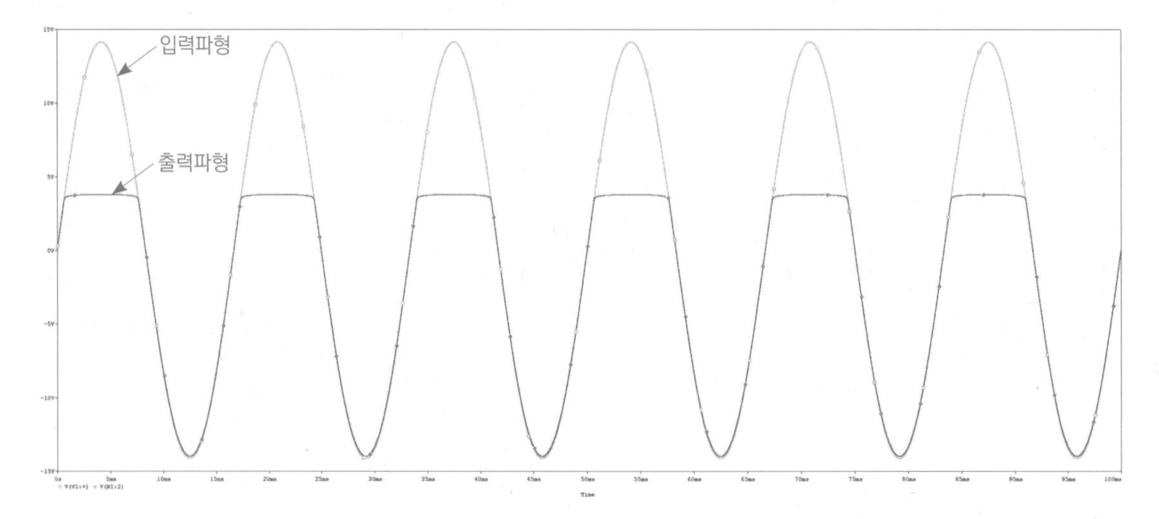

ㅣ그림 3-13 그림 3-11(b)의 결과

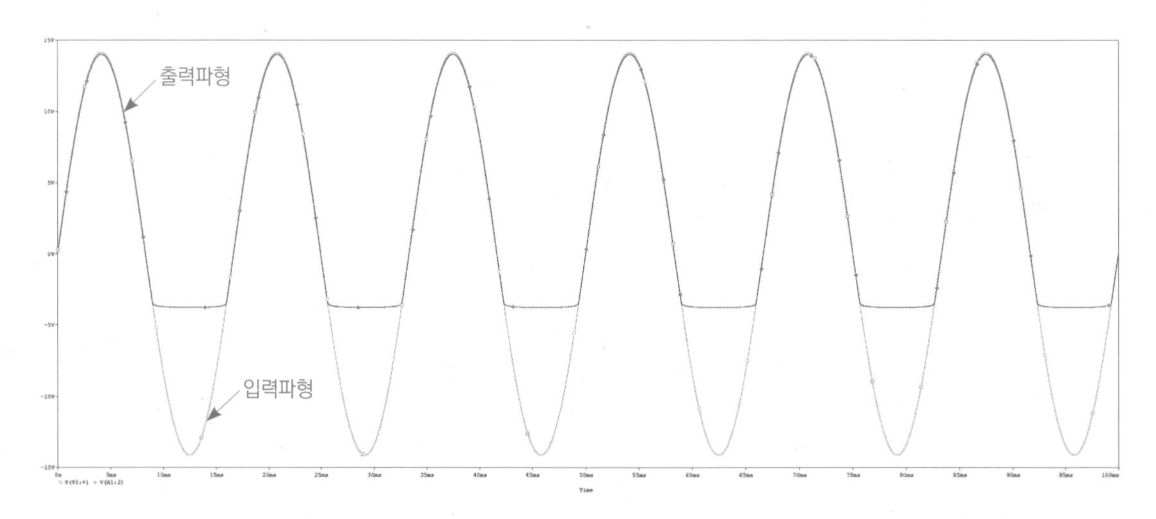

ㅣ그림 3-14 그림 3-12(b)의 결과

3.3.2 클램퍼 회로

교류전압에 직류전압을 더하거나 뺄 수 있는 기능을 수행할 수 있는 양(+) 또는 음(−)의 클램퍼 회로에 대하여 PSpice를 이용하여 시뮬레이션을 수행한다.

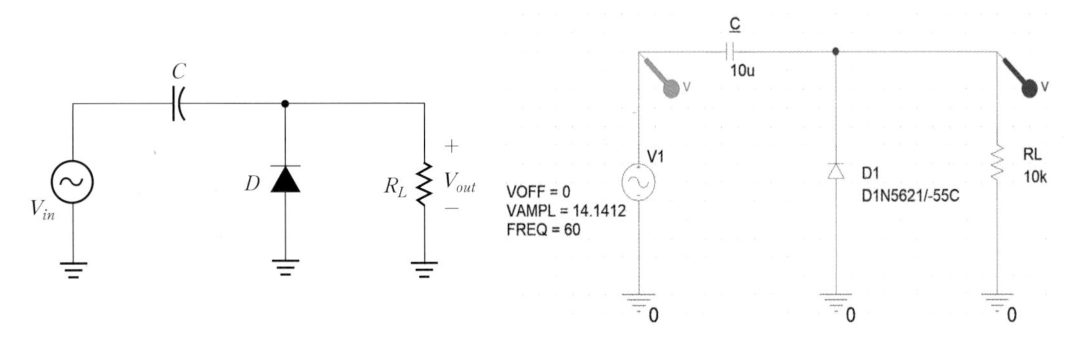

| 그림 3-15(a) 양의 클램퍼 회로 | 그림 3-15(b) PSpice 회로도

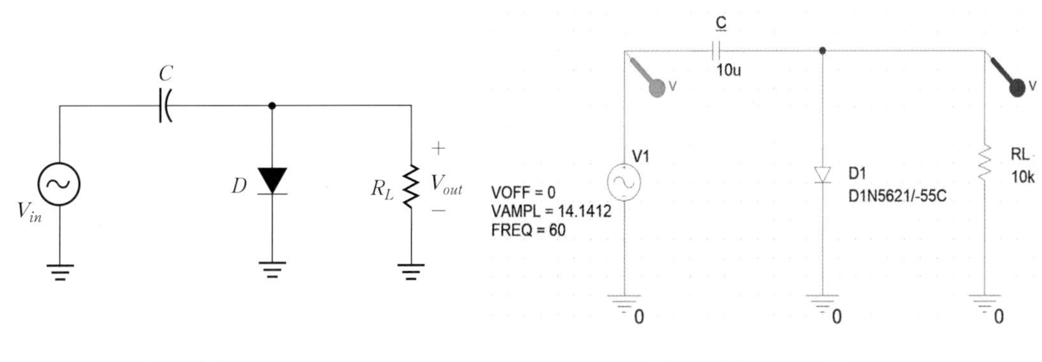

| 그림 3-16(a) 음의 클램퍼 회로 | 그림 3-16(b) PSpice 회로도

시뮬레이션 조건

- 다이오드 모델명: D1N5621/−55C
- $C = 10\mu\text{F}$
- $R_L = 10\text{k}\Omega$
- $V_{in} = \sqrt{2}\, V_{rms} \sin 2\pi ft[\text{V}]$, $V_{rms} = 10$, $f = 60\text{Hz}$

그림 3-15와 그림 3-16에 대한 PSpice 시뮬레이션 결과를 다음에 도시하였다.

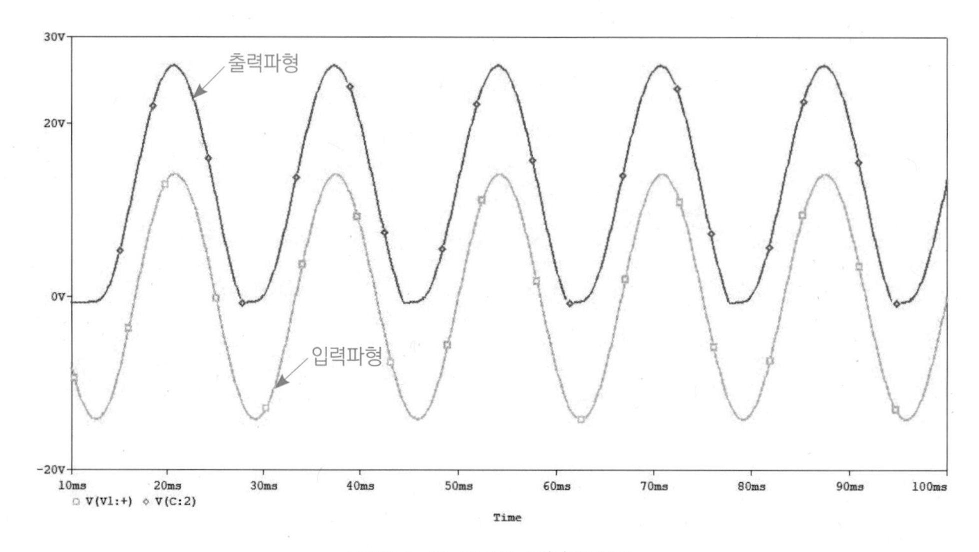

Ι 그림 3-17 그림 3-15(b)의 결과

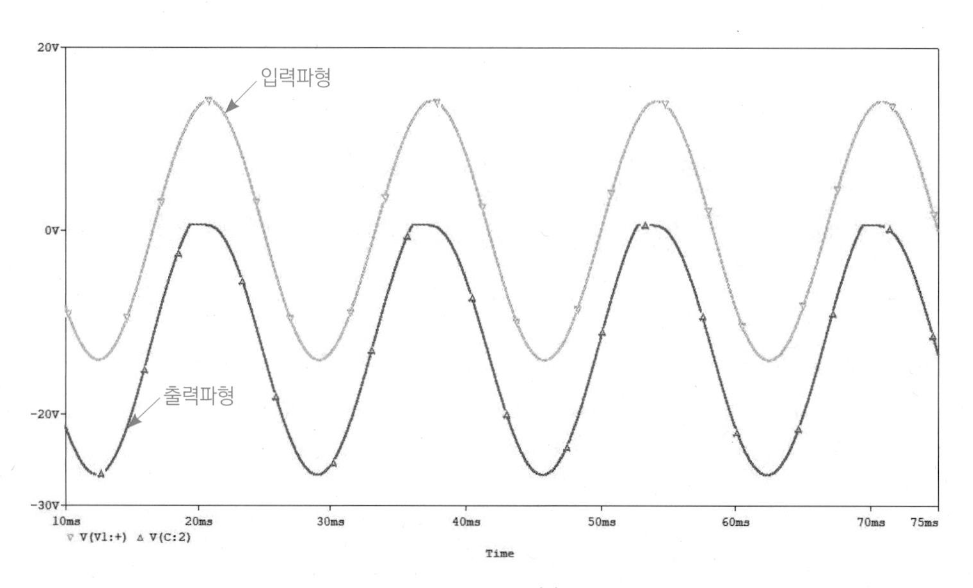

Ι 그림 3-18 그림 3-16(b)의 결과

3.4 실험기기 및 부품

- 직류전원공급기 1대
- 오실로스코프, 디지털 멀티미터, 신호발생기 각 1대
- 저항 100Ω, 10kΩ 각 2개

• 캐패시터 10μF 2개
• 실리콘 다이오드 1N914 4개
• 브레드 보드 1대

3.5 실험방법

3.5.1 클리퍼 회로

(1) 신호발생기를 이용하여 $V_{in}=10\sqrt{2}\sin 120\pi t[V]$를 발생시켜 그림 3-19(a)의 회로에 인가한다.

(2) 오실로스코프 채널 1과 채널 2를 각각 V_{in}과 V_{out}에 할당하여 입력 및 출력파형을 측정하여 그래프로 도시한다.

(3) 그림 3-19(b)의 회로에 신호발생기를 이용하여 $V_{in}=10\sqrt{2}\sin 120\pi t[V]$를 인가한다.

(4) 오실로스코프의 채널 1과 채널 2를 각각 V_{in}과 V_{out}에 할당하여 입력 및 출력파형을 측정하여 그래프로 도시한다.

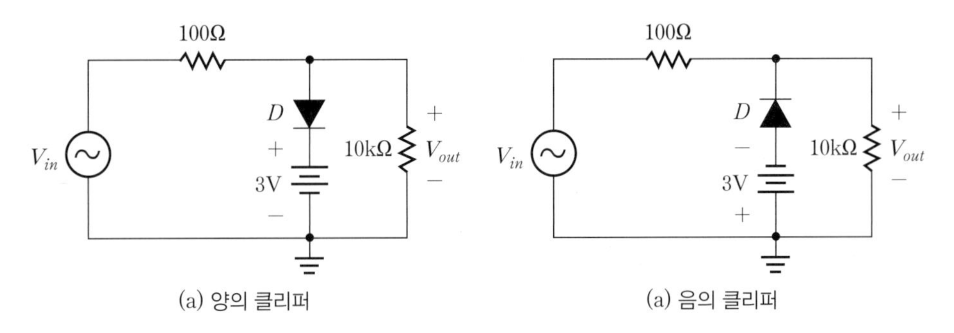

| 그림 3-19 클리퍼 회로

3.5.2 클램퍼 회로

(1) 신호발생기를 이용하여 $V_{in}=10\sqrt{2}\sin 120\pi t[V]$를 발생시켜 그림 3-20(a)의 회로에 인가한다.

(2) 오실로스코프의 채널 1과 채널 2를 각각 V_{in}과 V_{out}에 할당하여 입력 및 출력파형을 측정하여 그래프로 도시한다.

(3) 그림 3-20(b)의 회로에 신호발생기를 이용하여 $V_{in}=10\sqrt{2}\sin 120\pi t[V]$를 인가한다.

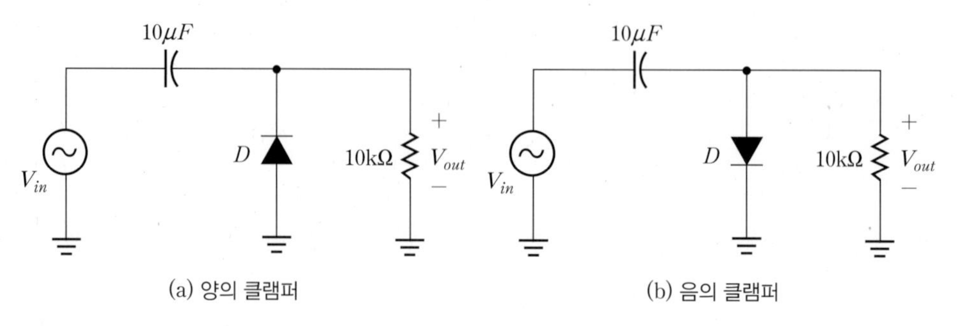

(a) 양의 클램퍼 (b) 음의 클램퍼

| 그림 3-20 클램퍼 회로

(4) 오실로스코프 채널 1과 채널 2를 각각 V_{in}과 V_{out}에 할당하여 입력 및 출력 파형을 측정하여 그래프로 도시한다.

3.6 실험결과 및 검토

3.6.1 실험결과

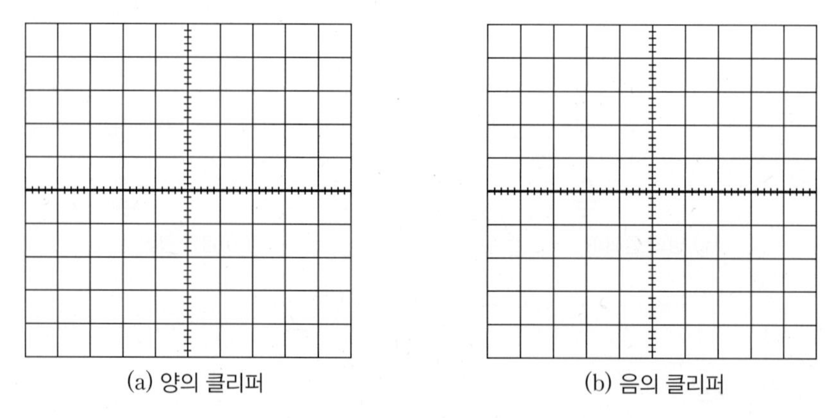
(a) 양의 클리퍼 (b) 음의 클리퍼

| 그래프 3-1 클리퍼 회로의 실험결과

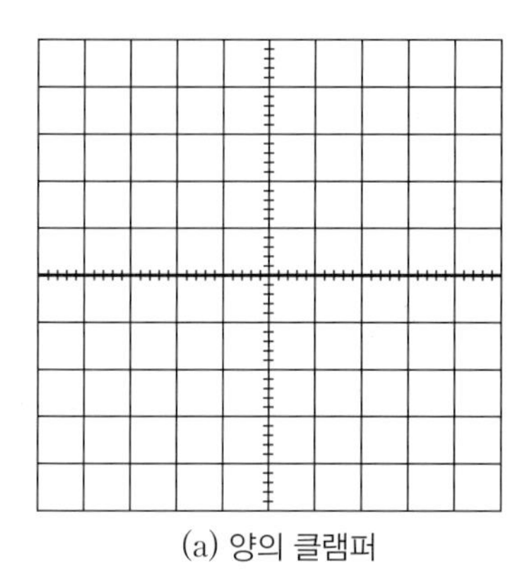

(a) 양의 클램퍼

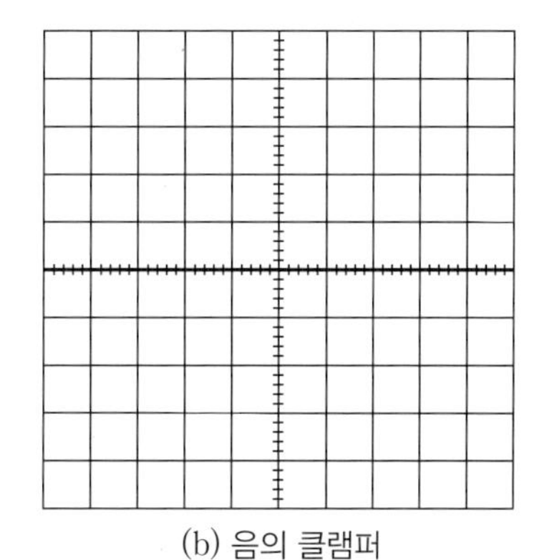

(b) 음의 클램퍼

| 그래프 3-2 클램퍼 회로의 실험결과

3.6.2 검토 및 고찰

(1) 음의 클리퍼와 양의 클리퍼의 차이점을 설명하라.

(2) 클리핑된 파형을 보면 클리핑 레벨이 기준레벨 V_{BIAS}와 조금 차이가 있다. 그 이유를 설명하라.

(3) 클리퍼 회로와 클램퍼 회로의 차이점을 설명하라.

(4) 클램퍼 회로에서 부하저항을 작게 할 때 나타나는 현상에 대하여 설명하라.

3.7 실험 이해도 측정 및 평가

3.7.1 객관식 문제

01 특정 전압값 이상 또는 이하로 입력신호 전압을 제한하는 회로는?

① 정류기　② 클램퍼
③ 브리지 회로　④ 클리퍼

02 입력전압의 파형은 변화시키지 않으면서 입력파형을 특정 직류전압 레벨에 고정시키는 회로는?

① 슬라이서　② 클램퍼
③ 브리지 회로　④ 클리퍼

03 다이오드 응용회로에서 대한 설명으로 잘못된 것은 무엇인가?

① 클램퍼에서 캐패시터 대신에 인덕터를 사용하면 리플을 줄일 수 있다.

② 좋은 클램핑이 되기 위해서는 시정수가 충분히 커야 한다.

③ 클램퍼 회로는 텔레비전 수상기의 직류복원을 위해 사용된다.

④ 클리퍼 회로를 리미터 회로라고도 부른다.

3.7.2 주관식 문제

01 그림 3-20의 클램퍼 회로에서의 시정수(Time Constant)를 각각 구하고, 시정수가 클램퍼 회로에 미치는 영향을 설명하라.

02 그림 3-21의 회로에서 출력파형을 도시하라. 단, 다이오드는 이상적이라고 가정한다.

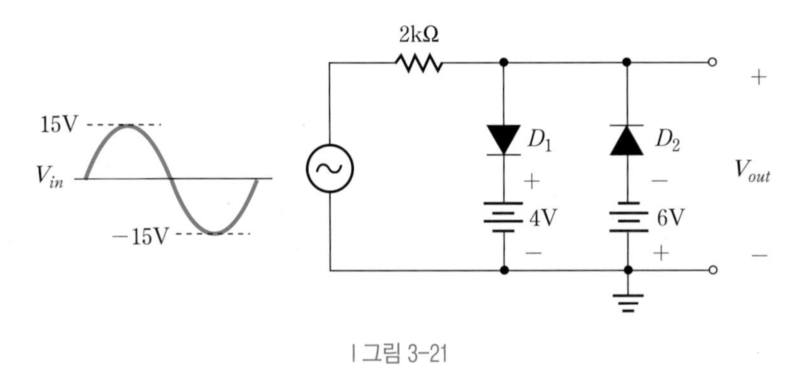

| 그림 3-21

03 그림 3-22의 클램퍼 회로에서 출력파형을 도시하라. 단, 시정수 RC는 입력주기보다 매우 크다고 가정한다.

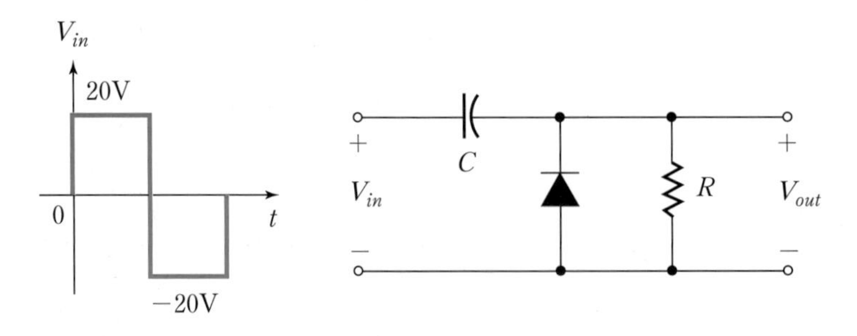

| 그림 3-22

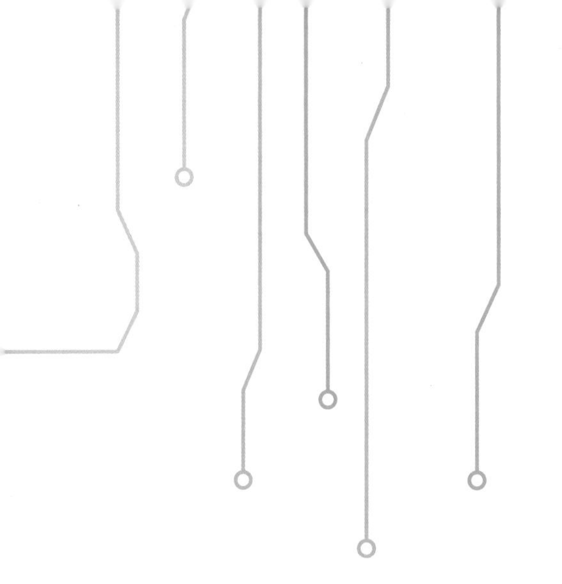

CHAPTER 04

제너 다이오드 특성 및 전압조정기 실험

contents

제너 다이오드 특성 및 전압조정기 실험

4.1 실험 개요

제너 다이오드(Zener Diode)의 순방향 및 역방향 바이어스 특성을 고찰하며, 제너 정전압 작용을 이용한 전압조정기로의 응용을 실험을 통하여 확인한다.

4.2 실험원리 학습실

4.2.1 제너 다이오드 전압 · 전류 특성과 정전압 작용

(1) 제너 다이오드의 전압 · 전류 특성

제너 다이오드는 역방향 항복 영역에서도 동작하도록 설계되었다는 점에서 일반 정류 다이오드와는 다른 실리콘 pn 접합소자이다. 주로 부하에 일정한 전압을 공급하기 위한 정전압 회로에 사용되며 그림 4-1과 같은 회로 심벌로 표시한다.

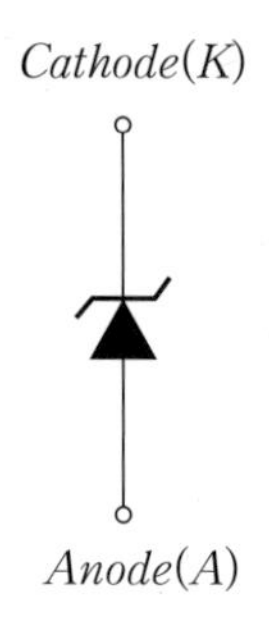

| 그림 4-1 제너 다이오드의 회로 심벌

제너 다이오드는 주로 항복 영역에 동작하도록 설계되었지만, 만일 제너 다이오드가 순방향으로 바이어스 되면 정류 다이오드와 동일한 동작을 한다.

① 순방향 바이어스

그림 4-2에서와 같이 양극(A)에는 양(+)의 극성을, 음극(K)에는 음(-)의 극성을 가지도록 전압을 인가하는 것을 순방향 바이어스라 하며 일반 정류 다이오드의 특성과 동일하게 되어 회로 중에 순방향 전류(I_F)가 흐르게 되며 제너 다이오드 양단에는 순방향 전압(V_F)이 약 0.7V 정도 나타난다.

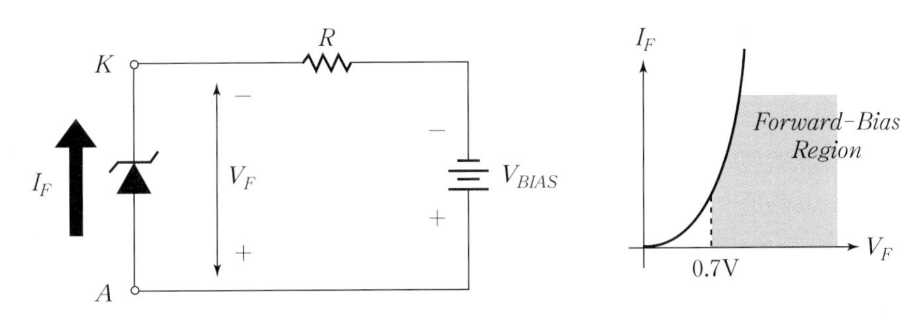

| 그림 4-2 제너 다이오드의 순방향 특성

② 역방향 바이어스와 항복현상

그림 4-3에서와 같이 양극(A)에는 음(-)의 극성을, 음극(K)에는 양(+)의 극성을 가지도록 전압을 인가하는 것을 역방향 바이어스라 한다. 이 경우에도 일반 정류 다이오드의 역방향 특성과 유사하게 처음에는 역방향 전압이 인가되어도 전류가 거의 흐르지 않다가 제너 항복전압(V_Z) 이상의 역방향 전압이 인가되면 제너 다이오드는 항복 영역에서 동작하게 되어 갑작스러운 역방향 전류(I_R)가 흐르게 되며, 이때 제너 다이오드 양단에는 항시 일정한 제너전압 V_Z가 나타나게 된다. 이와 같이 전압조정 작용을 하기 위해서는 제너 다이오드 양단에 제너전압(V_Z) 이상의 역방향 전압을 인가하여 제너 다이오드가 항복 영역(Breakdown Region)에서 동작하도록 한다. 여기서 주의할 점은 일단 제너 다이오드가 항복 영역에서 동작하게 되면, 제너 다이오드의 양단에는 항상 일정한 전압 V_Z가 유지된다는 점이다.

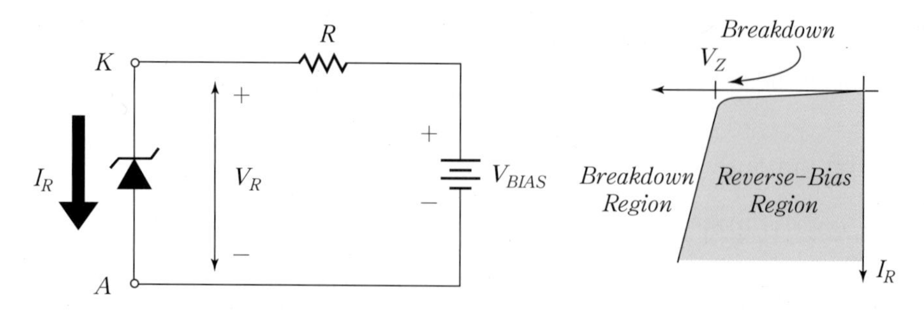

| 그림 4-3 제너 다이오드의 역방향 및 항복 특성

그림 4-3의 특성곡선에 대해 좀더 자세한 고찰이 필요하며, 이를 위해 그림 4-4에 항복 특성곡선을 확대하였다. 역방향 전압(V_R)이 증가하면 역방향 전류(I_R)는 곡선의 변곡점에 도달할 때까지는 수 μA 정도의 적은 제너전류(I_Z)가 흐르게 되며, 변곡점에 도달하게 되면 항복현상이 시작되어 제너 임피던스(Z_Z)라 불리는 내부 제너저항이 감소되기 시작한다. 이에 따라 역방향 전류가 급속히 증가하여 변곡점 아래에서는 제너전류가 증가함에 따라 제너 항복전압(V_Z)이 다소 증가하지만 거의 일정하게 유지된다고 간주해도 상관이 없다.

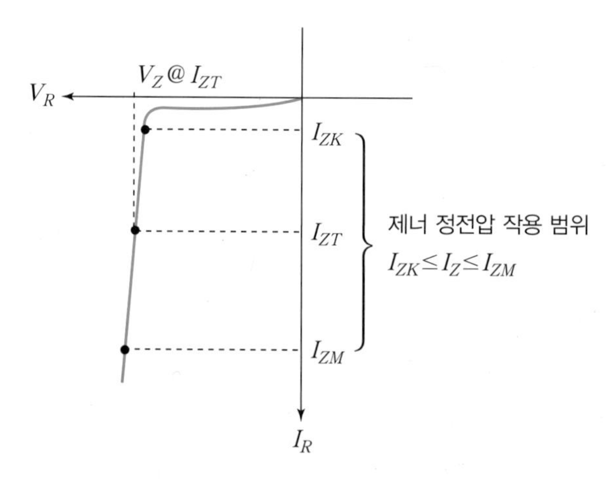

| 그림 4-4 제너 다이오드의 항복 특성

그림 4-4에서 I_{ZK}는 제너 무릎(Knee)전류라 부르며, 이 전류 크기 이상의 전류에서만 제너 다이오드의 주기능인 항복특성이 나타난다. I_{ZM}은 최대제너전류라 부르며 제너 다이오드의 정격을 넘어서지 않는 최대 전류를 나타낸다. 따라서 제너 다이오드는 I_{ZK}에서 I_{ZM}까지의 역방향 전류 범위에 대하여 다이오드 양단전압을 거의 일정하게 유지한다.

I_{ZT}는 제너 다이오드에 흐르는 전형적인 동작전류의 값으로 이 값에서 제너 임피던스 Z_Z가 정의되며 제너 시험전류라고 부른다.

여기서 잠깐

• **제너항복**: 제너 다이오드에서 항복전압을 감소시키기 위해 불순물 도핑농도를 매우 높게 하여 매우 좁은 공핍층을 형성시킴으로서 매우 강한 전계가 공핍층내에 존재하도록 한다. 이를 제너항복(Zener Breakdown)이라고 한다. 제너항복전압 근처에서의 전계의 세기는 가전자대로부터 전자를 끌어와 갑작스런 큰 전류를 생성시킬 수 있을 정도로 강하다. 대략 5V 이하의 항복전압을 가지는 제너 다이오드는 주로 제너항복에 의해 동작하며, 5V 이상의 항복전압을 가지는 제너 다이오드는 전자눈사태 항복에 의해 동작하게 된다.

(2) 제너 정전압 작용

제너 다이오드는 전원입력전압의 크기가 변한다 하더라도 부하에 항상 일정한 전압을 공급하는 정전압 작용을 한다. 또한 부하저항이 변화한다고 하더라도 부하에 항상 일정한 전압을 공급하는 정전압 작용도 할 수 있다. 그림 4–5는 입력전압의 변동에 따른 제너 정전압 작용을 설명한다.

① 입력전압 변동에 따른 제너 정전압 작용

그림 4–5(a)에서 나타낸 것과 같이 제너 다이오드가 항복 영역에서 동작한다면, 즉 $I_{ZK} \leq I_Z \leq I_{ZM}$이라면 입력전압이 증가한다고 하더라도 제너 다이오드 양단에는 항상 일정한 전압이 유지됨을 알 수 있다. 그림 4–5(b)에서 나타낸 것과 같이 제너 다이오드가 항복 영역에서 동작한다면, 즉 $I_{ZK} \leq I_Z \leq I_{ZM}$이라면 입력전압이 감소한다고 하더라도 제너 다이오드 양단에는 항상 일정한 전압이 유지됨을 알 수 있다.

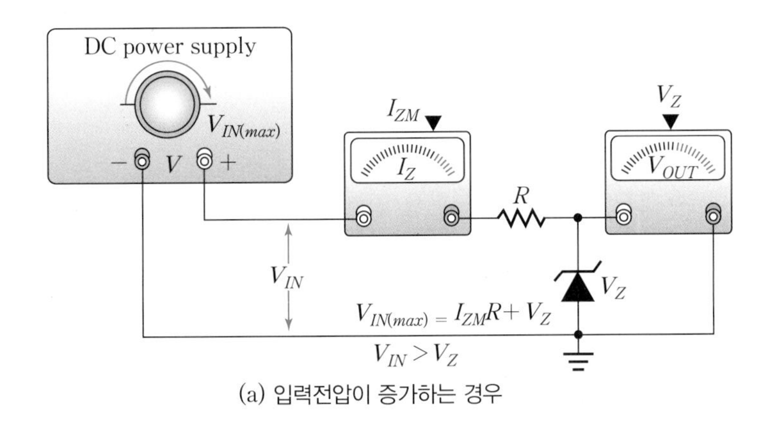

(a) 입력전압이 증가하는 경우

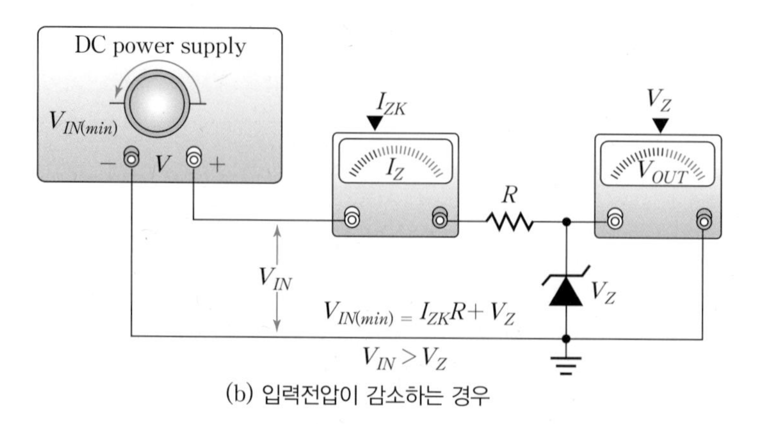

(b) 입력전압이 감소하는 경우

| 그림 4-5 입력전압의 변동에 따른 제너 정전압 작용

그림 4-5에서 제너 정전압 작용이 유지되는 입력전압의 변동 범위는 다음과 같이 계산할 수 있다. 제너 다이오드가 정전압 작용을 유지해야 하므로 제너 다이오드에 흐르는 전류의 범위는 $I_{ZK} \leq I_Z \leq I_{ZM}$이다. 먼저, 가장 작은 제너전류 I_{ZK}가 흐른다고 가정하고 그때의 입력전압의 최솟값을 계산하면 다음과 같다.

$$V_{IN(min)} = RI_{ZK} + V_Z \tag{4.1}$$

다음으로 가장 큰 제너전류인 I_{ZM}이 흐른다고 가정하고 그때의 입력전압의 최댓값을 계산하면 다음과 같다.

$$V_{IN(max)} = RI_{ZM} + V_Z \tag{4.2}$$

따라서 $V_{IN(min)} \leq V_{IN} \leq V_{IN(max)}$ 범위에서 입력전압이 변화한다 하더라도 제너 정전압 작용은 계속 유지됨을 알 수 있다.

② 부하 변동에 따른 제너 정전압 작용

그림 4-6은 단자 양단에 가변 부하저항을 연결한 제너 정전압조정기를 나타낸 것이다. 제너 다이오드는 I_{ZK}보다 크고 I_{ZM}보다 작은 제너 전류 범위에서 양단에 거의 일정한 전압을 유지한다.

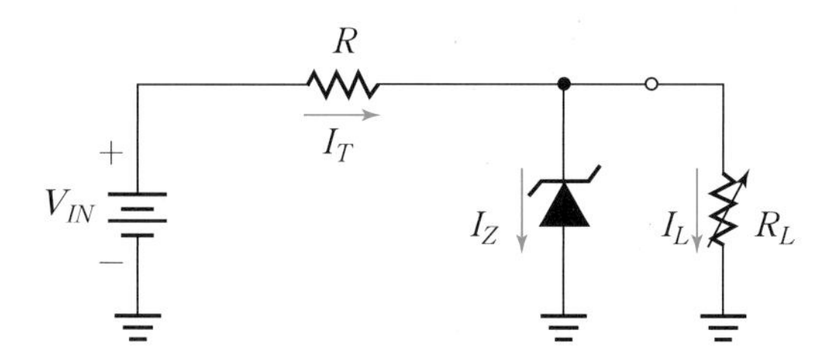

| 그림 4-6 부하 변동에 따른 제너 정전압 작용

제너 정전압조정기의 출력단자가 개방($R_L = \infty$)되었을 때, 부하전류는 0이므로 거의 모든 전류는 제너 다이오드를 통하여 흐른다. 부하저항이 연결되면 전체 전류 중의 일부는 제너 다이오드를 통해 흐르고, 나머지는 R_L을 통해 흐른다. R_L이 감소하면 부하전류 I_L은 증가하고, I_Z는 감소한다. 제너 다이오드는 I_Z가 최솟값 I_{ZK}에 도달될 때까지 정전압을 유지한다. R을 통해 흐르는 전체전류는 본질적으로 일정하게 유지된다.

4.2.2 실험원리 요약

제너 다이오드의 순방향 바이어스

- 제너 다이오드는 주로 항복 영역에서 동작되도록 설계된 특수 목적 다이오드이며, 만일 순방향으로 바이어스 되면 일반 정류 다이오드와 동일한 특성을 가진다.
- 순방향 바이어스: 제너 다이오드의 양극(A)에는 양(+)의 극성, 음극(K)에는 음(−)의 극성을 인가 → 일반 정류 다이오드의 순방향 바이어스와 동일한 특성
- 역방향 바이어스: 제너 다이오드의 양극(A)에는 음(−)의 극성, 음극(K)에는 양(+)의 극성을 인가 → 일반 정류 다이오드의 역방향 바이어스와 동일한 특성
- 항복현상: 제너 다이오드에 제너 항복전압(V_Z) 이상의 역방향 전압이 인가되면 제너 다이오드는 항복 영역에서 동작하게 되어 갑작스런 역방향 전류가 흐르게 되며, 이때 제너 다이오드 양단에 항상 일정한 제너전압(V_Z)이 나타난다. → 정전압 조정 작용에 활용

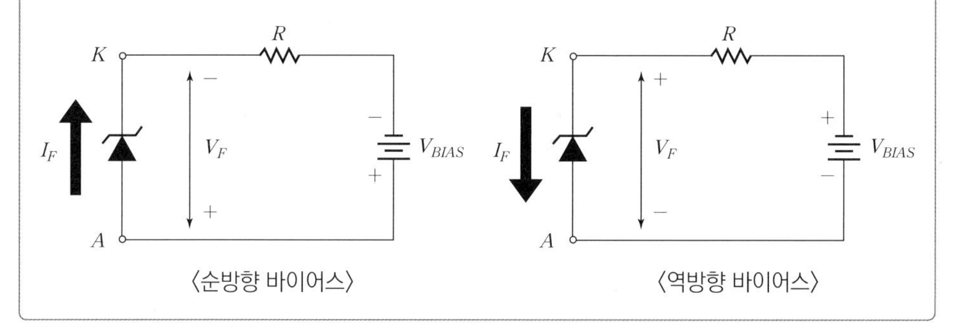

제너 항복특성

- 제너 다이오드가 일단 항복 영역에서 동작하게 되면 제너 다이오드 양단에는 항상 일정한 전압 V_Z가 유지된다.

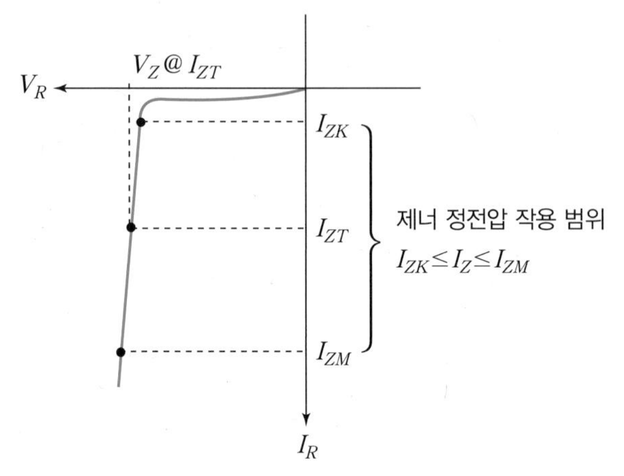

I_{ZK} : 제너 무릎전류
I_{ZM} : 최대 제너전류
I_{ZT} : 제너 다이오드에 흐르는 동작전류

- 제너 다이오드는 $I_{ZK} \leq I_Z \leq I_{ZM}$ 의 범위에 대하여 제너 다이오드 양단의 전압을 일정하게 유지하는 제너 정전압 작용을 한다.

제너 정전압 작용

- 입력전압의 변동에 따른 제너 정전압 작용

제너 다이오드는 전원전압의 크기가 변한다 하더라도 부하에 항상 일정한 전압을 공급하는 정전압 작용을 한다.

$$V_{IN(min)} \leq V_{IN} \leq V_{IN(max)}$$
$$V_{IN(min)} = RI_{ZK} + V_Z,\ \ V_{IN(max)} = RI_{ZM} + V_Z$$

- 부하 변동에 따른 제너 정전압 작용

부하저항이 변화한다고 하더라도 제너 다이오드는 부하에 항상 일정한 전압을 공급하는 정전압 작용을 한다.

4.3 시뮬레이션 학습실

4.3.1 제너 다이오드의 전압 · 전류 특성

제너 다이오드의 순방향 및 역방향 바이어스 특성을 살펴보기 위하여 그림 4-7과 그림 4-8의 회로에 대하여 PSpice를 이용하여 시뮬레이션을 수행한다.

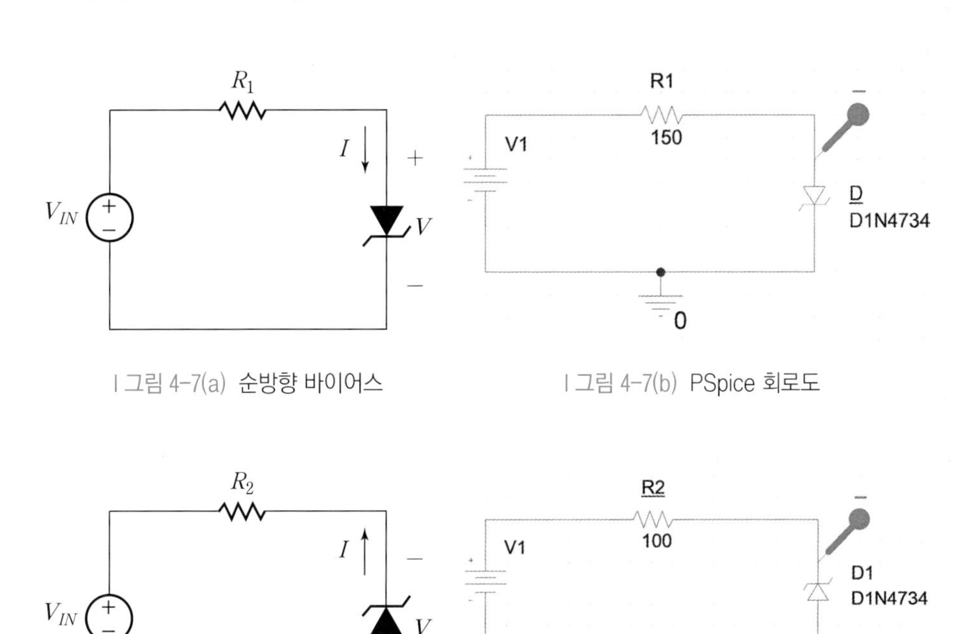

| 그림 4-7(a) 순방향 바이어스

| 그림 4-7(b) PSpice 회로도

| 그림 4-8(a) 역방향 바이어스와 항복

| 그림 4-8(b) PSpice 회로도

시뮬레이션 조건

- 제너 다이오드 모델명: D1N4734
- 순방향 바이어스
  R_1=150Ω, V_{IN}은 0V에서 1.4V까지 0.2V씩 증가시키면서 I와 V를 측정한다.
- 역방향 바이어스
  R_2=100Ω, V_{IN}은 0V에서 14V까지 2V씩 증가시키면서 I와 V를 측정한다.

그림 4-7과 그림 4-8에 대한 PSpice 시뮬레이션 결과를 다음에 도시하였다.

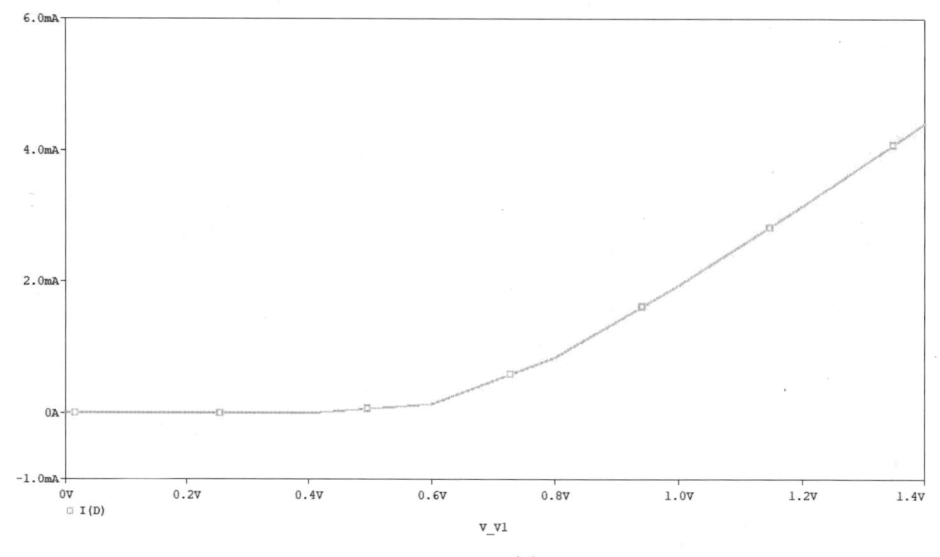

| 그림 4-9 그림 4-7(b)의 결과

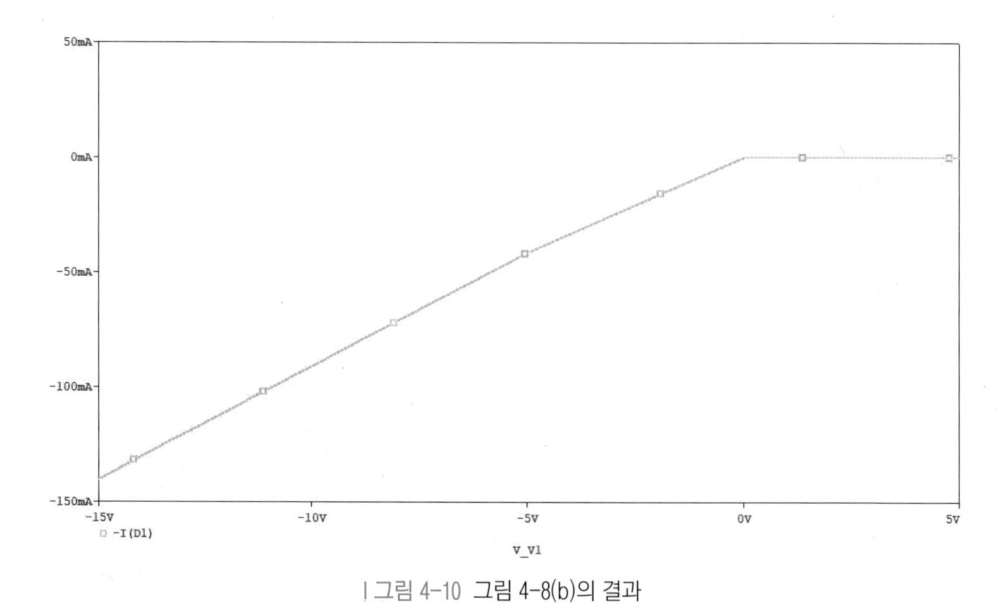

| 그림 4-10 그림 4-8(b)의 결과

4.3.2 제너 정전압 작용

(1) 입력전압의 변동

제너 다이오드가 항복 영역에서 동작한다면 입력전압이 특정한 범위 내에서 변동하더라도 제너 다이오드 양단에는 일정한 전압이 유지된다는 것을 확인하기 위하여 PSpice를 이용하여 시뮬레이션을 수행한다.

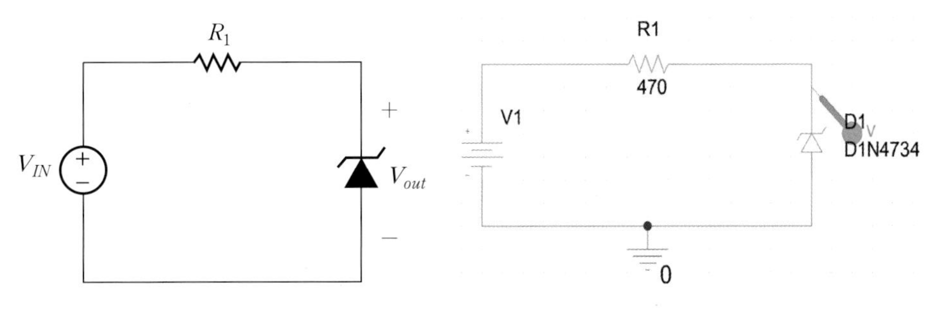

| 그림 4-11(a) 제너 정전압 작용(입력전압 변동)

| 그림 4-11(b) PSpice 회로

시뮬레이션 조건

- 제너 다이오드 모델명: D1N4734
- 저항 R_1=470Ω
- V_{IN}을 0V~20V까지 1V 간격으로 증가시키면서 V_{out}을 측정한다.

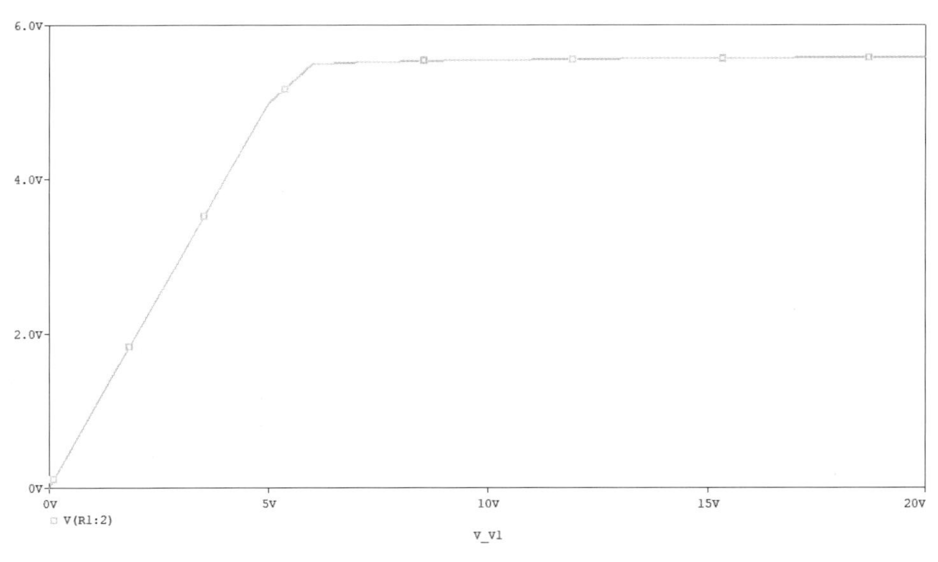

| 그림 4-12 그림 4-11(b)의 결과

그림 4-12의 시뮬레이션 결과로부터 V_{IN}이 대략 5V~20V까지의 범위에서 제너 정전압 작용이 유지된다는 것을 알 수 있다.

(2) 부하저항의 변동

제너 다이오드가 항복 영역에서 동작한다면 부하저항이 특정한 범위 내에서 변동하더라도 부하저항의 양단에는 일정한 전압이 유지된다는 것을 확인하기 위하여 PSpice를 이용하여 시뮬레이션을 수행한다.

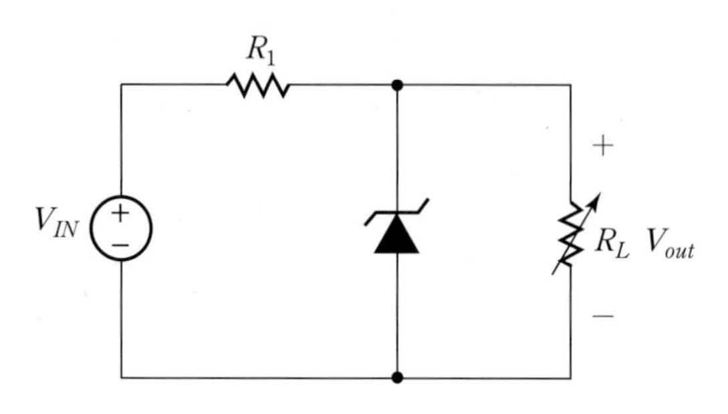

Ι 그림 4-13(a) 제너 정전압 작용(부하저항 변동)

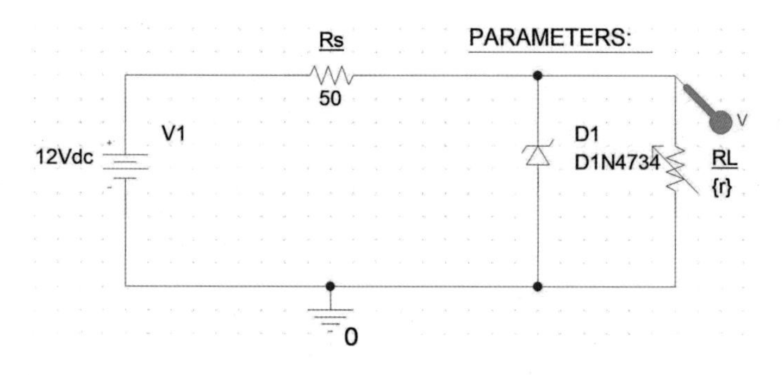

Ι 그림 4-13(b) PSpice 회로도

시뮬레이션 조건

- 제너 다이오드 모델명: D1N4734
- 저항 $R_1=50\Omega$
- 부하저항 $R_L=60\Omega$에서부터 20Ω 간격으로 180Ω까지 증가시키면서 출력전압 V_{out}을 측정한다.
- $V_{IN}=10\text{V}$ (직류)

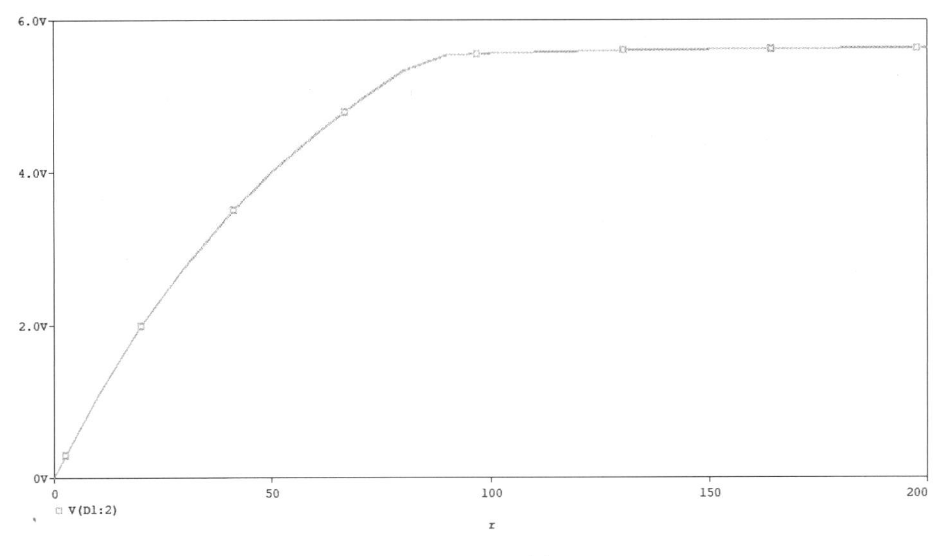

ㅣ그림 4-14 그림 4-13(b)의 결과

그림 4-14의 시뮬레이션 결과로부터 $R_L = 135\Omega$ 이상일 때부터 출력전압 V_{out}이 일정하게 유지되고 있으므로 $135\Omega \le R_L \le \infty$의 저항값에 대하여 제너 정전압 작용이 유지된다는 것을 알 수 있다.

4.4 실험기기 및 부품

- 직류전원공급기 1대
- 디지털 멀티미터 1대
- 저항 100Ω, 150Ω, 470Ω 각 1개
- 가변저항 40Ω~200Ω 1개
- 브레드 보드 1대
- 제너 다이오드 1개

4.5 실험방법

4.5.1 제너 다이오드의 전류 · 전압 특성

(1) 그림 4-15(a)의 회로에서 V_{IN}을 0V에서 1.4V까지 0.2V씩 증가시키면서 제너 다이오드 전류 I와 전압 V를 측정하여 표 4-1에 기록한다.

(2) 전압과 전류의 기준 방향에 유의하여 제너 다이오드의 순방향 특성 곡선을 도시한다.

(3) 그림 4–15(b)의 회로에서 V_{IN}을 0V에서 14V까지 2V씩 증가시키면서 제너 다이오드 전류 I와 전압 V를 측정하여 표 4–2에 기록한다.

(4) 전압과 전류의 기준 방향에 유의하여 제너 다이오드의 역방향 특성 곡선을 도시한다.

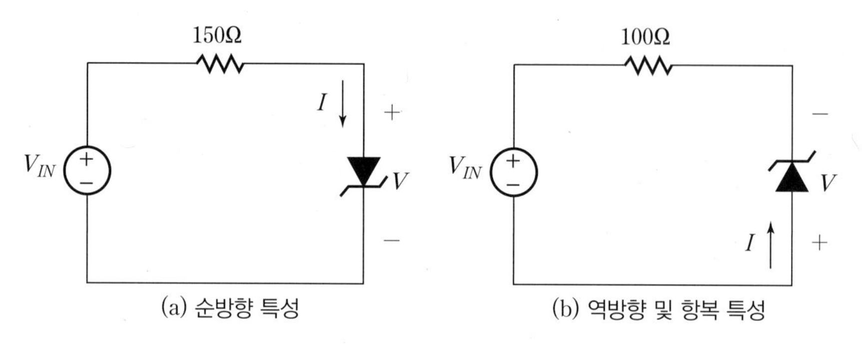

| 그림 4–15 제너 다이오드의 전압 · 전류 특성 실험회로

4.5.2 제너 다이오드의 정전압 작용

(1) 그림 4–16의 회로를 결선하고 전압원 V_{IN}의 출력전압을 10V로 설정한다.

(2) 부하저항 R_L을 60Ω에서 180Ω까지 20Ω 간격으로 증가시키면서 I_R, I_Z, I_L 및 R_L의 양단전압 V_L을 측정하여 표 4–3에 기록한다.

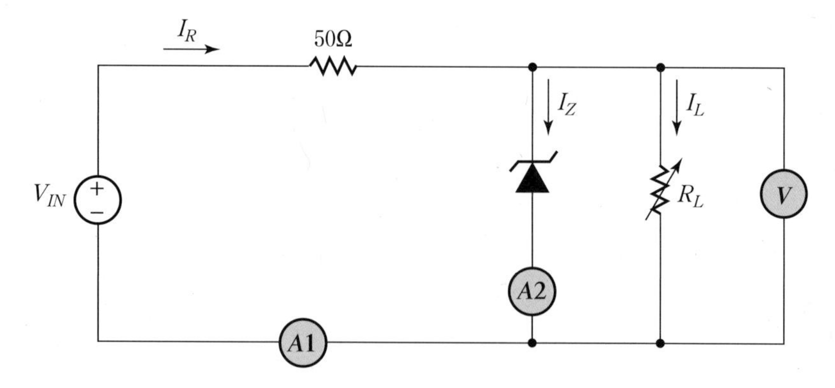

| 그림 4–16 제너 다이오드의 정전압 작용 실험회로

4.6 실험결과 및 검토

4.6.1 실험결과

| 표 4-1 제너 다이오드의 순방향 특성

V[V]	0	0.2	0.4	0.6	0.8	1.0	1.2	1.4
I[mA]								

| 표 4-2 제너 다이오드의 역방향 및 항복특성

V[V]	0	−2	−4	−6	−8	−10	−12	−14
I[mA]								

| 표 4-3 제너 다이오드의 정전압 작용

R_L	60Ω	80Ω	100Ω	120Ω	140Ω	160Ω	180Ω
I_R[mA]							
I_Z[mA]							
I_L[mA]							
V_L[V]							

4.6.2 검토 및 고찰

(1) 정류 다이오드와 제너 다이오드의 차이점을 실험결과를 참고하여 설명하라.

(2) 부하저항이 가변인 경우 제너 다이오드가 전압조정기로서 동작하기 위한 조건을 실험결과를 참고하여 설명하라.

(3) 그림 4-16의 회로에서 제너 정전압 작용이 유지되기 위한 부하저항 R_L의 최솟값과 최댓값을 이론적으로 계산하라. 단, $I_{ZK}=2\text{mA}$, $I_{ZM}=100\text{mA}$ 이고 $V_Z=7.0\text{V}$ 라고 가정한다.

4.7 실험 이해도 측정 및 평가

4.7.1 객관식 문제

01 역방향 항복 영역에서 사용되기 위해 설계된 다이오드는?

① 정류 다이오드　　② 스위칭 다이오드
③ 발광 다이오드　　④ 제너 다이오드

02 제너 다이오드가 제너 항복 영역에서 동작하기 위해서는 제너 다이오드에 흐르는 전류는 어떤 범위 내에 있어야 하는가?

① 제너 무릎 전류 이하
② 제너 무릎 전류와 제너 최대 전류 사이
③ 제너 최대 전류 이상
④ 제너 최대 전류의 2배 이상

03 정전압조절기에서 제너 다이오드의 음극은 정상적으로 어떻게 되는가?

① 양극보다 더 양(+)이 된다.　　② 양극보다 더 음(−)이 된다.
③ +0.7V이다.　　④ 접지된다.

4.7.2 주관식 문제

01 그림 4-17의 회로에서 I_T, I_Z 그리고 I_L을 계산하라.

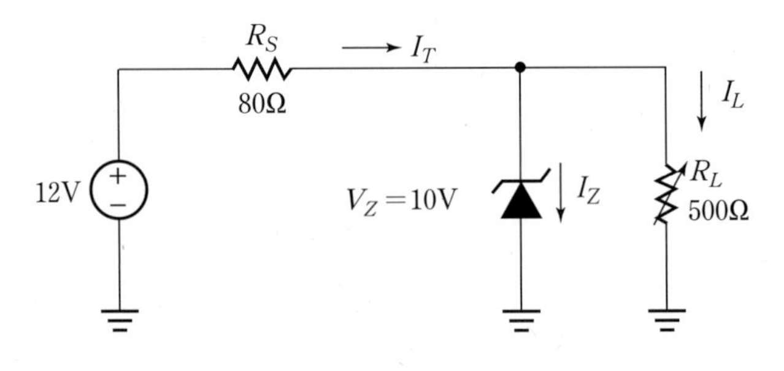

| 그림 4-17

02 부하저항을 가지는 그림 4-18의 제너 전압조정기에서 제너 정전압 작용이 유지되기 위해 부하저항 R_L에 흐르는 최소 및 최대전류를 계산하라. 또한 최소 및 최대 부하저항 $R_{L(min)}$과 $R_{L(max)}$를 결정하라. 단, 제너 임피던스는 무시한다.

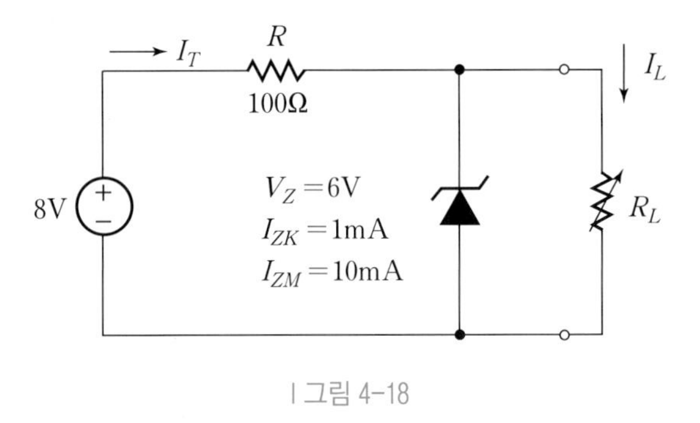

| 그림 4-18

03 그림 4-19에서 제너 다이오드에 의해 정전압 작용이 유지될 수 있는 입력전압 V_{IN}의 범위를 구하라. 단, I_{ZK}=1mA이고 I_{ZM}=100mA이며 제너 임피던스는 무시한다.

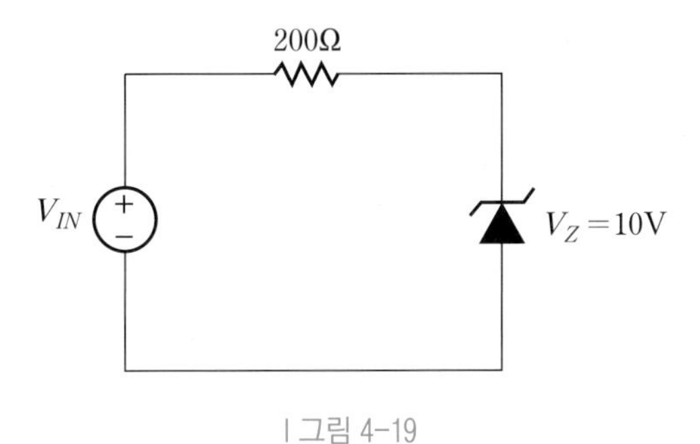

| 그림 4-19

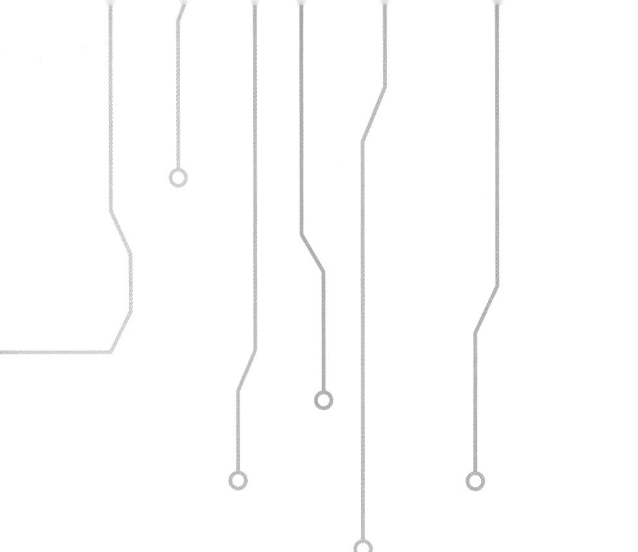

CHAPTER 05

컬렉터 특성 및 트랜지스터 스위치 실험

contents

05 컬렉터 특성 및 트랜지스터 스위치 실험

5.1 실험 개요

트랜지스터에서 I_B를 매개변수로 하여 I_C 및 V_{CE} 와의 상관관계를 실험적으로 측정하여 컬렉터 특성곡선군을 결정하고, 트랜지스터의 스위칭 작용에 대하여 이해한다.

5.2 실험원리 학습실

5.2.1 컬렉터 특성과 트랜지스터 스위치

(1) 컬렉터 특성곡선

컬렉터 특성곡선은 그림 5-1의 회로에서 베이스 전류 I_B를 매개변수로 하여 컬렉터 전류 I_C와 컬렉터-에미터 양단전압 V_{CE}와의 상관관계를 정량적으로 나타낸 것으로 트랜지스터의 동작영역을 구분하는데 중요한 지표로 이용된다. 여러 가지 베이스 전류값을 기준으로 하여 I_C와 V_{CE}와의 그래프를 그리게 되면 그림 5-2와 같은 컬렉터 특성곡선군이 얻어진다.

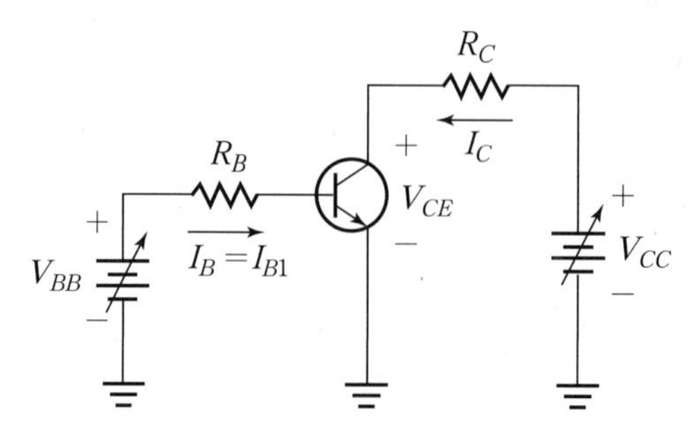

| 그림 5-1 컬렉터 특성곡선을 얻기 위한 트랜지스터 회로

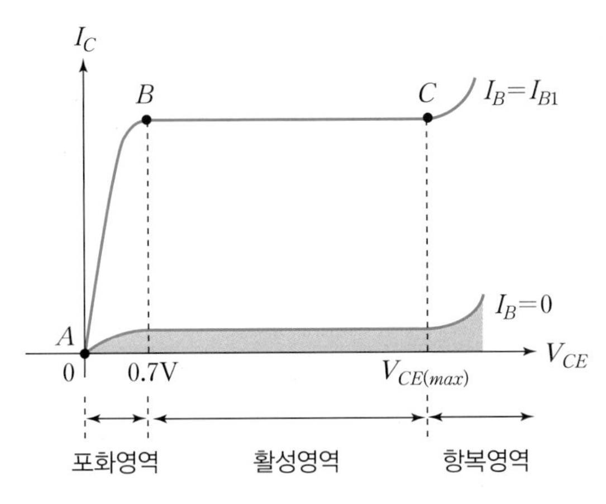

| 그림 5-2 컬렉터 특성곡선 및 트랜지스터 동작영역

그림 5-2의 각 동작점 구간에서 V_{CE}의 변화에 따라 I_C가 어떻게 변화하는지를 살펴보고 그에 따른 트랜지스터의 3가지 동작영역을 결정한다.

① 동작점 A

그림 5-1에서 $V_{CC} = 0$으로 놓고 V_{BB}를 적당한 값으로 설정하면 이때 베이스 루프 내에는 전류 I_{B1}이 흐른다. 다음 그림 5-3에 나타난 것처럼 베이스-컬렉터 접합면 J_{BC}와 베이스-에미터 접합면 J_{BE}는 각각 순방향으로 바이어스 되어 베이스단에 대략 0.7V의 전압이 나타나게 된다.

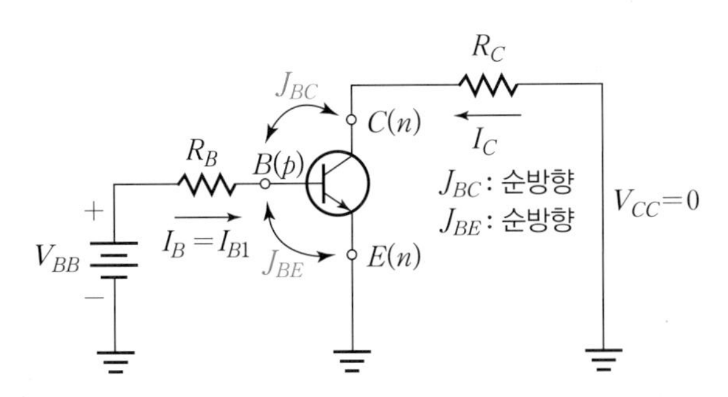

| 그림 5-3 동작점 A에서의 트랜지스터 회로

② 동작구간 A–B

동작점 A 상태에서 V_{BB}는 고정된 값으로 놓고(즉 $I_B = I_{B1}$으로 고정) V_{CC}값을 0에서 대략 0.7V 정도까지 점차로 증가시키면 컬렉터 전류도 V_{CC}값의 증가에 비례하여 점점 증가한다. 이때 V_C는 0.7V보다 작은 상태를 유지하므로 J_{BC}는 여전히 순방향 바이어스 상태임에 주의하라. 결국 동작구간 A–B 사이에서는 J_{BC}와 J_{BE}가 각각 순방향 바이어스 상태를 유지하기 때문에 V_{CC}의 증가(즉 V_{CE}의 증가)에 따라 컬렉터 전류도 증가하는 양상을 보이게 된다. 이때 트랜지스터가 포화영역(Saturation Region)에서 동작한다고 정의한다. 트랜지스터가 포화되면 I_B가 증가하더라도 I_C는 더 이상 증가하지 못하고 $I_C = \beta_{DC} I_B$의 관계도 성립하지 않는다.

③ 동작구간 B–C

만일 V_{CC}를 계속 증가시켜서 0.7V보다 더 큰 전압이 V_{CE}에 나타난다고 하면 베이스 단자전압 V_B는 대략 0.7V를 유지하고 있으므로 J_{BC}는 더 이상 순방향으로 바이어스 되지 못하고 역방향 바이어스 상태에 있게 된다. 따라서 V_{CC}가 계속 증가(즉 V_{CE}가 계속 증가)하더라도 컬렉터 전류는 더 이상 증가하지 못하고 거의 일정한 값을 유지하게 되므로 베이스 전류와 컬렉터 전류 사이에는 $I_C = \beta_{DC} I_B$의 관계가 성립한다.

위에서 언급된 바와 같이 J_{BE}는 순방향 바이어스, J_{BC}는 역방향 바이어스 상태로 되어 컬렉터 전류가 거의 일정한 상태로 유지되는 영역을 활성영역(Action Region)이라 정의한다.

④ 동작점 C 이후

V_{CC}가 계속 증가(즉 V_{CE}가 계속 증가)하여 J_{BC}가 과도하게 역방향으로 바이어스 되면 항복(Breakdown)현상이 일어나 과도한 역방향 전류가 순간적으로 흘러 트랜지스터 소자를 파괴하게 된다. 이때를 항복영역(Breakdown Region)이라 정의하며 이 영역에서 트랜지스터를 동작시키게 되면 소자가 파괴되므로 $V_{CE(max)}$값을 넘지 않는 범위에서 트랜지스터를 사용해야 한다.

⑤ 차단영역(Cutoff Region)

V_{BB}를 0으로 하여 베이스 전류 I_B를 0으로 고정시킨 후 V_{CC}를 계속 증가시키면 J_{BE}와 J_{BC}가 모두 역방향으로 바이어스 되어 있기 때문에 컬렉터 전류는 약간의 누설전류 외에는 거의 흐르지 않게 된다. 컬렉터 전류의 크기가 거의 0이 될 때 트랜지스터는 차단영역에서 동작한다고 정의한다.

여기서 잠깐

트랜지스터의 동작영역 구분: 트랜지스터의 컬렉터 특성으로부터 트랜지스터의 동작영역을 구분하며, 항복영역은 트랜지스터가 파괴되어 더이상 기능을 할 수 없는 상태이므로 사용해서는 안 되는 영역이므로 정상적으로 동작시키는 영역은 3가지이다.

	포화영역	활성영역	차단영역	항복영역
J_{BE}	순방향	순방향	역방향	순방향
J_{BC}	순방향	역방향	역방향	역방향 항복
응용	스위치	증폭기	스위치	사용 금지

한편, 컬렉터 특성곡선에 직류부하선(DC Load Line)의 개념을 이용하여 차단과 포화를 설명하면 다음과 같다. 그림 5-1의 컬렉터 루프에 대하여 키르히호프 전압법칙을 적용하면

$$I_C R_C + V_{CE} - V_{CC} = 0 \tag{5.1}$$

이 된다. 식 (5.1)은 기울기가 $-\dfrac{1}{R_C}$, I_C축 절편이 $\dfrac{V_{CC}}{R_C}$ 그리고 V_{CE}축 절편이 V_{CC}인 일차직선의 방정식이므로 이를 컬렉터 특성곡선 위에 함께 도시하면 그림 5-4와 같다. 식 (5.1)을 직류부하선이라 부르며, 부하선의 맨 아래는 $I_C = 0$, $V_{CE} = V_{CC}$이므로 차단점이 되고, 부하선의 맨 위는 $I_C = I_{C(sat)}$, $V_{CE} = V_{CE(sat)}$인 포화점이 된다.

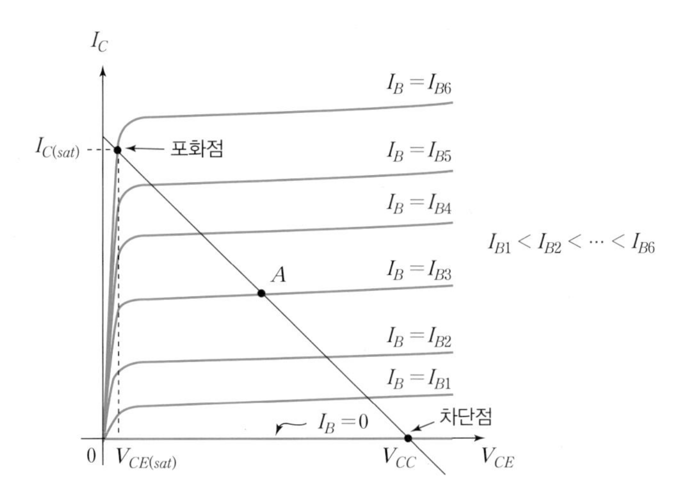

| 그림 5-4 직류 부하선을 이용한 차단점과 포화점

그림 5-4에서 한 가지 주의할 것은 베이스 전류의 증가는 트랜지스터가 포화상태가 될 가능성을 높여준다는 사실이다. 예를 들어, 점 A는 $I_B = I_{B3}$에 대해서는 활성영역에 위치하지만, I_B를 점점 증가시켜 $I_B = I_{B6}$가 되면 트랜지스터는 포화상태가 된다. 이렇게 되면 I_B를 계속 증가시켜도 컬렉터 전류 I_C는 더 이상 증가되지 않는다.

(2) 트랜지스터 스위치

트랜지스터의 주된 응용은 활성영역에서 동작하도록 바이어스를 걸어 교류신호를 증폭하는 것이지만, 트랜지스터를 포화영역과 차단영역에서 교대로 동작하도록 바이어스를 걸어주면 전자 스위치(Electronic Switch)로 사용할 수 있다.

① 개방 스위치(Open Switch)

그림 5-5에서처럼 V_{BB}를 0으로 만들면 $I_B = 0$이므로 컬렉터 전류 $I_C = 0$이 되어 트랜지스터는 차단(Cutoff) 상태에 있게 된다. 따라서 컬렉터 전류는 거의 흐르지 않기 때문에 트랜지스터는 개방된 스위치로서 동작된다. 이 때 컬렉터 단자전압 V_C는 저항 R_C에 전류가 흐르지 않기 때문에 외부 전압 V_{CC}와 같은 값을 가진다.

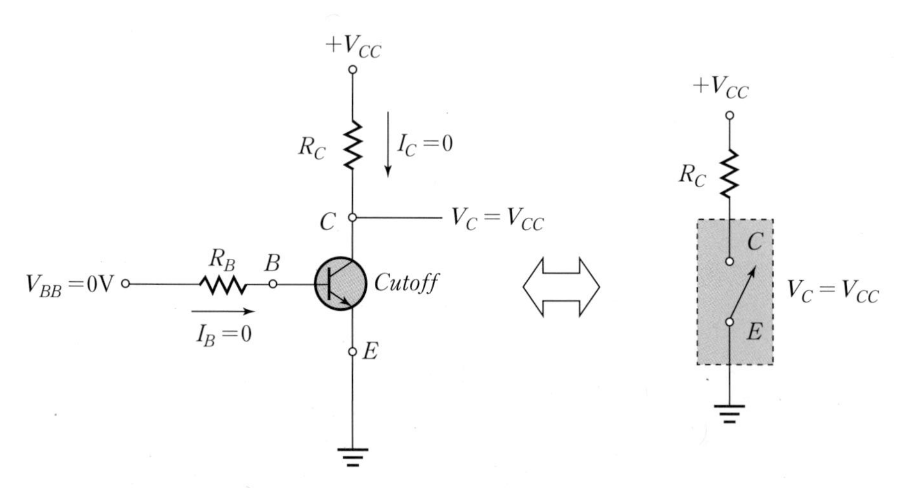

| 그림 5-5 트랜지스터의 개방 스위치 동작

② 단락 스위치(Closed Switch)

그림 5-6에서처럼 충분히 큰 베이스 전류 I_B가 흐르도록 V_{BB}를 인가하게 되면 트랜지스터는 포화(Saturation) 상태에 있게 된다. 따라서 컬렉터 루프에는 컬렉터 포화전류 $I_{C(sat)}$가 흐르기 때문에 트랜지스터는 단락 스위치로 동작된다. 이때 컬렉터와 에미터 양단에 나타나는 포화전압 $V_{CE(sat)} = V_{CC} - I_{C(sat)}R_C$ 에서 $I_{C(sat)}$가 충분히 큰 값이므로 $V_{CE(sat)} \cong 0$ 이 된다.

또한 트랜지스터가 포화되었을 때 컬렉터에 흐르는 포화전류 $I_{C(sat)}$는 다음과 같이 결정된다.

$$I_{C(sat)} = \frac{V_{CC} - V_{CE(sat)}}{R_C} \tag{5.2}$$

따라서 트랜지스터를 포화시키는데 필요한 최소 베이스전류 $I_{B(min)}$은

$$I_{B(min)} = \frac{I_{C(sat)}}{\beta_{DC}} \tag{5.3}$$

이며, 트랜지스터가 충분히 포화되기 위해서는 I_B가 $I_{B(min)}$보다 훨씬 커야 한다.

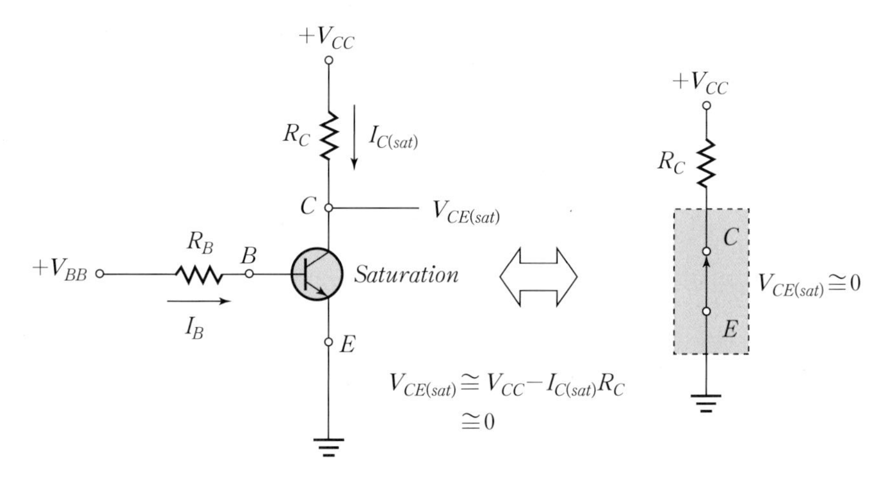

| 그림 5-6 트랜지스터의 단락 스위치 동작

5.2.2 실험원리 요약

트랜지스터의 컬렉터 특성

- 컬렉터 특성곡선: 베이스 전류 I_B를 매개변수로 하여 컬렉터 전류 I_C와 컬렉터-에미터 양단 전압 V_{CE}와의 상관관계를 정량적으로 나타낸 곡선
- 트랜지스터는 컬렉터 특성곡선으로부터 다음과 같이 동작영역을 구분한다.

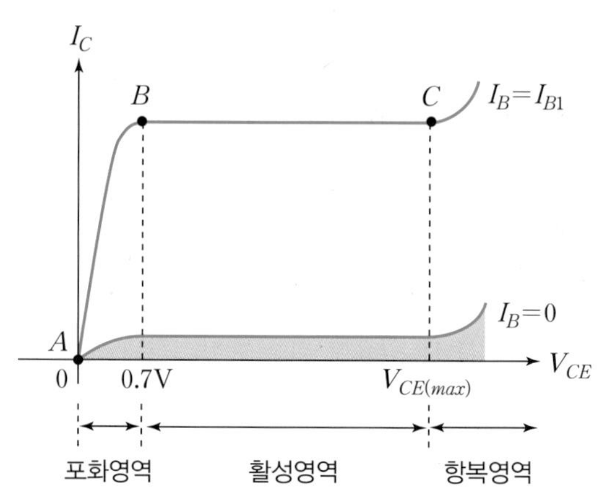

접합 \ 영역	포화영역	활성영역	차단영역	항복영역
J_{BE}	순방향	순방향	역방향	순방향
J_{BC}	순방향	역방향	역방향	역방향 항복

트랜지스터의 포화

- 베이스 전류가 증가되어도 컬렉터 전류가 더 이상 증가되지 않는 상태를 트랜지스터의 포화라고 한다.
- J_{BE}와 J_{BC} 모두 순방향으로 바이어스 된다.
- 하드 포화(Hard Saturation): 충분히 큰 베이스 전류에 의해 트랜지스터가 완전히 깊은 포화상태에 도달한 경우
- 소프트 포화(Soft Saturation): 포화상태가 거의 경계상태에 놓여 있는 경우
- 트랜지스터가 포화되면 컬렉터와 에미터 사이의 전압은 0.7V 미만이 되며, 이상적인 트랜지스터의 경우는 0V라고 간주한다.

$V_{CE(sat)} \cong 0.7\text{V}$ (실용 트랜지스터)
$V_{CE(sat)} = 0\text{V}$ (이상적인 트랜지스터)

트랜지스터 스위치

- 트랜지스터를 포화영역과 차단영역에서 교대로 동작하도록 바이어스를 걸어주면 전자 스위치로 사용할 수 있다.
- 개방 스위치 동작: $V_{BB}=0$이면 $I_B=0$이므로 $I_C=0$이 되어 트랜지스터가 차단상태에 있게 된다.

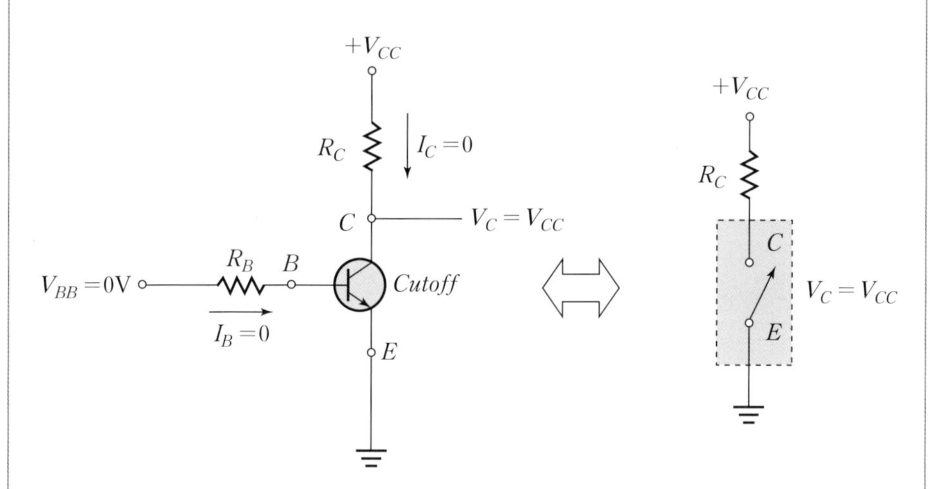

- 단락 스위치 동작: 큰 베이스 전류를 흐를 수 있도록 V_{BB}를 인가하면 트랜지스터는 포화상태에 있게 되어 컬렉터에 컬렉터 포화전류 $I_{C(sat)}$가 흐른다.

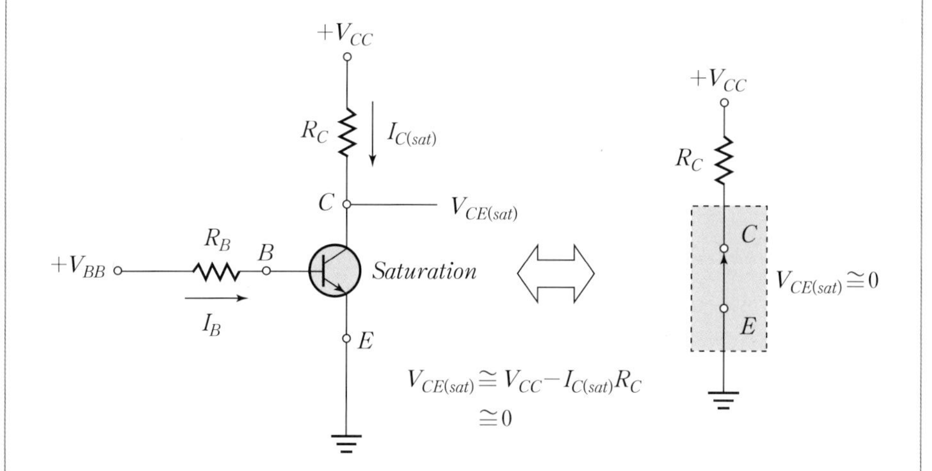

5.3 시뮬레이션 학습실

5.3.1 컬렉터 특성곡선

바이폴라 접합 트랜지스터의 컬렉터 특성곡선을 살펴보기 위하여 그림 5-7(a)의 회로에 대하여 PSpice를 이용하여 시뮬레이션을 수행한다.

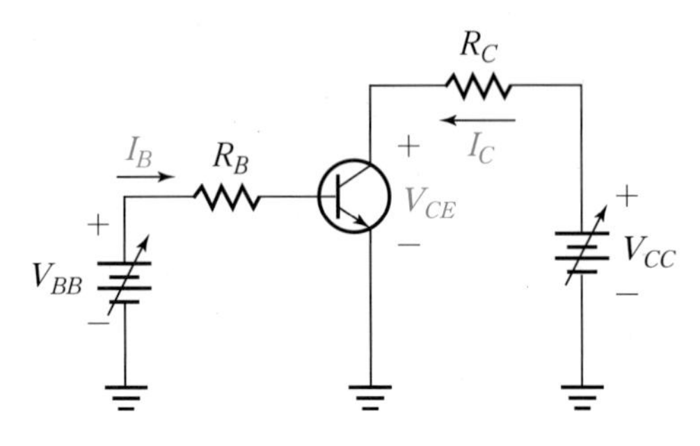

| 그림 5-7(a) 컬렉터 특성곡선을 얻기 위한 회로

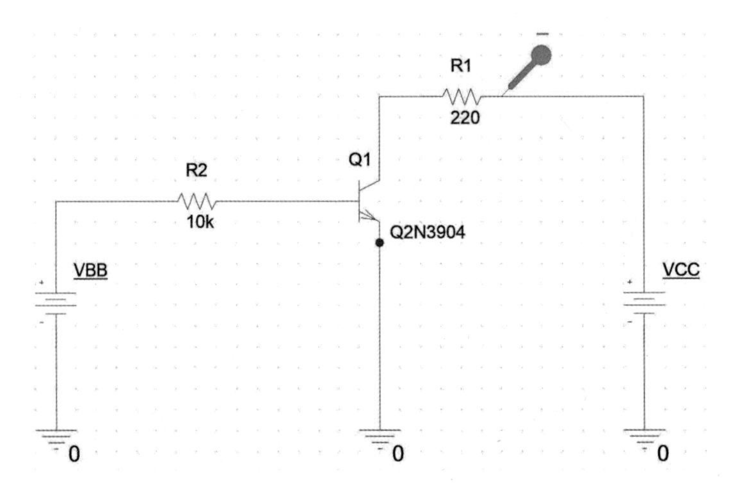

| 그림 5-7(b) PSpice 회로도

시뮬레이션 조건

- 트랜지스터 모델명: Q2N3904
- R_B=10kΩ, R_C=220Ω
- I_B를 매개변수로 하여 V_{CE}와 I_C와의 관계를 그래프로 도시한다.

I_B를 매개변수로 하여 얻어진 컬렉터 특성곡선에 대한 PSpice 시뮬레이션 결과를 다음에 도시하였다.

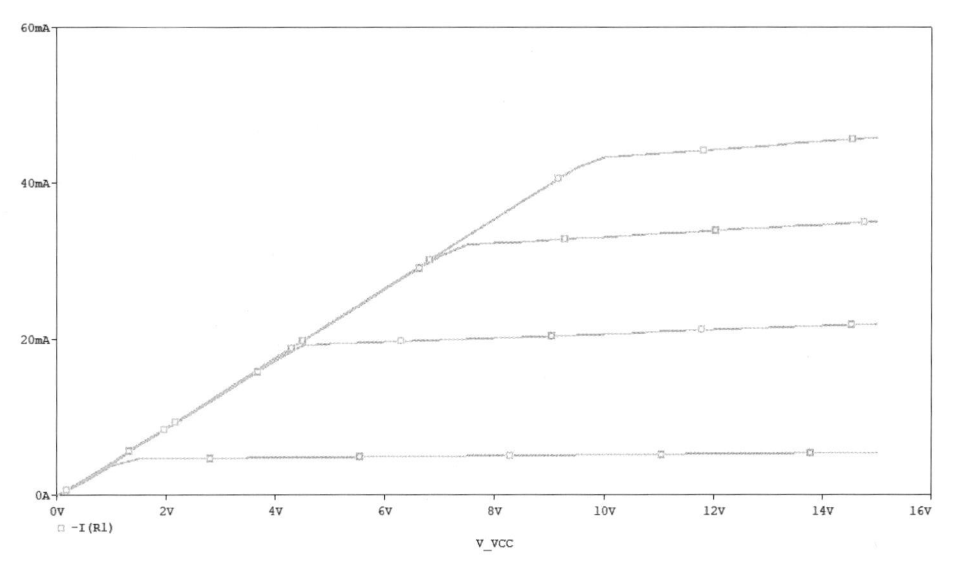

| 그림 5-8 그림 5-7(b)에 대한 결과

5.3.2 트랜지스터 스위치

트랜지스터가 차단영역과 포화영역에서 동작하게 될 때 스위치로 사용될 수 있다는 것을 확인하기 위하여 그림 5-9(a)의 회로에 대하여 PSpice를 이용하여 시뮬레이션을 수행한다.

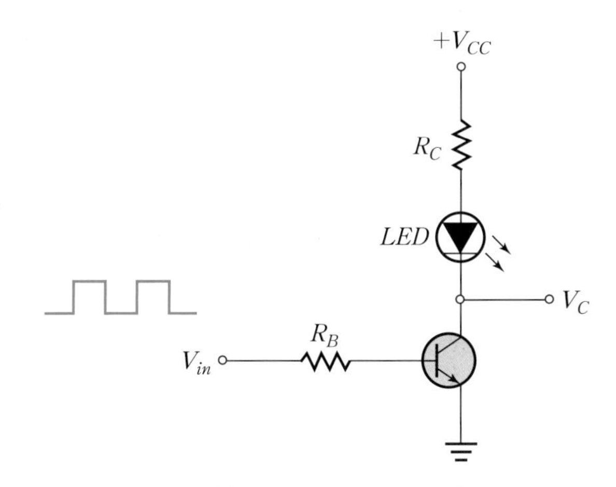

| 그림 5-9(a) 트랜지스터 스위치 응용회로

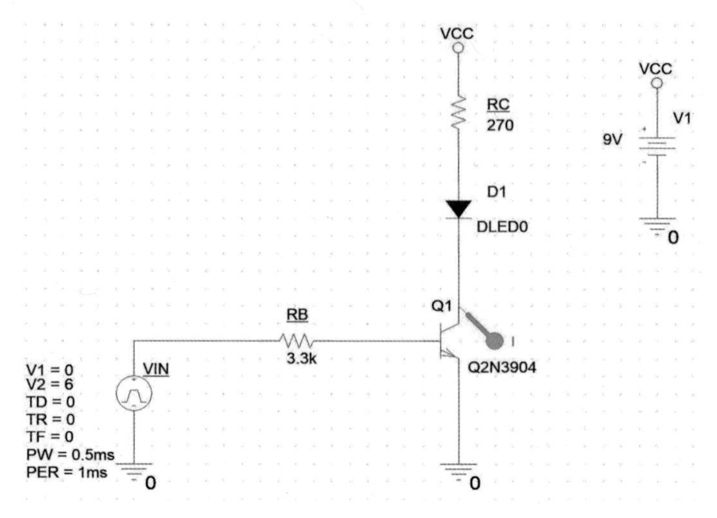

| 그림 5-9(b) PSpice 회로도

시뮬레이션 조건

- LED 모델명: DLED0
- 트랜지스터 모델명: Q2N3904
- R_B=3.3kΩ, R_C=270Ω
- V_{in}: 크기가 6V인 구형파 펄스, V_{CC}=9V
- 구형파 펄스에 대한 컬렉터 전압 파형을 측정하여 도시한다.

그림 5-9(b)에 대한 PSpice 시뮬레이션 결과를 다음에 도시하였다.

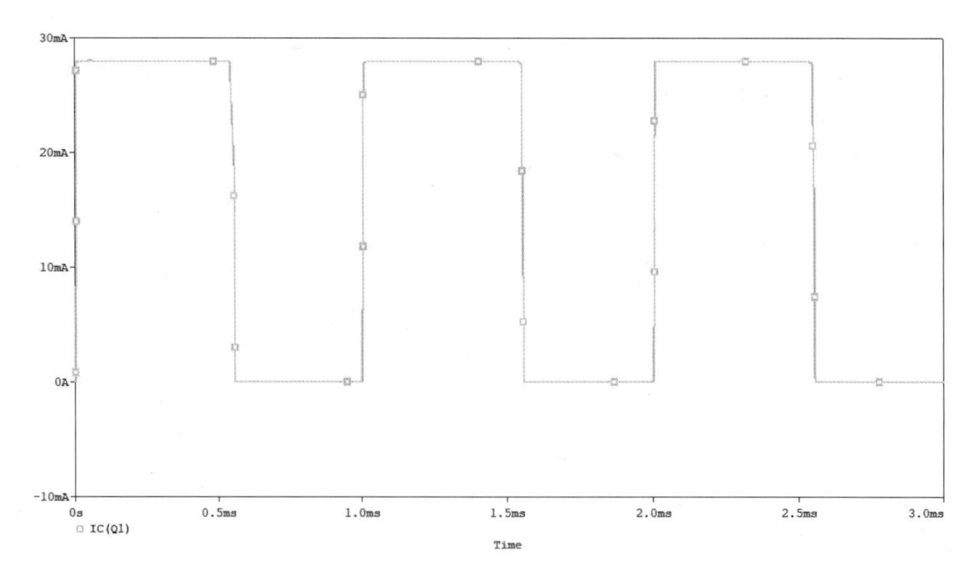

| 그림 5-10 그림 5-9(b)의 결과

5.4 실험기기 및 부품

•트랜지스터 2N3904	2개
•저항 220Ω, 270Ω, 3.3kΩ, 10kΩ	각 1개
•직류전원공급기	2대
•오실로스코프	1대
•디지털 멀티미터	1대
•LED	1개
•신호발생기	1대
•브레드 보드	1대

5.5 실험방법

5.5.1 컬렉터 특성곡선 실험

(1) 그림 5-11과 같은 회로를 브레드 보드에 결선한다.

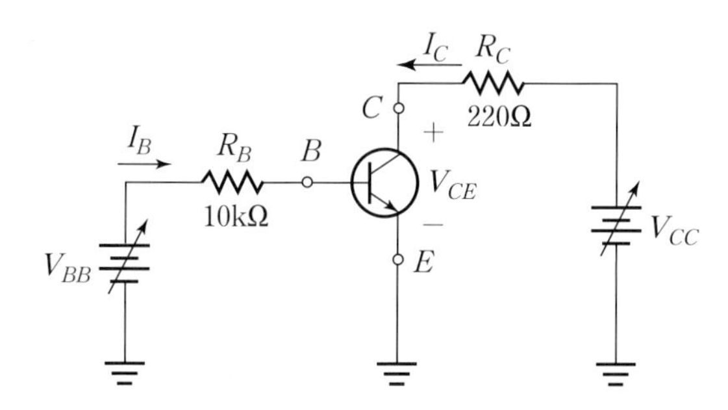

| 그림 5-11 컬렉터 특성곡선 실험 회로

(2) I_B가 100μA가 되도록 베이스 인가전압 V_{BB}를 조정한 다음, 컬렉터 인가전압 V_{CC}를 변화시키면서 $V_C(=V_{CE})$와 I_C를 측정한다.

(3) I_B를 100μA 간격으로 증가시키면서 단계 (2)의 과정을 반복하여 표 5-1을 완성한다.

(4) 표 5-1의 결과표를 이용하여 V_{CE}와 I_C의 그래프를 V_B를 매개변수로 하여 그린다.

5.5.2 트랜지스터 스위치 응용 실험

(1) 그림 5-12와 같은 회로를 브레드 보드에 결선한다.

(2) 크기가 6V인 구형파 펄스 V_{in}을 신호발생기로부터 발생시켜 회로에 인가한다.

(3) 컬렉터 전압 파형을 측정하여 그래프로 도시한다.

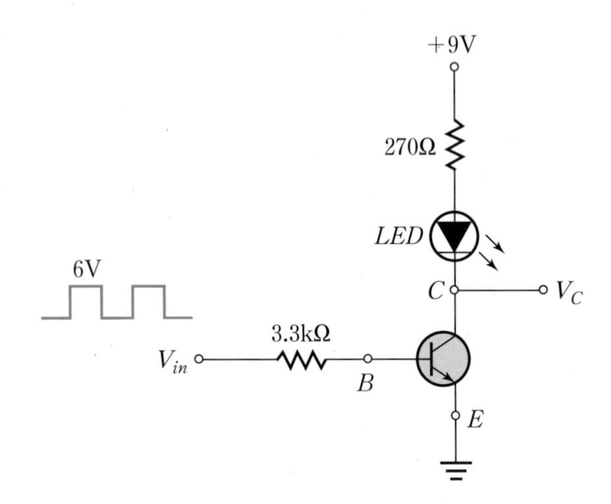

| 그림 5-12 트랜지스터 스위치 응용회로

5.6 실험결과 및 검토

5.6.1 실험결과

| 표 5-1 컬렉터 특성곡선 결과표

$I_B = 100\mu A$		$I_B = 200\mu A$		$I_B = 300\mu A$		$I_B = 400\mu A$	
V_{CE}	I_C	V_{CE}	I_C	V_{CE}	I_C	V_{CE}	I_C
0V		0V		0V		0V	
0.5V		0.5V		0.5V		0.5V	
0.7V		0.7V		0.7V		0.7V	
1V		1V		1V		1V	
2V		2V		2V		2V	
4V		4V		4V		4V	
6V		6V		6V		6V	
8V		8V		8V		8V	

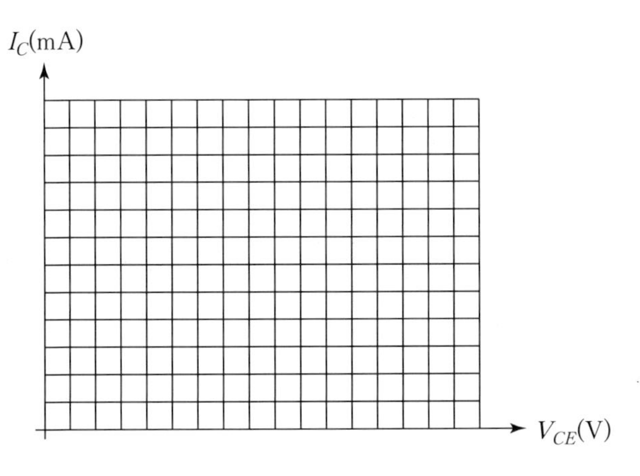

| 그래프 5-1 컬렉터 특성곡선 실험결과 그래프

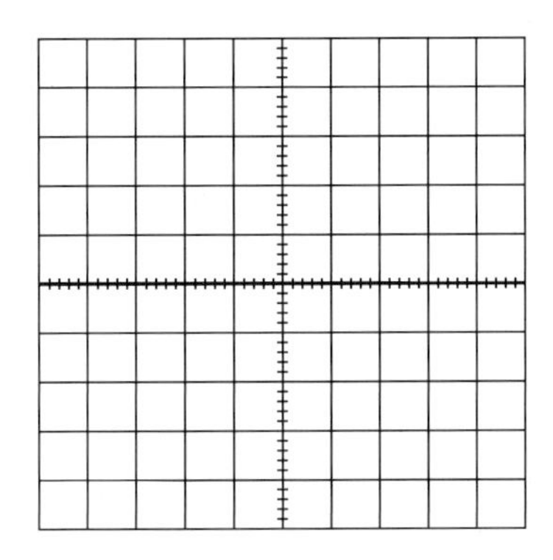

| 그래프 5-2 컬렉터전압 파형

5.6.2 검토 및 고찰

(1) 실험에서 얻은 $V_{CE}-I_C$ 특성 곡선과 규격표에 표시된 2N3904의 특성곡선을 비교하여 보고 차이점이 있으면 설명하라.

(2) 트랜지스터를 보통 전류제어소자라 하는데 실험을 통해 이유를 설명하라.

(3) Unipolar 소자와 Bipolar 소자의 차이점에 대해 설명하라.

(4) 트랜지스터 스위치가 실제로 디지털 논리회로에서 응용되는 예를 하나 기술하라.

5.7 실험 이해도 측정 및 평가

5.7.1 객관식 문제

01 선형 증폭기로 사용되는 트랜지스터에서 접합 J_{BE}와 J_{BC}의 바이어스 조건은 무엇인가?

① 순방향–역방향 ② 순방향–순방향
③ 역방향–역방향 ④ 컬렉터 바이어스

02 증폭기로 동작하기 위해 npn 트랜지스터의 베이스는 어떻게 바이어스 되어야 하는가?

① 에미터에 대한 양(+) ② 에미터에 대한 음(–)
③ 컬렉터에 대한 음(–) ④ 0V

03 일단 포화된 상태에서 베이스 전류를 증가시키면 어떻게 되는가?

① 컬렉터 전류가 증가한다. ② 컬렉터 전류에 영향이 없다.
③ 컬렉터 전류가 감소한다. ④ 트랜지스터가 차단된다.

04 트랜지스터 바이어스 회로에서 베이스와 에미터 접합이 개방되면 컬렉터 전압은 얼마인가?

① V_{CC} ② 0V
③ 부동 ④ 0.12V

05 컬렉터 특성곡선에서 V_{CE}의 증가에도 불구하고 I_C가 일정하게 유지되는 영역은?

① 차단영역 ② 포화영역
③ 활성영역 ④ 항복영역

06 트랜지스터가 포화되기 위해 베이스–컬렉터 접합 J_{BC}와 베이스–에미터 접합 J_{BE}의 바이어스는?

① J_{BC} : 순방향, J_{BE} : 순방향 ② J_{BC} : 순방향, J_{BE} : 역방향
③ J_{BC} : 역방향, J_{BE} : 순방향 ④ J_{BC} : 역방향, J_{BE} : 역방향

07 차단영역과 포화영역에서 트랜지스터는 무엇처럼 동작하는가?

① 선형증폭기 ② 스위치
③ 가변용량 ④ 가변저항

5.7.2 주관식 문제

01 그림 5-13의 회로에서 V_{CE}, V_{BE} 그리고 V_{CB}를 구하라.

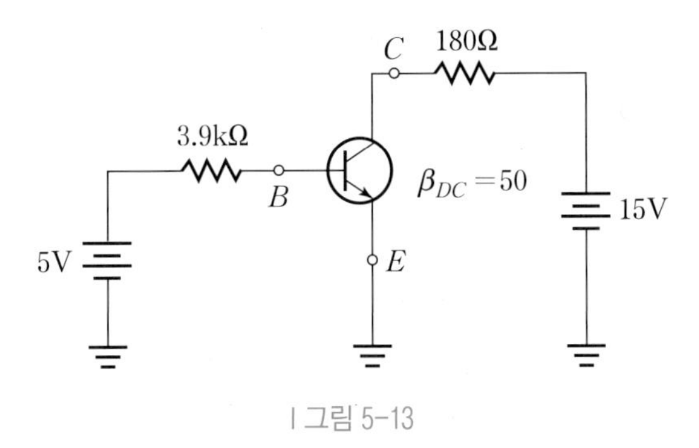

| 그림 5-13

02 그림 5-14에서 트랜지스터의 컬렉터 포화전류 $I_{C(sat)}$를 계산하라. 포화되기 위한 최소 베이스 전류 I_B를 구하라. 또한 트랜지스터가 포화되기 위한 V_{IN}의 최솟값은 얼마인가? 단, $V_{CE(sat)}$ = 0V로 가정한다.

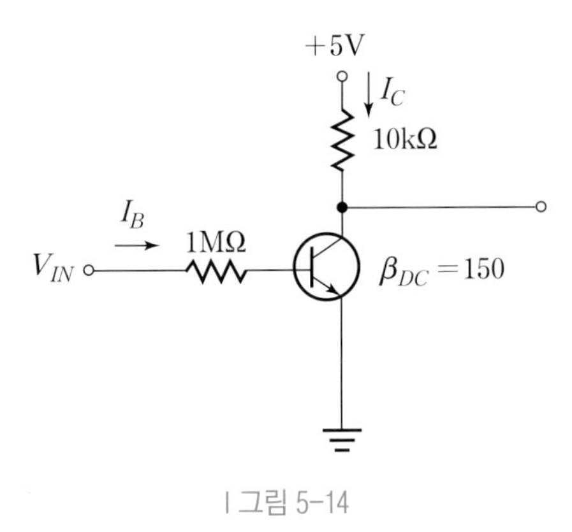

| 그림 5-14

03 그림 5-15에서 트랜지스터가 포화되기 위해 필요한 구형파 입력전압의 진폭 V_{dc}를 구하라. 단, I_B는 트랜지스터를 포화시키기 위한 최소 베이스 전류 $I_{B(min)}$의 3배의 전류를 사용하고, LED를 구동하기 위한 충분한 전류는 20mA, V_{BE} = 0.7V로 가정한다.

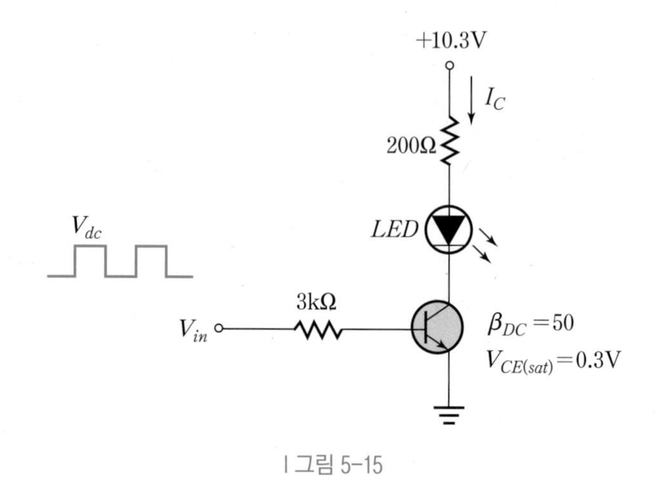

| 그림 5-15

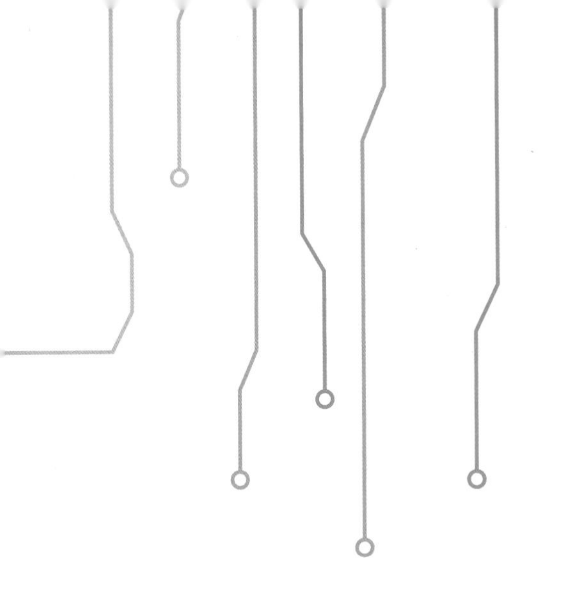

CHAPTER 06

트랜지스터 직류 바이어스 실험

contents

트랜지스터 직류 바이어스 실험

6.1 실험 개요

트랜지스터를 증폭기로 동작시키기 위해서는 적절한 바이어스가 인가되어야 하며, 직류 바이어스는 직류 동작점 혹은 Q점(Quiescent Point)이라 부르는 트랜지스터 전압·전류의 일정한 레벨을 정해 주는 것이다. 본 실험에서는 트랜지스터의 여러 가지 바이어스 회로를 구성하고 분석함으로써 직류 바이어스에 대한 개념을 명확히 한다.

6.2 실험원리 학습실

6.2.1 트랜지스터 바이어스

바이어스는 증폭기의 적절한 동작점을 설정하기 위해 외부에서 적절한 방법으로 전압을 인가하는 것을 의미한다. 증폭기의 바이어스가 올바르지 않으면 입력신호가 차단영역 및 포화영역에 들어갈 수 있기 때문에 출력 파형의 일부가 일그러지게 된다. 따라서 적절한 바이어스는 트랜지스터의 증폭작용을 위해 필수적인 요소이며 여러 가지 바이어스 방법이 있다.

(1) 베이스 바이어스

베이스 바이어스는 단일 바이어스 전원 V_{CC}를 사용하여 트랜지스터가 활성영역에서 동작하도록 하는 것이다. 그림 6-1에서 베이스 저항 R_B 양단의 전압은 $V_{CC}-V_{BE}$이므로 베이스 전류 I_B는 다음과 같다.

$$I_B = \frac{V_{CC} - V_{BE}}{R_B} \tag{6.1}$$

에미터 단자가 접지이므로 컬렉터 전압 V_C는 V_{CE}와 같게 되며 다음과 같이 계산된다.

$$V_{CE} = V_{CC} - I_C R_C \tag{6.2}$$

이와 같이 결정된 I_C와 V_{CE}가 직류부하선상의 한 점인 동작점 Q를 결정하게 되며 이를 그림 6-2에 도시하였다.

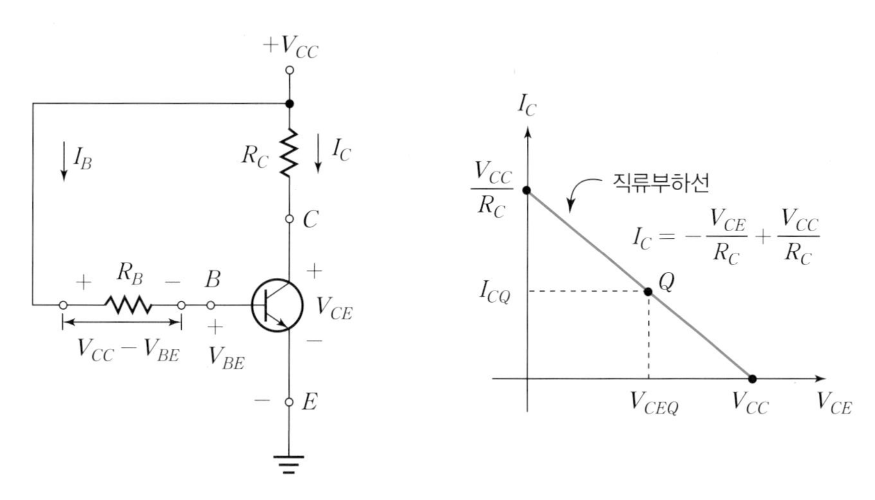

| 그림 6-1 베이스 바이어스 회로

| 그림 6-2 직류부하선 및 Q점

■ 베이스 바이어스의 안정도

베이스 바이어스는 바이어스 방법이 간단하지만 동작점 Q가 온도 변화에 매우 민감하게 변화하여 바이어스가 안정적이지 못하다는 단점이 있다. 즉 온도 변화에 따라 동작점 Q가 심하게 변화하게 된다. 만일 주위 온도가 상승하게 되면 β_{DC}가 온도에 영향을 받아 증가하게 되므로 컬렉터 전류가 증가하게 된다. 컬렉터 전류가 증가하게 되면 베이스 바이어스 회로에서 저항 R_C 양단의 전압강하가 커지게 되므로 V_C(즉 V_{CE})는 감소하게 된다. 따라서 I_C는 증가하고 V_{CE}는 감소하게 되므로 처음의 동작점에서 위쪽으로 동작점이 이동하게 된다(Q_1점으로 이동). 반대로 주위 온도가 떨어지게 되면 β_{DC}는 감소하게 되므로 컬렉터 전류 I_C는 감소하게 된다. 컬렉터 전류가 감소하게 되면 베이스 바이어스 회로에서 저항 R_C 양단의 전압강하가 작아지게 되므로 V_C(즉 V_{CE})는 증가하게 된다. 따라서 I_C는 감소하고 V_{CE}는 증가하게 되므로 처음의 동작점에서 아래쪽으로 동작점이 이동하게 된다(Q_2점으로 이동).

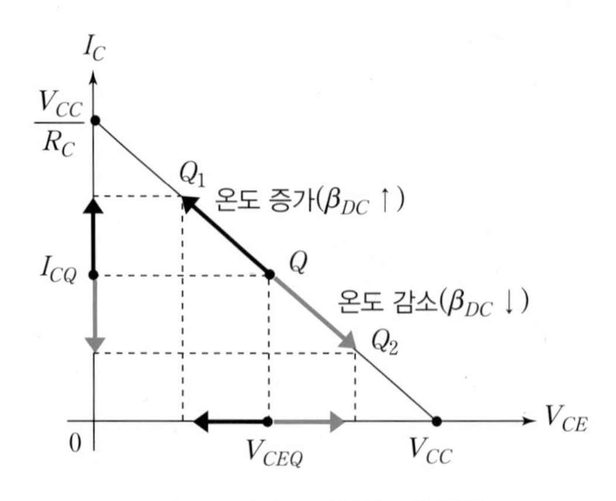

| 그림 6-3 베이스 바이어스의 안정도

(2) 에미터 바이어스

에미터 바이어스는 양(+)과 음(−)의 전압원 2개를 이용하여 바이어스하는 방법이다. 이때 베이스 전압은 거의 0V이고 $-V_{EE}$ 전압은 베이스-에미터 접합 J_{BE}를 순방향으로 바이어스 시키게 된다.

그림 6-4의 에미터 바이어스 회로에서 베이스 전압이 거의 0V이므로 에미터 단자전압은 $-V_{BE}$가 되며, 이를 이용하여 에미터 가지저항 R_E에 흐르는 전류는 근사적으로 다음과 같이 결정된다.

$$I_E = \frac{V_E - (-V_{EE})}{R_E} = \frac{-V_{BE} + V_{EE}}{R_E} \tag{6.3}$$

에미터 전류 I_E는 컬렉터 전류와 근사적으로 같게 되므로 컬렉터 단자전압 V_C는 다음과 같다.

$$V_C = V_{CC} - I_C R_C = V_{CC} - I_E R_C \tag{6.4}$$

식(6.4)와 $V_E = -V_{BE}$ 의 관계로부터 V_{CE} 는 다음과 같이 결정된다.

$$V_{CE} = V_C - V_E = (V_{CC} - I_E R_C) - (-V_{BE})$$
$$\therefore V_{CE} = V_{CC} - I_E R_C + V_{BE} \tag{6.5}$$

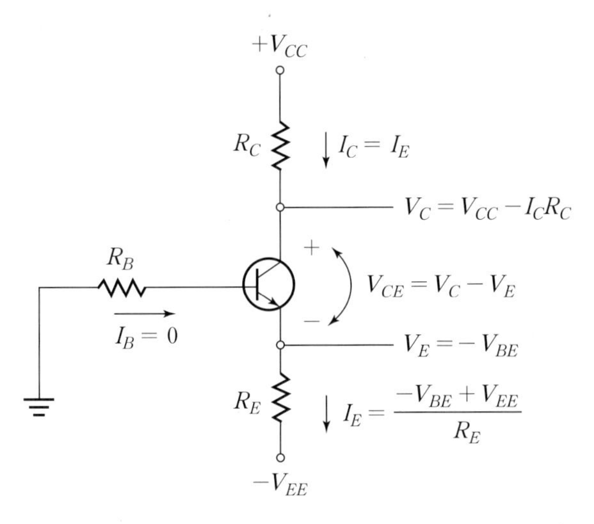

| 그림 6-4 에미터 바이어스 회로(근사해석, I_B=0이라 가정)

(3) 전압분배 바이어스

전압분배(Voltage–Divider) 바이어스는 동작점의 안정도가 우수하여 선형 트랜지스터의 바이어스 방법으로 가장 광범위하게 사용된다. 베이스에 인가되는 전압은 저항성 전압분배기에 의하여 적절한 값으로 분배되어 인가된다.

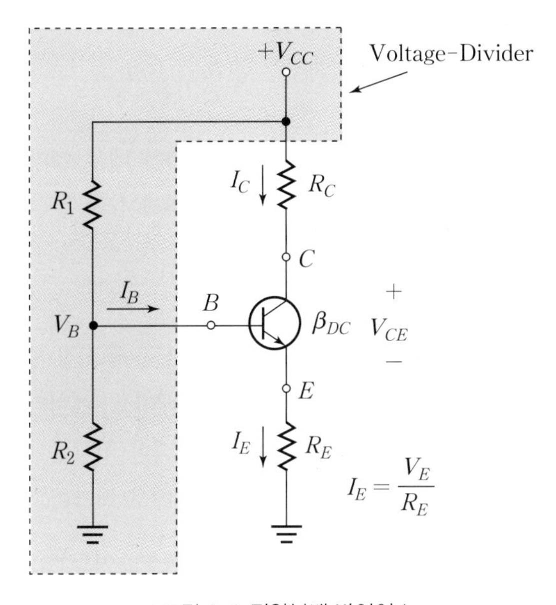

| 그림 6-5 전압분배 바이어스

베이스 단자로 흘러 들어가는 전류는 수 μA 정도이므로 베이스 전류를 무시한다면, 베이스 단자에 걸리는 전압은 전압분배기에 의해 저항 R_2에 분배되는 전압이므로 다음과 같다.

$$V_B \cong \left(\frac{R_2}{R_1+R_2}\right)V_{CC} \tag{6.6}$$

베이스 단자전압을 결정하였기 때문에 베이스-에미터 접합 J_{BE}가 순방향으로 바이어스된다는 사실에 착안하면, 에미터 단자전압 V_E는 $V_B - V_{BE}$가 된다. 에미터 전압이 결정되면 에미터 가지저항 R_E에 흐르는 전류도 옴의 법칙(Ohm's Law)을 이용하여 다음과 같이 결정된다.

$$I_E = \frac{V_E}{R_E} \cong I_C \tag{6.7}$$

I_E(즉 I_C)가 결정되면 V_C와 V_{CE}는 다음 식으로 구할 수 있게 된다.

$$V_C = V_{CC} - I_C R_C \tag{6.8}$$

$$V_{CE} = V_C - V_E = V_{CC} - I_E(R_C + R_E) \tag{6.9}$$

전압분배 바이어스는 온도 변화에 따른 동작점의 변화가 매우 미미하여 매우 안정화된 동작점을 제공하기 때문에 매우 널리 사용되고 있는 추세이다.

(4) 컬렉터 피드백 바이어스

컬렉터 피드백 바이어스는 베이스 저항 R_B를 전압원 V_{CC}에 직접 연결하지 않고 컬렉터로 피드백시킨 구조를 가지고 있으며, 컬렉터 전압은 베이스-에미터 접합 J_{BE}에 바이어스를 걸기 위한 것이다. 이러한 피드백 연결은 β_{DC}에 대한 영향을 줄여 매우 안정된 동작점을 얻을 수 있으며, 회로구성 시 요구되는 부품이 매우 적다는 장점을 가지고 있다.

베이스 저항 R_B 양단의 전압은 그림 6-6에서처럼 $V_C - V_{BE}$이므로 베이스 전류 I_B는 다음과 같이 표현된다.

$$I_B = \frac{V_C - V_{BE}}{R_B} \tag{6.10}$$

컬렉터 전압 $V_C \cong V_{CC} - I_C R_C$ 이고 $I_B = I_C / \beta_{DC}$ 이므로 윗 식에 각각 대입하여 컬렉터 전류에 대해 정리하면 다음과 같다.

$$I_C = \frac{V_{CC} - V_{BE}}{R_C + R_B/\beta_{DC}} \cong \frac{V_{CC} - V_{BE}}{R_C} \tag{6.11}$$

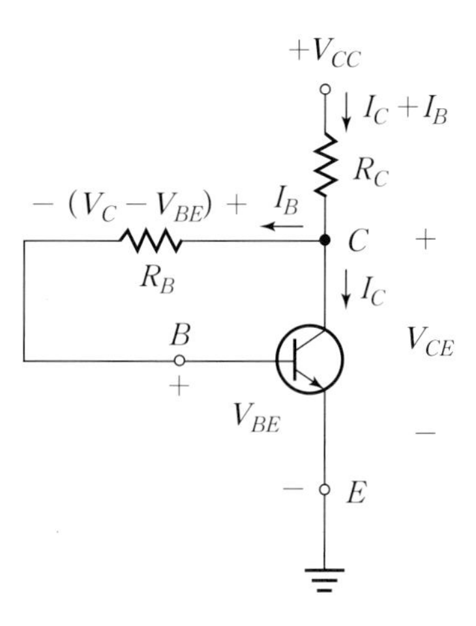

| 그림 6-6 컬렉터 피드백 바이어스

여기서 잠깐

• 바이어스 회로 요약

(1) 베이스 바이어스 회로는 간단한 구조를 가지기는 하나 동작점이 β_{DC} 에 따라 크게 변하므로 안정도가 나쁘다는 단점이 있다.

(2) 에미터 바이어스는 일반적으로 동작점의 안정도가 좋기는 하지만 (+)와 (−)의 두 극성의 직류전원이 필요하다는 단점이 있다.

(3) 전압분배 바이어스는 단일 극성의 공급전압원을 이용하여 동작점의 안정도가 매우 우수한 바이어스 방식이므로 가장 널리 사용된다. 단, 베이스 입력저항의 크기에 따라 바이어스 회로의 해석이 달라진다는데 유의한다.

(4) 컬렉터 피드백 바이어스는 컬렉터와 베이스 사이에 음의 피드백을 걸어 동작점의 안정도를 높인 바이어스 회로이며 회로가 간단한 구조이다.

결국 바이어스 회로의 선택은 증폭기가 사용되는 환경에 따라 설계자가 적절하게 선택하여야 한다.

6.2.2 실험원리 요약

베이스 바이어스

- 가장 간단한 형태의 트랜지스터 바이어스 방법이나 온도 변화에 따라 동작점 Q가 직접적인 영향을 받는다.

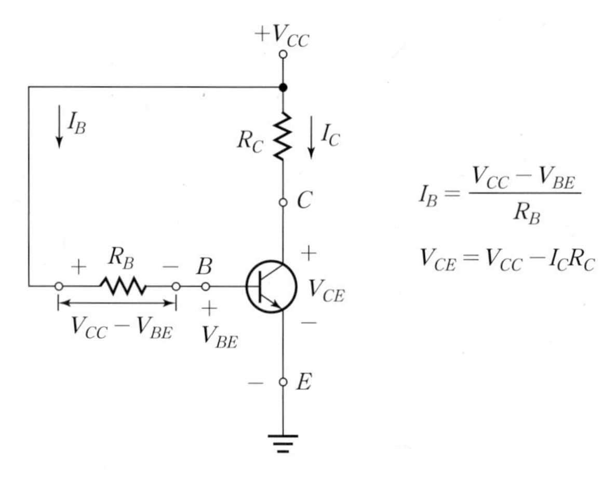

- β_{DC} 는 온도가 증가하면 증가하지만, V_{BE}는 온도가 증가하면 감소하는 양상을 보인다.

에미터 바이어스

- 양(+)과 음(−)의 2개의 전압원을 이용하여 트랜지스터가 활성영역에서 동작하도록 바이어스 하는 방법이다.

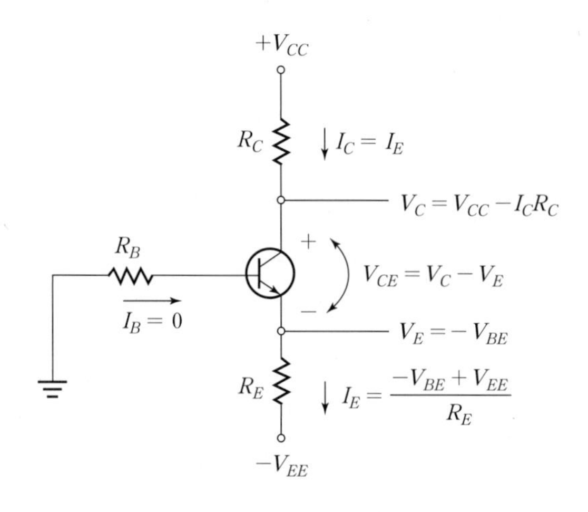

- 에미터 전류 $I_E(\cong I_C)$가 β_{DC}의 변화에 거의 영향을 받지 않기 때문에 온도변화에 따라 동작점 Q가 안정하다.

$$I_E = \frac{V_{EE} - V_{BE}}{R_E + (R_B/\beta_{DC})} \cong \frac{V_{EE} - V_{BE}}{R_E}$$

전압분배 바이어스

- 베이스에 인가되는 전압을 저항성 전압분배기를 이용하여 적절한 값으로 분배하여 인가하는 바이어스 방법으로 동작점의 안정도가 우수하여 가장 널리 사용된다.

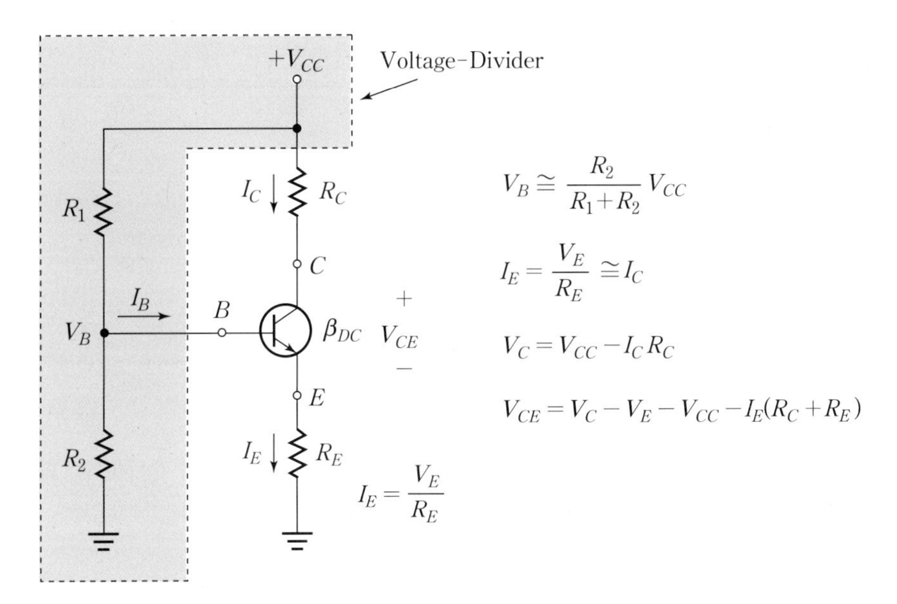

- 전압분배 바이어스 회로를 해석할 때, $R_{in(base)}$가 R_2보다 10배 이상이 되면 무시하고 해석하여도 큰 오차는 없다.
- $R_{in(base)}$가 R_2보다 10배 미만인 경우는 $R_{in(base)}$와 R_2를 병렬로 처리하여 베이스전압을 구해야 한다.

$$V_B = \frac{(R_2 /\!/ R_{in(base)})}{R_1 + (R_2 /\!/ R_{in(base)})} V_{CC}$$

컬렉터 피드백 바이어스

- 베이스 저항 R_B를 전압원 V_{CC}에 직접 연결하지 않고 컬렉터에 연결함으로써 컬렉터로 피드백 시킨 구조를 가진 바이어스 방법이다.
- 피드백 구조로 인하여 β_{DC}에 대한 영향을 줄이게 되어 매우 안정된 동작점을 얻을 수 있는 장점이 있다.

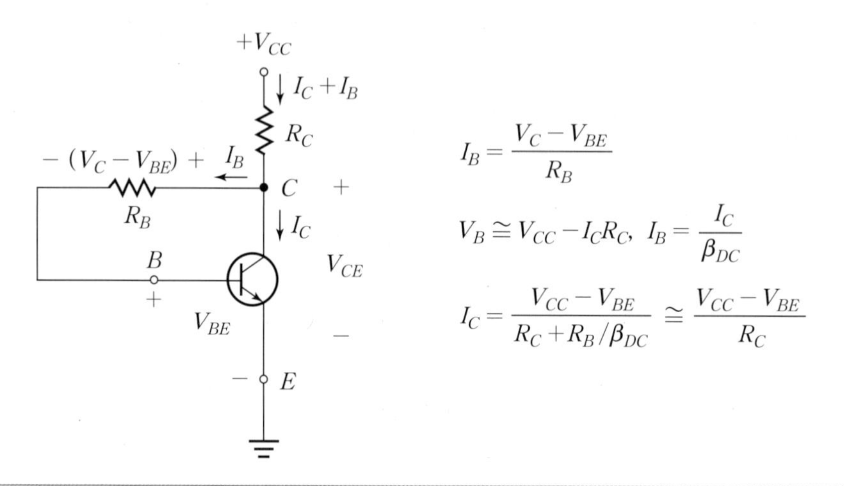

$$I_B = \frac{V_C - V_{BE}}{R_B}$$

$$V_B \cong V_{CC} - I_C R_C,\ I_B = \frac{I_C}{\beta_{DC}}$$

$$I_C = \frac{V_{CC} - V_{BE}}{R_C + R_B/\beta_{DC}} \cong \frac{V_{CC} - V_{BE}}{R_C}$$

6.3 시뮬레이션 학습실

6.3.1 베이스 바이어스 회로

베이스 바이어스 회로의 동작점 $Q(V_{CE}, I_C)$를 결정하기 위하여 그림 6-7(a)의 회로에 대하여 PSpice 시뮬레이션을 수행한다.

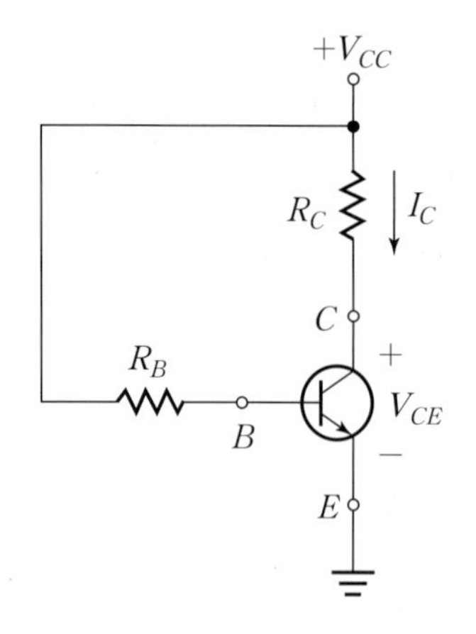

| 그림 6-7(a) 베이스 바이어스

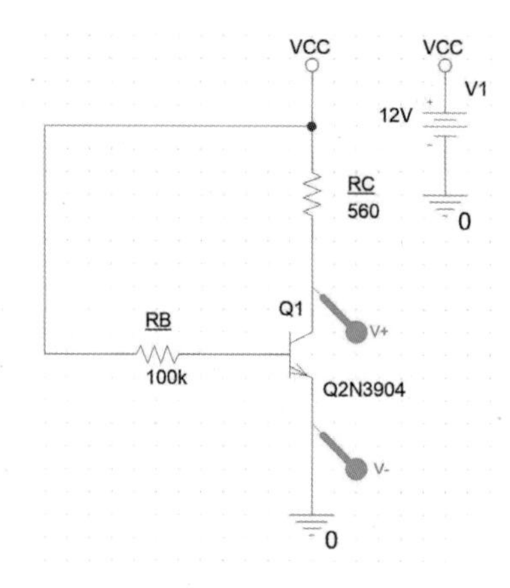

| 그림 6-7(b) PSpice 회로도

시뮬레이션 조건

- 트랜지스터 모델명: Q2N3904
- R_B=100kΩ, R_C=560Ω
- V_{CC}=12V
- I_C와 V_{CE}를 구하여 동작점 Q를 결정한다.

그림 6-7(b)에 대한 시뮬레이션 결과를 다음에 도시하였다.

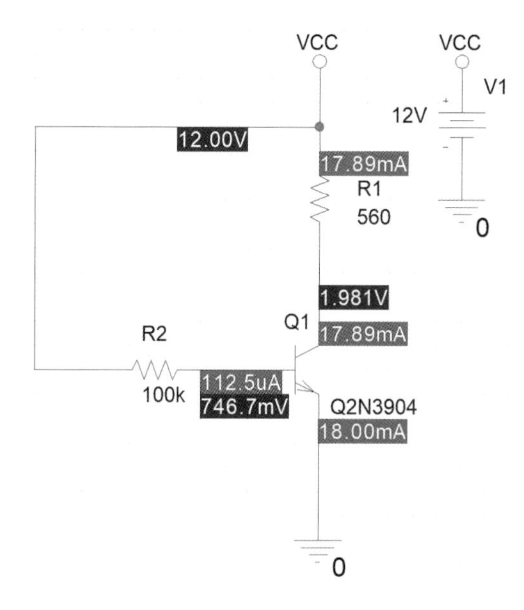

| 그림 6-8 그림 6-7(b)에 대한 결과

6.3.2 에미터 바이어스 회로

에미터 바이어스 회로의 동작점 $Q(V_{CE}, I_C)$를 결정하기 위하여 그림 6-9(a)의 회로에 대하여 PSpice 시뮬레이션을 수행한다.

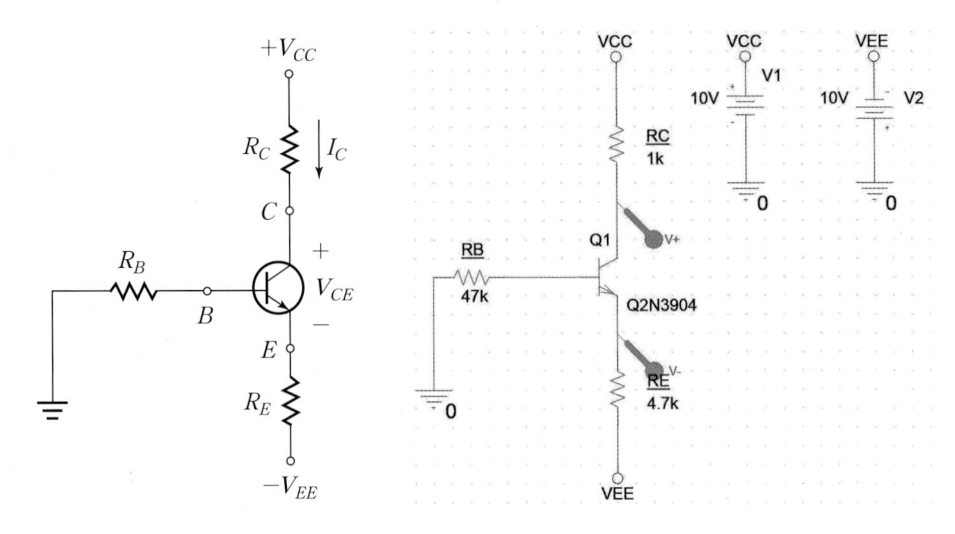

| 그림 6-9(a) 에미터 바이어스

| 그림 6-9(b) PSpice 회로도

시뮬레이션 조건

- 트랜지스터 모델명: Q2N3904
- R_B=47kΩ, R_C=1kΩ, R_E=4.7kΩ
- V_{CC}=10V, V_{EE}=10V
- I_C와 V_{CE}를 구하여 동작점 Q를 결정한다.

그림 6-9(b)에 대한 시뮬레이션 결과를 다음에 도시하였다.

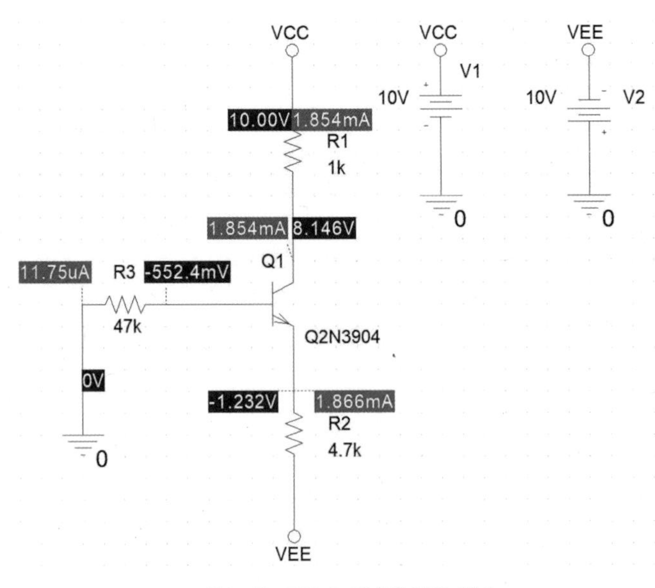

| 그림 6-10 그림 6-9(b)에 대한 결과

6.3.3 전압분배 바이어스 회로

전압분배 바이어스 회로의 동작점 $Q(V_{CE}, I_C)$를 결정하기 위하여 그림 6-11(a)의 회로에 대하여 PSpice 시뮬레이션을 수행한다.

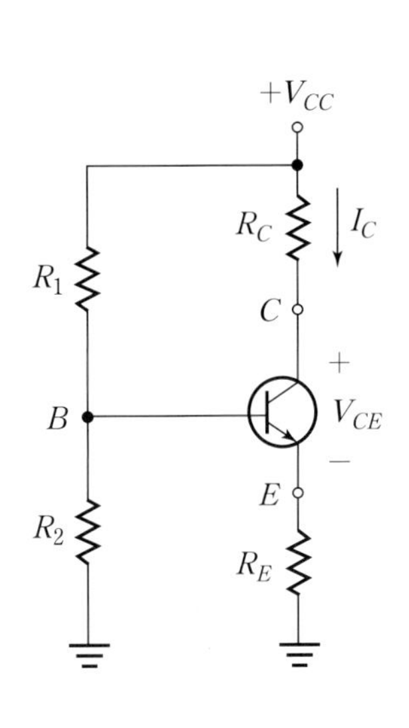

| 그림 6-11(a) 전압분배 바이어스

| 그림 6-11(b) PSpice 회로도

시뮬레이션 조건

- 트랜지스터 모델명: Q2N3904
- R_1=10kΩ, R_2=4.7kΩ, R_C=1kΩ, R_E=470Ω
- V_{CC}=10V
- I_C와 V_{CE}를 구하여 동작점 Q를 결정한다.

그림 6-11(b)에 대한 시뮬레이션 결과를 다음에 도시하였다.

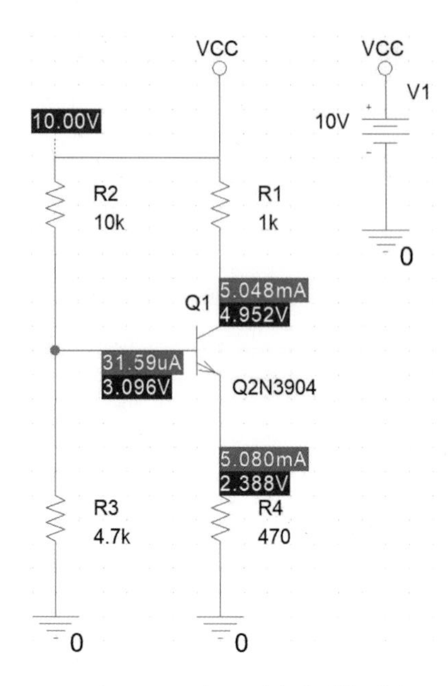

ㅣ그림 6-12 그림 6-11(b)에 대한 결과

6.3.4 컬렉터 피드백 바이어스

컬렉터 피드백 바이어스의 동작점 $Q(V_{CE}, I_C)$를 결정하기 위하여 그림 6-13(a)의 회로에 대하여 PSpice 시뮬레이션을 수행한다.

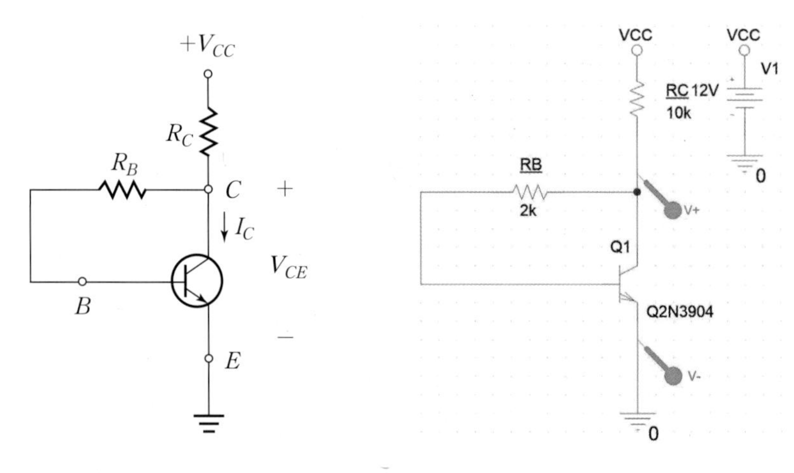

ㅣ그림 6-13(a) 컬렉터 피드백 바이어스　　ㅣ그림 6-13(b) PSpice 회로도

시뮬레이션 조건

- 트랜지스터 모델명: Q2N3904
- R_B=2kΩ, R_C=10kΩ
- V_{CC}=12V
- I_C와 V_{CE}를 구하여 동작점 Q를 결정한다.

그림 6-13(b)에 대한 시뮬레이션 결과를 다음에 도시하였다.

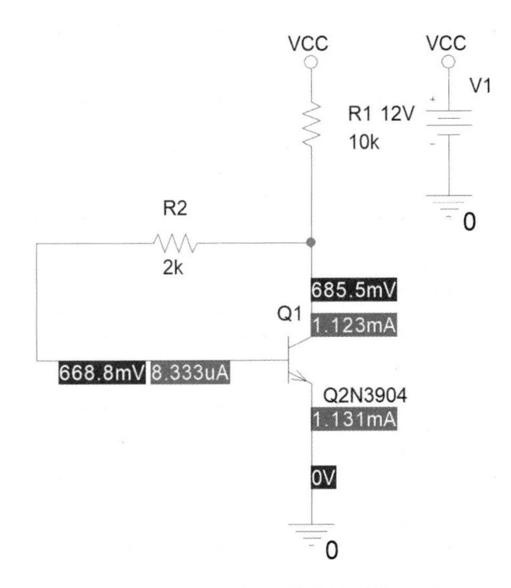

| 그림 6-14 그림 6-13(b)에 대한 결과

6.4 실험기기 및 부품

- 트랜지스터 2N3904 4개
- 저항 470Ω, 560Ω, 1kΩ, 2kΩ, 4.7kΩ, 10kΩ, 47kΩ, 100kΩ 각 2개
- 직류전원공급기 2대
- 오실로스코프 1대
- 디지털 멀티미터 1대
- 브레드 보드 1대

6.5 실험방법

6.5.1 베이스 바이어스 회로 실험

(1) 그림 6-15의 회로를 구성한 다음, 표 6-1에 표시된 전압과 전류를 측정하여 측정값을 기록한다.

(2) 베이스 직류 바이어스 회로를 이론적으로 해석하여 얻어지는 이론값을 표 6-1에 기록한다.

(3) 트랜지스터를 다른 부품으로 교체한 후 위의 (1), (2) 과정을 반복한다.

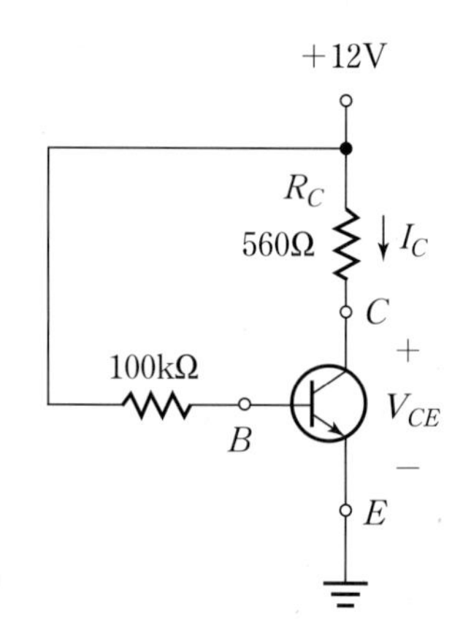

| 그림 6-15 베이스 바이어스 실험 회로

6.5.2 에미터 바이어스 회로 실험

(1) 그림 6-16의 회로를 구성한 다음, 표 6-2에 표시된 전압과 전류를 측정하여 측정값을 기록한다.

(2) 에미터 직류 바이어스 회로를 이론적으로 해석하여 얻어지는 이론값을 표 6-2에 기록한다.

(3) 트랜지스터를 다른 부품으로 교체한 후 단계 (1)~(2)의 과정을 반복한다.

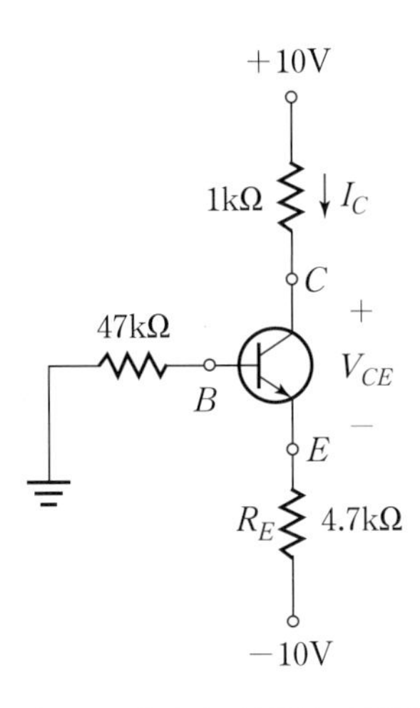

| 그림 6-16 에미터 바이어스 실험 회로

6.5.3 전압분배 바이어스 회로 실험

(1) 그림 6-17의 회로를 구성한 다음, 표 6-3에 표시된 전압과 전류를 측정하여 측정값을 기록한다.

(2) 전압분배 바이어스 회로를 이론적으로 해석하여 얻어지는 이론값을 표 6-3에 기록한다.

(3) 트랜지스터를 다른 부품으로 교체한 후 단계 (1)~(2)의 과정을 반복한다.

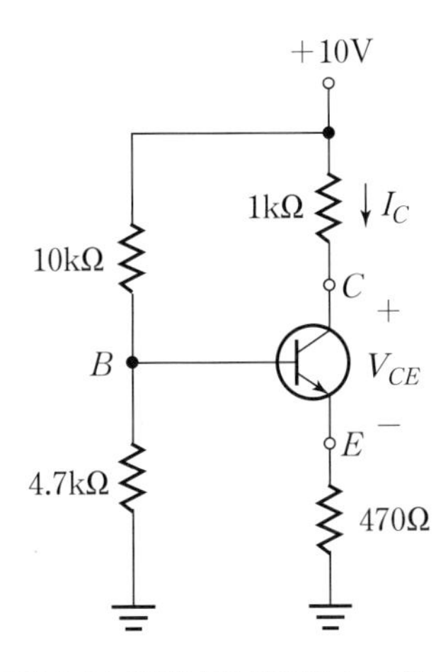

| 그림 6-17 전압분배 바이어스 실험 회로

6.5.4 컬렉터 피드백 바이어스 회로 실험

(1) 그림 6-18의 회로를 구성한 다음, 표 6-4에 표시된 전압과 전류를 측정하여 측정값을 기록한다.

(2) 컬렉터 피드백 직류 바이어스 회로를 이론적으로 해석하여 얻어지는 이론값을 표 6-4에 기록한다.

(3) 트랜지스터를 다른 부품으로 교체한 후 단계 (1)~(2)의 과정을 반복한다.

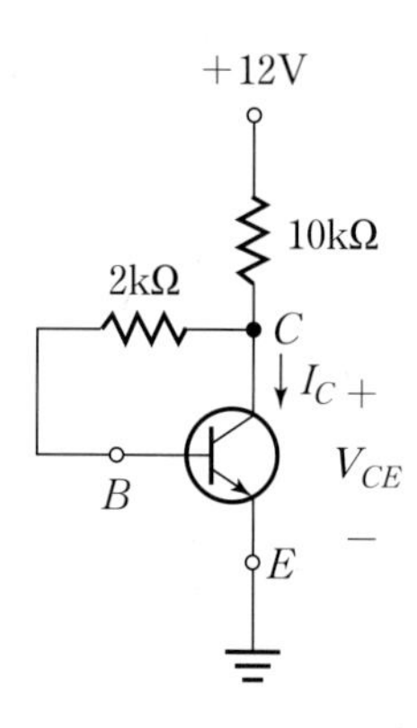

| 그림 6-18 컬렉터 피드백 바이어스 실험 회로

6.6 실험결과 및 검토

6.6.1 실험결과

| 표 6-1 베이스 바이어스 회로 실험결과 기록표

측정량	측정값		이론값
	트랜지스터 Q_1	트랜지스터 Q_2	
I_C[mA]			
$V_C(=V_{CE})$[V]			

| 표 6-2 에미터 바이어스 회로 실험결과 기록표

측정량	측정값		이론값
	트랜지스터 Q_1	트랜지스터 Q_2	
$I_E \cong I_C$[mA]			
V_E[V]			
V_C[V]			
V_{CE}[V]			

| 표 6-3 전압분배 바이어스 회로 실험결과 기록표

측정량	측정값		이론값
	트랜지스터 Q_1	트랜지스터 Q_2	
V_B[V]			
V_E[V]			
$I_E \cong I_C$[mA]			
V_C[V]			
V_{CE}[V]			

| 표 6-4 컬렉터 피드백 바이어스 회로 실험결과 기록표

측정량	측정값		이론값
	트랜지스터 Q_1	트랜지스터 Q_2	
I_B[μA]			
I_C[mA]			
$V_C = V_{CE}$[V]			

6.6.2 검토 및 고찰

(1) Q점이 직류부하선상에 위치한다는 것을 전압분배 바이어스 회로에 대하여 보여라.

(2) 트랜지스터 바이어스 회로에 여러 가지 종류가 존재하는 이유는 무엇인가? 각 바이어스의 장단점 측면에서 기술하라.

(3) 주변 온도의 변화가 있다면 바이어스 동작점은 어떻게 변화하는가?

(4) 트랜지스터 증폭기의 동작을 주변 온도의 작은 변화에 대해 비교적 무관하게 만들 수 있는 방법을 제시하라.

6.7 실험 이해도 측정 및 평가

6.7.1 객관식 문제

01 직류부하선은 이상적으로 컬렉터 특성곡선의 어느 곳을 서로 연결한 것인가?

① Q점과 차단점 ② Q점과 포화점
③ $V_{CE(cutoff)}$ 와 $I_{C(sat)}$ ④ $I_B=0$ 과 $I_B=I_C/\beta_{DC}$

02 전압분배 바이어스된 npn 트랜지스터에서 전압분배기의 상단부 저항이 개방이라면 어떤 현상이 발생하는가?

① 트랜지스터는 차단된다. ② 트랜지스터는 포화된다.
③ 트랜지스터가 타 버린다. ④ 공급전압이 너무 높게 된다.

03 전압분배 바이어스된 npn 트랜지스터에서 에미터 가지저항이 개방이라면 어떤 현상이 발생하는가?

① 트랜지스터에는 영향이 없다. ② 트랜지스터가 차단된다.
③ 트랜지스터가 포화된다. ④ 컬렉터 전류가 감소된다.

04 컬렉터 피드백 바이어스는?

① 양(+)의 피드백을 이용한 것이다.
② β 증폭을 이용한 것이다.
③ 음(−)의 피드백을 이용한 것이다.
④ 매우 불안정한 동작점 변화를 보인다.

05 베이스 바이어스의 단점은?

① 매우 복잡하다. ② 이득을 낮게 만든다.
③ β_{DC}에 많이 의존한다. ④ 큰 누설 전류를 만든다.

06 에미터 바이어스는?

① β_{DC}가 변하지 않는다. ② β_{DC}가 크게 변한다.
③ 안정한 바이어스 동작점을 만든다. ④ 음(−)의 피드백을 이용한다.

6.7.2 주관식 문제

01 그림 6-19의 베이스 바이어스 회로에서 I_C와 V_{CE}를 계산하라. 단, $\beta_{DC}=75$이다.

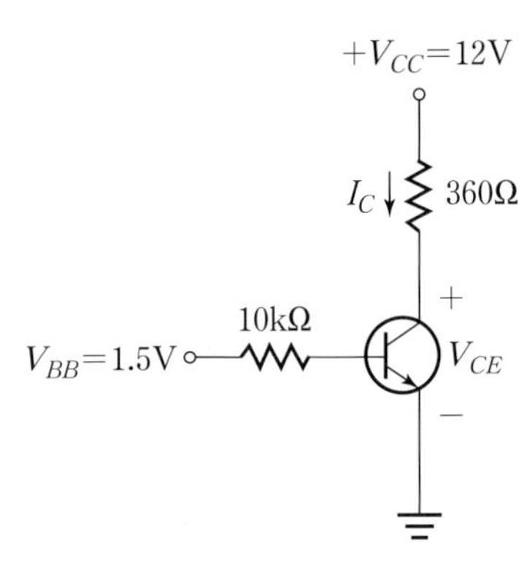

| 그림 6-19

02 그림 6-20의 전압분배 바이어스 회로에서 동작점 $Q(V_{CE},\ I_C)$를 구하라. 단, $\beta_{DC}=150$이다.

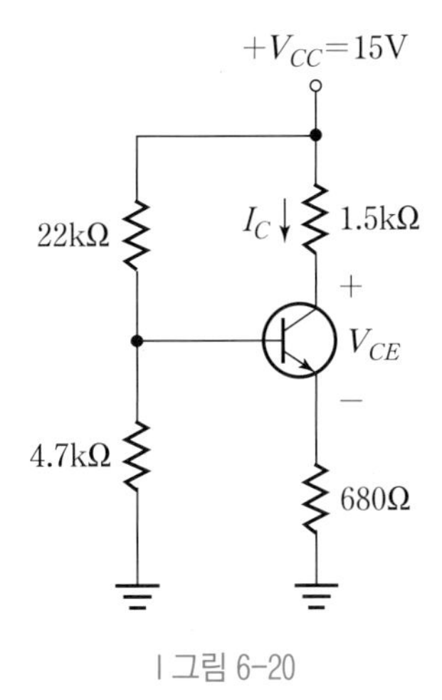

| 그림 6-20

03 그림 6-21의 컬렉터 피드백 바이어스 회로에서 V_B, V_C 그리고 I_C를 구하라.

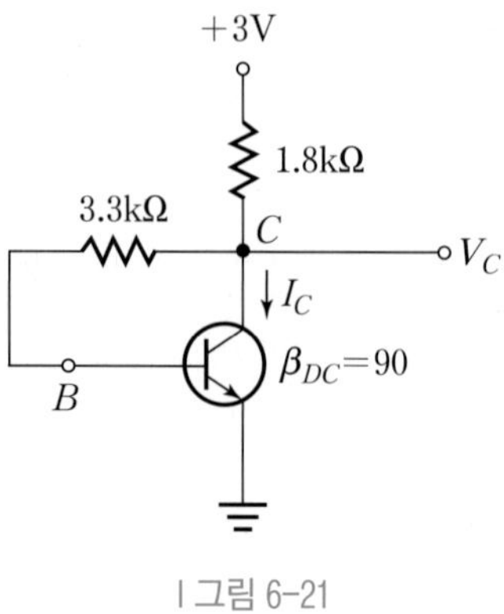

| 그림 6-21

04 그림 6-22의 에미터 바이어스 회로에서 각 단자 전압(V_B, V_C, V_E)과 컬렉터 전류를 계산하라.

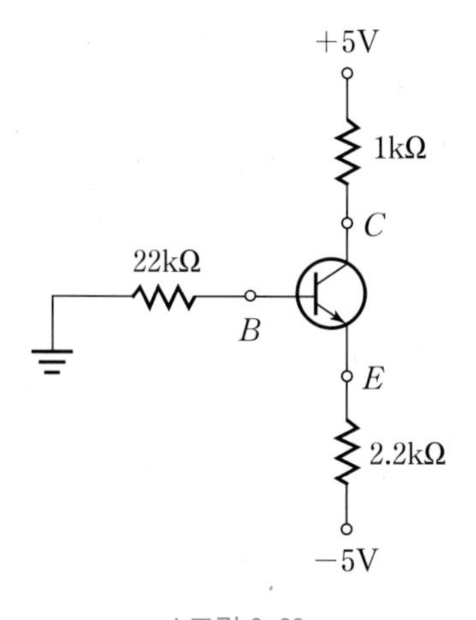

| 그림 6-22

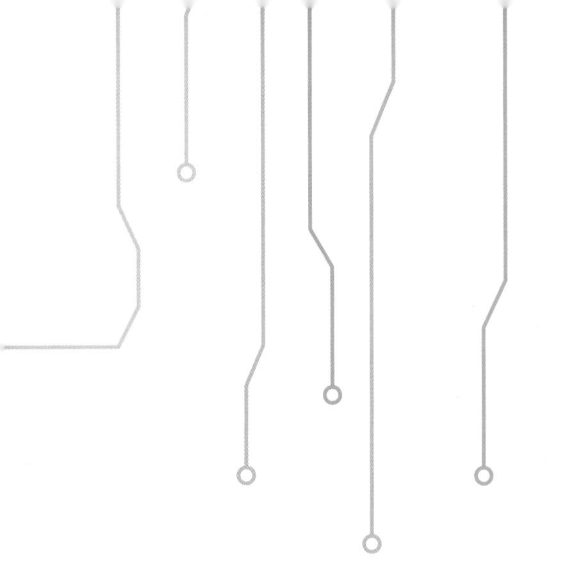

CHAPTER 07

소신호 에미터 공통 교류증폭기 실험

contents

소신호 에미터 공통 교류증폭기 실험

7.1 실험 개요

소신호 에미터 공통 증폭기의 직류 등가회로 및 교류 등가회로에 대한 개념을 이해하고 바이패스 캐패시터, 에미터 저항 및 부하저항이 증폭기의 전압이득에 미치는 영향을 실험을 통해 확인한다.

7.2 실험원리 학습실

7.2.1 에미터 공통 교류증폭기 해석

에미터 공통 교류증폭기는 트랜지스터 증폭기 중에서 가장 널리 사용되는 것으로 높은 입력 임피던스와 낮은 출력 임피던스를 가지며 또한 높은 전압이득과 전력이득을 얻을 수 있다. 교류증폭기는 그림 7-1에서 보여진 바와 같이 직류 및 교류전원을 동시에 포함하고 있기 때문에 입출력 관계에 대한 해석을 위해서는 직류등가회로 및 교류등가회로에 대한 개념이 필요하게 된다.

(1) 직류 등가회로의 형성

캐패시터는 직류에 대해 개방 회로처럼 동작하므로 에미터 공통 교류증폭기의 직류 등가회로는 그림 7-1에서 결합 캐패시터(C_1, C_3)와 바이패스 캐패시터(C_2)를 개방한 후에 얻어진다. 이렇게 얻어진 바이어스 회로를 해석하여 필요한 직류량을 결정할 수 있다.

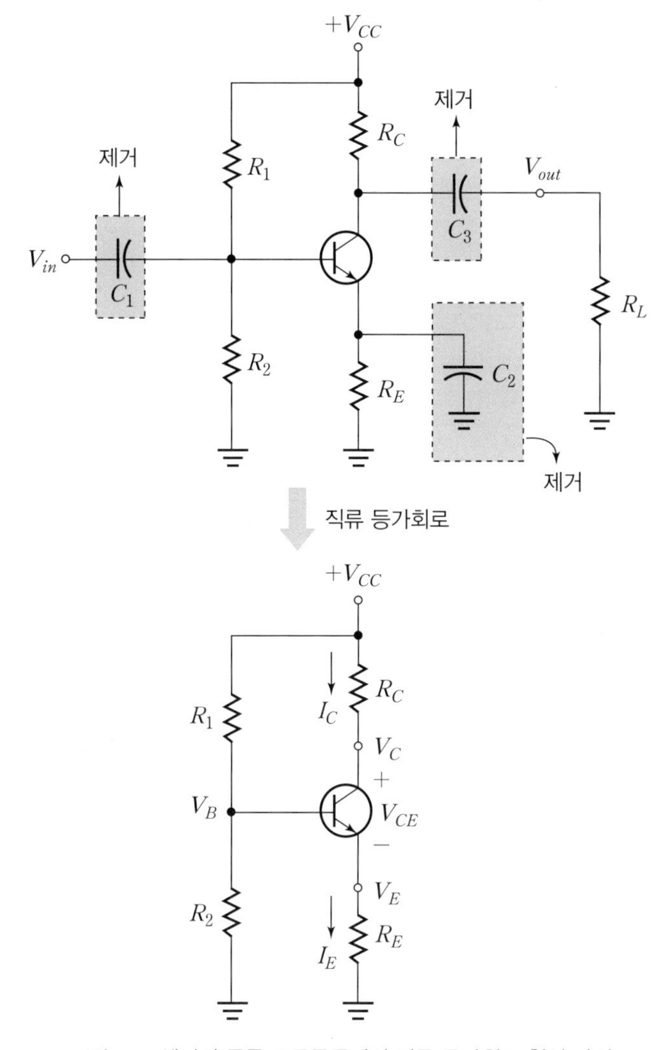

| 그림 7-1 에미터 공통 교류증폭기의 직류 등가회로 형성 과정

(2) 교류 등가회로의 형성

에미터 공통 교류증폭기의 교류 등가회로를 얻기 위해서는 그림 7-2에 나타낸 바와 같이 다음의 과정을 거쳐야 한다.

① 캐패시터의 리액턴스 X_C가 전원 주파수에 대해 충분히 작다는 가정하에 캐패시터를 단락시킨다.

② 직류전원은 접지시킨다. 이는 전압원의 내부 저항은 거의 0이므로 어떤 교류전압도 직류 전원 양단에 나타나지 않는다는 가정에 기초를 둔 것이다.

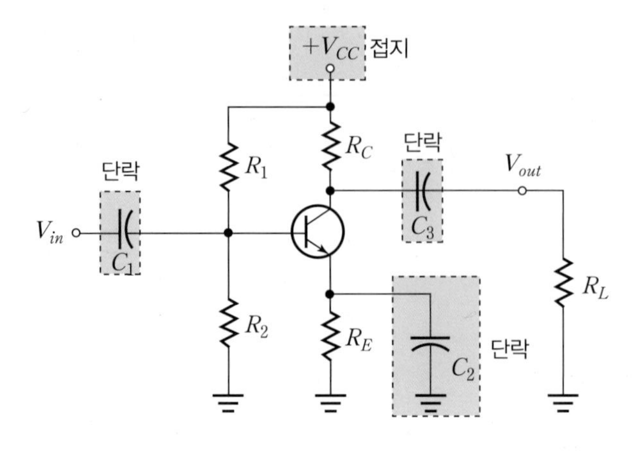

캐패시터 단락 및 직류전원 접지

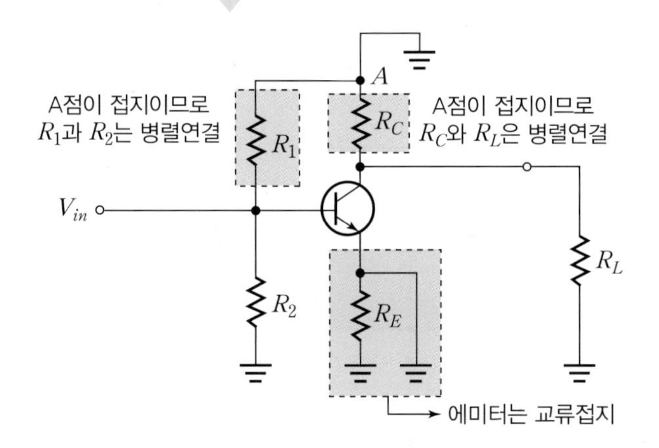

교류 등가회로

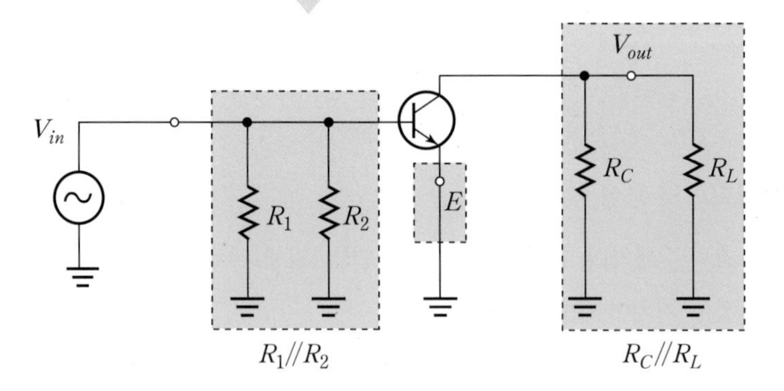

| 그림 7-2 에미터 공통 교류증폭기의 교류 등가회로 형성 과정

(3) 교류 등가회로의 해석

교류증폭기에서 교류 등가회로를 얻은 다음 트랜지스터 부분을 등가모델로 대치하여 회로해석을 수행하는 것을 교류해석이라 한다.

다음의 에미터 공통 교류증폭기의 교류 등가회로에서 트랜지스터 부분을 r'_e-모델로 대체하면 그림 7-3과 같은 회로가 얻어진다. 여기서 컬렉터 교류저항 R_c는 다음과 같이 컬렉터 직류저항과 부하저항을 병렬로 합성한 저항을 의미하며 r'_e은 트랜지스터의 에미터 다이오드의 내부저항을 의미한다.

$$R_c = R_C /\!/ R_L,\ \ r_e' = \frac{25\text{mV}}{I_E} \tag{7.1}$$

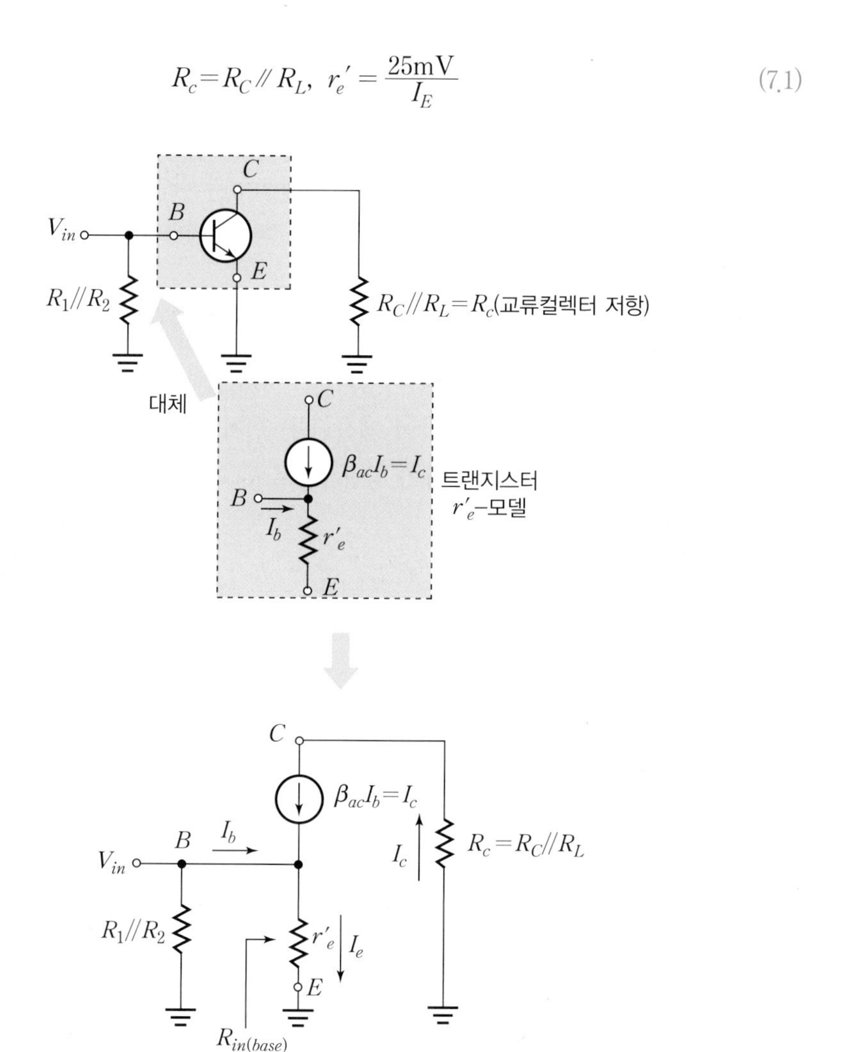

| 그림 7-3 에미터 공통 교류증폭기의 교류 등가모델

① 전압이득 A_v

전압이득 A_v는 출력전압(V_c)과 입력전압(V_b)의 비로 정의되며 다음과 같이 계산된다.

먼저 베이스단자 전압 V_b는 저항 r'_e에 걸리는 전압이므로 $V_b = I_e r'_e$이며, 컬렉터 단자전압은 컬렉터 루프 내에 흐르는 전류가 앞의 그림 7–3에서처럼 흐르기 때문에 $V_c = -R_c I_c \cong -R_c I_e$이다. 여기서 −부호는 저항 R_c에 걸리는 전압의 극성이 반대로 나타나기 때문에 붙인 것에 유의한다. 따라서 전압이득 A_v는 다음과 같다.

$$A_v \triangleq \frac{V_c}{V_b} = \frac{-I_e R_c}{I_e r'_e} = -\frac{R_c}{r'_e} \quad (7.2)$$

전압이득에 나타나는 −부호는 베이스단에 나타나는 입력전압 파형과 컬렉터단에 나타나는 출력전압 파형은 위상이 180°(180° out of phase)가 차이가 난다는 것을 의미하며 전압이득의 크기가 음(−)이라는 의미는 아니라는 것에 유의하라.

② 입력 임피던스 $R_{in(base)}$

베이스단에서 회로의 우측을 바라다본 임피던스 $R_{in(base)}$는 베이스 전압(V_b)과 베이스 전류(I_b)의 비로 정의되며 다음과 같이 계산된다. 먼저 V_b는 R_e에 걸리는 전압이므로 $V_b = r'_e I_e$이고 $I_e \cong I_c = \beta_{ac} r'_e$의 관계가 성립하므로 $R_{in(base)}$는 다음과 같다.

$$R_{in(base)} \triangleq \frac{V_b}{I_b} = \frac{r'_e I_e}{I_b} = \frac{r'_e \beta_{ac} I_b}{I_b} = \beta_{ac} r'_e \quad (7.3)$$

위 식은 베이스단에서 회로의 우측을 바라다본 저항은 에미터 다이오드의 내부저항 r'_e의 β_{ac}배로 보인다는 의미이다.

③ 에미터 바이패스 캐패시터에 의한 영향

앞에서 기술한 바와 같이 에미터 바이패스 캐패시터는 실효적으로 교류접지(AC Ground)되어 에미터 저항을 단락시켜 그림 7–3과 같이 에미터가 접지된다. 그러므로 바이패스 캐패시터를 가진 증폭기의 전압이득은 최대로 R_c/r'_e가 되며, 이를 위해서는 바이패스 캐패시터의 값이 증폭기의 전체 주파수 범위에서 리액턴스가 R_E에 비해 매우 작아지도록 충분히 커야 한다.

그러나 증폭기에 바이패스 캐패시터가 존재하지 않는다면 그림 7-4에서처럼 더 이상 에미터는 접지가 아니며, 에미터 가지저항 R_E는 에미터와 접지 사이에 존재하게 된다.

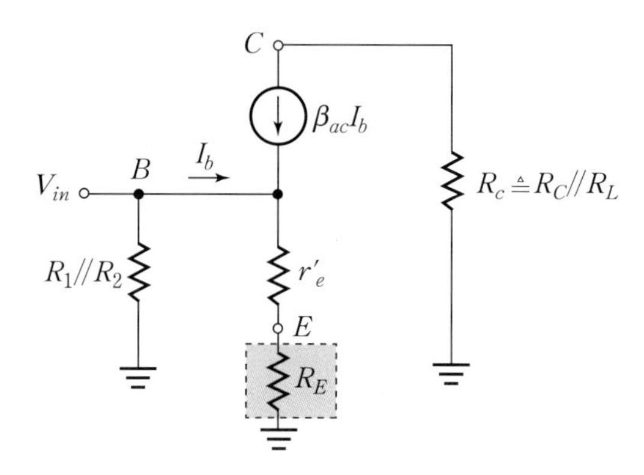

| 그림 7-4 바이패스 캐패시터가 없는 교류증폭기의 교류 등가모델

따라서 그림 7-4로부터 전압이득 A_v는 다음과 같이 결정된다.

$$A_v = -\frac{R_c}{r'_e + R_E} \tag{7.4}$$

식(7.2)와 식(7.4)를 비교해 보면 바이패스 캐패시터가 없는 경우 교류증폭기의 이득은 감소함을 알 수 있다.

여기서 잠깐

- **스왐핑 교류증폭기**: 스왐핑 교류증폭기는 전압이득과 전압이득의 안정도에 대해 절충한 형태의 교류증폭기이다. 즉, 전압이득을 높이려면 에미터 다이오드의 내부저항의 영향에서 자유로울 수 없지만, 전압이득을 어느 정도 희생을 하게 되면 전압이득의 안정화를 꾀할 수 있다는 것이다. 이와 같이 전자회로에서는 서로 상충관계에 있는 2가지 양을 동시에 개선할 수는 없으며, 설계자의 선택에 따라 어느 하나를 희생하여야 다른 하나를 개선할 수 있는 경우를 절충(Trade-off)이라고 한다.

④ 부하저항의 영향

부하 R_L이 결합 캐패시터 C_2를 통해 증폭기 출력에 연결되었을 때, 신호주파수에서 컬렉터 교류저항은 컬렉터 직류저항 R_C와 R_L의 병렬저항이 된다. 즉 컬렉터 교류저항 R_c는 다음과 같다.

$$R_c \triangleq \frac{R_C R_L}{R_C + R_L} \tag{7.5}$$

에미터 공통 교류증폭기의 전압이득의 크기는 $A_v = R_c / r'_e$ 이므로 만일 $R_L \ll R_C$ 이면 $R_c \ll R_C$ 이므로 전압이득은 줄어든다. 그리고 $R_L \gg R_C$ 이면 $R_c \cong R_C$ 이므로 부하의 연결은 증폭기 이득에 거의 영향을 주지 않는다. 따라서 컬렉터 직류저항 R_C보다 작은 부하저항 R_L이 결합되는 경우 전압이득이 감소하게 됨을 알 수 있다. 이에 대해 해결책은 컬렉터 공통 교류증폭기에서 언급하게 될 것이다.

7.2.2 실험원리 요약

소신호 에미터 공통 교류증폭기

- 교류증폭기는 직류 및 교류전원을 동시에 포함하고 있기 때문에 입출력 관계에 대한 해석을 하기 위해서는 직류 및 교류해석이 필요하다.
- 직류해석 → 직류 등가회로

  직류전원 V_{CC}만이 존재할 때의 회로해석이며, 캐패시터는 개방회로로 대체하여 해석한다. 캐패시터를 개방하면 결과적으로 직류 바이어스 회로만이 남게 되어 바이어스 회로해석으로 귀착된다.
- 교류해석 → 교류 등가회로

  ① 캐패시터의 리액턴스 X_C가 전원 주파수에 대해 충분히 작다는 가정하에 캐패시터를 단락시킨다.

  ② 직류전원을 제거하기 위하여 직류전원을 접지시킨다.

  ③ 교류등가회로가 얻어지면 트랜지스터 r–파라미터 모델을 이용하여 필요한 전기량을 계산한다.

  전압이득 $A_v = -\frac{R_c}{r'_e} \quad R_c \triangleq R_C /\!/ R_L$ (반전증폭기)

  입력저항 $R_{in(base)} = \beta r'_e$

  출력저항 $R_{out} = R_C /\!/ r'_c \cong R_C$

- 에미터 바이패스 캐패시터가 존재하지 않으면 증폭기의 전압이득은 감소한다. 따라서 최대전압이득을 얻기 위해서는 에미터 저항 R_E를 바이패스 캐패시터 C_E로 바이패스 시켜야 한다.
- 부하저항 R_L이 크면 전압이득에는 거의 영향을 미치지 않으나, R_L이 작으면 전압이득도 감소하게 된다. → 부하효과
- 전압이득의 감소없이 r'_e의 영향을 최소화하기 위하여 에미터 저항의 일부만을 바이패스 시키는 스왐핑 증폭기를 사용한다.

7.3 시뮬레이션 학습실

에미터 공통 교류증폭기의 출력전압이 바이패스 캐패시터, 에미터 저항, 부하저항의 변화에 따라 어떤 영향을 받는지를 살펴보기 위하여 그림 7-5(a)의 회로에 대하여 PSpice 시뮬레이션을 수행한다.

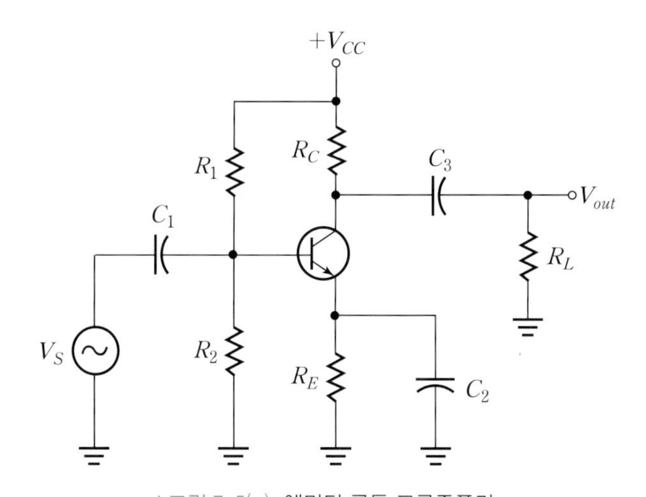

| 그림 7-5(a) 에미터 공통 교류증폭기

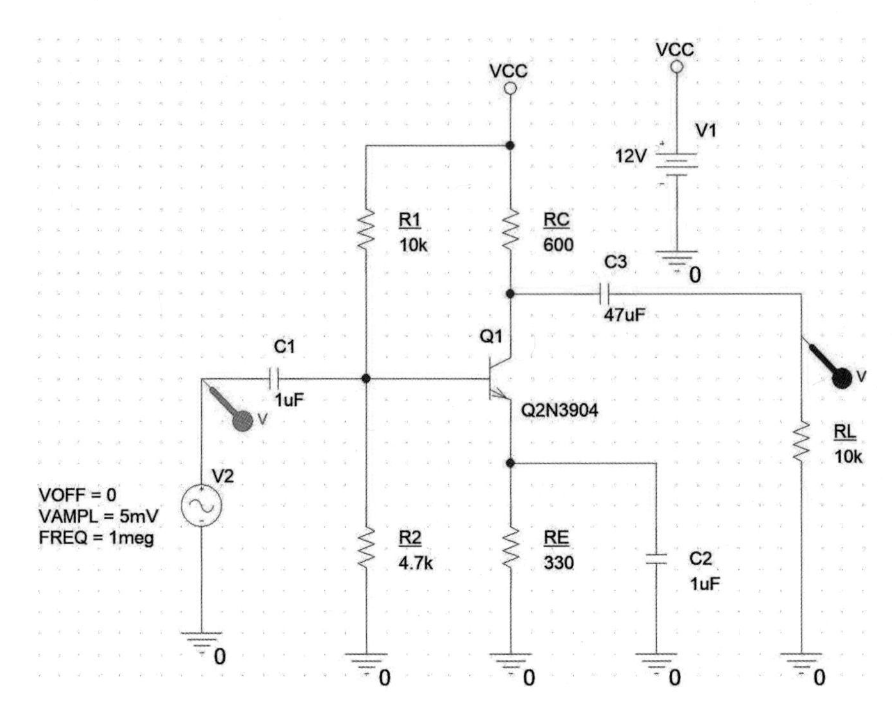

| 그림 7-5(b) PSpice 회로도

시뮬레이션 조건

- 트랜지스터 모델명: Q2N3904
- $R_1 = 10\text{k}\Omega$, $R_2 = 4.7\text{k}\Omega$, $R_C = 600\Omega$, $R_E = 330\Omega$, $R_L = 10\text{k}\Omega$
- $C_1 = 1\mu\text{F}$, $C_2 = 1\mu\text{F}$, $C_3 = 47\mu\text{F}$
- $V_S = 5\sin 2\pi ft[\text{mV}]$, $f = 1\text{MHz}$, $V_{CC} = 12\text{V}$
- C_2를 개방한 경우 V_{out} 파형을 도시한다.
- R_L을 개방한 경우 V_{out} 파형을 도시한다.

그림 7-5(b)의 회로에 대하여 PSpice 시뮬레이션 결과를 다음에 도시하였다.

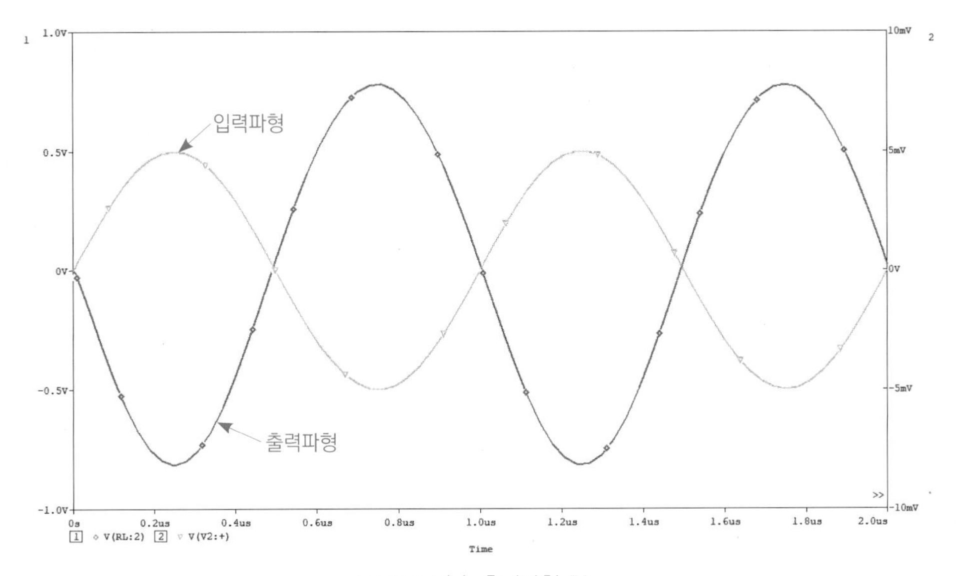

ㅣ그림 7-6(a) 출력파형 V_{out}

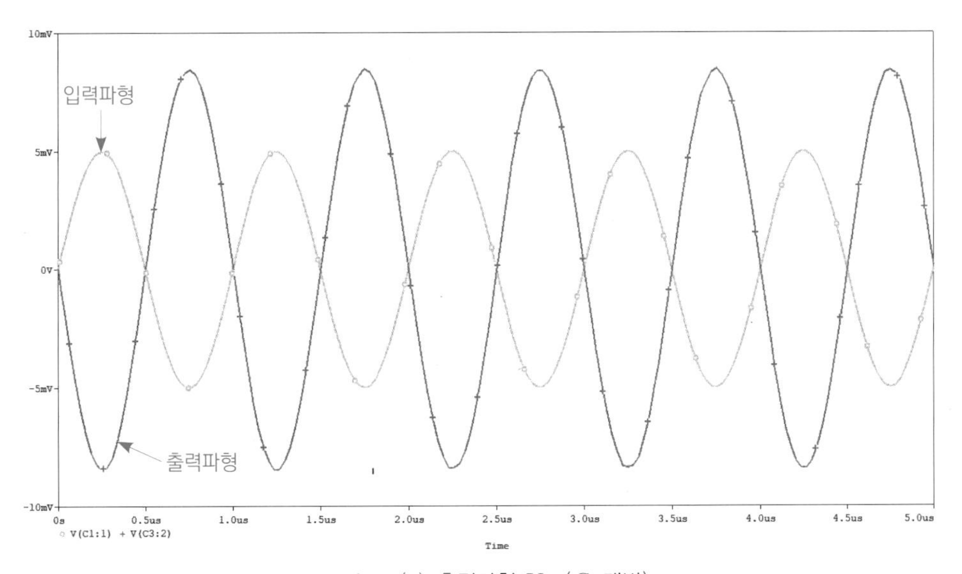

ㅣ그림 7-6(b) 출력파형 V_{out}(C_2 개방)

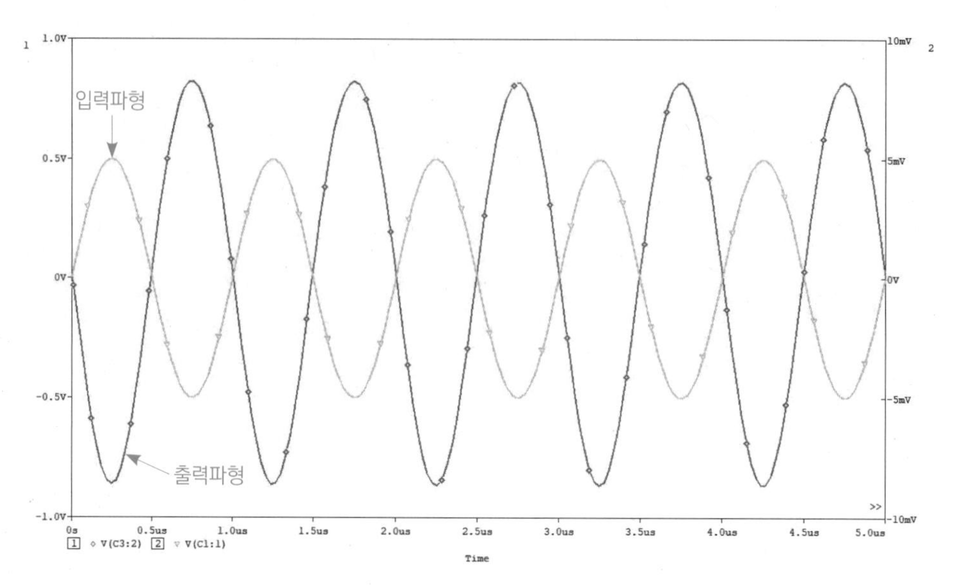

| 그림 7-6(c) 출력파형 $V_{out}(R_L$ 개방)

7.4 실험기기 및 부품

- 트랜지스터 1개
- 저항 330Ω, 600Ω, 4.7kΩ, 10kΩ 각 2개
- 캐패시터 1μF, 47μF 각 2개
- 오실로스코프 1대
- 직류전원공급기 1대
- 디지털 멀티미터 1대
- 신호발생기 1대
- 브레드 보드 1대

7.5 실험방법

(1) 그림 7–7의 회로를 결선한다.

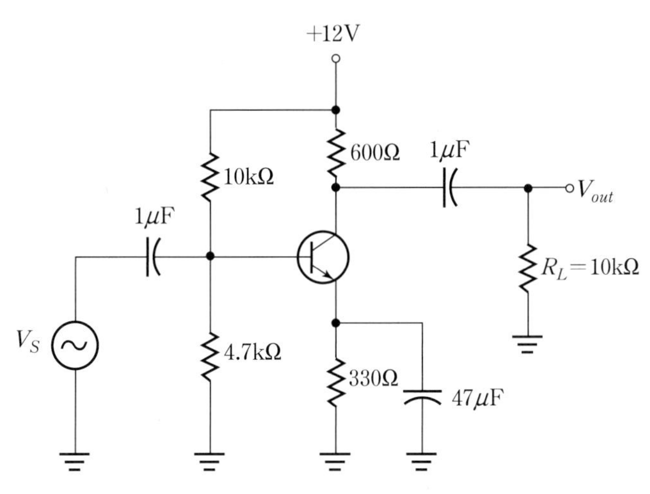

| 그림 7–7 에미터 공통 교류증폭기

(2) 그림 7–7에 대한 직류 등가회로를 구한 다음, 표 7–1에 나타나 있는 직류량에 대한 이론값과 측정값을 각각 구하여 표 7–1에 기록한다.

(3) 그림 7–7에서 $V_S = 5\sin 2\pi ft[\text{mV}]\,(f=1\text{MHz})$를 신호발생기로부터 발생시켜 에미터 공통 교류증폭기에 인가하여 출력파형을 오실로스코프로 측정한 후 파형을 도시한다. 측정된 입출력파형을 근거로 전압이득을 계산한다.

(4) 바이패스 캐패시터 C_2를 개방한 다음, 출력파형을 측정하여 도시한다.

(5) R_L을 개방시켰을 때의 출력파형을 측정하여 도시한다.

(6) 지금까지의 실험결과를 이용하여 표 7–2에 기록한다.

7.6 실험결과 및 검토

7.6.1 실험결과

| 표 7-1 에미터 공통 교류증폭기의 직류해석

측정량	측정값	이론값
V_B[V]		
V_E[V]		
V_C[V]		
V_{CE}[V]		
$I_E(\cong I_C)$[mA]		

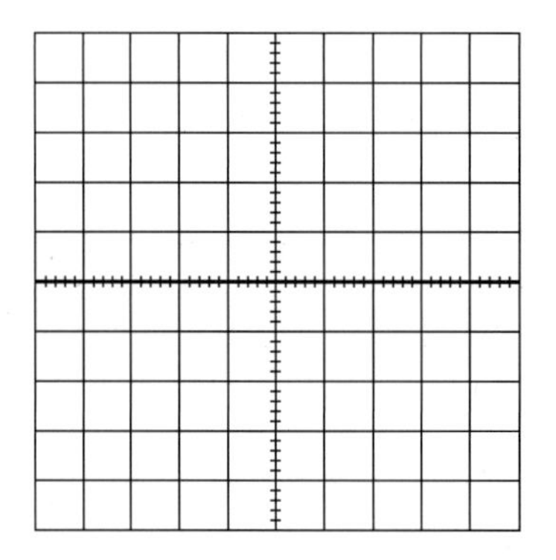

	CH1	CH2
측정량		
VOLT/DIV		
TIME/DIV		
전압이득		

| 그래프 7-1 에미터 공통 교류증폭기의 입출력파형

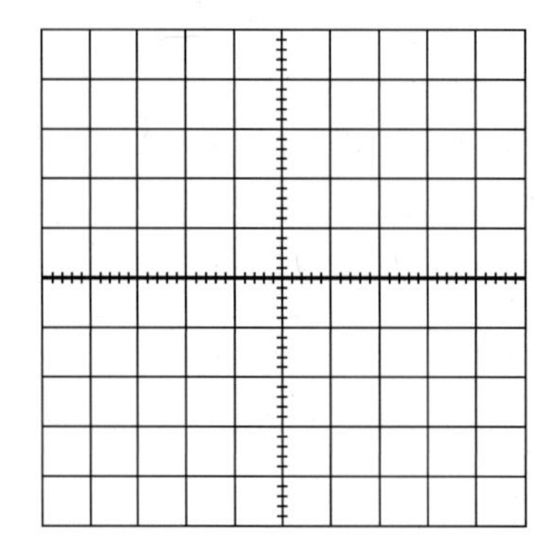

	CH1	CH2
측정량		
VOLT/DIV		
TIME/DIV		
전압이득		

| 그래프 7-2 에미터 공통 교류증폭기의 입출력파형 (C_2 개방)

	CH1	CH2
측정량		
VOLT/DIV		
TIME/DIV		
전압이득		

| 그래프 7-3 에미터 공통 교류증폭기의 입출력파형 (R_L 개방)

| 표 7-2 에미터 공통 교류증폭기 실험결과 요약

실험단계	제한조건	$V_{S(pp)}$	$V_{out(pp)}$	측정이득	계산이득
단계 (3)	없음				
단계 (4)	C_2 개방				
단계 (5)	R_L 개방				

7.6.2 검토 및 고찰

(1) 에미터 공통 교류증폭기의 입력전압과 컬렉터 전류의 위상차에 대해 설명하라.

(2) 에미터 공통 교류증폭기의 이득에 영향을 미치는 파라미터에 대해 설명하라.

(3) 그림 7-7에서 전압분배기의 상단부 저항(10kΩ)이 개방된 경우 출력전압은 어떠한 영향을 받는가?

(4) 스왐핑 증폭기에 대해 설명하라.

7.7 실험 이해도 측정 및 평가

7.7.1 객관식 문제

01 어떤 에미터 공통 교류증폭기의 전압이득이 100이다. 만일 에미터 바이패스 캐패시터가 끊어졌다면 어떤 일이 발생하는가?

① 회로는 불안정해질 것이다. ② 전압이득이 감소한다.
③ 전압이득은 증가한다. ④ Q점이 이동될 것이다.

02 에미터 공통 교류증폭기가 10kΩ의 부하저항으로 구동된다. $R_C = 2.2\text{k}\Omega$, $r'_e = 10\Omega$이라면 전압이득의 근사값은?

① 220 ② 1000
③ 10 ④ 180

03 트랜지스터 교류증폭기에서 직류 에미터 전류가 3mA이다. r'_e의 근사값은?

① 3kΩ ② 3Ω
③ 8.33Ω ④ 0.33kΩ

04 소신호 증폭기란?

① 부하선의 작은 부분만을 사용한다.
② 항상 mV 범위의 출력신호를 갖는다.
③ 각 입력주기에 포화가 일어난다.
④ 항상 에미터 공통 교류증폭기이다.

05 에미터 공통 교류증폭기의 특성이 아닌 것은?

① 비교적 높은 입력 임피던스를 가진다.
② 비교적 높은 전력이득을 가진다.
③ 출력 임피던스가 낮아 일반적으로 많이 사용된다.
④ 전압이득이 매우 높다.

06 에미터 공통 교류증폭기에서 부하저항이 제거되면 전압이득은?

① 증가한다. ② 감소한다.
③ 변화없다. ④ 증가와 감소를 반복한다.

7.7.2 주관식 문제

01 그림 7–8의 회로에서 직류 및 교류 등가회로를 그려라.

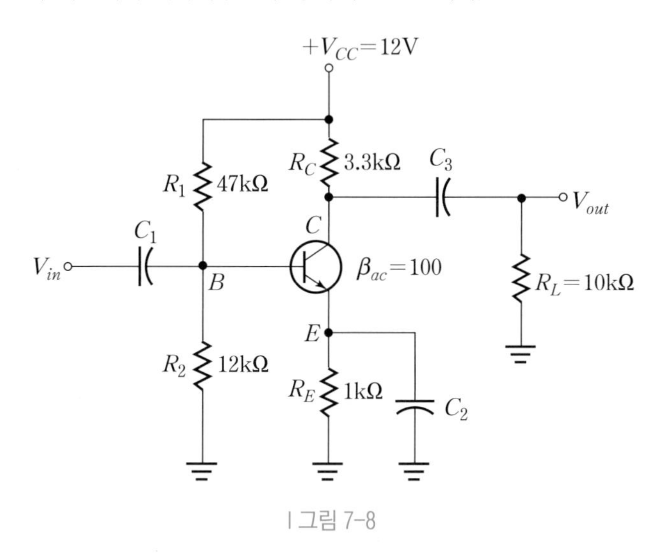

| 그림 7–8

02 문제 1에서 얻어진 직류 등가회로에서 V_B, V_E, I_E 및 r'_e을 각각 구하라.

03 문제 1에서 얻어진 교류 등가회로에서 전압이득과 베이스단에서의 입력 임피던스를 각각 구하라.

04 그림 7-9의 회로는 스왑핑 교류증폭기이다. 증폭기의 전압이득을 구하라. 만일 캐패시터 C_E가 개방되는 경우의 전압이득을 구하라.

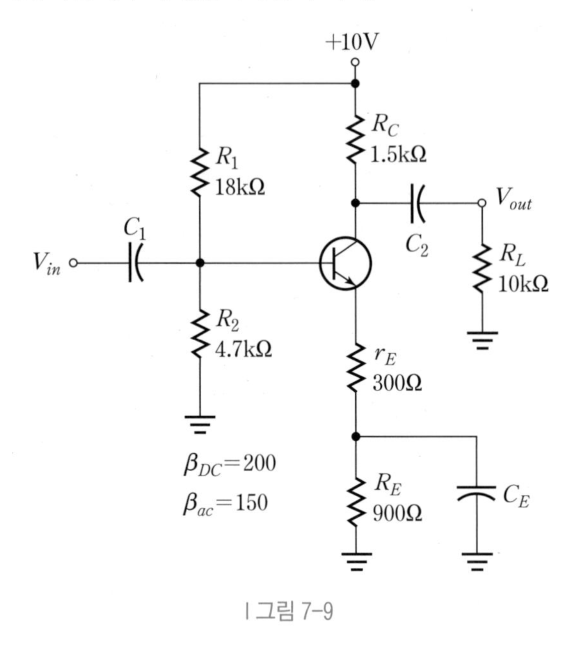

| 그림 7-9

05 그림 7-10의 에미터 공통 교류증폭기에 대해 다음의 교류량을 구하라.

(1) 베이스에서 바라본 등가저항 (2) 전체 입력저항

(3) 전압이득

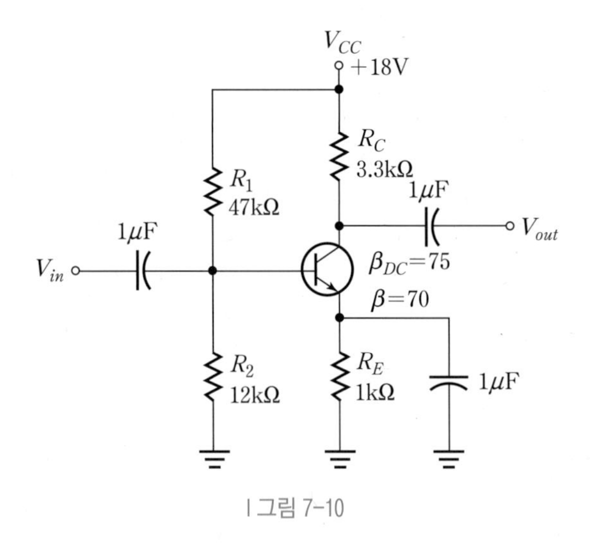

| 그림 7-10

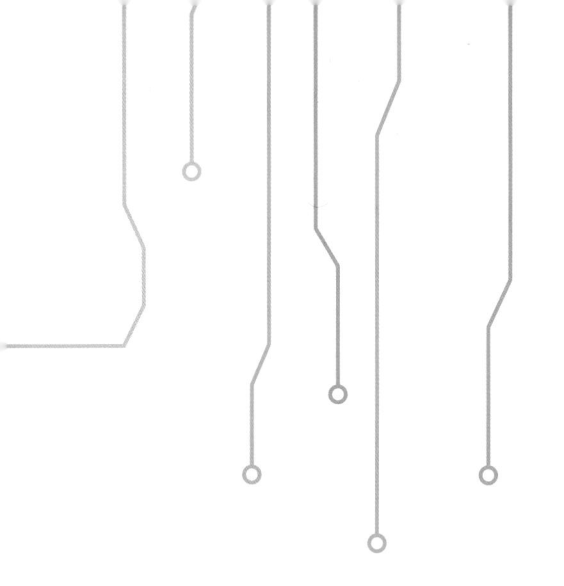

CHAPTER 08
소신호 베이스 공통 교류증폭기 실험

contents

소신호 베이스 공통 교류증폭기 실험

8.1 실험 개요

소신호 베이스 공통 교류증폭기의 직류 및 교류 등가회로에 대한 개념을 이해하고 입력전압과 출력전압 사이의 관계를 실험을 통하여 고찰한다.

8.2 실험원리 학습실

8.2.1 베이스 공통 교류증폭기의 해석

베이스 공통 교류증폭기는 교류증폭기 구성방법 중에서 가장 낮은 입력임피던스(40~300Ω)와 가장 높은 출력임피던스(300kΩ~3MΩ)를 가진다. 또한 전류이득은 1보다 약간 작으나 전압이득이 상당히 크기 때문에 전력이득은 중간 정도의 값을 가진다. 베이스 공통 교류증폭기는 저주파 회로에서는 거의 사용되지 않으나 신호원이 매우 낮은 저항 출력을 가지는 고주파 응용에 적합하다. 베이스 공통 교류증폭기의 동작원리를 이해하기 위해 직류 및 교류 등가회로에 대한 개념이 필요하게 된다.

(1) 직류 등가회로의 형성

베이스 공통 교류증폭기에서 캐패시터들을 개방시키면 그림 8-1과 같이 직류 등가회로가 얻어지며 이로부터 필요한 직류량을 결정할 수 있다.

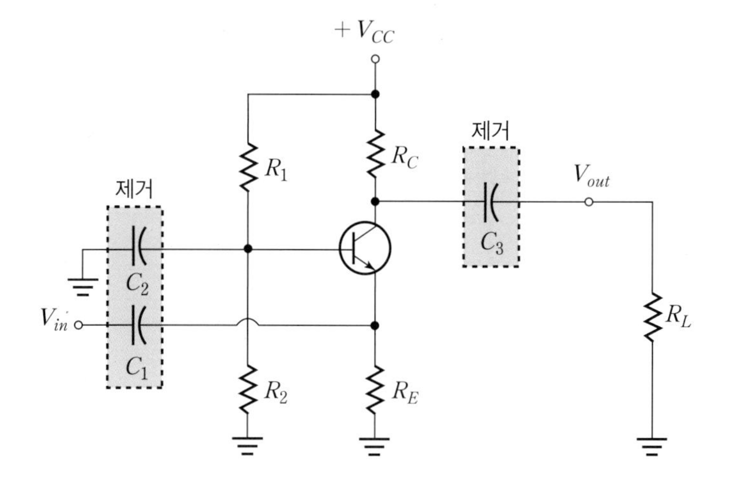

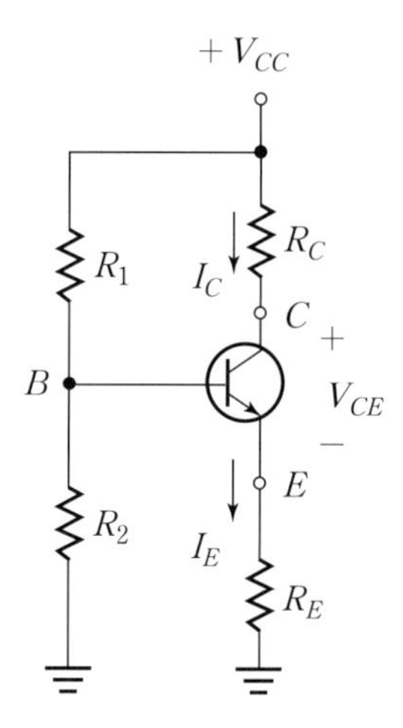

| 그림 8-1 베이스 공통 교류증폭기의 직류 등가회로 형성 과정

(2) 교류 등가회로의 형성

베이스 공통 교류 등가회로에서 직류전원은 접지시키고 캐패시터를 단락시키면 그림 8-2와 같은 교류 등가회로를 얻을 수 있다.

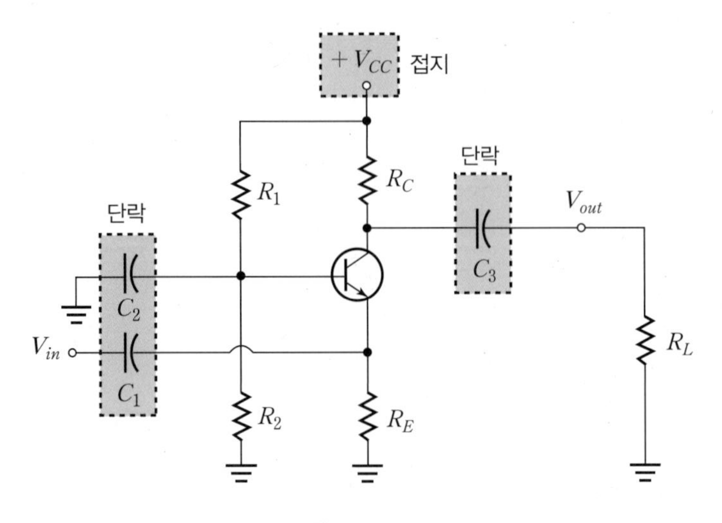

캐패시터 단락 및 직류전원 접지

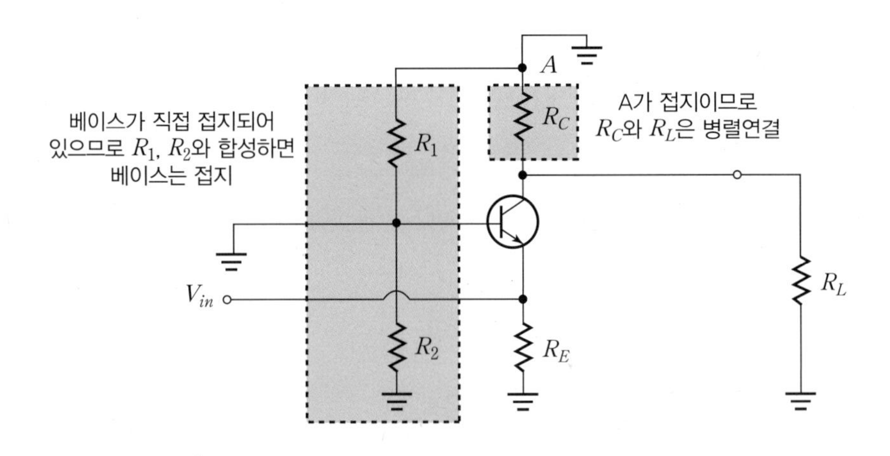

교류 등가회로

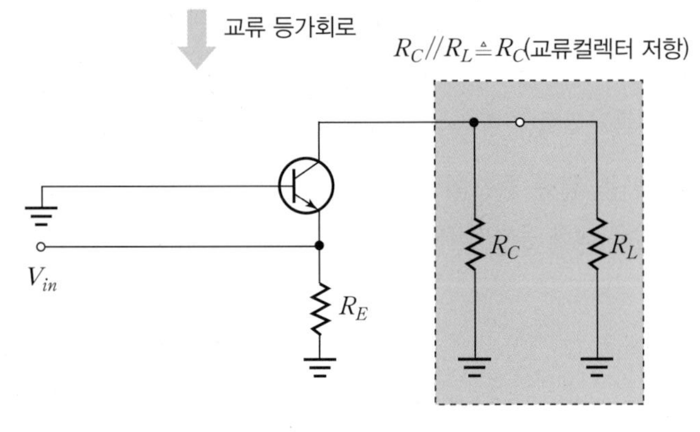

| 그림 8-2 베이스 공통 교류증폭기의 교류 등가회로 형성 과정

(3) 교류 등가회로의 해석

다음의 베이스 공통 교류증폭기의 교류 등가회로에서 트랜지스터 부분을 r'_e –모델로 대체하면 그림 8–3과 같은 교류 등가모델이 얻어진다. 이렇게 구해진 교류 등가모델을 해석하여 증폭기에 관련된 여러 가지 특성량 등을 계산할 수 있다.

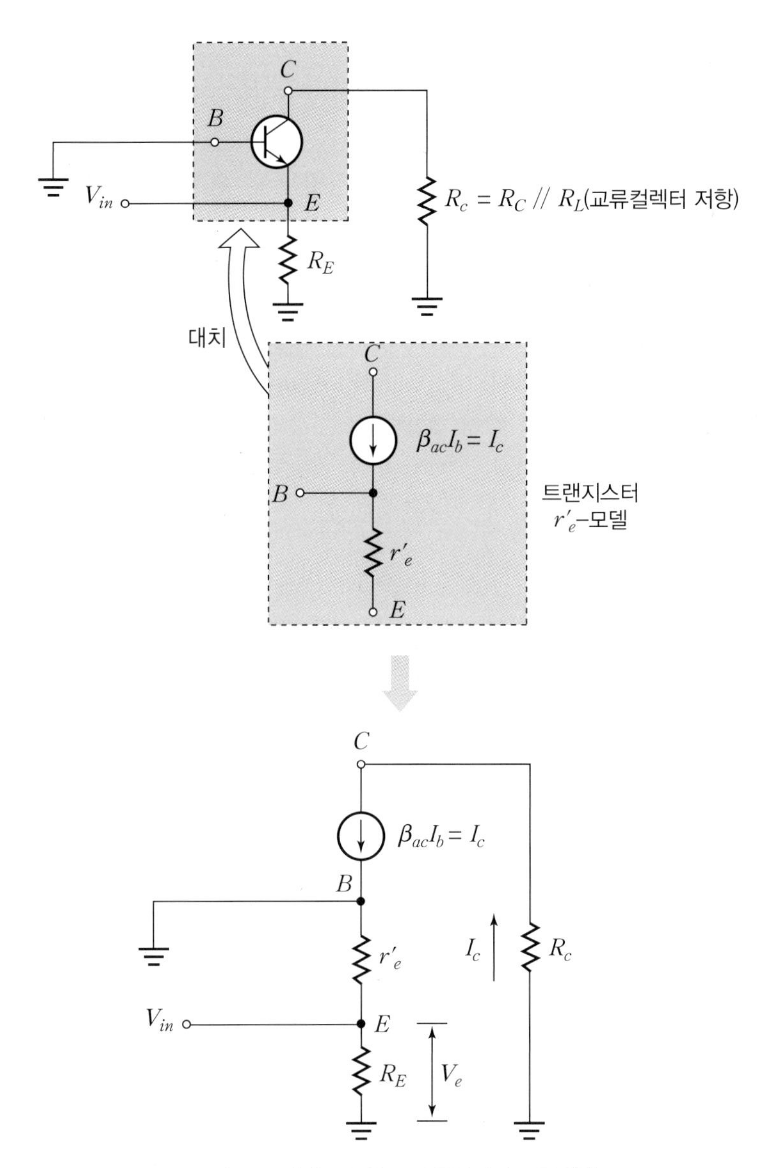

| 그림 8–3 베이스 공통 교류증폭기의 교류해석

① 전압이득

전압이득 A_v는 출력전압(V_c)과 입력전압(V_e)의 비로 정의되며 다음과 같이 계산된다. 먼저 에미터 단자에 걸리는 전압 $V_e = -(r'_e /\!/ R_E)I_e$ 이고 $V_c = -I_c R_c \cong I_e R_c$ 이므로 전압이득 A_v는 다음과 같다.

$$A_v \triangleq \frac{V_c}{V_e} \equiv \frac{-R_c I_e}{-(r'_e /\!/ R_E)I_e} = \frac{R_c}{r'_e /\!/ R_E} \tag{8.1}$$

식(8.1)로부터 입력전압 V_e와 출력전압 V_e는 동상임을 알 수 있으며 $R_E \gg r'_e$ 이면 전압이득은 근사적으로 $R_c \gg r'_e$ 가 된다.

② 입력 임피던스 $R_{in(emitter)}$

에미터단에서 회로의 우측을 바라다본 임피던스 $R_{in(emitter)}$는 에미터 전압 V_e와 에미터 전류 I_e의 비로 정의되며 다음과 같이 계산된다.

$$R_{in(emitter)} \triangleq \frac{V_e}{I_e} = \frac{(r'_e /\!/ R_E)I_e}{I_b} = r'_e /\!/ R_E \tag{8.2}$$

만일 $R_E \gg r'_e$ 이면 $R_{in(emitter)}$는 r'_e 으로 근사화될 수 있다.

③ 전류이득 A_i

전류이득은 출력전류를 입력전류로 나눈 값이다. I_c는 교류출력전류이고 I_e는 교류입력전류이다. $I_c \cong I_e$가 성립하므로 전류이득은 다음과 같다.

$$A_i \triangleq \frac{I_c}{I_e} \cong 1$$

8.2.2 실험원리 요약

소신호 베이스 공통 교류증폭기

- 입력전압은 결합 캐패시터를 통하여 에미터에 공급되고, 출력전압은 컬렉터단에서 얻으며 베이스는 교류접지가 되어 있다.
- 베이스 공통 교류증폭기는 저주파 회로에서는 거의 사용되지 않으나, 신호원이 매우 낮은 저항 출력을 가지는 고주파 응용에 적합하다.

전압이득 $A_v = \dfrac{R_c}{r'_e /\!/ R_e}$ $\quad R_c \triangleq R_C /\!/ R_L$ (비반전증폭기)

입력저항 $R_{in(emitter)} = r'_e /\!/ R_E \cong r'_e$

출력저항 $R_{out} = r'_c /\!/ R_C \cong R_C$

8.3 시뮬레이션 학습실

베이스 공통 교류증폭기의 출력전압이 부하저항의 변화에 따라 어떤 영향을 받는지를 살펴보기 위하여 그림 8-4(a)의 회로에 대하여 PSpice 시뮬레이션을 수행한다.

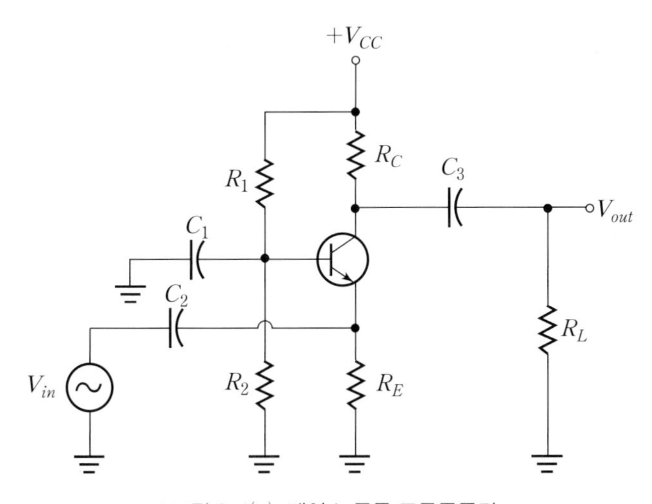

| 그림 8-4(a) 베이스 공통 교류증폭기

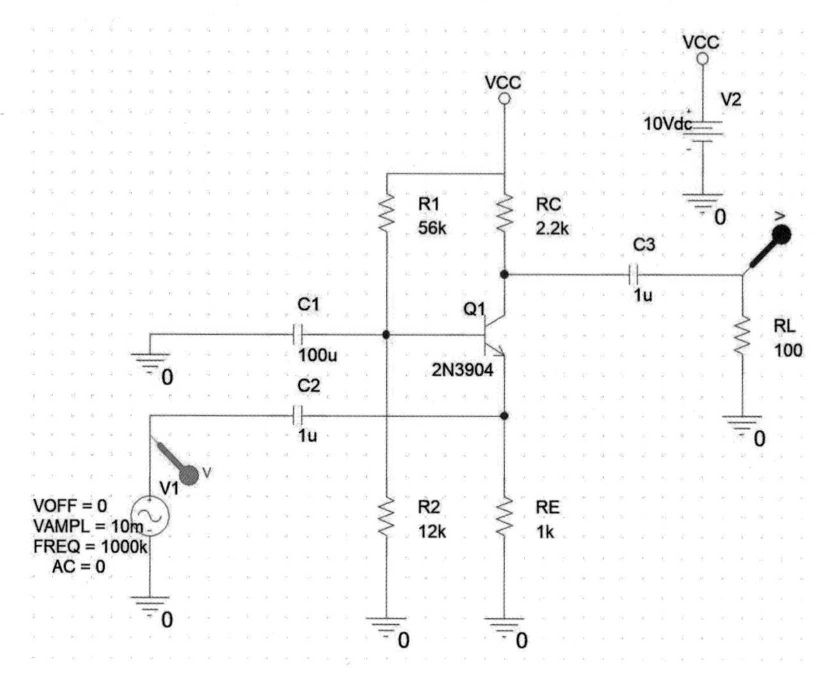

ㅣ그림 8-4(b) PSpice 회로도

시뮬레이션 조건

- 트랜지스터 모델명: Q2N3904
- $R_1 = 56\text{k}\Omega$, $R_2 = 12\text{k}\Omega$, $R_C = 2.2\text{k}\Omega$, $R_E = 1\text{k}\Omega$
- $C_1 = 100\mu\text{F}$, $C_2 = 1\mu\text{F}$, $C_3 = 1\mu\text{F}$
- $V_{in} = 10\sin 2\pi ft[\text{mV}]$, $f = 1\text{MHz}$, $V_{CC} = 10\text{V}$
- R_L이 100Ω, $1\text{M}\Omega$일때 출력파형 V_{out}을 도시한다.
- R_L이 개방된 경우 출력파형 V_{out}을 도시한다.

그림 8-4(b)의 회로에 대하여 PSpice 시뮬레이션 결과를 다음에 도시하였다.

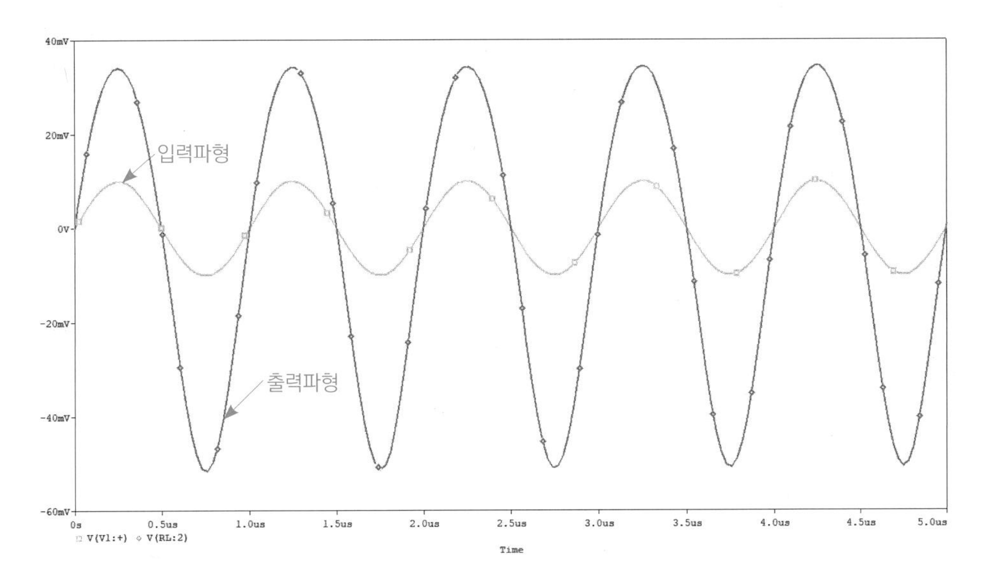

| 그림 8-5(a) 출력파형 $V_{out}(R_L=100\Omega)$

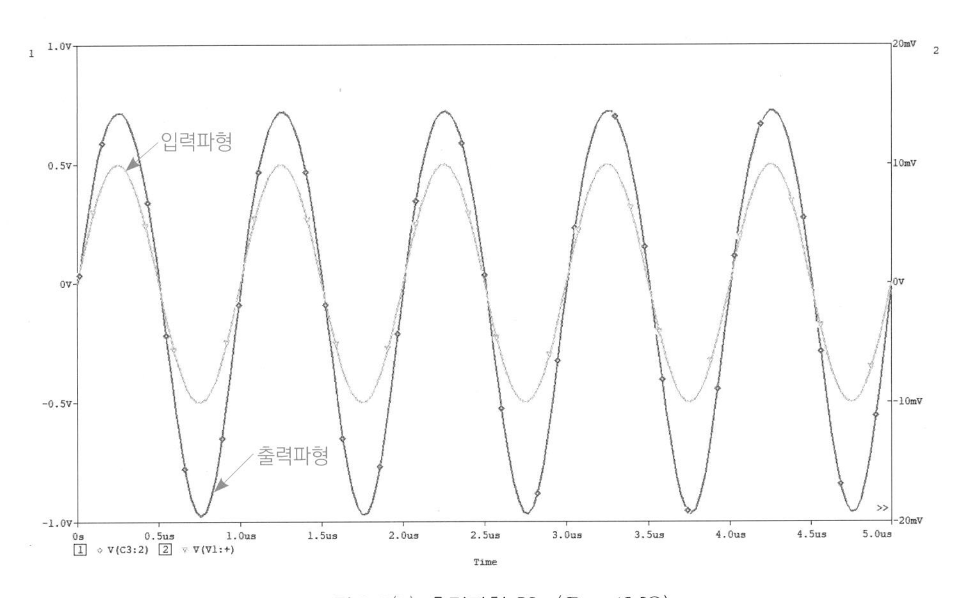

| 그림 8-5(b) 출력파형 $V_{out}(R_L=1\text{M}\Omega)$

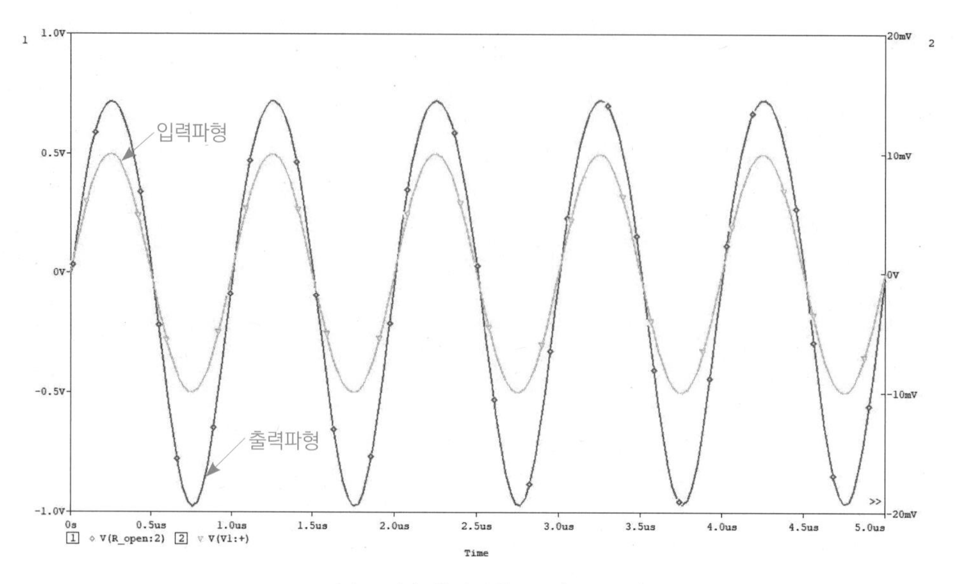

| 그림 8-5(c) 출력파형 V_{out}(R_L 개방)

8.4 실험기기 및 부품

품목	수량
•트랜지스터	1개
•저항 100Ω, 1kΩ, 2.2kΩ, 10kΩ, 12kΩ, 56kΩ, 1MΩ	각 1개
•캐패시터 1μF, 100μF	각 2개
•오실로스코프	1대
•직류전원공급기	1대
•디지털 멀티미터	1대
•신호발생기	1대
•브레드 보드	1대

8.5 실험방법

(1) 그림 8–6의 회로를 결선한다.

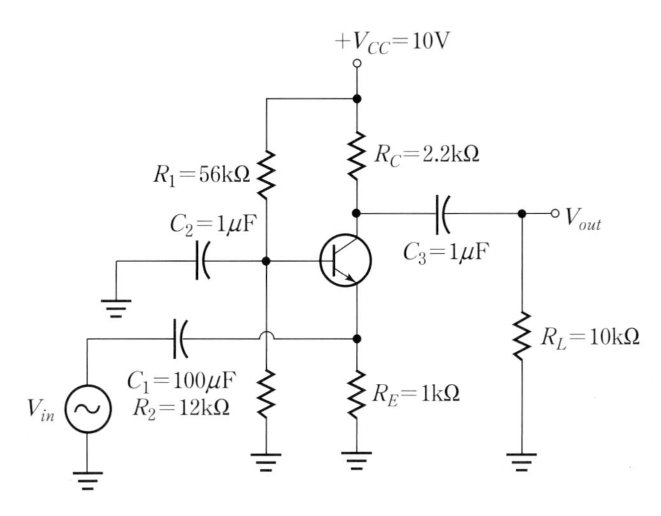

| 그림 8-6 베이스 공통 교류증폭기

(2) 그림 8–6에 대한 직류 등가회로를 구한 다음, 표 8–1에 나타나 있는 직류량에 대한 이론값과 측정값을 각각 구하여 표 8–1에 기록한다.

(3) 그림 8–6에서 $V_{in}=10\sin 2\pi ft$[mV], ($f=1$MHz)를 신호발생기로부터 발생시켜 베이스 공통 교류증폭기에 인가하여 출력파형을 오실로스코프로 측정한 후 파형을 도시한다. 측정된 입출력파형을 근거로 전압이득을 계산한다.

(4) 부하저항 R_L의 변화에 따른 입·출력 전압을 측정하여 표 8–2에 기록하고 전압이득의 변화를 관찰한다.

(5) R_L을 개방시켰을 때의 출력파형을 측정하여 도시한다.

8.6 실험결과 및 검토

8.6.1 실험결과

| 표 8-1 베이스 공통 교류증폭기의 직류해석

측정량	측정값	이론값
V_B[V]		
V_E[V]		
I_E[mA]		
V_C[V]		
V_{CE}[V]		

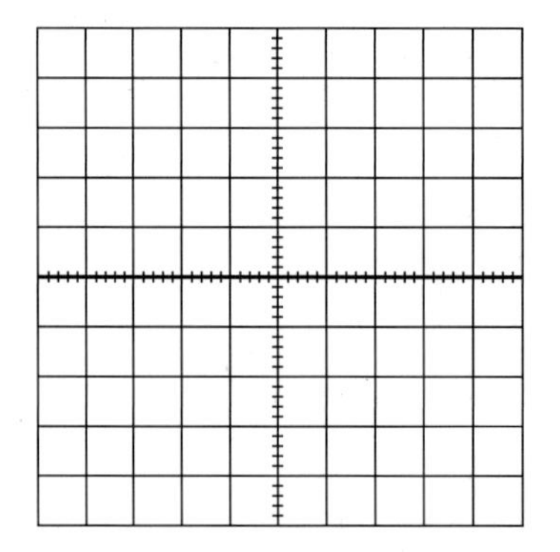

	CH1	CH2
측정량	V_{in}	V_{out}
VOLT/DIV		
TIME/DIV		
전압이득		

| 그래프 8-1 부하저항의 변화에 따른 전압이득 변화

| 표 8-2 부하저항의 변화에 따른 전압이득 변화

R_L	V_{in}	V_{out}	$A_v = V_{out}/V_{in}$
100Ω			
1MΩ			

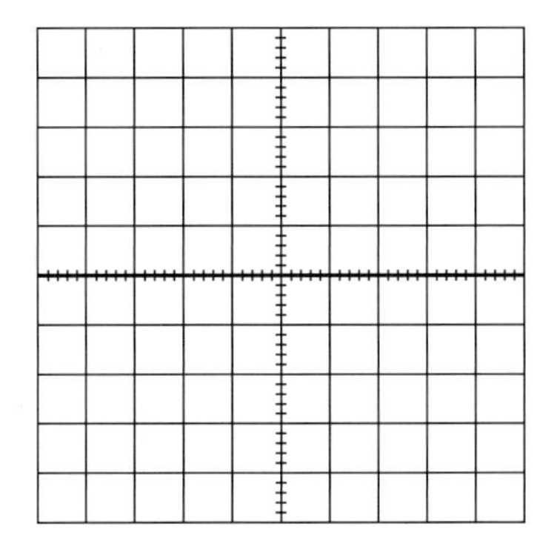

	CH1	CH2
측정량	V_{in}	V_{out}
VOLT/DIV		
TIME/DIV		
전압이득		

| 그래프 8-2 베이스 공통 교류증폭기의 입출력파형(R_L 개방)

8.6.2 검토 및 고찰

(1) 베이스 공통 교류증폭기의 입력전압과 컬렉터 전류의 위상차에 대해 설명하라.

(2) 그림 8-6에서 R_1이 개방된 경우 출력전압은 어떠한 영향을 받는지 설명하라.

(3) 그림 8-6에서 입력 임피던스를 입력단의 전압과 전류를 측정하여 결정한 후 이론값과 비교하라.

8.7 실험 이해도 측정 및 평가

8.7.1 객관식 문제

01 베이스 공통 교류증폭기의 입력저항은?

① 매우 낮다.
② 매우 높다.
③ 에미터 공통 교류증폭기와 같다.
④ 컬렉터 공통 교류증폭기와 같다.

02 베이스 공통 교류증폭기의 전류이득은?

① 매우 높다.
② 거의 1에 가깝다.
③ 수백에서 수천
④ β_{ac}와 같다.

03 베이스 공통 교류증폭기에서 $r'_e = 30\Omega$이고 $R_E = 1\text{k}\Omega$일 때 $R_{in(emitter)}$는?

① 30Ω
② $30\Omega // 1\text{k}\Omega$
③ 1030Ω
④ ∞

04 베이스 공통 교류증폭기에서 부하저항 R_L을 개방하면 전압이득은 어떻게 변화하는가?

① 증가한다. ② 감소한다.
③ 변화없다. ④ 증가하다가 감소한다.

05 베이스 공통 교류증폭기에서 입력전압과 출력전압의 위상관계는?

① 180° 위상차가 생긴다. ② 90° 위상차가 생긴다.
③ 동상이다. ④ 270° 위상차가 생긴다.

8.7.2 주관식 문제

01 그림 8-7의 회로에서 직류 및 교류 등가회로를 그려라.

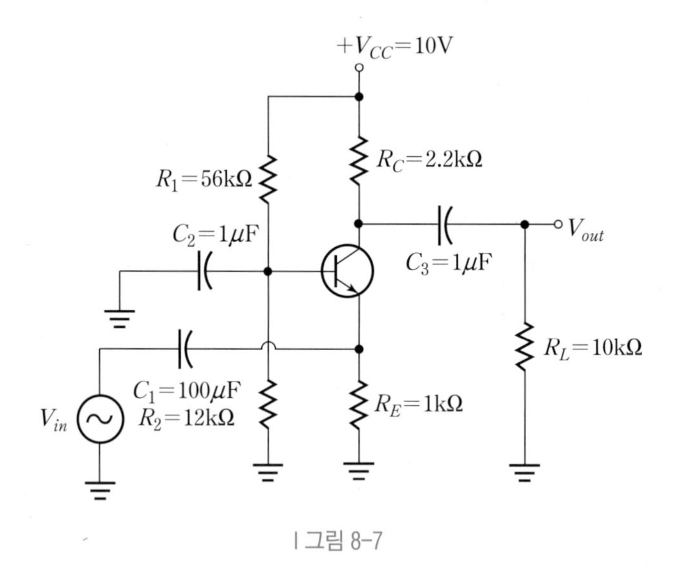

| 그림 8-7

02 문제 1에서 얻어진 직류 등가회로에서 V_B, V_E, I_E 및 r'_e을 각각 구하라.

03 문제 1에서 얻어진 교류 등가회로로부터 전압이득과 에미터단에서의 입력 임피던스를 구하라.

04 그림 8-8의 베이스 공통 교류증폭기에서 전압이득 $A_{vs}=V_{out}/V_{in}$와 입력저항을 계산하라.

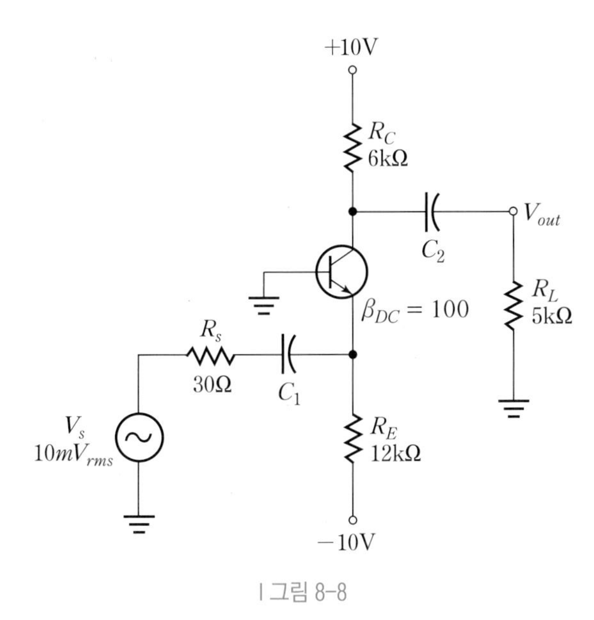

| 그림 8-8

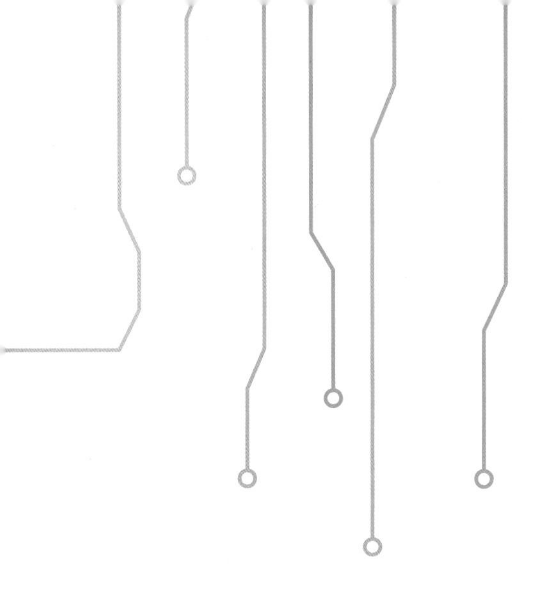

CHAPTER 09

소신호 컬렉터 공통 교류증폭기 실험

contents

소신호 컬렉터 공통 교류증폭기 실험

9.1 실험 개요

소신호 컬렉터 공통 교류증폭기의 직류 및 교류 등가회로에 대한 개념을 이해하고 입력전압과 출력전압 사이의 관계를 관찰한다. 또한 부하의 변화가 컬렉터 공통 교류증폭기에 미치는 영향을 실험을 통해 확인한다.

9.2 실험원리 학습실

9.2.1 컬렉터 공통 교류증폭기 해석

컬렉터 공통 교류증폭기는 에미터 전압이 베이스 전압과 거의 같은 파형이 나오므로 출력이 입력을 따라간다(Follow)는 현상을 나타내는 명칭으로 흔히 에미터 플로어(Emitter Follower)라고도 부르며, 입력전압은 결합 캐패시터를 통해 베이스에 공급되고 출력전압은 에미터 단에서 얻는다. 컬렉터 공통 교류증폭기는 전압이득이 거의 1이고 높은 전류이득과 입력저항을 얻을 수 있다는 장점이 있어 주로 임피던스 정합에 사용되기도 하며, 또한 출력단 부하의 크기가 작은 경우 전체 증폭기의 전압이득이 감소되는 것을 방지하기 위해 부하와 출력단 사이에 위치하여 증폭기의 이득을 감소시키지 않도록 하는 버퍼증폭기(Buffer Amplifier)로도 흔히 사용된다.

컬렉터 공통 교류증폭기의 동작원리를 이해하기 위해 직류 및 교류 등가회로에 대한 개념이 필요하게 된다.

(1) 직류 등가회로의 형성

에미터 공통 교류증폭기의 경우와 마찬가지로 컬렉터 공통 교류증폭기에서 결합 캐패시터를 개방시키면 그림 9-1과 같은 직류 등가회로가 얻어지며 이로부터 바이어스 회로를 해석하여 필요한 직류량을 결정할 수 있다.

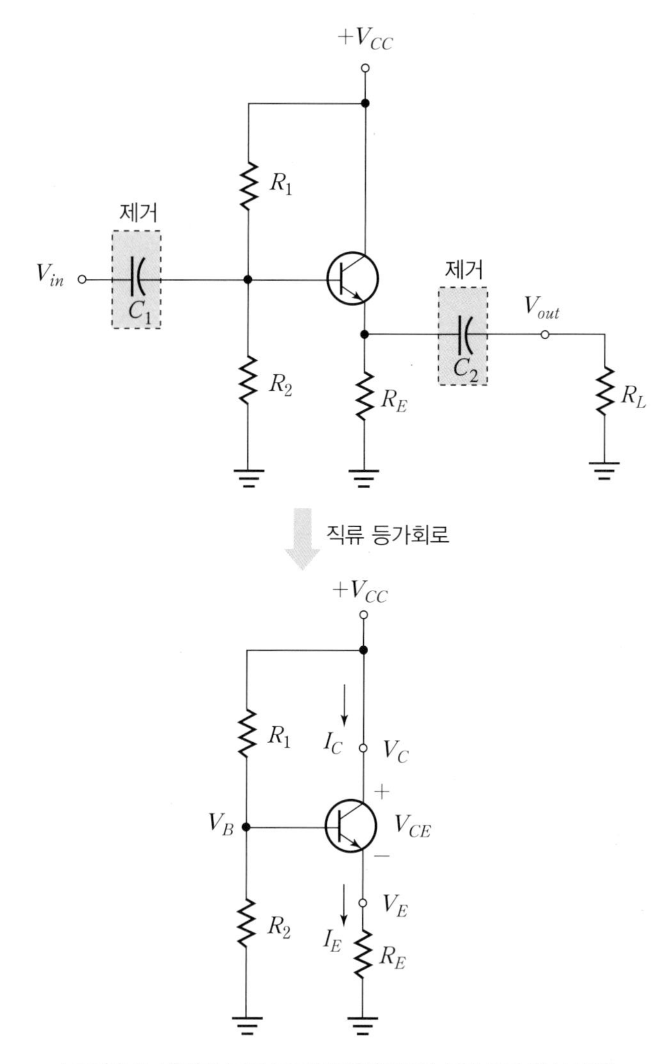

| 그림 9-1 컬렉터 공통 교류증폭기의 직류 등가회로 형성 과정

(2) 교류 등가회로의 형성

컬렉터 공통 교류 등가회로에서 직류전원은 접지시키고 캐패시터를 단락시키면 그림 9-2와 같은 교류 등가회로를 얻을 수 있다.

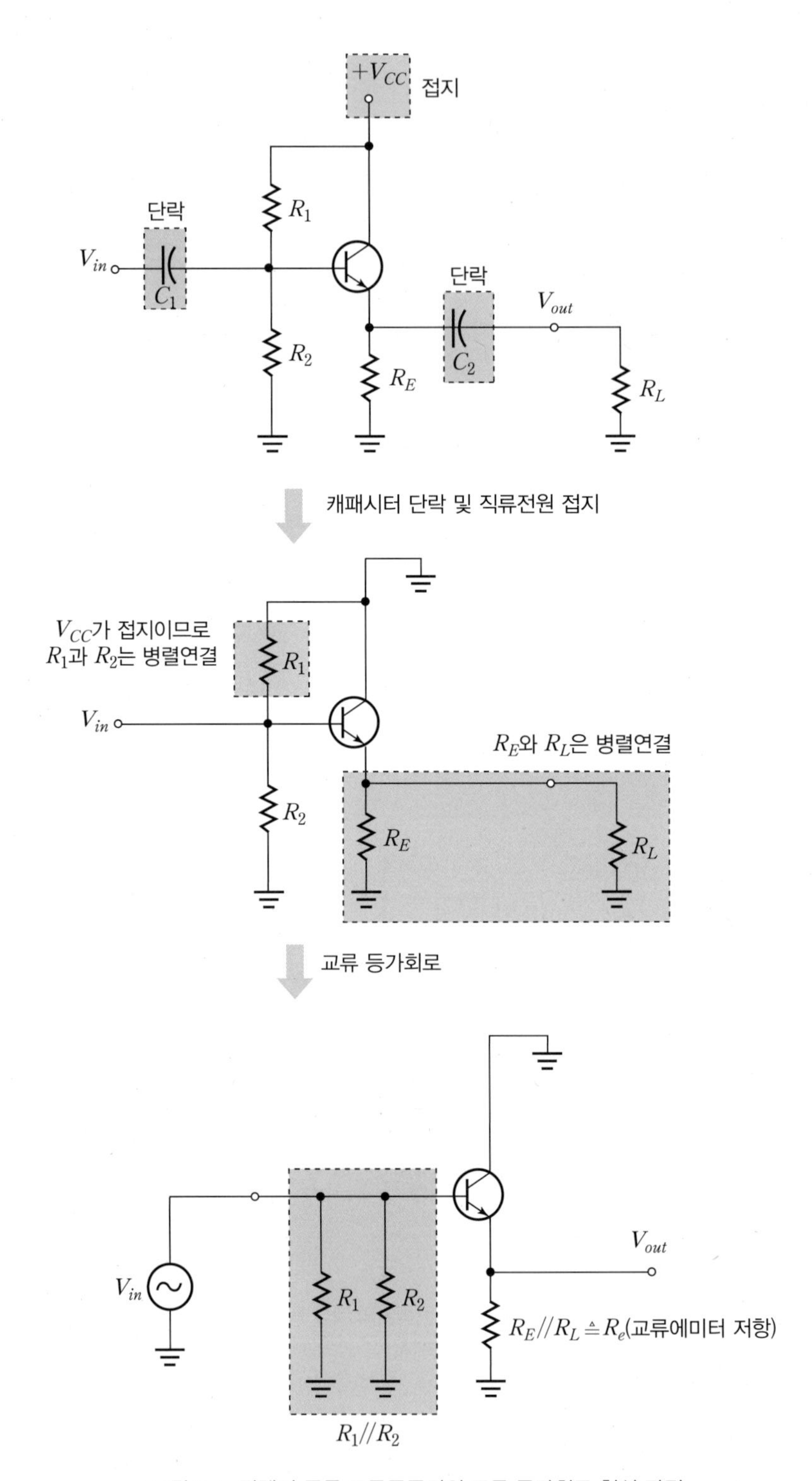

| 그림 9-2 컬렉터 공통 교류증폭기의 교류 등가회로 형성 과정

(3) 교류 등가회로의 해석

다음의 컬렉터 공통 교류증폭기의 교류 등가회로에서 트랜지스터 부분을 r'_e –모델로 대체하면 그림 9-3과 같은 교류 등가모델이 얻어진다.

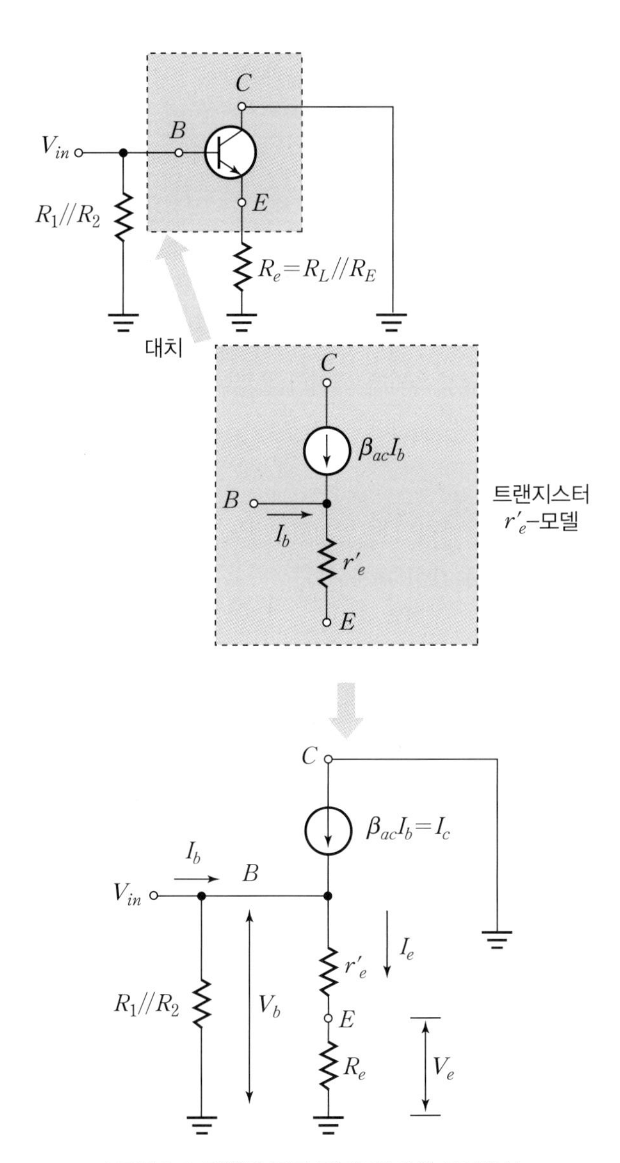

| 그림 9-3 컬렉터 공통 교류증폭기의 교류해석

① 전압이득 A_v

전압이득 A_v는 출력전압(V_e)과 입력전압(V_b)의 비로 정의되며 다음과 같이 계산된다. 먼저 베이스단에 걸리는 전압은 저항 r'_e과 R_e 양단에 걸리는 전압의 합이므로 $V_b = I_e(r'_e + R_e)$이다. 출력전압(V_e)는 에미터 교류저항 R_e에 걸리는 전압이므로 $V_e = I_e R_e$이 된다. 따라서 전압이득 A_v는 다음과 같다.

$$A_v \triangleq \frac{V_e}{V_b} = \frac{I_e R_e}{I_e(r'_e + R_e)} = \frac{R_e}{r'_e + R_e} \tag{9.1}$$

대개의 경우 $R_e \gg r'_e$이 성립하므로 전압이득은 거의 1이 되며, 입력전압 V_b와 출력전압 V_e는 서로 동상(in phase)이다. 출력 에미터 전압이 입력전압을 따라간다는 의미를 강조하기 위해 컬렉터 공통 교류증폭기를 에미터 플로어(Emitter Follower)라고도 한다.

② 입력 임피던스 $R_{in(base)}$

베이스단에서 회로의 우측을 바라다본 임피던스 $R_{in(base)}$는 베이스 전압 V_b와 베이스 전류 I_b의 비로 정의되며 다음과 같이 계산된다.

$$R_{in(base)} \triangleq \frac{V_b}{I_b} = \frac{I_e(r'_e + R_e)}{I_b} = \beta_{ac}(r'_e + R_e) \cong \beta_{ac} R_e \tag{9.2}$$

컬렉터 공통 교류증폭기의 입력 임피던스는 근사적으로 $\beta_{ac} R_e$로 정해지고, 또한 매우 큰 값을 가지므로 보통 부하효과(Loading Effect)를 제거하기 위해 주로 버퍼 증폭기로 사용된다.

(4) 다알링톤 접속

식(9.2)에서 보는 바와 같이 β_{ac}는 증폭기의 입력저항을 결정하는 중요한 요소이다. 트랜지스터의 β_{ac}는 에미터 플로어 회로로부터 얻을 수 있는 최대 입력저항을 제한하기 때문에 입력저항을 증가시키기 위한 한 가지 방법은 그림 9-4와 같이 다알링톤(Darlington) 접속을 사용하는 것이다. 다알링톤 접속은 2개의 트랜지스터의 컬렉터를 서로 접속시키고 첫 번째 트랜지스터의 에미터가 두 번째 트랜지스터의 베이스를 구동시키는 구조이다.

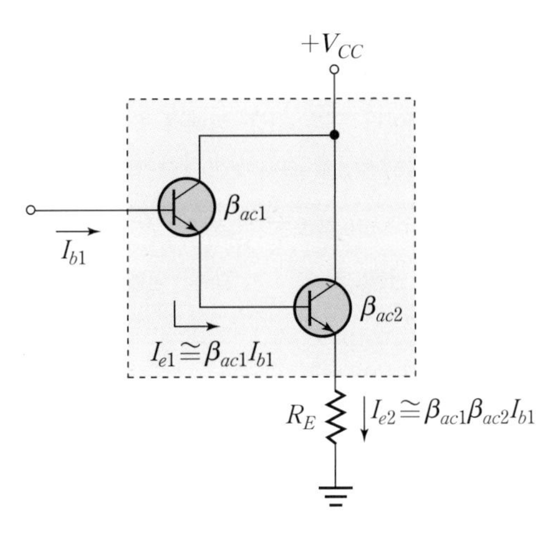

| 그림 9-4 다알링톤 접속

그림 9-4에서 $I_{e1} \cong \beta_{ac1} I_{b1}$ 이 되고 이 전류는 두 번째 트랜지스터의 베이스로 유입되므로 $I_{e2} \cong \beta_{ac2} I_{b1} = \beta_{ac1}\beta_{ac2} I_{b1}$ 이 된다. 따라서 다알링톤 접속의 실효 전류이득은 $\beta_{ac} = \beta_{ac1}\beta_{ac2}$ 이 되며, 다알링톤 접속을 이용하면 입력저항을 매우 크게 할 수 있게 된다.

그림 9-5에 그림 9-4의 등가회로를 도시하여 다알링톤 접속은 전류이득을 증가시키는 구조임을 개념적으로 쉽게 이해할 수 있도록 하였다.

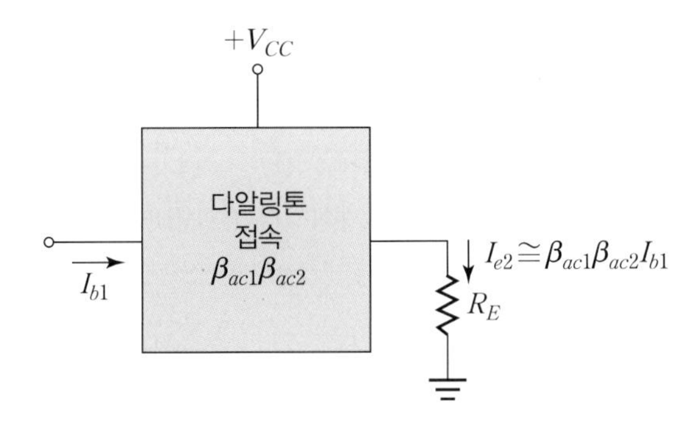

| 그림 9-5 다알링톤 접속 트랜지스터의 전류 관계

여기서 잠깐

- **바이폴라 교류증폭기의 요약**: 에미터 공통(CE), 컬렉터 공통(CC), 베이스 공통(CB) 교류 증폭기에서 전압이득, 입력 및 출력저항을 정리하면 다음과 같다.

바이폴라 교류증폭기			
	에미터 공통(CE)	컬렉터 공통(CC)	베이스 공통(CB)
전압이득	$-\frac{R_c}{r'_e}$ (역상)	$\frac{R_e}{r'_e+R_e}$ (역상)	$\frac{R_c}{r'_e /\!/ R_E}$ (역상)
입력저항	$\beta r'_e$	$\beta(r'_e+R_e)\cong\beta R_e$	$r'_e /\!/ R_E \cong r'_e$
출력저항	$r'_c /\!/ R_C \cong R_C$	r'_e	$r'_c /\!/ R_C \cong R_C$

9.2.2 실험원리 요약

소신호 컬렉터 공통 교류증폭기

- 입력전압은 결합 캐패시터를 통하여 베이스에 공급되고, 출력전압은 에미터 단에서 얻으며 컬렉터는 교류접지되어 있다.
- 컬렉터 공통 교류증폭기는 전압이득은 거의 1에 가까우며, 높은 입력저항을 가진다. → 임피던스 정합용이나 버퍼 증폭기로 사용
- 출력 에미터 전압이 입력전압을 따라간다는 의미로 에미터 플로우라고도 한다.

$$\text{전압이득 } A_v=\frac{R_e}{r'_e+R_e} \quad R_e \triangleq R_E /\!/ R_L \text{ (비반전 증폭기)}$$

$$\text{입력저항 } R_{in(base)}=\beta(r'_e+R_e)\cong\beta R_e$$

$$\text{출력저항 } R_{out}=r'_e$$

- 컬렉터 공통 교류증폭기의 입력저항을 증가시키기 위하여 다알링톤 접속을 사용한다.

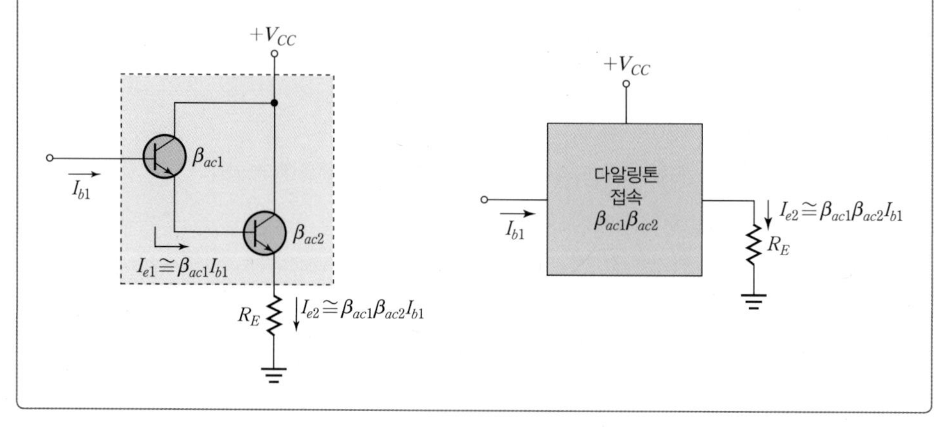

9.3 시뮬레이션 학습실

컬렉터 공통 교류증폭기의 출력전압이 부하저항의 변화에 따라 어떤 영향을 받는지를 살펴보기 위하여 그림 9–6(a)의 회로에 대하여 PSpice 시뮬레이션을 수행한다.

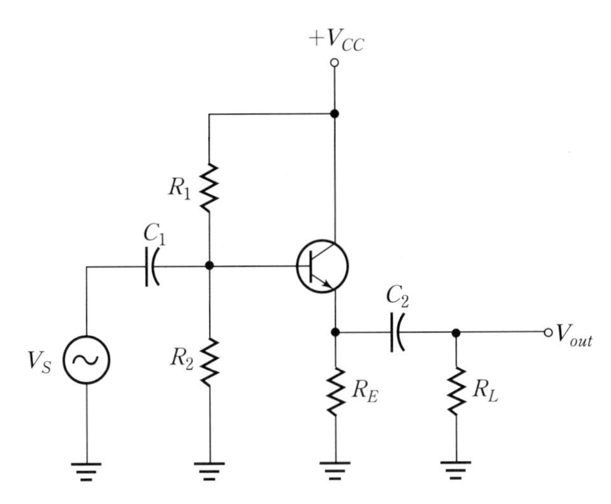

| 그림 9–6(a) 컬렉터 공통 교류증폭기

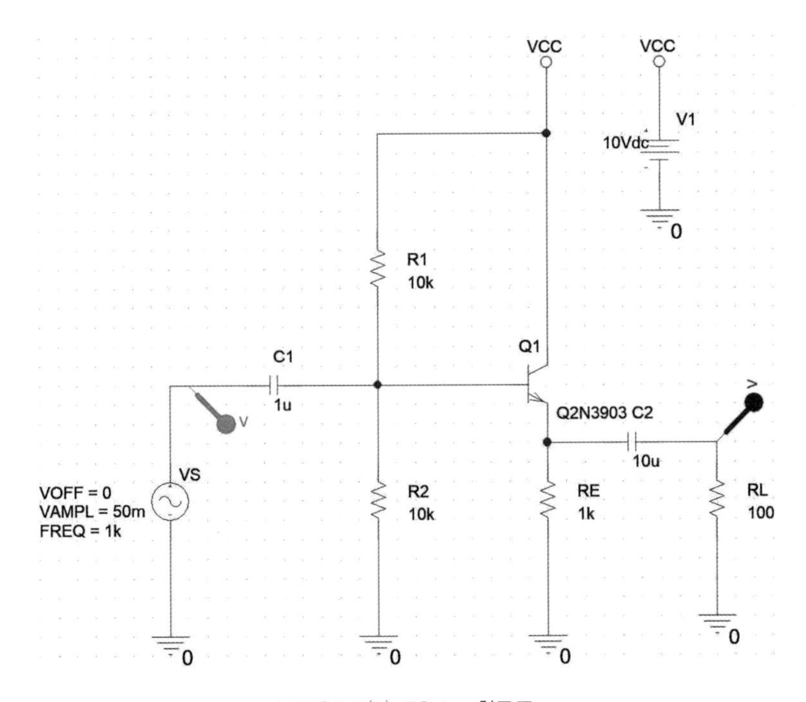

| 그림 9–6(b) PSpice 회로도

시뮬레이션 조건

- 트랜지스터 모델명: Q2N3903
- $R_1 = 10\text{k}\Omega$, $R_2 = 10\text{k}\Omega$, $R_E = 1\text{k}\Omega$
- $C_1 = 1\mu\text{F}$, $C_2 = 10\mu\text{F}$
- $V_S = 50\sin 2\pi ft[\text{mV}]$, $f = 1\text{kHz}$, $V_{CC} = 10\text{V}$
- $R_L = 100\Omega$, $1\text{k}\Omega$, $10\text{k}\Omega$ 일 때 출력파형 V_{out}을 도시한다.
- 에미터 저항 R_E가 개방되었을 때 출력파형 V_{out}을 도시한다. 또한, R_1이 개방되었을 때 출력파형 V_{out}을 도시한다.

그림 9-6(b)의 회로에 대하여 PSpice 시뮬레이션 결과를 다음에 도시하였다.

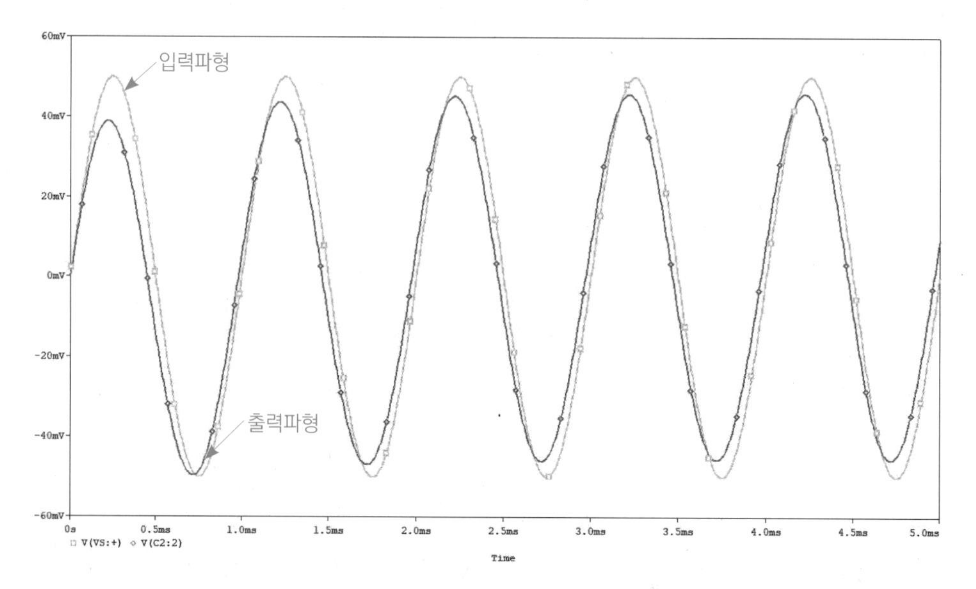

| 그림 9-7(a) 출력파형 $V_{out}(R_L = 100\Omega)$

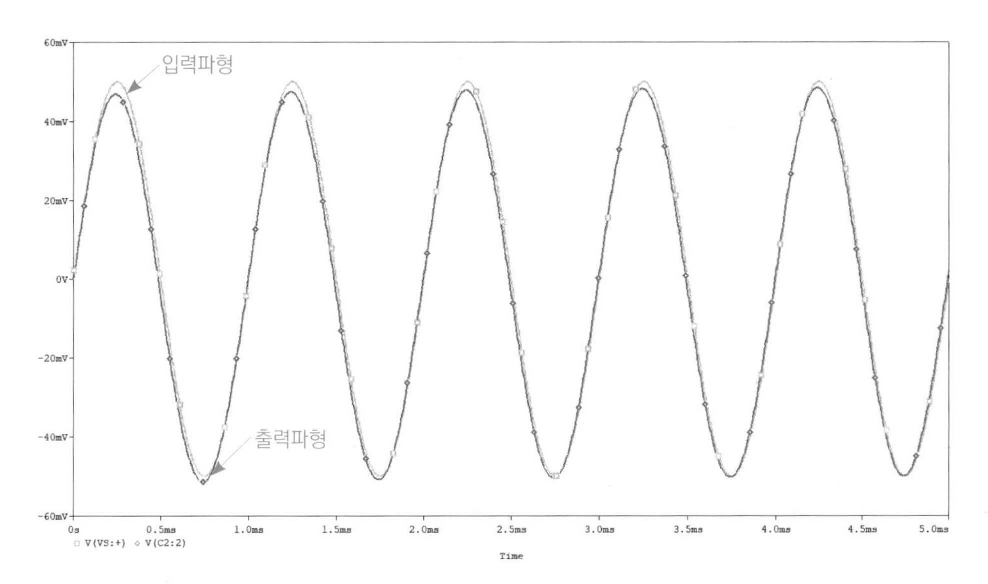

| 그림 9-7(b) 출력파형 $V_{out}(R_L = 1\mathrm{k\Omega})$

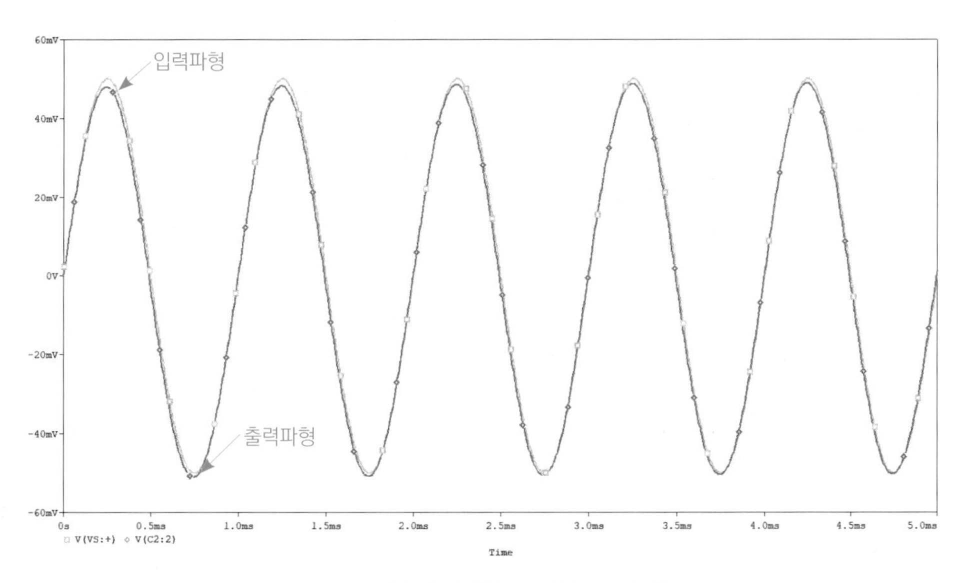

| 그림 9-7(c) 출력파형 $V_{out}(R_L = 10\mathrm{k\Omega})$

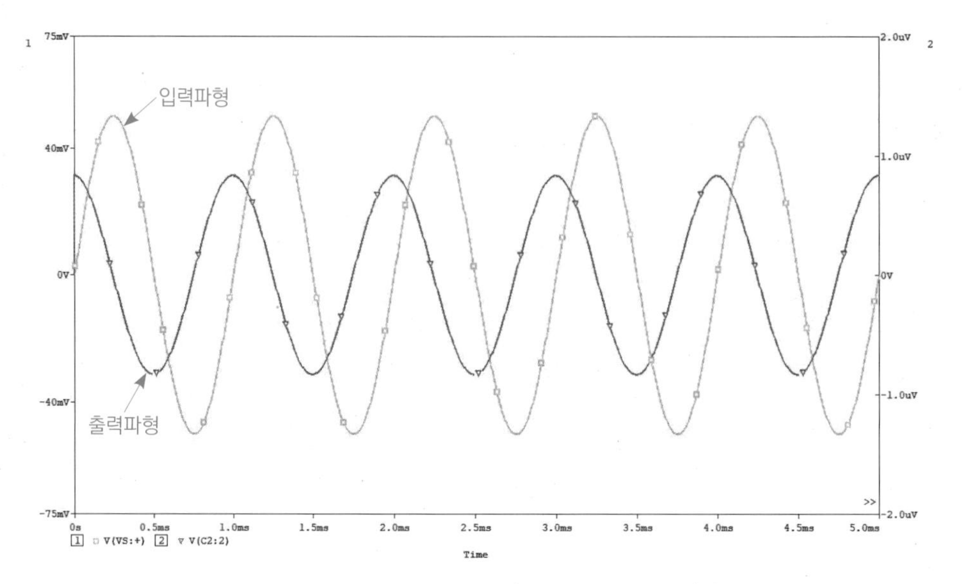

| 그림 9-7(d) 출력파형 $V_{out}(R_E$ 개방, $R_L = 1\text{k}\Omega)$

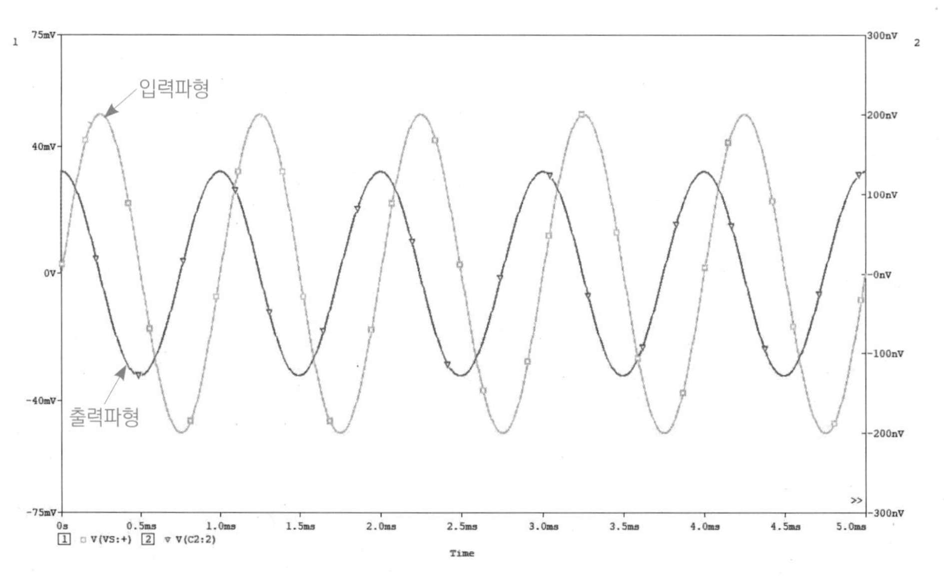

| 그림 9-7(e) 출력파형 $V_{out}(R_1$ 개방)

9.4 실험기기 및 부품

- 트랜지스터 1개
- 저항 1kΩ, 10kΩ 각 3개

- 캐패시터 1μF, 10μF 각 1개
- 오실로스코프 1대
- 직류전원공급기 1대
- 디지털 멀티미터 1대
- 신호발생기 1대
- 브레드 보드 1대

9.5 실험방법

(1) 그림 9-8의 회로를 결선한다.

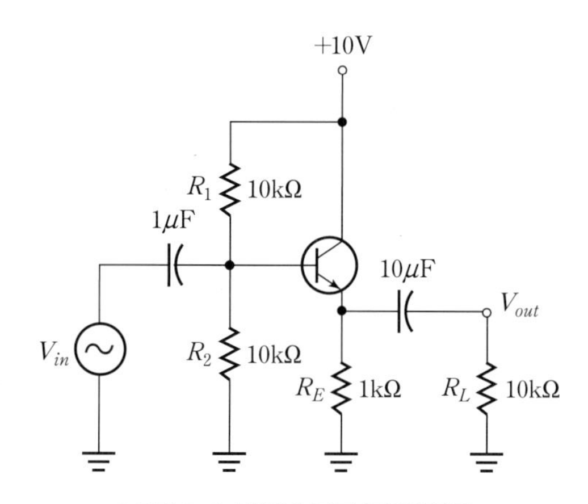

| 그림 9-8 컬렉터 공통 교류증폭기

(2) 그림 9-8에 대한 직류 등가회로를 구한 다음, 표 9-1에 나타나 있는 직류량에 대한 이론값과 측정값을 각각 구하여 표 9-1에 기록한다.

(3) 그림 9-8에서 $V_{in}=50\sin 2000\pi t[\mathrm{mV}]$를 신호발생기로부터 발생시켜 컬렉터 공통 교류증폭기에 인가하여 출력파형을 오실로스코프로 측정한 후 파형을 도시한다. 측정된 입출력파형을 근거로 전압이득을 계산한다.

(4) 부하저항 R_L의 값을 변화시키면서 V_{in}과 V_{out}의 파형을 측정하여 표 9-2에 기록한다.

(5) R_1이 개방된 경우와 R_E가 개방된 경우 증폭기의 출력에 미치는 영향을 표 9-3에 기록한다.

9.6 실험결과 및 검토

9.6.1 실험결과

| 표 9-1 컬렉터 공통 교류증폭기의 직류해석

측정량	측정값	이론값
V_B[V]		
V_{CE}[V]		
I_E[mA]		

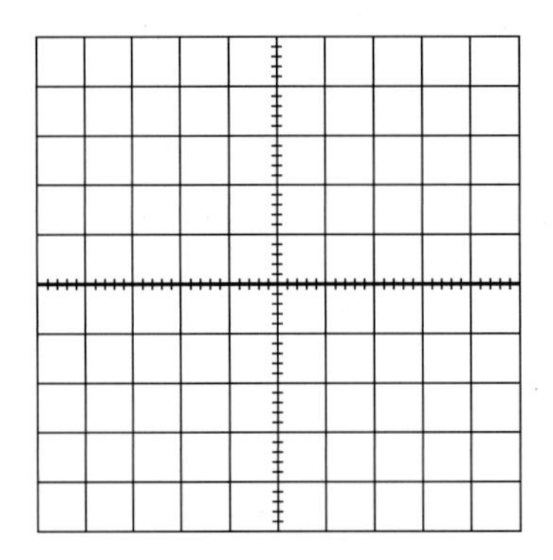

	CH1	CH2
측정량	V_{in}	V_{out}
VOLT/DIV		
TIME/DIV		
전압이득		

| 그래프 9-1 컬렉터 공통 교류증폭기의 입출력파형

| 표 9-2 부하저항의 변화에 따른 전압이득의 변화

R_L	V_s	V_{out}	$A_v = V_{out}/V_s$
100Ω			
1kΩ			
10kΩ			

| 표 9-3 고장진단 기록표

고장	출력에 미치는 영향
R_1 개방	
R_E 개방	

9.6.2 검토 및 고찰

(1) 컬렉터 공통 교류증폭기의 입력전압과 에미터 전류의 위상차에 대해 설명하라.

(2) 그림 9-8에서 컬렉터가 개방되면 출력전압은 어떻게 되는지 설명하라.

(3) 컬렉터 공통 교류증폭기를 에미터 플로어라고도 하는데, 이 명칭의 함축적인 의미는 무엇인지 설명하라.

9.7 실험 이해도 측정 및 평가

9.7.1 객관식 문제

01 컬렉터 공통 교류증폭기의 입력전압과 출력전압의 위상차는?

① 180° 위상차 ② 90° 위상차
③ 동상 ④ 270° 위상차

02 $R_e=100\Omega$, $r'_e=10\Omega$ 그리고 $\beta_{ac}=150$ 인 컬렉터 공통 교류증폭기의 경우 베이스에서 바라다본 교류 입력저항은?

① 1500Ω ② 15kΩ
③ 110Ω ④ 16.5kΩ

03 만일 10mV의 신호가 문제 2의 컬렉터 공통 교류증폭기의 베이스에 공급된다면 출력 신호는 대략 얼마인가?

① 100mV ② 150mV
③ 1.5V ④ 10mV

04 어떤 컬렉터 공통 교류증폭기의 전류이득은 50이다. 전력이득은 대략 얼마인가?

① 100 ② 50
③ 1 ④ 2500

05 다알링톤 접속에서 각 트랜지스터의 β_{ac} 가 125이다. R_e가 560Ω이라면 입력저항은?

① 560Ω ② 70kΩ
③ 8.75MΩ ④ 140kΩ

06 컬렉터 공통 교류증폭기의 또 다른 이름은 무엇인가?

① 소스 플로어 ② BIFET 증폭기
③ 에미터 플로어 ④ 차동 증폭기

9.7.2 주관식 문제

01 그림 9-9의 회로에서 직류 및 교류 등가회로를 그려라.

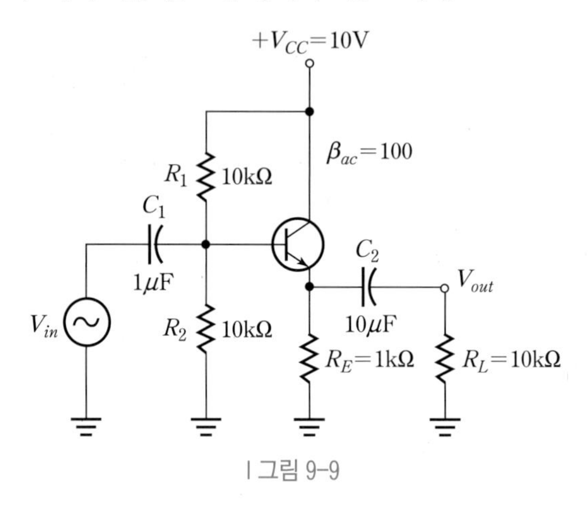

Ⅰ그림 9-9

02 문제 1에서 얻어진 직류 등가회로에서 V_B, V_{CE}, I_E 및 r'_e을 각각 구하라.

03 문제 1에서 얻어진 교류 등가회로로부터 전압이득과 베이스단에서의 입력저항 $R_{in(base)}$를 구하라.

04 그림 9-10에서 $\beta_{ac}=100$일 때 에미터 공통 교류증폭기의 전압이득 $A_{vs}=V_{out}/V_s$를 구하라. 만일 에미터 플로어를 연결하지 않고 부하를 직접 연결한 경우 전압이득을 구하라.

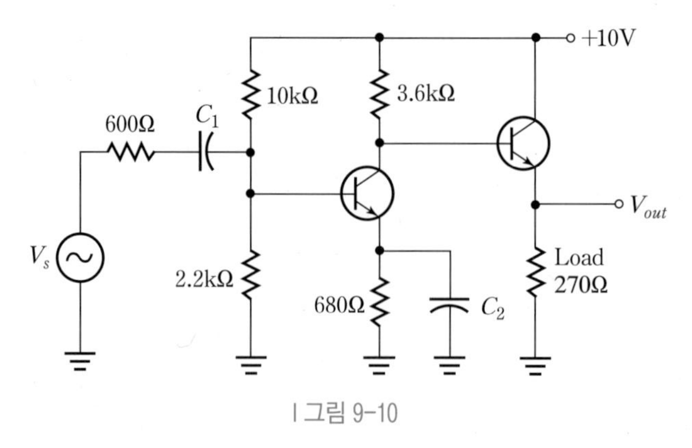

Ⅰ그림 9-10

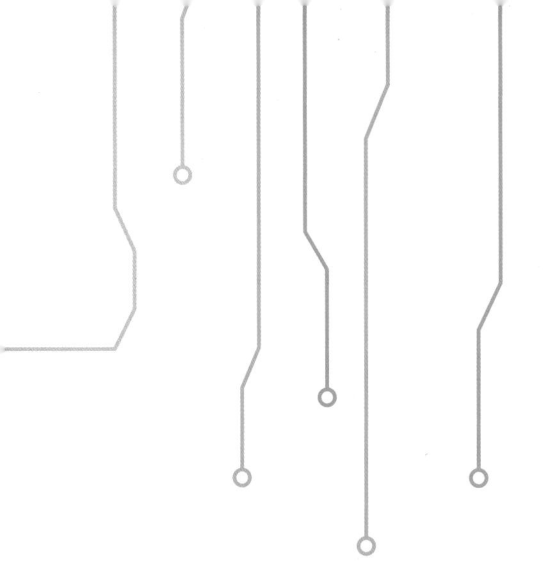

CHAPTER 10
다단 교류증폭기 실험

contents

10 다단 교류증폭기 실험

10.1 실험 개요

여러 증폭기들을 종속 접속하여 설계한 다단 증폭기의 바이어스 방법, 각 단의 전압이득, 데시벨 전압이득 표현에 대해 실험을 통해 고찰한다.

10.2 실험원리 학습실

10.2.1 다단 증폭기의 이득과 해석

(1) 다단 증폭기의 이득

증폭기의 이득을 증가시키기 위해서는 여러 증폭기들을 종속 접속(Cascade Connection)하여 한 증폭기의 출력이 다음 단 증폭기의 입력을 구동시키도록 설계한 증폭기를 다단 증폭기라 한다.

그림 10-1과 같이 몇 개의 증폭기를 종속 접속하여 한 증폭기의 출력을 다음 단(stage)에 있는 증폭기의 입력으로 구동시킬 수 있다. 다단 증폭기의 개념이해를 명확하게 하기 위해 편의상 그림 10-1의 2단 증폭기에 대해서 설명한다.

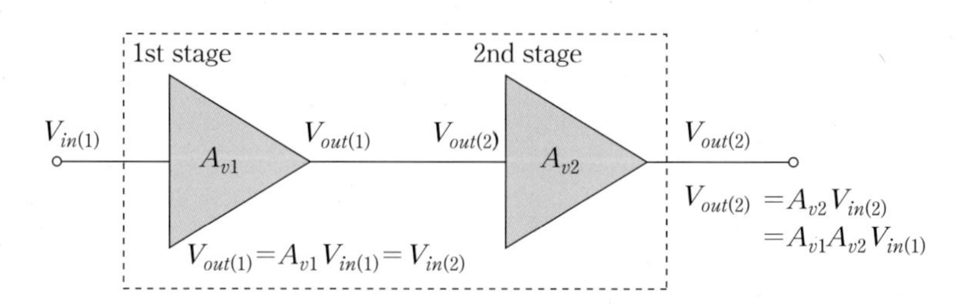

| 그림 10-1 2단 교류증폭기

앞의 그림 10-1에서 첫 번째단에 있는 증폭기의 입·출력 관계는 다음과 같다.

$$V_{out(1)} = A_{v1} V_{in(1)} \tag{10.1}$$

첫 번째 단에 있는 증폭기의 출력이 두 번째 단에 있는 증폭기의 입력으로 인가되므로 다음 관계가 성립한다.

$$V_{in(2)} = V_{out(2)} = A_{v1} V_{in(1)} \tag{10.2}$$

두 번째 단에 있는 증폭기의 입·출력 관계는 다음과 같다.

$$V_{out(2)} = A_{v2} V_{in(2)} = A_{v2} A_{v1} V_{in(1)} \tag{10.3}$$

따라서 첫 번째 단과 두 번째 단에 대한 전체 전압이득(A_{vT})은 각 단의 전압이득의 곱과 같다.

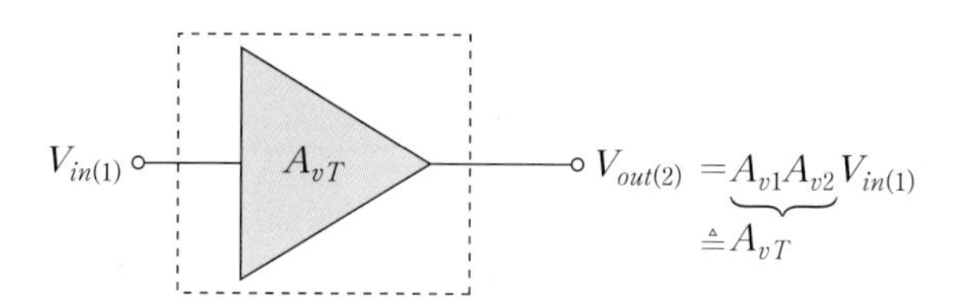

| 그림 10-2 2단 교류증폭기의 전체 전압이득

일반적으로 n개의 증폭기를 종속 접속한 경우, 전체 전압이득은 다음과 같이 곱의 형태로 나타난다.

$$A_{vT} = A_{v1} A_{v2} \cdots\cdots A_{vn} \tag{10.4}$$

증폭기의 전압이득은 다음과 같이 데시벨(dB)로 나타낼 수도 있다.

$$A_{v(dB)} = 20 \log_{10} A_v [\text{dB}] \tag{10.5}$$

데시벨(dB) 전압이득을 이용하면 다단 증폭기(Multistage Amplifier)의 전압이득 관계는 일반 이득 관계식의 양변에 로그를 취하여 정리하면 다음과 같다.

$$
\begin{aligned}
20\log_{10}A_v &= 20\log_{10}(A_{v1}A_{v2}\cdots\cdots A_{vn}) \\
&= 20\log_{10}A_{v1} + 20\log_{10}A_{v2} + \cdots + 20\log_{10}A_{vn} \\
\therefore A_{vT(dB)} &= A_{v1(dB)} + A_{v2(dB)} + \ldots + A_{vn(dB)}
\end{aligned}
\tag{10.6}
$$

결론적으로 데시벨 전압이득을 이용하면 다단 증폭기의 전체 전압이득은 각 증폭기의 데시벨 전압이득의 합의 형태로 나타난다.

(2) 다단 증폭기의 해석

그림 10-3은 다단 증폭기의 해석방법을 설명하기 위한 캐패시터로 결합된 2단 증폭기를 나타낸 것이다. 이 다단 증폭기는 첫 번째 단의 출력이 캐패시터에 의해 두 번째 단의 입력에 결합된 각단 모두 동일한 공통 에미터 교류증폭기로 구성되어 있다. 캐패시터 결합은 한 단의 직류 바이어스가 다음 단에 영향을 미치지 않도록 하기 위한 것이며, 교류 신호는 동작 주파수에서 리액턴스 $X_C \cong 0$이라는 가정하에 감쇄없이 통과된다.

여기서 잠깐

- **다단 증폭기의 해석**: 다단 증폭기를 해석할 때 각 단의 전압이득을 구하기 위해 각 증폭기에 해당되는 부하가 무엇인가를 인식하는 것이 매우 중요하다. 예를 들어, 3단 종속접속 다단 증폭기의 첫 번째 증폭단의 전압이득은 두 번째 단의 입력임피던스가 첫 번째단의 부하가 된다는 것을 인식해야 하며, 또한 두 번째 증폭단의 전압이득은 세 번째 단의 입력임피던스가 두 번째단의 부하가 된다는 것을 인식해야 한다. 마지막으로 세 번째 증폭단의 전압이득은 원래 증폭기에 연결된 부하가 전압이득에 관여한다는 것을 이해하면 쉽게 전압이득을 구할 수 있다.

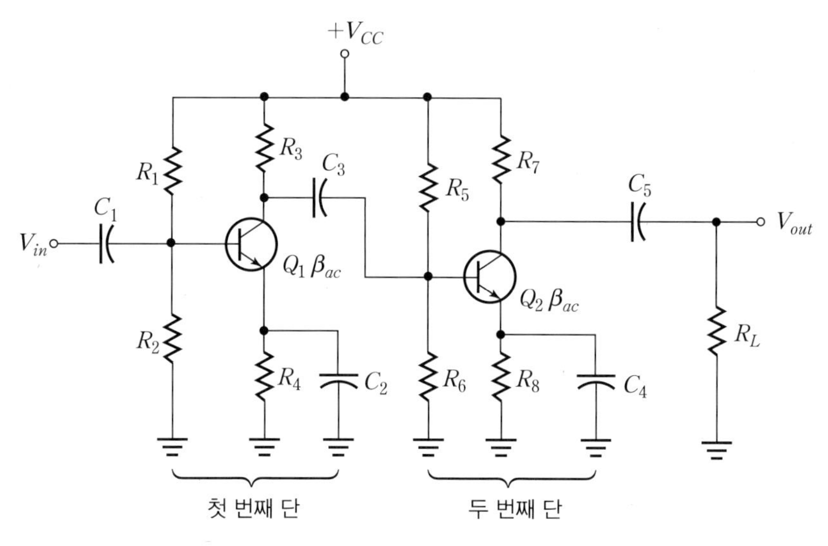

| 그림 10-3 2단 에미터 공통 교류증폭기

① 첫 번째 단의 전압이득

첫 번째 단은 에미터 공통 교류증폭기이므로 7장의 전압이득 표현식으로부터 전압이득을 계산할 수 있다. r'_e은 캐패시터를 개방시키면 전압분배 바이어스 회로가 얻어지므로 필요한 직류해석을 통해 간단히 결정될 수 있다. 문제는 트랜지스터 Q_1의 컬렉터 교류저항 R_{c1}을 어떻게 결정하는가이다. 그림 10-4에서처럼 트랜지스터 Q_2의 베이스 단에서 회로의 우측을 바라다 본 입력저항 $R_{in(base2)}$를 결정하면 R_{c1}은 간단히 결정된다.

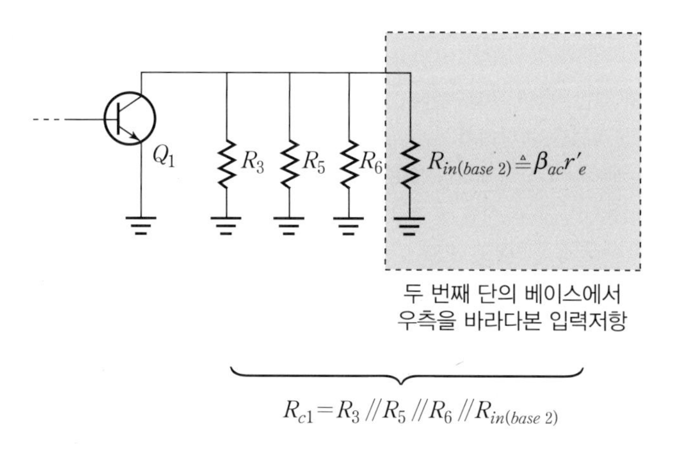

| 그림 10-4 첫 번째 단의 교류 등가회로

따라서 첫 번째 단의 전압이득은 다음과 같다.

$$A_{v1} = -\frac{R_{c1}}{r'_e} = -\frac{R_3 /\!/ R_5 /\!/ R_6 /\!/ R_{in(base2)}}{r'_e} \quad (10.7)$$

② 두 번째 단의 전압이득

두 번째 단도 에미터 공통 교류증폭기 구조이므로 전압이득을 쉽게 계산할 수 있다. 이 경우 컬렉터 교류저항 R_{c2}는 R_{c7}과 R_L의 병렬합성저항이므로 두 번째 단의 전압이득 A_{v2}는 다음과 같이 결정된다.

$$A_{v2} = -\frac{R_{c2}}{r'_e} = -\frac{R_7 /\!/ R_L}{r'_e} \quad (10.8)$$

따라서 첫 번째 단의 전압이득 A_{v1}은 두 번째 단의 부하효과로 인해 감소된다는 것을 예측할 수 있다.

③ 전체 전압이득

각 단의 전압이득이 구해졌기 때문에 2단 증폭기의 전체 전압이득은 각 단의 이득의 곱과 같게 된다.

$$A_v = A_{v1} A_{v2} \quad (10.9)$$

여기서 잠깐

- **다단 증폭기의 결합**: 다단 증폭기를 구성하는 데 있어 캐패시터를 이용하여 결합하는 방법은 캐패시터가 직류를 차단하기 때문에 바이어스 회로의 해석이 독립적으로 이루어 질 수 있다. 그러나 캐패시터가 존재하기 때문에 증폭기의 저주파 응답특성이 좋지 못하다. 한편, 캐패시터를 이용하지 않고 직접 증폭기들을 결합하는 방법은 직류 바이어스 전압이 변화할 수 있는 있기 때문에 바이어스 회로 해석에 어려움이 있을 수 있으나, 캐패시터를 통해 연결하지 않기 때문에 저주파 응답특성이 매우 우수하다. 또한 변압기를 통해 증폭기를 결합하는 경우에는 라디오나 TV의 RF(Radio Frequency)나 IF(Intermediate Frequency) 회로와 같은 고주파 증폭기에 주로 사용된다.

10.2.2 실험원리 요약

다단 증폭기

- 증폭기의 이득을 증가시키기 위하여 여러 증폭기들을 종속으로 접속하여, 한 증폭기의 출력이 다음 단 증폭기의 입력을 구동시키도록 설계한 증폭기를 다단 증폭기라 한다.
- 종속접속된 다단 증폭기의 전체이득 A_{vT}는 각 증폭기의 이득을 곱한 것과 같다.

$$A_{vT} = A_{v1} \cdot A_{v2} \cdots A_{vn}$$
$$A_{vT(dB)} = A_{v1(dB)} + A_{v2(dB)} + \cdots + A_{vn(dB)}$$

- 다단 증폭기를 해석할 때 각 단의 전압이득을 구하기 위해서는 각 증폭기에 해당되는 부하가 무엇인지를 결정하는 것이 매우 중요하다.

10.3 시뮬레이션 학습실

2단 증폭기의 출력파형을 살펴보기 위하여 그림 10-5(a)의 회로에 대하여 PSpice 시뮬레이션을 수행한다.

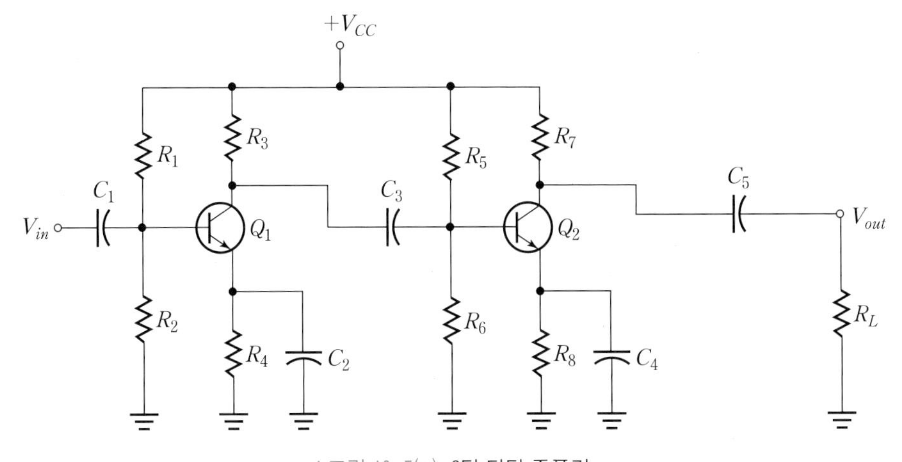

| 그림 10-5(a) 2단 다단 증폭기

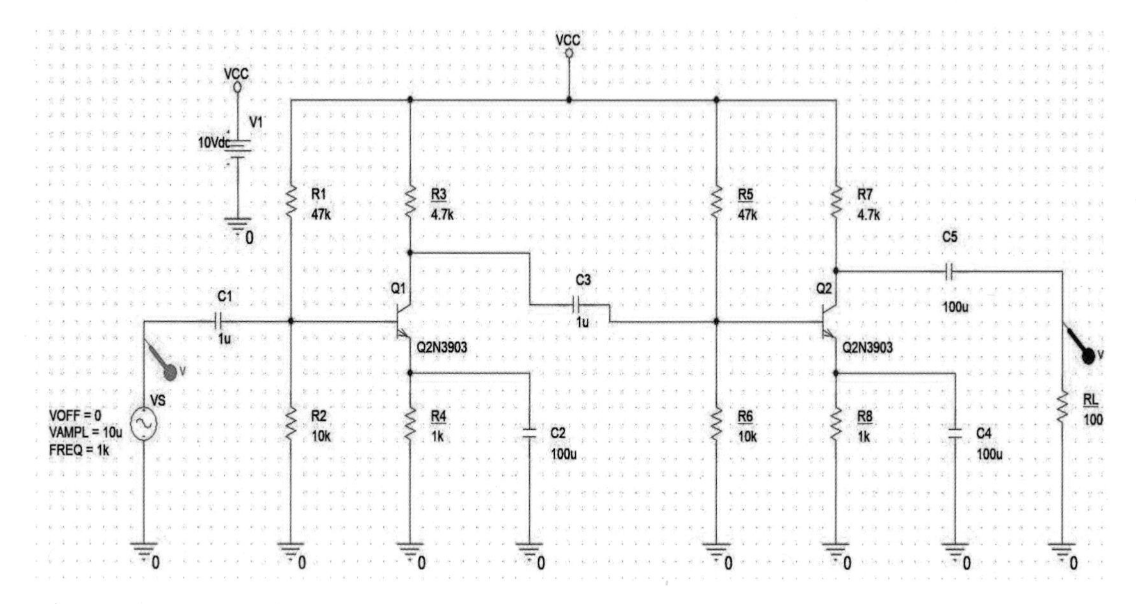

ㅣ그림 10-5(b) PSpice 회로도

시뮬레이션 조건

- 트랜지스터 모델명: Q2N3903 2개
- $R_1=47\text{k}\Omega$, $R_2=10\text{k}\Omega$, $R_3=4.7\text{k}\Omega$, $R_4=1\text{k}\Omega$
  $R_5=47\text{k}\Omega$, $R_6=10\text{k}\Omega$, $R_7=4.7\text{k}\Omega$, $R_8=1\text{k}\Omega$
- $C_1=C_3=C_5=1\mu\text{F}$, $C_2=C_4=100\mu\text{F}$
- $V_{in}=10\sin 2\pi ft[\mu\text{V}]$, $f=1\text{kHz}$, $V_{CC}=10\text{V}$
- 부하저항 $R_L=100\Omega$, $1\text{k}\Omega$, $10\text{k}\Omega$ 일 때 출력파형 V_{out}을 각각 도시한다.

그림 10-5(b)의 회로에 대하여 PSpice 시뮬레이션을 수행한 결과를 다음에 도시하였다.

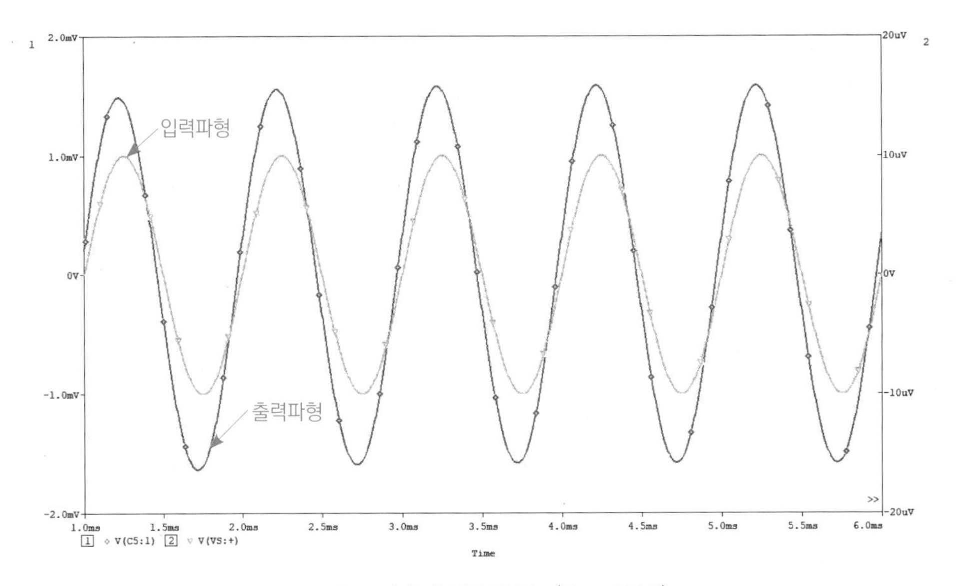

| 그림 10-6(a) 출력파형 $V_{out}(R_L=100\Omega)$

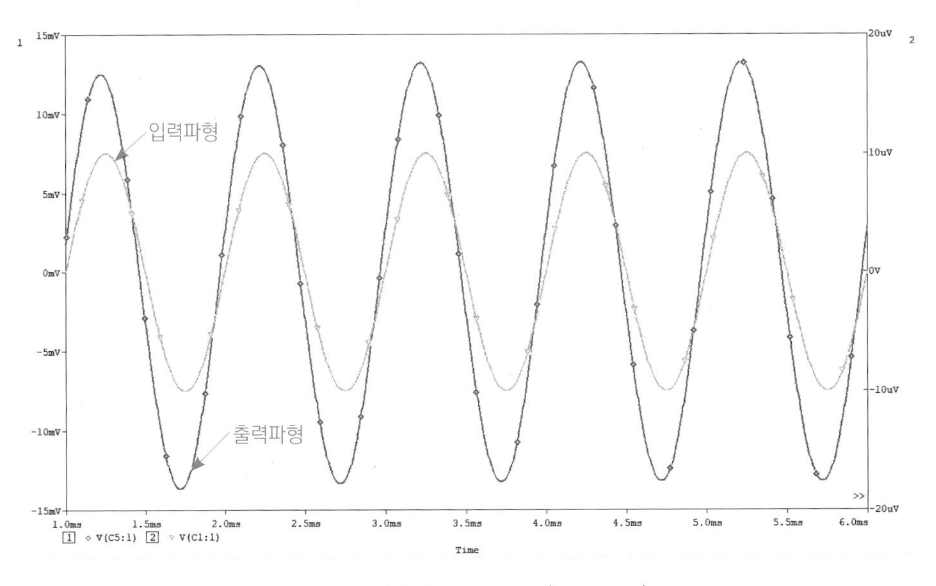

| 그림 10-6(b) 출력파형 $V_{out}(R_L=1\text{k}\Omega)$

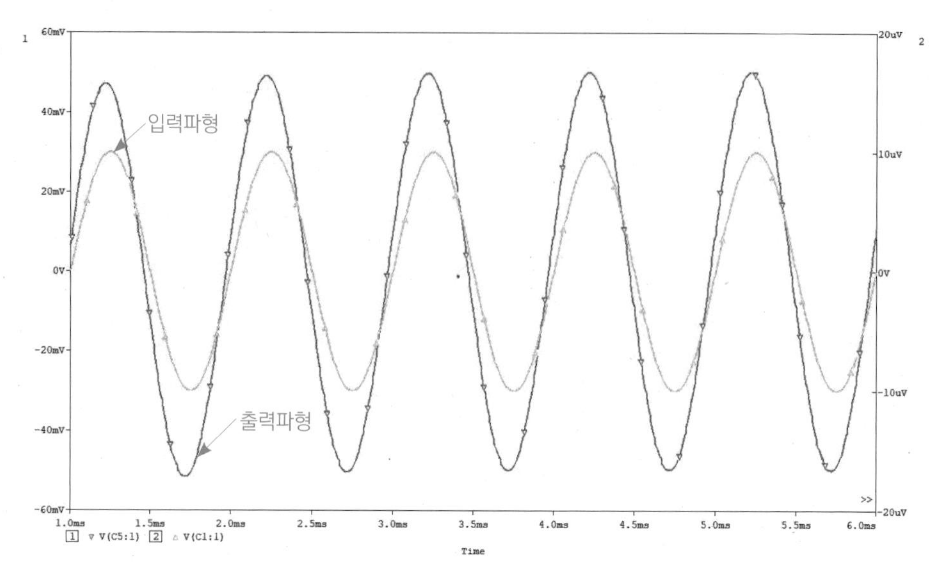

| 그림 10-6(c) 출력파형 $V_{out}(R_L=10\text{k}\Omega)$

10.4 실험기기 및 부품

•트랜지스터	2개
•저항 1kΩ, 4.7kΩ, 10kΩ, 47kΩ	각 2개
•캐패시터 1μF, 100μF	각 3개
•오실로스코프	1대
•직류전원공급기	1대
•신호발생기	1대
•디지털 멀티미터	1대
•브레드 보드	1대

10.5 실험방법

(1) 그림 10-7의 2단 에미터 공통 교류증폭기를 결선한다.

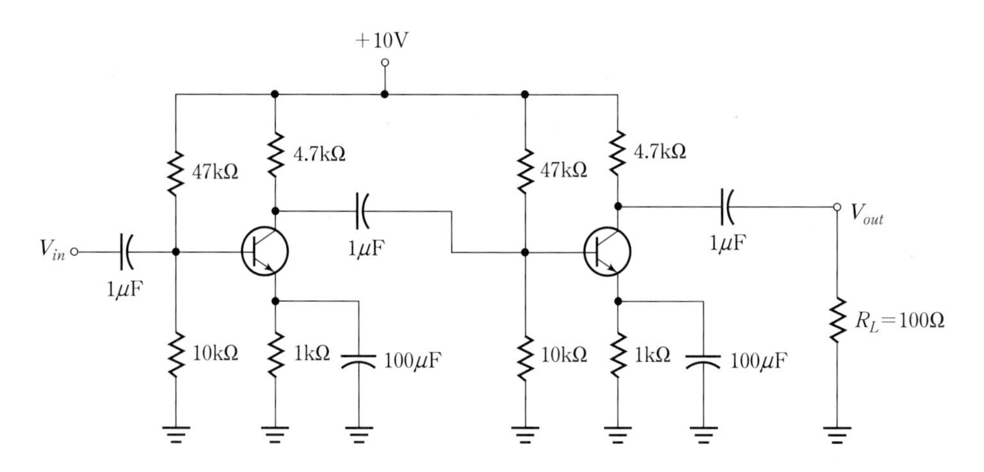

| 그림 10-7 2단 에미터 공통 교류증폭기 회로

(2) 그림 10-7 회로에서 $V_{in}=10\sin 2000\pi t[\mu V]$를 신호발생기로부터 발생시켜 2단 증폭기에 인가하여 출력파형을 오실로스코프로 측정한 후 파형을 도시한다. 측정된 입출력파형을 근거로 전체 전압이득을 계산한다.

(3) 그림 10-7의 회로에 대한 직류량을 측정한 다음, 표 10-1에 기록한다.

(4) 그림 10-7의 회로에서 각 단의 입출력 전압을 측정하여 전압이득을 표 10-2에 기록한다.

(5) 부하저항 R_L의 변동에 대한 전체 전압이득의 변화를 측정하여 표 10-3에 기록한다.

10.6 실험결과 및 검토

10.6.1 실험결과

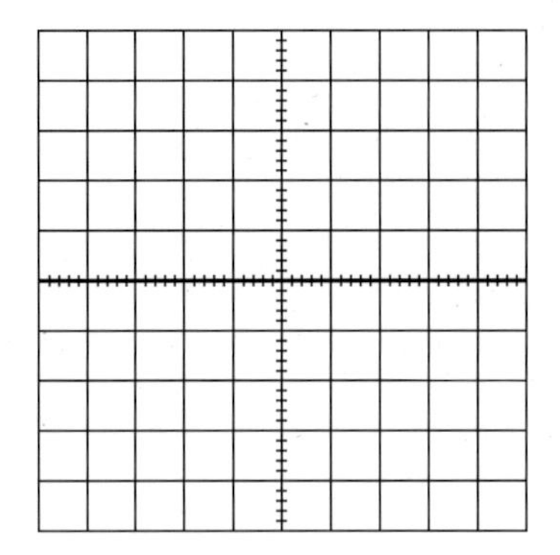

	CH1	CH2
측정량	V_{in}	V_{out}
VOLT/DIV		
TIME/DIV		
전압이득		

I 그래프 10-1 2단 에미터 공통 교류증폭기의 입출력파형

I 표 10-1 2단 에미터 공통 교류증폭기의 직류량

직류량	Q1					Q2				
	V_B	V_E	I_E	V_C	V_{CE}	V_B	V_E	I_E	V_C	V_{CE}
측정값										
이론값										

I 표 10-2 2단 에미터 공통 교류증폭기의 각 단의 전압이득

전압이득	측정값	이론값	측정값에 대한 dB이득
A_{v1}			
A_{v2}			
$A_v = A_{v1}A_{v2}$			

I 표 10-3 부하저항 변화에 따른 전압이득의 변화

R_L	V_{in}	V_{out}	$A_v = V_{out}/V_{in}$
100Ω			
1kΩ			
10kΩ			

10.6.2 검토 및 고찰

(1) 2단 에미터 공통 교류증폭기의 입력신호와 출력신호의 위상 변화에 대해 고찰하라.

(2) dB와 dBm의 차이점에 대해 설명하라.

(3) 2단 에미터 공통 교류증폭기에서 첫 번째 단의 컬렉터가 개방되면 출력전압은 어떻게 되는가?

(4) 2단 에미터 공통 교류증폭기에서 입력전압의 진폭의 크기 변화에 따른 출력전압 V_{out}의 변화에 대하여 고찰하라.

10.7 실험 이해도 측정 및 평가

10.7.1 객관식 문제

01 3단 증폭기의 각 단의 이득이 10dB이면 전체 전압이득은?

① 30dB ② 1000dB
③ 100dB ④ 0dB

02 3단 증폭기의 각 단의 이득이 10이면 전체 전압이득은?

① 100 ② 1000
③ 30 ④ 1

03 전압이득 100을 dB 전압이득으로 표현하면?

① 20dB ② 40dB
③ 60dB ④ 80dB

04 2단 에미터 공통 교류증폭기가 캐패시터를 통해 결합되어 있을 때 캐패시터의 역할은?

① 교류신호를 제거하기 위하여
② 한 단의 직류 바이어스가 다음 단에 영향을 미치지 않도록 하기 위하여
③ 입력 임피던스를 증가시키기 위해
④ 출력단의 전압 파형의 왜곡을 줄이기 위해

05 dB 전압이득이 20이라면 실제 전압이득은 얼마인가?

① 20 ② 10
③ 5 ④ 1

06 2단 증폭기에서 부하 저항을 감소시키면 전체 전압이득은?

① 감소한다. ② 증가한다.
③ 변화없다. ④ 감소하다가 증가한다.

10.7.2 주관식 문제

01 그림 10-8에 제시된 2단 증폭기에서 각 단의 전압이득을 구하라. 또 전체 전압이득을 구하라. 단, 각 단의 직류 및 교류 전류이득은 175로 동일하다고 가정한다.

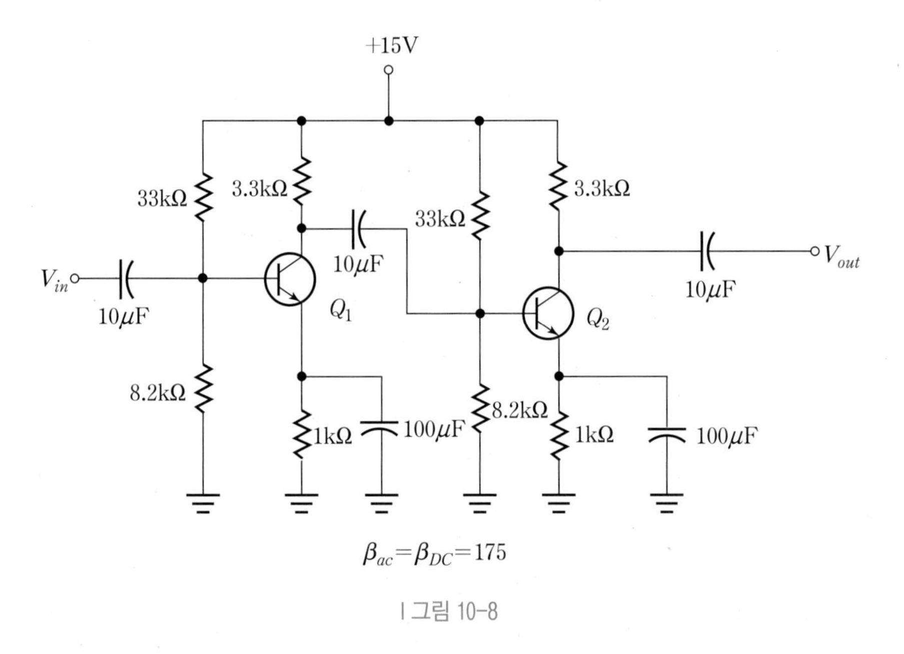

| 그림 10-8

02 문제 1에서 구한 전압이득을 dB로 각각 나타내어라.

03 3개의 교류증폭기가 종속 접속된 3단 교류증폭기가 그림 10-9와 같이 주어져 있을 때, 전체 데시벨 전압이득과 실제 전압이득을 각각 구하라.

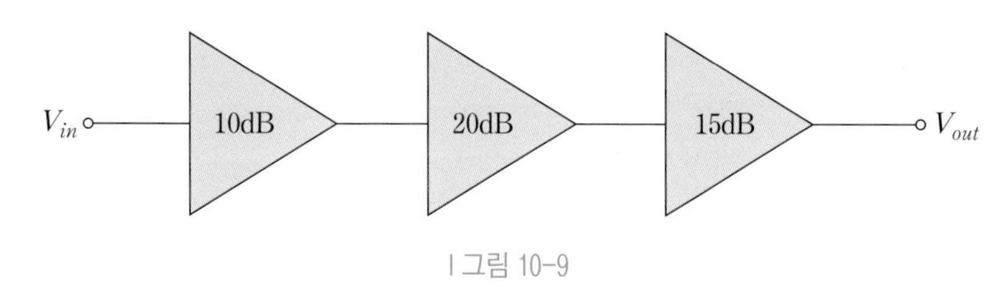

| 그림 10-9

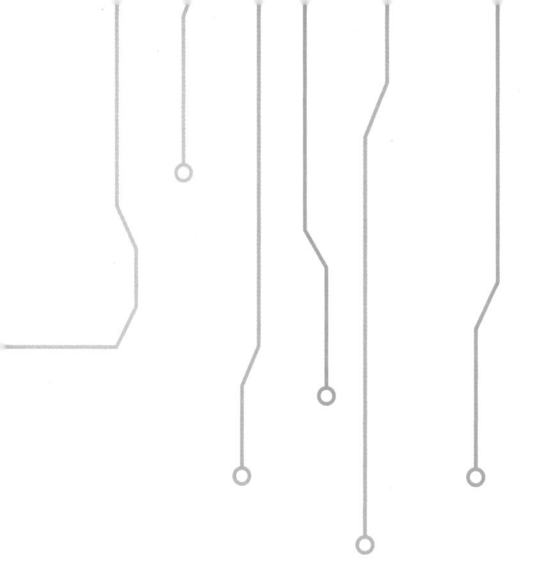

CHAPTER 11

A, B 및 AB급 푸시풀 전력 증폭기 실험

contents

11 A, B 및 AB급 푸시풀 전력 증폭기 실험

11.1 실험 개요

부하선상에서 소신호 증폭기보다 더욱 큰 신호 동작에서 사용되는 대신호 전력 증폭기의 동작원리와 전력이득 및 효율을 실험을 통해 이해한다.

11.2 실험원리 학습실

11.2.1 대신호 전력 증폭기의 해석

대신호 전력 증폭기는 동작 조건에 따라 A, B, AB급 등으로 분류되며 A, B, AB급에 대한 트랜지스터 출력파형을 그림 11-1에 도시하였다.

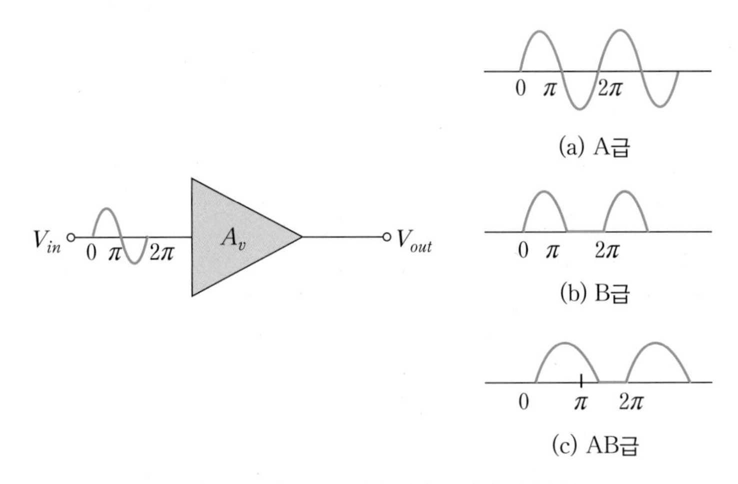

| 그림 11-1 전력 증폭기의 동작 조건에 따른 분류

그림 11-1(a)에서 A급 대신호 전력 증폭기는 입력전압의 한 주기 동안 출력전류인 컬렉터 전류는 360° 동안 흐르며 왜곡(Distortion)이 없다. 그림 11-1(b)에서 B급 대신호 전력 증폭기는 입력의 처음 반주기 동안만 출력전류가 흐르고 다음 반주기 동안에는 출력전류가 차단되는 동작을 보인다. 그림 11-1(c)에서 AB급 대신호 전력 증폭기는 A급과 B급 사이에 동작점이 위치하게 되어 컬렉터 전류가 180° 이상 360° 이하에서 흐르는 동작을 보인다.

(1) A급 대신호 전력 증폭기

Q점이 교류부하선의 중앙(포화와 차단영역의 중간)에 위치할 때 최대 A급 출력신호를 얻을 수 있다(그림 11-2 참조). 이상적인 경우 컬렉터 전류는 Q값에 따라 다양해질 수 있으며, I_{CQ}는 위로는 포화값 $I_{c(sat)}$, 아래로는 차단값 0까지의 값을 가질 수 있다(그림 11-3 참조).

그림 11-3에서 알 수 있듯이 컬렉터 전류의 최댓값은 I_{CQ}와 같고, 컬렉터 전압의 최댓값은 V_{CEQ}와 같다. 이것이 A급 대신호 전력 증폭기로부터 얻을 수 있는 가장 큰 신호이다. A급 동작에서는 I_b의 전체 사이클 동안 I_c가 흐르므로 파형의 찌그러짐이 적으나 I_c의 평균값인 I_{CQ}가 높기 때문에 트랜지스터 내부에서의 직류 전력소비 $V_{CEQ}I_{CQ}$가 높아 효율이 떨어지는 특성이 있다.

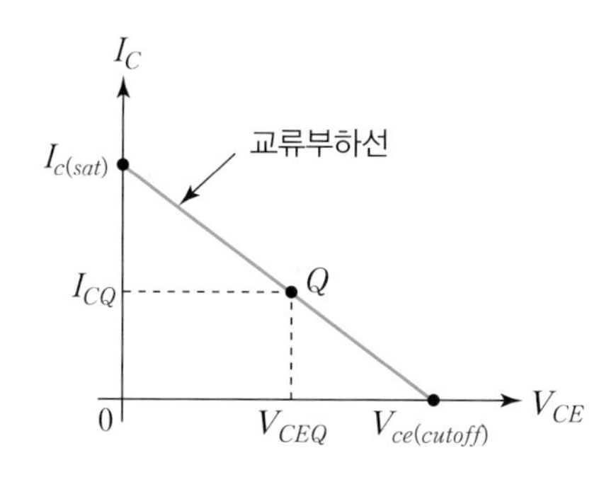

| 그림 11-2 교류부하선

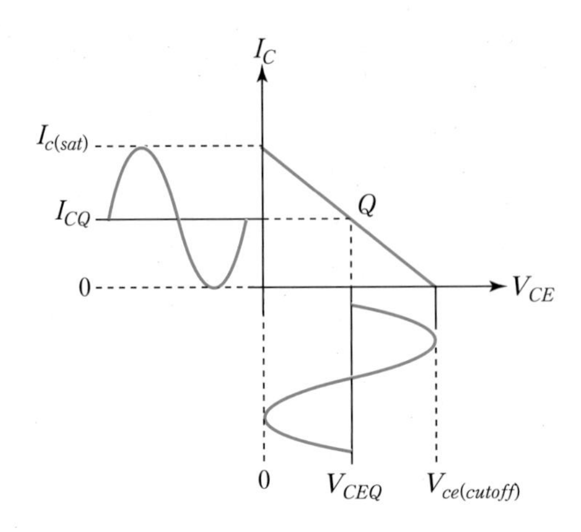

| 그림 11-3 최대 출력신호를 얻기 위한 Q점의 위치

① Q점이 포화영역에 접근된 경우

이 경우에는 베이스 전류의 상단 부분이 포화영역으로 들어가 있기 때문에 컬렉터 전류의 상단 부분이 잘려지게 된다. 그러나 V_{CEQ}의 변화는 컬렉터 전류의 변화와 반대이므로(I_{CQ}와 V_{CEQ}의 위상차가 180°) V_{CEQ}는 그림 11-4와 같이 하단 부분이 잘려지게 된다.

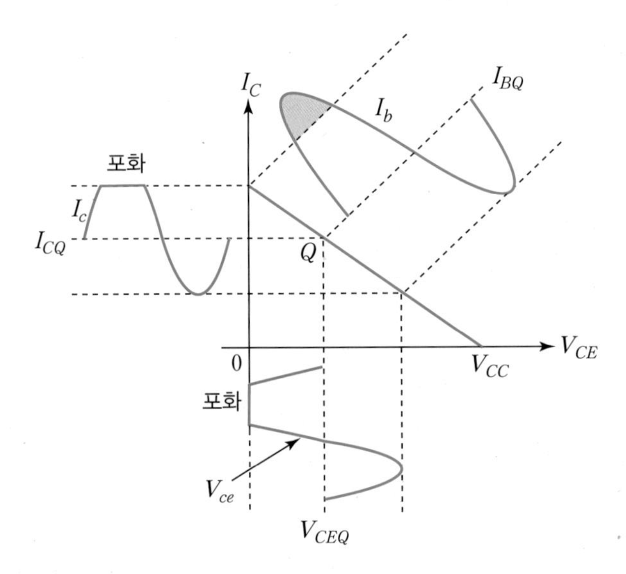

| 그림 11-4 Q점이 포화영역에 접근된 경우

② Q점이 차단영역에 접근된 경우

이 경우에는 베이스 전류의 하단 부분이 차단영역으로 들어가 있기 때문에 컬렉터 전류의 하단 부분이 잘려지게 된다. 따라서 I_{CQ}와 V_{CEQ}의 위상차가 180°이므로 그림 11-5와 같이 V_{CEQ}는 상단 부분이 잘려지게 된다.

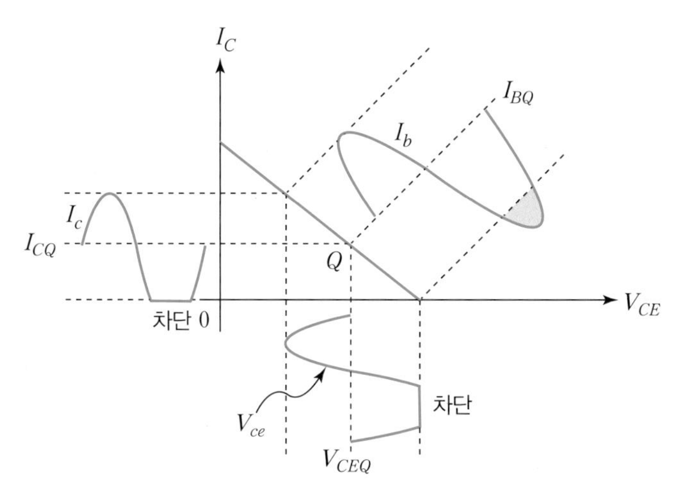

| 그림 11-5 Q점이 차단영역에 접근된 경우

③ Q점이 교류 부하선에 중앙에 위치한 경우

이 경우는 Q점이 부하선의 중앙에 위치하였다 하더라도 입력신호가 너무 크게 인가되기 때문에 베이스 전류의 상단 부분 및 하단 부분이 모두 포화영역 및 차단영역에 들어가 있게 되므로 컬렉터 전류의 상단부 및 하단부가 모두 잘리게 된다. 따라서 그림 11-6에 도시된 바와 같이 V_{CEQ}의 상단부 및 하단부가 모두 잘리게 된다. 이로부터 Q점이 부하선의 중앙에 위치하였다 하더라도 과도한 크기의 입력신호는 출력신호의 왜곡을 발생시킬 수 있게 된다는 사실에 주목하라.

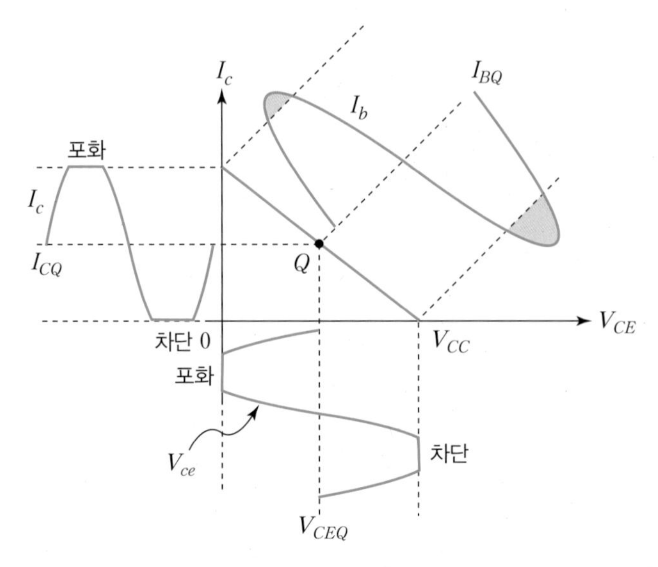

| 그림 11-6 Q점이 중앙에 위치(과도한 입력인가)

(2) A급 대신호 전력 증폭기의 효율

일반적으로 증폭기의 효율은 교류출력전력과 직류입력전력의 비이다. 교류출력전력 P_{out}은 컬렉터전류의 실효값과 컬렉터-에미터전압의 실효값의 곱으로 다음과 같이 정의된다.

$$P_{out} = I_{c(rms)} V_{ce(rms)} \tag{11.1}$$

또한, 직류입력전력은 직류전원전압과 전원으로부터 흐르는 전류와의 곱으로 다음과 같이 주어진다.

$$P_{DC} = V_{CC} I_{CC} \tag{11.2}$$

여기서 평균전원전류 I_{CC}는 I_{CQ}와 같고 Q점이 직류부하선의 중앙에 위치할 때 전원전압 V_{CC}는 $2V_{CEQ}$와 같게 되므로 최대효율은 다음과 같다.

$$\eta_{\max} \triangleq \frac{P_{out}}{P_{DC}} = \frac{0.5 V_{CEQ} I_{CQ}}{V_{CC} I_{CC}} = \frac{0.5 V_{CEQ} I_{CQ}}{2 V_{CEQ} I_{CQ}} = 0.25 \tag{11.3}$$

식(11.3)으로부터 0.25 혹은 25%는 A급 증폭기로부터 얻을 수 있는 최대효율로서 Q점이 교류 부하선의 중앙에 있을 때만 최대효율에 도달할 수 있다.

여기서 잠깐

- **A급 대신호 전력 증폭기 요약**: A급 대신호 전력 증폭기는 트랜지스터 특성곡선의 활성영역에서 동작하며 입력신호의 한 주기 동안 트랜지스터는 도통 상태를 유지한다. A급 대신호 전력 증폭기가 최대출력을 가지려면 동작점이 교류 부하선의 중앙에 위치해야 한다. 또한 A급 대신호 전력 증폭기의 이론적인 최대효율은 25% 이며 실제효율은 25% 보다 훨씬 낮다.

(3) B급 대신호 전력 증폭기

어떤 증폭기가 입력주기의 180°에 대하여 직선영역에서 동작되고, 나머지 180°에 대하여 차단되도록 바이어스 되어 있다면 그것은 B급 증폭기이다. 그림 11-7에 나타난 컬렉터 공통 B급 대신호 전력 증폭기의 원리는 다음과 같다. 입력의 다음 반주기에서는 트랜지스터의 베이스-에미터간의 전압이 음의 값이 인가되기 때문에 트랜지스터는 차단 상태가 되어 컬렉터 단에 전류가 흐르지 않아 출력전압이 나타나지 않는다.

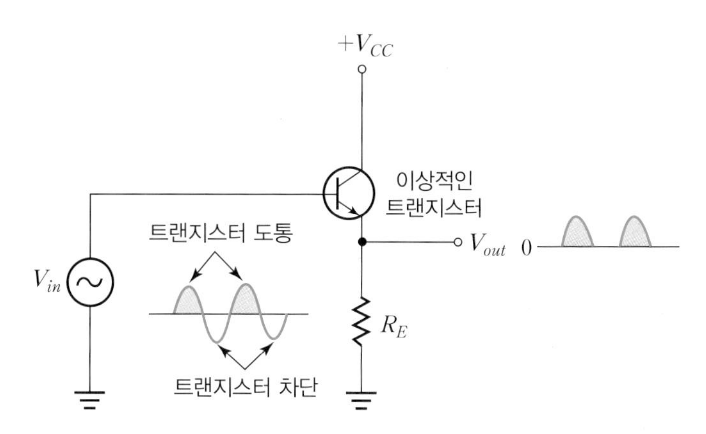

| 그림 11-7 컬렉터 공통 B급 대신호 전력 증폭기

위의 그림 11-7에서 보여준 출력파형은 에미터 플로어이므로 명백히 그 출력은 입력의 완벽한 재현은 아니다. 따라서 입력파형을 보다 더 충실하게 좋게 재현하기 위해서는 푸시풀(push-pull)로 알려진 2개의 트랜지스터 결합 구조가 필요하다.

(4) B급 푸시풀 전력 증폭기

그림 11–8은 2개의 에미터 플로어를 사용한 B급 푸시풀 전력 증폭기의 한 형태이다. 이 형태를 상보대칭형(Complementary) 증폭기라고 불리는 이유는 *npn* 트랜지스터와 *pnp* 트랜지스터를 사용한 에미터 플로어로서, 각 트랜지스터가 입력 주기의 교번에 따라 반대로 도통하기 때문이다. 이 상보형 트랜지스터는 하나는 *npn*이고 다른 하나는 *pnp*라는 것을 제외하고는 동일한 특성을 갖는다. 이 회로는 직류 베이스 바이어스 전압이 없기 때문에 단지 신호 전압에 의해서만 트랜지스터가 도통되며, 전류를 밀어내거나 끌어당긴다는 의미로 푸시풀(Push–Pull) 회로라고 부른다.

① 양(+)의 반주기 동작

입력신호의 양의 반주기 동안에는 *npn* 트랜지스터인 Q_1이 도통하고 Q_2는 차단상태를 유지하므로 그림 11–8(a)와 같은 출력파형이 나타난다. 입력전원에서 부하저항 R_L로 전류를 밀어내고(Push) 있다는 것에 주목하라.

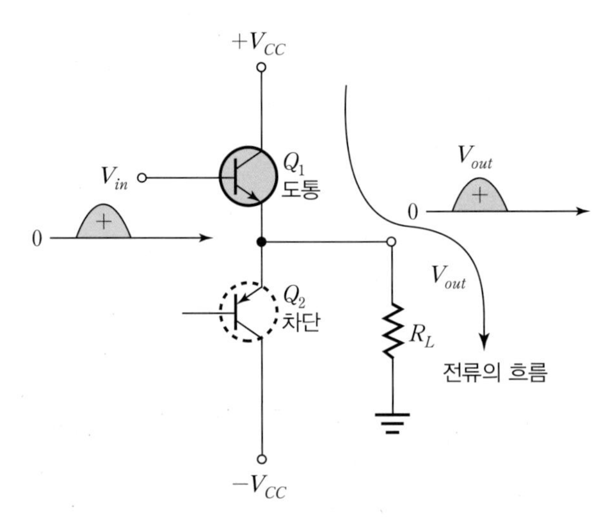

| 그림 11–8(a) B급 푸시풀 전력 증폭기의 양(+)의 반주기 동작

② 음(−)의 반주기 동작

입력신호의 음의 반주기 동안에는 *npn* 트랜지스터인 Q_1이 차단되고 Q_2가 도통상태를 유지하므로 그림 11–8(b)와 같은 출력파형을 얻을 수 있다. 부하저항 R_L에서 입력전원으로 전류를 끌어당기고(Pull) 있다는 것에 주목하라.

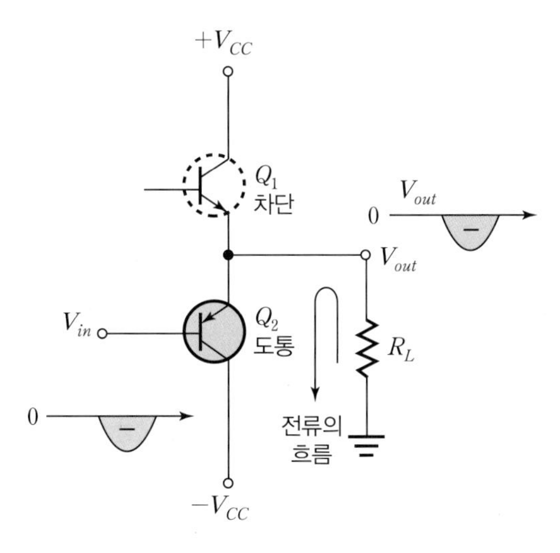

| 그림 11-8(b) B급 푸시풀 전력 증폭기의 음(-)의 반주기 동작

③ 교차왜곡 현상

직류베이스 전압이 0일 때 트랜지스터가 도통하려면 입력 신호전압이 V_{BE}보다 커야 한다. 따라서 그림 11-9에서 보인 바와 같이 2개의 트랜지스터 모두가 차단되는 입력전압 구간이 존재하며 이로 인한 출력파형의 일그러짐을 교차왜곡(Crossover Distortion)이라고 부른다.

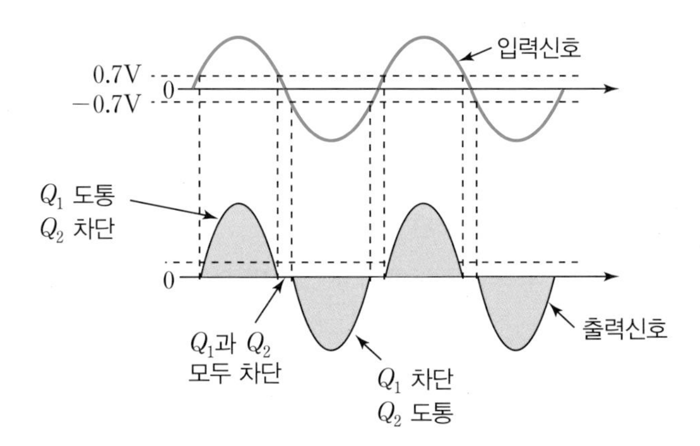

| 그림 11-9 B급 푸시풀 전력 증폭기의 교차왜곡

여기서 잠깐

- **B급 대신호 전력 교류증폭기 요약:** B급 대신호 전력 증폭기는 입력신호의 반주기(180°) 동안은 활성영역에서 동작하고 나머지 반주기 동안은 차단영역에서 동작한다. B급 대신호 전력 증폭기의 동작점은 차단점에 위치하며 출력파형을 입려파형과 같은 모양으로 하기 위해 푸시풀 구조를 이용한다. B급 대신호 전력 증폭기의 이론적인 최대효율은 79%이다.

(5) AB급 푸시풀 전력 증폭기

교차왜곡을 제거하기 위해서는 입력신호가 없을 때 푸시풀 증폭기에서 2개의 트랜지스터가 부하선상의 차단영역보다 약간 위의 위치에서 도통되어야만 하며, 이를 위해 회로를 약간 변형하여 그림 11-10에 도시하였다. 이러한 B급 푸시풀 전력 증폭기의 변형을 AB급 푸시풀 전력 증폭기라 부른다.

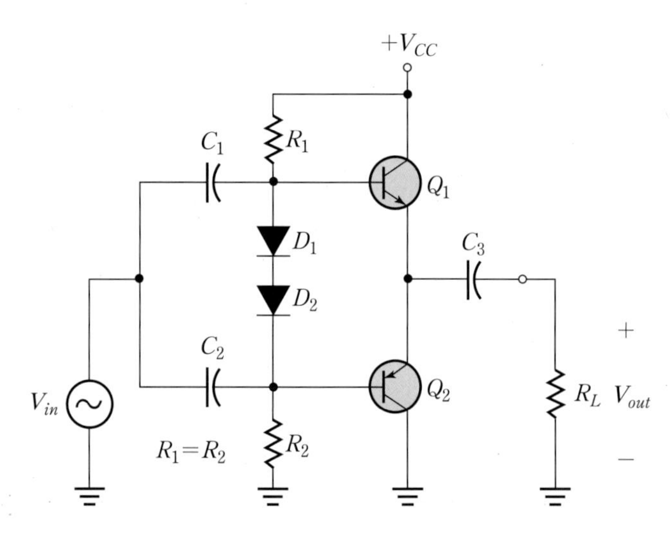

| 그림 11-10 AB급 푸시풀 전력 증폭기

(6) AB급 푸시풀 전력 증폭기의 효율

A급 대신호 전력 증폭기에 비하여 B급, AB급 대신호 전력 증폭기의 가장 큰 장점은 효율이 매우 높다는 것이다. 이러한 장점으로 인하여 AB급 푸시풀 전력 증폭기 바이어스의 어려운 점은 충분히 상쇄가 가능하다.

효율은 교류출력전력과 직류입력전력의 비로써 정의되므로 먼저 교류출력전력과 직류입력전력을 각각 구하면 다음과 같다.

$$P_{out}=0.25\,V_{CC}I_{c(sat)} \tag{11.4}$$

$$P_{DC}=V_{CC}I_{CC}=V_{CC}\frac{I_{c(sat)}}{\pi} \tag{11.5}$$

단, I_{CC}는 평균공급전류(Average Supply Current)를 의미한다.

식(11.4)~식(11.5)로부터 AB급 증폭기의 최대효율 $\eta_{\max}$는 다음과 같이 결정된다.

$$\eta_{\max}\triangleq\frac{P_{out}}{P_{DC}}=\frac{\frac{1}{2}V_{CC}I_{c(sat)}}{V_{CC}I_{c(sat)}/\pi}=0.25\pi=0.79 \tag{11.6}$$

A급 전력 증폭기의 최대효율이 25%임을 상기하면 AB급 전력 증폭기의 최대효율이 79%라는 것은 매우 높은 값임을 알 수 있다.

11.2.2 실험원리 요약

A급 대신호 전력 증폭기

- A급 동작은 트랜지스터가 항상 활성영역에서 동작하므로 입력 교류신호의 360° 동안에 걸쳐 도통상태가 된다.

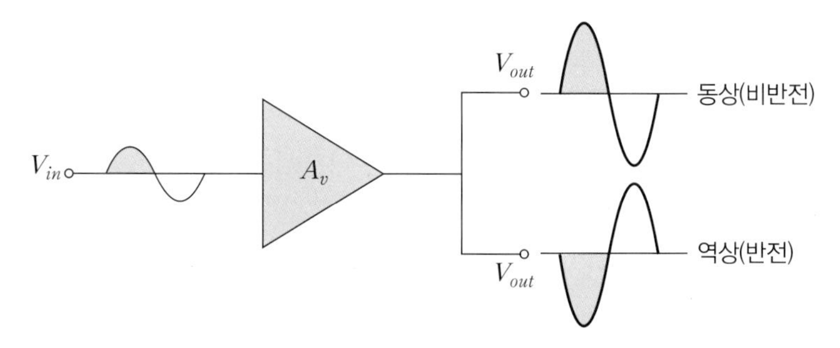

- 무신호 전력 P_{DQ}: 교류 입력신호가 없을 때 트랜지스터의 소비전력

$$P_{DQ}=I_{CQ}V_{CEQ}$$

- 출력전력 P_{out}: 컬렉터전류의 실효값과 컬렉터-에미터 전압의 실효값의 곱

$$P_{out}=I_{c(rms)}V_{ce(rms)}$$

Q점의 위치에 따른 출력전력의 변화

• 포화영역 근처의 Q점

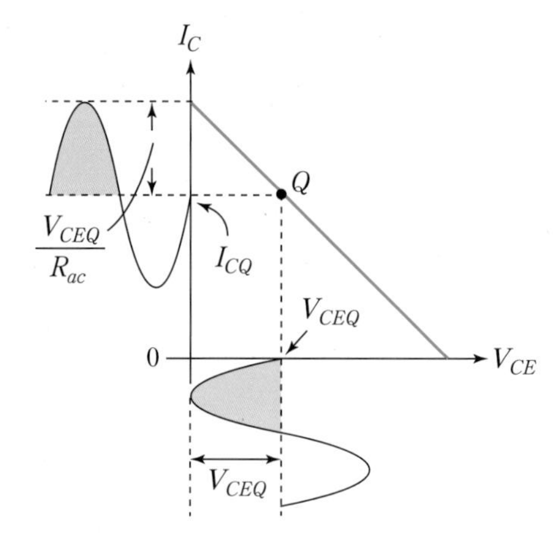

$$P_{out} = V_{ce(rms)} I_{c(rms)}$$
$$= \frac{V_{CEQ}}{\sqrt{2}} \cdot \frac{V_{CEQ}}{\sqrt{2}\,R_{ac}} = \frac{V_{CEQ}^2}{2R_{ac}}$$

• 차단영역 근처의 Q점

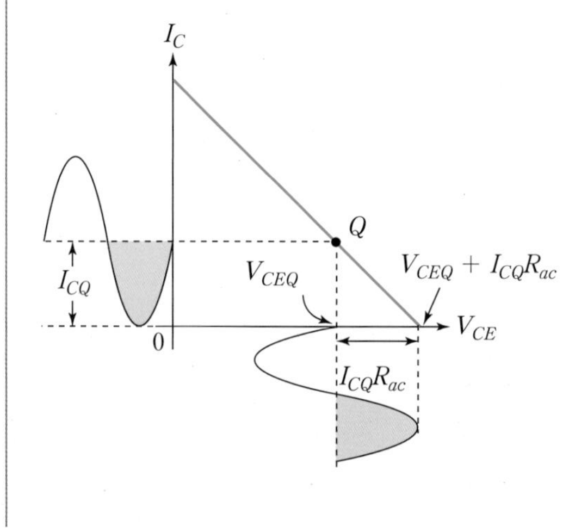

$$P_{out} = V_{ce(rms)} I_{c(rms)}$$
$$= \frac{I_{CQ}R_{ac}}{\sqrt{2}} \frac{I_{CQ}}{\sqrt{2}} = \frac{R_{ac} I_{CQ}^2}{2}$$

• 중앙에 위치한 Q점

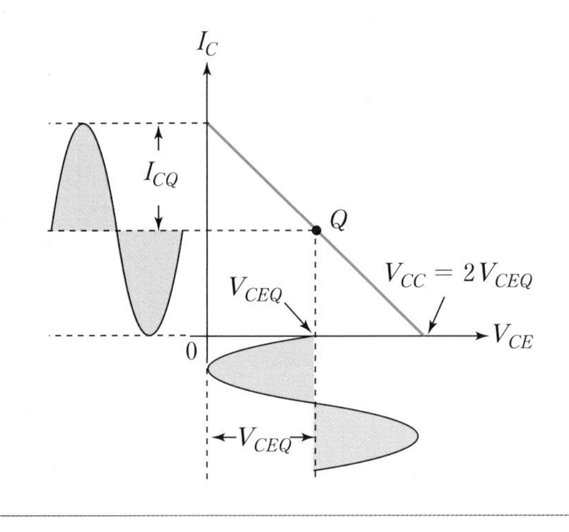

$$P_{out} = V_{ce(rms)} I_{c(rms)}$$
$$= \frac{V_{CEQ}}{\sqrt{2}} \frac{I_{CQ}}{\sqrt{2}} = \frac{1}{2} V_{CEQ} I_{CQ}$$

B급 대신호 전력 증폭기

• B급 대신호 전력 증폭기의 동작점을 교류부하선의 차단점에 위치하게 하면, 입력 신호의 음의 반주기 동안은 트랜지스터가 차단상태에 있게 되며, 양의 반주기 동안은 활성영역에서 동작하게 된다.

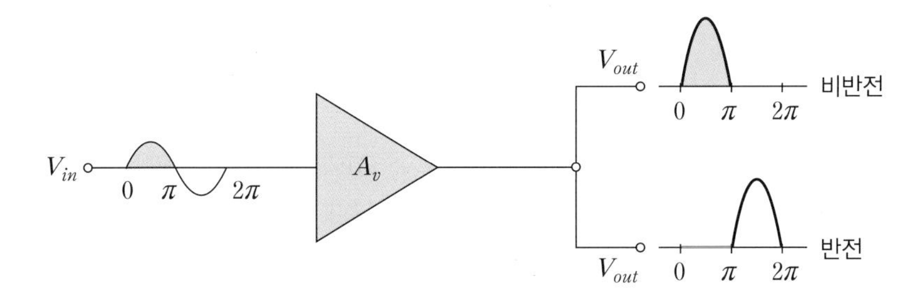

• B급 동작에서는 교류입력의 180° 동안에만 트랜지스터가 도통된다.

B급 푸시풀 전력 증폭기

- 입력파형을 보다 더 충실하게 재현하기 위하여 *npn*과 *pnp*를 사용하여 각 트랜지스터가 입력주기의 교번에 따라 번갈아가면서 도통되는 B급 푸시풀 전력 증폭기를 이용한다.

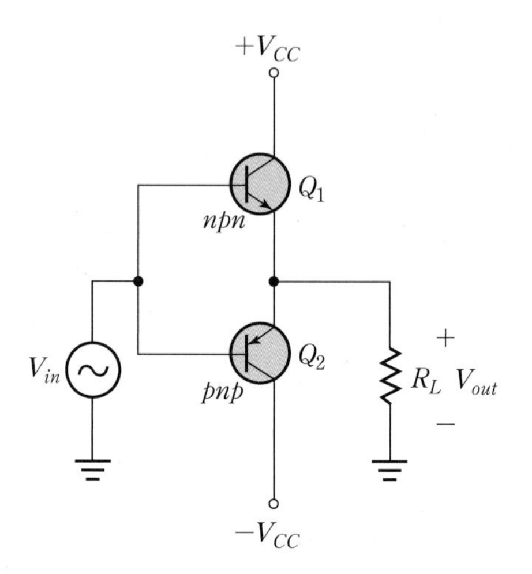

① 양의 반주기 동작

Q_1 : 도통, Q_2 : 차단

② 음의 반주기 동작

Q_1 : 차단, Q_2 : 도통

- 입력전압의 크기가 −0.7V에서 +0.7V 사이에는 Q1과 Q2 모두 차단상태에 있기 때문에 출력전압은 0이 되어 교차왜곡 현상이 나타난다.

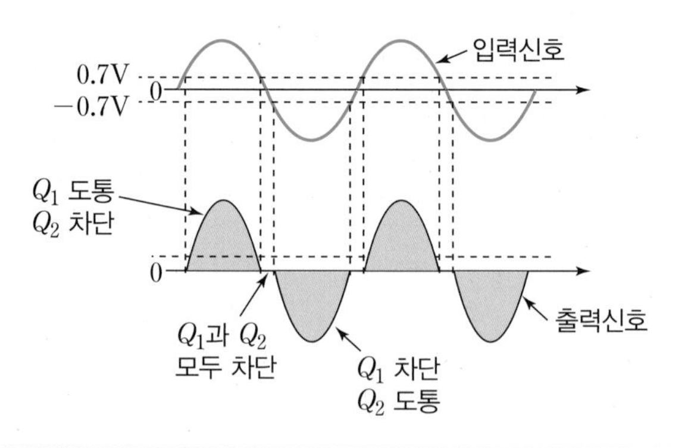

AB급 푸시풀 전력 증폭기

- B급 동작에서 교차왜곡 현상을 제거하기 위하여 입력이 트랜지스터를 구동하지 않을 때에도 2개의 트랜지스터가 차단영역을 약간 벗어난 상태로 바이어스 시키는데 이를 AB급 동작이라 한다.
- AB급 푸시풀 증폭기의 최대효율

$$\eta_{\max} = \frac{P_{out}}{P_{DC}} = \frac{\frac{1}{2} V_{CEQ} I_{C(sat)}}{V_{CC} I_{C(sat)}/\pi} = \frac{1}{4}\pi \cong 79\%$$

11.3 시뮬레이션 학습실

11.3.1 B급 푸시풀 전력 증폭기

B급 푸시풀 전력 증폭기의 출력파형을 살펴보기 위하여 그림 11-11(a)의 회로에 대하여 PSpice 시뮬레이션을 수행한다.

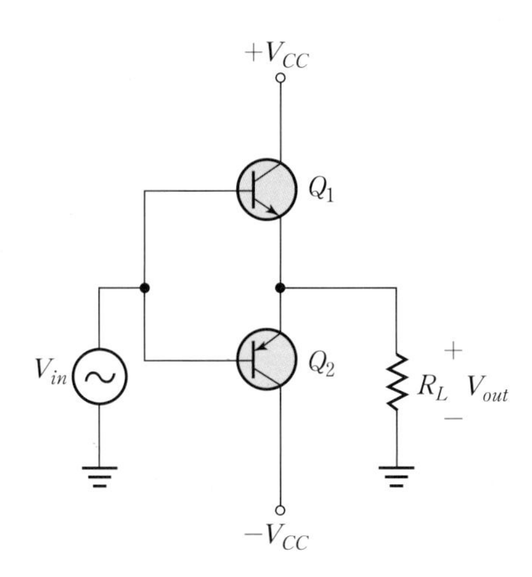

| 그림 11-11(a) B급 푸시풀 전력 증폭기

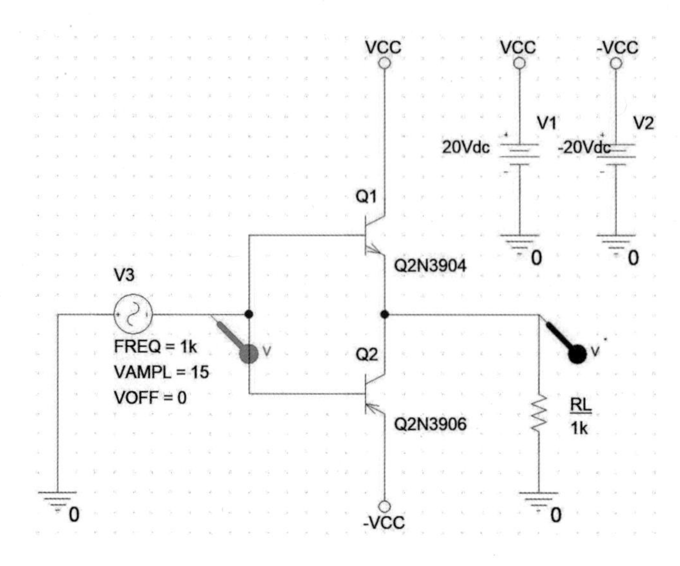

| 그림 11-11(b) PSpice 회로도

시뮬레이션 조건

- 트랜지스터 Q_1의 모델명: Q2N3904, 트랜지스터 Q_2의 모델명: Q2N3906
- $V_{CC}=20\text{V}$, $R_L=15\Omega$
- $V_{in}=V_m \sin 2\pi ft[\text{V}]$, $f=1\text{kHz}$
  $V_m=15\text{V}$일 때와 $V_m=30\text{V}$일 때의 출력파형 V_{out}을 각각 도시한다.

그림 11-11(b)의 회로에 대하여 PSpice 시뮬레이션을 수행한 결과를 다음에 도시하였다.

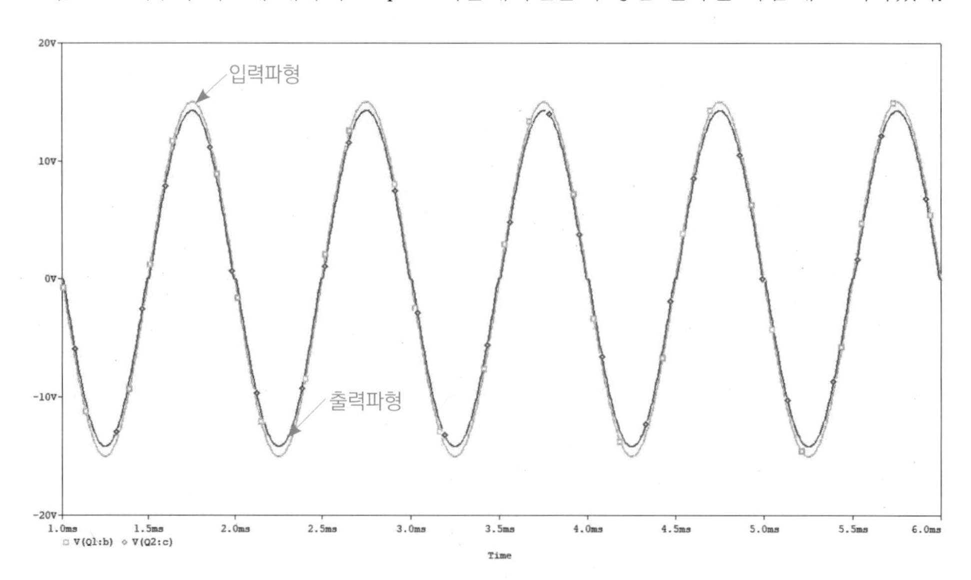

| 그림 11-12(a) 입력진폭이 15V일 때 출력파형 V_{out}

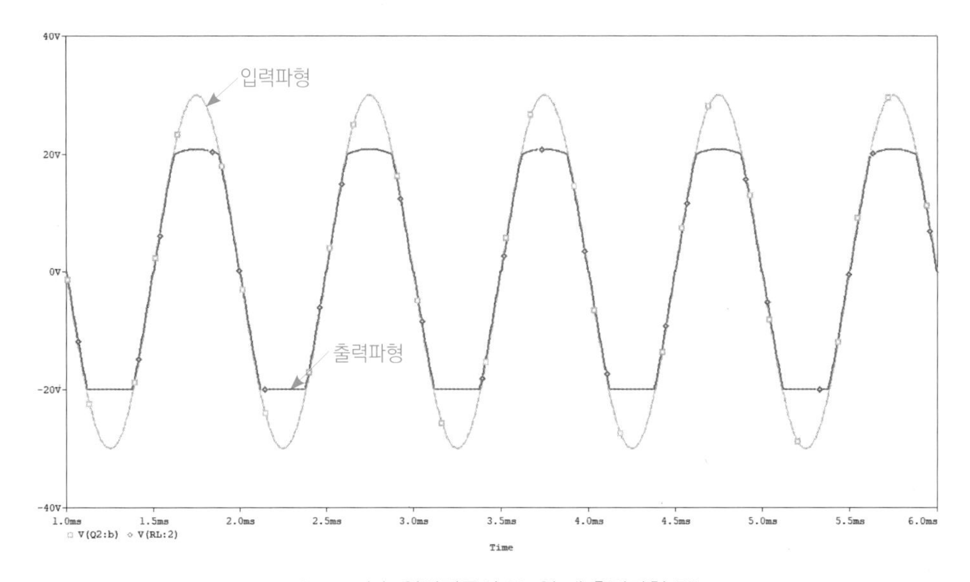

| 그림 11-12(b) 입력진폭이 30V일 때 출력파형 V_{out}

11.3.2 AB급 푸시풀 전력 증폭기

트랜지스터의 동작점을 약간 변화시킨 AB급 푸시풀 전력 증폭기의 출력파형을 살펴보기 위하여 그림 11-13(a)의 회로에 대하여 PSpice 시뮬레이션을 수행한다.

또한 B급 및 AB급 푸시풀 전력 증폭기의 출력파형을 비교함으로써 각 전력 증폭기의 특성을 이해할 수 있다.

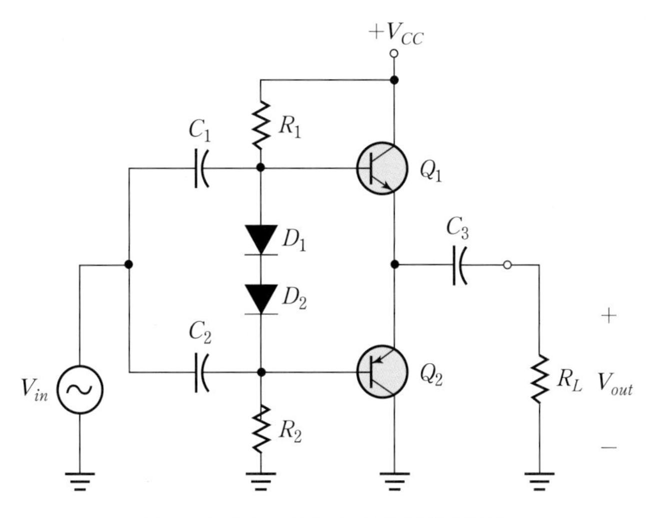

| 그림 11-13(a) AB급 푸시풀 전력 증폭기

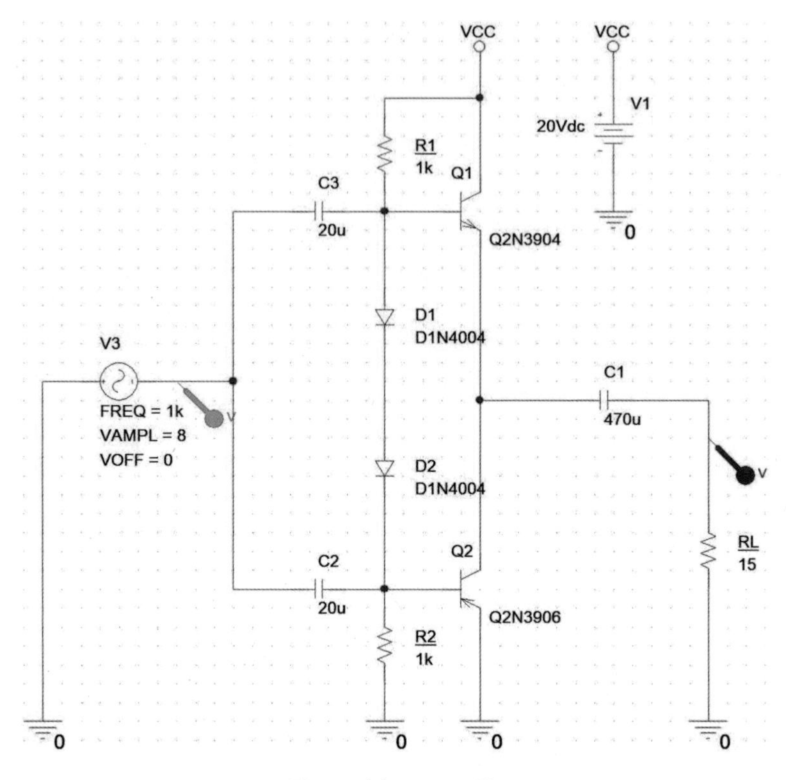

I 그림 11-13(b) PSpice 회로도

시뮬레이션 조건

- 트랜지스터 Q_1의 모델명: Q2N3904
  트랜지스터 Q_2의 모델명: Q2N3906
- 다이오드 모델명: D1N4004 2개
- $R_1 = R_2 = 470\Omega$, $R_2 = 15\Omega$, $C_1 = C_2 = 20\mu\text{F}$, $C_3 = 470\mu\text{F}$
- $V_{CC} = 20\text{V}$
- $V_{in} = V_m \sin 2\pi ft[\text{V}]$, $f = 1\text{kHz}$
  $V_m = 8\text{V}$일 때와 $V_m = 10\text{V}$일 때의 출력파형 V_{out}을 각각 도시한다.

그림 11-13(b)의 회로에 대하여 PSpice 시뮬레이션을 수행한 결과를 다음에 도시하였다.

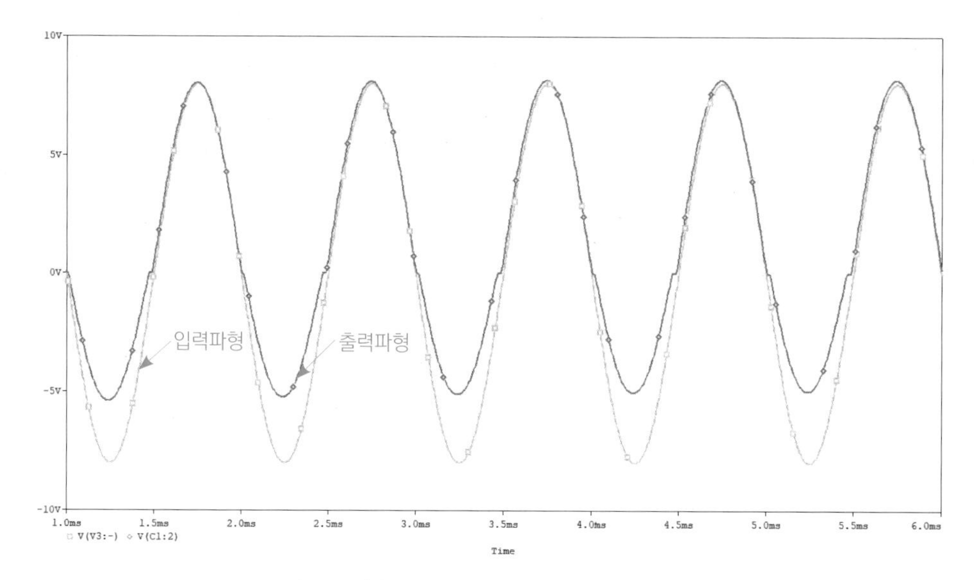

| 그림 11-14(a) 입력진폭이 8V일 때의 출력파형 V_{out}

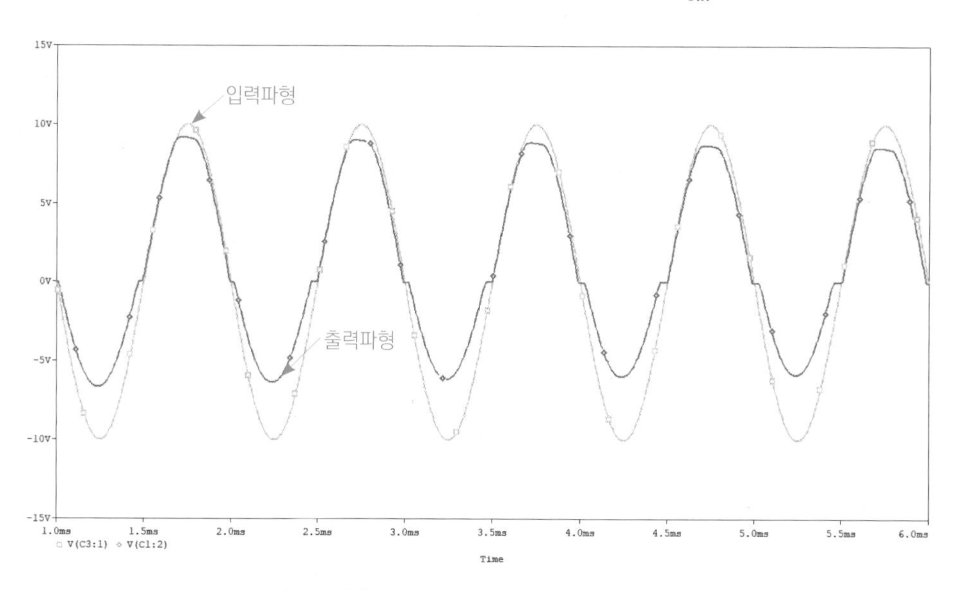

| 그림 11-14(b) 입력진폭이 10V일 때의 출력파형 V_{out}

11.4 실험기기 및 부품

- 트랜지스터 Q_1, Q_2 각 1개
- 다이오드 2개

- 저항 15Ω, 470Ω 각 2개
- 캐패시터 20μF, 470μF 각 2개
- 오실로스코프 1대
- 신호발생기 1대
- 디지털 멀티미터 1대
- 직류전원공급기 1대
- 브레드 보드 1대

11.5 실험방법

(1) 그림 11–15의 회로를 결선한다.

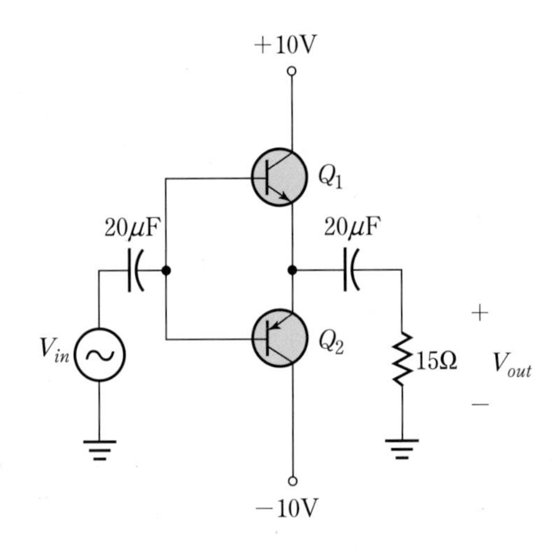

| 그림 11–15 B급 푸시풀 전력 증폭기

(2) 그림 11–15의 회로에 대한 직류량을 멀티미터를 이용하여 측정하여 표 11–1에 기록한 후 이론값과 비교한다.

(3) 그림 11–15의 입력파형 $V_{in} = V_m \sin 1200\pi t$[V]에서 V_m이 15V와 30V일 때, 출력파형을 오실로스코프로 각각 측정하여 도시한다.

(4) 그림 11–16의 회로를 결선한다.

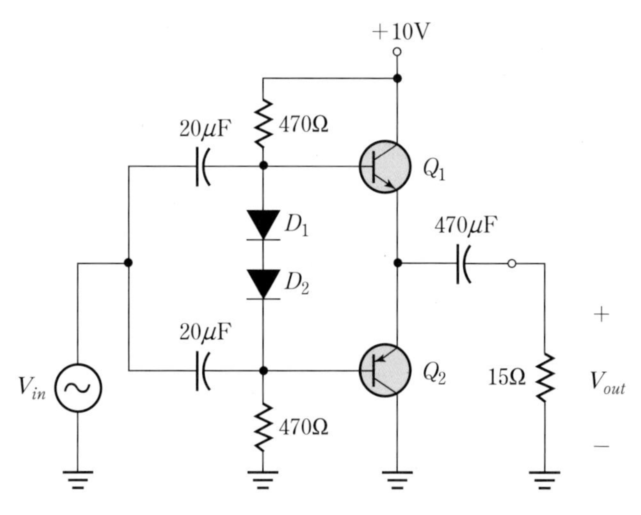

| 그림 11-16 AB급 푸시풀 전력 증폭기

(5) 그림 11-16의 회로에 대한 직류량을 멀티미터를 이용하여 측정하여 표 11-2에 기록한 후 이론값과 비교한다.

(6) 그림 11-16의 입력파형 $V_{in} = V_m \sin 1200\pi t[\mathrm{V}]$에서 V_m이 각각 8V와 10V일 때, 출력파형을 오실로스코프로 각각 측정하여 도시한다.

(7) 입력전압을 출력파형이 잘리기 전까지 서서히 증가시키면서 그때의 출력전압 $V_{out(pp)}$를 측정하여 표 11-3에 기록한다.

11.6 실험결과 및 검토

11.6.1 실험결과

| 표 11-1 B급 푸시풀 전력 증폭기의 직류 해석

측정량	측정값	이론값
V_{BE1}[V]		
V_{BE2}[V]		
V_E[V]		

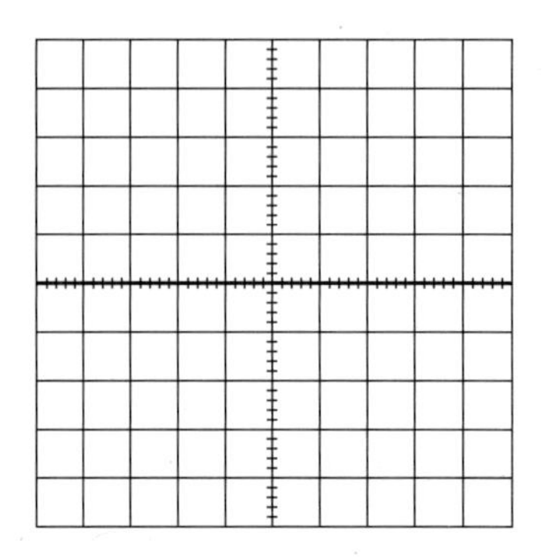

	CH1	CH2
측정량	V_{in}	V_{out}
VOLT/DIV		
TIME/DIV		

| 그래프 11-1 B급 푸시풀 전력 증폭기의 입출력파형

| 표 11-2 AB급 푸시풀 전력 증폭기의 직류 해석

측정량	측정값	이론값
V_{BE1}[V]		
V_{BE2}[V]		
V_E[V]		

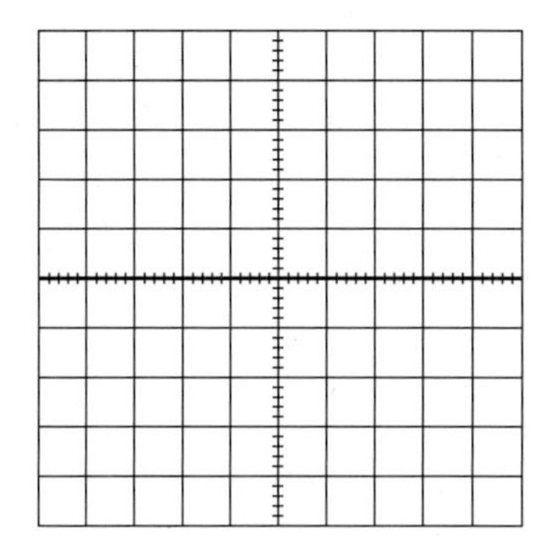

	CH1	CH2
측정량	V_{in}	V_{out}
VOLT/DIV		
TIME/DIV		

| 그래프 11-2 AB급 푸시풀 전력 증폭기의 입출력파형

11.6.2 검토 및 고찰

(1) 교류부하선과 직류부하선의 차이점을 비교 설명하라.

(2) B급 대신호 전력 증폭기의 장단점을 A급 대신호 전력 증폭기와 비교하여 설명하라.

(3) AB급 푸시풀 증폭기에서 다이오드의 역할을 설명하라.

(4) AB급 푸시풀 증폭기의 직류 등가회로로부터 각 트랜지스터의 바이어스 상태를 설명하라.

(5) 대신호 전력 증폭기에서 실제 효율이 이론적인 효율에 미치지 못하는 이유를 설명하라.

11.7 실험 이해도 측정 및 평가

11.7.1 객관식 문제

01 반전 A급 전력 증폭기의 Q점이 포화점 근처에서 동작할 때 입력파형이 점차적으로 증가하면 출력에서 처음으로 잘리는 부분은 어디인가?

① 양(+)의 피크값　　② 음(−)의 피크값
③ 양측 피크값　　④ 클리핑이 일어나지 않는다.

02 교류증폭기의 Q점이 I_{CQ}=2mA, V_{CEQ}=3V이고 교류 컬렉터 저항이 3kΩ일 때 교류 컬렉터 전류의 포화값은?

① 2mA　　② 0mA
③ 1mA　　④ 3mA

03 문제 2에서 교류 컬렉터-이미터 전압의 차단값은?

① 9V　　② 3V
③ 0V　　④ 6V

04 A급 전력 증폭기가 V_{CEQ}=5V, I_{CEQ}=10mA로 부하선의 중앙에 바이어스 되어 있을 때 최대 출력전력은?

① 25mW　　② 50mW
③ 10mA　　④ 37.5mA

05 B급 전력 증폭기의 트랜지스터가 바이어스 되었다면 어떤 점에서인가?

① 차단점　　② 포화점
③ 중앙점　　④ 부하선의 임의점

06 효율이 높은 전력 증폭기를 순서대로 올바르게 나열한 것은?

① A급<B급<AB급　　② A급>B급>AB급
③ A급<AB급<B급　　④ A급>AB급>B급

07 AB급 푸시풀 전력 증폭기에서 다이오드의 역할은 무엇인가?

① 열적 안정화를 위해
② 출력파형의 왜곡을 방지하기 위해
③ 전력 증폭기의 수명 증가를 위해
④ 최대 출력전압을 높이기 위해

11.7.2 주관식 문제

01 그림 11-17의 AB급 푸시풀 전력 증폭기에서 Q_1, Q_2의 베이스 및 에미터에서의 직류전압을 결정하라. 또한 각 트랜지스터의 V_{CEQ}를 결정하라. 단, $V_{D1}=V_{D2}=V_{BE}=0.7$V이며, $I_{CQ}=0$으로 가정한다.

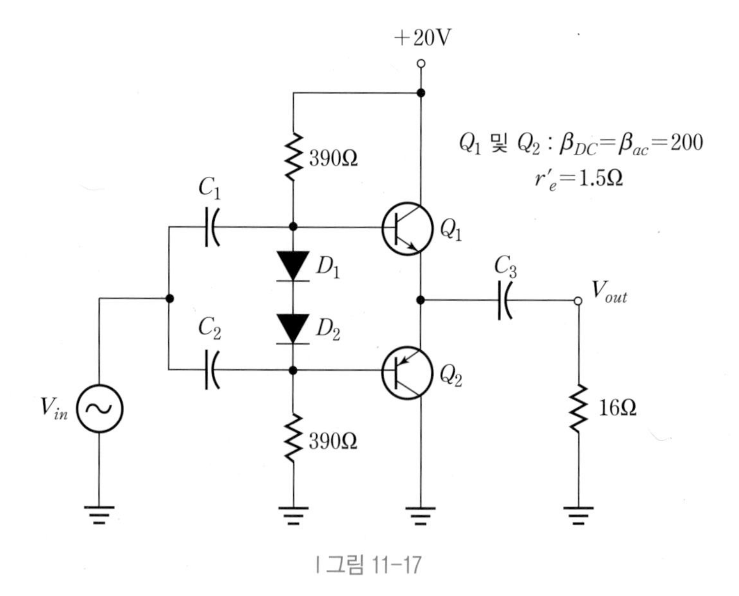

| 그림 11-17

02 그림 11–17에서 출력전압과 부하전류의 최대 피크값을 결정하라.

03 그림 11–17에서 최대출력전력과 직류입력전력을 각각 구하라.

04 그림 11–18의 B급 전력 증폭기는 차단점에 바이어스 되어 있다. I_C, V_C 및 V_B의 근사값을 계산하라.

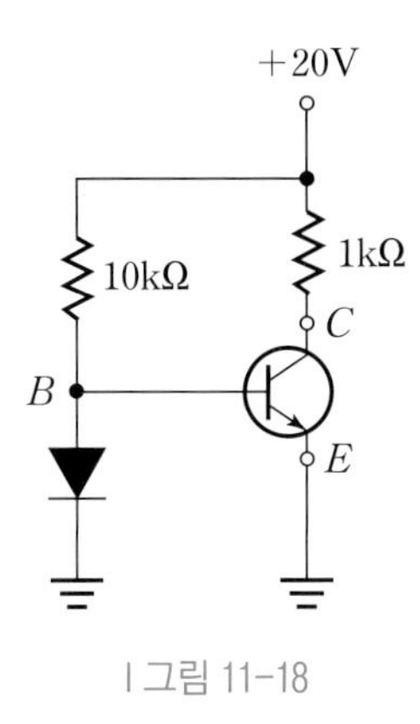

| 그림 11–18

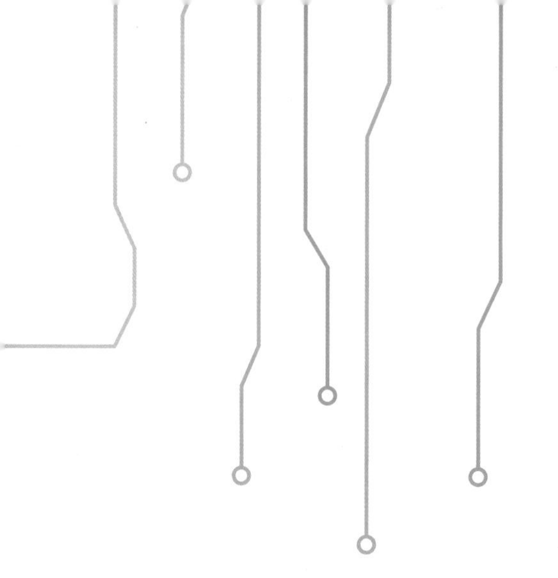

CHAPTER 12
JFET의 특성 실험

contents

12 JFET의 특성 실험

12.1 실험 개요

JFET의 동작 원리를 이해하고 전압-전류 관계를 실험적으로 측정하여 드레인 특성곡선과 전달특성곡선을 결정한다.

12.2 실험원리 학습실

12.2.1 JFET의 구조와 특성

(1) JFET의 구조 및 종류

접합 전계효과 트랜지스터(Junction Field Effect Transistor; JFET)는 n채널이라 불리는 n형 반도체의 양쪽으로 2개의 p형 반도체를 확산시켜 게이트(Gate; G), 소스(Source; S), 드레인(Drain; D)이라 불리는 3개 단자로 구성되어 있으며, 이를 n채널 JFET이라 한다. 또한 p채널이라고 불리는 p형 반도체의 양쪽으로 2개의 n형 반도체를 확산시켜 게이트, 소스, 드레인 등의 3개 단자로 구성된 것을 p채널 JFET이라고 한다. 바이폴라 트랜지스터와는 달리 전자 혹은 정공중에서 1가지 캐리어만이 도전현상에 기여하므로 유니폴라(Unipolar) 소자로 분류된다. 그림 12-1에 JFET의 2가지 물리적인 형태와 회로 심벌을 도시하였으며, 게이트단은 서로 내부적으로 연결되어 있다.

한편, JFET 소자는 게이트와 소스 사이의 역방향 바이어스 전압의 크기에 의해 드레인 전류를 제어함으로써 드레인단에 증폭된 전압을 얻는 전압제어형 소자이다. 바이폴라 트랜지스터가 베이스 전류를 제어하여 컬렉터단의 전류를 증폭함으로써 컬렉터단의 전압을 증폭하는 전류제어형 소자라는 것이 서로 다르다.

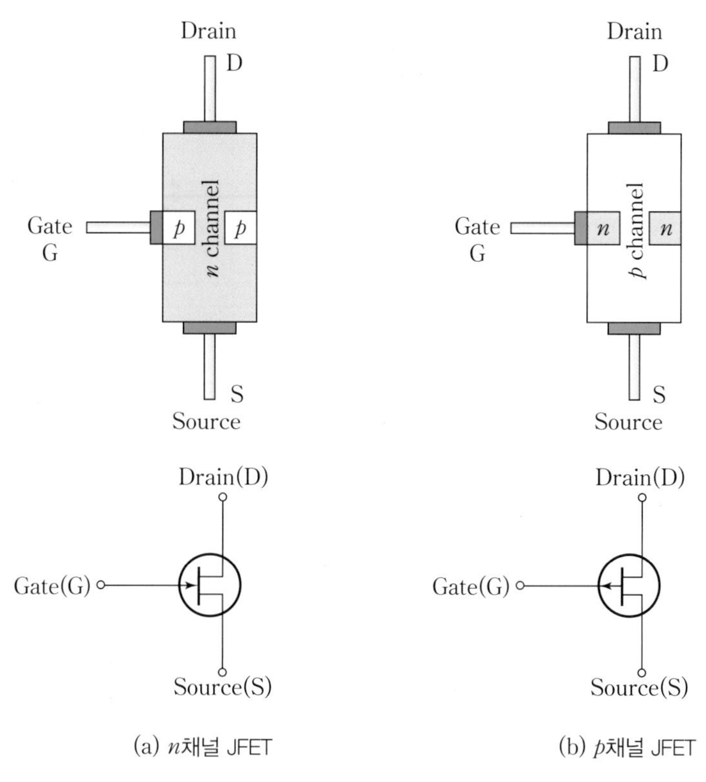

(a) n채널 JFET　　(b) p채널 JFET

| 그림 12-1 JFET의 구조 및 심벌

(2) JFET의 기본동작

그림 12-2(a)는 JFET의 동작을 이해하기 위해 n채널 JFET에 바이어스 전압을 걸어 준 것이다. V_{DD}는 소스(S)에서의 전자들을 끌어당기기 위해 드레인(D)에 양의 전압을 인가한다.

V_{GG}는 게이트와 소스 사이에 역방향으로 바이어스 되도록 전압을 인가하며 JFET는 항상 게이트–소스간 pn접합이 역방향으로 바이어스 된다. 음의 게이트 전압을 갖는 게이트–소스간의 역방향 바이어스는 n채널에 공핍영역이 생기게 함으로써 채널의 저항을 증가시킨다. 다시 말해 채널의 폭은 게이트 전압을 변화시킴으로써 제어되고 그것에 의하여 드레인 전류 I_D의 크기를 제어할 수 있다. 그림 12–2(b)에서 V_{GG}가 증가하면 공핍층이 넓어져서 상대적으로 채널의 폭이 좁아지고(채널저항 증가) 드레인 전류 I_D는 감소한다. 그림 12–2(c)에서 V_{GG}가 감소하면 공핍층이 좁아져서 상대적으로 채널의 폭이 넓어지고(채널저항 감소) 드레인 전류 I_D는 증가한다.

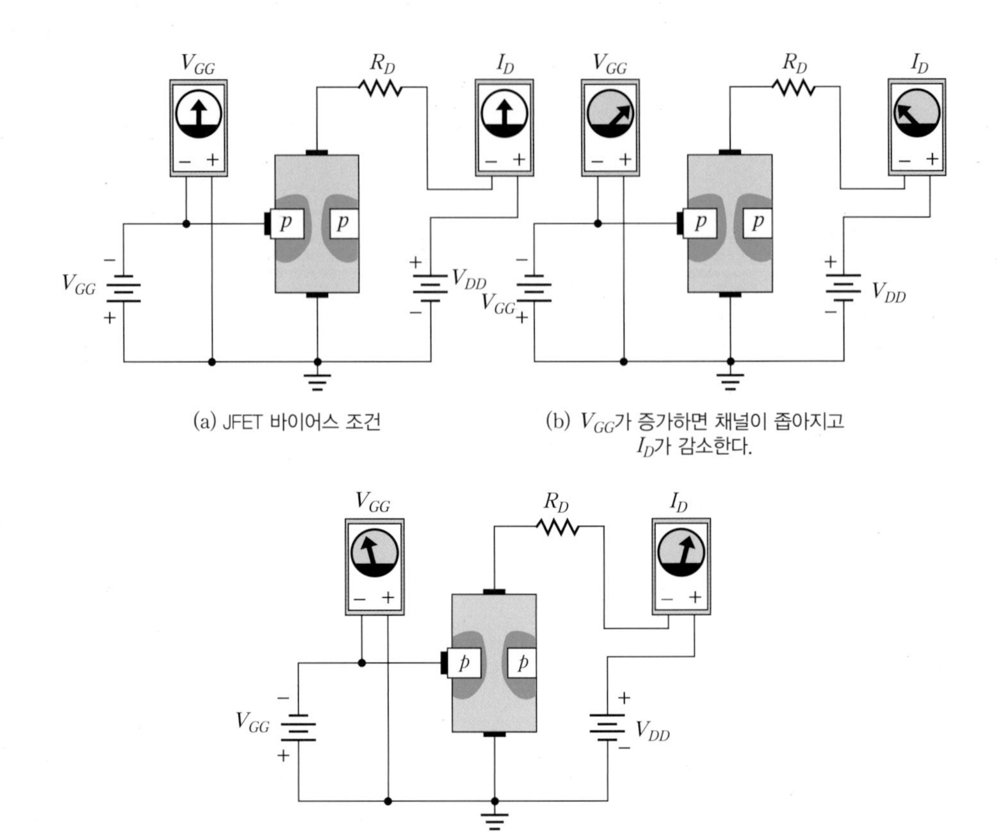

(a) JFET 바이어스 조건

(b) V_{GG}가 증가하면 채널이 좁아지고 I_D가 감소한다.

(c) V_{GG}가 감소하면 채널이 넓어지고 I_D가 증가

| 그림 12-2 게이트 전압 변화에 따른 채널폭과 드레인 전류의 변화

(3) JFET의 드레인 특성곡선

드레인 특성곡선은 V_{GS}를 매개변수로 하여 V_{DS}의 변화에 따른 I_D의 변화를 그래프로 그린 것을 의미한다.

먼저 게이트-소스 사이의 전압 $V_{GS} = 0$인 경우에 대해 단계별로 고찰해 보면 다음과 같다.

① $V_{GS} = 0$인 상태에서 $V_{DS} = 0$이면, 드레인 전류는 흐르지 않으므로 $I_D = 0$이 된다 (A점).

② V_{GS} = 0인 상태에서 V_{DD}를 0에서부터 점차로 증가시키면 B점까지는 공핍영역이 충분히 크지 않아 채널 저항이 거의 일정하여 V_{DS}와 I_D 사이에는 옴의 법칙이 성립한다. 따라서 V_{DS}의 증가에 따라 I_D도 비례하여 증가(옴의 법칙)하게 되므로(A–B 구간) 이 영역을 저항영역(Ohmic Region)이라 한다.

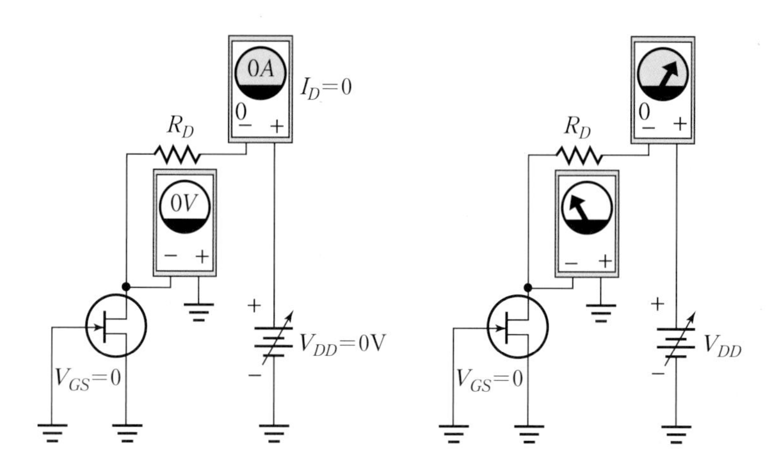

(a) $V_{DS}=0$이면 $I_D=0$이 된다(A점). (b) I_D는 V_{DS}에 비례하여 증가한다($A-B$ 구간).

| 그림 12-3 드레인 특성곡선의 저항영역

③ V_{GS} = 0인 상태에서 I_D가 본질적으로 일정하게 되는 B점에서의 V_{DS}값을 핀치–오프 전압(Pinch–off Voltage) V_p라 하며, V_{DS}가 V_p 이상으로 계속 증가하면 게이트–드레인 사이의 역방향 전압은 V_{DS}의 증가를 보상하기에 충분한 공핍영역을 만들기 때문에 I_D가 상대적으로 일정하게 유지된다(B–C 구간). 이 구간을 활성영역 혹은 일정전류원 영역(Constant Current Region)이라 한다.

④ V_{GS} = 0인 상태에서 V_{DD}를 계속 증가시키면 드레인과 게이트 사이의 역방향 바이어스가 커져 항복현상이 일어나게 되어 I_D가 급격히 증가되어 소자에 치명적인 손상을 입히게 된다(C점 이후). 이 영역을 항복영역(Breakdown Region)이라고 한다.

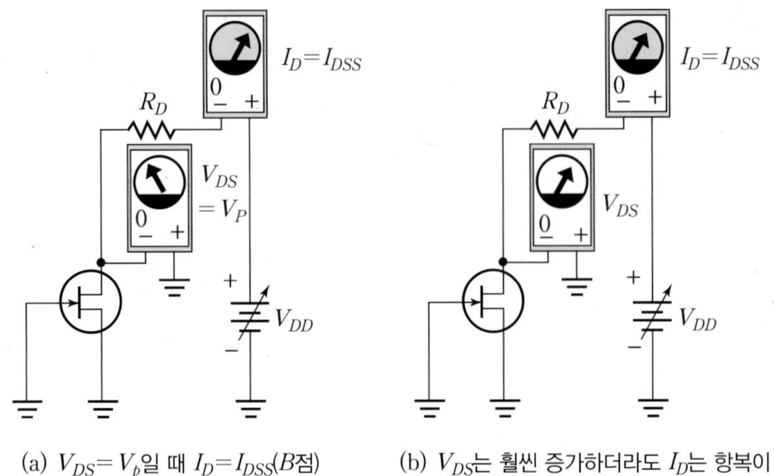

(a) $V_{DS} = V_p$일 때 $I_D = I_{DSS}$(B점)

(b) V_{DS}는 훨씬 증가하더라도 I_D는 항복이 일어나지 않는 한 일정하다($B-C$ 구간).

| 그림 12-4 드레인 특성곡선의 일정 전류원 영역

그림 12-5에 $V_{GS} = 0$인 경우 JFET의 드레인 특성곡선을 도시하였다.

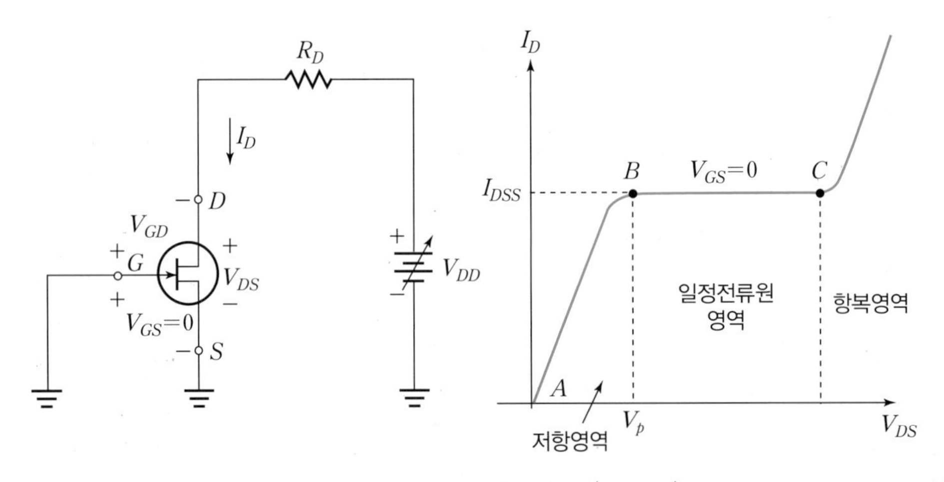

| 그림 12-5 JFET의 드레인 특성곡선($V_{GS}=0$)

(4) V_{GS} 전압에 따른 드레인 특성곡선군

그림 12-6에서와 같이 V_{GG}값을 조절하여 V_{GS}가 음의 값으로 증가하도록 하면 I_D는 V_{GS}가 음의 값으로 증가할수록 감소하며, 또한 V_{GS}가 커질 때마다 JFET는 V_p보다 작은 V_{DS}값에서 핀치-오프점에 도달함에 유의하라.

V_{GS}를 음의 값으로 계속 증가시키게 되면 궁극적으로는 드레인전류가 0으로 되어 JFET이 차단 상태에 이르게 되는데, 이때의 게이트-소스 사이의 전압을 $V_{GS(off)}$라 하며 게이트-소스 차단전압이라 부른다.

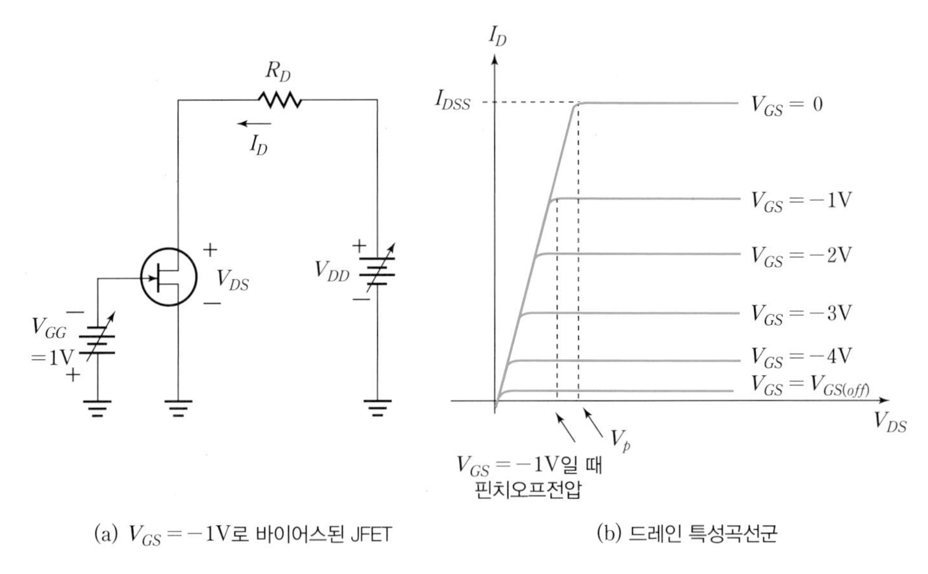

(a) $V_{GS}=-1V$로 바이어스된 JFET (b) 드레인 특성곡선군

| 그림 12-6 V_{GS} 값에 따른 드레인 특성곡선군

(5) JFET의 전달특성곡선

앞에 기술한 바와 같이 V_{GS}값을 변화시킴으로써 드레인 전류 I_D가 제어된다는 사실을 이해하였다. V_{GS}가 I_D를 제어하기 때문에 이들 두 값 사이의 관계는 대단히 중요하며 이를 그래프로 표현한 것을 전달특성곡선이라 부른다.

그림 12-7에서 보는 바와 같이 특성곡선의 하단 끝이 V_{GS}축 상에 있고 그 값은 $V_{GS(off)}$이다. 상단 끝은 I_D축 상에 있으며 그 값은 I_{DSS}라는 사실에 유의하라. I_D와 V_{GS} 간의 관계를 수학적으로 표현하면 식(12.1)과 같다.

$$I_D = I_{DSS}\left(1 - \frac{V_{GS}}{V_{GS(off)}}\right)^2 \qquad (12.1)$$

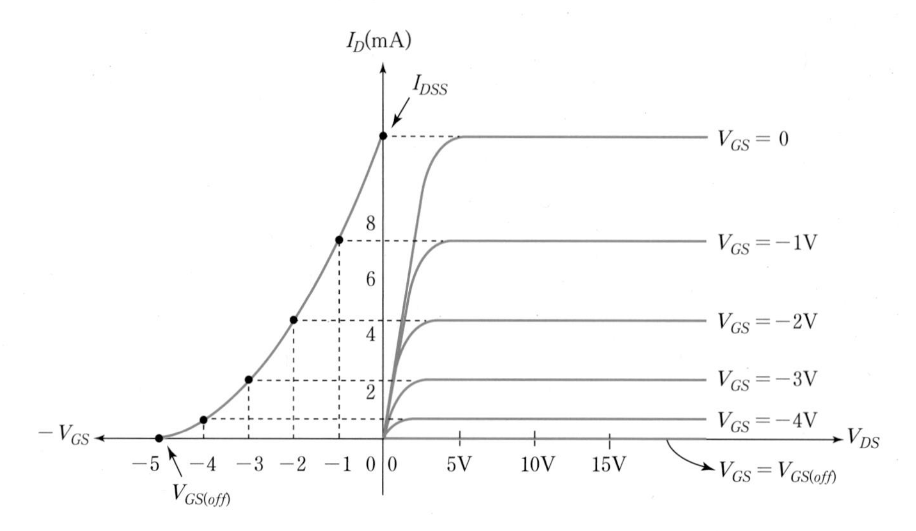

| 그림 12-7 JFET의 전달특성곡선 (n채널)

그림 12-8에 n채널과 p채널 JFET의 전달특성곡선을 각각 도시하였다.

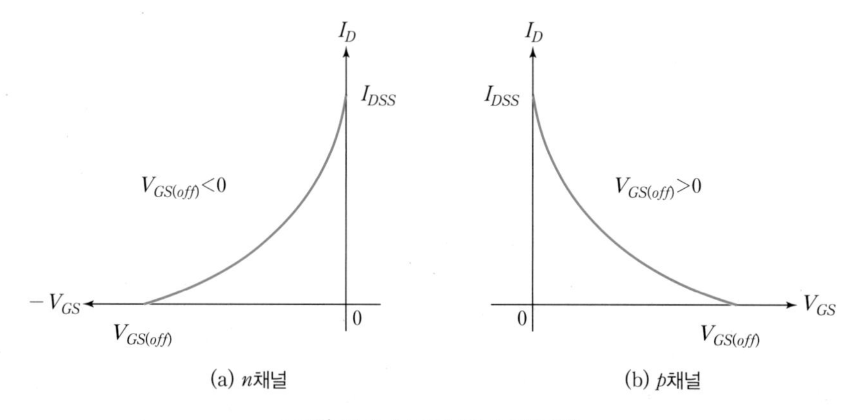

| 그림 12-8 JFET의 전달특성곡선

12.2.2 실험원리 요약

JFET의 드레인 특성곡선

- 드레인 특성곡선
  V_{GS}를 매개변수로 하여 드레인 전류 I_D와 드레인-소스전압 V_{DS}와의 상관관계를 정량적으로 나타낸 곡선
- 드레인 특성곡선으로부터 JFET은 다음과 같은 3가지 동작영역을 가진다.

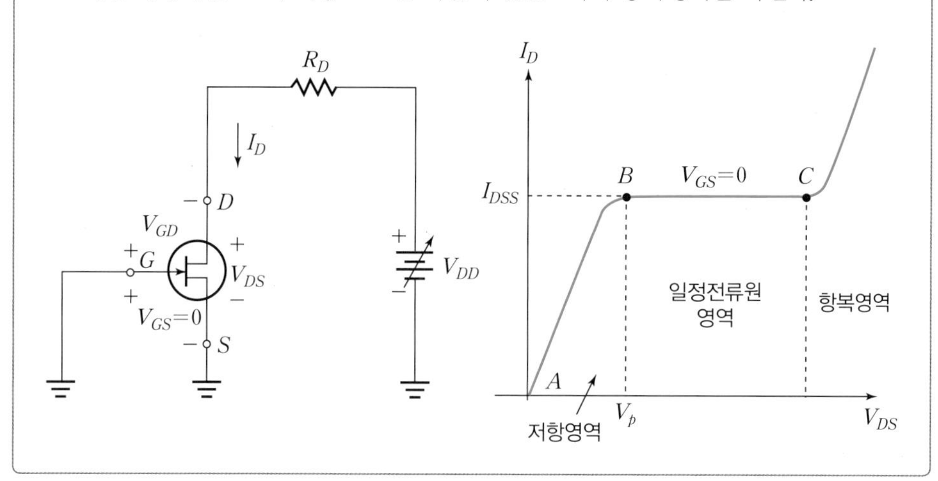

JFET의 전달특성곡선

- V_{GS}의 변화에 따라 드레인 전류 I_D의 변화를 그래프로 나타낸 것을 JFET의 전달특성곡선이라고 한다.

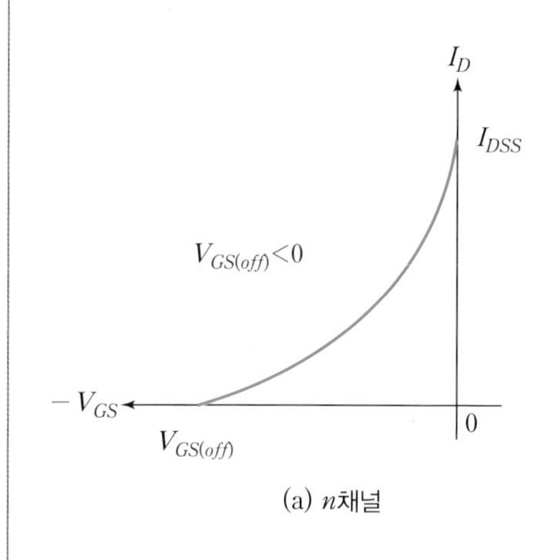

(a) n채널

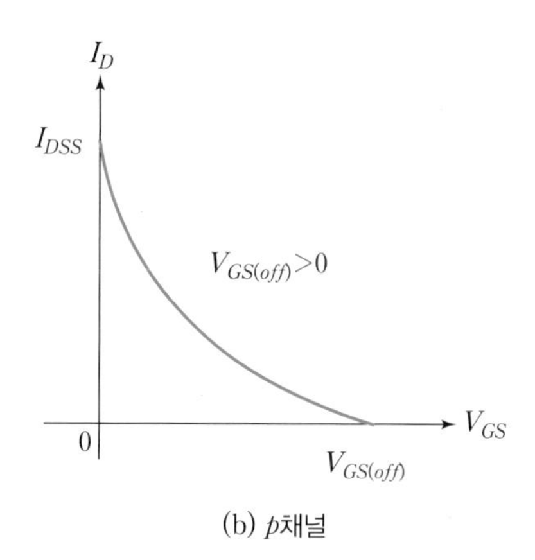

(b) p채널

$$I_D = I_{DSS}\left(1 - \frac{V_{GS}}{V_{GS(off)}}\right)^2$$

I_{DSS} : 최대 드레인 전류

$V_{GS(off)}$: 게이트–소스 차단전압

- 전달컨덕턴스 g_m

$$g_m \triangleq \frac{dI_D}{dV_{GS}} = \frac{I_d}{V_{gs}} = g_{mo}\left(1 - \frac{V_{GS}}{V_{GS(off)}}\right)$$

$$g_{mo} \triangleq -\frac{2I_{DSS}}{V_{GS(off)}} = \frac{2I_{DSS}}{V_p}$$

- 전달컨덕턴스 g_m은 V_{DS}값이 일정할 때, V_{GS}의 변동분(ΔV_{GS})과 I_D의 변동분(ΔI_D)의 비로 정의된다.
- 드레인–소스 저항 r'_{ds}

$$r'_{ds} \triangleq \frac{\Delta V_{DS}}{\Delta I_D} = \frac{V_{ds}}{I_d}$$

12.3 시뮬레이션 학습실

12.3.1 JFET 드레인 특성곡선

V_{GS}를 매개변수로 하여 V_{DS}의 변화에 따른 I_D의 변화를 살펴보기 위하여 그림 12–9(a)의 회로에 대하여 PSpice 시뮬레이션을 수행한다.

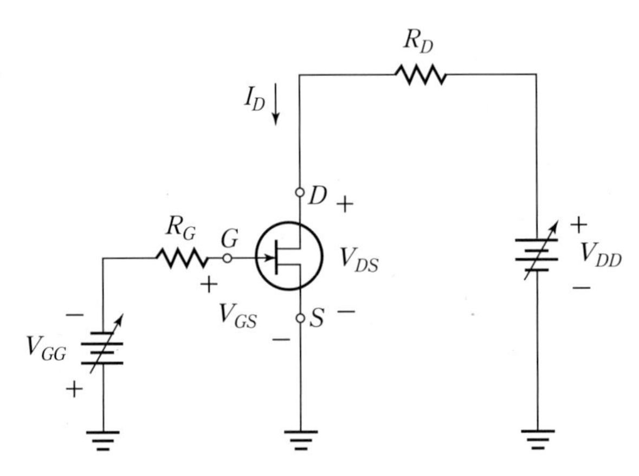

| 그림 12–9(a) JFET 드레인 특성곡선 회로

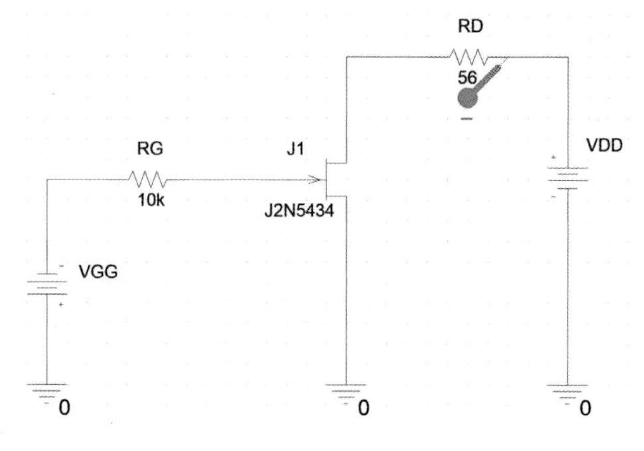

| 그림 12-9(b) PSpice 회로도

시뮬레이션 조건

- JFET 모델명: J2N5434
- $R_G = 10\text{k}\Omega$, $R_D = 560\Omega$
- V_{GS}를 매개변수로 하여 V_{DS}와 I_D와의 관계를 그래프로 도시한다.

V_{GS}를 매개변수로 하여 얻어진 JFET 드레인 특성곡선에 대한 PSpice 시뮬레이션 결과를 다음에 도시하였다.

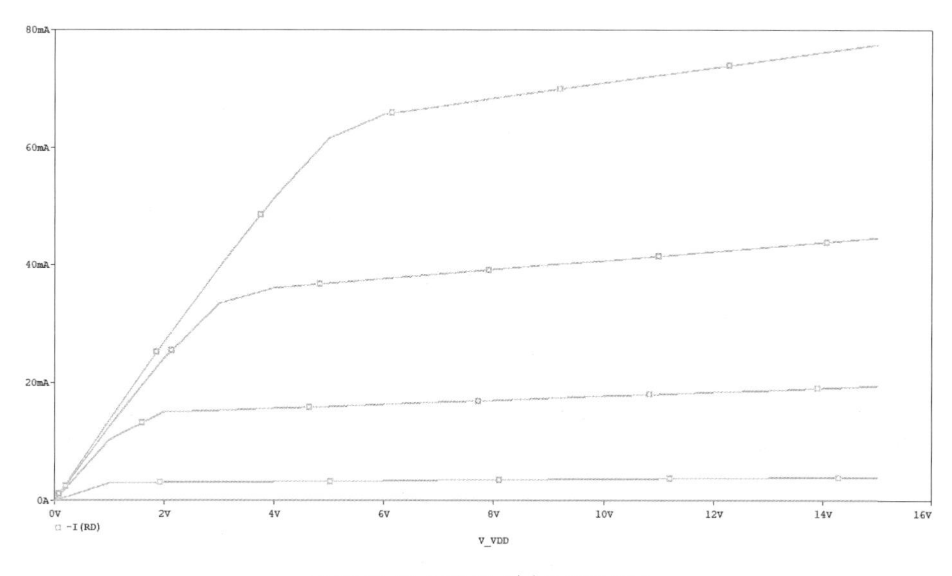

| 그림 12-10 그림 12-9(b)에 대한 결과

12.3.2 JFET 전달특성곡선

JFET에서 V_{GS}의 변화에 따라 I_D가 어떻게 변화하는지를 살펴보기 위하여 그림 12-11(a)의 회로에 대하여 PSpice 시뮬레이션을 수행한다.

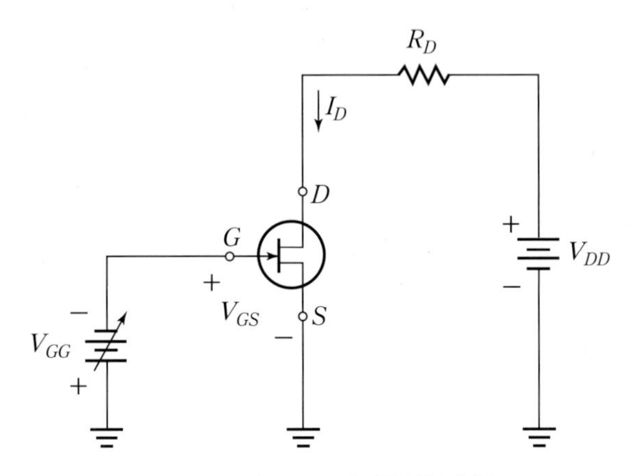

| 그림 12-11(a) JFET 전달특성곡선 회로

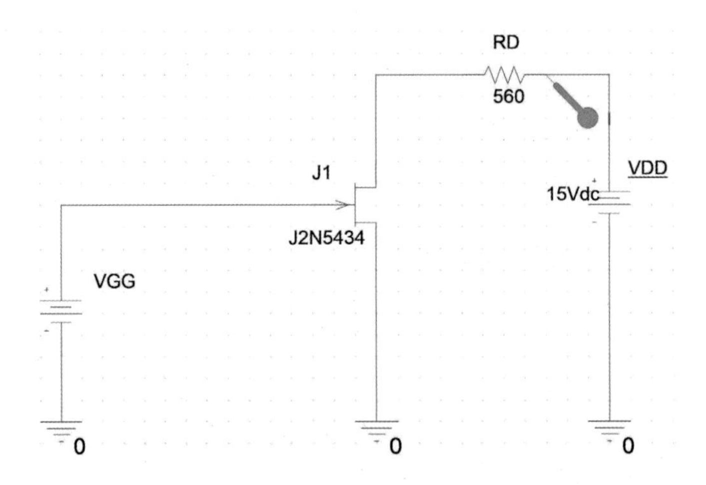

| 그림 12-11(b) PSpice 회로도

시뮬레이션 조건

- JFET 모델명: J2N5434
- $R_D = 560\Omega$
- $V_{DD} = 15V$
- V_{GS}의 변화에 따른 I_D의 변화를 그래프로 도시한다.

JFET의 전달특성곡선에 대한 PSpice 시뮬레이션 결과를 다음에 도시하였다.

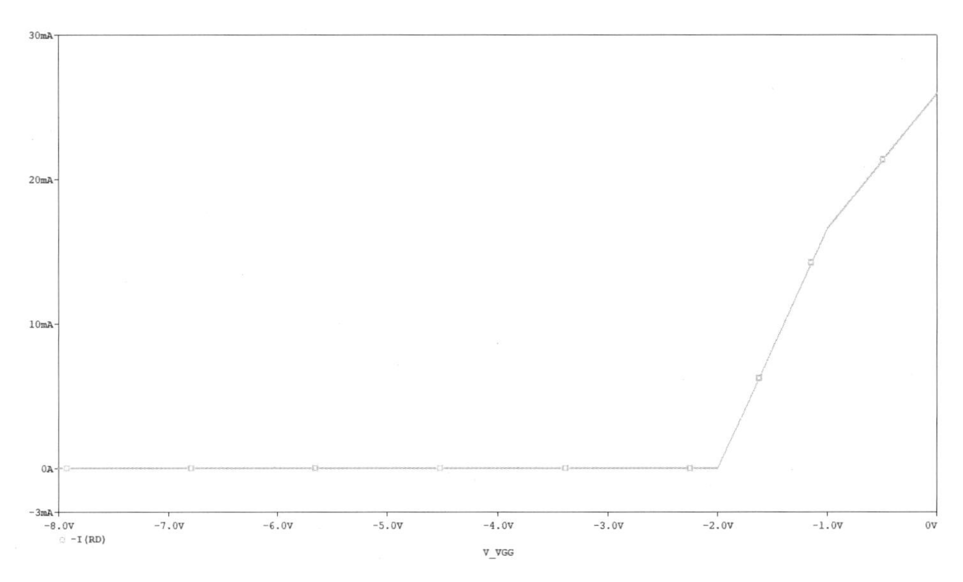

| 그림 12-12 그림 12-11(b)에 대한 결과

12.4 실험기기 및 부품

•JFET	2개
•저항 560Ω, 10kΩ	각 1개
•직류전원공급기	1대
•오실로스코프	1대
•디지털 멀티미터	1대
•브레드 보드	1대

12.5 실험방법

12.5.1 JFET 드레인 특성곡선 실험

(1) 그림 12-13의 회로를 구성한다.

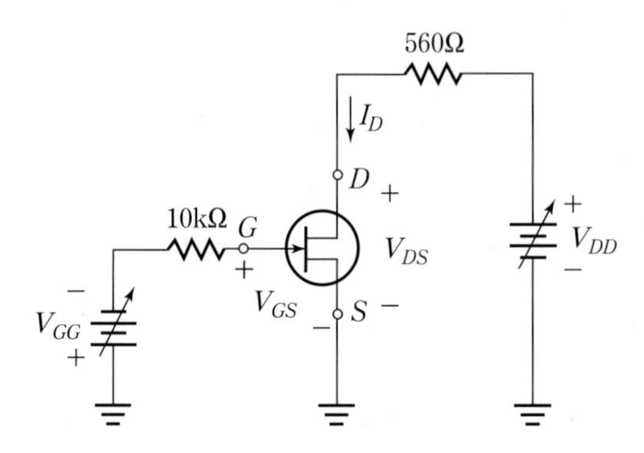

Ι 그림 12-13 JFET 드레인 특성곡선 실험회로

(2) V_{GS}=0으로 놓고 V_{DD}를 0부터 적당한 간격으로 증가시켜 가면서 그때의 I_D와 V_{DS}를 측정하여 표 12-1을 완성한다.

(3) V_{GS}를 음의 값으로 0.5V씩 증가시키면서 단계 (2)의 과정을 반복한다.

12.5.2 JFET 전달특성곡선 실험

(1) 그림 12-14의 회로를 구성한다.

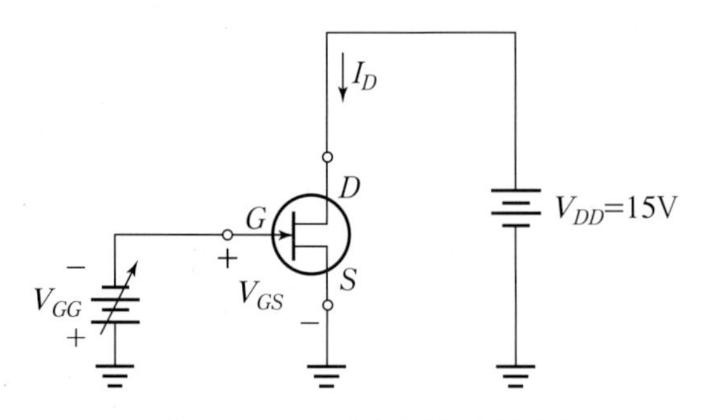

Ι 그림 12-14 JFET 전달특성곡선 실험회로

(2) 직류전원공급기를 이용하여 V_{DD}=15V를 인가한다.

(3) V_{DD}=15V로 유지하면서 V_{GS}값의 변화에 따른 I_D를 측정하여 표 12-2를 완성한다.

12.6 실험결과 및 검토

12.6.1 실험결과

| 표 12-1 드레인 특성곡선 실험결과표

V_{DS}[V]	I_D[mA]					
	V_{GS}[V]					
	0	−0.5	−1.0	−1.5	−2.0	−2.5
0						
0.5						
1.0						
1.5						
2.0						
2.5						
3.0						
3.5						
4.0						
4.5						
5.0						
7.0						
9.0						
11.0						

| 표 12-2 전달특성곡선 실험결과표

V_{GS}[V]	−2.5	−2.0	−1.75	−1.50	−1.25	−1.0	−0.75	−0.50	−0.25	0
I_D[mA]										

12.6.2 검토 및 고찰

(1) 실험에서 얻은 JFET 드레인 특성곡선과 JFET 규격표에 표시된 드레인 특성곡선과 비교하여 보고 차이점이 있으면 그 원인을 설명하라.

(2) JFET을 보통 전압제어 소자라 부르는데, 그 이유에 대해 설명하라.

(3) V_{GS}와 채널 폭 사이의 관계에 대하여 설명하라.

(4) I_{DSS}와 $V_{GS(off)}$에 대해 설명하라.

(5) JFET의 게이트와 채널 사이의 물리적 관계를 설명하라.

12.7 실험 이해도 측정 및 평가

12.7.1 객관식 문제

01 JFET은 어떤 소자인가?

① 유니폴라 소자 ② 전압제어 소자
③ 전류제어 소자 ④ ①과 ②

02 JFET의 채널은 어디에 형성되는가?

① 게이트와 드레인 사이 ② 드레인과 소스 사이
③ 게이트와 소스 사이 ④ 입력과 출력 사이

03 JFET의 일정한 전류영역은 무엇을 의미하는가?

① 차단과 포화 사이 ② 차단과 핀치-오프 사이
③ 0과 I_{DSS} 사이 ④ 핀치-오프와 항복 사이

04 I_{DSS}란 무엇인가?

① 소스가 단락된 드레인 전류이다.
② 차단점에서의 드레인 전류이다.
③ 최대허용 드레인 전류이다.
④ 중점(midpoint) 드레인 전류이다.

05 일정한 전류영역에서 드레인 전류는 다음의 어떤 경우에 감소하는가?

① V_{GS}가 감소하는 경우　② V_{GS}가 증가하는 경우
③ V_{DS}가 증가하는 경우　④ V_{DS}가 감소하는 경우

06 JFET는 항상 무엇으로 동작하는가?

① 역방향 바이어스 된 게이트–소스 pn접합으로 동작
② 순방향 바이어스 된 게이트–소스 pn접합으로 동작
③ 드레인이 접지에 연결되어 동작
④ 게이트가 소스에 연결되어 동작

07 어떤 JFET의 규격표에서 $V_{GS(off)}=-4\text{V}$이다. 핀치–오프 전압 V_p는?

① 구해지지 않는다.　② −4V
③ V_{GS}에 따라 다르다.　④ +4V

12.7.2 주관식 문제

01 그림 12–15에서 JFET의 게이트와 소스 사이의 바이어스 전원을 연결하라.

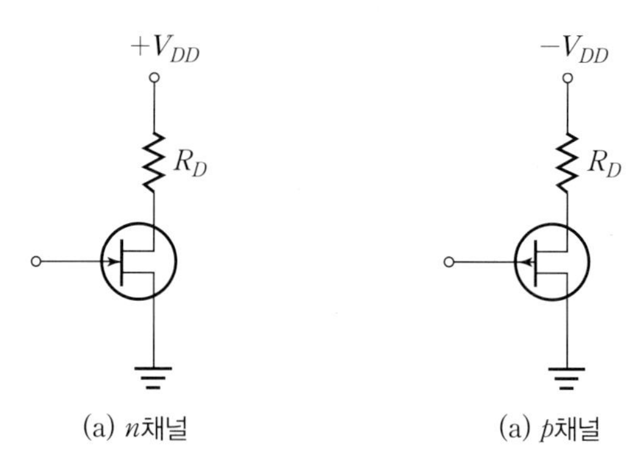

(a) n채널　(a) p채널

| 그림 12–15

02 어떤 JFET의 규격표에서 $V_{GS(off)}=-8\text{V}$, $I_{DSS}=10\text{mA}$이다. $V_{GS}=0\text{V}$일 때 핀치–오프점을 넘어선 V_{DS}에 대한 I_D값을 구하라. 단, $V_{DD}=15\text{V}$이다.

03 JFET의 규격표에 $V_{GS(off)}=-6\text{V}$, $I_{DSS}=10\text{mA}$, $g_{mo}=5000\mu\text{S}$로 주어져 있다. $V_{GS}=-4\text{V}$에서의 순방향 전달컨덕턴스와 이 점에서의 드레인 전류 I_D를 각각 구하라.

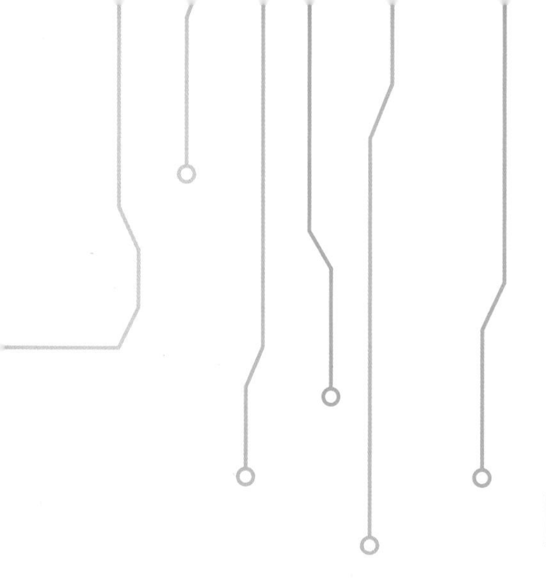

CHAPTER 13
MOSFET의 특성 실험

contents

13 MOSFET의 특성 실험

13.1 실험 개요

MOSFET의 동작 원리를 이해하고 전압-전류 관계를 실험적으로 측정하여 드레인 특성곡선과 전달특성곡선을 결정한다.

13.2 실험원리 학습실

13.2.1 MOSFET의 구조와 특성

금속 산화물 반도체 전계효과 트랜지스터(Metal Oxide Semiconductor Field-Effect Transistor; MOSFET)는 게이트가 산화 실리콘(SiO_2)층에 의해 채널과 격리된 점이 JFET와 다르며 게이트가 격리되어 있으므로 이들 소자를 종종 IGFET(Insulated Gate FET)라고 부르며 공핍형과 증가형의 두 종류가 있다.

(1) 공핍형 MOSFET(D-MOSFET)

그림 13-1에서와 같이 드레인과 소스는 기판재료에 확산시켜 만들고 절연 게이트 옆으로 좁은 채널이 물리적으로 구성되어 있다.

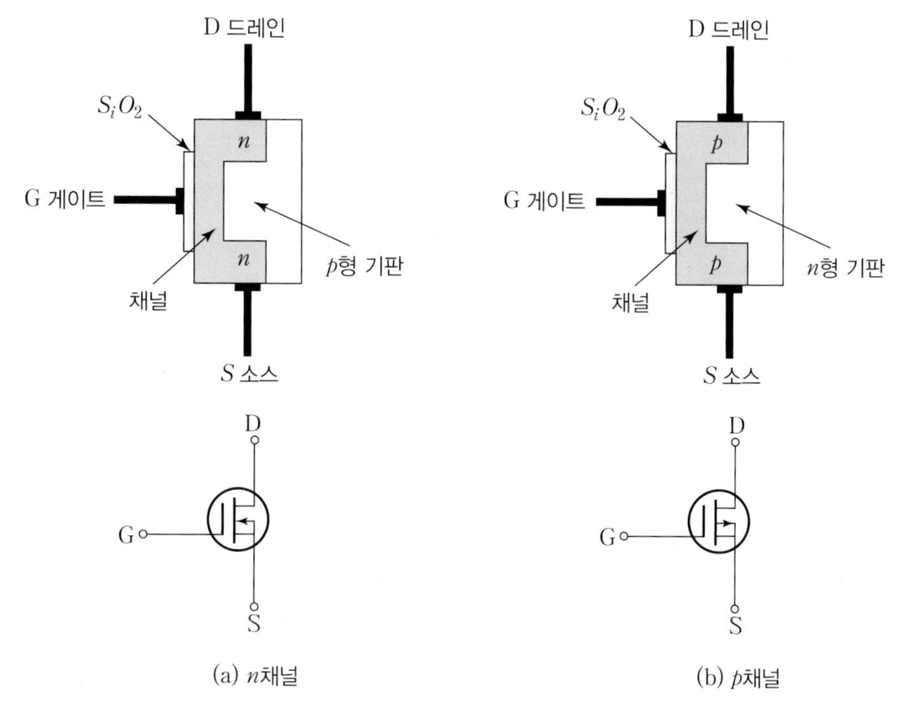

| 그림 13-1 공핍형 MOSFET의 구조 및 심벌

공핍형 MOSFET은 2가지 모드(공핍모드 및 증가모드) 중 어느 하나로 동작될 수 있고, 게이트는 채널과 격리되어 양(+)의 게이트 전압이나 음(–)의 게이트 전압을 모두 인가할 수 있다.

① 공핍모드(Depletion Mode)

음의 게이트–소스전압이 인가되면 공핍형 MOSFET은 공핍모드로 동작된다. 게이트에 음의 전압을 가하면 게이트의 음전하는 채널 밖으로 더 많은 전도전자를 밀어내어 채널의 전도도가 감소하게 된다. 게이트의 음전압을 크게 할수록 채널의 전도전자는 더욱 줄어들어 드레인 전류가 점점 감소하며, $V_{GS} = V_{GS(off)}$ 이면 드레인 전류는 흐르지 않는다.

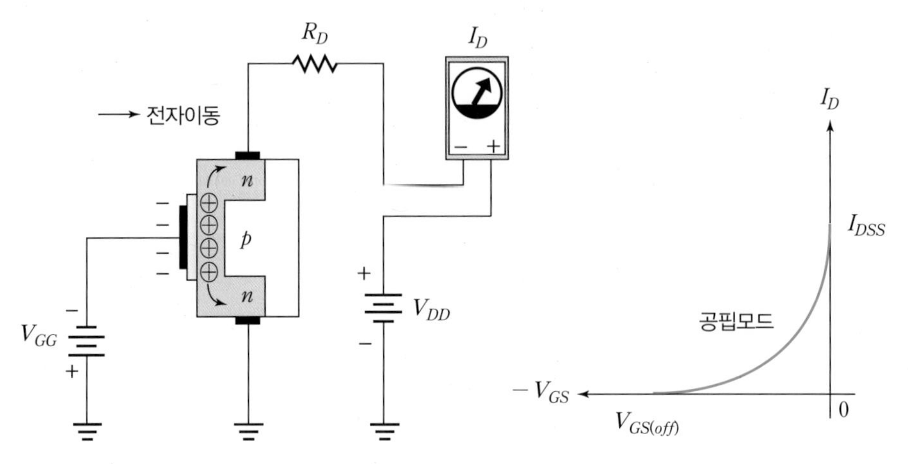

ㅣ그림 13-2 공핍형 MOSFET의 공핍모드 ($V_{GS(off)} \leq V_{GS} \leq 0$)

② 증가모드(Enhancement Mode)

양의 게이트-소스전압이 인가되면 공핍형 MOSFET은 증가모드로 동작된다. 게이트에 양의 전압을 가하면 게이트의 양전하는 채널로 더 많은 전도전자를 잡아 당겨 채널의 전도도가 증가하게 된다. 게이트에 인가하는 양전압을 크게 할수록 채널의 전도도가 더욱 커져 드레인 전류가 증가한다.

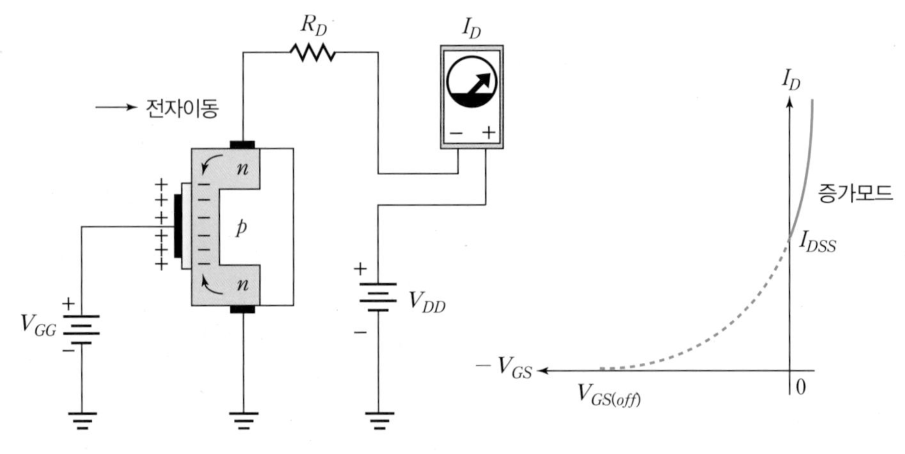

ㅣ그림 13-3 공핍형 MOSFET의 증가모드 ($V_{GS}>0$)

(2) 증가형 MOSFET(E-MOSFET)

증가형 MOSFET는 단지 증가모드로만 동작하고 공핍모드로는 동작하지 않는다. 반도체 제조공정에서 증가형 MOSFET은 공핍형 MOSFET과는 달리 인위적으로 물리적인 채널을 만들지 않는다는 것이 서로 다르다. 그림 13-4에 n채널 증가형 MOSFET의 기본구조를 나타내었다. 여기에서 기판이 SiO_2층까지 완전히 확장되어 채널이 만들어져 있지 않음에 주목하라.

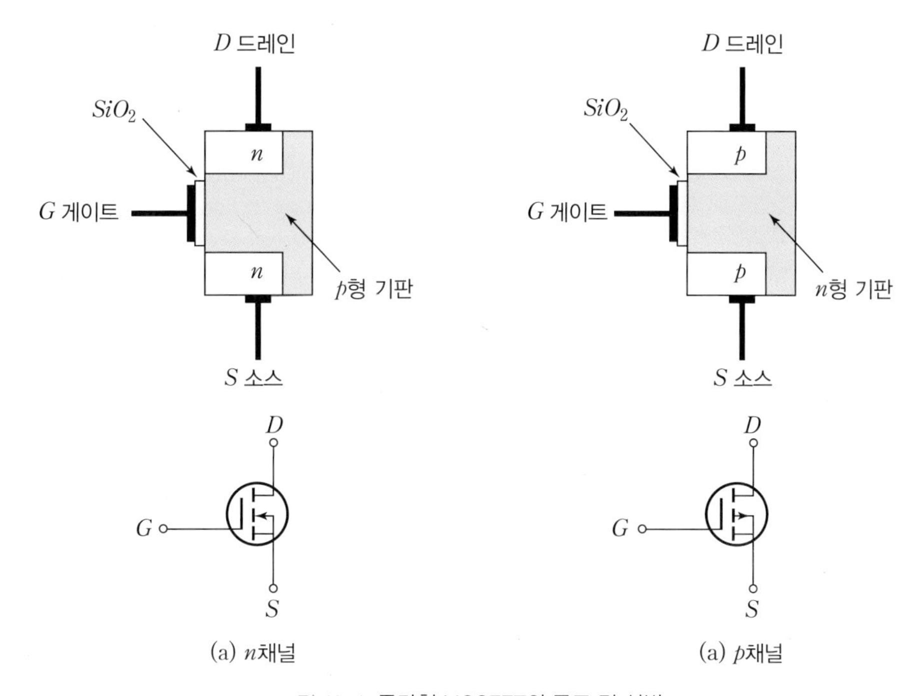

| 그림 13-4 증가형 MOSFET의 구조 및 심벌

n채널 증가형 MOSFET에서 $V_{GS(th)}$라는 임계전압값 이상의 양(+)의 게이트 전압이 인가되면, SiO_2층에 인접한 기판영역에 얇은 음전하층(n-type Inversion Layer)을 만들어 채널이 임계값 이상의 외부전압에 의해 형성된다. 게이트-소스전압이 증가될수록 채널의 전도도가 증가하므로 채널로 더 많은 전자를 끌어당기게 되며, 임계값 이하의 게이트-소스전압에서는 채널이 형성되지 않는다.

그림 13-5에 n채널 증가형 MOSFET의 채널 형성과정에 대해 도시하였다.

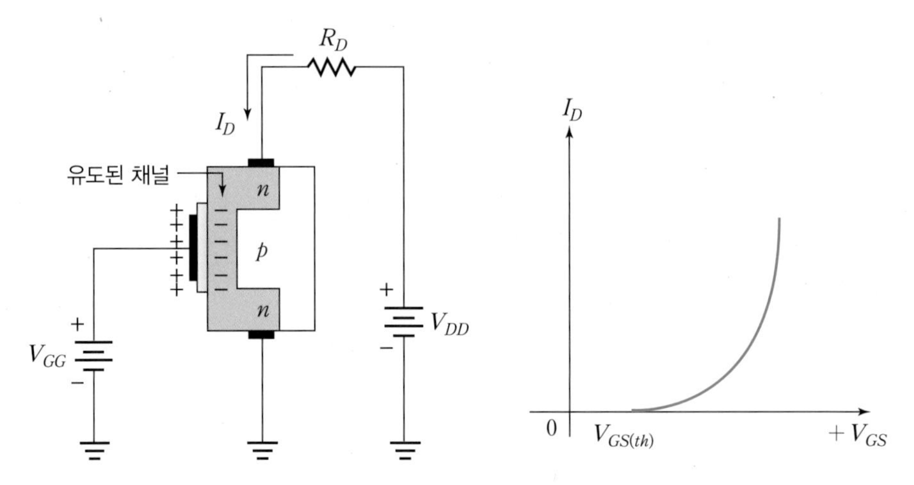

| 그림 13-5 n채널 증가형 MOSFET의 채널 형성과정 ($V_{GS} \geq V_{GS(th)}$)

(3) 공핍형 MOSFET의 전달특성곡선

앞 절에서 기술한 바와 같이 공핍형 MOSFET은 양 혹은 음의 게이트 전압으로 동작한다. 이러한 n채널 및 p채널 MOSFET에 대해 그림 13-6에 전달특성곡선으로 나타내었으며, $V_{GS} = 0$인 점은 I_{DSS}(I_D축 절편)에 대응하고 $I_D = 0$인 점은 $V_{GS(off)}$(V_{GS}축 절편)에 대응한다.

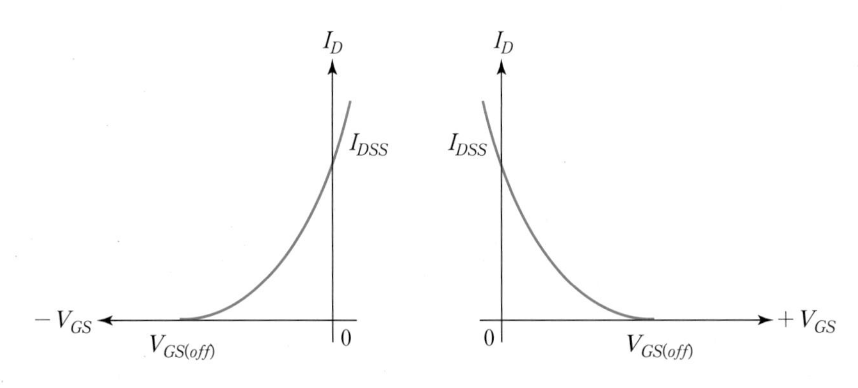

| 그림 13-6 공핍형 MOSFET의 전달특성곡선

그림 13-6의 전달특성곡선에서 I_D와 V_{GS} 사이의 수학적인 관계는 JFET의 경우와 동일하게 다음과 같이 표현된다.

$$I_D = I_{DSS}\left(1 - \frac{V_{GS}}{V_{GS(off)}}\right)^2 \tag{13.1}$$

여기서 I_{DSS}는 JFET에서는 드레인에서 소스로 흐르는 최대전류로 정의되었으나, 공핍형 MOSFET에서는 $V_{GS} = 0$일 때 드레인에서 소스로 흐르는 전류로 정의된다는 것에 유의하라.

(4) 증가형 MOSFET의 전달특성곡선

증가형 MOSFET은 단지 채널의 증가만을 이용하기 때문에 n채널소자는 양의 게이트-소스전압을 필요로 하고 p채널 소자는 음의 게이트-소스전압을 필요로 한다.

그림 13-7에 증가형 MOSFET의 전달특성곡선을 나타내었으며 $V_{GS} = 0$일 때 드레인 전류 I_D는 0임에 유의하라. 더욱이 I_{DSS} 개념이 정의되지 않으며 V_{GS}가 $V_{GS(th)}$값에 도달하기까지는 드레인 전류 I_D는 존재하지 않는다.

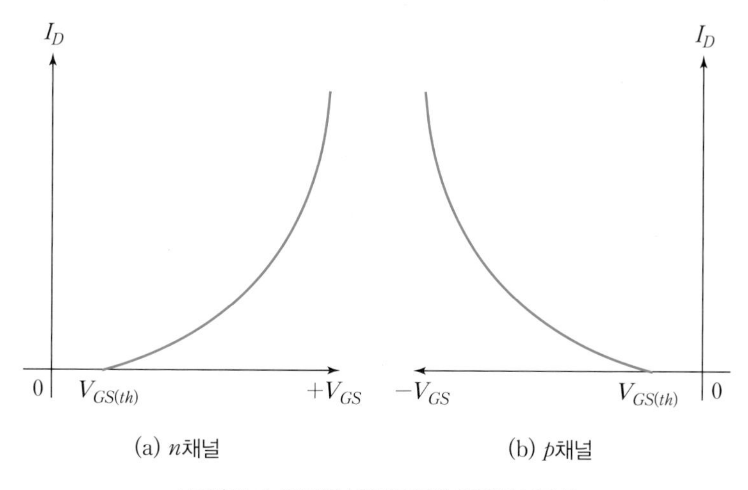

| 그림13-7 증가형 MOSFET의 전달특성곡선

그림 13-7의 전달특성곡선에서 I_D와 V_{GS} 사이의 수학적인 관계는 다음과 같이 주어진다.

$$I_D = K(V_{GS} - V_{GS(th)})^2 \tag{13.2}$$

여기서 상수 K는 MOSFET의 종류에 따른 고유한 값이며, 규격표로부터 주어진 V_{GS} 값에 대한 $I_{D(on)}$ 값을 이용하여 계산된다.

> 여기서 잠깐
>
> • **MOSFET 소자의 취급상 주의점:** 모든 MOSFET 소자는 정전기에 매우 취약하다. 격리된 게이트 구조에 의해 만들어진 입력 캐패시턴스와 대단히 큰 입력저항이 서로 결합하여 과도한 정전하가 축석되어 그 결과 소자가 쉽게 손상될 수 있으므로 정전기로부터 손상을 막기 위해 다음의 사항을 주의해야 한다.
>
> (1) MOSFET 소자를 전도성 스펀지로 운반하고 보관한다.
>
> (2) 조립과 시험에 사용되는 금속 작업대는 접지시킨다.
>
> (3) 전원이 공급되고 있는 상태에서 회로로부터 MOSFET 소자를 제거하지 않는다.
>
> (4) 직류전원이 공급되지 않은 상태에서 신호를 인가해서는 안 된다.

13.2.2 실험원리 요약

공핍형 MOSFET의 구조 및 동작

• 공핍형 MOSFET(D−MOSFET)은 드레인과 소스는 기판재료에 확산시켜 만들고 절연 게이트 옆으로 좁은 채널이 물리적으로 구성되어 있다.

• 공핍모드($V_{GS}<0$)

$V_{GS}<0$이면 게이트의 음전하는 채널 밖으로 더 많은 전도전자를 밀어내어 채널의 전도도를 감소시키며, 게이트의 음전압을 크게 할수록 채널의 전자전도도는 더욱더 줄어들어 드레인 전류가 점점 감소한다.

• 증가모드($V_{GS}>0$)

$V_{GS}>0$이면 게이트의 양전하는 채널로 더 많은 전도전자를 잡아당겨 채널의 전도도를 증가시키며, 게이트의 양전압을 크게 할수록 채널의 전자전도도는 더욱 커져 드레인 전류가 점점 증가한다.

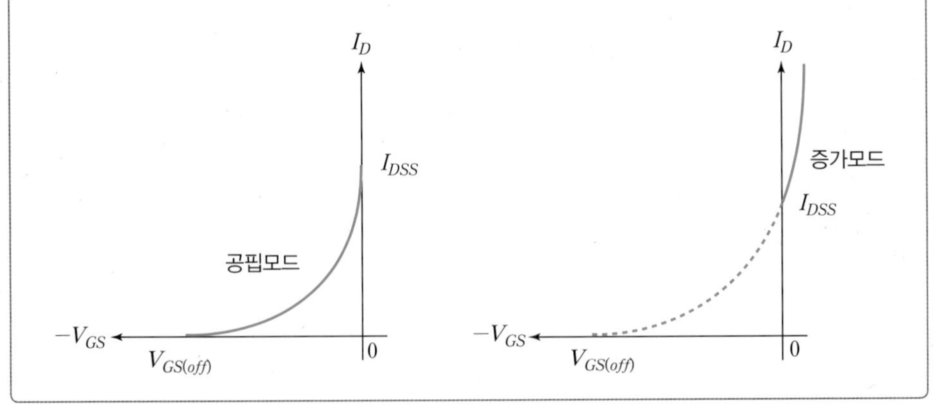

증가형 MOSFET의 구조 및 동작

- 증가형 MOSFET은 기판이 SiO_2층까지 완전히 확장되어 채널이 물리적으로 만들어져 있지 않으며, 증가모드로만 동작한다.
- n채널 증가형 MOSFET에서 $V_{GS(th)}$라는 임계값 이상의 양의 게이트전압이 인가되면 SiO_2층에 인접한 얇은 음전하층을 만들어 채널이 임계값 이상의 외부전압에 의해 형성된다.
- V_{GS}값이 $V_{GS(th)}$보다 크면 클수록 채널로 더 많은 전자를 끌어 당기게 되어 드레인 전류가 증가한다.

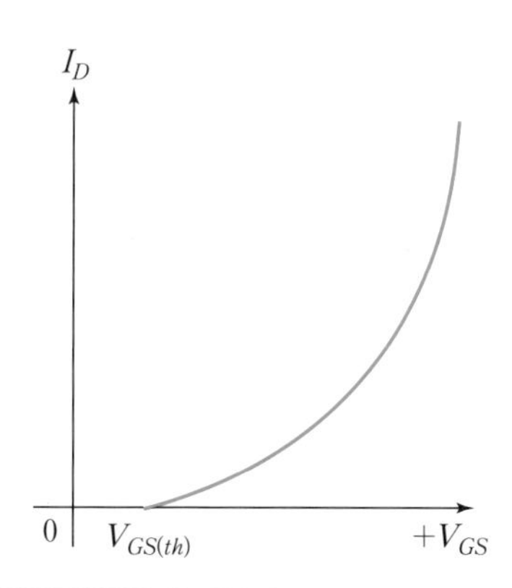

MOSFET의 전달특성곡선

- 공핍층 MOSFET의 전달특성곡선

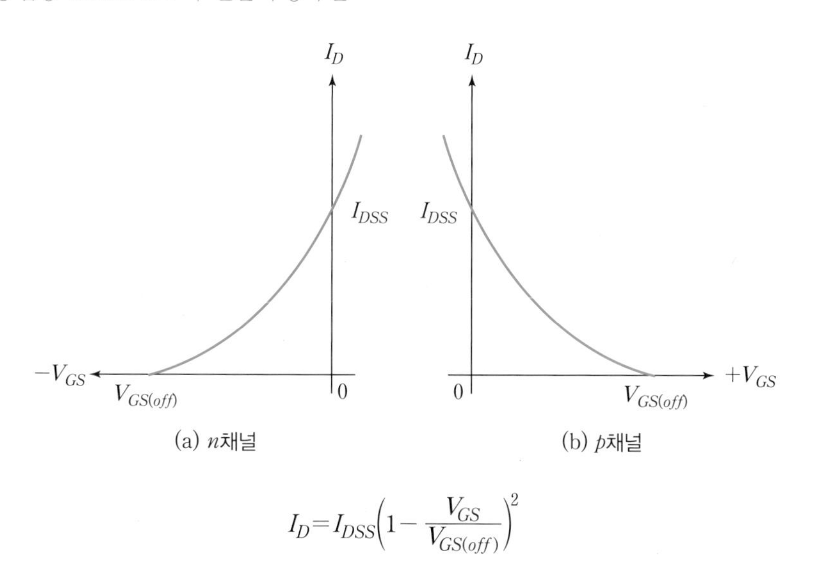

(a) n채널　　(b) p채널

$$I_D = I_{DSS}\left(1 - \frac{V_{GS}}{V_{GS(off)}}\right)^2$$

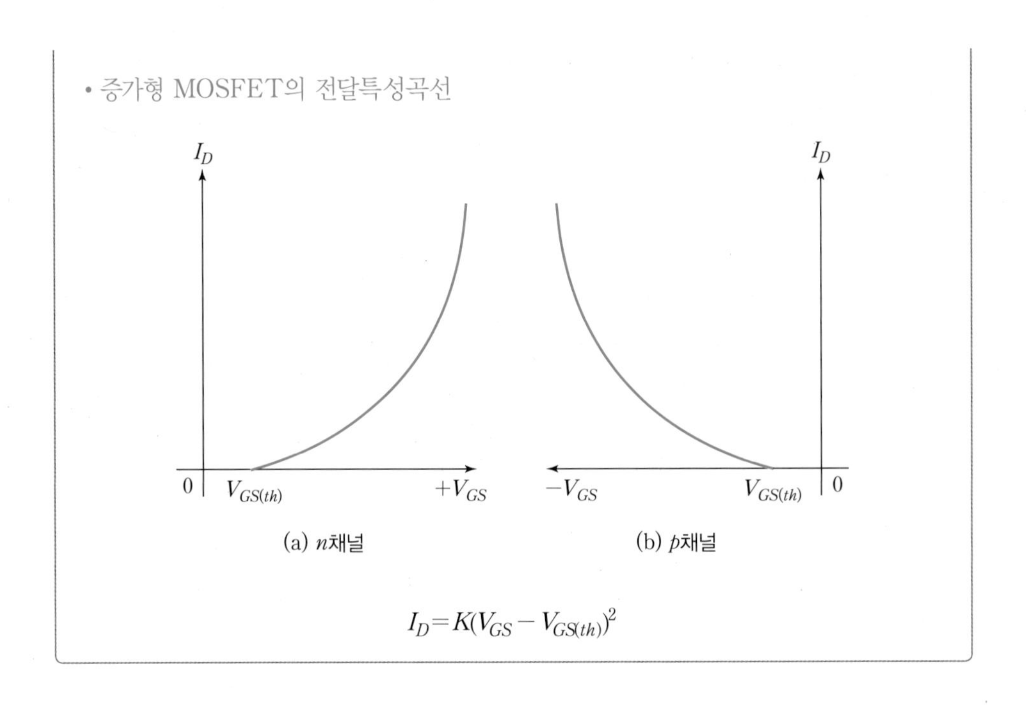

13.3 시뮬레이션 학습실

13.3.1 공핍형 MOSFET 드레인 특성곡선

V_{GS}를 매개변수로 하여 V_{DS}의 변화에 따른 I_D의 변화를 살펴보기 위하여 그림 13-8(a)의 회로에 대하여 PSpice 시뮬레이션을 수행한다.

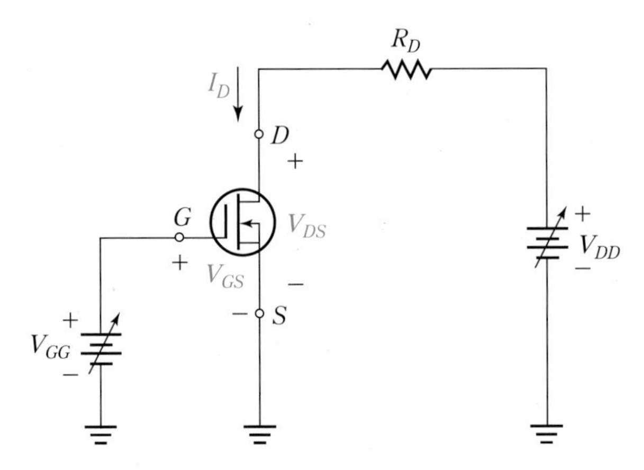

| 그림 13-8(a) 공핍형 MOSFET 드레인 특성곡선 회로

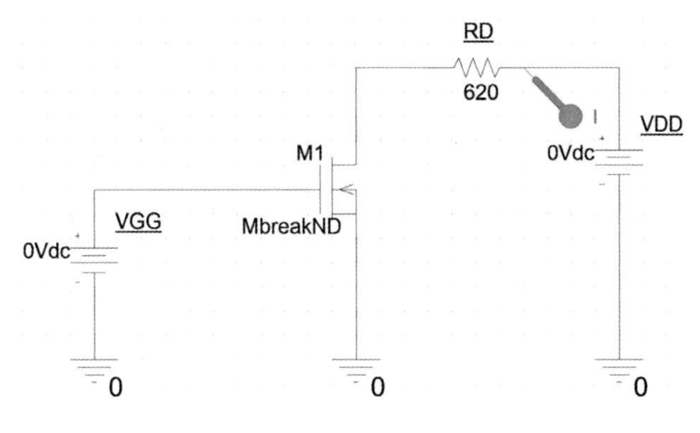

Ⅰ그림 13-8(b) PSpice 회로도

시뮬레이션 조건

- D-MOSFET 모델명: MbreakND
- $R_D=620\Omega$
- V_{GS}를 내개변수로 하여 V_{DS}와 I_D와의 관계를 그래프로 도시한다.

V_{GS}를 매개변수로 하여 얻어진 공핍형 MOSFET 드레인 특성곡선에 대한 PSpice 시뮬레이션 결과를 다음에 도시하였다.

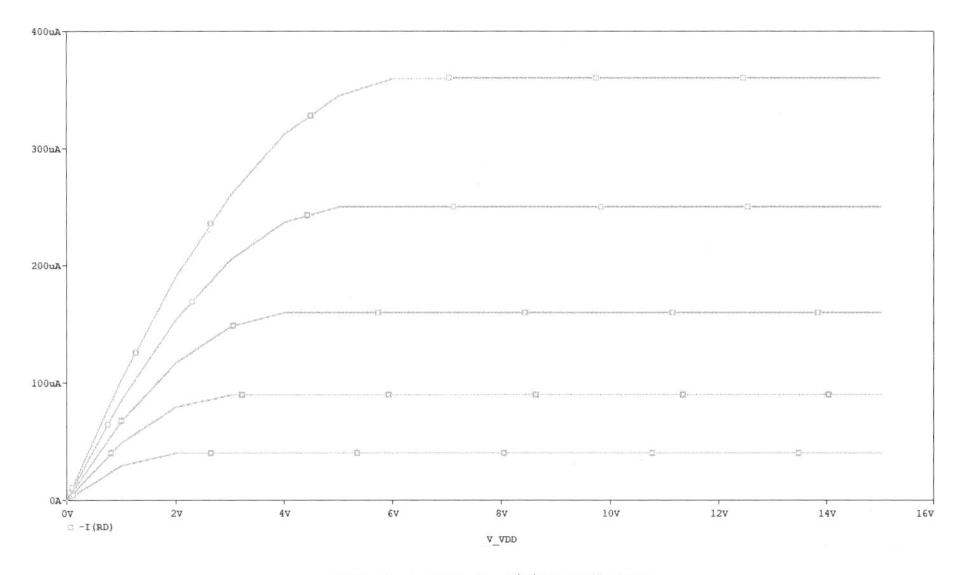

Ⅰ그림 13-9 그림 13-8(b)에 대한 결과

13.3.2 공핍형 MOSFET 전달특성곡선

공핍형 MOSFET에서 V_{GS}의 변화에 따라 I_D가 어떻게 변화하는지를 살펴보기 위하여 그림 13-10(a)의 회로에 대하여 PSpice 시뮬레이션을 수행한다.

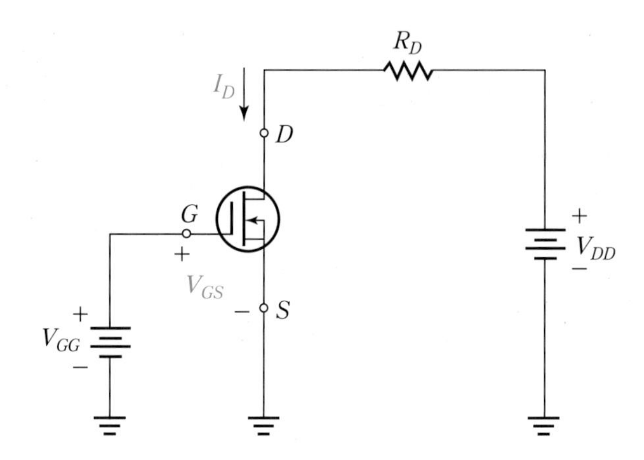

| 그림 13-10(a) 공핍형 MOSFET 전달특성곡선 회로

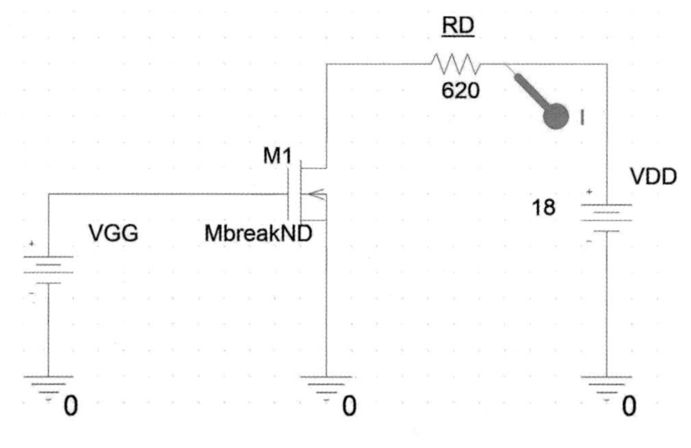

| 그림 13-10(b) PSpice 회로도

시뮬레이션 조건

- D-MOSFET 모델명: MbreakND
- R_D=620Ω, V_{DD}=18V
- V_{GS}의 변화에 따른 I_D의 변화를 그래프로 도시한다.

공핍형 MOSFET의 전달특성곡선에 대한 PSpice 시뮬레이션 결과를 다음에 도시하였다.

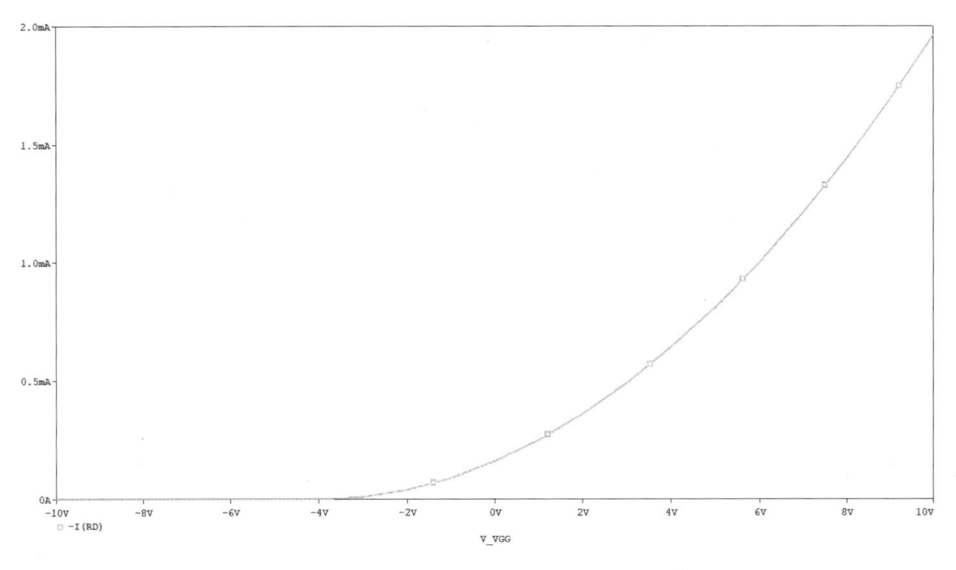

| 그림 13-11 그림 13-10(b)에 대한 결과

13.3.3 증가형 MOSFET 드레인 특성곡선

V_{GS}를 매개변수로 하여 V_{DS}의 변화에 따른 I_D의 변화를 살펴보기 위하여 그림 13-12(a)의 회로에 대하여 PSpice 시뮬레이션을 수행한다.

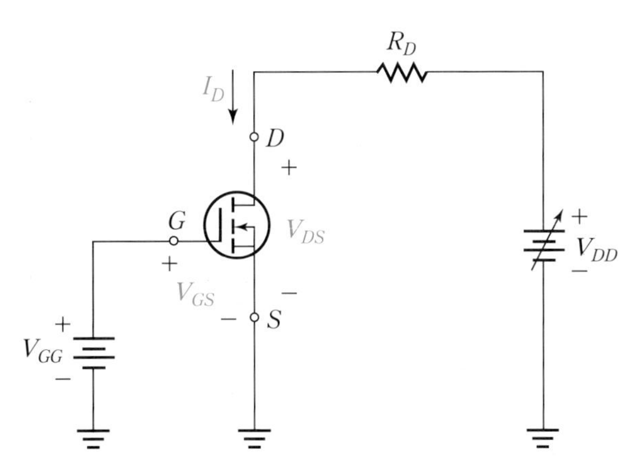

| 그림 13-12(a) 증가형 MOSFET 드레인 특성곡선 회로

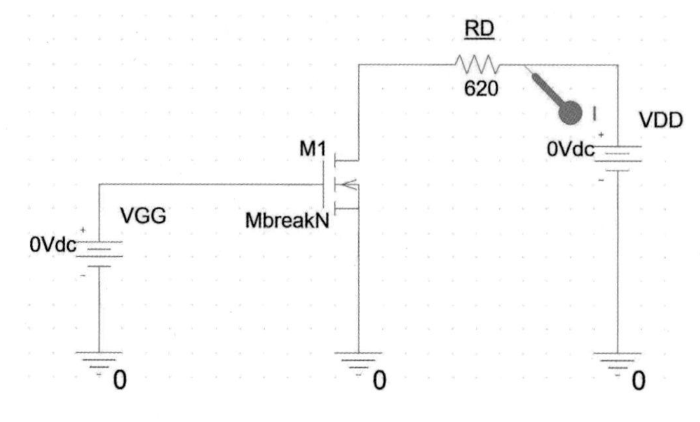

| 그림 13-12(b) PSpice 회로도

시뮬레이션 조건

- E-MOSFET 모델명: MbreakN
- R_D=620Ω
- V_{GS}를 매개변수로 하여 V_{DS}와 I_D와의 관계를 그래프로 도시한다.

V_{GS}를 매개변수로 하여 얻어진 증가형 MOSFET 드레인 특성곡선에 대한 PSpice 시뮬레이션 결과를 다음에 도시하였다.

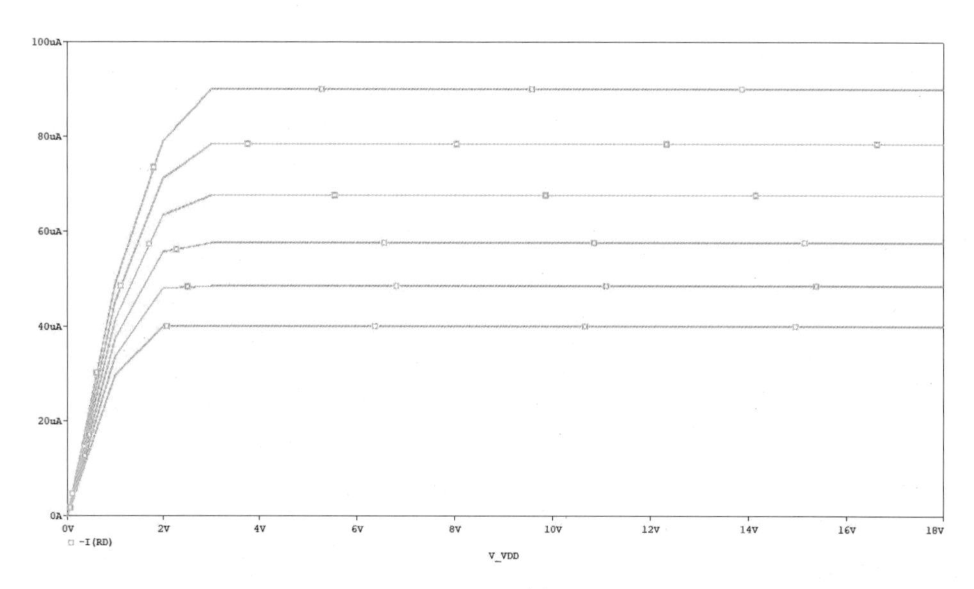

| 그림 13-13 그림 13-12(b)에 대한 결과

13.3.4 증가형 MOSFET 전달특성곡선

증가형 MOSFET에서 V_{GS}의 변화에 따라 I_D가 어떻게 변화하는지를 살펴보기 위하여 그림 13-14(a)의 회로에 대하여 PSpice 시뮬레이션을 수행한다.

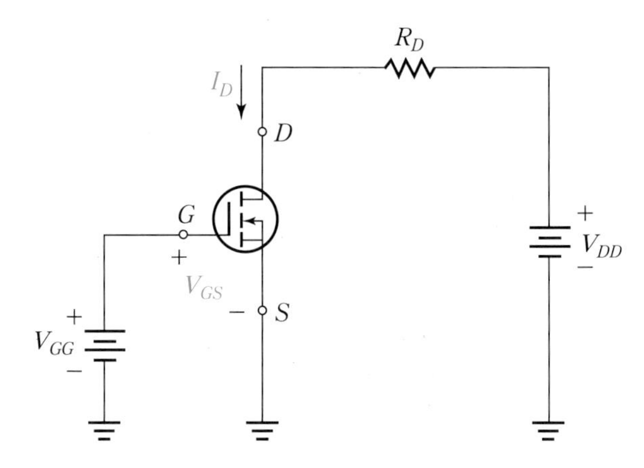

| 그림 13-14(a) 증가형 MOSFET 전달특성곡선 회로

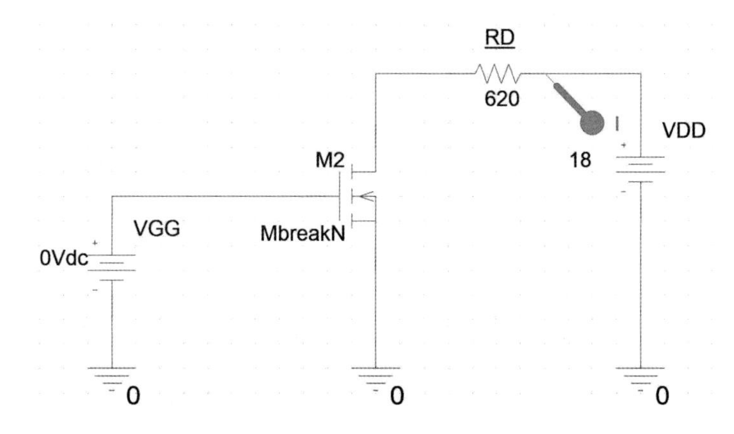

| 그림 13-14(b) PSpice 회로도

시뮬레이션 조건

- E-MOSFET 모델명: MbreakN
- R_D=620Ω, V_{DD}=18V
- V_{GS}의 변화에 따른 I_D의 변화를 그래프로 도시한다.

증가형 MOSFET의 전달특성곡선에 대한 PSpice 시뮬레이션 결과를 다음에 도시하였다.

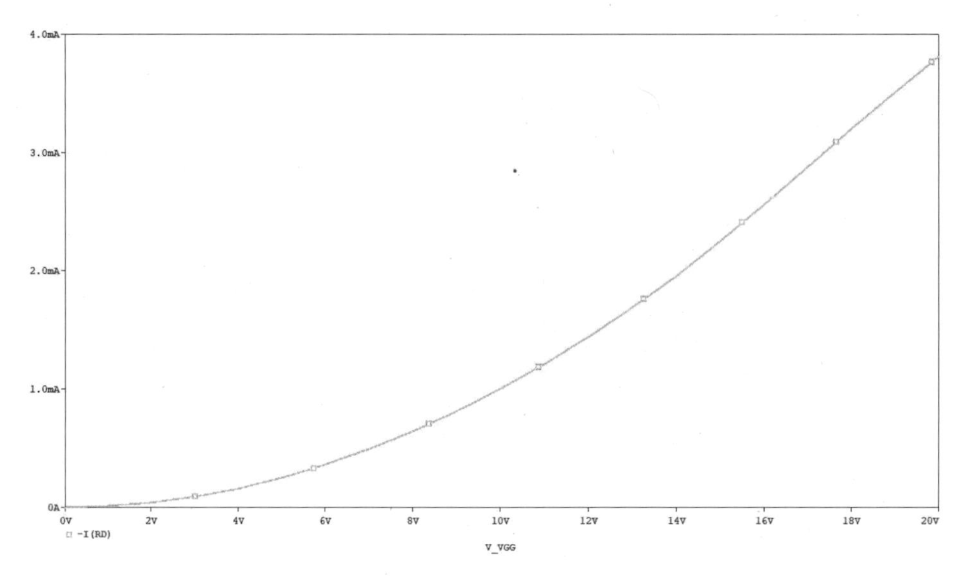

| 그림 13-15 그림 13-14(b)에 대한 결과

13.4 실험기기 및 부품

• D-MOSFET	1개
• E-MOSFET	1개
• 저항 620Ω	1개
• 직류전원공급기	1대
• 오실로스코프	1대
• 디지털 멀티미터	1대
• 브레드 보드	1대

13.5 실험방법

13.5.1 공핍형 MOSFET의 드레인 특성곡선 실험

(1) 그림 13-16의 회로를 구성한다.

(2) V_{GG}, V_{DD}를 변화시키면서 그때의 I_D를 측정하여 표 13-1을 완성한다.

(3) V_{GS}값을 1V씩 증가시키면서 단계 (2)의 과정을 반복한다.

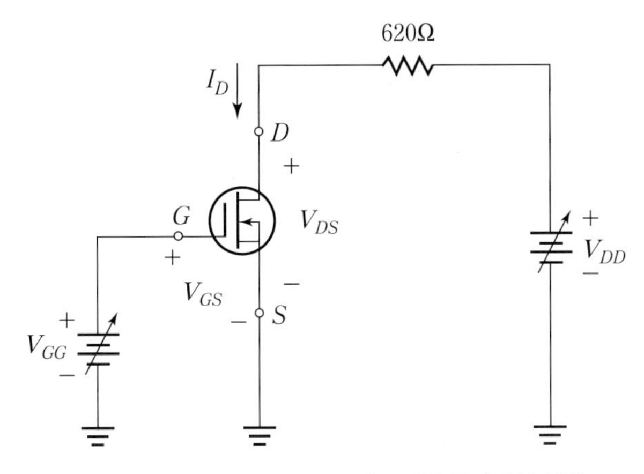

| 그림 13-16 공핍형 MOSFET의 드레인 특성곡선 실험

13.5.2 증가형 MOSFET의 드레인 특성곡선 실험

(1) 그림 13-16의 회로에서 공핍형 MOSFET을 증가형 MOSFET으로 대체한다.

(2) V_{GG}, V_{DD}를 변화시키면서 그때의 I_D를 측정하여 표 13-2를 완성한다.

(3) V_{GS}값을 1V씩 증가시키면서 단계 (2)의 과정을 반복한다.

13.5.3 공핍형 MOSFET의 전달특성곡선 실험

(1) 그림 13-17의 회로를 구성한다.

(2) 직류전원공급기를 이용하여 V_{DD}=18V를 인가한다.

(3) V_{DD}=18V로 유지하면서 V_{GS}값의 변화에 따른 I_D를 측정하여 표 13-3을 완성한다.

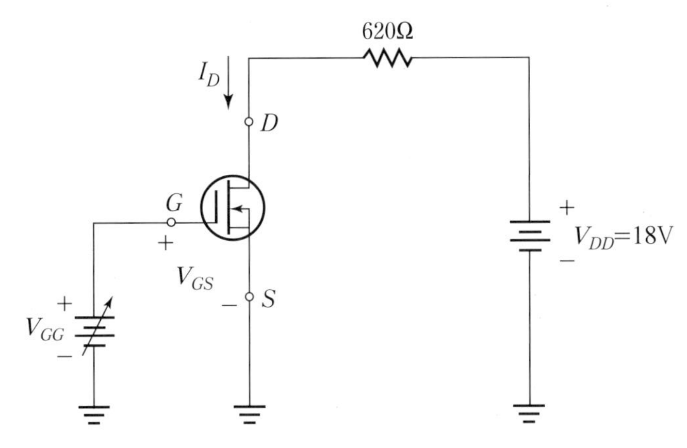

| 그림 13-17 공핍형 MOSFET의 전달특성곡선 실험

13.5.4 증가형 MOSFET의 전달특성곡선 실험

(1) 그림 13-17의 회로에서 공핍형 MOSFET을 증가형 MOSFET으로 대체한다.

(2) 직류전원공급기를 이용하여 V_{DD}=18V를 인가한다.

(3) V_{DD}=18V로 유지하면서 V_{GS}의 변화에 따른 I_D 변화를 표 13-4에 기록한다.

13.6 실험결과 및 검토

13.6.1 실험결과

| 표 13-1 공핍형 MOSFET의 드레인 특성곡선 실험결과표

V_{DS}[V]	I_D[mA]				
	V_{GS}[V]				
	-2.0	-1.0	0	1.0	2.0
0					
1					
3					
5					
7					
9					
11					
13					
15					
18					

| 표 13-2 증가형 MOSFET의 드레인 특성곡선 실험결과표

V_{DS}[V]	I_D[mA]					
	V_{GS}[V]					
	0	1.0	2.0	3.0	4.0	5.0
0						
1						
2						
3						
4						
5						
10						
15						
18						

| 표 13-3 공핍형 MOSFET의 전달특성곡선 실험결과표

V_{GS}[V]	−5	−4	−3	−2	−1	0	1	2	3	4	5	6
I_D[mA]												

| 표 13-4 증가형 MOSFET의 전달특성곡선 실험결과표

V_{GS}[V]	0	0.2	0.4	0.6	0.8	1.0	1.2	1.4	1.6	1.8	2.0	2.2
I_D[mA]												

13.6.2 검토 및 고찰

(1) 실험에서 얻은 결과 데이터와 공핍형 MOSFET과 증가형 MOSFET의 규격표에 표시된 데이터와 비교하여 보고 차이점이 있으면 그 원인을 설명하라.

(2) 공핍형 MOSFET과 증가형 MOSFET을 비교할 때 증가형 MOSFET에 없는 파라미터 2개는 무엇인가?

(3) 증가형 MOSFET에서 나타나는 n형 반전층에 대해 설명하라.

(4) 게이트–소스전압이 0인 경우 공핍형 및 증가형 MOSFET에 흐르는 드레인 전류는 각각 얼마인가?

13.7 실험 이해도 측정 및 평가

13.7.1 객관식 문제

01 공핍형 MOSFET과 증가형 MOSFET의 중요한 차이점은 무엇인가?

① SiO_2층 ② 제조공정에서 물리적인 채널
③ 증가모드 동작 ④ 2개의 게이트

02 어떤 p채널 증가형 MOSFET에서 $V_{GS(th)}=-2$V이다. $V_{GS}=0$V라 하면 드레인 전류는?

① 0A ② $I_{D(on)}$
③ 최대 ④ I_{DSS}

03 양(+)의 V_{GS}로 된 n채널 공핍형 MOSFET의 동작은?

① 공핍형 모드에서 동작한다. ② 증가형 모드에서 동작한다.
③ 차단 모드에서 동작한다. ④ 포화 모드에서 동작한다.

04 n채널 공핍형 MOSFET에 대한 설명 중 맞는 것은?

① 물리적인 채널이 존재하지 않는다.
② 게이트가 절연되어 있어 $V_{GS(th)}$ 이상의 전압이 인가되어야 한다.
③ 증가형 모드란 V_{GS}가 양의 전압인 경우를 의미한다.
④ n형 반전층이 형성된다.

05 n채널 증가형 MOSFET에서 드레인 전류가 흐르기 위해서는 V_{GS}가 어떤 값을 가져야 하는가?

① $V_{GS(off)}$ ② V_p
③ $V_{GS(th)}$ ④ 0

06 MOSFET 소자를 IGFET라 부르는 이유는?

① 물리적 채널이 존재하기 때문이다.
② 게이트가 격리되어 있기 때문이다.
③ 스위칭 소자로 사용될 수 있기 때문이다.
④ 2가지 동작 모드를 가지기 때문이다.

07 n채널 증가형 MOSFET에 $V_{GS(th)}$보다 큰 V_{GS}가 인가될 때 나타나는 현상은?

① 게이트의 격리 ② n형 반전층

③ 채널의 차단 ④ 공핍모드 동작

13.7.2 주관식 문제

01 어떤 공핍형 MOSFET의 규격표에서 $V_{GS(off)}=-5V$, $I_{DSS}=8mA$이다.

(1) 이 소자가 p채널인지, n채널인지를 결정하라.

(2) V_{GS}가 −5V에서 +5V까지 1V씩 증가할 때 각 V_{GS}값에 대한 I_D값을 구하라.

(3) (2)에서 얻은 데이터를 이용하여 전달특성곡선을 그려라.

02 증가형 MOSFET의 규격표에서 $V_{GS}=-12V$, $V_{GS(th)}=-3V$일 때, $I_{D(on)}=10mA$이다. $V_{GS}=-6V$일 때 I_D를 구하라.

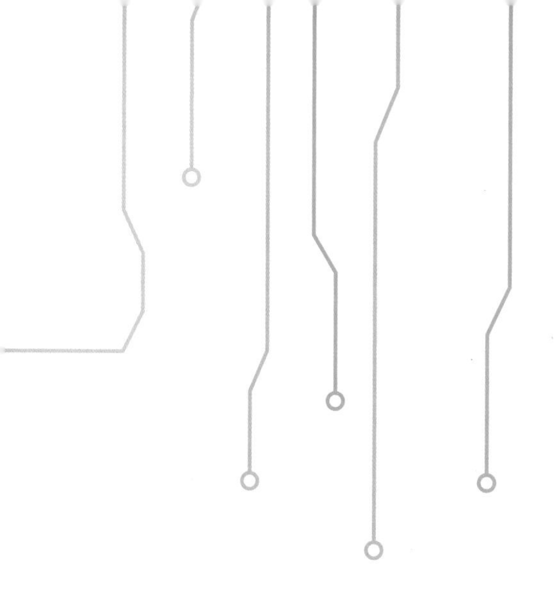

CHAPTER 14

JFET 및 MOSFET 바이어스 회로 실험

contents

14 JFET 및 MOSFET 바이어스 회로 실험

14.1 실험 개요

JFET과 MOSFET의 여러 가지 바이어스 회로를 구성하고 분석함으로써 직류 바이어스에 대한 개념을 명확하게 이해하고 실험을 통하여 이를 확인한다.

14.2 실험원리 학습실

14.2.1 JFET 및 MOSFET 바이어스

(1) JFET의 바이어스

① 자기 바이어스(Self-Bias)

JFET가 동작하기 위해서는 게이트-소스접합이 항상 역방향 바이어스 되어야 한다는 것은 이미 언급한 바 있다. 이 조건에 따라서 n채널 JFET은 음(−)의 V_{GS}가 필요하고 p채널 JFET은 양(+)의 V_{GS}가 필요하다.

그림 14-1에 이러한 조건을 만족시킬 수 있는 바이어스 회로가 주어져 있으며, 게이트 저항 R_G는 R_G 양단에 전압강하가 없기 때문에 게이트는 0V가 되어 바이어스에 영향을 주지 않는다. 이러한 바이어스 회로를 자기 바이어스 회로라 한다. 그림 14-1(a)의 n채널 JFET에 대해 I_D는 R_S 양단에 전압강하를 발생시켜 소스가 양의 전압이 되게 한다. $V_G=0$ 이고 $V_S \cong I_D R_S$ 이므로 게이트-소스전압은 다음과 같다.

$$V_{GS}=V_G-V_S \cong 0-I_D R_S=-I_D R_S \tag{14.1}$$

따라서 게이트–소스전압이 항상 음의 값으로 바이어스 되어 적절한 동작점 Q가 결정된다.

그림 14–1(b)의 p채널 JFET에 대해서는 R_S를 통해 흐르는 전류가 소스에서 음의 전압을 발생시키므로 V_{GS}는 다음과 같다.

$$V_{GS} = V_G - V_S \cong 0 - (-I_D R_S) = I_D R_S \tag{14.2}$$

따라서 게이트–소스전압이 항상 양의 값으로 바이어스 되어 적절한 동작점 Q가 결정된다.

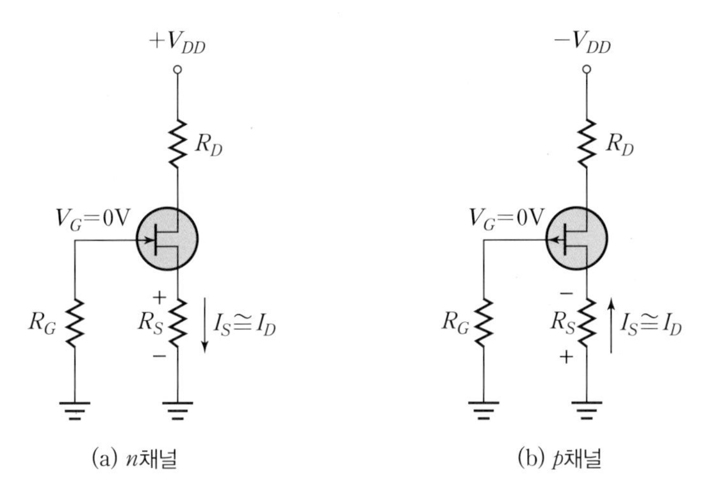

| 그림 14–1 자기 바이어스 된 JFET

여기서 잠깐

- **JFET의 중간점 바이어스:** JFET을 적절하게 바이어스 시키기 위해서는 드레인 전류를 I_{DSS}의 절반과 같아지도록 하면 드레인 전류의 최댓값을 얻을 수 있다. I_D와 V_{GS}와의 관계식에서 $I_D = 0.5I_{DSS}$이 되도록 하는 V_{GS}를 구하면 $V_{GS} = V_{GS(off)}/3.4$의 관계식을 얻을 수 있다. 즉, $V_{GS} = V_{GS(off)}/3.4$이면 I_D의 관점에서 중간점 바이어스(Midpoint Bias)를 얻을 수 있다.

② 전압분배 바이어스(Voltage-Divider Bias)

그림 14-2는 전압분배 바이어스 된 n채널 JFET이다. JFET의 소스에서의 전압은 게이트-소스접합을 역방향 바이어스 시키기 위해 게이트에서의 전압보다 더 커야 한다. 그림 14-2에서 소스전압 $V_S=I_DR_S$이고 게이트 전압은 전압분배 법칙을 이용하여 다음과 같이 결정된다.

$$V_G=\left(\frac{R_2}{R_1+R_2}\right)V_{DD} \tag{14.3}$$

게이트-소스전압 $V_{GS}=V_G-V_S$ 이므로 V_S가 V_G보다 더 큰 값이 되도록 하면, 게이스-소스전압이 항상 음의 값으로 바이어스 되어 적절한 동작점 Q가 결정된다.

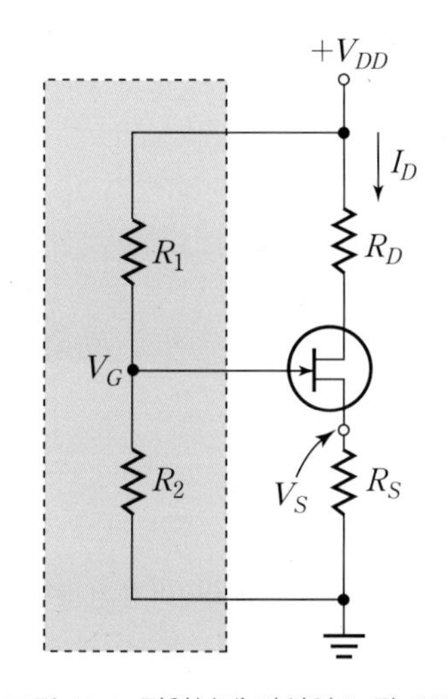

| 그림 14-2 전압분배 바이어스 된 JFET

(2) MOSFET의 바이어스

① 공핍형 MOSFET의 바이어스

공핍형 MOSFET은 양 또는 음의 V_{GS}로 동작되므로 이를 실현하기 위한 가장 간단한 바이어스 방법은 V_{GS} = 0V로 설정하여 게이트의 교류신호가 이 바이어스 점의 상하로 게이트-소스전압이 변동하도록 하는 것이다. 이러한 바이어스 방법을 제로 바이어스

(Zero Bias)라고 부른다. 그림 14-3에서 V_G = 0이고 소스가 접지되어 있으므로 V_{GS} = 0V이고 $I_D = I_{DSS}$이다. 따라서 드레인-소스전압은 다음과 같이 결정된다.

$$V_{DS} = V_{DD} - I_D R_D = V_{DD} - I_{DSS} R_D \tag{14.4}$$

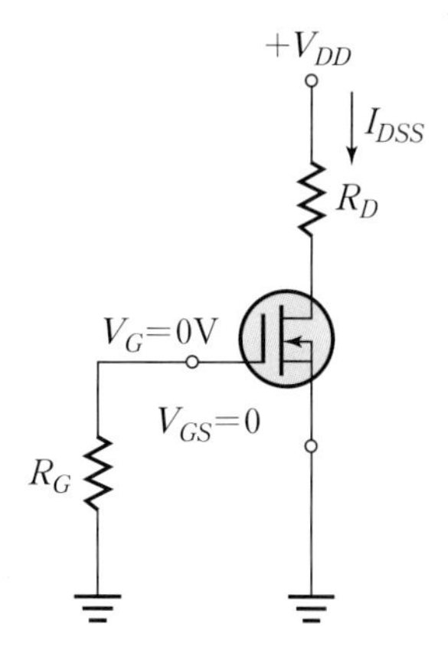

| 그림 14-3 제로 바이어스 된 공핍형 MOSFET

② 증가형 MOSFET의 바이어스

증가형 MOSFET는 V_{GS}가 임계값 $V_{GS(th)}$보다 크도록 해야 하므로 이를 실현하기 위해 전압분배 바이어스를 사용할 수 있다.

그림 14-4에 n채널 증가형 MOSFET의 전압분배 바이어스 회로를 도시하였으며, 바이어스의 목적은 게이트-소스전압 V_{GS}가 $V_{GS(th)}$보다 더 크게 하는 것이다. 게이트-소스전압 V_{GS}는 소스가 접지이므로 $V_{GS}=V_G$가 되며 전압분배기에 의해 다음과 같이 결정된다.

$$V_{GS} = V_G = \frac{R_2}{R_1 + R_2} V_{DD} \tag{14.5}$$

따라서 다음과 관계가 성립되도록 바이어스 회로를 구성하면 된다.

$$V_{GS} = \frac{R_2}{R_1 + R_2} V_{DD} > V_{GS(th)} \tag{14.6}$$

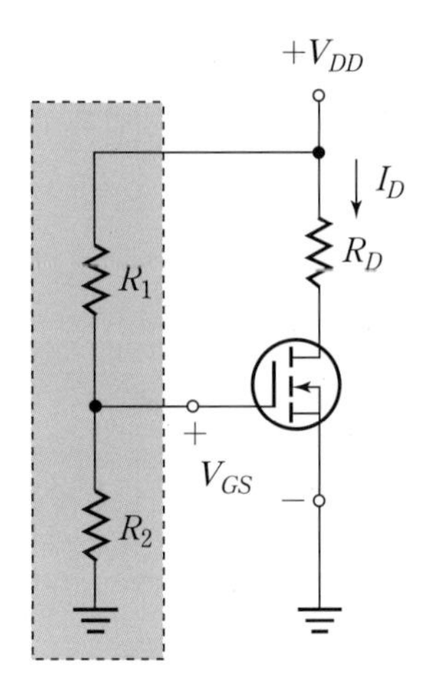

| 그림 14-4 전압분배 바이어스 된 증가형 MOSFET

14.2.2 실험원리 요약

JFET 바이어스

- JFET이 적절하게 동작하기 위해서는 게이트와 소스 접합이 항상 역방향으로 바이어스 되어야 한다.
- 자기 바이어스

  소스저항 R_S를 연결하여 V_{GS}가 역방향이 되도록 한다.

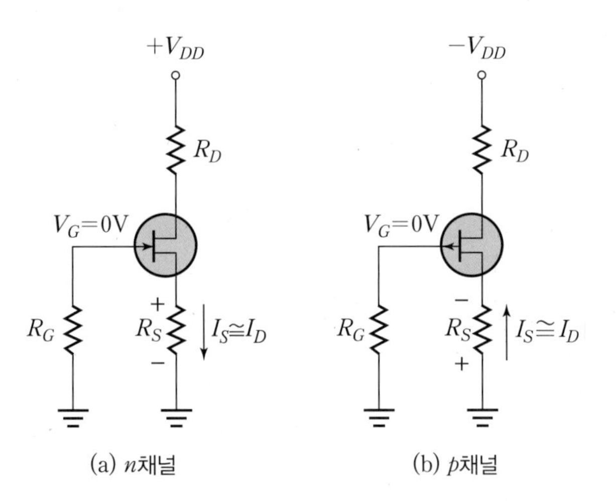

(a) n채널　　(b) p채널

n채널 : $V_{GS}=V_G-V_S=-V_S=-I_DR_S<0$

p채널 : $V_{GS}=V_G-V_S=-(-I_DR_S)=I_DR_S>0$

- 자기 바이어스 회로에서 동작점 $Q(V_{GS}, I_D)$는 전달특성곡선과 직류부하선($V_{GS} = -I_D R_S$)과의 교점이 된다.
- 전압분배 바이어스
  전압분배기를 이용하여 게이트의 바이어스 전압을 제공하는 방법이다.
- 전압분배 바이어스 회로의 동작점 $Q(V_{GS}, I_D)$는 전달특성곡선과 직류부하선($V_{GS} = -I_D R_S$)과의 교점이 된다.
- V_{GS}를 약간 변화시킨 경우 전압분배 바이어스에서의 드레인 전류변동이 자기 바이어스의 경우보다 훨씬 작기 때문에 전압분배 바이어스의 동작점이 더 안정적이다.

MOSFET 바이어스 회로

- 공핍형 MOSFET 바이어스
  V_{GS}가 양 또는 음의 값으로 동작하므로 $V_{GS} = 0\text{V}$로 설정한다. → 제로(Zero) 바이어스

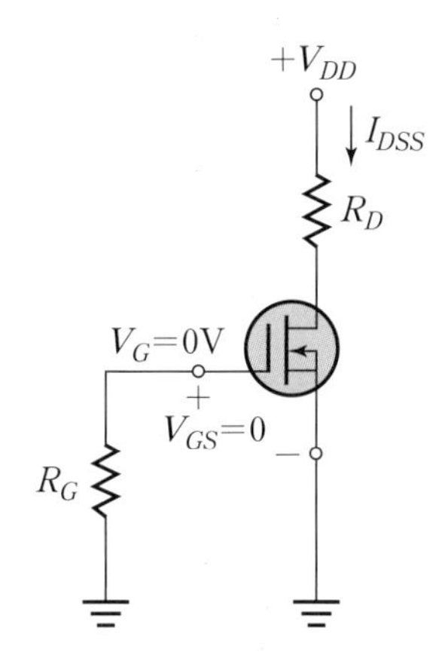

$$V_{GS}=0 \rightarrow I_D=I_{DSS}$$
$$V_{DS}=V_{DD}-I_{DSS}R_D$$

- 증가형 MOSFET 바이어스
  V_{GS}가 $V_{GS(th)}$보다 큰 값이 되도록 바이어스 회로를 구성한다.

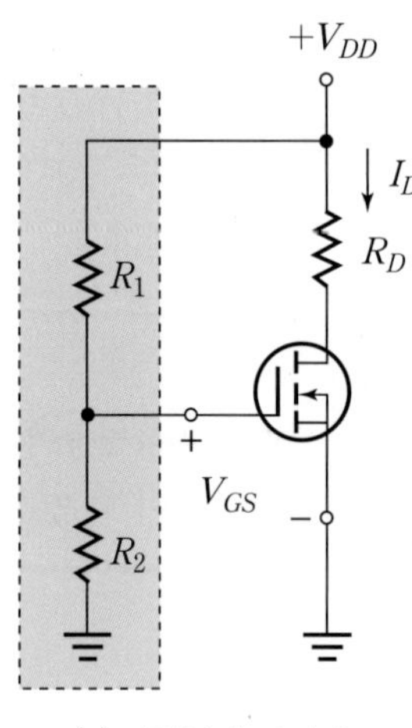

(a) 전압분배 바이어스

$$V_{GS}=V_G=\frac{R_2}{R_1+R_2}V_{DD}$$
$$V_{DS}=V_{DD}-I_DR_D$$

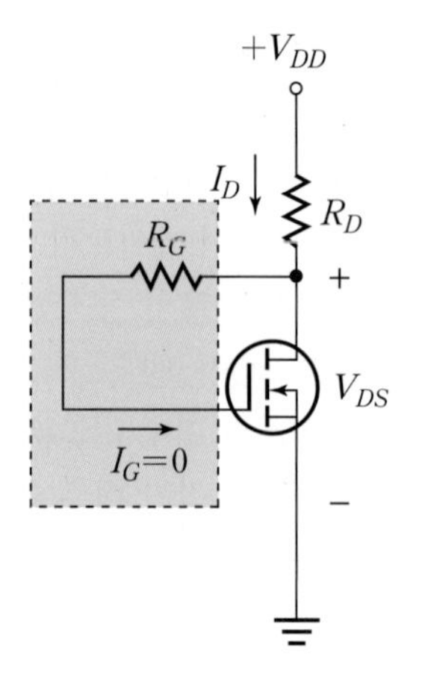

(b) 드레인 피드백 바이어스

$$V_{DS}=V_{DS}=V_{DD}-I_DR_D$$
$$I_D=\frac{V_{DD}-V_{DS}}{R_D}$$

14.3 시뮬레이션 학습실

14.3.1 JFET의 자기 바이어스

자기 바이어스 회로의 동작점 $Q(V_{GS}, I_D)$를 결정하기 위하여 그림 14-5(a)의 회로에 대하여 PSpice 시뮬레이션을 수행한다.

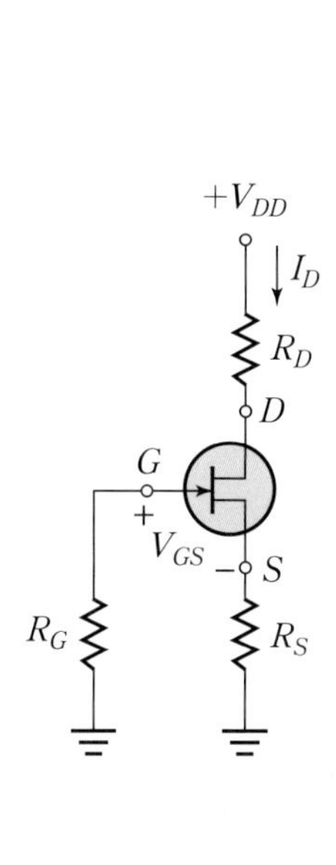

| 그림 14-5(a) 자기 바이어스

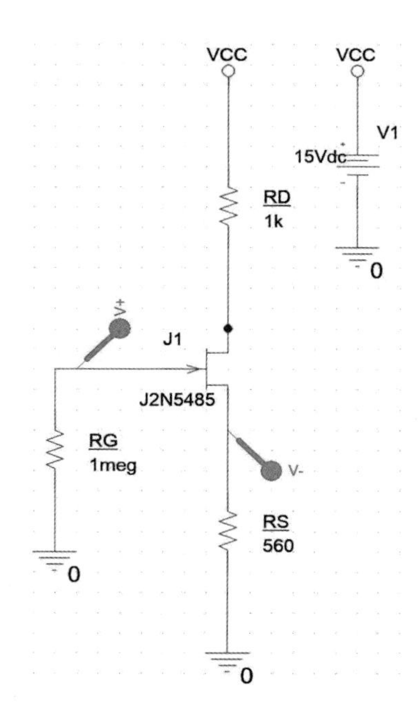

| 그림 14-5(b) PSpice 회로도

시뮬레이션 조건

- JFET 모델명: J2N5485
- R_G=1MΩ, R_D=1kΩ, R_S=560Ω
- V_{DD}=15V
- V_{GS}와 I_D를 구하여 동작점 Q를 결정한다.

그림 14-5(b)에 대한 시뮬레이션 결과를 다음에 도시하였다.

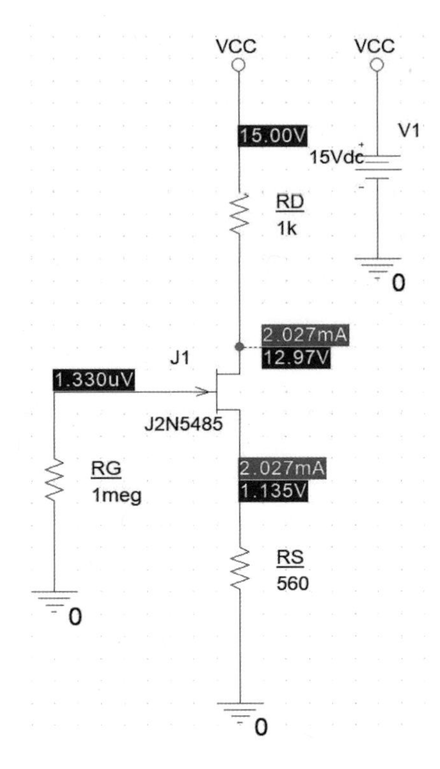

I 그림 14-6 그림 14-5(b)에 대한 결과

14.3.2 JFET의 전압분배 바이어스

전압분배 바이어스 회로의 동작점 $Q(V_{GS}, I_D)$를 결정하기 위하여 그림 14-7(a)의 회로에 대하여 PSpice 시뮬레이션을 수행한다.

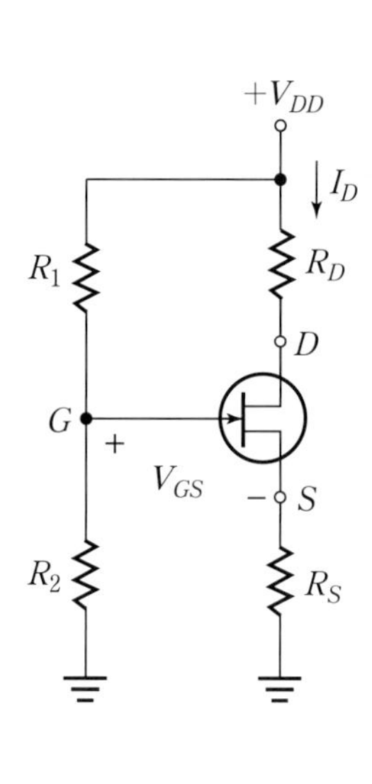

ㅣ그림 14-7(a) 전압분배 바이어스

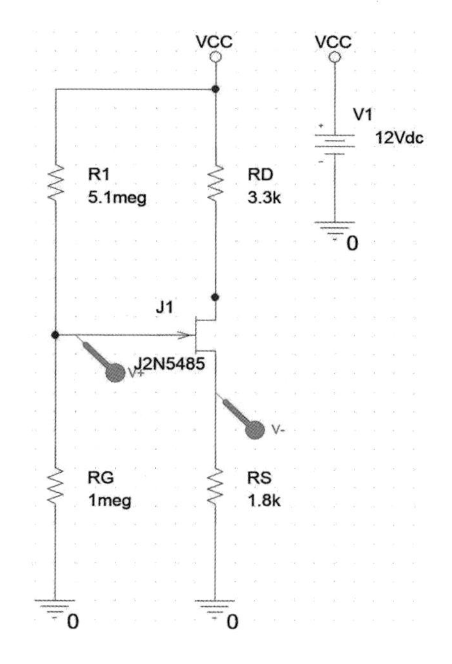

ㅣ그림 14-7(b) PSpice 회로도

시뮬레이션 조건

- JFET 모델명: J2N5485
- $R_1 = 5.1\text{M}\Omega$, $R_2 = 1\text{M}\Omega$, $R_D = 3.3\text{k}\Omega$, $R_S = 1.8\text{k}\Omega$
- $V_{DD} = 12\text{V}$
- V_{GS}와 I_D를 구하여 동작점 Q를 결정한다.

그림 14-7(b)에 대한 시뮬레이션 결과를 다음에 도시하였다.

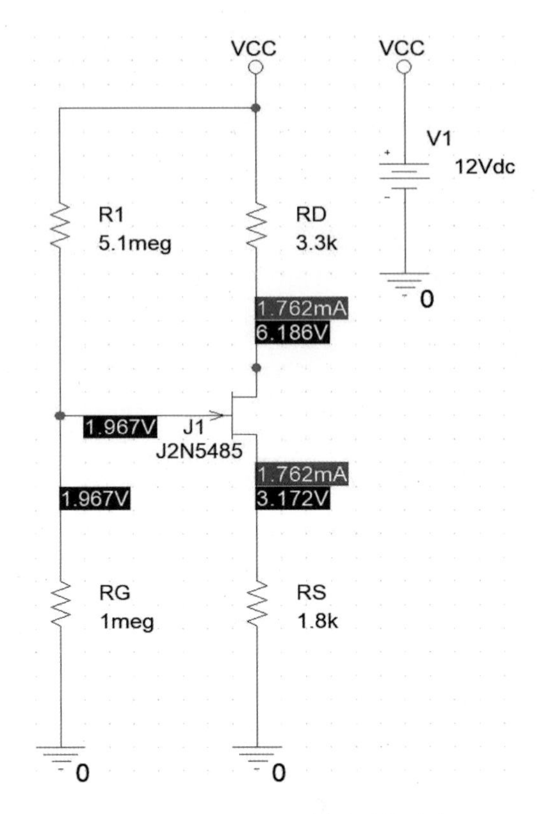

| 그림 14-8 그림 14-7(b)에 대한 결과

14.3.3 공핍형 MOSFET의 제로 바이어스

제로 바이어스 회로의 동작점 $Q(V_{GS}, I_D)$를 결정하기 위하여 그림 14-9(a)의 회로에 대하여 PSpice 시뮬레이션을 수행한다.

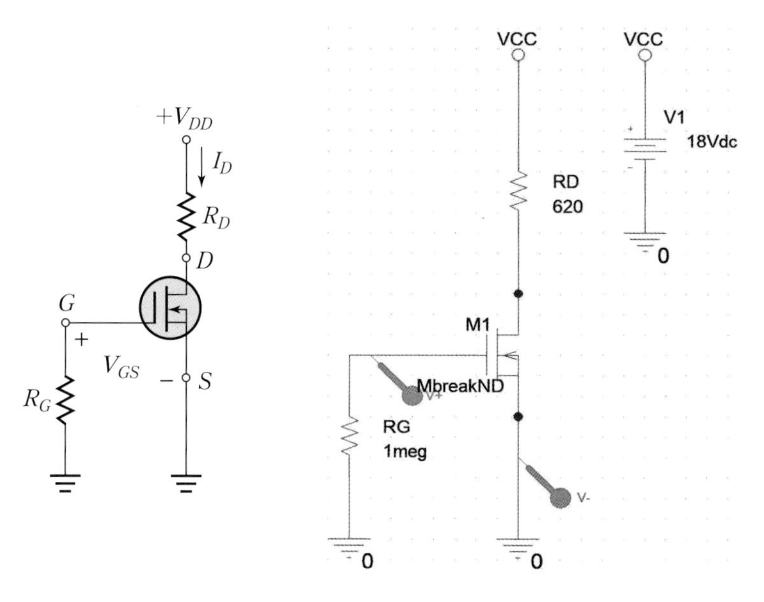

ㅣ그림 14-9(a) 제로 바이어스　　　ㅣ그림 14-9(b) PSpice 회로도

시뮬레이션 조건

- D-MOSFET 모델명: MbreakND
- $R_G=1\text{M}\Omega$, $R_D=620\Omega$
- $V_{DD}=18\text{V}$
- V_{GS}와 I_D를 구하여 동작점 Q를 결정한다.

그림 14-9(b)에 대한 시뮬레이션 결과를 다음에 도시하였다.

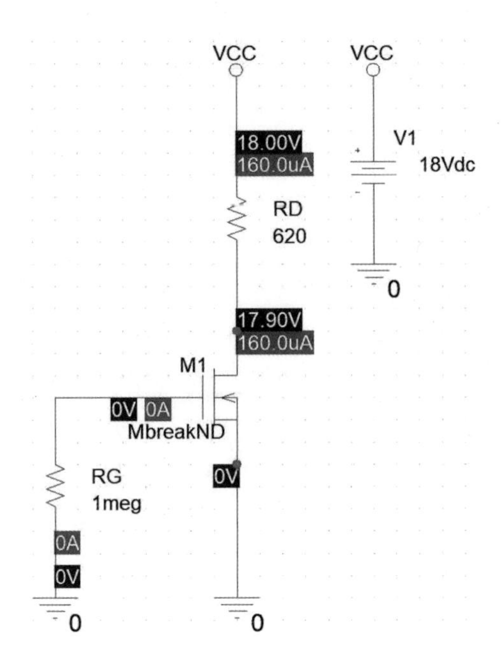

| 그림 14-10 그림 14-9(b)에 대한 결과

14.3.4 증가형 MOSFET의 전압분배 바이어스

전압분배 바이어스 회로의 동작점 $Q(V_{GS}, I_D)$를 결정하기 위하여 그림 14-11(a)의 회로에 대하여 PSpice 시뮬레이션을 수행한다.

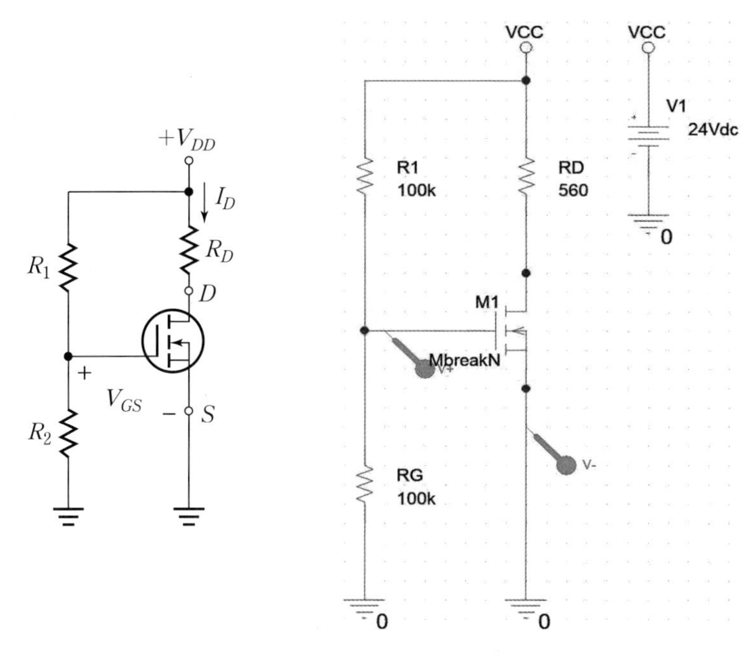

| 그림 14-11(a) 전압분배 바이어스　　| 그림 14-11(b) PSpice 회로도

시뮬레이션 조건

- E-MOSFET 모델명: MbreakN
- $R_1 = 100\text{k}\Omega$, $R_2 = 100\text{k}\Omega$, $R_D = 560\Omega$
- $V_{DD} = 24\text{V}$
- V_{GS}와 I_D를 구하여 동작점 Q를 결정한다.

그림 14-11(b)에 대한 시뮬레이션 결과를 다음에 도시하였다.

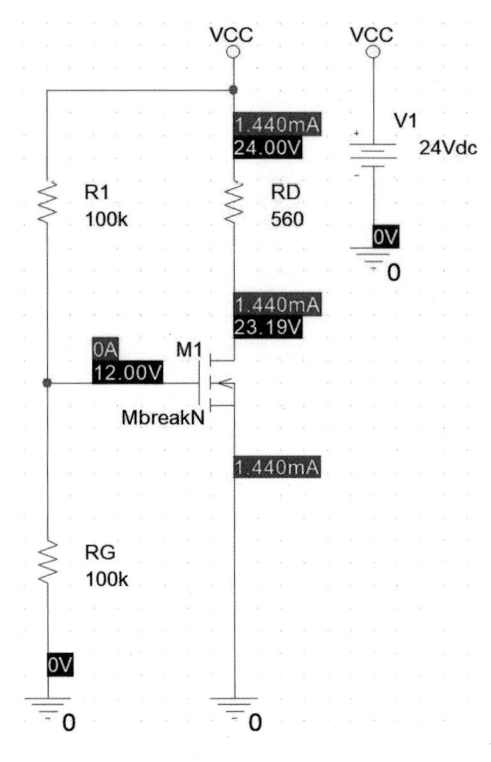

| 그림 14-12 그림 14-11(b)에 대한 결과

14.4 실험기기 및 부품

- JFET 2개
- D-MOSFET 1개
- E-MOSFET 1개
- 저항 560Ω, 620Ω, 1kΩ, 1.8kΩ, 3.3kΩ, 12kΩ, 100kΩ, 1MΩ, 5.1MΩ 각 1개
- 직류전원공급기 1대
- 오실로스코프 1대
- 디지털 멀티미터 1대
- 브레드 보드 1대

14.5 실험방법

14.5.1 JFET의 자기 바이어스 실험

(1) 그림 14-13의 회로를 구성한다.

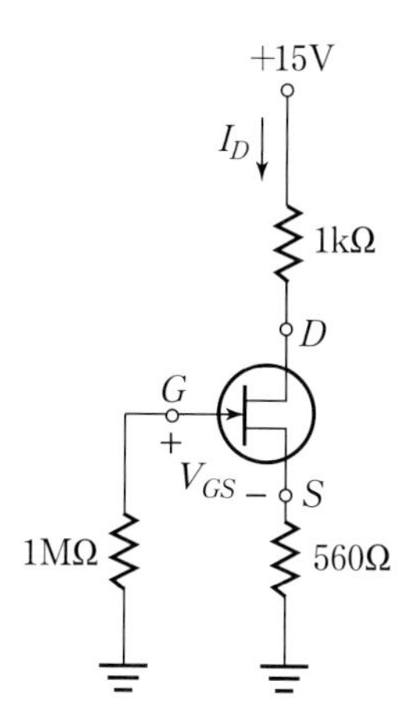

| 그림 14-13 JFET의 자기 바이어스 실험회로

(2) 표 14-1에 표시된 전압, 전류값을 측정하여 측정값을 기록한다.

14.5.2 JFET의 전압분배 바이어스 실험

(1) 그림 14-14의 회로를 구성한다.

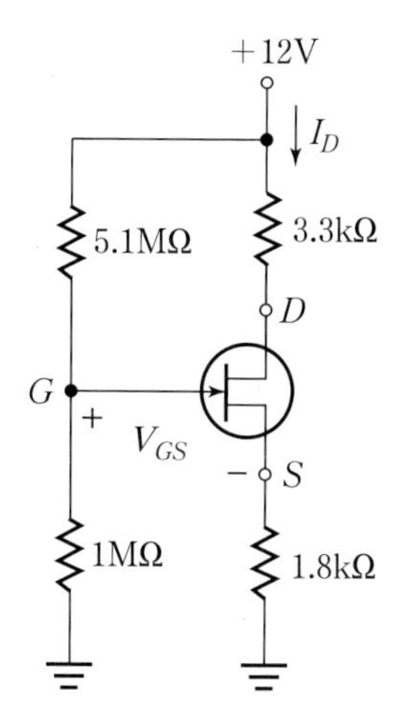

| 그림 14-14 JFET의 전압분배 바이어스 실험회로

(2) 표 14-2에 표시된 전압, 전류값을 측정하여 측정값을 기록한다.

14.5.3 공핍형 MOSFET의 제로 바이어스 실험

(1) 그림 14-15의 회로를 구성한다.

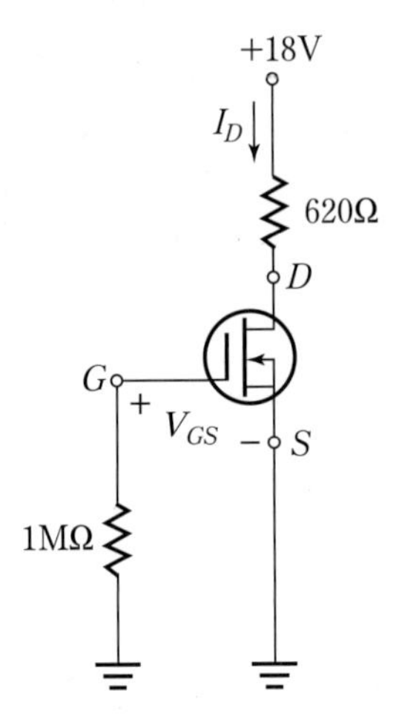

| 그림 14-15 공핍형 MOSFET의 제로 바이어스 실험회로

(2) 표 14-3에 표시된 전압, 전류값을 측정하여 측정값을 기록한다.

14.5.4 증가형 MOSFET의 전압분배 바이어스 실험

(1) 그림 14-16의 회로를 구성한다.

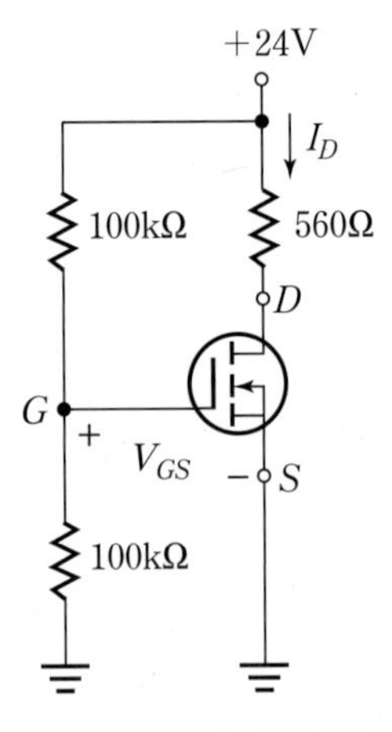

| 그림 14-16 증가형 MOSFET의 전압분배 바이어스 실험회로

(2) 표 14-4에 표시된 전압, 전류값을 측정하여 측정값을 기록한다.

14.6 실험결과 및 검토

14.6.1 실험결과

| 표 14-1 JFET의 자기 바이어스 회로 실험결과표

측정량	측정값	이론값
V_S[V]		
I_S, I_D[mA]		
V_{GS}[V]		

| 표 14-2 JFET의 전압분배 바이어스 회로 실험결과표

측정량	측정값	이론값
V_G[V]		
V_S[V]		
I_S, I_D[mA]		

| 표 14-3 공핍형 MOSFET의 제로 바이어스 회로 실험결과표

측정량	측정값	이론값
I_D[mA]		
V_G[V]		
V_{GS}[V]		

| 표 14-4 증가형 MOSFET의 전압분배 바이어스 회로 실험결과표

측정량	측정값	이론값
V_G, V_{GS}[V]		
I_D[mA]		

14.6.2 검토 및 고찰

(1) JFET 바이어스와 BJT 바이어스의 근본적인 차이점을 설명하라.

(2) 전압분배 바이어스가 자기 바이어스에 비해 좋은 장점은 무엇인가?

(3) JFET 전압분배 바이어스에서 소스 저항 R_S가 증가하면 어떤 결과가 발생하는가?

(4) FET 바이어스 회로에 여러 가지 종류가 존재할 수 있는 이유는 무엇인지 각 바이어스의 장단점 측면에서 기술하라.

(5) 증가형 MOSFET의 바이어스 방법 중 드레인 피드백 바이어스에 대해 설명하고 피드백 동작을 구체적으로 기술하라.

14.7 실험이해도 측정 및 평가

14.7.1 객관식 문제

01 어떤 공핍형 MOSFET이 $V_{GS}=0\text{V}$ 에 바이어스 되어 있다. 규격표에서 $I_{DSS}=20\text{mA}$, $V_{GS(off)}=-5\text{V}$ 이다. 드레인 전류값은 얼마인가?

① 0A ② 구해지지 않는다.
③ 20mA ④ 10mA

02 $V_{GS(th)}=2\text{V}$ 인 n채널 증가형 MOSFET을 도통시키기 위하여 인가해야 하는 V_{GS}의 최솟값은 얼마인가?

① 1V ② 2V
③ 3V ④ 4V

03 자기 바이어스 된 n채널 JFET이 12mA의 드레인 전류와 100Ω의 소스 저항을 갖는다. V_{GS}는 얼마인가?

① 1.2V ② −1.2V
③ 2.4V ④ −2.4V

04 $I_D=5\text{mA}$ 일 때 V_{GS}를 −4V로 하기 위해 자기 바이어스 된 JFET에 필요한 소스 저항 R_S값은?

① 600Ω ② 700Ω
③ 800Ω ④ 900Ω

05 제로 바이어스 회로에서 $V_{GS(off)}=-8V$, $I_{DSS}=12mA$ 일 때, V_{DS}값은? 단, $V_{DD}=15V$ 이고 $R_D=620\Omega$ 이다.

① 7.6V　　② 10.6V

③ −3.8V　　④ 12.3V

06 증가형 MOSFET의 전압분배 바이어스에 대한 설명 중 맞는 것은?

① 증가형 MOSFET의 바이어스 방법은 전압분배 바이어스뿐이다.

② V_{GS}가 $V_{GS(th)}$보다 더 큰 값을 가지도록 바이어스 한다.

③ 전압분배 바이어스는 내부적으로 피드백 효과가 있다.

④ n채널 증가형 MOSFET의 경우 V_{DD}는 음의 전압값을 인가한다.

07 다음 FET 바이어스에 대한 설명 중 틀린 것은?

① 증가형 MOSFET은 I_{DSS} 파라미터를 갖지 않는다.

② p채널 증가형 MOSFET은 음의 $V_{GS(th)}$를 가진다.

③ 공핍형 MOSFET은 0, 양 혹은 음의 게이트-소스전압으로 동작될 수 있다.

④ 자기 바이어스는 공핍형 MOSFET의 바이어스 방법이다.

14.7.2 주관식 문제

01 그림 14-17의 회로에 대해 V_{GS} 및 V_{DS}를 각각 구하라. 단, 규격표에서 $V_{GS}=10V$ 이며, $V_{GS(th)}=1V$ 에서 $I_{D(on)}=500mA$ 이다.

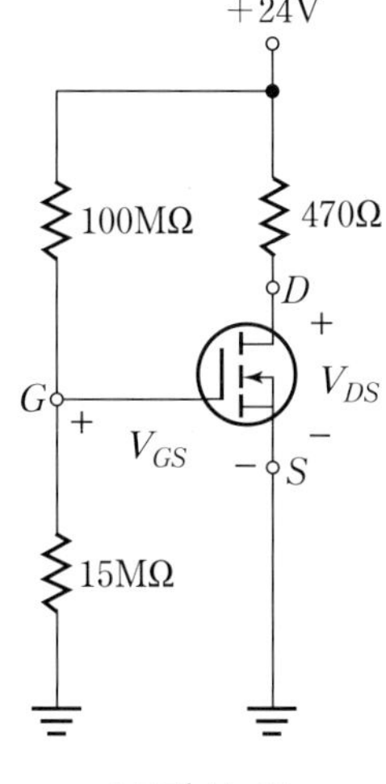

| 그림 14-17

02 그림 14-18의 회로에서 V_{DS}를 구하라. 단, $I_{DSS}=8\text{mA}$ 이다.

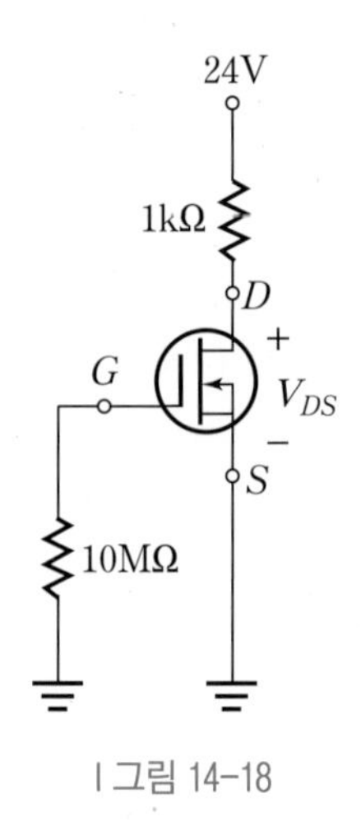

| 그림 14-18

03 바이폴라 트랜지스터와 JFET이 결합된 그림 14-19의 회로에서 드레인 전류 I_D와 드레인 전압 V_D를 각각 구하라.

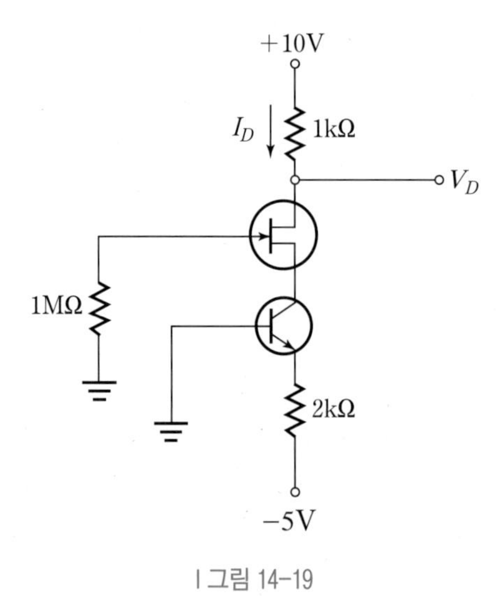

| 그림 14-19

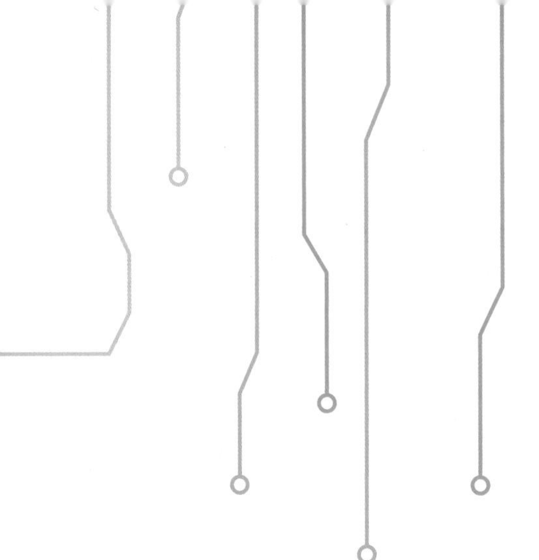

CHAPTER 15

소신호 소스 공통 FET 교류증폭기 실험

contents

15 소신호 소스 공통 FET 교류증폭기 실험

15.1 실험 개요

소신호 소스 공통 FET 교류증폭기의 동작원리를 이해하고 직류 및 교류 파라미터를 측정하여 실제 이론값과 비교 고찰하며, 증폭기의 전압이득에 영향을 미치는 파라미터들에 대해 분석한다.

15.2 실험원리 학습실

15.2.1 소신호 소스 공통 FET 교류증폭기의 해석

소신호 증폭기의 개념은 바이폴라 트랜지스터에서 다루었던 개념이 그대로 FET 소신호 증폭기에도 적용된다. 이미 기술한 바와 같이 파라미터와 특성이 BJT와 FET 사이에 차이는 있지만, 증폭회로로 사용될 때 소신호를 원하는 양으로 증폭한다는 최종목적은 동일하다. 더욱이 FET는 입력 임피던스가 매우 높기 때문에 어떤 특별한 응용에 매우 적합하게 사용되며 CE, CC, CB의 바이폴라 증폭기 접속과 마찬가지로 FET 증폭기 접속도 소스 공통(CS), 드레인 공통(CD), 게이트 공통(CG) 접속방법이 있으며 본 장에서는 소신호 소스 공통 교류증폭기에 대해 고찰한다.

(1) 소신호 소스 공통 교류증폭기

① JFET 소스 공통 교류증폭기

그림 15-1은 캐패시터 결합에 의해 게이트에 결합된 교류신호원을 가진 자기 바이어스된 n채널 JFET 소스 공통 교류증폭기를 나타낸다.

신호전압은 게이트-소스 간의 전압이 Q점 상하로 변하게 하고 그로 인해 드레인 전류가 변화한다. 드레인 전류가 증가하면 R_D 양단의 전압강하 역시 증가하여 드레인 전압이 감소한다. Q점의 상하로 변하는 드레인 전류는 게이트-소스전압과 동상이며, Q점의 상하로 변하는 드레인-소스전압은 게이트-소스전압과 180° 위상차를 가진다.

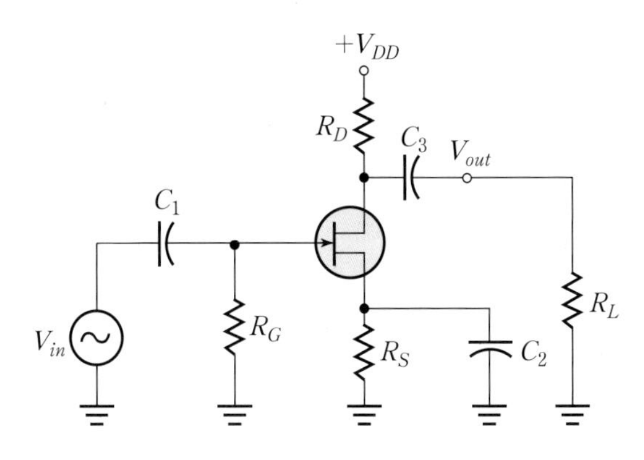

(a) JEET 소스 공통 교류증폭기

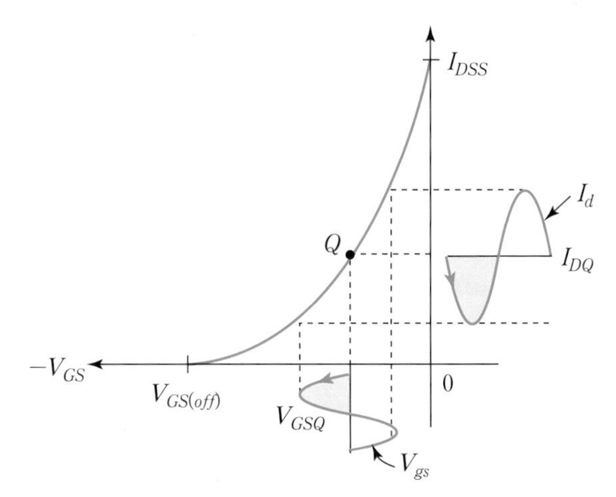

(b) JFET 전달특성곡선상의 신호동작

| 그림 15-1 JFET 소스 공통 교류증폭기의 구성 및 동작

② 공핍형 MOSFET 소스 공통 교류증폭기

그림 15-2는 교류신호원이 캐패시터 결합으로 게이트에 연결된 제로 바이어스 n채널 공핍형 MOSFET 증폭기를 도시한 것이다. 게이트 직류전압은 거의 0V이고 소스단자는 접지되어 $V_{GS}=0\text{V}$ 이다.

신호전압은 0으로부터 상하로 변하는 게이트-소스 교류전압 V_{gs}를 만들어 드레인 전류 I_d를 변하게 한다. V_{gs}의 음(−)의 증가는 공핍 모드를 만들어 I_d를 감소시키며(▶표시부분), V_{gs}의 양(+)의 증가는 증가 모드를 만들어 I_d를 증가시킨다(●표시부분).

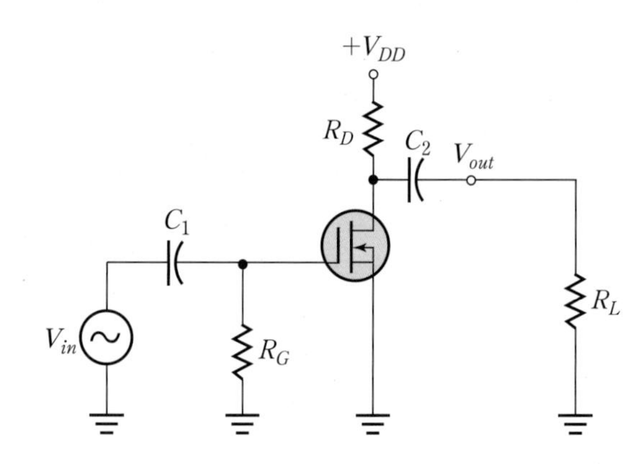

(a) 공핍형 MOSFET 소스 공통 교류증폭기

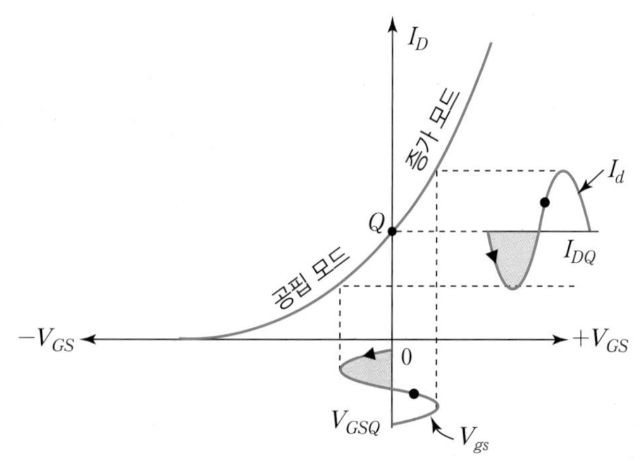

(b) 공핍형 MOSFET의 공핍 모드와 증가 모드에 따른 신호동작

| 그림 15-2 공핍형 MOSFET 소스 공통 교류증폭기의 구성 및 동작

③ 증가형 MOSFET 소스 공통 교류증폭기

그림 15-3은 교류신호원이 캐패시터 결합으로 게이트에 연결된 전압분배 바이어스 n채널 증가형 MOSFET 증폭기이다. 게이트는 양의 전압, 즉 $V_{GS}>V_{GS(th)}$로 바이어스 되어 있으며, 신호전압은 Q점의 V_{GSQ} 상하로 V_{gs}를 변동시키며, 이로 인해 드레인 전류 I_d는 I_{DQ} 상하로 그림 15-3(b)와 같이 변동시킨다. 즉, V_{gs}가 화살표(▶) 방향으로 감소할

때 드레인 전류 I_d도 화살표 방향으로 감소하며, V_{gs}가 ●표시부분처럼 증가할 때 I_d도 ●표시부분처럼 증가한다.

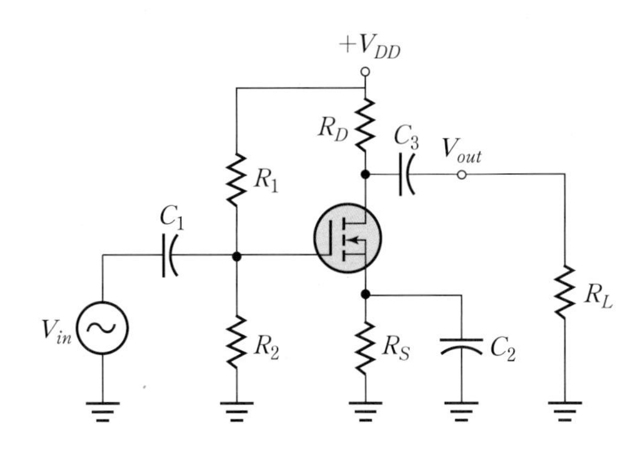

(a) 증가형 MOSFET 소스 공통 교류증폭기

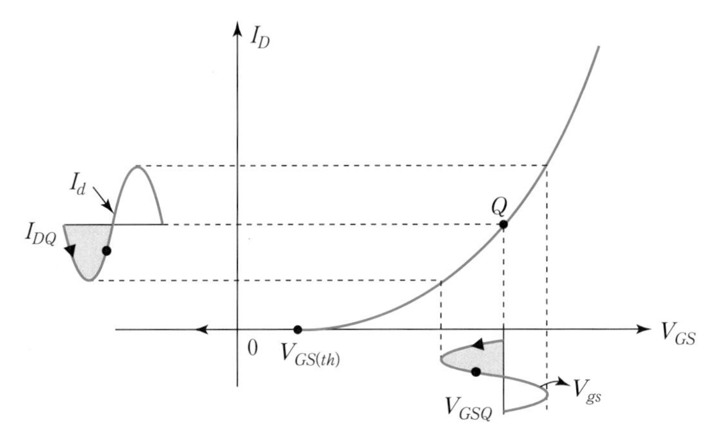

(b) 전달특성곡선상의 증가형 MOSFET 신호동작

| 그림 15-3 증가형 MOSFET 소스 공통 교류증폭기의 구성 및 동작

(2) 소신호 소스 공통 교류증폭기의 해석

① 직류해석(DC Analysis)

소신호 소스 공통 교류증폭기를 해석하기 위해서는 먼저 직류 바이어스 값을 구해야 한다. 이를 위해 증폭기 회로 내에 있는 모든 캐패시터를 개방시킨 후 얻어지는 직류등가회로를 해석해야 한다. 그림 15-4에 JFET 소스 공통 교류증폭기에 대한 직류등가회로 형성과정을 도시하였다.

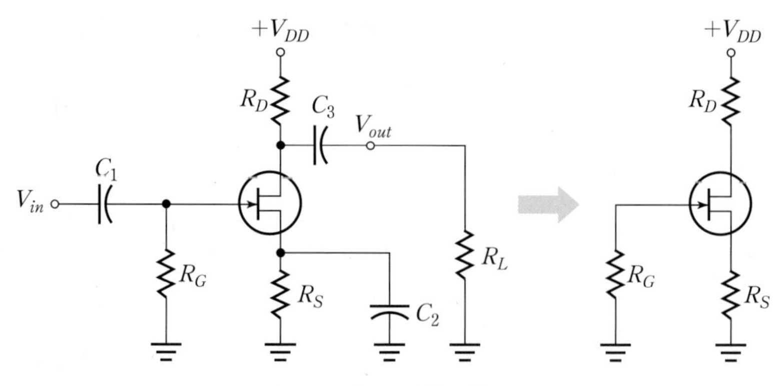

| 그림 15-4 직류등가회로 형성과정

② 교류해석(AC Analysis)

교류등가회로를 얻기 위해서는 먼저 캐패시터의 리액턴스가 신호 주파수에 대해 충분히 작다는 가정하에 단락시키고, 다음으로 직류전압원의 내부저항을 0으로 가정하여 직류전압원을 접지시킨다. 이러한 과정을 통해 얻어지는 회로를 교류등가회로라 부른다. 그림 15-5에서 직류전압원을 접지시키면 R_D와 R_L이 병렬로 연결되기 때문에 $R_D /\!/ R_L \triangleq R_d$ 라고 정의하며 드레인 교류저항이라 부른다.

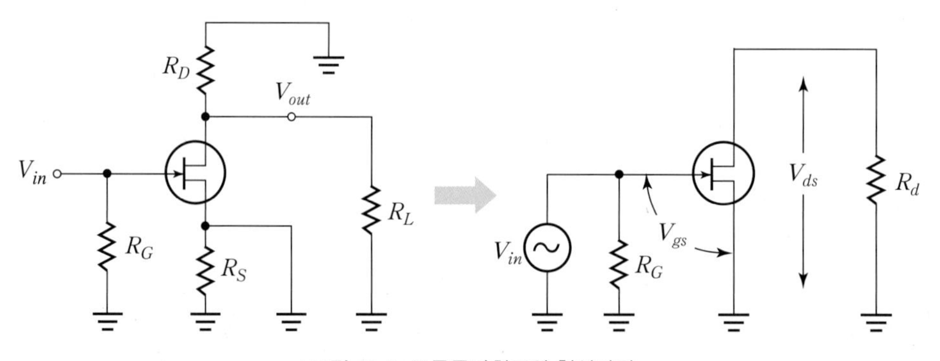

| 그림 15-5 교류등가회로의 형성과정

그림 15-5에서 얻어진 교류등가회로에 대하여 FET를 교류등가모델로 대체하면 그림 15-6의 회로를 얻을 수 있다. 드레인 전류 I_d는 드레인 교류저항 R_d를 아래에서 위로 흐르기 때문에 R_d 양단에 그림에 표시된 극성으로 전압이 걸리게 되므로 출력전압은 다음과 같이 표현된다.

$$V_{out} = -R_d I_d = -g_m R_d V_{gs} \quad (15.1)$$

그런데 $V_{in} = V_{gs}$ 의 관계가 성립하므로 증폭기 이득 A_v는 다음과 같다.

$$A_v = \frac{V_{out}}{V_{in}} = -g_m R_d \quad (15.2)$$

식(15.2)에서 음(−)의 부호는 입력과 출력전압의 위상차가 180°라는 것을 의미한다. 더욱이 $R_d \triangleq R_D /\!/ R_L$ 이므로 R_L의 영향으로 인해 무부하 전압이득이 감소된다.

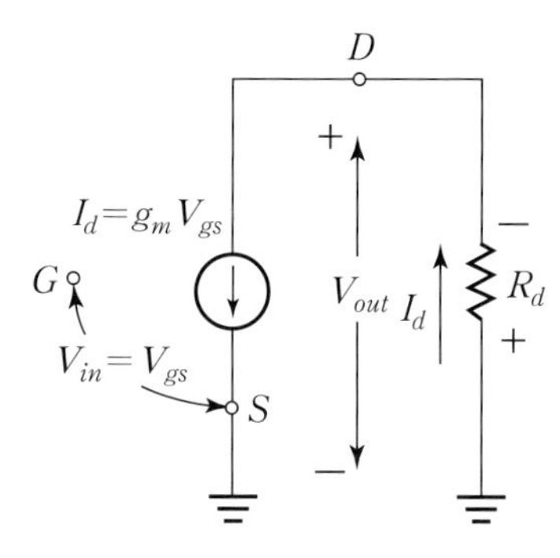

| 그림 15-6 JFET 소스 공통 교류증폭기의 교류등가회로

지금까지 소스 공통 JFET 교류증폭기에 대해 해석하였는데 MOSFET 교류증폭기의 경우도 바이어스 회로만을 제외하면 JFET 교류증폭기의 해석과 동일한 과정을 거쳐 해석할 수 있다.

15.2.2 실험원리 요약

소신호 소스 공통 교류증폭기

- 소스 공통 교류증폭기는 에미터 공통 바이폴라 교류증폭기와 마찬가지로 동일한 해석절차에 따라 해석하게 된다.
- 직류해석을 통해 바이어스 회로를 해석하고 교류해석을 통해 교류등가회로를 구한 다음, FET를 소신호 교류등가모델로 대체하여 증폭기의 전압이득을 계산한다.

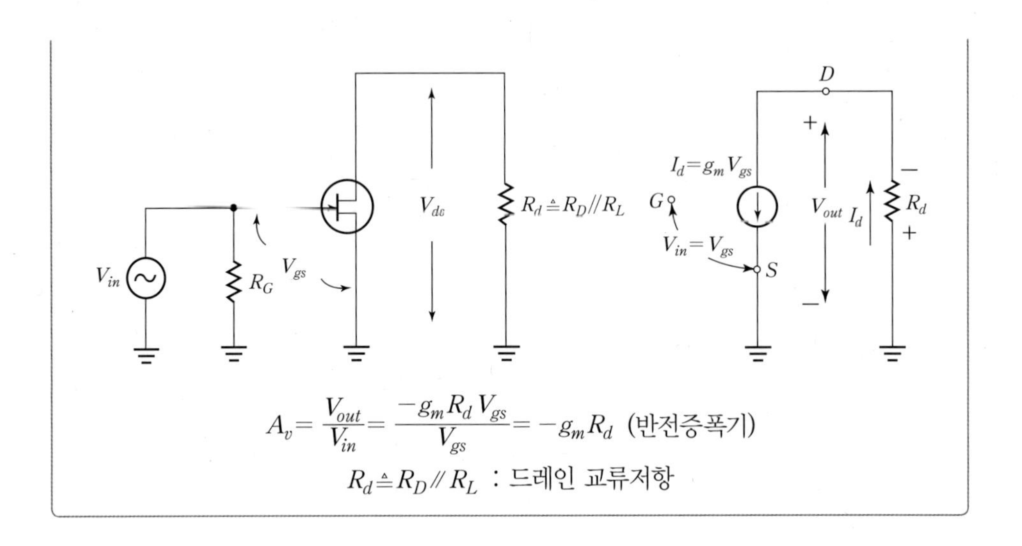

$$A_v = \frac{V_{out}}{V_{in}} = \frac{-g_m R_d V_{gs}}{V_{gs}} = -g_m R_d \text{ (반전증폭기)}$$

$R_d \triangleq R_D // R_L$: 드레인 교류저항

15.3 시뮬레이션 학습실

15.3.1 소스 공통 JFET 교류증폭기

소스 공통 JFET 교류증폭기의 출력전압이 바이패스 캐패시터와 부하저항의 변화에 따라 어떤 영향을 받는지를 살펴보기 위하여 그림 15-7(a)의 회로에 대하여 PSpice로 시뮬레이션을 수행한다.

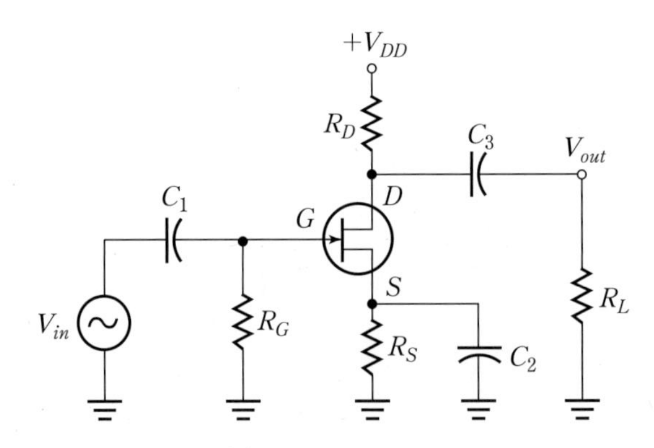

| 그림 15-7(a) 소스 공통 JFET 교류증폭기

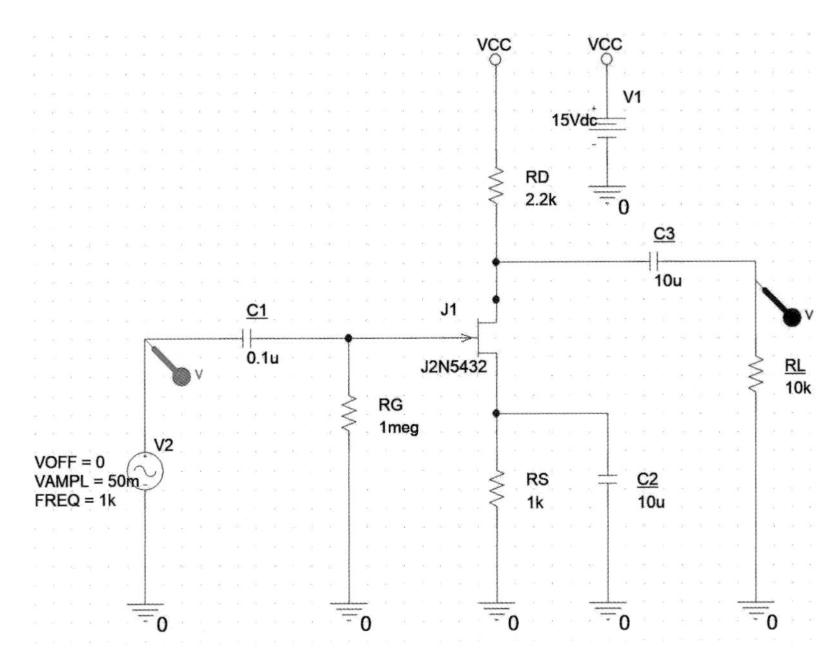

| 그림 15-7(b) PSpice 회로도

시뮬레이션 조건

- JFET 모델명: J2N5432
- $R_G = 1\text{M}\Omega$, $R_D = 2.2\text{k}\Omega$, $R_S = 1\text{k}\Omega$, $R_L = 10\text{k}\Omega$
- $C_1 = 0.1\mu\text{F}$, $C_2 = C_3 = 10\mu\text{F}$
- $V_{DD} = 15\text{V}$
- $V_{in} = 50\sin 2\pi ft[\text{mV}]$, $f = 1\text{kHz}$
- 소스 공통 JFET 교류증폭기의 출력전압 V_{out}을 도시한다.
  C_2가 개방된 경우 출력파형 V_{out}을 도시한다.
  $R_L = 10\Omega$일 때 출력파형 V_{out}을 도시한다.

그림 15-7(b)의 회로에 대한 PSpice 시뮬레이션 결과를 다음에 도시하였다.

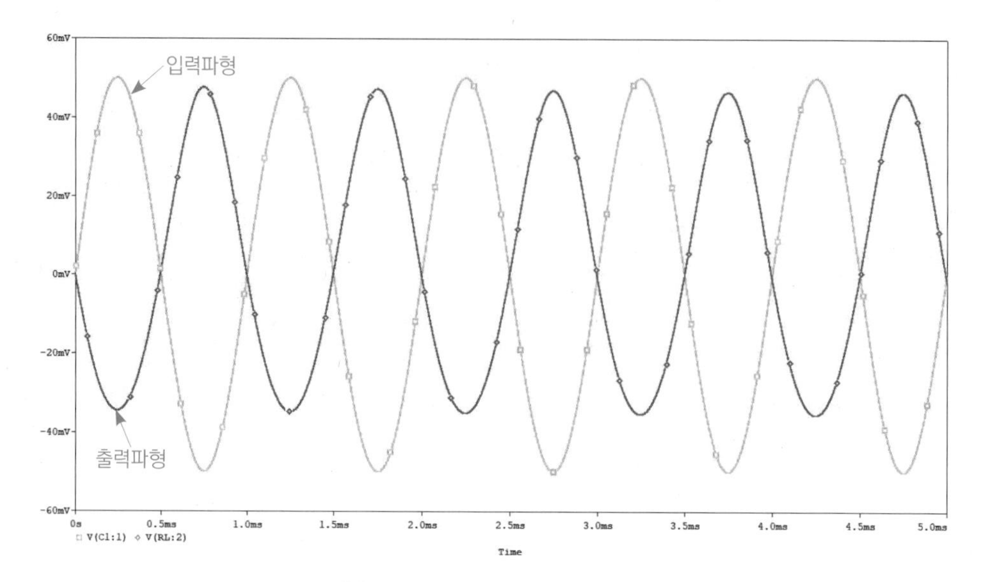

| 그림 15-8(a) 출력파형 $V_{out}(C_2=10\mu F,\ R_L=10k\Omega)$

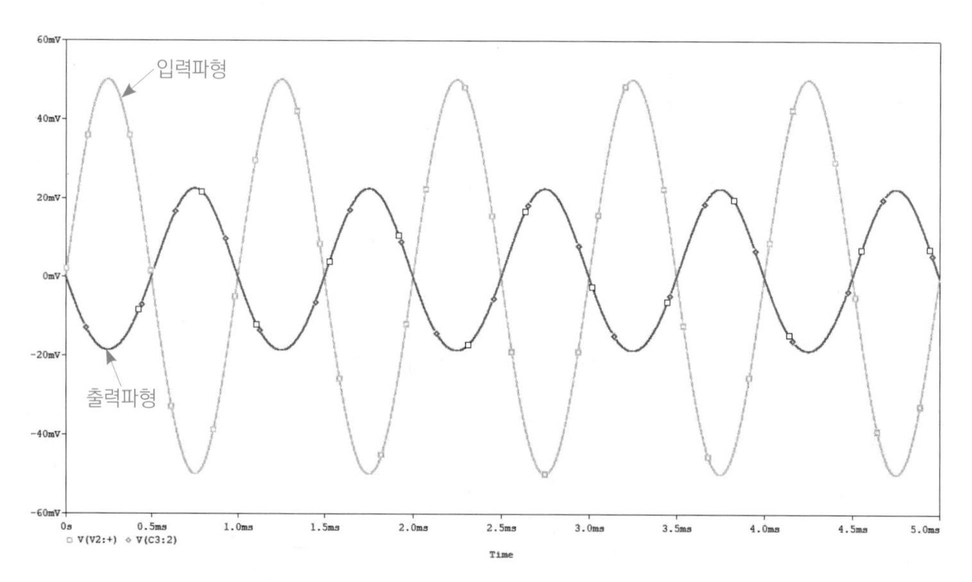

| 그림 15-8(b) 출력파형 $V_{out}(C_2$ 개방)

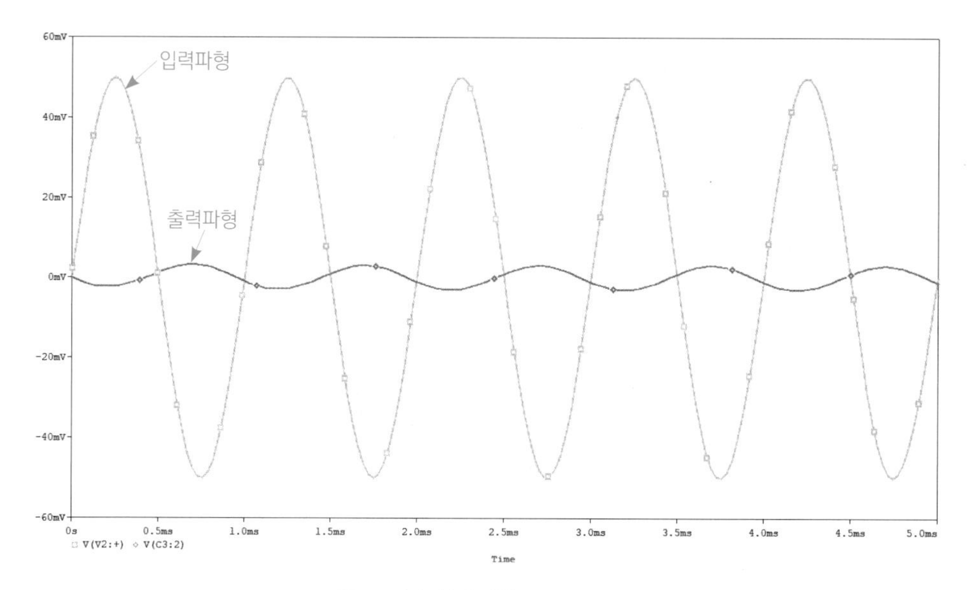

| 그림 15-8(c) 출력파형 $V_{out}(R_L=10\Omega)$

15.3.2 소스 공통 증가형 MOSFET 교류증폭기

소스 공통 증가형 MOSFET 교류증폭기의 출력전압이 바이패스 캐패시터와 부하저항의 변화에 따라 어떤 영향을 받는지를 살펴보기 위하여 그림 15-9(a)의 회로에 대하여 PSpice로 시뮬레이션을 수행한다.

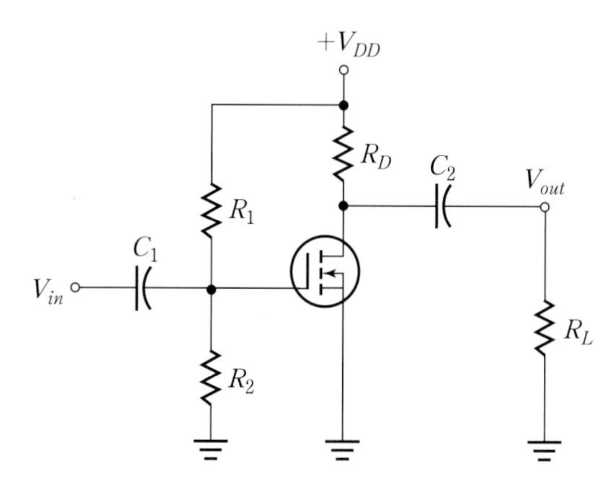

| 그림 15-9(a) 소스 공통 증가형 MOSFET 교류증폭기

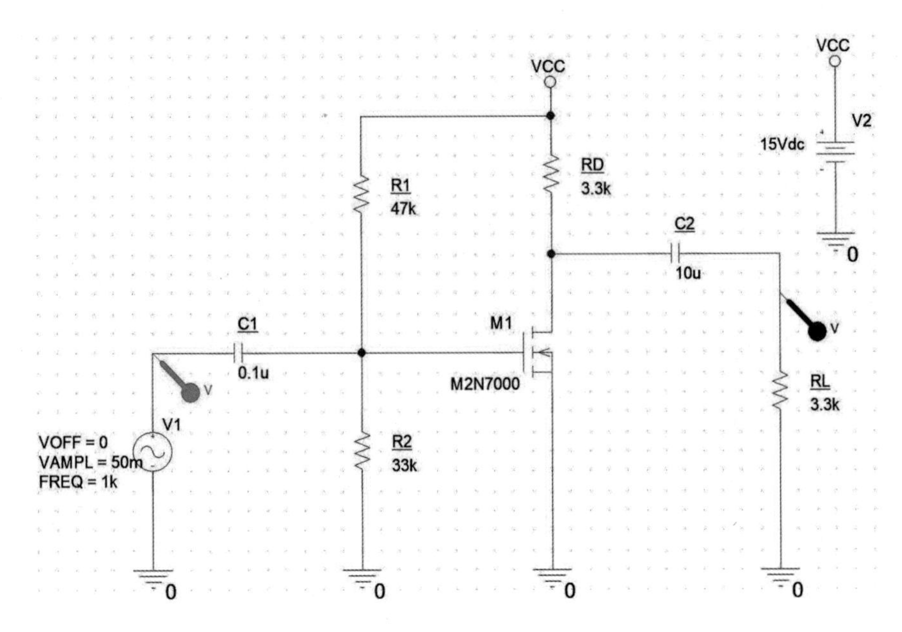

| 그림 15-9(b) PSpice 회로도

시뮬레이션 조건

- E-MOSFET 모델명: M2N7000
- $R_1 = 47\text{k}\Omega$, $R_2 = 33\text{k}\Omega$, $R_D = 3.3\text{k}\Omega$, $R_L = 3.3\text{k}\Omega$
- $C_1 = 0.1\mu\text{F}$, $C_2 = 10\mu\text{F}$
- $V_{DD} = 15\text{V}$
- $V_{in} = 50\sin 2\pi ft[\text{mV}]$, $f = 1\text{kHz}$
- 소스 공통 E-MOSFET 교류증폭기의 출력전압 V_{out}을 도시한다.
  C_2가 개방된 경우 출력파형 V_{out}을 도시한다.
  $R_L = 100\Omega$일 때 출력파형 V_{out}을 도시한다.

그림 15-9(b)의 회로에 대한 PSpice 시뮬레이션 결과를 다음에 도시하였다.

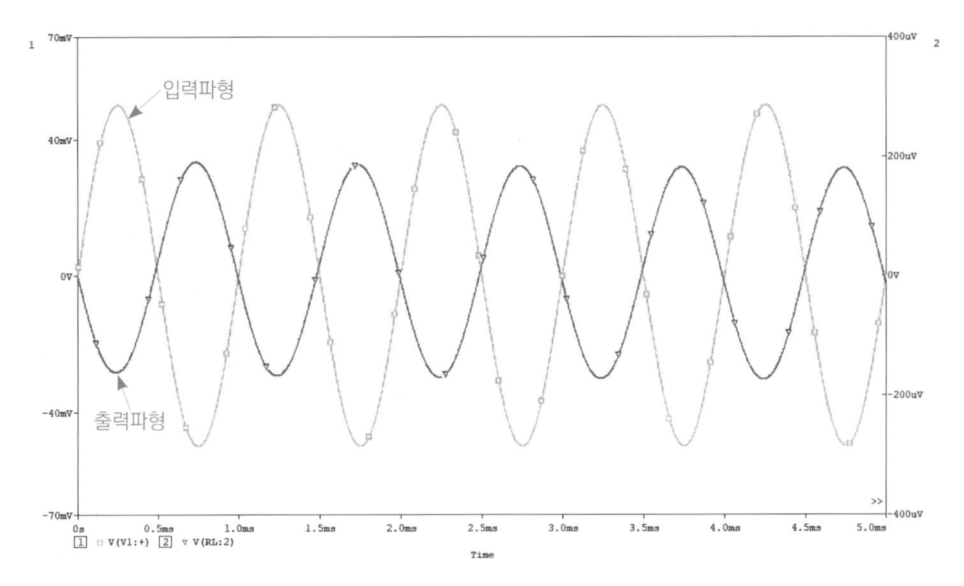

ㅣ그림 15-10(a) 출력파형 $V_{out}(C_2=10\mu\text{F},\ R_L=3.3\text{k}\Omega)$

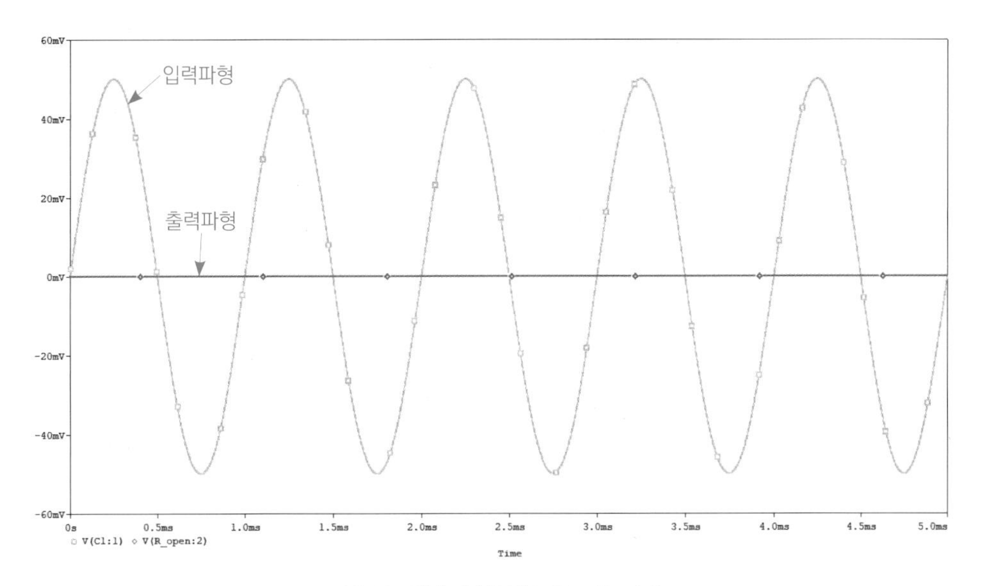

ㅣ그림 15-10(b) 출력파형 $V_{out}(C_2$ 개방)

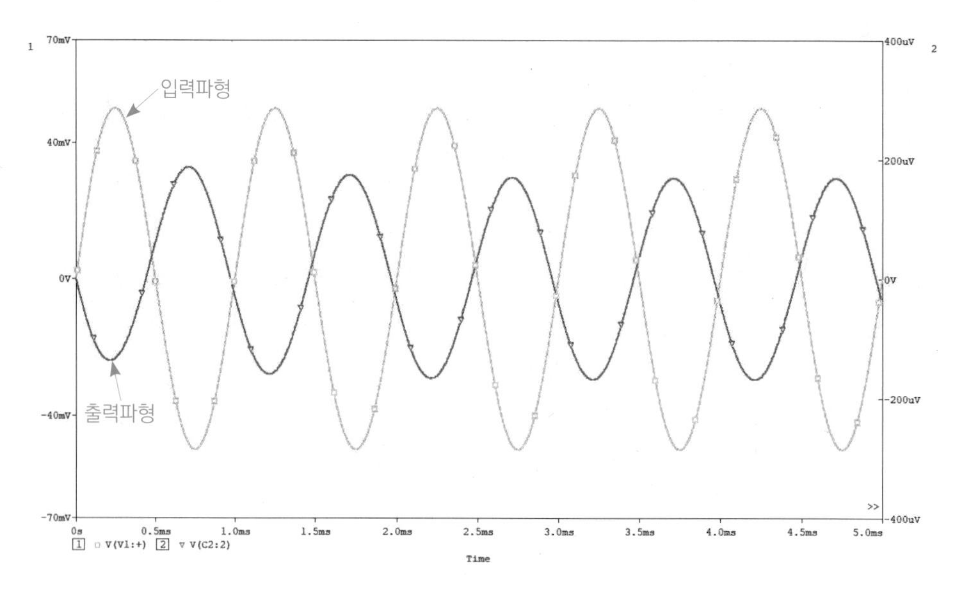

| 그림 15-10(c) 출력파형 $V_{out}(R_L=100\Omega)$

15.4 실험기기 및 부품

• JFET	1개
• E-MOSFET	1개
• 저항 1kΩ, 2.2kΩ, 3.3kΩ, 10kΩ, 33kΩ, 47kΩ, 1MΩ	각 2개
• 캐패시터 0.1μF, 10μF	각 2개
• 직류전원공급기	1대
• 오실로스코프	1대
• 디지털 멀티미터	1대
• 신호발생기	1대
• 브레드 보드	1대

15.5 실험방법

15.5.1 소스 공통 JFET 교류증폭기 실험

(1) 그림 15-11의 회로를 결선한다.

(2) 그림 15-11에 대한 직류등가회로를 구한 다음, 표 15-1에 나타나 있는 직류량에 대한 이론값과 측정값을 각각 구하여 기록한다.

(3) 그림 15-11에서 $V_{in}=50\sin 1200\pi t$[mV]를 신호발생기로부터 발생시켜 소스 공통 JFET 교류증폭기에 인가하여 출력파형을 오실로스코프로 측정한 후 파형을 도시한다. 측정된 입출력 파형을 근거로 전압이득을 계산한다.

(4) 바이패스 캐패시터 C_2를 개방한 다음, 출력파형을 측정하여 도시하고 이때의 전압이득을 계산한다.

(5) R_L을 개방시킨 경우 출력파형을 측정하여 도시하고 이때의 전압이득을 계산한다.

(6) 지금까지의 실험결과 데이터를 이용하여 표 15-2를 완성한다.

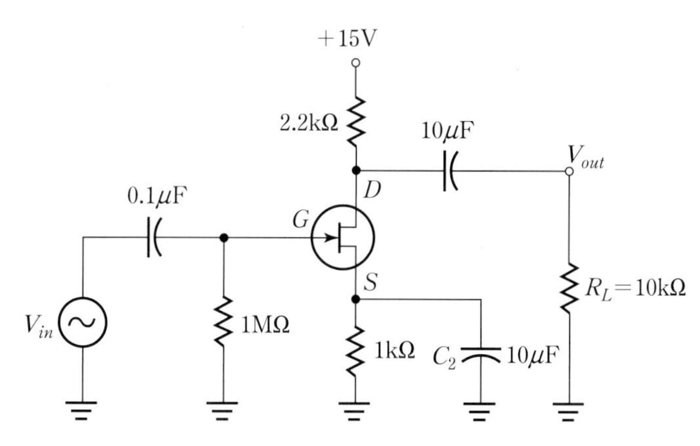

| 그림 15-11 소스 공통 JFET 교류증폭기 실험

15.5.2 소스 공통 증가형 MOSFET 교류증폭기 실험

(1) 그림 15-12의 회로를 결선한다.

(2) 그림 15-12의 회로에 대하여 출력파형을 오실로스코프로 측정하여 도시한다. 측정된 입출력파형을 근거로 전압이득을 계산한다.

(3) C_2가 개방된 경우 출력파형을 측정하여 도시하고 이때의 전압이득을 계산한다.

(4) 부하저항을 변경하여 R_L=100Ω일 때 출력파형을 측정하여 도시한다.

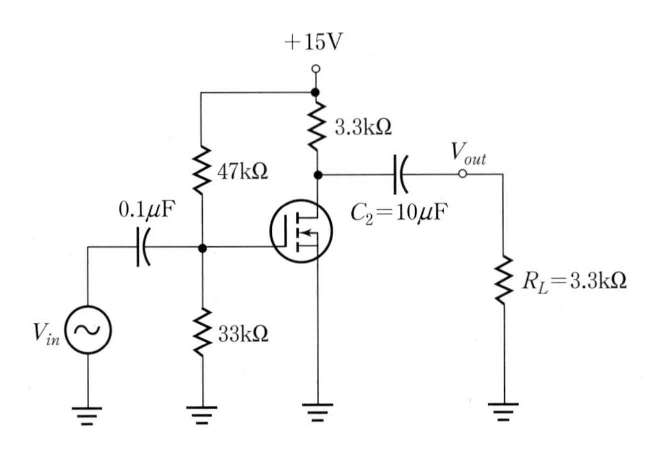

| 그림 15-12 소스 공통 증가형 MOSFET 교류증폭기 실험

15.6 실험결과 및 검토

15.6.1 실험결과

| 표 15-1 소스 공통 JFET 교류증폭기의 직류해석

측정량	측정값	이론값
V_G[V]		
V_S[V]		
V_D[V]		
I_S, I_D[mA]		
V_{DS}[V]		

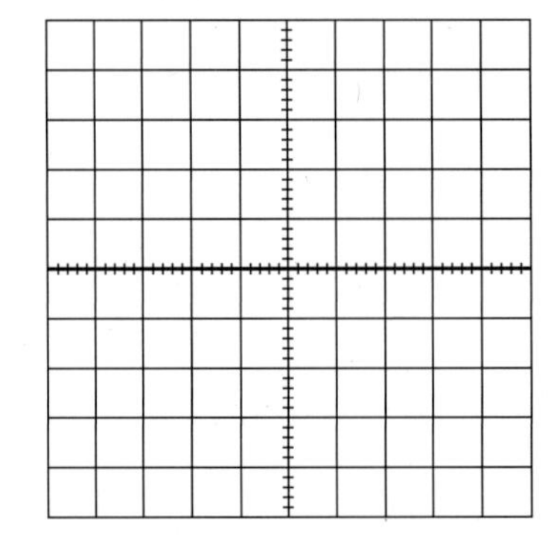

	CH1	CH2
측정량		
VOLT/DIV		
TIME/DIV		
전압이득		

| 그래프 15-1 소스 공통 JFET 교류증폭기의 입출력파형

	CH1	CH2
측정량		
VOLT/DIV		
TIME/DIV		
전압이득		

I 그래프 15-2 소스 공통 JFET 교류증폭기의 입출력파형(C_2 개방)

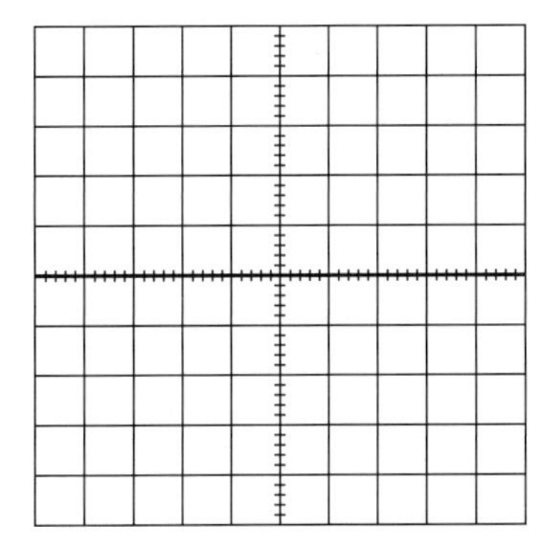

	CH1	CH2
측정량		
VOLT/DIV		
TIME/DIV		
전압이득		

I 그래프 15-3 소스 공통 JFET 교류증폭기의 입출력파형(R_L 개방)

I 표 15-2 소스 공통 JFET 교류증폭기 실험결과 요약

실험단계	고장조건	$V_{in(pp)}$	$V_{out(pp)}$	측정이득	계산이득
단계 (3)	없음				
단계 (4)	C_2 개방				
단계 (5)	R_L 개방				

	CH1	CH2
측정량		
VOLT/DIV		
TIME/DIV		
전압이득		

| 그래프 15-4 소스 공통 증가형 MOSFET 교류증폭기의 입출력파형

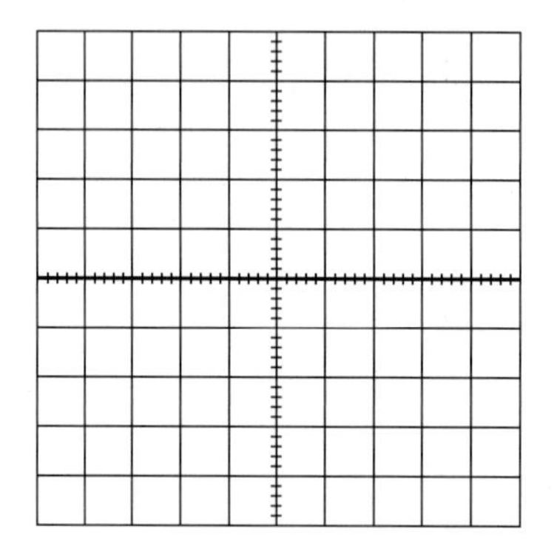

	CH1	CH2
측정량		
VOLT/DIV		
TIME/DIV		
전압이득		

| 그래프 15-5 소스 공통 증가형 MOSFET 교류증폭기의 입출력파형(C_2 개방)

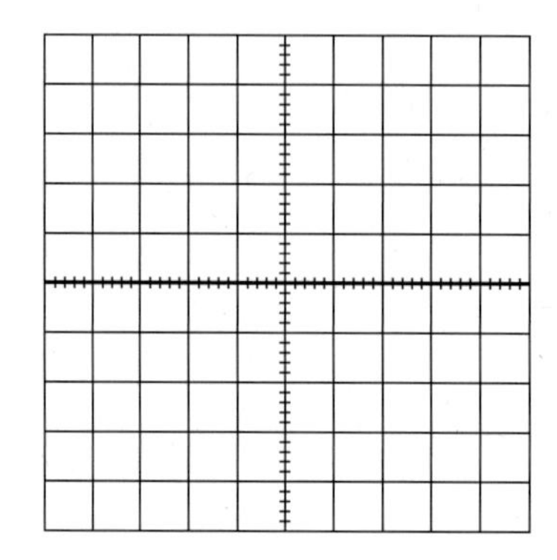

	CH1	CH2
측정량		
VOLT/DIV		
TIME/DIV		
전압이득		

| 그래프 15-6 소스 공통 증가형 MOSFET 교류증폭기의 입출력파형($R_L = 100\Omega$)

15.6.2 결과 및 고찰

(1) 부하저항 R_L을 개방한 경우 소스 공통 JFET 교류증폭기에서 전압이득이 증가하는 이유를 설명하라.

(2) 소스 공통 JFET 교류증폭기에서 바이패스 캐패시터 C_2를 개방하였을 때 전압이득이 감소하는 이유는?

(3) 소스 공통 JFET 교류증폭기에서 입력전압과 드레인 전류의 위상차에 대해 설명하라.

(4) 소스 공통 증가형 MOSFET 교류증폭기에서 전압이득에 영향을 미치는 파라미터에 대해 설명하라.

15.7 실험 이해도 측정 및 평가

15.7.1 객관식 문제

01 이상적인 FET 등가회로는 무엇을 포함하는가?

① 저항과 직렬인 전류원　② 드레인과 소스단자 사이의 저항
③ 게이트와 소스단자 사이의 전류원　④ 드레인과 소스단자 사이의 전류원

02 어떤 소스 공통 교류증폭기의 전압이득이 10이다. 소스의 바이패스 캐패시터가 개방된다면 어떤 현상이 발생하는가?

① 전압이득이 증가한다.　② 전달 컨덕턴스가 증가한다.
③ 전압이득이 감소한다.　④ Q점이 전이된다.

03 소스 공통 교류증폭기가 10kΩ의 부하저항과 $R_D=820\Omega$의 드레인저항을 갖는다. $g_m=5\text{mS}$이고 $V_{in}=500\sin 1200\pi t[\text{mV}]$라면 출력 신호전압의 진폭은?

① 1.89V　② 2.05V
③ 25V　④ 0.5V

04 소스 공통 교류증폭기에서 출력전압은?

① 입력과 180°의 위상차가 있다.　② 입력과 동상이다.
③ 소스에서 얻는다.　④ 게이트에서 얻는다.

05 소스 공통 교류증폭기에서 $V_{ds}=3.2V_{rms}$, $V_{gs}=0.28V_{rms}$이다. 전압이득은?

① 1　② 11.4
③ 8.75　④ 3.2

06 소스 공통 교류증폭기에서 소스 저항의 일부만이 바이패스 되면 전압이득은 어떻게 변하는가?

① 동일하다. ② 감소한다.
③ 증가한다. ④ 0이 된다.

15.7.2 주관식 문제

01 증가형 MOSFET을 사용한 소스 공통 교류증폭기를 그림 15-13에 나타내었다. V_{GS}, I_D, V_{DS} 그리고 교류출력전압을 구하라. 단, $V_{GS}=10\text{V}$ 일 때 $I_{D(on)}=5\text{mA}$ 이고, $V_{GS(th)}=4\text{V}$, $g_m=5.5\text{mS}$, $V_{in}=50\text{m}V_{rms}$ 이다.

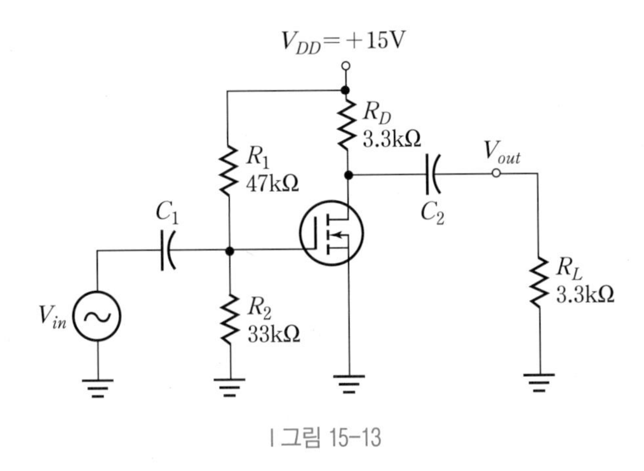

| 그림 15-13

02 $I_{DSS}=12\text{mA}$, $g_m=3.2\text{mS}$ 인 공핍형 MOSFET가 그림 15-14의 증폭회로에 사용되었다. 직류 드레인 전압과 교류출력전압을 구하라. $V_{in}=500\text{m}V_{rms}$ 이다.

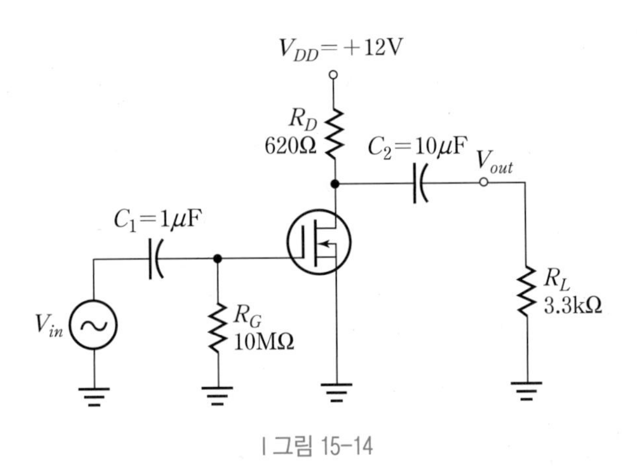

| 그림 15-14

03 그림 15-15의 증가형 MOSFET 교류증폭기의 전압이득 $A_{vs}=V_{out}/V_s$를 구하라. 단, $V_{GS(th)}=3\text{V}$, $K=0.00025$으로 가정한다.

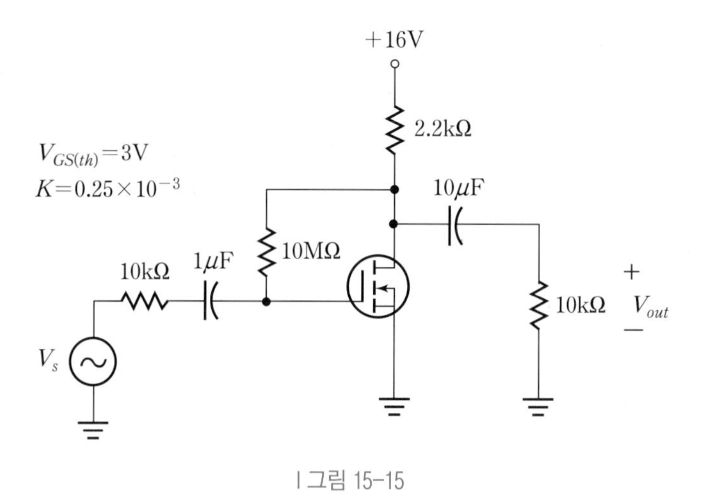

| 그림 15-15

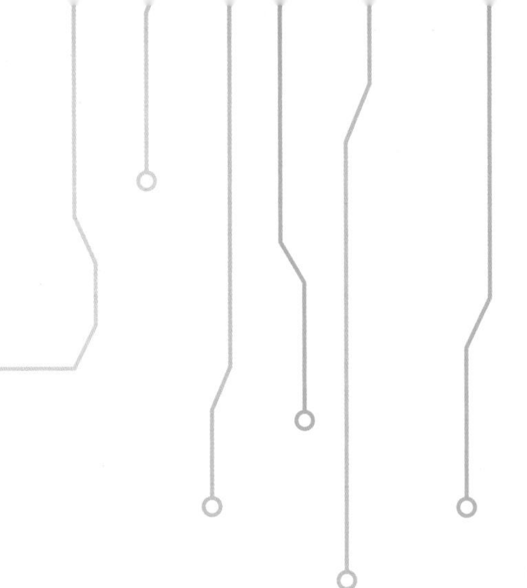

CHAPTER 16

소신호 드레인 공통 및 게이트 공통 FET 교류증폭기 실험

contents

16 소신호 드레인 공통 및 게이트 공통 FET 교류증폭기 실험

16.1 실험 개요

소신호 드레인 공통 및 게이트 공통 FET 교류증폭기의 동작원리를 이해하고, 직류 및 교류 파라미터를 측정하여 실제 이론값과 비교 고찰하며, 교류증폭기의 전압이득에 영향을 미치는 파라미터들에 대해 실험적으로 분석한다.

16.2 실험원리 학습실

16.2.1 드레인 및 게이트 공통 FET 교류증폭기 해석

(1) 소신호 드레인 공통 교류증폭기

드레인 공통(CD) 교류증폭기는 컬렉터 공통(CC) 바이폴라 교류증폭기와 유사하며, 소스전압이 입력게이트 전압과 같고 위상이 동상이기 때문에 흔히 소스 플로어(Source Follower)라고 부른다.

그림 16-1은 자기 바이어스 된 드레인 공통 JFET 교류증폭기를 도시하였다. 입력신호는 결합 캐패시터를 통해서 게이트에 공급되고 소스단자에서 출력전압을 얻으며 드레인 저항은 없는 구조이다.

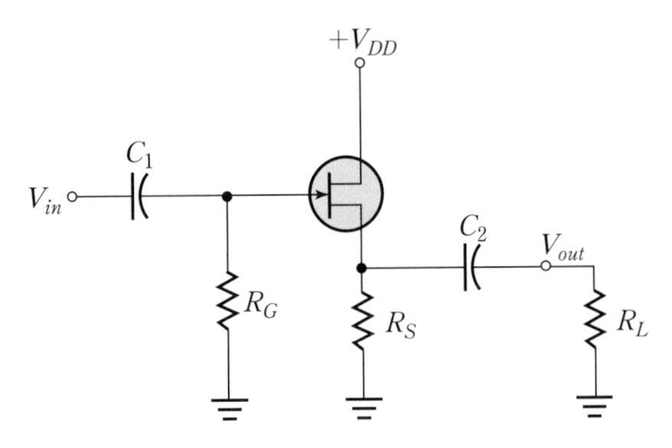

| 그림 16-1 드레인 공통 JFET 교류증폭기(소스 플로어)

(2) 소신호 드레인 공통 교류증폭기 해석

① 직류해석(DC Analysis)

소신호 드레인 공통 교류증폭기를 해석하기 위해서는 먼저 직류 바이어스 값을 구해야 한다. 이를 위해 증폭기 회로 내에 있는 모든 캐패시터를 개방시킨 후 얻어지는 직류등가회로를 해석해야 한다.

그림 16-2에 드레인 공통 JFET 교류증폭기에 대한 직류등가회로 형성과정을 도시하였다.

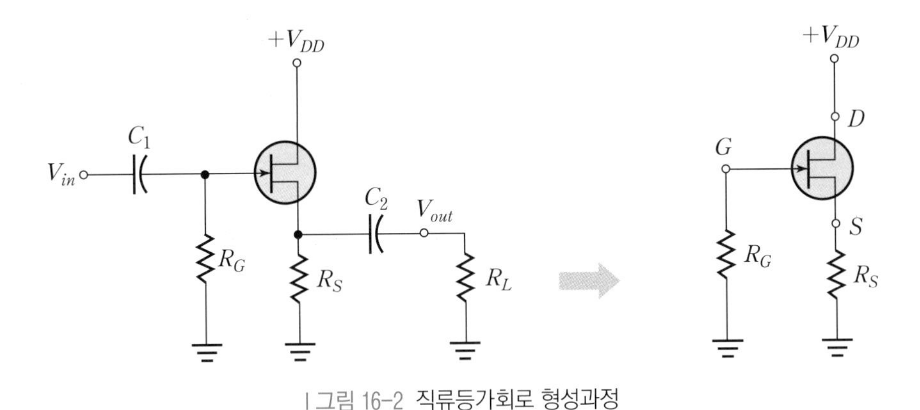

| 그림 16-2 직류등가회로 형성과정

그림 16-2에서 게이트 전압 $V_G = 0$ 이고 $V_S = I_S R_S \cong I_D R_S$ 이므로 게이트-소스전압 V_{GS}는 다음과 같다.

$$V_{GS} = V_G - V_S = -I_D R_S < 0 \tag{16.1}$$

식(16.1)로부터 게이트-소스 사이는 항상 역방향으로 바이어스됨을 알 수 있다.

② 교류 해석(AC Analysis)

교류등가회로를 얻기 위해서는 먼저, 캐패시터의 리액턴스가 신호주파수에 대해 충분히 작다는 가정하에 단락시키고, 다음으로 직류전압원의 내부저항을 0으로 가정하여 직류전압원을 접지시킨다. 이러한 과정을 통해 얻어지는 회로를 교류등가회로라 부른다(그림 16-3 참조).

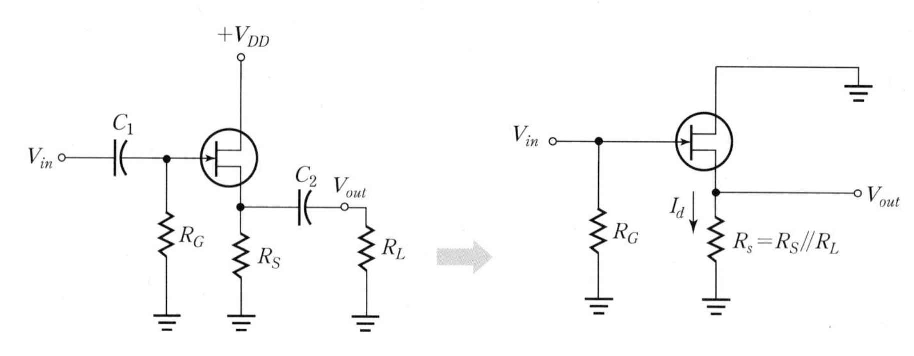

| 그림 16-3 교류등가회로의 형성과정

그림 16-3에서 얻어진 교류등가회로에 대하여 FET를 교류등가모델로 대체하면 그림 16-4의 회로를 얻을 수 있다.

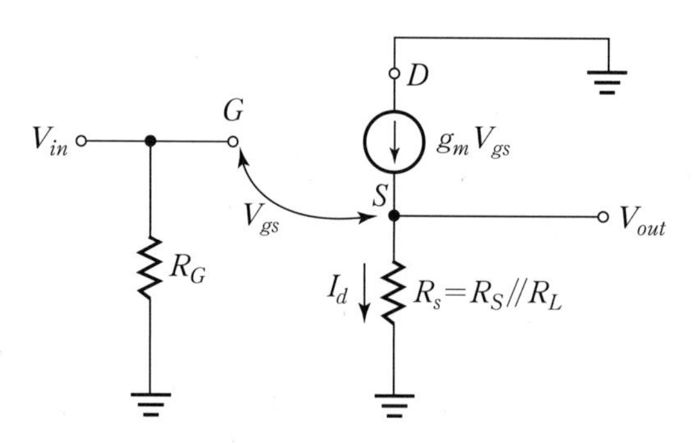

| 그림 16-4 드레인 공통 JFET 증폭기 교류등가회로

그림 16-4에서 입력전압은 게이트단의 전압이므로 V_{in}은 다음과 같이 표현된다.

$$V_{in} = V_{gs} + I_d R_s = V_{gs} + g_m V_{gs} R_s \tag{16.2}$$

출력전압 V_{out}은 소스단의 전압이므로 $V_{out} = I_d R_s = g_m V_{gs} R_s$ 이다. 따라서 드레인 공통 JFET 교류증폭기의 전압이득은 다음과 같다.

$$A_v \triangleq \frac{V_{out}}{V_{in}} = \frac{g_m V_{gs} R_s}{V_{gs} + g_m V_{gs} R_s} = \frac{g_m R_s}{1 + g_m R_s} \tag{16.3}$$

식(16.3)에서 알 수 있듯이 전압이득은 항상 1보다 약간 작으며, $g_m R_s \gg 1$ 이면 전압이득 $A_v \fallingdotseq 1$ 이 된다. 또한 입력전압과 출력전압간의 위상차는 없고 동상이다. 따라서 출력전압은 입력전압과 크기가 거의 같고 위상도 동상이므로 소스 플로어(Source Follower)라고 부른다.

지금까지 드레인 공통 JFET 교류증폭기에 대해 해석하였는데 MOSFET 소자를 사용하는 경우도 바이어스 장치만을 제외하면 JFET 교류증폭기의 해석과 동일한 과정을 거쳐 해석할 수 있다.

(3) 소신호 게이트 공통 FET 교류증폭기

게이트 공통(CG) 교류증폭기는 베이스 공통 바이폴라 교류증폭기와 유사하며 베이스 공통(CB) 교류증폭기와 같이 게이트 공통(CG) 교류증폭기는 낮은 입력저항을 가진다. 이것은 매우 높은 입력저항을 가지는 소스 공통 및 드레인 공통 교류증폭기와는 다르다.

그림 16-5는 전형적인 게이트 공통 JFET 교류증폭기로서 게이트는 직접 접지되어 있고 입력신호는 결합 캐패시터 C_1을 통해 소스단자에 공급되며, 출력은 드레인 단자로부터 결합 캐패시터 C_2를 통해 얻어진다.

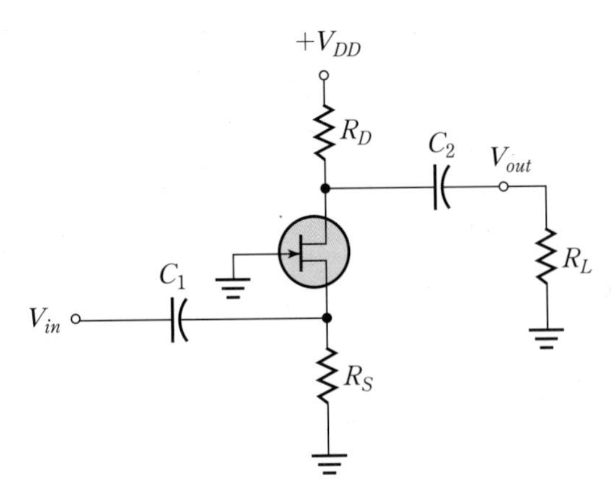

| 그림 16-5 게이트 공통 JFET 교류증폭기

(4) 소신호 게이트 공통 교류증폭기 해석

① 직류 해석(DC Analysis)

소신호 게이트 공통 교류증폭기를 해석하기 위해서는 먼저 직류 바이어스 값을 구해야 한다. 이를 위해 증폭기 회로내에 있는 모든 캐패시터를 개방시킨 후 얻어지는 직류등가회로를 해석해야 한다. 그림 16-6에 게이트 공통 JFET 교류증폭기에 대한 직류등가회로 형성과정을 도시하였다.

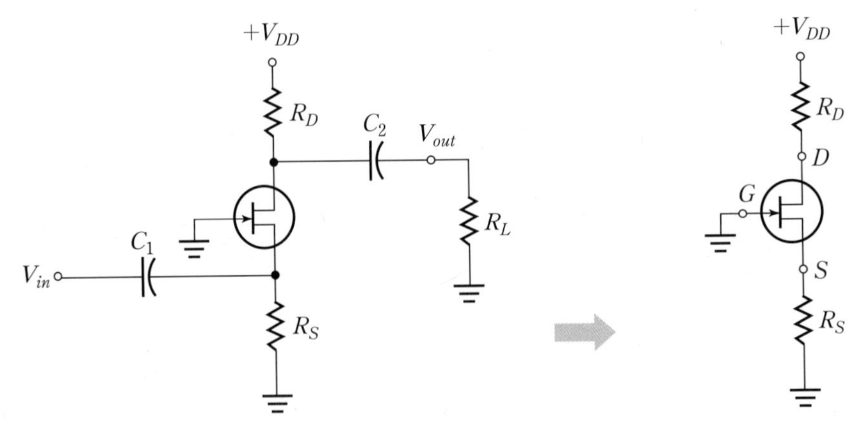

| 그림 16-6 직류등가회로 형성과정

그림 16-6에서 게이트전압 $V_G=0$ 이고 $V_S=I_S R_S \cong I_D R_S$ 이므로 게이트-소스전압 V_{GS} 는 다음과 같이 된다.

$$V_{GS} = V_G - V_S = -I_D R_S < 0 \tag{16.4}$$

식(16.4)로부터 게이트-소스 사이는 항상 역방향으로 바이어스됨을 알 수 있다.

② 교류해석(AC Analysis)

교류등가회로를 얻기 위해서는 먼저 캐패시터의 리액턴스가 신호 주파수에 대해 충분히 작다는 가정하에 단락시키고, 다음으로 직류전압원의 내부저항을 0으로 가정하여 직류전압원을 접지시킨다. 이러한 과정을 통해 얻어지는 회로를 교류등가회로라 부른다(그림 16-7 참조).

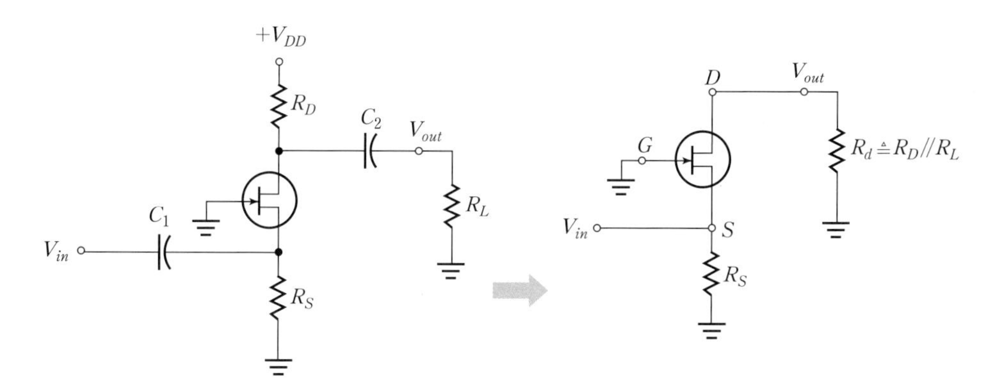

| 그림 16-7 교류등가회로 형성과정

그림 16-7에서 얻어진 교류등가회로에 대하여 FET를 교류등가모델로 대체하면 그림 16-8의 회로를 얻을 수 있다.

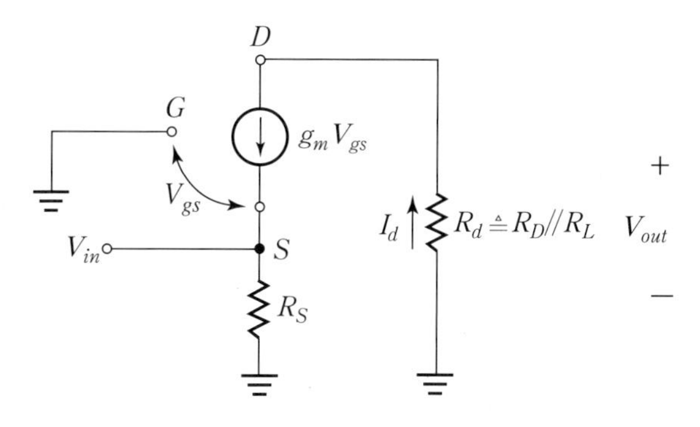

| 그림 16-8 게이트 공통 JFET 교류증폭기 교류등가회로

그림 16-8에서 입력전압 $V_{in} = -V_{gs}$ 이고 출력전압 $V_{out} = -R_d I_d = -g_m V_{gs}$ 이므로 전압이득은 다음과 같다.

$$A_v \triangleq \frac{V_{out}}{V_{in}} = \frac{-g_m V_{gs} R_d}{-V_{gs}} = g_m R_d \tag{16.5}$$

식(16.5)에서 알 수 있듯이 전압이득 표현식에 음의 부호가 없기 때문에 입력전압과 출력전압간의 위상차는 없고 동상이다.

한편 게이트가 입력단자로 되는 소스 공통과 드레인 공통 접속은 입력저항이 매우 높다. 그러나 게이트 공통 접속에서는 소스를 입력단자로 취하기 때문에 낮은 입력저항을 가진다. 먼저, 입력전류는 소스 전류(≅드레인 전류)이므로 $I_{in} = I_s = I_d = g_m V_{gs}$ 이고, 다음으로 입력전압 $V_{in} = -V_{gs}$ 와 같다고 하면 소스에서 회로의 우측을 바라다 본 입력저항 $R_{in(source)}$ 는 다음과 같이 결정된다.

$$R_{in(source)} = \left| \frac{V_{in}}{I_{in}} \right| = \left| \frac{-V_{gs}}{g_m V_{gs}} \right| = \frac{1}{g_m} \tag{16.6}$$

지금까지 게이트 공통 JFET 교류증폭기에 대해 해석하였는데 MOSFET 교류증폭기의 경우도 바이어스 장치만을 제외하면 JFET 증폭기의 해석과 동일한 과정을 거쳐 해석할 수 있다.

여기서 잠깐

- **FET 교류증폭기의 요약**: 소스 공통(CS), 드레인 공통(CD), 게이트 공통(CG) 교류증폭기에서 전압이득과 입출력 전압의 위상관계를 정리하면 다음과 같다.

FET 교류증폭기			
	소스 공통(CS)	드레인 공통(CD)	게이트 공통(CG)
전압이득	$-g_m R_d$ (역상)	$\frac{g_m R_s}{1+g_m R_s}$ (동상)	$g_m R_d$ (동상)

16.2.2 실험원리 요약

소신호 드레인 공통 교류증폭기

- 드레인 공통 교류증폭기는 컬렉터 공통 바이폴라 교류증폭기와 유사하며 소스전압이 입력게이트 전압과 같고 위상이 동상이기 때문에 흔히 소스플로어라고 부른다.
- 전압이득

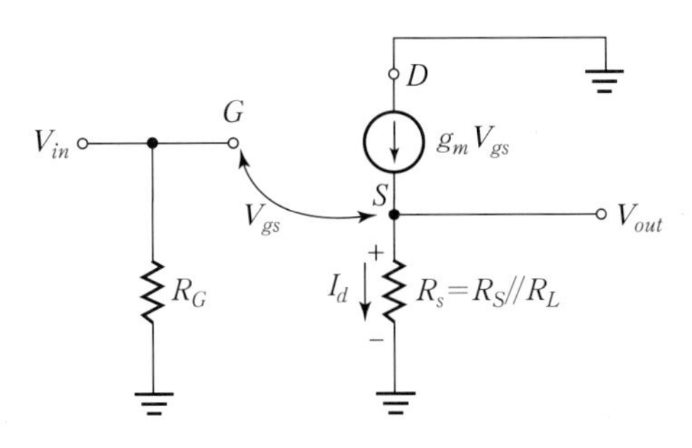

$$A_v = \frac{V_{out}}{V_{in}} = \frac{g_m V_{gs} R_s}{V_{gs} + g_m V_{gs} R_s} = \frac{g_m R_s}{1 + g_m R_s} \cong 1 \text{ (비반전증폭기)}$$

$$R_s \triangleq R_S // R_L \text{ : 소스 교류저항}$$

소신호 게이트 공통 교류증폭기

- 게이트 공통 교류증폭기는 베이스 공통 바이폴라 교류증폭기와 유사하며 낮은 입력저항을 가진다.
- 전압이득

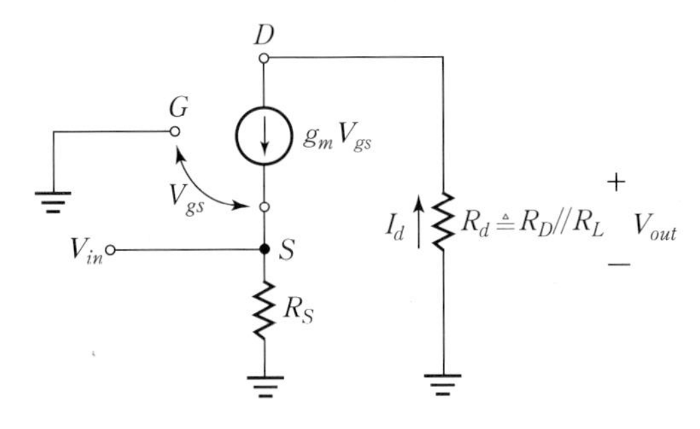

$$A_v = \frac{V_{out}}{V_{in}} = \frac{-g_m V_{gs} R_d}{-V_{gs}} = g_m R_d \text{ (비반전증폭기)}$$

- 입력저항 $R_{in(emitter)}$

$$R_{in(emitter)} = \left|\frac{V_{in}}{I_{in}}\right| = \left|\frac{-V_{gs}}{g_m V_{gs}}\right| = \frac{1}{g_m}$$

16.3 시뮬레이션 학습실

16.3.1 드레인 공통 JFET 교류증폭기

드레인 공통 JFET 교류증폭기의 출력전압이 바이패스 캐패시터와 부하저항의 변화에 따라 어떤 영향을 받는지를 살펴보기 위하여 그림 16-9(a)의 회로에 대하여 PSpice로 시뮬레이션을 수행한다.

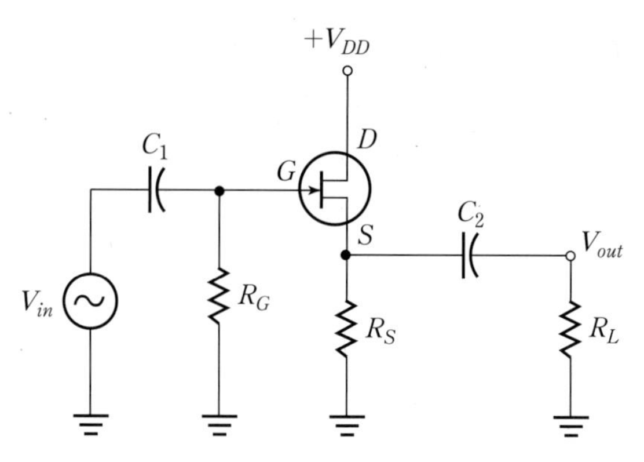

| 그림 16-9(a) 드레인 공통 JFET 교류증폭기

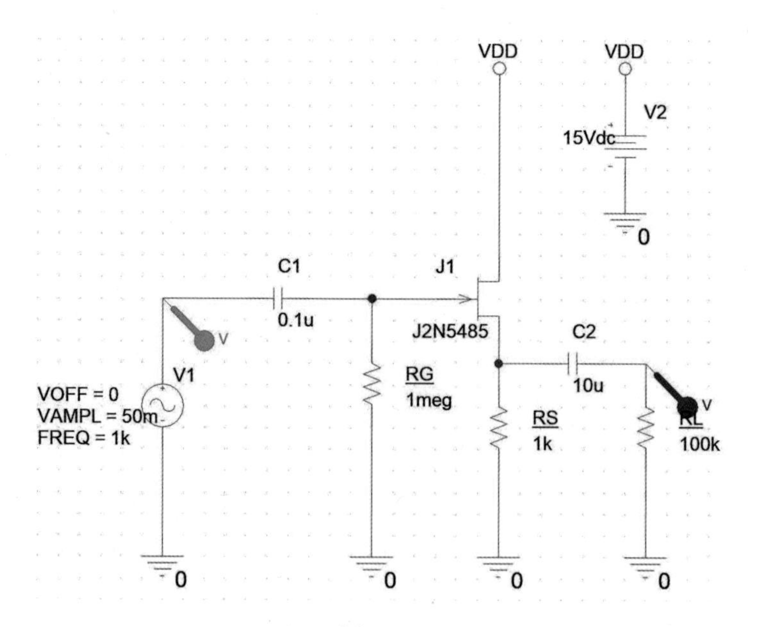

| 그림 16-9(b) PSpice 회로도

시뮬레이션 조건

- JFET 모델명: J2N5485
- $R_G = 1\text{M}\Omega$, $R_S = 1\text{k}\Omega$, $R_L = 100\text{k}\Omega$, $C_1 = 0.1\mu\text{F}$, $C_2 = 10\mu\text{F}$
- $V_{DD} = 15\text{V}$
- $V_{in} = 50 \sin 2\pi ft[\text{mV}]$, $f = 1\text{kHz}$
- 드레인 공통 JFET 교류증폭기의 출력전압 V_{out}과 R_L을 개방시킨 경우 V_{out}을 도시한다.

그림 16-9(b) 회로에 대한 PSpice 시뮬레이션 결과를 다음에 도시하였다.

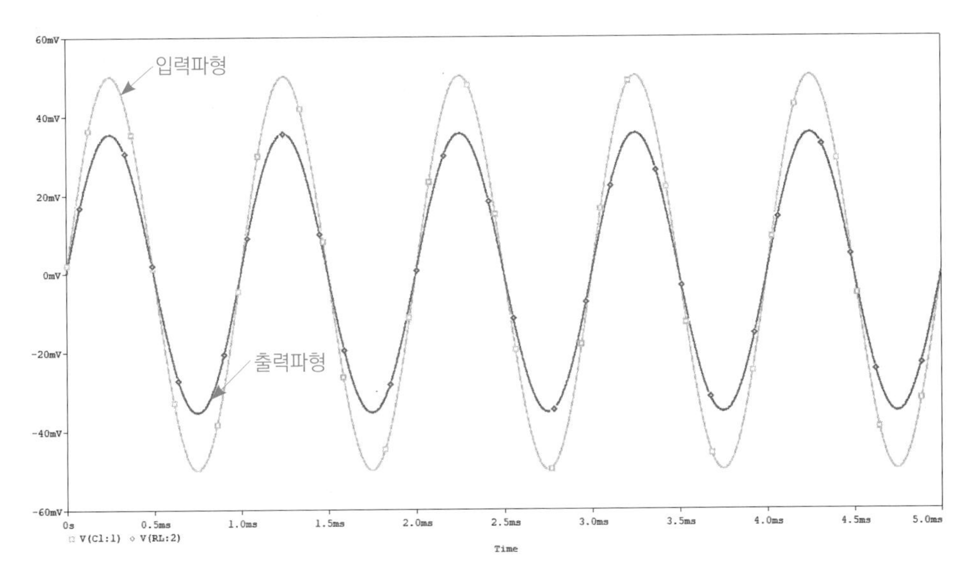

| 그림 16-10(a) 출력파형 $V_{out}(R_L = 100\text{k}\Omega)$

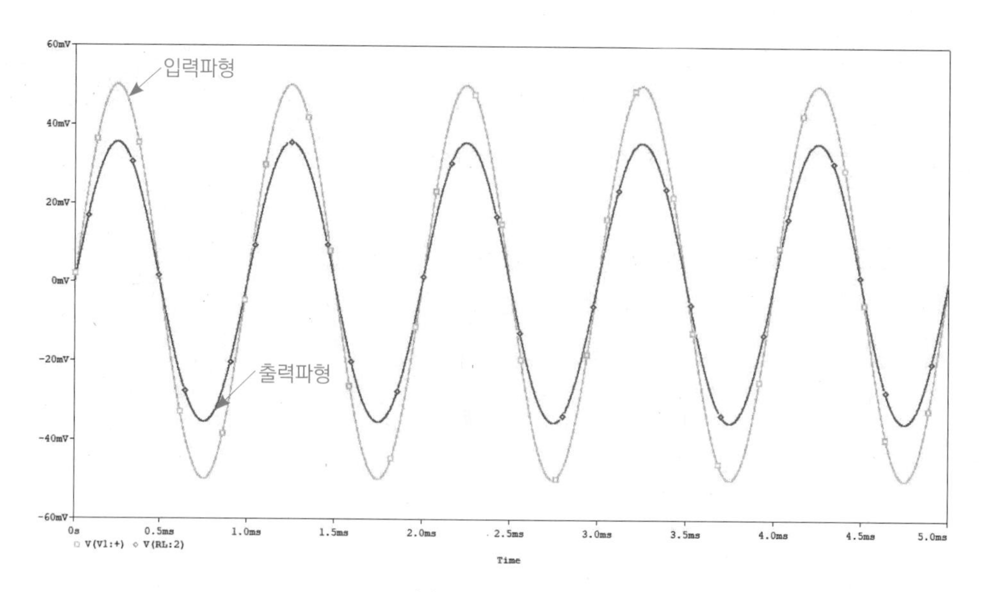

| 그림 16-10(b) 출력파형 V_{out}(R_L 개방)

16.3.2 게이트 공통 JFET 교류증폭기

게이트 공통 JFET 교류증폭기의 출력전압이 부하저항 R_L의 변화에 따라 어떤 영향을 받는지를 살펴보기 위하여 그림 16-11(a)의 p채널 JFET 교류증폭기 회로에 대하여 PSpice로 시뮬레이션을 수행한다.

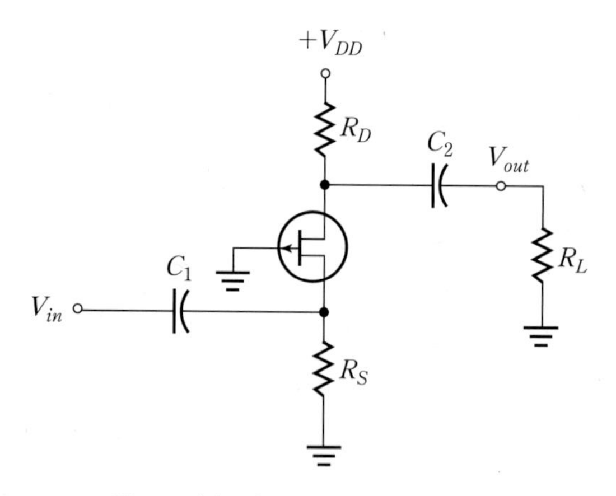

| 그림 16-11(a) 게이트 공통 JFET 교류증폭기

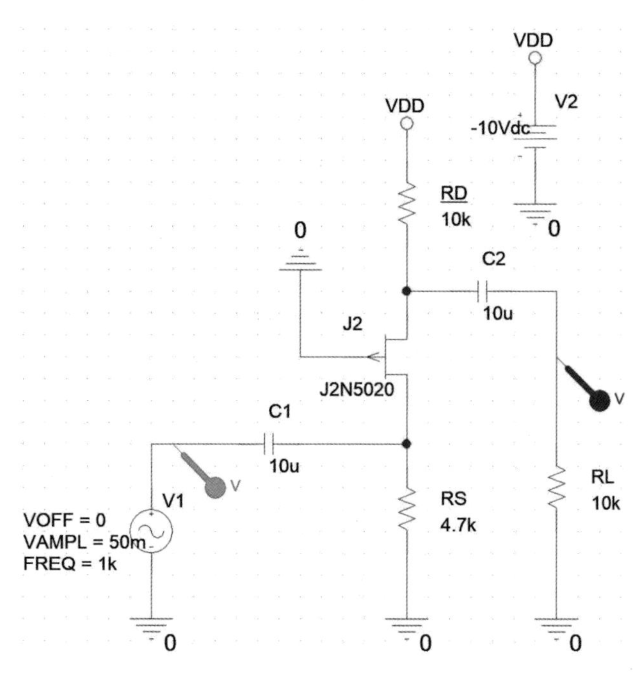

ㅣ그림 16-11(b) PSpice 회로도

시뮬레이션 조건

- JFET 모델명: J2N5020
- $R_D = 10\text{k}\Omega$, $R_S = 4.7\text{k}\Omega$, $R_L = 10\text{k}\Omega$
- $C_1 = 10\mu\text{F}$, $C_2 = 10\mu\text{F}$
- $V_{DD} = -10\text{V}$
- $V_{in} = 50\sin 2\pi ft[\text{mV}]$, $f = 1\text{kHz}$
- 게이트 공통 JFET 교류증폭기의 출력전압 V_{out}을 도시한다.
  R_L을 개방시킨 경우 출력전압 V_{out}을 도시한다.

그림 16-11(b) 회로에 대한 PSpice 시뮬레이션 결과를 다음에 도시하였다.

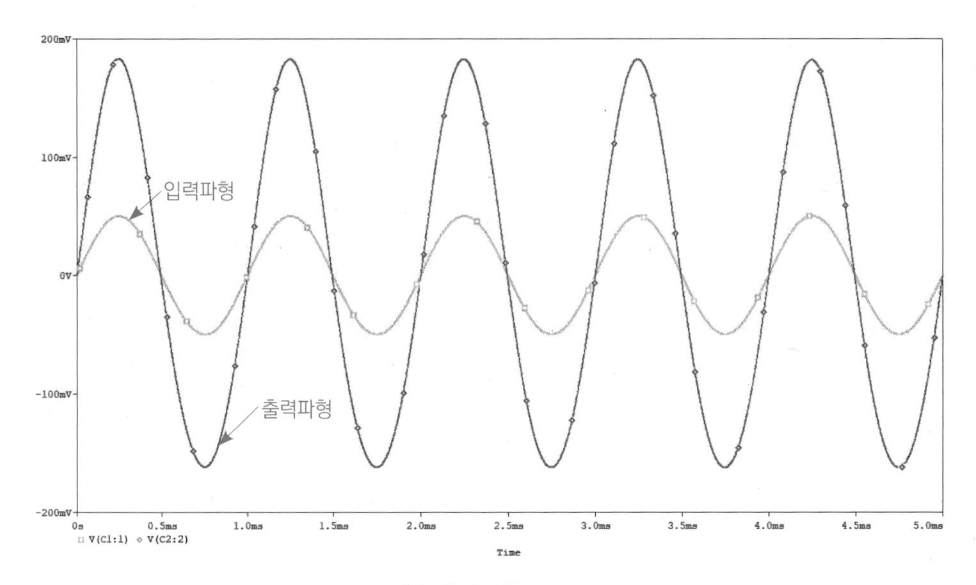

| 그림 16-12(a) 출력파형 $V_{out}(R_L = 10\text{k}\Omega)$

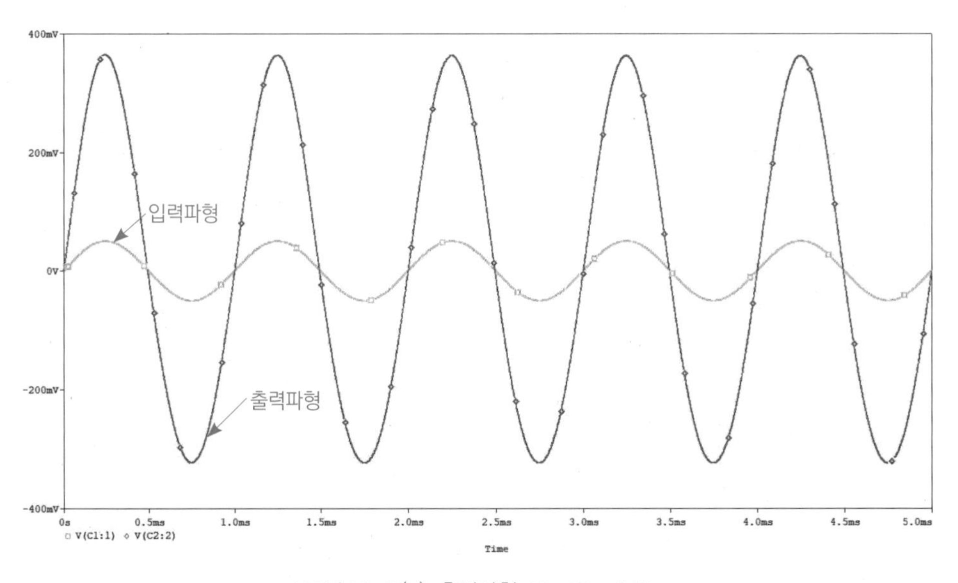

| 그림 16-12(b) 출력파형 $V_{out}(R_L$ 개방)

16.4 실험기기 및 부품

- n채널 JFET 1개
- p채널 JFET 2개

- 저항 1kΩ, 4.7kΩ, 10kΩ, 100kΩ, 1MΩ 각 2개
- 캐패시터 0.1μF, 10μF 각 2개
- 오실로스코프 1대
- 신호발생기 1대
- 디지털 멀티미터 1대
- 직류전원공급기 1대
- 브레드 보드 1대

16.5 실험방법

16.5.1 드레인 공통 JFET 교류증폭기 실험

(1) 그림 16-13의 회로를 결선한다.

(2) 그림 16-13에 대한 직류등가회로를 구한 다음, 표 16-1에 나타나 있는 직류량에 대한 이론값과 측정값을 각각 구하여 기록한다.

(3) 그림 16-13에서 $V_{in} = 50\sin 1200\pi t$[mV]를 신호발생기로부터 발생시켜 드레인 공통 JFET 교류증폭기에 인가하여 출력파형을 오실로스코프로 측정한 후 파형을 도시하고 이때의 전압이득을 계산한다.

(4) 부하저항 R_L을 개방시킨 경우 출력파형을 측정하여 도시하고 이때의 전압이득을 계산한다.

(5) 지금까지의 실험 결과 데이터를 이용하여 표 16-2를 완성한다.

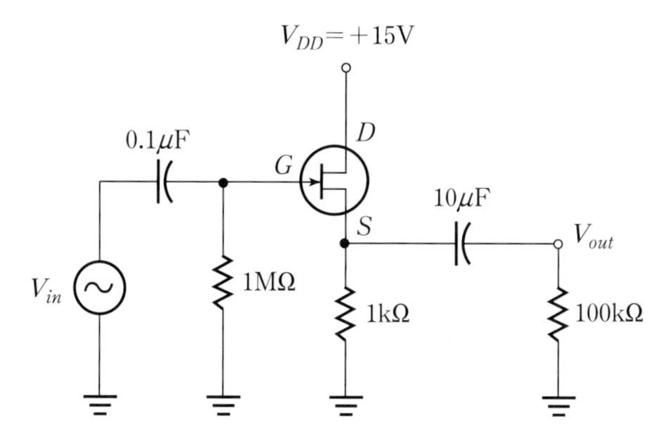

| 그림 16-13 드레인 공통 JFET 교류증폭기 실험

16.5.2 게이트 공통 JFET 교류증폭기 실험

(1) 그림 16-14의 회로를 결선한다. 바이어스 전압을 인가할 때 JFET이 p채널임에 유의한다.

(2) 그림 16-14에 대한 직류등가회로를 구한 다음, 표 16-3에 나타나 있는 직류량에 대한 이론값과 측정값을 각각 구하여 기록한다.

(3) 그림 16-14에서 $V_{in} = 50\sin 1200\pi t[\text{mV}]$를 신호발생기로부터 발생시켜 게이트 공통 JFET 교류증폭기에 인가하여 출력파형을 오실로스코프로 측정한 후 파형을 도시하고 이때의 전압이득을 계산한다.

(4) 부하저항 R_L을 개방시킨 경우 출력파형을 측정하여 도시하고 이때의 전압이득을 계산한다.

(5) 지금까지의 실험결과 데이터를 이용하여 표 16-4를 완성한다.

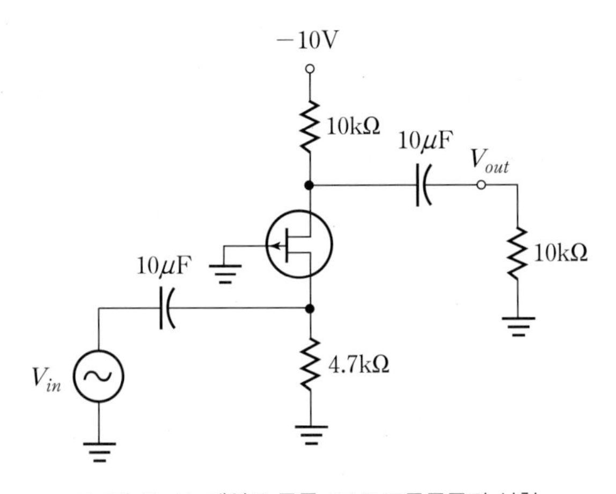

| 그림 16-14 게이트 공통 JFET 교류증폭기 실험

16.6 실험결과 및 검토

16.6.1 실험결과

| 표 16-1 드레인 공통 JFET 교류증폭기의 직류해석

측정량	측정값	이론값
V_G[V]		
V_S[V]		
V_D[V]		
I_S, I_D[mA]		
V_{DS}[V]		

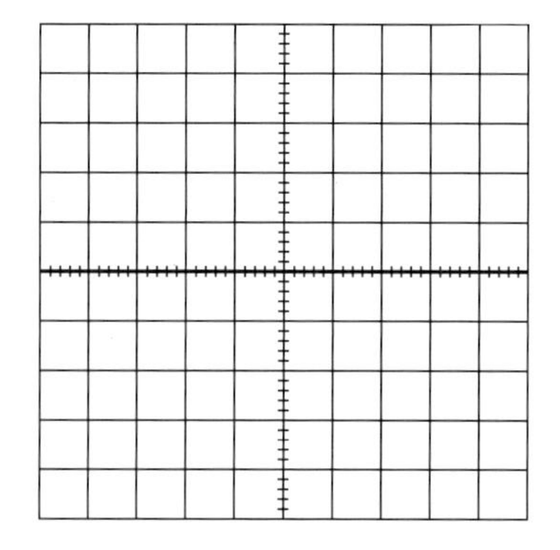

	CH1	CH2
측정량		
VOLT/DIV		
TIME/DIV		
전압이득		

| 그래프 16-1 드레인 공통 JFET 교류증폭기의 입출력 파형 ($R_L = 100\text{k}\Omega$)

	CH1	CH2
측정량		
VOLT/DIV		
TIME/DIV		
전압이득		

| 그래프 16-2 드레인 공통 JFET 교류증폭기의 입출력 파형 (R_L 개방)

| 표 16-2 드레인 공통 JFET 교류증폭기 실험결과 요약

실험단계	제한조건	$V_{in(pp)}$	$V_{out(pp)}$	측정이득	계산이득
단계 (3)	$R_L = 100\text{k}\Omega$				
단계 (4)	R_L 개방				

| 표 16-3 게이트 공통 JFET 교류증폭기의 직류해석

측정량	측정값	이론값
V_S[V]		
I_S, I_D[mA]		
V_D[V]		
V_{GS}[V]		
V_{DS}[V]		

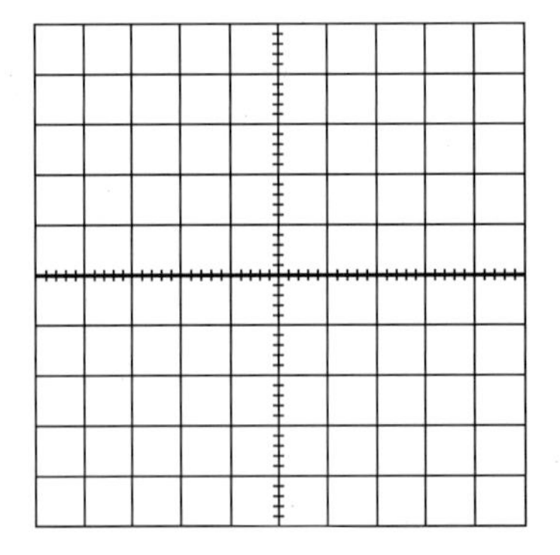

	CH1	CH2
측정량		
VOLT/DIV		
TIME/DIV		
전압이득		

| 그래프 16-3 게이트 공통 JFET 교류증폭기의 입출력 파형 ($R_L = 10\text{k}\Omega$)

	CH1	CH2
측정량		
VOLT/DIV		
TIME/DIV		
전압이득		

| 그래프 16-4 게이트 공통 JFET 교류증폭기의 입출력 파형 (R_L 개방)

| 표 16-4 게이트 공통 JFET 증폭기 실험결과 요약

실험단계	제한조건	$V_{in(pp)}$	$V_{out(pp)}$	측정이득	계산이득
단계 (3)	$R_L = 10\text{k}\Omega$				
단계 (4)	R_L 개방				

16.6.2 검토 및 고찰

(1) 드레인 공통 교류증폭기에서 부하저항이 전압에 미치는 영향을 설명하라.

(2) 드레인 공통 교류증폭기와 게이트 공통 교류증폭기를 비교하여 장단점을 설명하라.

(3) 게이트 공통 교류증폭기에서 소스저항 R_S가 단락되면 어떻게 되는가?

(4) 게이트 공통 교류증폭기에서 드레인 저항변화가 전압이득 및 출력파형에 미치는 영향을 기술하라.

(5) 3가지 FET 교류증폭기 구성과 위상관계의 차이점을 설명하라.

16.7 실험 이해도 측정 및 평가

16.7.1 객관식 문제

01 $R_s = 1\text{k}\Omega$을 가진 드레인 공통(CD) 교류증폭기가 $6000\mu\text{S}$의 전달컨덕턴스를 가질 때 전압이득은 얼마인가?

① 1　② 0.86
③ 0.98　④ 6

02 드레인 공통 교류증폭기에서 부하저항의 크기를 2배 증가시키면 전압이득은 어떻게 변하는가?

① 2배 증가한다.　② 거의 변화없다.
③ $\frac{1}{2}$배 감소한다.　④ 처음에는 증가하지만 시간이 지나면 감소한다.

03 게이트 공통 교류증폭기가 가지는 특성은 무엇인가?

① 전압이득이 높다.　② 전압이득이 낮다.
③ 높은 입력저항을 가진다.　④ 낮은 입력저항을 가진다.

04 높은 입력저항과 양호한 전압이득을 찾는다면 어떤 접속이 좋은가?

① CS 증폭기 ② CD 증폭기
③ CG 증폭기 ④ 소스플로워

05 드레인 공통 교류증폭기에서 입력전압과 출력전압의 위상관계는?

① 180° 위상차 ② 동상
③ 120° 위상차 ④ 90° 위상차

06 드레인 공통 교류증폭기를 실제로 응용하는데 있어 가장 중요한 특성은 무엇인가?

① 부하효과 ② 전압이득
③ 매우 낮은 입력임피던스 ④ 캐패시터 결합

07 소스 플로어의 이상적인 전압이득은 얼마인가?

① 10 ② 1
③ 100 ④ 0

08 게이트 공통 교류증폭기에서 소스에서 바라다 본 입력저항은?

① $g_m R_d$ ② $1 + g_m R_d$
③ $1/g_m$ ④ ∞

16.7.2 주관식 문제

01 그림 16-15의 회로에서 교류증폭기의 전압이득을 계산하라.

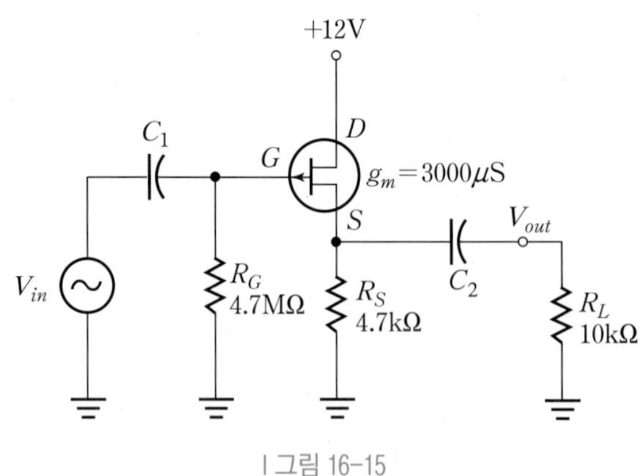

| 그림 16-15

02 그림 16-16의 회로에서 교류증폭기의 전압이득과 소스에서의 입력저항을 계산하라.

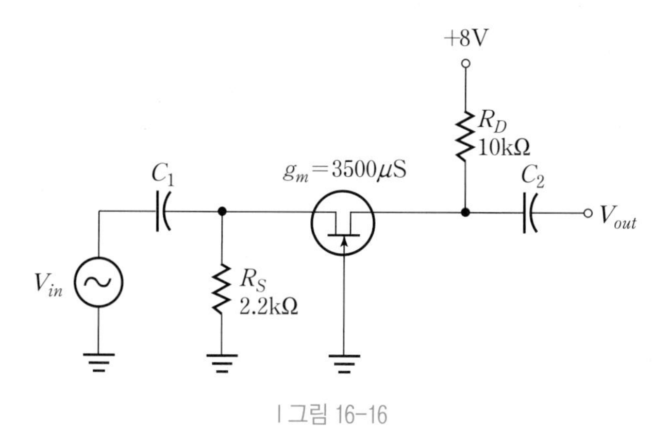

| 그림 16-16

03 그림 16-17의 회로에서 1kΩ 가변저항기의 저항이 780Ω으로 조정된 경우 전압이득을 계산하라.

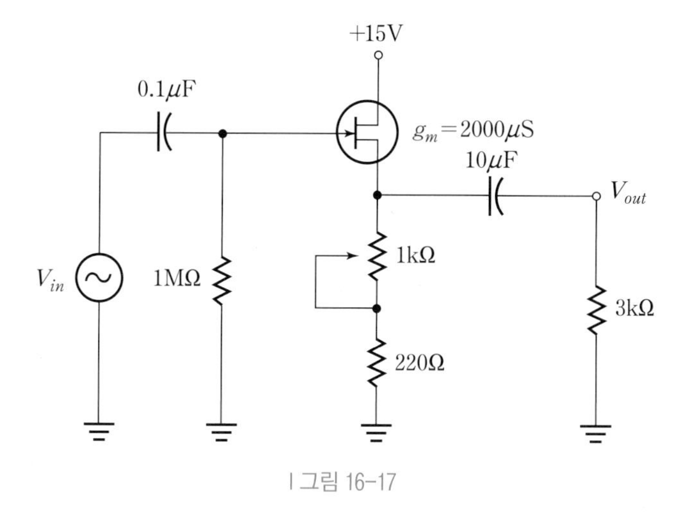

| 그림 16-17

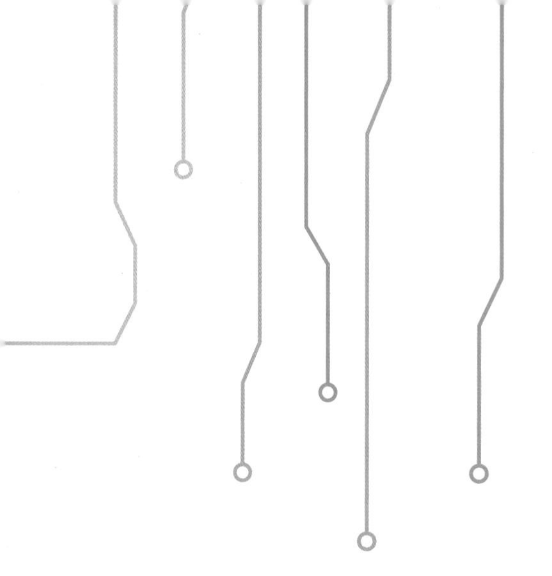

CHAPTER 17
교류증폭기의 주파수 응답특성 실험

contents

17 교류증폭기의 주파수 응답특성 실험

17.1 실험 개요

캐패시터 결합 교류증폭기의 전압이득과 위상지연이 저주파 영역 및 고주파 영역에서 어떤 영향을 받는지 실험을 통해 고찰한다.

17.2 실험원리 학습실

17.2.1 교류증폭기의 주파수 응답

(1) 바이폴라 교류증폭기의 저주파 응답

그림 17-1에서 나타낸 전형적인 캐패시터 결합 에미터 공통 교류증폭기에서는 신호주파수가 충분히 낮은 경우, 캐패시터들의 리액턴스 X_C가 무시할 만큼 충분히 작지 않기 때문에 교류증폭기 회로를 저주파 영역에서 해석할 때는 캐패시터들에 대한 영향을 고려해야 한다.

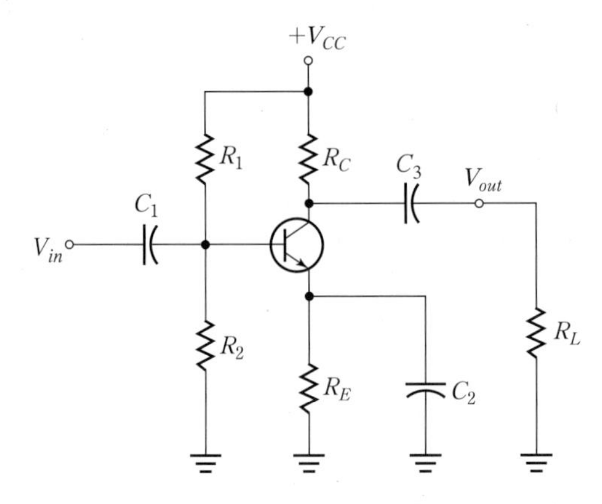

| 그림 17-1 전형적인 캐패시터 결합 교류증폭기

따라서 중간 주파수 범위에서처럼 캐패시터를 단락회로로 무시할 수가 없게 되며, 그림 17-1의 교류증폭기의 교류등가회로에는 캐패시터들이 남게 된다. 그림 17-2에 나타낸 것처럼 증폭기의 저주파 등가회로에는 각 캐패시터들에 대한 RC 회로가 형성된다.

첫 번째 RC 회로는 입력결합 캐패시터 C_1과 증폭기의 입력저항 R_{in}으로 구성되어 있다. 두 번째 RC 회로는 출력결합 캐패시터 C_3와 컬렉터에서 바라본 저항 R_{out} 그리고 부하저항으로 구성되어 있다. 세 번째 RC 회로는 에미터 바이패스 캐패시터 C_2와 에미터에서 바라본 저항 $R_{in(emitter)}$로 구성되어 있다.

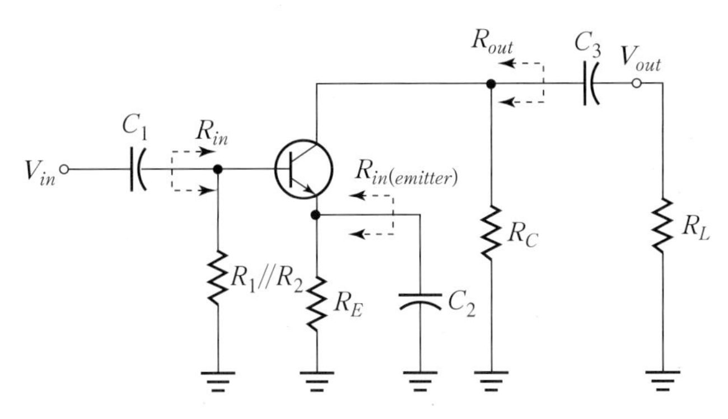

Ⅰ그림 17-2 3개의 RC 회로를 생성하는 저주파 교류증폭기 회로

① 입력 RC 회로

입력 RC 회로는 그림 17-3에서와 같이 입력결합 캐패시터 C_1과 증폭기의 입력저항으로 구성된 회로이다.

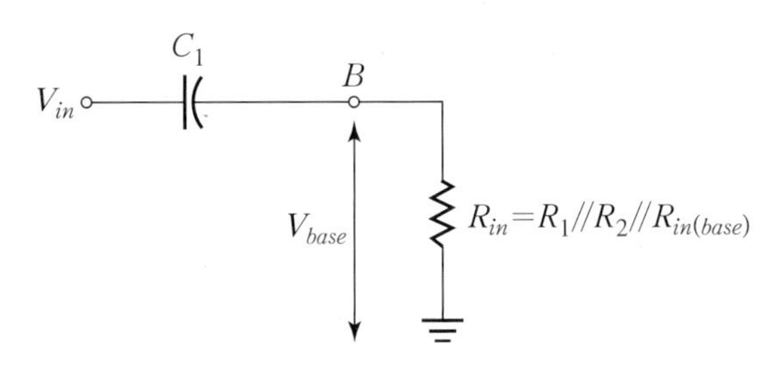

Ⅰ그림 17-3 입력 RC 회로

그림 17-3에서 V_{in}과 V_{base}와의 관계는 다음과 같다.

$$V_{base} = \frac{R_{in}}{\sqrt{(R_{in})^2 + (X_{C1})^2}} V_{in} \tag{17.1}$$

일반적으로 교류증폭기의 주파수 응답에서 임계주파수(Critical Frequency) f_c는 식(17.1)에서 $R_{in} = X_{C1}$ 이 만족할 때의 주파수로 정의되며 다음과 같다.

$$X_{C1} = \frac{1}{2\pi f_c C_1} = R_{in} \tag{17.2a}$$

$$f_c = \frac{1}{2\pi R_{in} C_1} \tag{17.2b}$$

임계주파수 f_c에서 V_{base}는 V_{in}값의 0.707배이며, 데시벨로 표현하면 다음과 같이 −3dB이 된다.

$$20\log_{10}\left(\frac{V_{base}}{V_{in}}\right) = 20\log_{10}0.707 \cong -3\text{dB} \tag{17.3}$$

주파수가 임계값 f_c로 감소하면 입력 RC 회로는 증폭기의 전체이득을 3dB 감소시킨다. 주파수가 계속해서 감소하면 전체이득 역시 감소하며 이를 롤−오프(Roll−off)라 한다.

주파수 $f = 0.1 f_c$ 인 경우 $X_{C1} = 10R_{in}$ 이 성립하므로 V_{base}와 V_{in}의 비를 데시벨로 표현하면 다음과 같다.

$$20\log_{10}\left(\frac{V_{base}}{V_{in}}\right) \cong 20\log_{0.1} = -20\text{dB} \tag{17.4}$$

식(17.4)로부터 주파수가 10배씩 감소함에 따라 전체이득은 20dB씩 감소하게 되며 이를 그림 17−4의 이상적인 Bode 선도에 도시하였다.

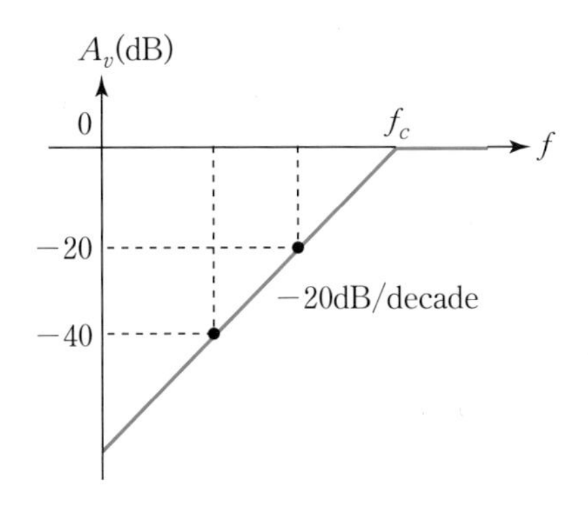

| 그림 17-4 입력 RC 회로에 대한 이상적인 Bode 선도

② 출력 RC 회로

그림 17-5의 증폭기에서 두 번째 RC 회로는 그림 17-5(a)에 나타낸 것처럼 출력결합 캐패시터 C_3, 컬렉터에서 바라본 저항 및 부하저항 R_L로 구성되어 있다. 컬렉터에서 바라본 출력저항을 결정하는 데 있어서 그림 17-5(b)와 같이 트랜지스터는 이상적인 전류원(무한대의 내부 저항)으로 취급되고, R_C의 위쪽은 실효적으로 교류접지된다. 그러므로 캐패시터 C_3의 왼쪽 회로(점선부분의 회로)를 테브난 등가회로로 바꾸면 그림 17-5(c)와 같이 등가 전압원과 직렬저항으로 된다. 이러한 RC 회로망에 대한 임계주파수는 다음과 같다.

$$f_c = \frac{1}{2\pi(R_C + R_L)C_3} \tag{17.5}$$

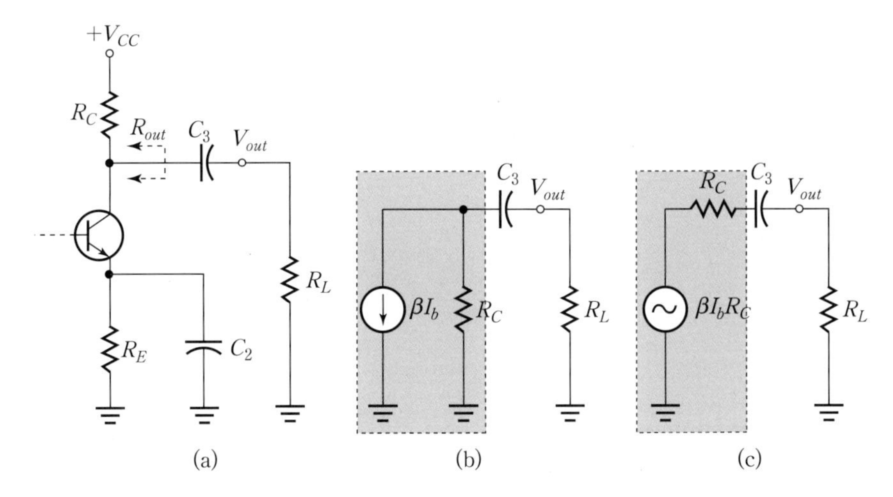

| 그림 17-5 저주파 출력 RC 회로의 해석과정

③ 바이패스 RC 회로

바이패스 RC 회로는 그림 17-6에 나타낸 것과 같이 C_2와 에미터에서 바라다 본 저항으로 구성된다. 에미터에서 바라다 본 저항 $R_{in(emitter)}$는 테브난의 정리를 연속해서 두 번 적용함으로써 계산될 수 있으나 지면관계상 결과식만을 나타내도록 한다.

$$R_{in(emitter)} = \frac{R_S /\!/ R_1 /\!/ R_2}{\beta_{ac}} + r'_e \tag{17.6}$$

그림 17-6(b)에서 $V_{th(1)}$은 그림 17-6(a)의 베이스단에서 회로의 좌측에 대한 테브난 등가전압을 나타낸다. 그림 17-6(c)로부터 바이패스 회로에 대한 임계주파수는 다음과 같다.

$$f_c = \frac{1}{2\pi(R_{in(emitter)} /\!/ R_E)C_2} \tag{17.7}$$

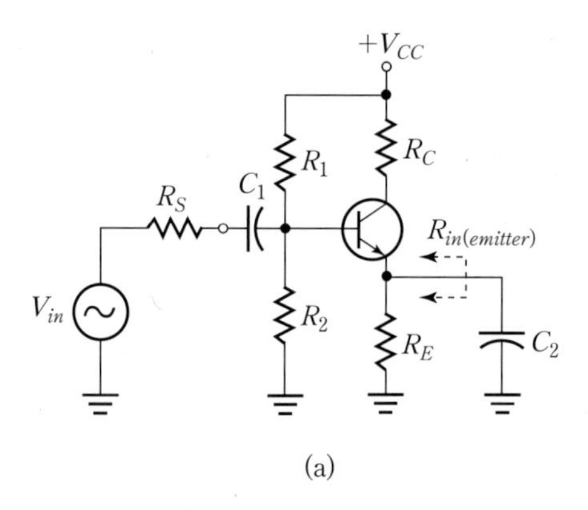

(a)

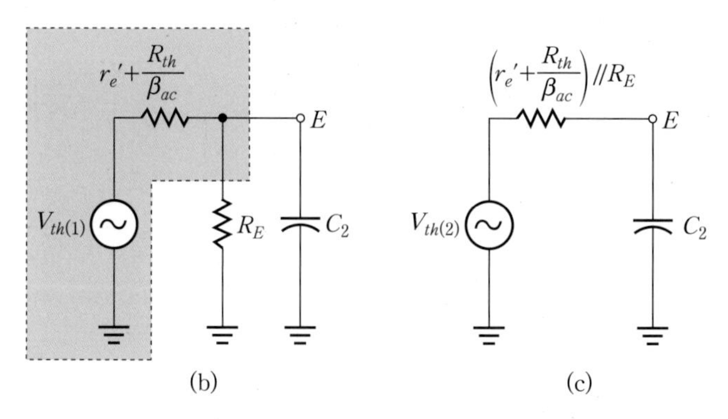

(b) (c)

| 그림 17-6 바이패스 RC 회로의 해석과정

④ 교류증폭기의 전체 저주파 응답

지금까지 결정된 3개의 RC 회로에 대한 이상적인 Bode 선도들은 그림 17-7에서와 같이 각 임계 주파수에서 중첩되어 나타나게 된다.

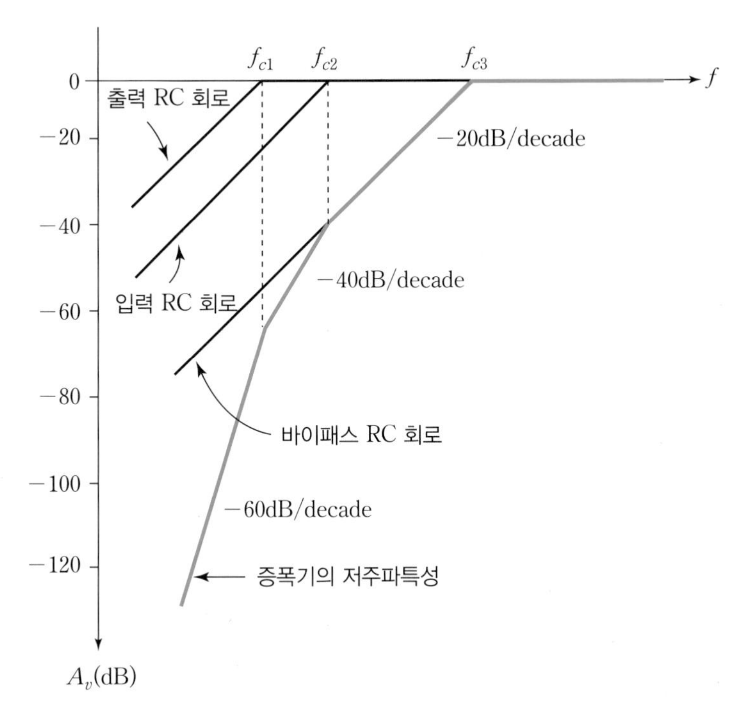

| 그림 17-7 교류증폭기의 전체 저주파 응답

그림 17-7에서 나타낸 것처럼 주파수가 중간영역(Midband)에서 감소함에 따라서 f_{c3}에서 최초의 절점(Break-point)이 생기고 이득이 −20dB/decade로 감소하기 시작한다. 이처럼 일정한 롤-오프 비율은 f_{c2}점까지 도달된다. 이 절점에서 출력 RC 회로는 또 다른 −20dB/decade가 더해져서 −40dB/decade의 전체 롤-오프를 만든다. 이 일정한 롤-오프는 f_{c1}에 도달할 때까지 계속된다. 이 절점에서 바이패스 RC 회로는 롤-오프에 또 다른 −20dB/decade가 더해져서 −60dB/decade의 이득 롤-오프가 되게 한다.

(2) 바이폴라 증폭기의 고주파 응답

그림 17-8(a)에 나타낸 전형적인 캐패시터 결합 교류증폭기와 그것에 대한 고주파 교류 등가 회로를 그림 17-8(b)에 도시하였다. 고주파 영역이므로 결합 및 바이패스 캐패시터

등은 실효적으로 단락되고, 오직 고주파일 때만 트랜지스터 내부 캐패시터 C_{be}와 C_{bc}가 중요하게 취급된다. 때때로 C_{be}는 입력 부유 캐패시턴스(Stray Capacitance), C_{bc}는 출력 부유 캐패시턴스라고 정의한다.

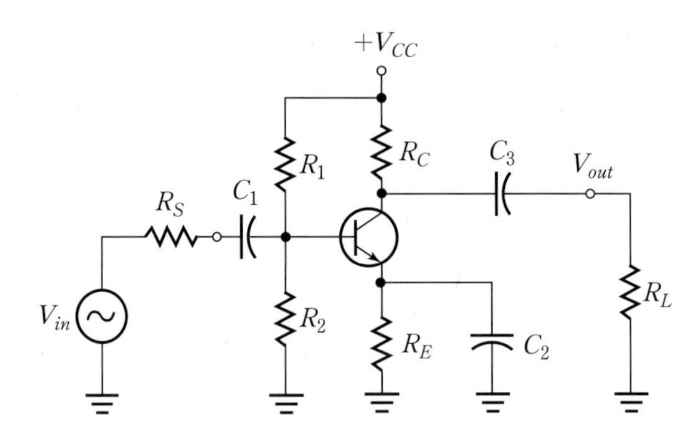

(a) 캐패시터 결합 교류증폭기

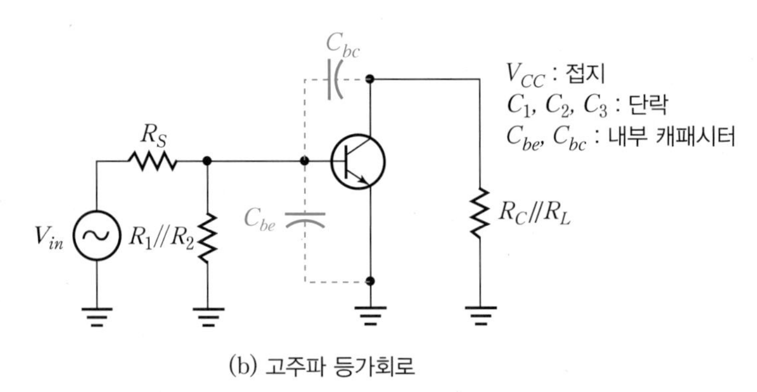

(b) 고주파 등가회로

| 그림 17-8 2개의 RC 회로를 생성하는 고주파 교류증폭기 회로

① 밀러 정리(Miller's Theorem)에 의한 고주파 해석

그림 17-8(b)에서 C_{bc}는 입력단과 출력단에 연결되어 있으므로 피드백 캐패시터이다. 이를 밀러 정리를 이용하여 밀러 입력캐패시턴스 $C_{in(M)}$과 밀러 출력캐패시턴스 $C_{out(M)}$로 각각 분리할 수 있다.

$$C_{in(M)} = C_{be}(A_v + 1) \tag{17.8}$$

$$C_{out(M)} = C_{bc}\left(\frac{A_v + 1}{A_v}\right) \tag{17.9}$$

밀러 정리를 적용한 후의 고주파 등가회로를 그림 17-9에 도시하였으며, 이러한 2개의 밀러 캐패시턴스는 고주파 입력 RC 회로와 고주파 출력 RC 회로를 생성한다.

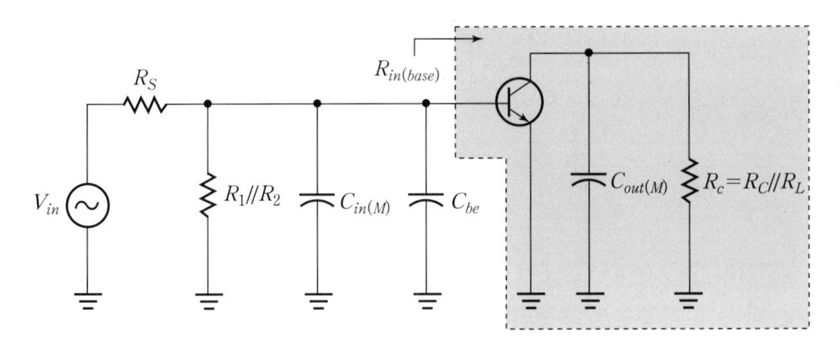

| 그림 17-9 밀러 정리를 적용한 후의 고주파 등가회로

② 입력 RC 회로(베이스 바이패스 회로)

고주파 입력 RC 회로는 그림 17-10(a)와 같이 되는데 여기서 바이패스 캐패시터가 이미터와 접지 사이에 실효적으로 단락되므로 $R_{in(base)}$는 베이스에서의 입력임피던스이다. 그림 17-9(a)에서 캐패시터를 제외한 나머지 부분에 대해 테브난 등가정리를 적용하면 그림 17-9(b)와 같은 회로를 얻을 수 있다.

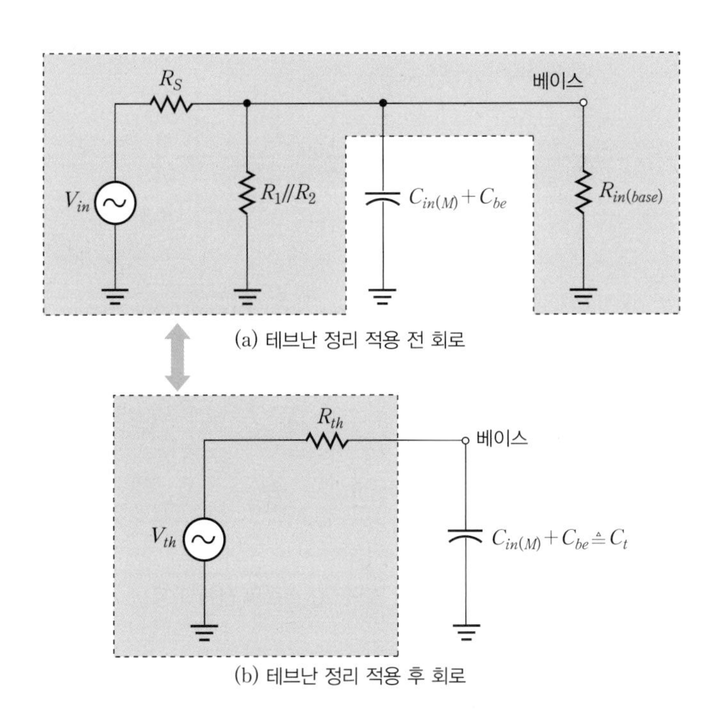

(a) 테브난 정리 적용 전 회로

(b) 테브난 정리 적용 후 회로

| 그림 17-10 고주파 입력 RC 회로의 해석과정

그림 17-10(b)에서 임계주파수 f_c는 다음과 같이 결정된다.

$$f_c = \frac{1}{2\pi(R_S /\!/ R_1 /\!/ R_2 /\!/ \beta_{ac} r'_e)C_t} \tag{17.10}$$

여기서 $C_t \triangleq C_{be} + C_{in(M)}$ 이다.

③ 출력 RC 회로(컬렉터 바이패스 회로)

고주파 출력 RC 회로는 그림 17-11(a)와 같이 밀러 출력캐패시턴스와 컬렉터에서 회로의 좌측을 바라본 저항으로 구성된다. 그림 17-11(b)에 나타낸 것처럼 출력저항을 구하는 데 있어서 트랜지스터는 전류원(개방)으로 취급되고 RC 위쪽 끝부분은 실효적으로 교류 접지된다. 그림 17-11(b)에서 밀러 출력캐패시터 $C_{out(M)}$를 제외한 나머지 회로부분을 테브난 등가회로로 대체하면 그림 17-11(c)와 같은 등가 고주파 출력 RC 회로가 얻어진다.

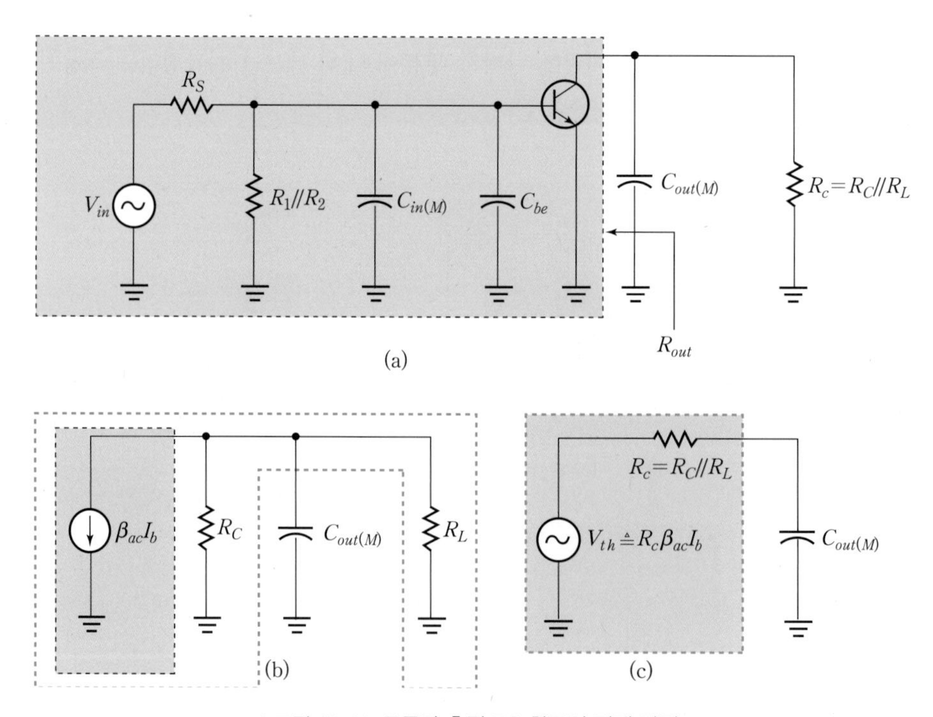

| 그림 17-11 고주파 출력 RC 회로의 전개 과정

그림 17-11(c)에서 임계주파수 f_c는 다음과 같이 결정되며 $R_c \triangleq R_C /\!/ R_L$ 이다.

$$f_c = \frac{1}{2\pi R_c C_{out(M)}} \tag{17.11}$$

④ 교류증폭기의 전체 고주파 응답

지금까지 결정된 2개의 RC 회로에 대한 이상적인 Bode 선도들은 그림 17-12에서와 같이 각 임계주파수에서 중첩되어 나타나게 된다.

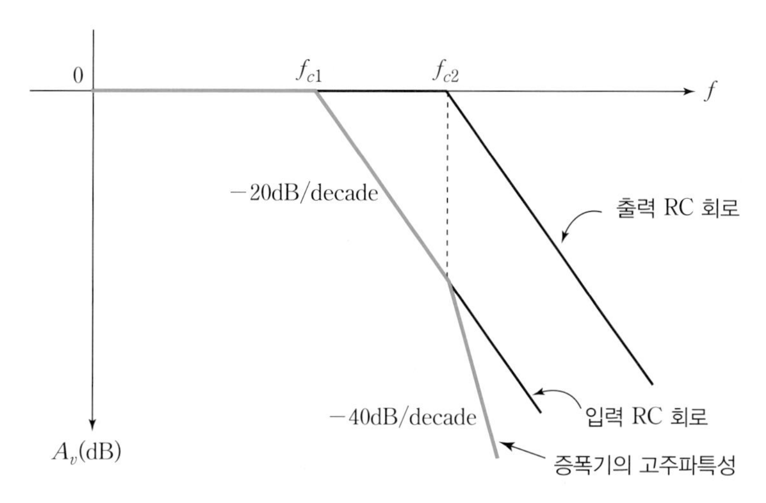

| 그림 17-12 교류증폭기의 전체 고주파 응답

(3) 교류증폭기의 전체 주파수 응답

지금까지 기술된 저주파 Bode 선도 및 고주파 Bode 선도를 한꺼번에 도시하면 그림 17-13과 같다. 5개의 임계주파수 중에서 우세 임계주파수는 각각 f_{c3}와 f_{c4}이며, 이 주파수를 각각 하한 임계주파수(f_{cl})와 상한 임계주파수(f_{cu})라 부른다.

$$f_{cl} \triangleq \max(f_{c1}, f_{c2}, f_{c3}) \tag{17.12}$$

$$f_{cu} \triangleq \min(f_{c4}, f_{c5}) \tag{17.13}$$

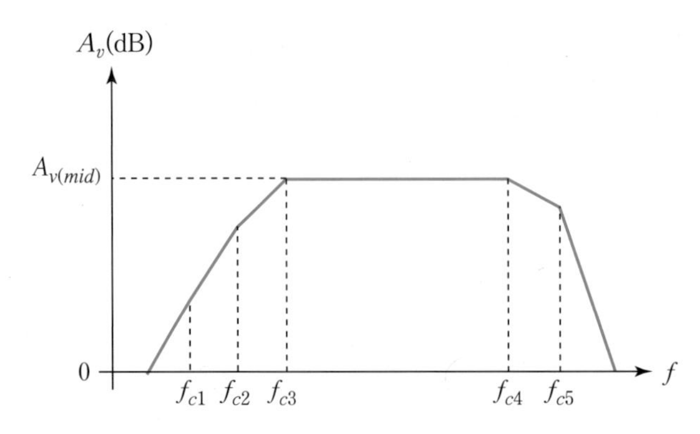

| 그림 17-13 교류증폭기의 이상적인 주파수 응답

> **여기서 잠깐**
>
> - **교류증폭기의 주파수 응답특성:** 교류증폭기에는 보통 입력 및 출력결합 캐패시터와 바이패스 캐패시터가 존재하므로 각 캐패시터들에 의한 영향을 따로 분석한 결과와 이들 캐패시터가 모두 존재하는 교류증폭기의 주파수 응답에 미치는 영향을 분석한 결과와는 분명 차이가 있다. 그러나 각 캐패시터의 영향을 독립적으로 분석함으로써 각 캐패시터로 인한 주파수 응답을 이해할 수 있기 때문에 실제 결과와는 약간의 차이가 있더라도 번거롭고 어려운 해석을 피하기 위해 독립적인 해석을 수행하여 주파수 응답특성을 분석한다.

17.2.2 실험원리 요약

바이폴라 교류증폭기의 저주파 응답

- 캐패시터 결합 바이폴라 교류증폭기에서 신호주파수가 충분히 낮은 경우, 캐패시터의 리액턴스 X_C가 무시할 만큼 작지 않다. → 교류증폭기의 저주파 응답 해석시 캐패시터의 영향을 고려
- 트랜지스터에 존재하는 내부 캐패시턴스는 단위가 pF 수준이므로 저주파 영역에서는 리액턴스가 충분히 커서 개방회로로 되므로 그 영향을 무시할 수 있다.
- 바이폴라 교류증폭기에 존재하는 3개의 외부 캐패시터들에 의하여 각각의 진상 RC 회로가 구성되어 3개의 임계주파수들이 구해진다.
- 하한 임계주파수 f_{cl}은 3개의 임계주파수 중에서 가장 큰 값으로 정의되며, 저주파 영역과 중간 주파수 영역을 나누는 기준이 된다.

$$f_{cl} \triangleq \max\{f_{c1}, f_{c2}, f_{c3}\}$$

밀러 정리

• 밀러 정리는 교류증폭기의 입출력 사이에 존재하는 피드백 캐패시터를 각각 입력측 캐패시터 성분과 출력측 캐패시터 성분으로 등가화하는 것에 대한 정리이다.

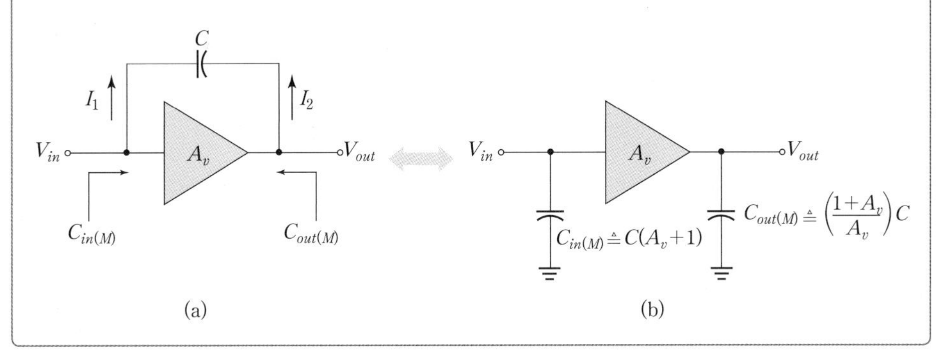

(a) (b)

바이폴라 교류증폭기의 고주파 응답

- 주파수가 충분히 증가하면 교류증폭기의 외부에 연결된 결합캐패시터나 바이패스 캐패시터는 리액턴스가 충분히 작아져서 단락회로로 대체될 수 있다.
- 트랜지스터 내부에 존재하는 캐패시터들은 충분히 큰 주파수 범위내에서는 적당한 크기의 리액턴스를 가지게 되므로 교류증폭기의 전압이득에 중대한 영향을 미치게 된다.
- 밀러 정리를 이용하여 트랜지스터 내부 캐패시터 중에서 피드백 캐패시터를 입력측과 출력측 캐패시터 성분으로 분해하면, 2개의 지상 RC 회로가 구성되어 2개의 임계주파수가 구해진다.
- 상한 임계주파수 f_{cu}는 2개의 임계주파수 중에서 가장 작은 값으로 정의되며, 중간 주파수 영역과 고주파 영역을 나누는 기준이 된다.

$$f_{cu} \triangleq \min\{f_{c4}, f_{c5}\}$$

교류증폭기의 전체 주파수 응답

- 교류증폭기의 저주파 응답과 고주파 응답을 합한 것을 전체 주파수 응답이라 한다.

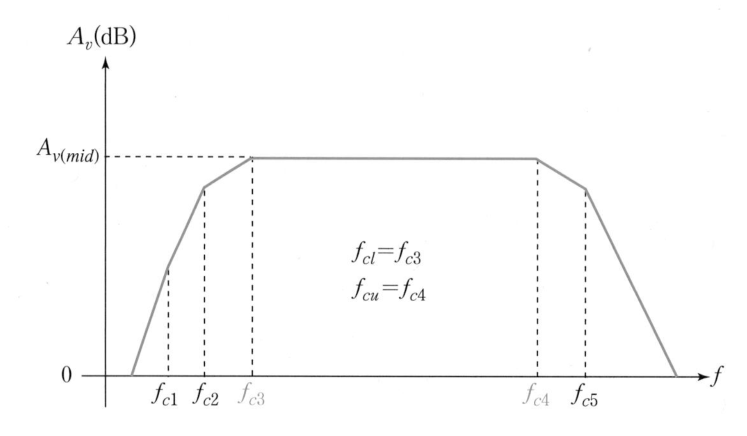

$f_{cl} \triangleq \max\{f_{c1}, f_{c2}, f_{c3}\}$; 하한 임계주파수
$f_{cu} \triangleq \min\{f_{c4}, f_{c5}\}$; 상한 임계주파수
대역폭 $BW \triangleq f_{cu} - f_{cl}$

- 교류증폭기의 전압이득과 대역폭을 곱한 이득-대역폭 곱 GBW는 언제나 일정하다.

$$GBW \triangleq A_v \cdot BW = \text{일정}$$

- 설계자가 높은 전압이득을 얻으려고 한다면 대역폭이 좁아지는 대가를 치르게 될 것이며, 반대로 대역폭을 확장시키기 위해서는 전압이득을 희생할 수 밖에 없다.
- 단위이득 주파수 f_T : 교류증폭기의 이득이 1이 되는 주파수

$$f_T \triangleq A_{v(mid)} \cdot BW$$

17.3 시뮬레이션 학습실

에미터 공통 교류증폭기의 주파수 응답특성을 살펴보기 위하여 그림 17–14(a)의 회로에 대하여 PSpice 시뮬레이션을 수행한다.

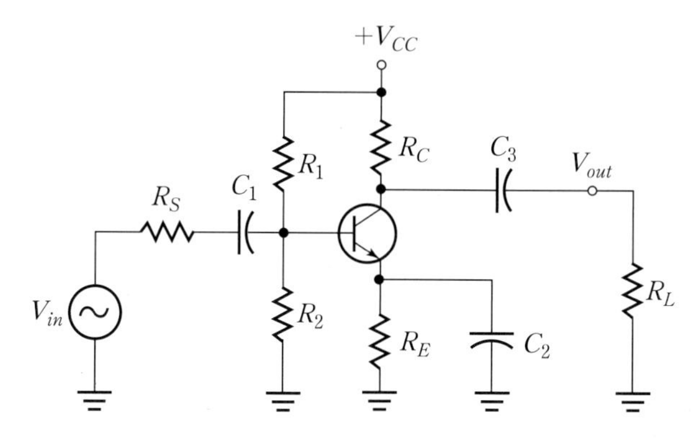

I 그림 17–14(a) 에미터 공통 교류증폭기 주파수 응답특성 실험 회로

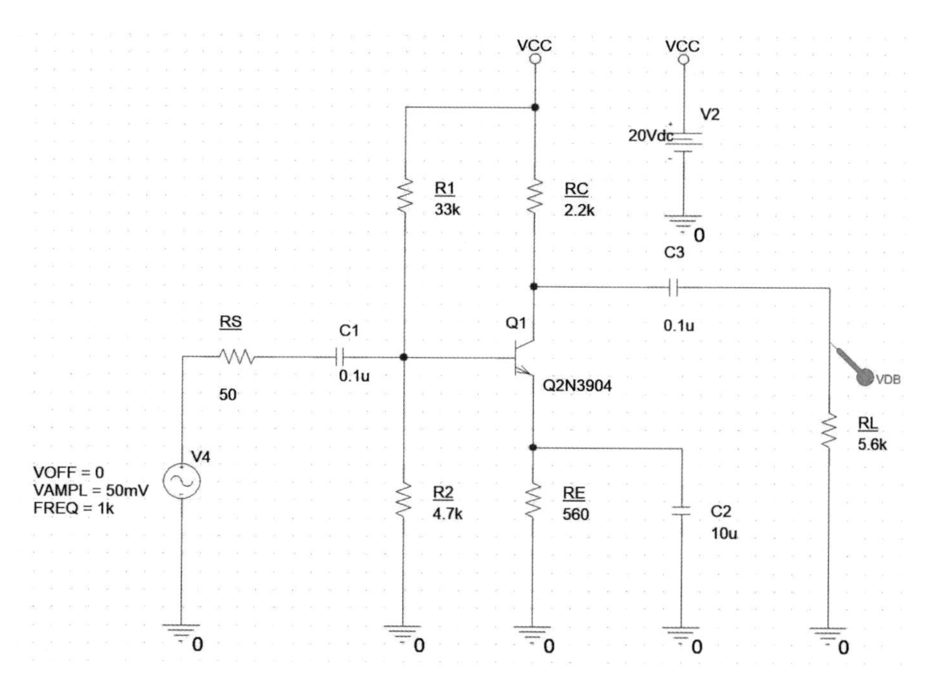

I 그림 17–14(b) PSpice 회로도

시뮬레이션 조건

- 트랜지스터 모델명: Q2N3904
- $R_S=50\Omega$, $R_1=33\text{k}\Omega$, $R_2=4.7\text{k}\Omega$, $R_C=2.2\text{k}\Omega$, $R_E=560\Omega$, $R_L=5.6\text{k}\Omega$
- $C_1=0.1\mu\text{F}$, $C_2=10\mu\text{F}$, $C_3=0.1\mu\text{F}$
- $V_{CC}=20\text{V}$
- 입력전압 $V_{in}=50\sin 2\pi ft[\text{mV}]$에서 주파수 f의 변화에 따른 출력전압의 변화를 도시한다.

그림 17-14(b)의 회로에 대한 PSpice 시뮬레이션 결과를 다음에 도시하였다.

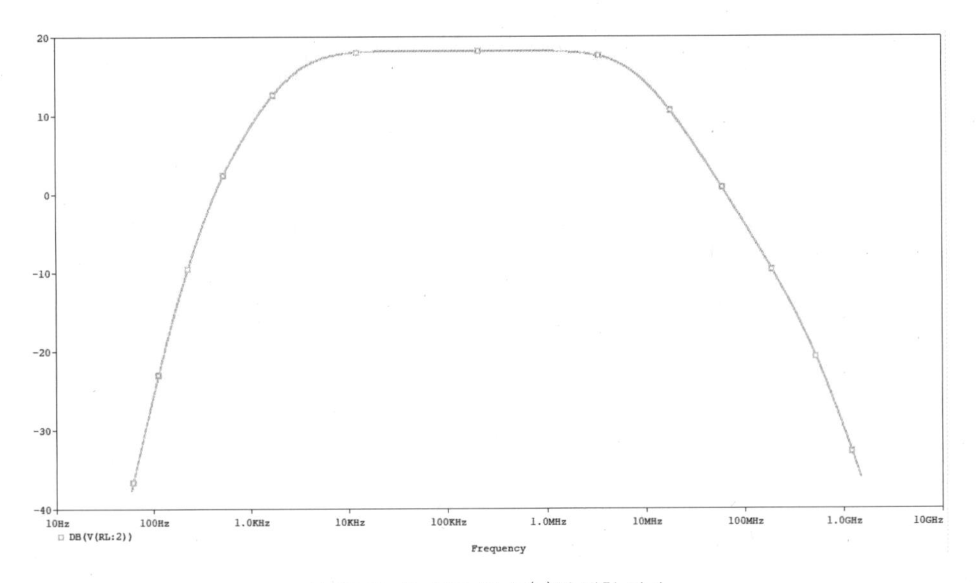

| 그림 17-15 그림 17-14(b)에 대한 결과

17.4 실험기기 및 부품

- 트랜지스터 1개
- 저항 50Ω, 560Ω, 2.2kΩ, 4.7kΩ, 5.6kΩ, 33kΩ 각 1개
- 캐패시터 0.1μF, 10μF 각 2개
- 오실로스코프 1대
- 신호발생기 1대
- 직류전원공급기 1대
- 디지털 멀티미터 1대
- 브레드 보드 1대

17.5 실험방법

(1) 그림 17-16의 회로를 결선한 다음, $V_{in}=50\sin 2\pi ft$[mV]에서 주파수 $f=60$Hz를 선정하여 회로에 인가한다.

(2) 부하저항 R_L의 양단에 나타나는 출력전압을 측정한다.

(3) 단계 (2)에서 측정된 전압값의 70.7% 값이 출력전압으로 나타나도록 신호주파수를 조정한다. 이때 결정된 2개의 주파수 f_{c1}과 f_{c2}를 기록하라.

(4) 단계 (3)에서 결정된 2개의 임계주파수를 근거로 하여 표 17-1을 완성한다.

(5) 단계 (4)의 데이터를 이용하여 교류증폭기의 전체 Bode 선도를 그린다.

(6) C_2와 C_3를 각각 100μF으로 교체한 후 단계 (1)~(5)의 과정을 반복한다.

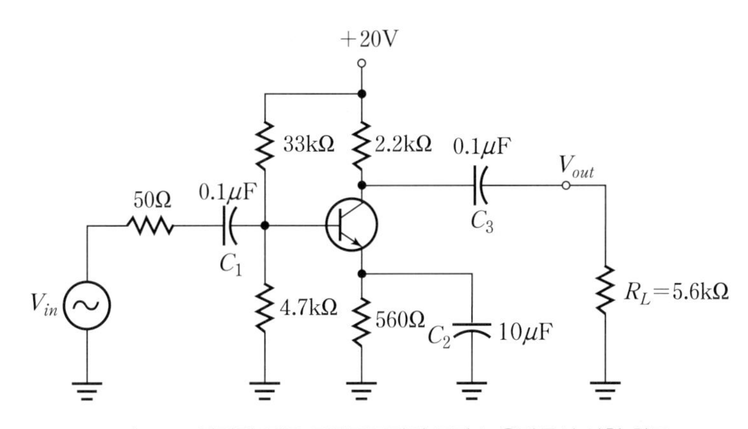

| 그림 7-16 에미터 공통 교류증폭기의 주파수 응답특성 실험 회로

17.6 실험결과 및 검토

17.6.1 실험결과

| 표 17-1 에미터 공통 교류증폭기의 주파수 응답특성 실험 기록표 ($C_2=10\mu\text{F}$, $C_3=0.1\mu\text{F}$)

f	$V_{in(pp)}$	$V_{out(pp)}$	A_v	$A_{v(dB)}$
$10^{-2}f_{c1}$				
$10^{-1}f_{c1}$				
f_{c1}				
f_{c2}				
$10f_{c2}$				
10^2f_{c2}				

17.6.2 검토 및 고찰

(1) 그림 17-1의 에미터 공통 교류증폭기에서 결합캐패시터 C_1과 C_3는 주파수 응답에 어떤 영향을 미치는가?

(2) 교류증폭기의 고주파 응답특성 해석시 이용하는 밀러 정리를 증명하라.

(3) 교류증폭기의 저주파 응답특성 해석시 나타나는 3개의 RC 회로에 대한 입력 및 출력전압의 위상관계를 설명하라.

(4) 교류증폭기의 고주파 응답특성 해석시 나타나는 2개의 RC 회로에 대한 입력 및 출력전압의 위상관계를 설명하라.

17.7 실험 이해도 측정 및 평가

17.7.1 객관식 문제

01 교류증폭기의 저주파 응답을 결정하는 부분은?

① 전압이득 ② 트랜지스터 유형
③ 공급전압 ④ 결합 캐패시터

02 교류증폭기의 고주파 응답을 결정하는 부분은?

① 이득-대역폭 곱　　② 바이패스 캐패시터
③ 트랜지스터의 내부 캐패시턴스　　④ 롤-오프

03 교류증폭기의 대역폭을 결정하는 것은?

① 중간영역 이득　　② 임계주파수
③ 롤-오프 비　　④ 입력 캐패시턴스

04 주파수가 1kHz에서 100Hz로 감소할 때 어떤 교류증폭기의 이득은 6dB만큼 감소할 때 롤-오프는?

① 3dB/decade　　② −6dB/decade
③ −3dB/octave　　④ −6dB/octave

05 주파수가 2배가 될 때 주어진 주파수에서 특정한 증폭기의 이득은 6dB까지 감소할 때 롤-오프는?

① 12dB/decade　　② 20dB/decade
③ −6dB/octave　　④ ②와 ③

06 교류증폭기의 밀러 입력캐패시턴스는 어떤 것에 의존적인가?

① 입력결합 캐패시터　　② 전압이득
③ 바이패스 캐패시터　　④ 부하저항

07 교류증폭기의 저주파 특성에서 3개의 임계주파수가 $f_1 < f_2 < f_3$ 의 순서대로 주어져 있다. 이 중에서 가장 우세한 임계주파수는?

① f_1　　② f_2
③ f_3　　④ 어느 주파수나 동일하다.

08 상한 임계주파수에서 어떤 교류증폭기의 최대 출력전압은 10V이다. 증폭기의 중간 주파수 영역에서의 최대전압은?

① 7.07V　　② 6.37V
③ 14.14V　　④ 10V

17.7.2 주관식 문제

01 그림 17-17의 교류증폭기에 대하여 $r'_e = 10\Omega$ 이라 가정하고 저주파 응답에서의 3개의 임계주파수를 구하라. 저주파 우세 임계주파수를 구하라.

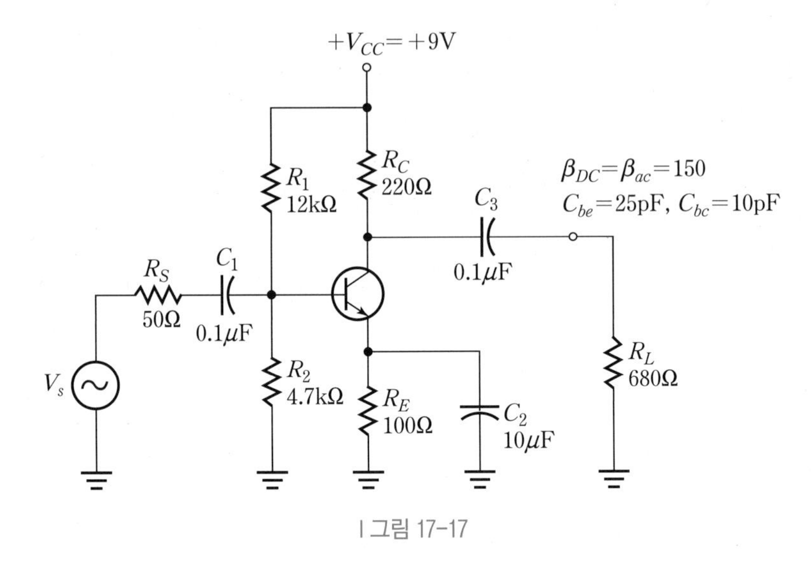

| 그림 17-17

02 그림 17-17 교류증폭기에 대하여 고주파 응답에서의 2개의 임계주파수를 구하라. 고주파 상한 임계주파수를 구하라.

03 그림 17-18의 소스 공통 교류증폭기에서 고주파 영역에서의 2개의 임계주파수를 구하라. 단, $g_m = 5000\mu S$ 이고 $C_{gd} = 3pF$, $C_{gs} = 8pF$ 이다.

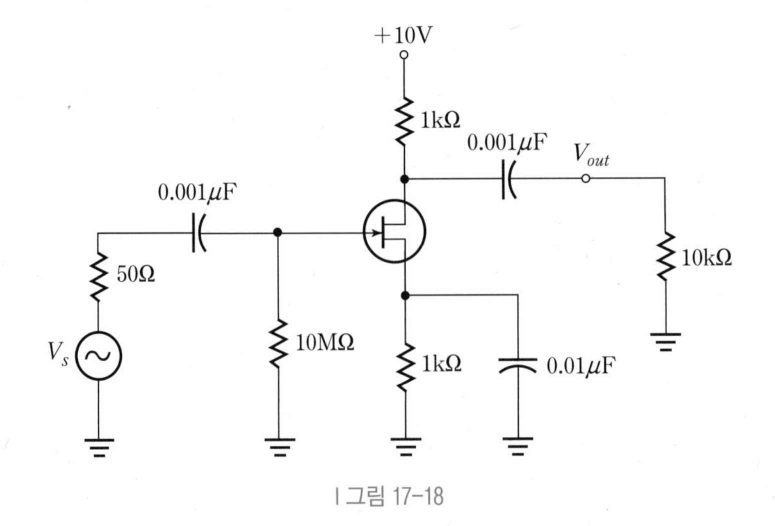

| 그림 17-18

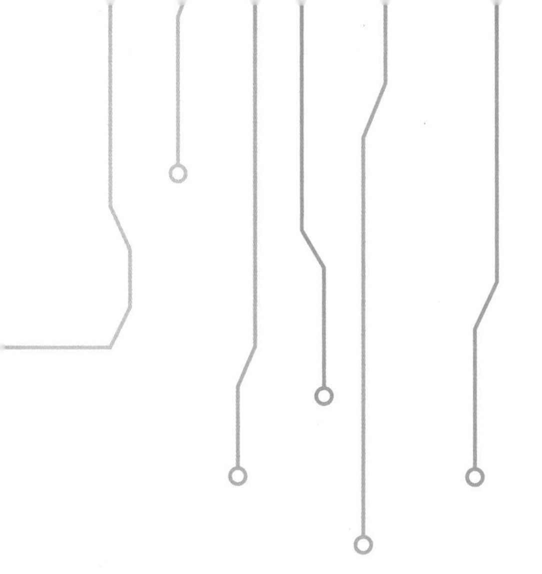

CHAPTER 18
연산증폭기 기초 실험

contents

18 연산증폭기 기초 실험

18.1 실험 개요

부궤환을 이용한 연산증폭기 기초 회로인 비반전증폭기, 반전증폭기 그리고 전압플로어의 동작원리 및 개념을 이해하고 실제 실험을 통해 이를 확인한다.

18.2 실험원리 학습실

18.2.1 연산증폭기의 기본 회로

부궤환(Negative Feedback)은 전자회로, 특히 연산증폭기 응용에서 가장 유용한 개념 중의 하나이다. 부궤환은 증폭기의 출력 중 일부가 입력신호의 반대 위상각을 가지고 다시 입력으로 돌아가는 과정을 의미한다. 그림 18-1에 부궤환을 나타내었는데 입력신호에 비해 위상이 180° 변한 궤환신호가 증폭기의 반전입력으로 궤환되는 것을 알 수 있다.

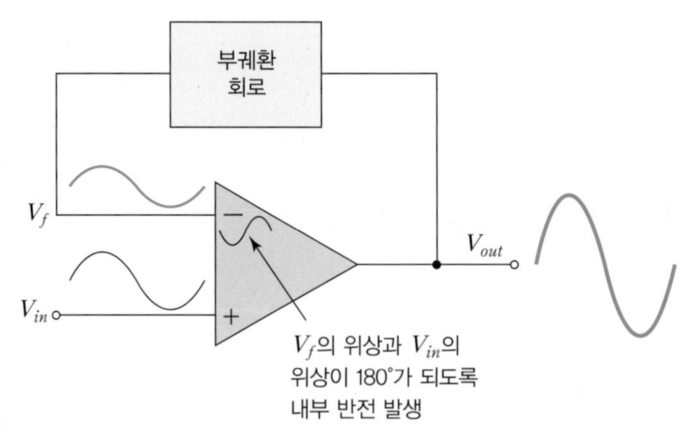

| 그림 18-1 부궤환의 개념

그림 18-1에서 알 수 있듯이 부궤환 연산증폭기에서는 출력단에서 궤환되는 전압 V_f의 위상과 입력전압 V_{in}의 위상이 180° 반전되도록 내부 반전이 일어나 결과적으로 연산증폭기에 인가되는 입력전압을 감소시켜 출력 V_{out}을 감소시킨다. 그렇다면 연산증폭기에서 왜 이런 부궤환을 사용하는가? 일반적으로 연산증폭기의 개방루프(Open-loop)이득은 매우 크기 때문에 아주 작은 입력전압도 연산증폭기의 출력을 포화 상태로 만들 수 있다.

예를 들어 그림 18-2에서와 같이 $V_{IN} = \pm 1\text{mV}$ 이고 연산증폭기의 개방루프 이득이 100,000이라고 하면, 이론적으로 연산증폭기 출력은 (±1mV) (100,000)=100V가 되어야 하는데 이는 연산증폭기가 결코 도달할 수 없는 출력 레벨이다. 따라서 출력이 100V에 도달하기 전에 연산증폭기는 포화 상태로 구동이 되어 출력이 최대 출력 레벨로 제한되는 비선형동작을 하게 된다. 그러나 부궤환을 사용하게 되면 연산증폭기의 이득을 감소시켜 연산증폭기를 선형 증폭기로 사용할 수가 있게 된다. 따라서 부궤환을 사용하는 연산증폭기는 조절 가능한 안정적인 전압이득을 제공함과 동시에 입출력 임피던스나 주파수 대역폭에 대한 조절이 가능하므로 여러 응용에 부궤환을 사용한다.

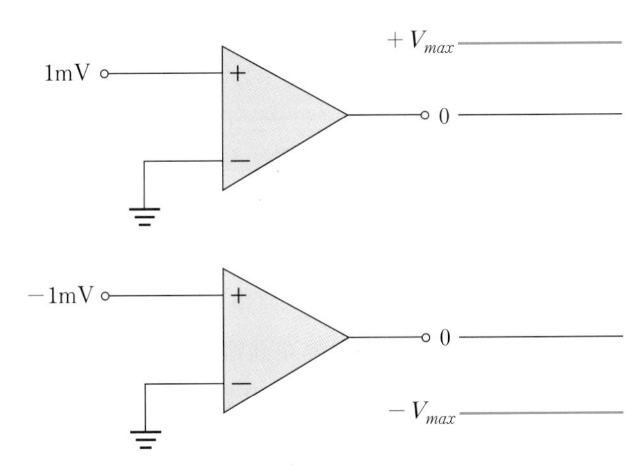

| 그림 18-2 연산증폭기의 비선형 동작

여기서 잠깐

- **연산증폭기의 부궤환 효과**: 연산증폭기에 부궤환을 이용하게 되면 전압이득과 입력임피던스 그리고 출력임피던스를 설계자가 원하는 값으로 조절 가능하며, 대역폭도 부궤환이 없을 경우 보다 매우 넓어진다. 일반적으로 부궤환을 이용하면 입력임피던스는 회로의 형태에 따라 원하는 값으로 증가시키거나 감소시킬 수 있으며, 또한 출력임피던스는 원하는 값으로 감소시킬 수 있다.

지금까지 부궤환에 대한 개념과 왜 부궤환이 필요한지에 대해 기술하였다. 다음은 부궤환을 이용하는 3가지 기본적인 연산증폭기인 비반전증폭기, 전압플로어, 반전증폭기의 구성과 회로 해석에 대해 설명한다.

(1) 비반전증폭기

비반전(Noninverting)증폭기란 연산증폭기의 비반전단자에 입력신호가 인가되는 경우를 의미하며, 그림 18-3에서와 같이 출력은 R_i와 R_f로 구성된 궤환회로를 통해 반전입력단자로 피드백 된다. 여기서 비반전증폭기를 해석하기 전에 개방루프 이득과 폐루프 이득을 정의하면 다음과 같다.

개방루프 이득 $A_{ol} \triangleq$ 외부궤환이 없는 경우 연산증폭기 이득
폐루프 이득 $A_{cl} \triangleq$ 외부궤환이 존재하는 경우 연산증폭기 이득

그림 18-3의 회로에서 저항 R_i와 R_f는 전압분배기를 구성하여 출력전압의 일부(저항 R_i에 걸리는 전압)를 반전입력 단자에 연결시켜 부궤환을 형성시킨다. 반전단자로 궤환되는 출력전압 V_f는 전압분배기의 R_i에 걸리는 전압과 같으므로 다음과 같이 표현된다.

$$V_f = \left(\frac{R_i}{R_i + R_f}\right) V_{out} \triangleq B V_{out} \qquad (18.1)$$

식(18.1)에서 $B = R_i/(R_i + R_f)$로 정의되며, 궤환율이라고 부른다.

그림 18-3의 회로에서 입력전압 V_{in}과 궤환전압 V_f의 차는 연산증폭기의 차동입력과 같으므로 출력전압 V_{out}은 다음과 같이 표현된다.

$$V_{out} = A_{ol}(V_{in} - V_f) = A_{ol}(V_{in} - BV_{out}) \tag{18.2}$$

식(18.2)를 V_{out}에 대해 정리하면

$$V_{out} = \frac{A_{ol}}{1 + A_{ol}B} V_{in} \tag{18.3}$$

이므로 비반전증폭기의 폐루프 전압이득 A_{cl}은 다음과 같이 결정된다.

$$V_{cl} \triangleq \frac{V_{out}}{V_{in}} = \frac{A_{ol}}{1 + A_{ol}B} \tag{18.4}$$

그런데 $A_{ol}B$는 보통 1보다 매우 크기 때문에 식(18.4)는 다음과 같이 간략화될 수 있다.

$$V_{cl} \triangleq \frac{V_{out}}{V_{in}} = \frac{1}{B} = \frac{R_i + R_f}{R_i} \tag{18.5}$$

따라서 비반전증폭기의 폐루프 전압이득 A_{cl}은 궤환회로의 궤환율 B의 역수이며 $A_{cl}B \gg 1$인 조건하에서 폐루프 이득은 연산증폭기의 개방루프 이득에 전혀 의존하지 않음을 알 수 있다. 또한 R_i와 R_f값을 적당히 조절하게 되면, 원하는 폐루프 이득을 얻을 수 있게 된다는 사실에 주목하라.

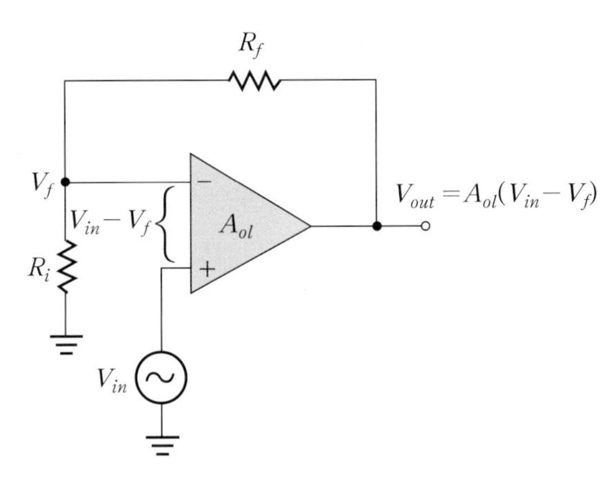

| 그림 18-3 비반전증폭기 해석

(2) 전압플로어

전압플로어(Voltage Follower)는 그림 18-4에 나타낸 것처럼 출력전압 전부를 연산증폭기의 반전입력단자로 궤환시키는 특수한 비반전증폭기이다. 비반전증폭기의 폐루프 전압이득은 궤환율 B의 역수로 주어지므로, 전압플로어의 폐루프 전압이득은 1이 된다. 왜냐하면 전압플로어의 궤환율 $B=1$이기 때문이다.

또한, 그림 18-3의 회로와 그림 18-4의 회로를 서로 비교하여 보면 전압플로어는 $R_i=\infty$ 이고, $R_f=0$ 인 비반전증폭기이므로 폐루프 전압이득은 그림 18-4로부터 다음과 같이 계산된다.

$$V_{out}=A_{ol}(V_{in}-V_f)=A_{ol}(V_{in}-V_{out})$$
$$\therefore A_{cl}\triangleq\frac{V_{out}}{V_{in}}=\frac{A_{ol}}{1+A_{ol}}=1 \qquad (18.6)$$

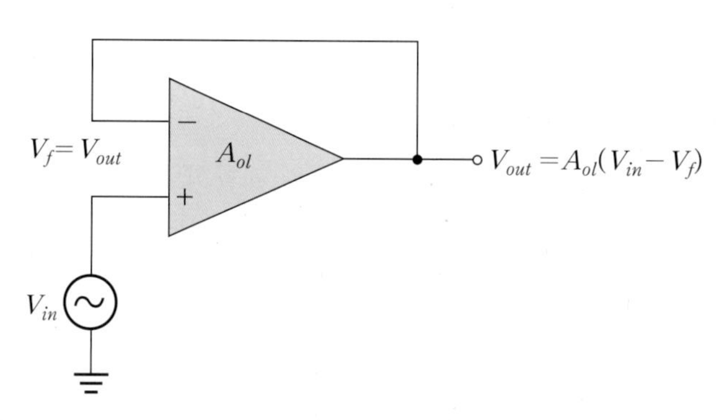

| 그림 18-4 전압플로어

전압플로어의 가장 중요한 특징은 매우 높은 입력임피던스와 매우 낮은 출력임피던스를 가진다는 점이다. 이러한 특징으로 인해 높은 임피던스를 가지는 전원과 낮은 임피던스의 부하를 연결할 때 완충증폭기(Buffer Amplifier)로 사용된다.

(3) 반전증폭기

반전(Inverting)증폭기란 연산증폭기의 반전단자에 입력신호가 인가되는 경우를 의미한다. 그림 18-5에서와 같이 입력신호는 저항 R_i를 통해 반전입력단자에 인가되며, 또한 출력도 R_f를 통하여 동일 입력단자로 궤환되며, 이때 비반전입력단자는 접지에 연결한다.

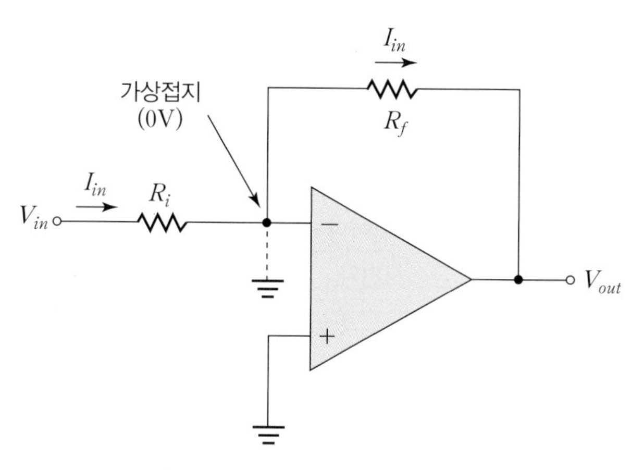

| 그림 18-5 가상접지를 가지는 반전증폭기

그림 18−5에서 연산증폭기의 입력임피던스는 무한대이므로 반전입력단자에서 연산증폭기 내부로 전류가 흐를 수 없으므로 반전입력단자와 비반전입력단자 사이의 전압강하는 0이 된다. 따라서 비반전입력단자가 접지되어 있으므로 반전입력단자의 전압이 0이 되는데, 이를 가상접지(Virtual Ground)라 한다. 가상접지는 그림 18−5에서 점선으로 표시된 접지로 표현하였는데 이는 가상접지의 전압은 0V이지만 가상접지를 통해 전류는 흐를 수 없다는 것을 개념적으로 표시한 것이다.

저항 R_i에 흐르는 전류 I_{in}은 R_i의 한쪽이 가상접지되어 있으므로

$$I_{in} = \frac{V_{in}}{R_i} \tag{18.7}$$

이 되며, 이 전류는 연산증폭기 내부로 흐를 수 없기 때문에 궤환저항 R_f를 통해 흐른다. 또한 가상접지로 인하여 R_f 양단 전압은 $-V_{out}$과 같기 때문에 반전증폭기의 폐루프 전압이득은 다음과 같이 결정된다.

$$-V_{out} = R_f I_{in} = R_f\left(\frac{V_{in}}{R_i}\right) \tag{18.8}$$

$$A_{cl} \triangleq \frac{V_{out}}{V_{in}} = -\frac{R_f}{R_i}$$

식(18.8)로부터 알 수 있듯이 반전증폭기의 폐루프 전압이득 A_{cl}은 R_i와 R_f의 비에 의해 결정되며, 음(−)의 부호는 입력전압과 출력전압의 위상이 180°의 위상차를 가진다는 의미이다.

18.2.2 실험원리 요약

부궤환 연산증폭기

- 부궤환 연산증폭기에서는 출력단에서 궤환되는 전압 V_f의 위상과 입력전압의 위상이 180° 반전되도록 내부 반전이 일어나 결과적으로 연산증폭기에 인가되는 입력전압을 감소시켜 출력 V_{out}을 감소시킨다.

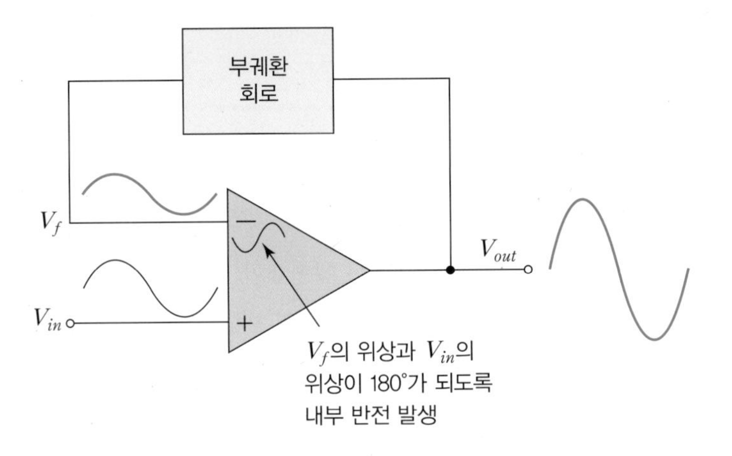

- 비반전증폭기

연산증폭기의 비반전 단자에 입력신호가 인가되는 증폭기

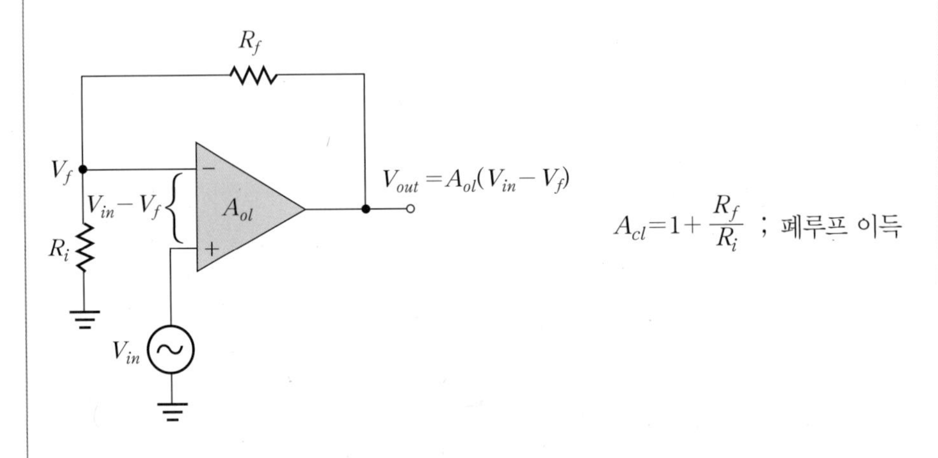

- 전압플로어

출력전압 전부를 연산증폭기의 반전단자로 궤환시키는 특수한 형태의 비반전증폭기

$R_i=\infty$, $R_f=0$ 인 비반전증폭기

→ $A_{cl}=1$

• 반전증폭기

연산증폭기의 반전단자에 입력신호가 인가되는 증폭기

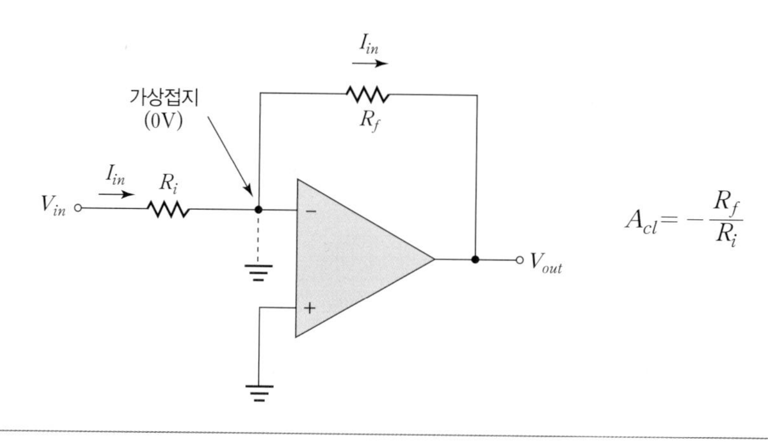

$$A_{cl}=-\frac{R_f}{R_i}$$

18.3 시뮬레이션 학습실

18.3.1 비반전증폭기

비반전증폭기의 입출력 특성을 살펴보기 위하여 그림 18-6(a)의 회로에 대하여 PSpice 시뮬레이션을 수행한다.

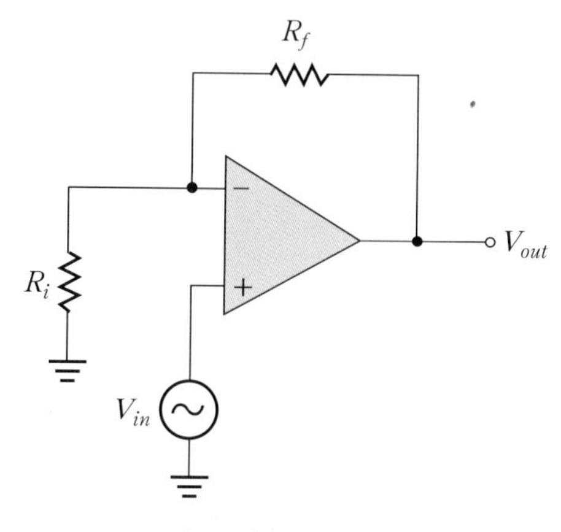

| 그림 18-6(a) 비반전증폭기

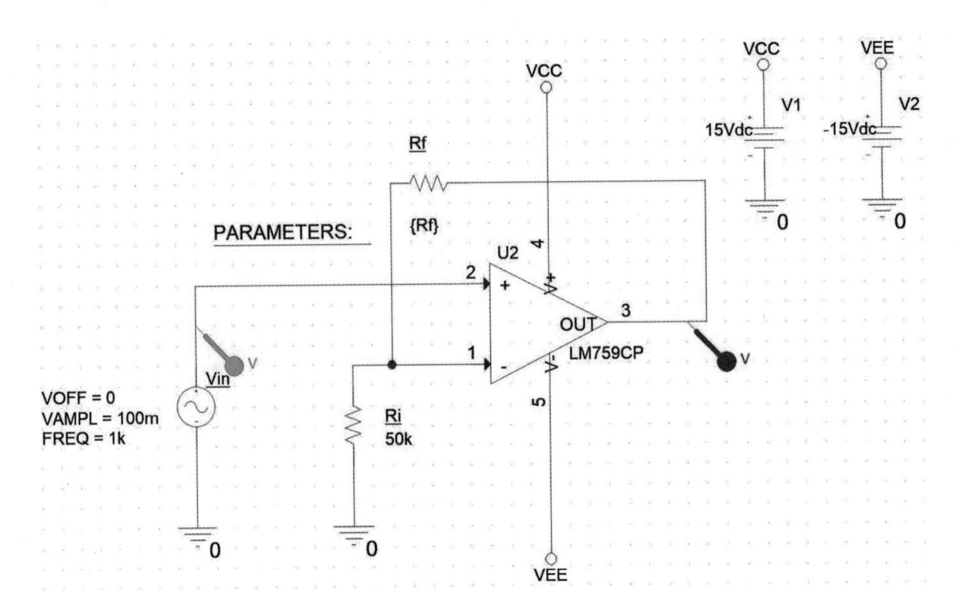

| 그림 18-6(b) PSpice 회로도

시뮬레이션 조건

- 연산증폭기 모델명: LM759CP
- $R_f = 100\text{k}\Omega$, $R_i = 50\text{k}\Omega$
- $V_{in} = 100\sin 2\pi ft[\text{mV}]$, $f = 1\text{kHz}$
- R_f 의 값을 150kΩ, 200kΩ으로 변화시켰을 때 출력전압 V_{out}을 도시한다.

그림 18-6(b)의 회로에서 R_f 가 각각 100kΩ, 150kΩ, 200kΩ 일 때 PSpice 시뮬레이션 결과를 다음에 도시하였다.

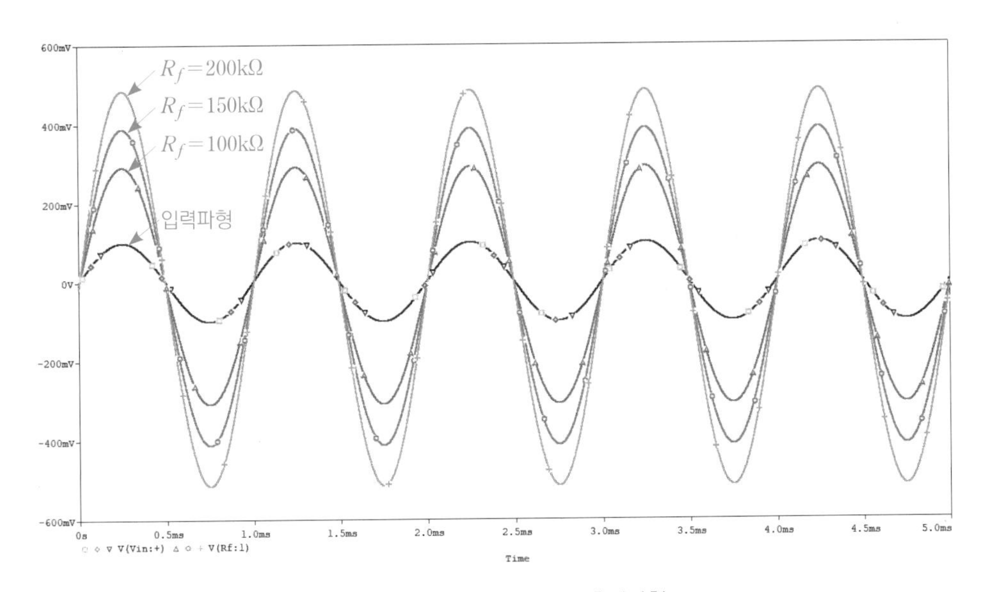

| 그림 18-7 R_f 값의 변화에 따른 출력파형 V_{out}

18.3.2 반전증폭기

반전증폭기의 입출력 특성을 살펴보기 위하여 그림 18-8(a)의 회로에 대하여 PSpice 시뮬레이션을 수행한다.

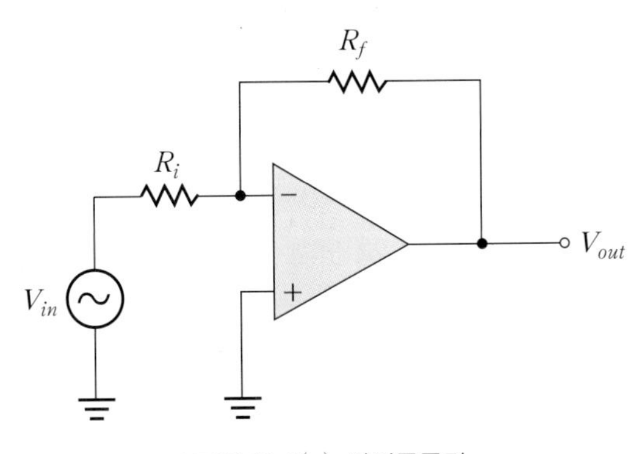

| 그림 18-8(a) 반전증폭기

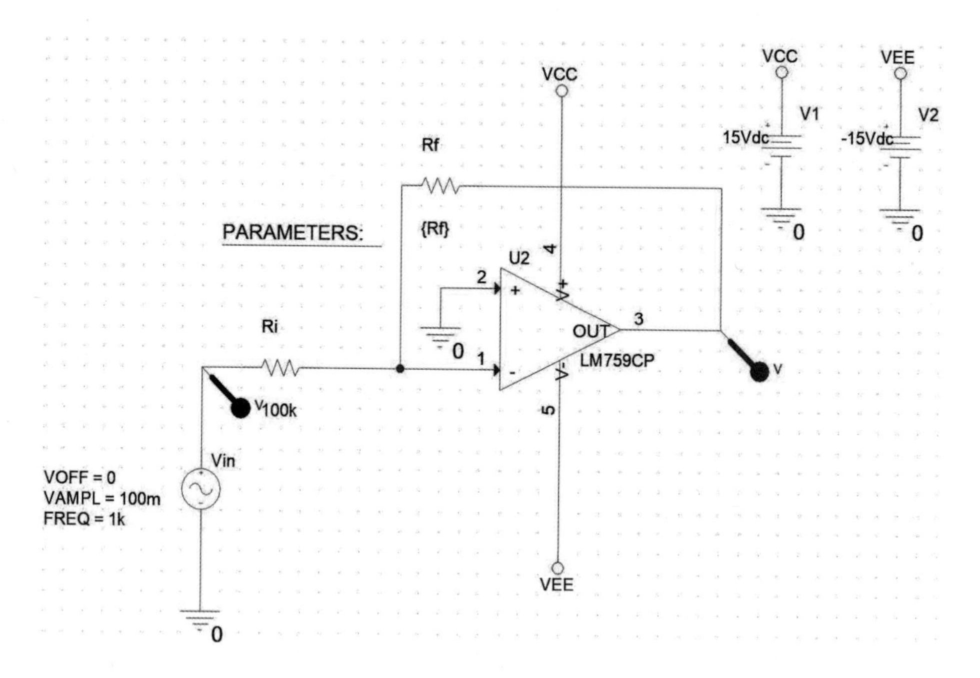

| 그림 18-8(b) PSpice 회로도

시뮬레이션 조건

- 연산증폭기 모델명: LM759CP
- $R_i = 100\text{k}\Omega$, $R_f = 300\text{k}\Omega$
- $V_{in} = 100\sin 2\pi ft[\text{mV}]$, $f = 1\text{kHz}$
- R_f 의 값을 400kΩ, 600kΩ으로 변화시켰을 때 출력전압 V_{out}을 도시한다.

그림 18-8(b)의 회로에서 R_f 값의 변화에 따른 PSpice 시뮬레이션 결과를 다음에 도시하였다.

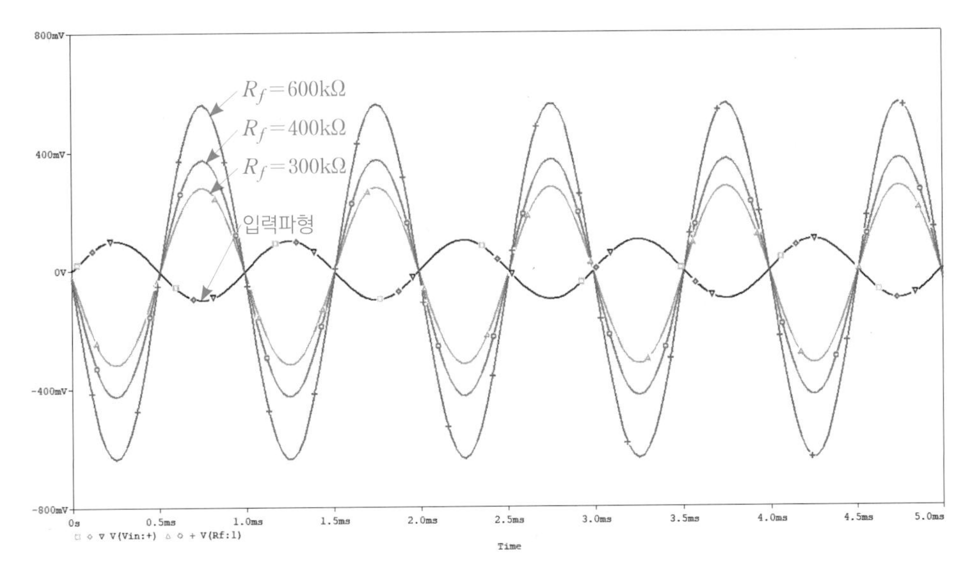

| 그림 18-9 R_f 값의 변화에 따른 출력파형 V_{out}

18.3.3 전압플로어

전압플로어의 입출력 특성을 살펴보기 위하여 그림 18-10(a)의 회로에 대하여 PSpice 시뮬레이션을 수행한다.

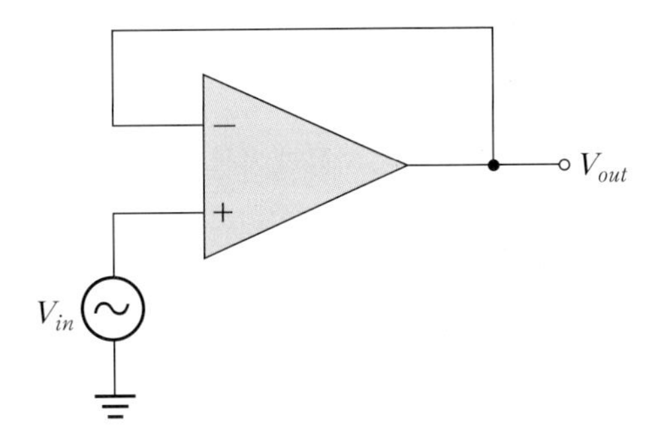

| 그림 18-10(a) 전압플로어

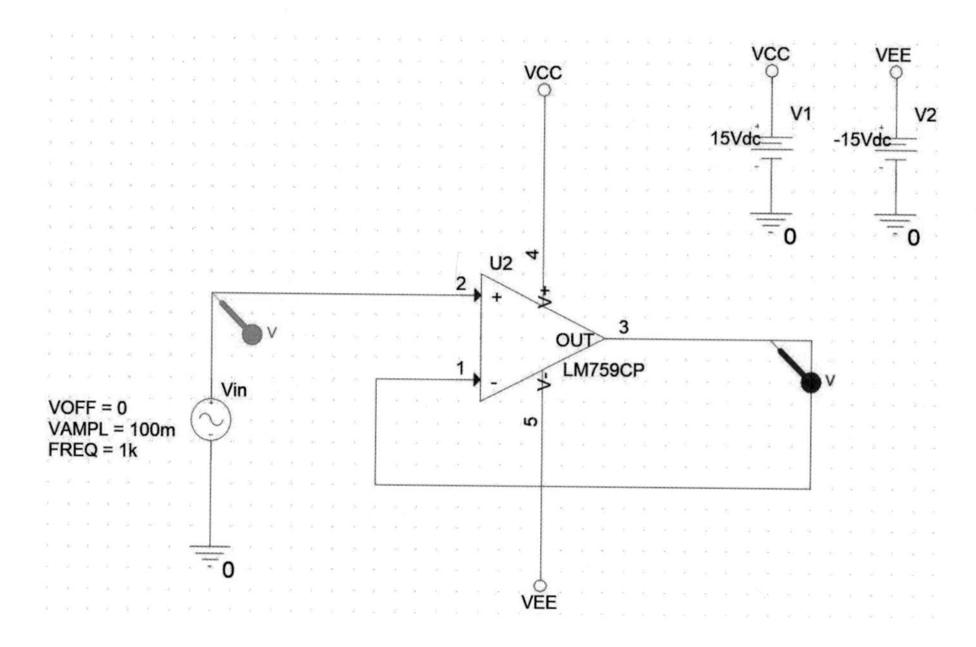

| 그림 18-10(b) PSpice 회로도

시뮬레이션 조건

- 연산증폭기 모델명: LM759CP
- $V_{in} = 100 \sin 2\pi ft[\text{mV}]$, $f = 1\text{kHz}$
- 입력파형이 인가되었을 때 출력전압 V_{out}을 도시한다.

그림 18-10(b)의 회로에 대한 PSpice 시뮬레이션 결과를 다음에 도시하였다. 그림 18-11에서 입출력파형이 겹쳐보이지 않도록 입력파형과 출력파형의 스케일을 50mV/DIV와 100mV/DIV로 각각 설정하였다.

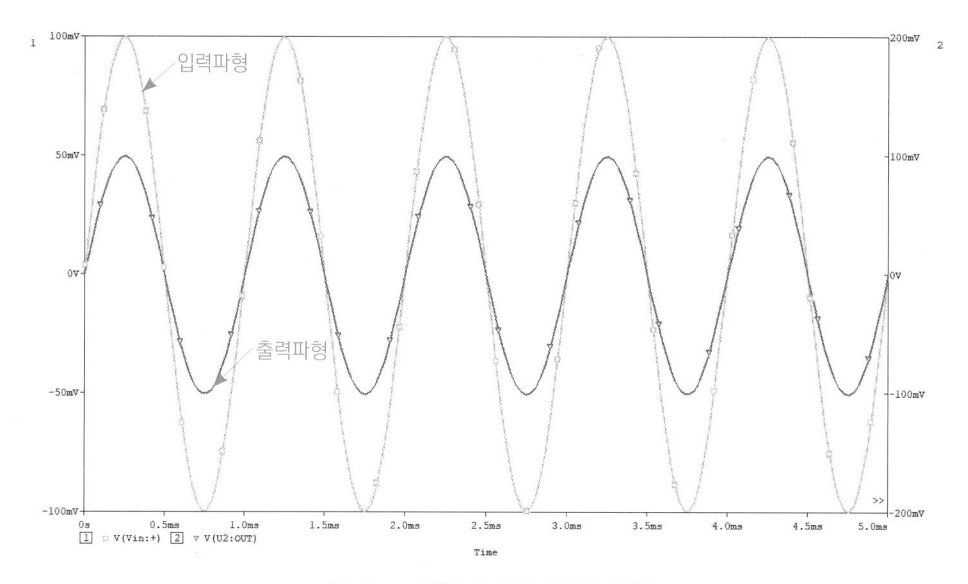

| 그림 18-11 전압플로어의 출력파형 V_{out}

18.4 실험기기 및 부품

• 오실로스코프	1대
• 직류전원공급기	1대
• 신호발생기	1대
• 연산증폭기	1개
• 저항 50kΩ, 100kΩ, 150kΩ, 200kΩ, 300kΩ, 400kΩ, 600kΩ	각 1개
• 브레드 보드	1대
• 디지털 멀티미터	1대

18.5 실험방법

18.5.1 비반전증폭기

(1) 그림 18-12와 같은 회로를 구성하고 연산증폭기에 15V의 전원을 연결한다.

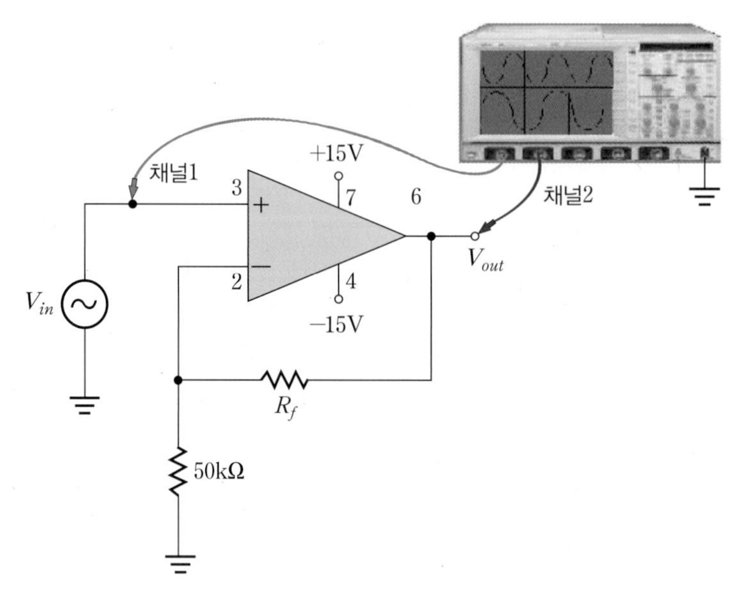

| 그림 18-12 비반전증폭기 회로

(2) 그림 18-13에서처럼 연산증폭기에 입력을 인가하지 않은 상태에서 디지털 멀티미터 또는 오실로스코프를 이용하여 6번 핀 출력단자의 직류전압을 관찰하면서 1번 핀과 5번 핀 사이에 연결된 가변저항을 조정하여 이 값이 0V에 가깝게 되도록 조정하여 오프셋 전압을 보상한다.

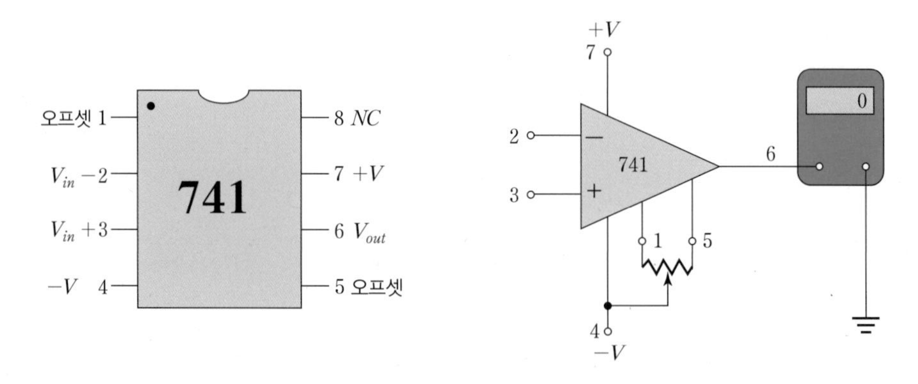

| 그림 18-13 오프셋 전압 조정 회로

(3) 신호발생기에서 $V_{in} = 100\sin 2000\pi t$[mV]를 발생시켜 비반전증폭기에 인가한다.

(4) 오실로스코프의 두 채널을 이용하여 입력 V_{in}과 출력 V_{out} 신호를 관측하고 그 파형

을 그래프 18-1에 도시한다.

(5) 입출력신호의 진폭을 각각 측정하여 표 18-1에 기록한 후, 이로부터 증폭기 이득을 계산하여 표 18-1에 함께 기록한다.

(6) 그림 18-12의 회로에서 저항 R_f를 150kΩ과 200kΩ으로 각각 변화시키면서 단계 (5)의 과정을 반복한다.

18.5.2 반전증폭기

(1) 그림 18-14와 같은 회로를 구성하고 직류전원공급기의 전원을 인가한다.

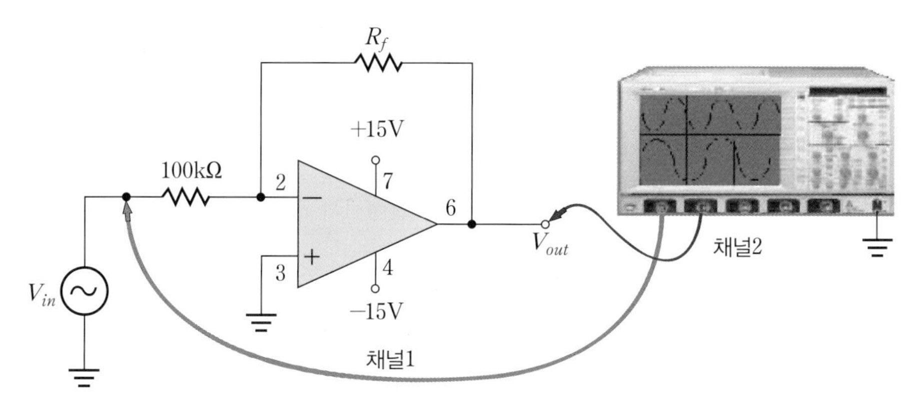

| 그림 18-14 반전증폭기 회로

(2) 연산증폭기에 입력을 인가하지 않은 상태에서 앞 절에서와 같이 오프셋 전압을 보상한다.

(3) 신호발생기에서 $V_{in} = 100\sin 2000\pi t[\mathrm{mV}]$를 발생시켜 반전증폭기에 인가한다.

(4) 오실로스코프의 두 채널을 이용해 입력 V_{in}과 출력 V_{out} 신호를 관측하고 그 파형을 그래프 18-2에 도시한다.

(5) 입출력신호의 진폭을 각각 측정하여 표 18-2에 기록한 후, 이로부터 증폭기 이득을 계산하여 표 18-2에 함께 기록한다.

(6) 그림 18-14의 회로에서 저항 R_f를 400kΩ과 600kΩ으로 각각 변화시키면서 단계 (5)의 과정을 반복한다.

18.5.3 전압플로어

(1) 그림 18-15의 회로를 구성한다. 여기서 입력저항 R_1은 임의로 설정한다.

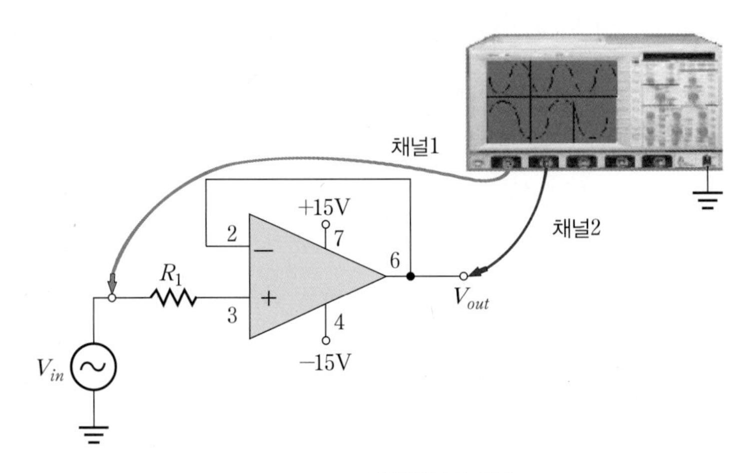

ㅣ그림 18-15 전압플로어 회로

(2) 신호발생기에서 $V_{in}=100\sin 2000\pi t[\mathrm{mV}]$를 발생시켜 전압플로어에 인가한다.

(3) 앞에서의 실험과정과 동일한 방법으로 입출력신호를 오실로스코프로 관측하여 그래프 18-3에 도시한다. 또한, 입출력 파형의 진폭을 측정하여 표 18-3에 기록한 후 증폭기 이득을 계산한다.

(4) 신호발생기를 조절하여 입력신호의 주파수를 표 18-3에 제시된 값들로 변경하면서 각각의 경우에 대하여 단계 (3)의 과정을 반복한다. 단, 입력신호의 진폭은 모든 주파수에서 100mV로 일정하게 유지한다.

(5) 입력주파수를 1kHz로 고정하고, 입력신호의 진폭을 각각 200, 300, 500mV로 변화시키면서 단계 (3)의 과정을 반복한다.

18.6 실험결과 및 검토

18.6.1 실험결과

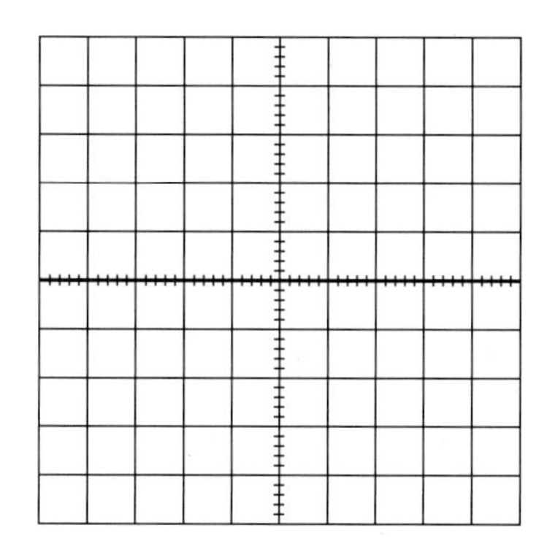

| 그래프 18-1 비반전증폭기의 입출력파형

| 표 18-1 비반전증폭기 이득 측정 및 이론값

R_f[kΩ]	입력진폭[V]	출력진폭[V]	증폭기 이득 (실험값)	증폭기 이득 (이론값)	오차
100kΩ					
150kΩ					
200kΩ					

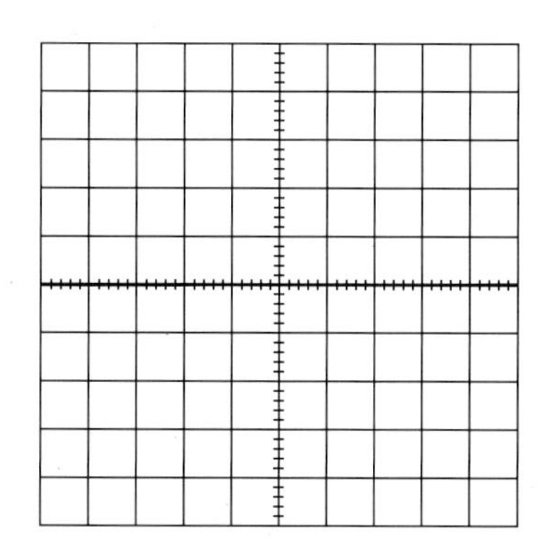

| 그래프 18-2 반전증폭기의 입출력파형

| 표 18-2 반전증폭기 이득 측정 및 이론값

R_f[kΩ]	입력진폭[V]	출력진폭[V]	증폭기 이득 (실험값)	증폭기 이득 (이론값)	오차
300kΩ					
400kΩ					
600kΩ					

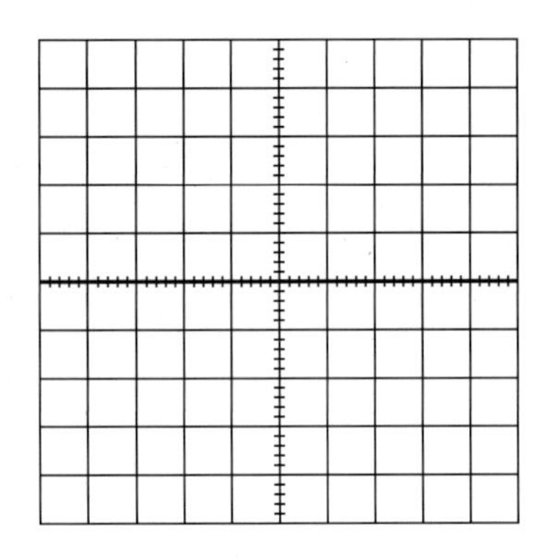

| 그래프 18-3 전압플로어의 입출력파형

| 표 18-3 입력신호의 주파수 변화에 따른 증폭기 이득 측정

f[kHz]	입력진폭[V]	출력진폭[V]	증폭기 이득 (실험값)
1			
10			
50			

| 표 18-4 입력신호의 진폭변화에 따른 증폭기 이득 측정

V_{in}[mV]	출력진폭[V] f=1kHz	증폭기 이득 (실험값)
200		
300		
500		

18.6.2 검토 및 고찰

(1) 반전증폭기에서 입력과 출력파형의 위상관계를 비교 고찰하라.

(2) 비반전증폭기에 대해 저항 R_f가 R_i에 비해 매우 큰 경우, 증폭기의 출력단에 나타나는 출력파형은 어떻게 될 것인가에 대해 기술하라.

(3) 연산증폭기에 인가되는 전압의 크기가 충분히 클 때, 예측되는 실험결과를 기술하고 그 이유를 설명하라.

(4) 연산증폭기에서 입력 오프셋 전압의 영향에 대하여 기술하고, 입력 오프셋 전압 보상에 대해 설명하라.

18.7 실험 이해도 측정 및 평가

18.7.1 객관식 문제

01 비반전증폭기의 전압이득은?

① R_f/R_i　② $-R_f/R_i$
③ $1+R_f/R_i$　④ $1-R_f/R_i$

02 반전증폭기의 전압이득은?

① $-R_i/R_f$　② R_f/R_i
③ R_i/R_f　④ $-R_f/R_i$

03 전압플로어의 전압이득은?

① 1　② $-R_2/R_1$
③ R_1/R_2　④ $-R_1/R_2$

04 연산증폭기의 성질에 관한 설명 중에서 틀린 것은?

① 전압이득과 대역폭이 매우 크다.
② 입력임피던스가 매우 작다.
③ 출력임피던스가 매우 작다.
④ 부궤환을 이용하면 폐루프 이득을 조절할 수 있다.

05 연산증폭기에서 출력이 0일 때 두 입력단자 사이에 나타나는 전압은?

① 입력 드리프트 전압 ② 출력 오프셋 전압
③ 입력 오프셋 전압 ④ 슬루레이트

06 다음 중에서 연산증폭기의 응용 예가 아닌 것은?

① 미분기 ② 적분기
③ 정류기 ④ 디지털 계산기

18.7.2 주관식 문제

01 그림 18-16에서 출력전압 V_0와 입력전압 V_S와의 관계식을 유도하라.

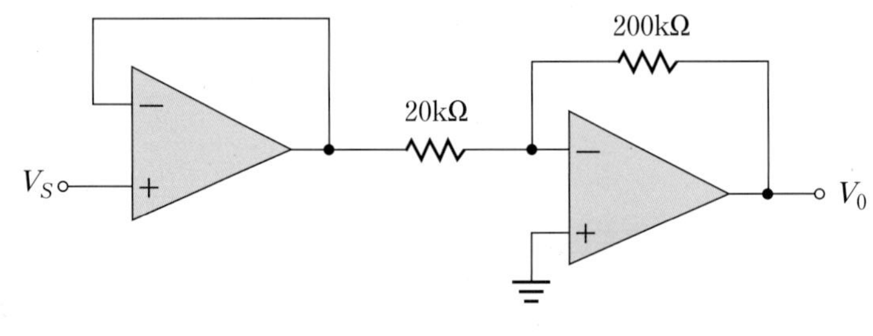

| 그림 18-16

02 그림 18-17의 회로에서 출력전압 V_0를 구하라.

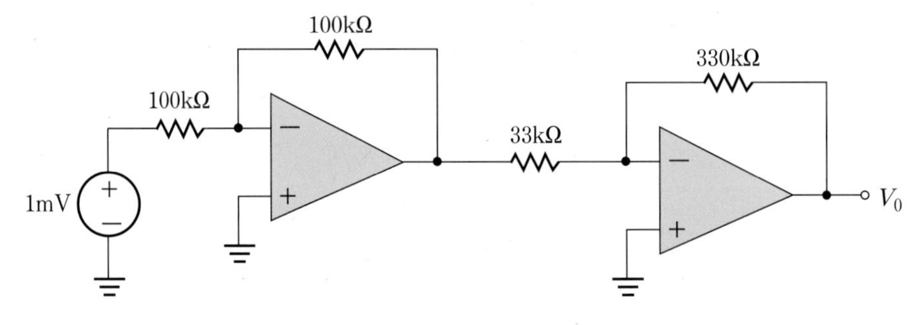

| 그림 18-17

03 그림 18-18의 회로에서 폐루프 이득 A_{cl}이 16이 되도록 저항 R의 값을 결정하라.

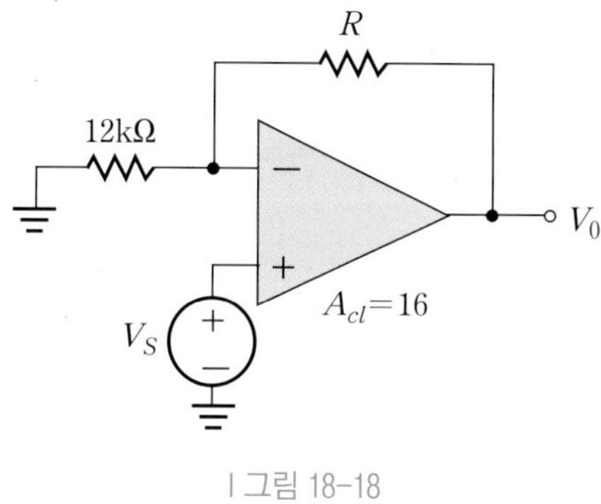

| 그림 18-18

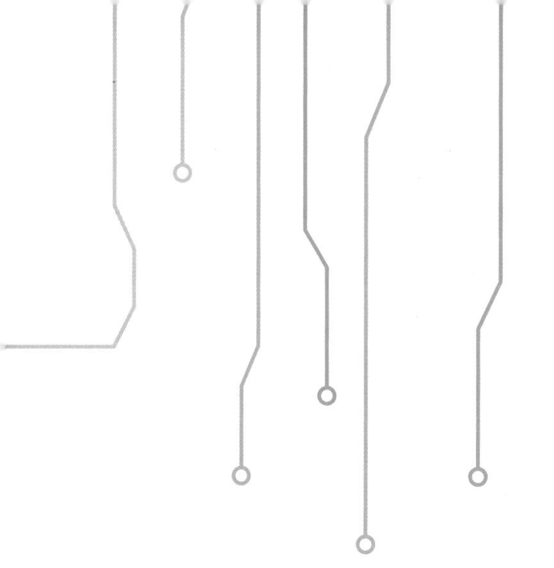

CHAPTER 19

연산증폭기를 이용한 가감산증폭기 및 미적분기

contents

19 연산증폭기를 이용한 가감산증폭기 및 미적분기

19.1 실험 개요

연산증폭기의 기본적인 응용회로인 가감산증폭기, 미분기, 적분기 등의 동작원리 및 개념을 이해하고 실제 실험을 통해 이를 확인한다.

19.2 실험원리 학습실

19.2.1 가감산증폭기와 미적분기

연산증폭기는 여러 신호들의 가감산이나 미분 및 적분연산에 사용될 수 있으며, 아날로그 컴퓨터에 가장 많이 사용되고 있다.

(1) 가산증폭기

그림 19-1에 3개의 입력신호를 가지는 가산증폭기(Summing Amplifier)를 도시하였으며, 이 회로의 동작원리는 다음과 같다.

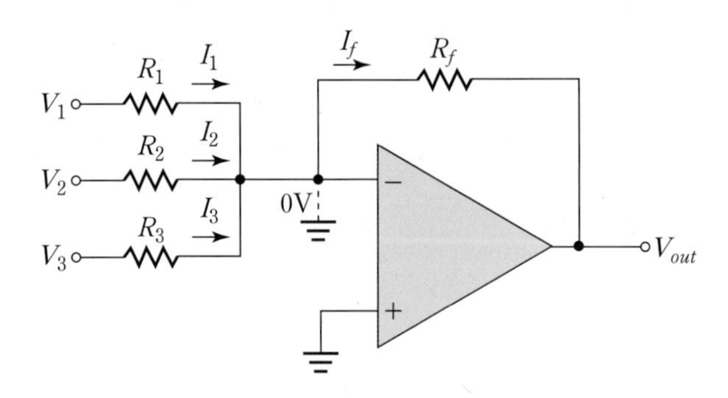

| 그림 19-1 3개의 입력을 가지는 가산증폭기

그림 19-1의 반전단자는 가상접지이므로 저항 R_1, R_2, R_3를 흐르는 전류를 각각 I_1, I_2, I_3라 하면 다음과 같이 구해진다.

$$I_1 = \frac{V_1}{R_1}, \quad I_2 = \frac{V_2}{R_2}, \quad I_3 = \frac{V_3}{R_3} \tag{19.1}$$

그런데 연산증폭기 내부로는 전류가 흐를 수 없으므로 각 저항에 흐르는 전류들의 합 $I_1 + I_2 + I_3$은 R_f를 통해 흘러야 하므로 다음 관계가 성립한다.

$$I_f = I_1 + I_2 + I_3 \tag{19.2}$$

따라서 출력전압 V_{out}은 저항 R_f에 걸리는 전압과 극성이 반대이므로 다음과 같이 결정된다.

$$V_{out} = -I_f R_f = -(I_1 + I_2 + I_3)R_f = -\left(\frac{R_f}{R_1}V_1 + \frac{R_f}{R_2}V_2 + \frac{R_f}{R_3}V_3\right) \tag{19.3}$$

만일 $R_1 = R_2 = R_3 = R_f$ 이라면 식(19.3)은 다음과 같이 된다.

$$V_{out} = -(V_1 + V_2 + V_3) \tag{19.4}$$

식(19.4)는 출력전압이 3개의 입력전압의 합이라는 의미이므로 그림 19-1의 연산증폭기 회로를 가산증폭기라 부른다.

한편, 식(19.4)에서 $R_1 = R_2 = R_3 \triangleq R$ 이라 하고 R_f / R 를 1/3로 설정하면 출력전압이 각 입력전압의 평균값이 된다. 즉,

$$V_{out} = -\frac{R_f}{R}(V_1 + V_2 + V_3) = -\frac{1}{3}(V_1 + V_2 + V_3) \tag{19.5}$$

이며, n개의 입력을 가지는 가산증폭기는 R_f / R 를 $1/n$로 설정함으로써 출력전압이 입력전압의 평균값이 되도록 하는 평균증폭기(Averaging Amplifier)로 만들 수 있다.

(2) 감산증폭기

두 입력신호의 감산을 위해 감산증폭기를 구성하는 방법에는 2단의 연산증폭기를 사용하는 방법과 단일 연산증폭기를 사용하는 방법이 있다. 먼저, 2단 연산증폭기로 구성된 감산증폭기가 그림 19-2에 도시되어 있다.

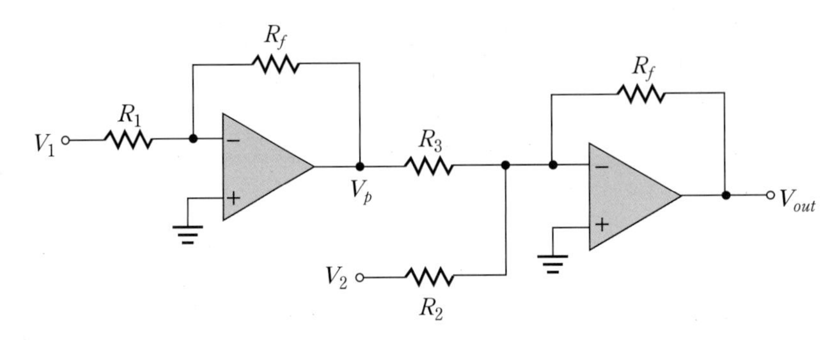

| 그림 19-2 2단 연산증폭기를 이용한 감산증폭기

그림 19-2의 회로를 해석하기 위해 첫 번째단 연산증폭기의 출력 V_p를 구하면 다음과 같다.

$$V_p = -\frac{R_f}{R_1}V_1 \tag{19.6}$$

두 번째단의 연산증폭기는 입력신호가 V_p와 V_2인 가산증폭기 회로이므로 출력전압 V_{out}은 다음과 같다.

$$\begin{aligned} V_{out} &= -\left(\frac{R_f}{R_3}V_p + \frac{R_f}{R_2}V_2\right) \\ &= -\left\{\frac{R_f}{R_3}\left(-\frac{R_f}{R_1}V_1\right) + \frac{R_f}{R_2}V_2\right\} \end{aligned} \tag{19.7}$$

만일 $R_1 = R_2 = R_3 = R_f$ 이면 식(19.7)은 다음과 같다.

$$V_{out} = -(-V_1 + V_2) = V_1 - V_2 \tag{19.8}$$

식(19.8)에서 알 수 있는 것처럼 출력이 2개의 입력의 차로 결정되므로 감산증폭기라 부른다.

다음으로, 단일 연산증폭기를 이용하여 구성된 감산증폭기가 그림 19-3에 도시되어 있다. 그림에서 알 수 있듯이 입력전압 V_1과 V_2가 동시에 연산증폭기의 비반전 및 반전 입력단자에 인가되고 있기 때문에 중첩의 원리를 이용하여 출력전압을 구해본다.

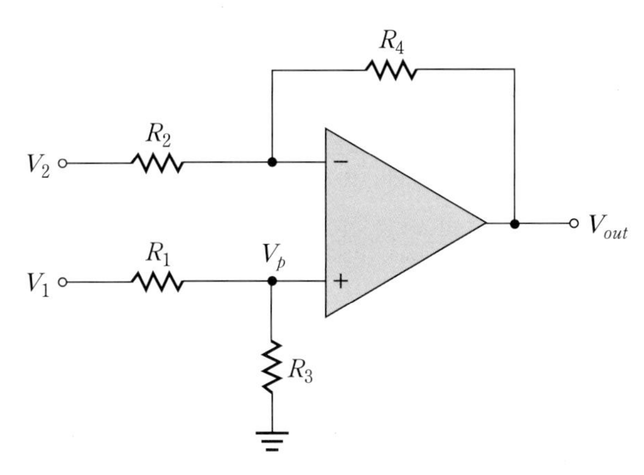

| 그림 19-3 단일 연산증폭기를 이용한 감산증폭기

중첩의 원리에 의해 V_1만 인가된다고 가정(V_2는 단락)하면 그림 19-4에 나타낸 회로는 비반전 입력단자에 입력전압이 V_p가 인가되는 비반전증폭기로 간주할 수 있다.

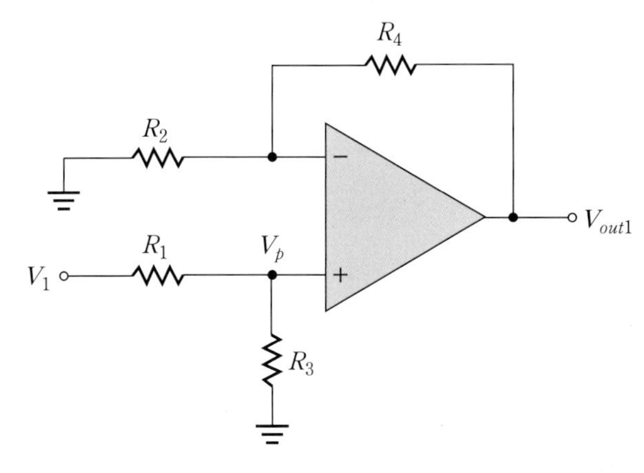

| 그림 19-4 V_2를 단락시킨 연산증폭기 회로(비반전증폭기)

V_p를 전압분배기 공식을 이용하여 계산하면

$$V_p = \frac{R_3}{R_1 + R_3} V_1 \tag{19.9}$$

이 되므로 그림 19-4의 출력전압 V_{out}은 다음과 같이 구해진다.

$$V_{out1} = \left(1 + \frac{R_4}{R_2}\right) V_p = \left(\frac{R_2 + R_4}{R_2}\right)\left(\frac{R_3 V}{R_1 + R_3}\right) \tag{19.10}$$

반대로 그림 19-3에서 V_2만 인가된다고 가정(V_1은 단락)하면 그림 19-5에 나타낸 회로는 비반전 단자 V_p가 0V이므로 비반전 단자가 접지되고 반전입력단자에 입력전압이 V_2가 인가되는 반전증폭기로 간주할 수 있다. 따라서 출력전압 V_{out2}는 다음과 같이 계산된다.

$$V_{out2} = -\frac{R_4}{R_2} V_2 \tag{19.11}$$

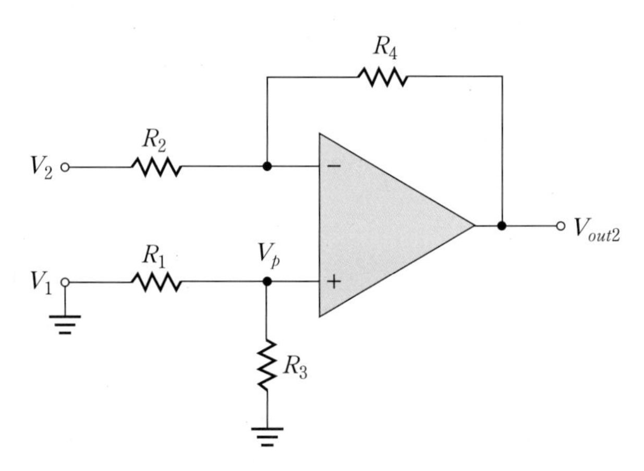

| 그림 19-5 V_1을 단락시킨 연산증폭기 회로(반전증폭기)

따라서 입력전압 V_1과 V_2가 동시에 인가되는 경우 그림 19-3의 감산증폭기 출력 V_{out}은 식(19.10)와 식(19.11)의 합이 된다. 즉,

$$V_{out} = V_{out1} + V_{out2} = \left(\frac{R_2 + R_4}{R_2}\right)\left(\frac{R_3 V_1}{R_1 + R_3}\right) - \frac{R_4}{R_2} V_2 \tag{19.12}$$

이 되며, 만일 $R_1 = R_3$ 이고 $R_2 = R_4$ 이면

$$V_{out} = V_1 - V_2 \quad (19.13)$$

이 되므로 감산증폭기의 기능을 한다는 것을 알 수 있다.

(3) 미분기

그림 19-6은 18장에서 언급한 반전증폭기 회로에서 저항 R_i 대신에 캐패시터 C로 대체한 회로이며, 출력전압이 입력전압의 미분의 형태로 결정되기 때문에 미분기(Differentiator)라 부른다.

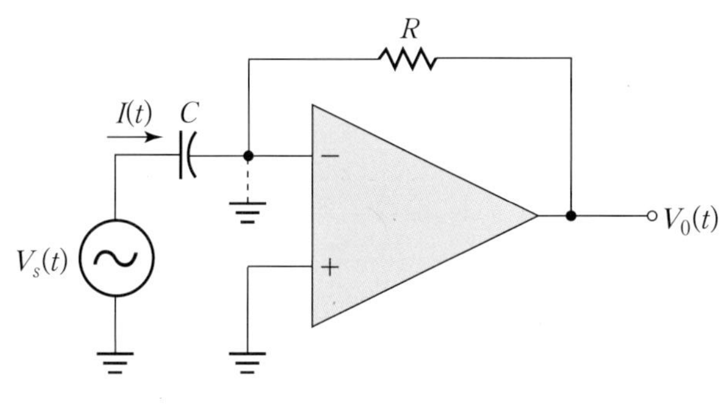

| 그림 19-6 미분기

그림 19-6에서 비반전 입력단자가 접지이므로 반전 입력단자는 가상접지이다. 따라서 캐패시터 C를 통해 흐르는 전류 $I(t)$는 다음과 같다.

$$I(t) = C\frac{dV_s(t)}{dt} \quad (19.14)$$

그런데 연산증폭기의 입력임피던스는 무한대에 가깝기 때문에 캐패시터를 통해 흐르는 전류 $I(t)$는 저항 R을 통해서만 흘러야 한다. 따라서 출력전압 $V_0(t)$는 다음과 같이 표현된다.

$$V_0(t) = -RI(t) = -RC\frac{dV_s(t)}{dt} \quad (9.15)$$

식(19.15)에서 출력전압 $V_0(t)$는 입력전압 $V_s(t)$의 미분에 비례한다는 것을 알 수 있다.

(4) 적분기

그림 19-7의 미분기 회로에서 R과 C의 위치를 서로 바꾸면 그림 19-17의 회로가 얻어지는데, 이 회로는 출력전압이 입력전압의 적분값에 비례하기 때문에 적분기(Integrator)라 부른다.

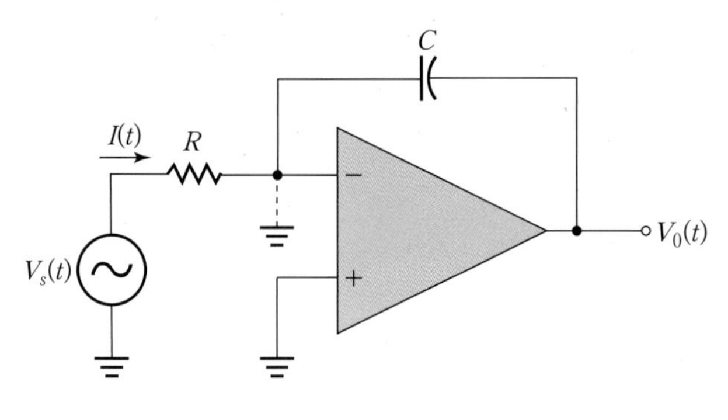

| 그림 19-7 적분기

그림 19-7에서 비반전 입력단자가 접지이므로 반전단자는 가상접지이다. 따라서 저항 R을 통해 흐르는 전류 $I(t)$는 다음과 같다.

$$I(t)=\frac{V_s(t)}{R} \tag{19.16}$$

그런데 전류 $I(t)$는 연산증폭기 내부로는 흘러 들어갈 수 없기 때문에 캐패시터 C를 통해 흘러야만 한다. 따라서 출력전압 $V_0(t)$는 다음과 같이 표현된다.

$$V_0(t)=-\frac{1}{C}\int_0^t I(t)dt+V_0(0)=-\frac{1}{RC}\int_0^t V_s(t)dt \tag{19.17}$$

식(19.17)에서 $V_0(t)$는 캐패시터의 초기전압을 의미하며 $V_0(t) = 0$으로 가정하였다. 식(19.17)에서 출력전압 $V_0(t)$는 입력전압 $V_s(t)$의 적분에 비례하는 것을 알 수 있다.

여기서 잠깐

- **직렬 및 션트저항**: 보통 미분기에서는 고주파 영역에서 제한된 전압이득을 가지도록 하기 위하여 직렬(series)저항 R_S를 삽입하여 고주파 영역에서의 전압이득을 $-\frac{R}{R_S}$로 제한한다. 또한, 적분기에서도 미분기와 마찬가지로 저주파 영역에서 제한된 전압이득을 가지도록 하기 위하여 캐패시터와 병렬로 션트(shunt)저항을 삽입하여 저주파 영역에서의 전압이득을 $-\frac{R}{R_S}$로 제한하여 연산증폭기가 포화되는 것을 방지한다.

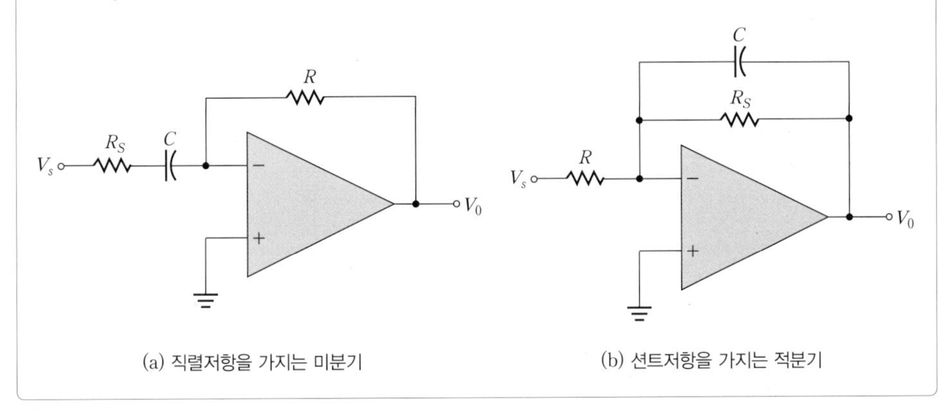

(a) 직렬저항을 가지는 미분기 (b) 션트저항을 가지는 적분기

19.2.2 실험원리 요약

가산증폭기

- 연산증폭기는 여러 신호들의 가산이나 감산에 사용될 수 있으며, 아날로그 컴퓨터에 가장 많이 사용되는 연산증폭기 응용회로가 가감산 회로이다.
- 가산증폭기

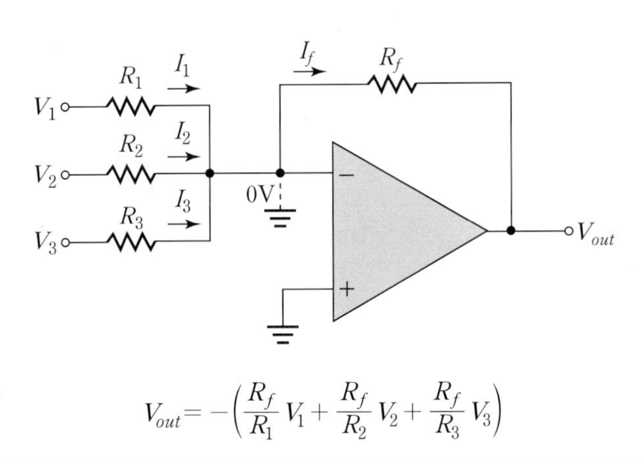

$$V_{out} = -\left(\frac{R_f}{R_1}V_1 + \frac{R_f}{R_2}V_2 + \frac{R_f}{R_3}V_3\right)$$

감산증폭기

- 2단 연산증폭기를 사용한 감산증폭기

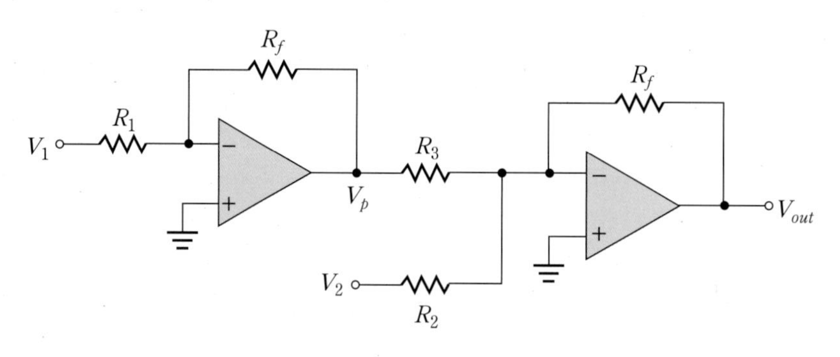

$$V_{out} = -\left\{\frac{R_f}{R_3}\left(-\frac{R_f}{R_1}V_1\right) + \frac{R_f}{R_2}V_2\right\}$$

만일 $R_1 = R_2 = R_3 = R_f$ 이면 $V_{out} = V_1 - V_2$

- 단일 연산증폭기를 이용한 감산증폭기

입력전압 V_1과 V_2가 동시에 연산증폭기의 비반전 및 반전 입력단자에 인가되고 있기 때문에 중첩의 원리를 이용하여 출력전압을 구한다.

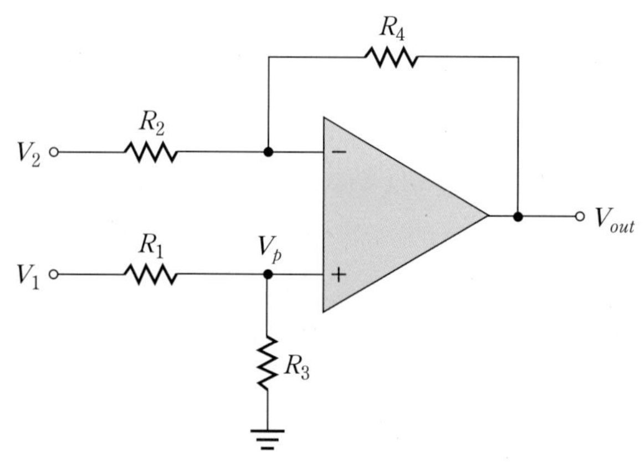

$$V_{out} = \left(\frac{R_2 + R_4}{R_2}\right)\left(\frac{R_3 V_1}{R_1 + R_3}\right) - \frac{R_4}{R_2}V_2$$

만일 $R_1 = R_3$ 이고 $R_2 = R_4$ 이면 $V_{out} = V_1 - V_2$

미분기 및 적분기

• 미분기는 반전증폭기 회로에서 저항 R_i 대신에 캐패시터 C로 대체한 회로이다.

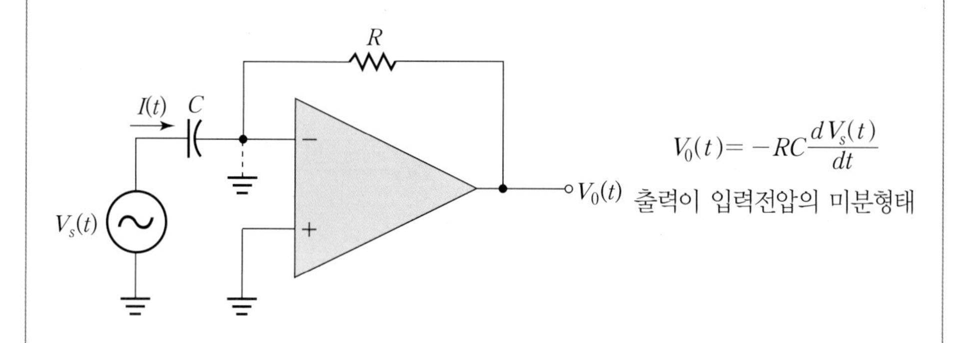

• 적분기는 미분기 회로에서 R과 C의 위치를 서로 바꾼 회로이다.

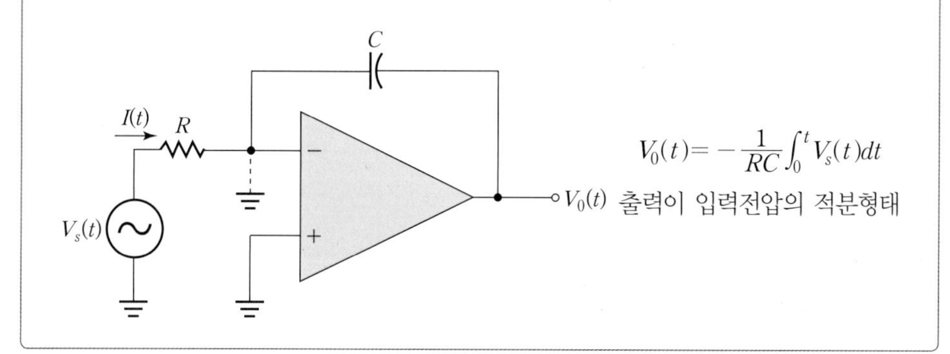

19.3 시뮬레이션 학습실

19.3.1 가산증폭기

가산증폭기의 입출력 특성을 살펴보기 위하여 그림 19-8(a)의 회로에 대하여 PSpice 시뮬레이션을 수행한다.

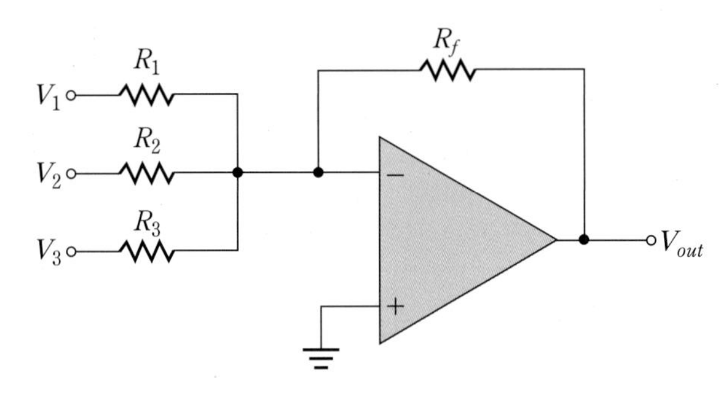

| 그림 19-8(a) 가산증폭기

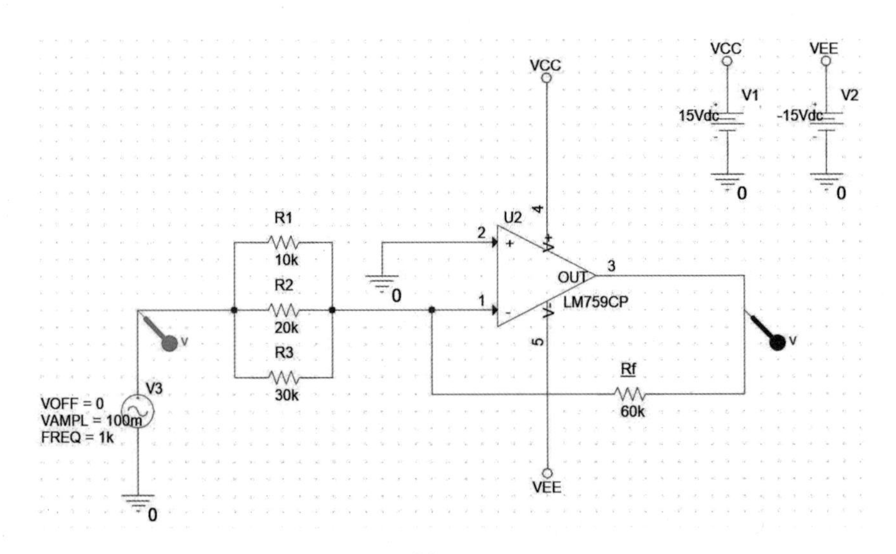

| 그림 19-8(b) PSpice 회로도

시뮬레이션 조건

- 연산증폭기 모델명: LM759CP
- $R_1 = 10\text{k}\Omega,\ R_2 = 20\text{k}\Omega,\ R_3 = 30\text{k}\Omega,\ R_f = 60\text{k}\Omega$
- $V_1 = V_2 = V_3 = 100\sin 2\pi ft[\text{mV}],\quad f = 1\text{kHz}$
- 위의 조건하에서 출력파형 V_{out} 을 도시한다.
- $R_1 = R_2 = R_3 = R_f = 10\text{k}\Omega$ 일 때 출력파형 V_{out} 을 도시한다.

그림 19-8(b)의 회로에 대한 PSpice 시뮬레이션 결과를 다음에 도시하였다.

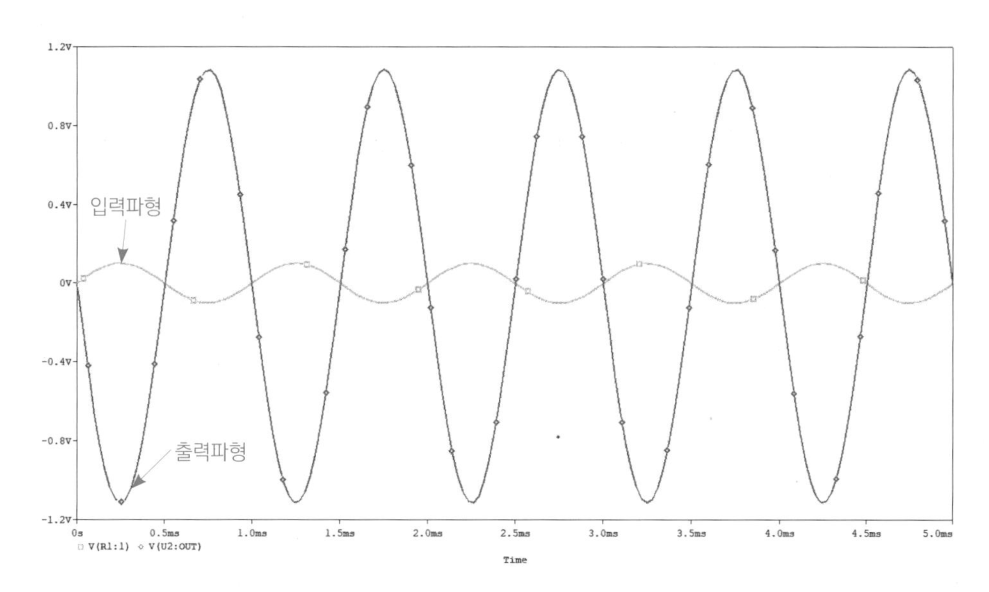

I 그림 19-9(a) 가산증폭기의 출력파형 V_{out}

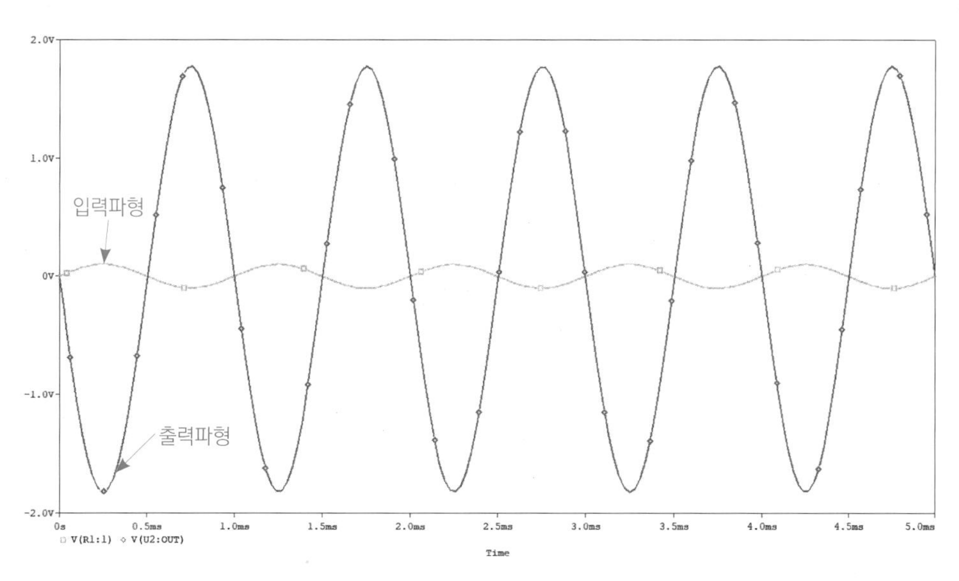

I 그림 19-9(b) 가산증폭기의 출력파형 $V_{out}(R_1=R_2=R_3=R_f=10\text{k}\Omega)$

19.3.2 감산증폭기

감산증폭기의 입출력 특성을 살펴보기 위하여 그림 19-10(a)의 회로에 대하여 PSpice 시뮬레이션을 수행한다.

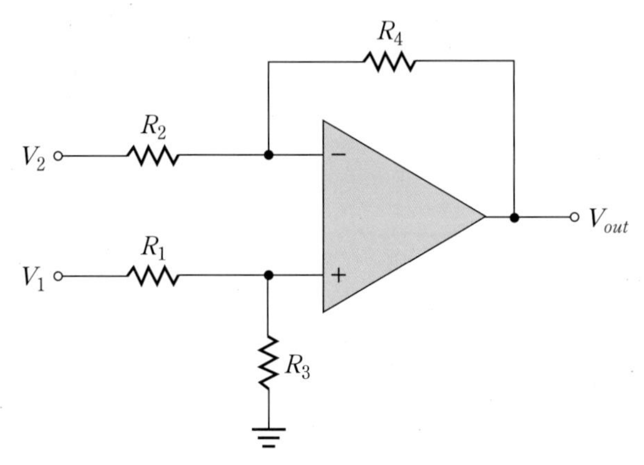

| 그림 19-10(a) 감산증폭기

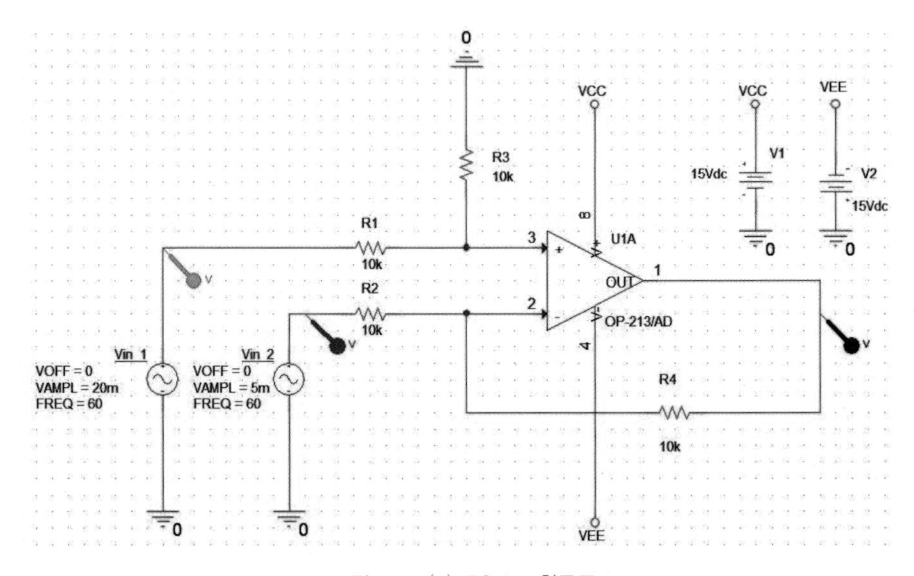

| 그림 19-10(b) PSpice 회로도

시뮬레이션 조건

- 연산증폭기 모델명: OP-213/AD
- $R_1 = R_2 = R_3 = R_f = 10\text{k}\Omega$
- $V_1 = 20\sin 120\pi t[\text{mV}]$, $V_2 = 5\sin 120\pi t[\text{mV}]$
- 출력파형 V_{out} 을 도시한다.

그림 19-10(b)의 회로에 대한 PSpice 시뮬레이션 결과를 다음에 도시하였다.

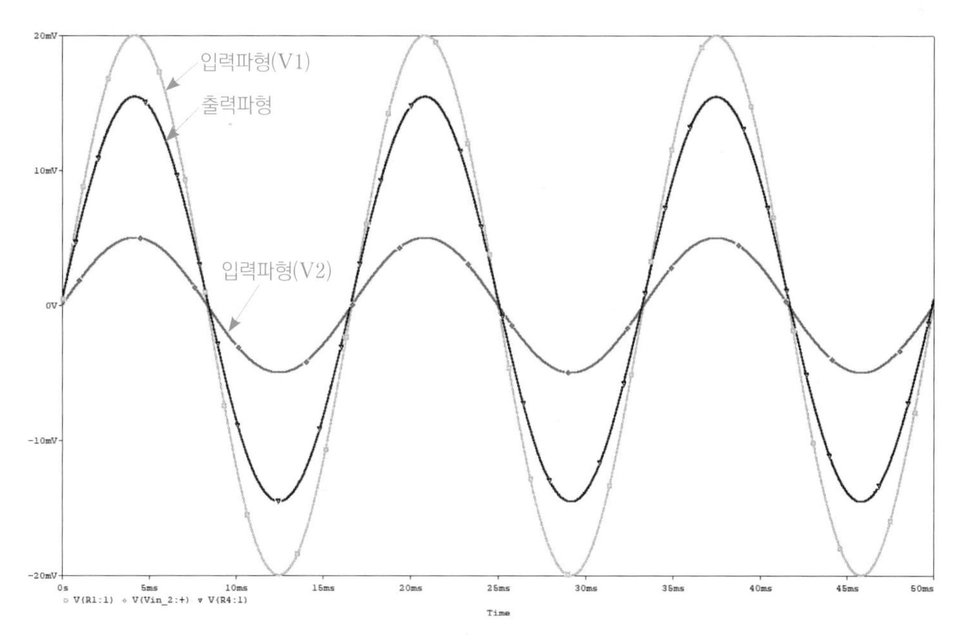

| 그림 19-11 감산증폭기의 출력파형 V_{out}

19.3.3 미분기

직렬저항 R_S를 가지는 미분기의 입출력특성을 살펴보기 위하여 그림 19-12(a)의 회로에 대하여 PSpice 시뮬레이션을 수행한다.

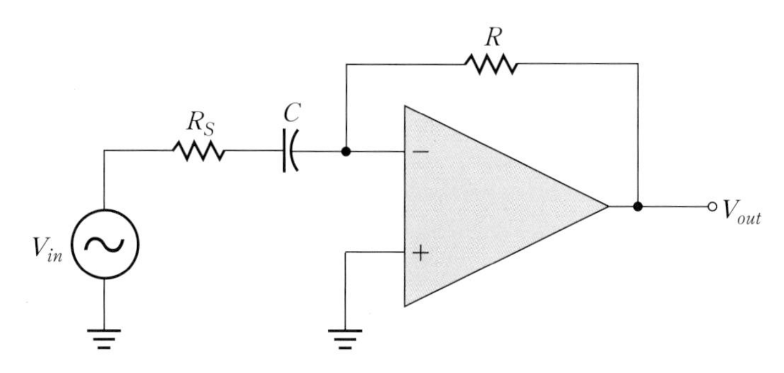

| 그림 19-12(a) 직렬저항을 가지는 미분기

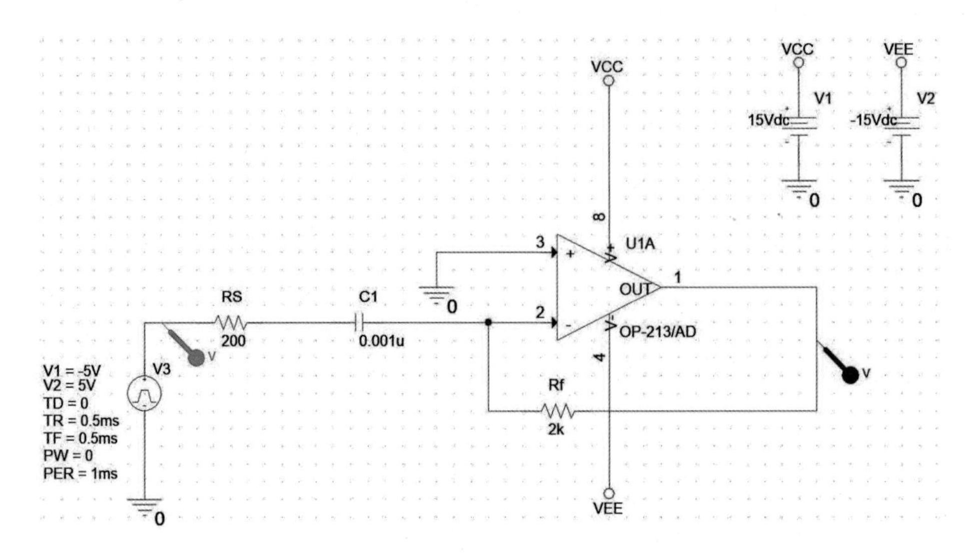

| 그림 19-12(b) PSpice 회로도

시뮬레이션 조건

- 연산증폭기 모델명: OP-213/AD
- $R_S = 200\Omega$, $R = 2\text{k}\Omega$, $C = 0.001\mu\text{F}$
- V_{in} 은 진폭이 5V이고 주기가 1ms(f=1kHz)인 삼각파

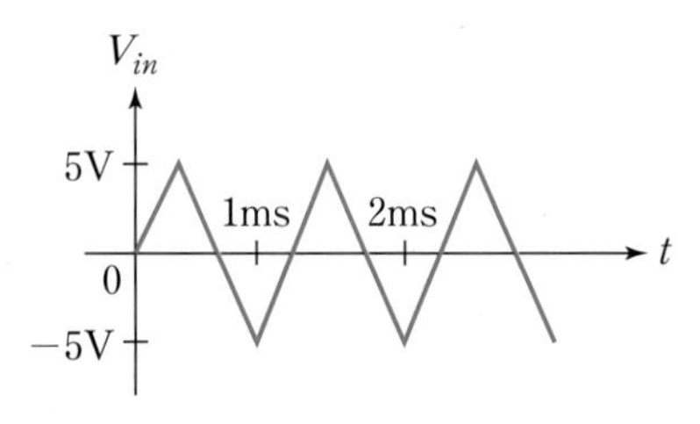

- 삼각파에 대한 출력파형 V_{out} 를 도시한다.

그림 19-12(b)의 회로에 대한 PSpice 시뮬레이션 결과를 다음에 도시하였다.

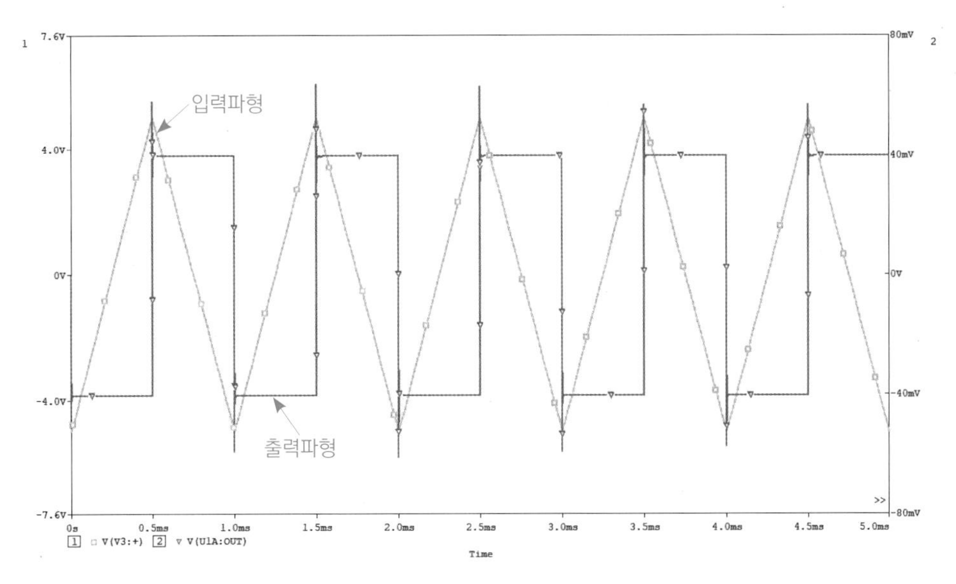

| 그림 19-13 미분기의 출력파형 V_{out}

19.3.4 적분기

션트저항 R_S를 가지는 적분기의 입출력특성을 살펴보기 위하여 그림 19-14(a)의 회로에 대하여 PSpice 시뮬레이션을 수행한다.

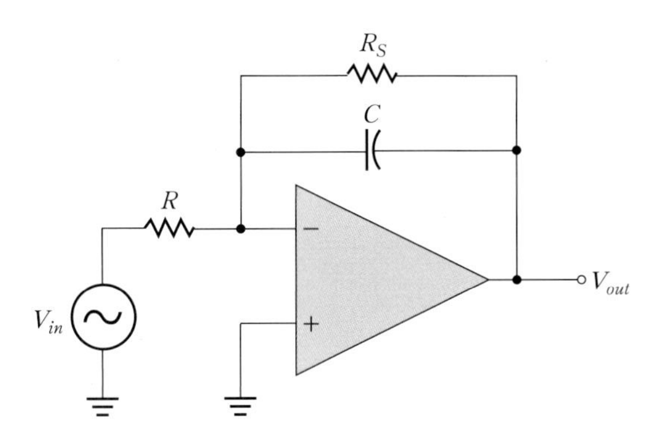

| 그림 19-14(a) 션트저항을 가지는 적분기

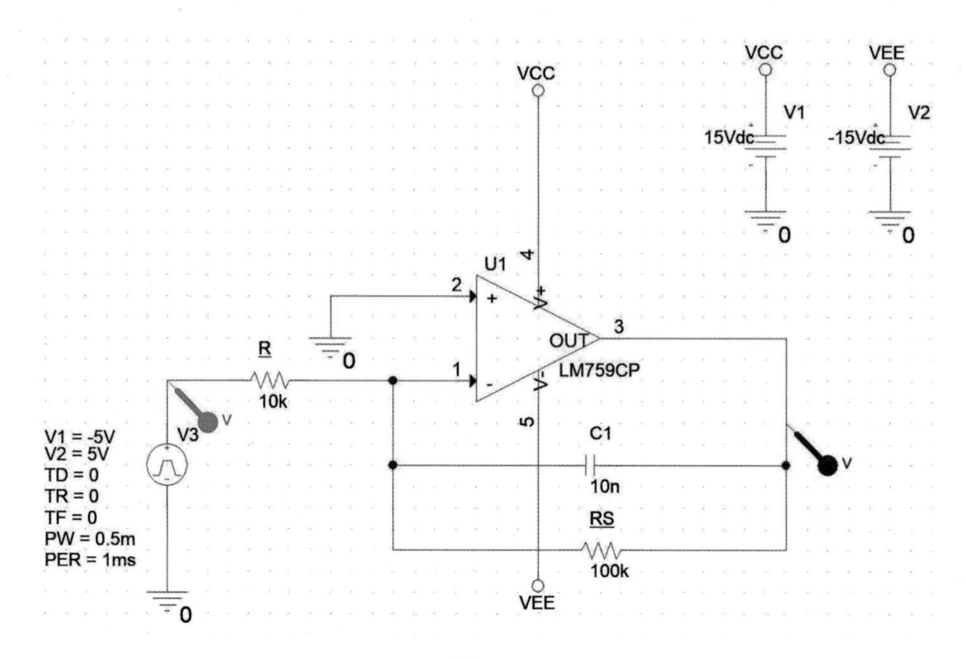

| 그림 19-14(b) PSpice 회로도

시뮬레이션 조건

- 연산증폭기 모델명: LM759CP
- $R = 10\text{k}\Omega$, $R_S = 100\text{k}\Omega$, $C = 0.01\mu\text{F}$
- V_{in} 은 진폭이 5V이고 주기가 1ms인 구형파

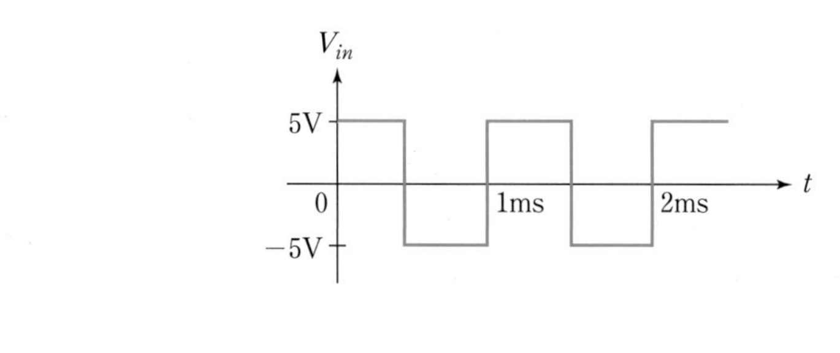

- 구형파에 대한 출력파형 V_{out} 을 도시한다.

그림 19-14(b)의 회로에 대한 PSpice 시뮬레이션 결과를 다음에 도시하였다.

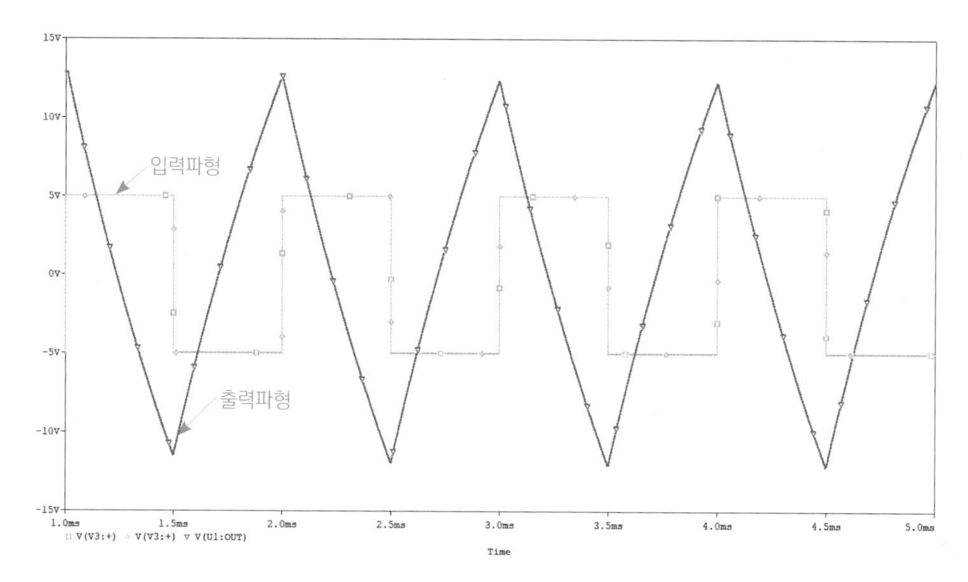

| 그림 19-15 적분기의 출력파형 V_{out}

19.4 실험기기 및 부품

- 오실로스코프 1대
- 직류전원공급기 2대
- 신호발생기 1대
- 연산증폭기 2개
- 저항 200Ω, 2kΩ, 10kΩ, 20kΩ, 30kΩ, 60kΩ, 100kΩ 각 4개
- 캐패시터 0.001μF, 0.01μF 각 1개
- 브레드 보드 1대
- 디지털 멀티미터 1대

19.5 실험방법

19.5.1 가산증폭기

(1) 그림 19-16과 같은 회로를 구성하고 연산증폭기에 직류전원을 인가한다.

(2) 신호발생기로부터 가산증폭기의 3개의 입력전압 V_1, V_2, V_3를 각각 $100\sin 2\pi ft$[mV] ($f=1$kHz)로 인가한 다음, 출력파형을 도시한다.

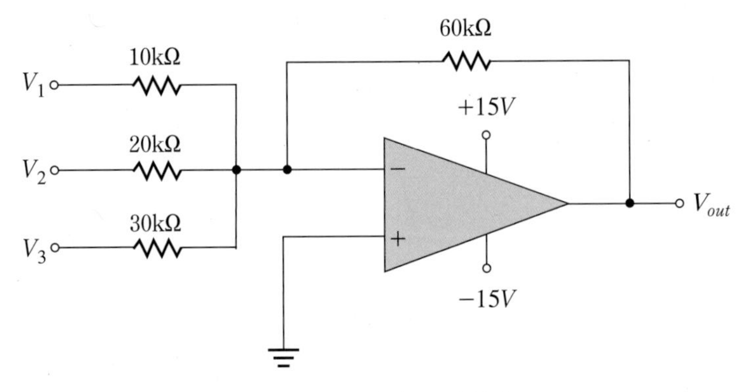

| 그림 19-16 가산증폭기 실험

(3) 그림 19-16의 회로에서 모든 저항을 10kΩ으로 변경한 후 출력전압 V_{out}을 그래프 19-1에 도시한다.

19.5.2 감산증폭기 실험

(1) 그림 19-17과 같은 회로를 구성하고 신호발생기로부터 V_1과 V_2를 다음과 같이 인가한다.

$$V_1 = 20\sin 120\pi t[\mathrm{mV}],\ V_2 = 5\sin 120\pi t[\mathrm{mV}]$$

(2) 오실로스코프를 이용하여 출력파형을 측정하여 그래프 19-2에 도시한다.

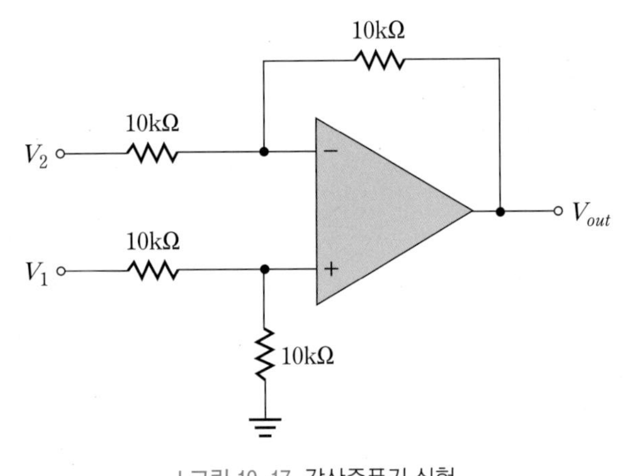

| 그림 19-17 감산증폭기 실험

19.5.3 미분기 실험

(1) 그림 19-18과 같은 회로를 구성하고 직류전원공급기의 전원을 인가한다.

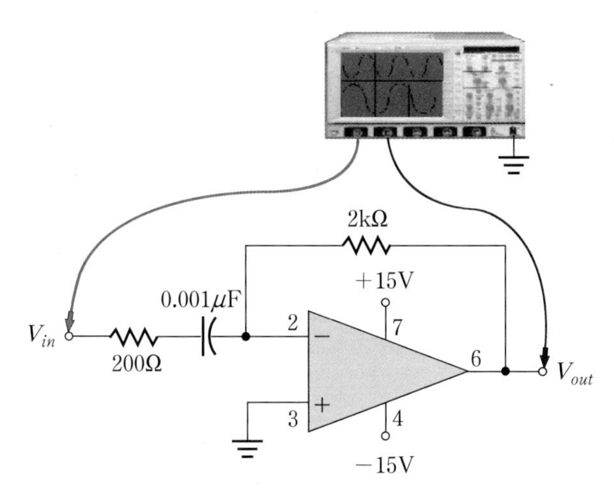

| 그림 19-18 미분기 실험

(2) 신호발생기로부터 진폭이 5V이고 주기가 1ms인 삼각파를 발생시켜 회로에 인가한다.

(3) 오실로스코프로 입력 V_{in}과 출력 V_{out}의 파형을 측정하여 그래프 19-3에 도시한다.

19.5.4 적분기 실험

(1) 그림 19-19와 같은 회로를 구성하고 직류전원공급기의 전원을 인가한다.

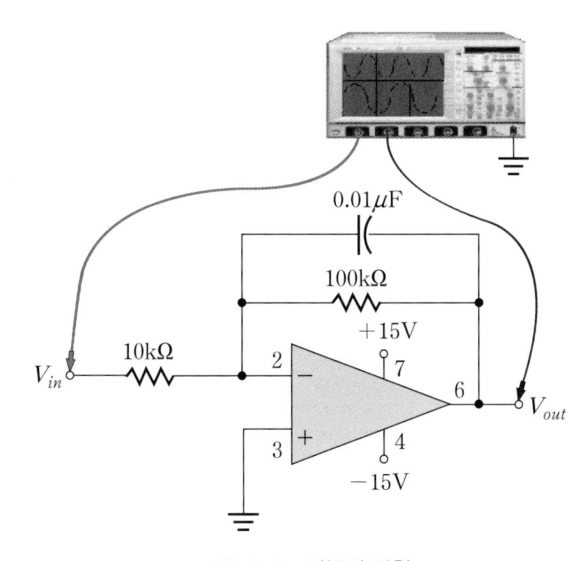

| 그림 19-19 적분기 실험

(2) 신호발생기로부터 진폭이 5V이고 주기가 1ms인 구형파를 발생시켜 회로에 인가한다.

(3) 오실로스코프로 입출력파형을 측정하여 그래프 19-4에 도시한다.

19.6 실험결과 및 검토

19.6.1 실험결과

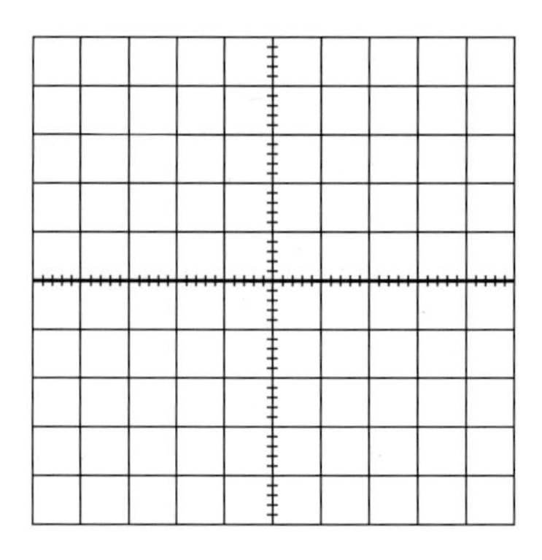

| 그래프 19-1 가산증폭기의 출력파형

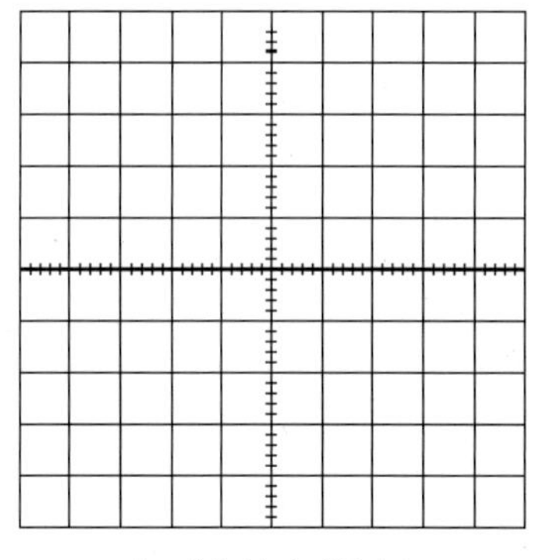

(a) 입력파형

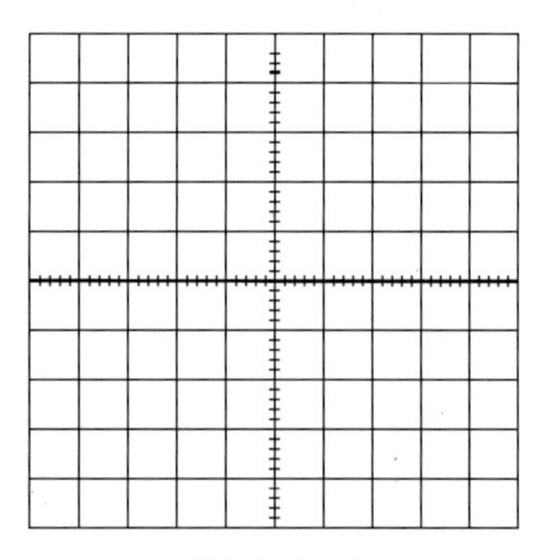

(b) 출력파형

| 그래프 19-2 감산증폭기의 입출력파형

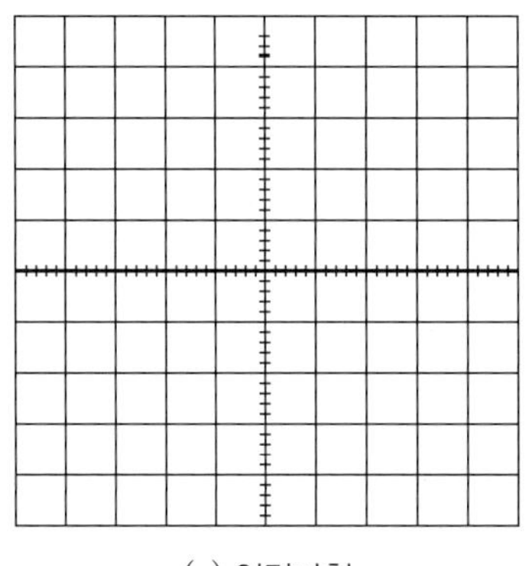

(a) 입력파형

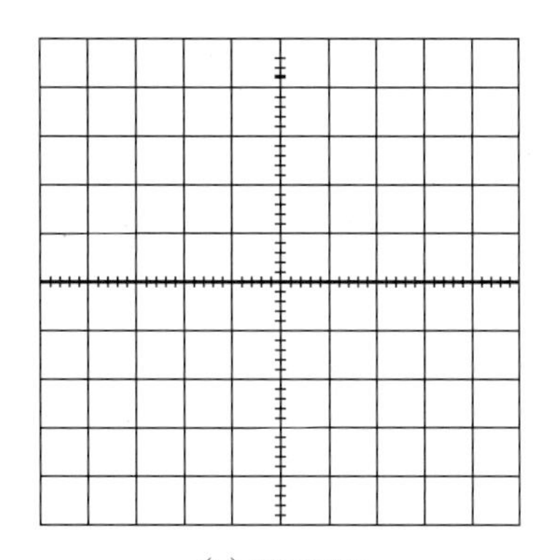

(b) 출력파형

| 그래프 19-3 미분기에 대한 입출력파형

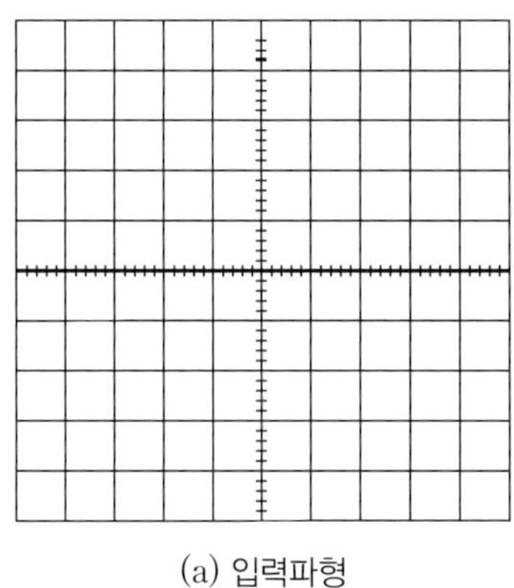

(a) 입력파형

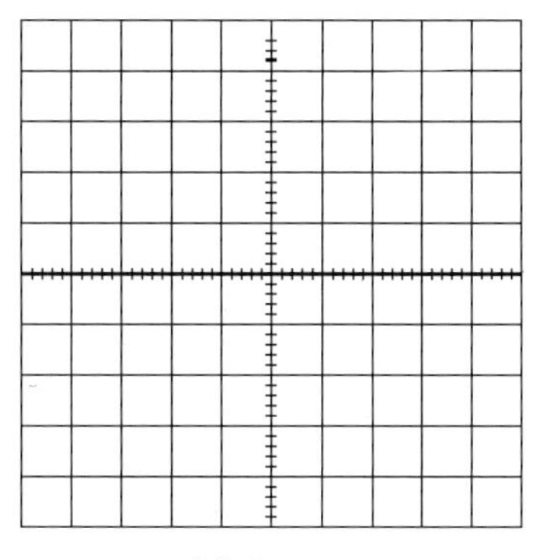

(b) 출력파형

| 그래프 19-4 적분기에 대한 입출력파형

19.6.2 검토 및 고찰

(1) 연산증폭기를 이용하여 2개의 신호의 차이를 출력하는 감산기 회로를 설계하고 해석과정을 기술하라.

(2) 5개의 입력신호의 평균값을 출력하는 가산증폭기를 설계하라.

(3) 미분기와 적분기에서 직렬저항 또는 션트저항의 역할에 대하여 상세히 기술하라.

19.7 실험 이해도 측정 및 평가

19.7.1 객관식 문제

01 가산증폭기는 몇 개의 입력을 가지는가?

① 1개　② 2개
③ 3개　④ 다수

02 연산증폭기로 적분기를 구현하는 경우 궤환루프에 존재하는 소자는?

① 캐패시터　② 저항
③ 다이오드　④ 인덕터

03 연산증폭기로 미분기를 구현하는 경우 궤환루프에 존재하는 소자는?

① 다이오드　② 인덕터
③ 캐패시터　④ 저항

04 미분기의 입력에 삼각파가 공급되면 출력파형은?

① 구형파　② 포물선
③ 삼각파　④ 램프

05 계단파 입력에 대한 적분기의 출력파형은 무엇인가?

① 펄스　② 삼각파
③ 스파이크　④ 램프

19.7.2 주관식 문제

01 그림 19-20의 회로에서 $R_1=R_2=R_3=10\text{k}\Omega$, $R_4=10\text{k}\Omega$ 이고 $V_1=2\text{V}$, $V_2=3\text{V}$, $V_3=4\text{V}$ 일 때 출력 V_0의 값을 구하라.

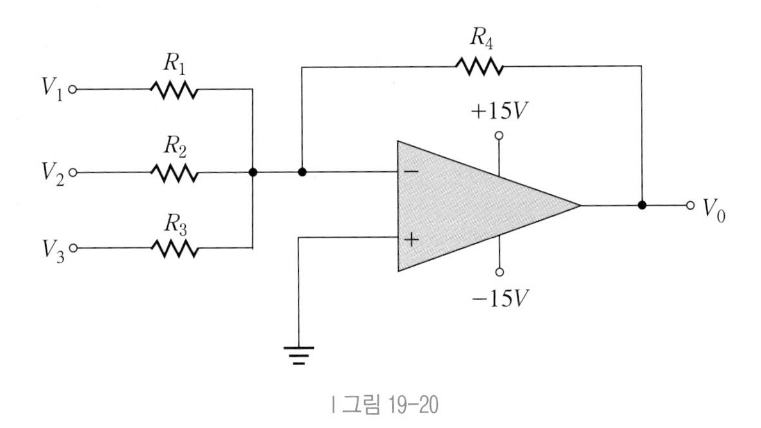

ㅣ그림 19-20

02 그림 19-21의 회로에 대하여 다음 물음에 답하라.

(1) $V_0=V_1-V_2$ 의 관계식을 유도하라.

(2) $R_1=10\text{k}\Omega$, $R_2=20\text{k}\Omega$ 이고 $V_1=5\text{V}$, $V_2=3\text{V}$ 일 때 출력 V_0의 값을 구하라.

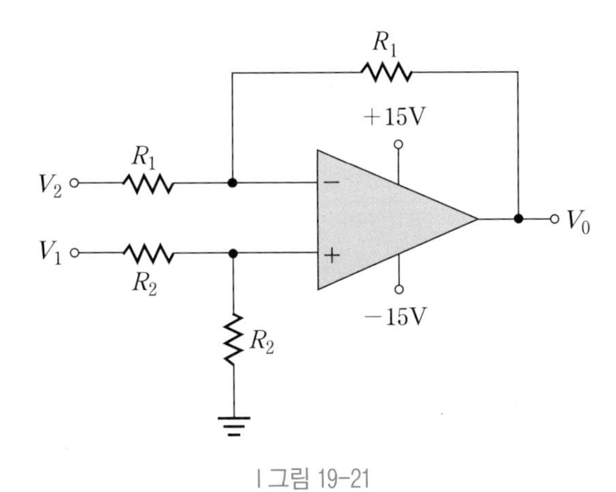

ㅣ그림 19-21

03 그림 19-22의 회로에서 출력전압 V_0가 입력전압 $V_i(i=1, 2, 3)$의 평균값이 되기 위한 궤환 저항 R_f의 값을 구하라.

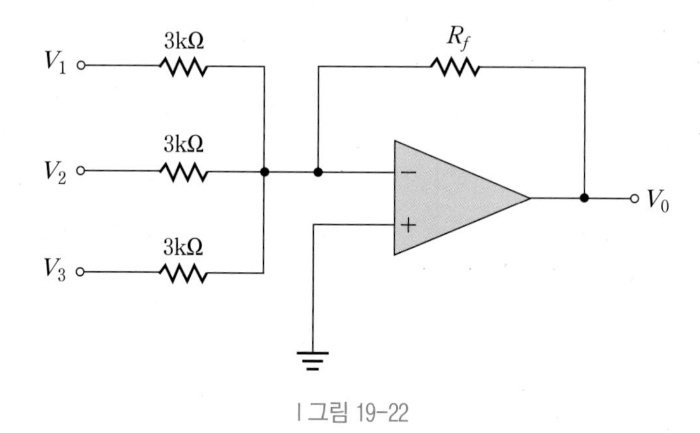

I 그림 19-22

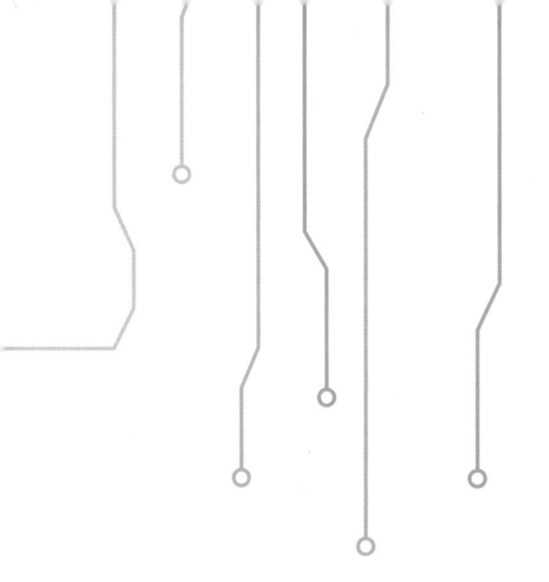

CHAPTER 20

연산증폭기 비선형 회로 실험

contents

연산증폭기 비선형 회로 실험

20.1 실험 개요

본 실험은 연산증폭기의 비선형 특성을 이용한 비교기, 출력제한 비교기, 슈미트 트리거 등의 회로의 동작원리를 이해하고 실험을 통해 확인한다.

20.2 실험원리 학습실

20.2.1 연산증폭기의 비선형 회로

(1) 비교기

비교기(Comparator)는 입력전압이 어떤 일정 레벨을 넘는 것을 감지하는 회로이며 연산증폭기의 비선형 특성을 이용한 대표적인 응용회로이다. 그림 20-1에 나타낸 바와 같이 연산증폭기의 비반전 단자에는 신호전압 V_{in}을, 그리고 반전단자에는 기준전압 V_{REF}를 인가하면 입력전압이 기준전압보다 큰 값인지 또는 작은 값인지를 검출할 수 있는 전위 검출기가 얻어진다.

여기서 잠깐

• **연산증폭기의 선형 및 비선형 동작:** 연산증폭기에 부궤환이 존재하지 않는 경우 연산증폭기의 개방루프이득이 매우 크기 때문에 아주 작은 입력전압도 연산증폭기를 포화상태로 만들 수 있다. 그 결과 연산증폭기의 출력단에는 $+V_{max}$ 나 $-V_{max}$의 직류전압이 나타나는데 이를 연산증폭기의 비선형(Nonlinear) 동작이라 한다. 한편, 연산증폭기에 적절한 부궤환을 이용하여 연산증폭기가 포화되지 않는 상태에서 출력전압을 얻는 경우 이를 연산증폭기의 선형(Linear) 동작이라고 한다.

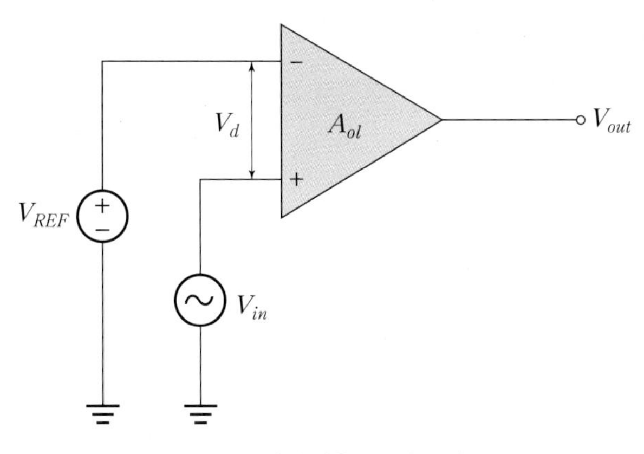

| 그림 20-1 전위 검출기로서의 비교기

그림 20-1에서 연산증폭기에 인가되는 차동입력 $V_d = V_{in} - V_{REF}$ 이고 회로내에 궤환이 존재하지 않으므로 연산증폭기 출력은 다음과 같이 V_d의 부호에 따라 $+V_{max}$ 나 $-V_{max}$ 로 포화된다.

$$V_{out} = A_{ol}(V_{in} - V_{REF}) = \begin{cases} +V_{max}, & V_{in} \geq V_{REF} \\ -V_{max}, & V_{in} < V_{REF} \end{cases} \tag{20.1}$$

식(20.1)을 V_{in}과 V_{out}을 수평축과 수직축으로 설정하여 그래프로 표현하면 그림 20-2와 같다.

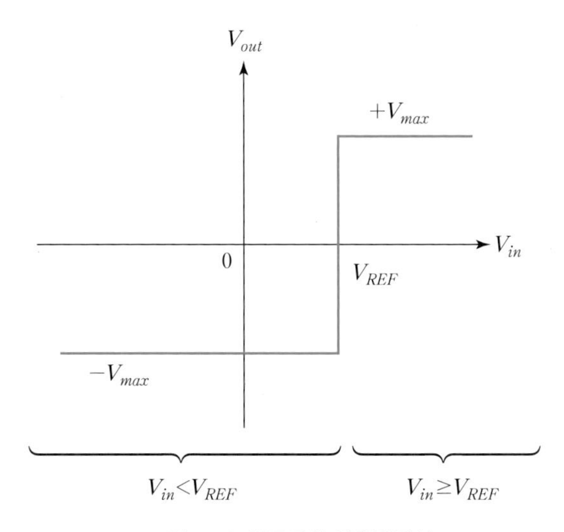

| 그림 20-2 비교기의 입출력특성

그림 20-3에 연산증폭기의 입력과 출력파형을 함께 도시하였으며, 출력파형은 구형파 형태가 되므로 그림 20-1의 비교기는 구형파 발생기로도 사용할 수 있다.

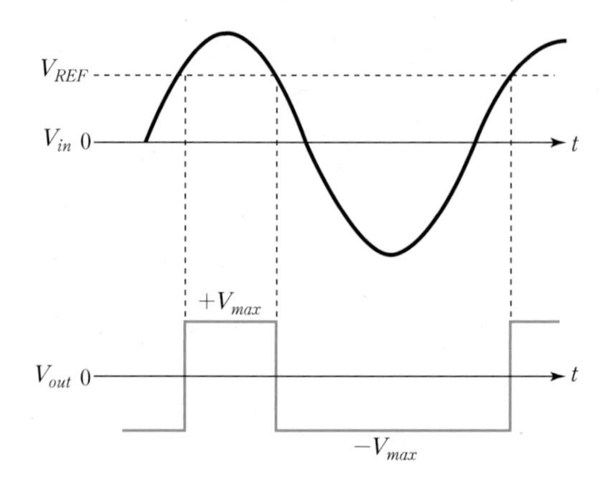

| 그림 20-3 비교기의 입출력파형

한편, 그림 20-1의 회로에서 V_{REF} 를 발생시키기 위해 직류전원을 연결하였으나 다른 여러 가지 방법을 이용할 수도 있다. 예를 들어, 그림 20-4(a)와 같이 전압분배기를 이용할 수 있으며, 이 경우 V_{REF} 는 다음과 같이 정해진다.

$$V_{REF} = \frac{R_2}{R_1 + R_2} V \tag{20.2}$$

또한, 그림 20-4(b)와 같이 제너 다이오드를 이용하여 기준전압 V_{REF} 를 제너전압 V_Z 로 설정할 수도 있다.

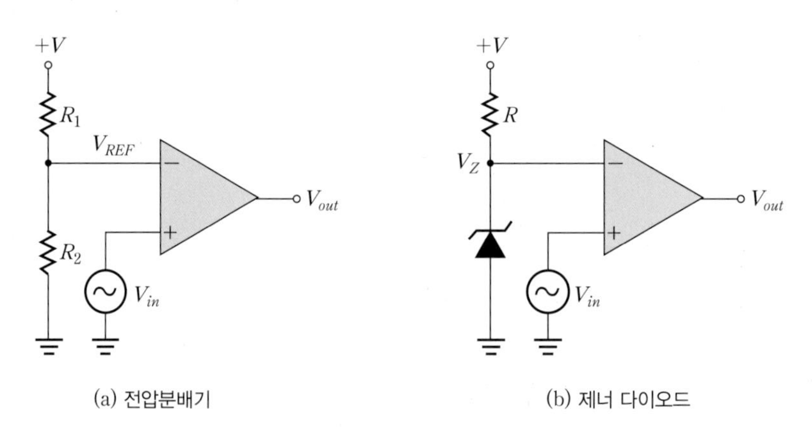

(a) 전압분배기 (b) 제너 다이오드

| 그림 20-4 기준전압 설정에 따른 2가지 비교기

(2) 슈미트 트리거

앞에서 논의된 비교기는 입력에 잡음(Noise)이 포함되지 않는다는 가정하에서는 정상적으로 동작된다. 그러나 대부분의 경우 원하지 않는 잡음이 입력파형에 포함될 수 있기 때문에 그림 20-1의 비교기는 오동작을 일으킬 가능성이 많게 된다.

예를 들어, 입력단에 잡음이 실린 입력전압이 $V_{REF} = 0$인 비교기에 인가된다고 했을 때 출력파형을 그림 20-5에 도시하였다. 그림 20-5에서도 알 수 있듯이 잡음이 실린 정현파입력이 0에 접근할 때 잡음에 의해 입력은 0의 위아래를 여러 번 교차하게 되고 이것이 출력파형에 오차를 유발한다.

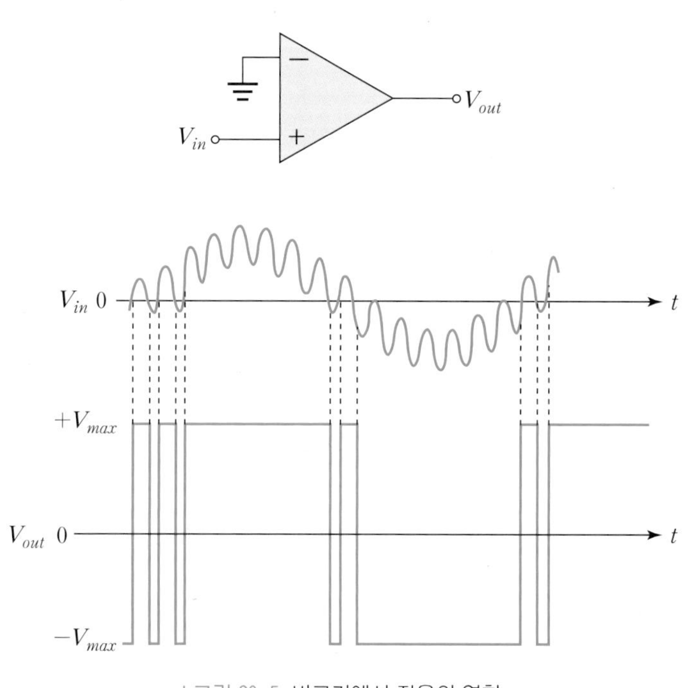

| 그림 20-5 비교기에서 잡음의 영향

비교기의 잡음에 의한 영향을 줄이기 위해서 히스테리시스(Hysterisis)라는 정(+)궤환(Positive Feedback)을 이용한다. 히스테리시스를 가지는 비교기는 잡음에 대한 영향을 어느 정도 제거할 수 있는데, 이 회로를 슈미트 트리거(Schmitt Trigger)라 하며 그림 20-6에 도시되었다. 그림 20-6에서 출력 V_{out}이 R_1과 R_2의 전압분배기를 통하여 연산증폭기의 비반전 단자(+)로 궤환되고 있음에 주목하라.

결국 슈미트 트리거는 일반 비교기에 정궤환을 이용함으로써 잡음면역도(Noise Immunity)를 향상시킨 비교기라 할 수 있으며, 많은 분야에 응용되고 있는 중요한 연산증폭기 응용회로이다.

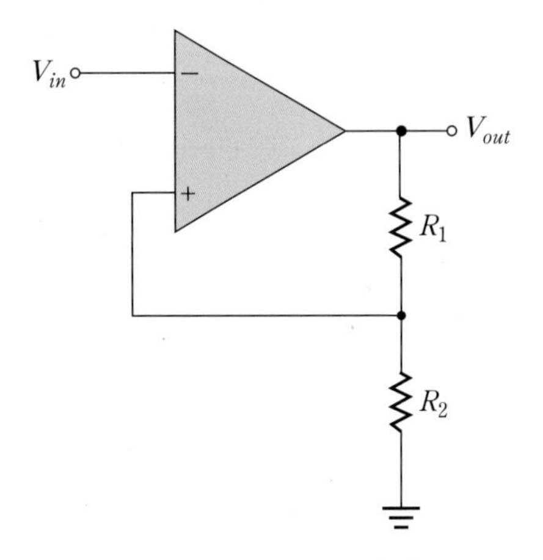

| 그림 20-6 슈미트 트리거 회로

그림 20-7(a)에서처럼 슈미트 트리거 회로의 출력이 $+V_{max}$라 가정하면, 비반전 단자로 궤환되는 전압은 다음과 같다. 이를 V_{UTP} 라고 표시하자.

$$V_{UTP} \triangleq \frac{R_2}{R_1+R_2}(+V_{max}) > 0 \tag{20.3}$$

V_{UTP}가 출력에서 비반전 단자로 궤환되면 그때의 연산증폭기의 차동입력 $V_d = V_{UTP} - V_{in}$ 이므로 출력전압이 $+V_{max}$에서 $-V_{max}$로 변환되기 위해서는 차동전압이 음이 되어야 한다. 즉 $V_{UTP} - V_{in} < 0$ $(V_{in} > V_{UTP})$ 일 때 출력은 $+V_{max}$에서 $-V_{max}$로 변환된다. 이를 그림 20-7(b)에 도시하였다.

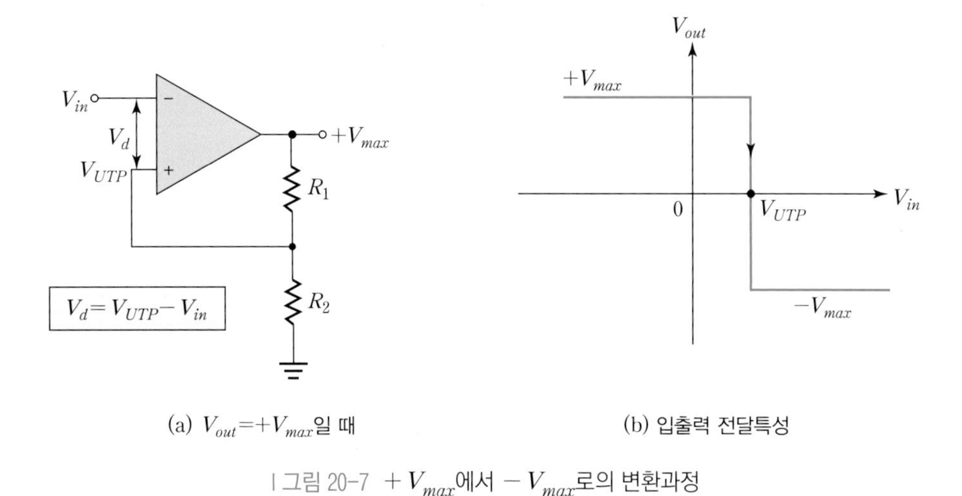

(a) $V_{out} = +V_{max}$일 때 (b) 입출력 전달특성

| 그림 20-7 $+V_{max}$에서 $-V_{max}$로의 변환과정

한편, 그림 20-8(a)에서처럼 슈미트 트리거 회로의 출력이 $-V_{max}$라 가정하면, 비반전 단자로 궤환되는 전압은 다음과 같다. 이를 V_{LTP}라 표시하자.

$$V_{LTP} \triangleq \frac{R_2}{R_1 + R_2}(-V_{max}) < 0 \tag{20.4}$$

V_{LTP}가 출력에서 비반전 단자로 궤환되면 그때의 연산증폭기의 차동입력 $V_d = V_{LTP} - V_{in}$ 이므로 출력전압이 $-V_{max}$에서 $+V_{max}$로 변환되기 위해서는 차동전압이 양이 되어야 한다. 즉 $V_{LTP} - V_{in} > 0$ $(V_{in} < V_{LTP})$일 때 출력은 $-V_{max}$에서 $+V_{max}$로 변환된다. 이를 그림 20-8(b)에 도시하였다.

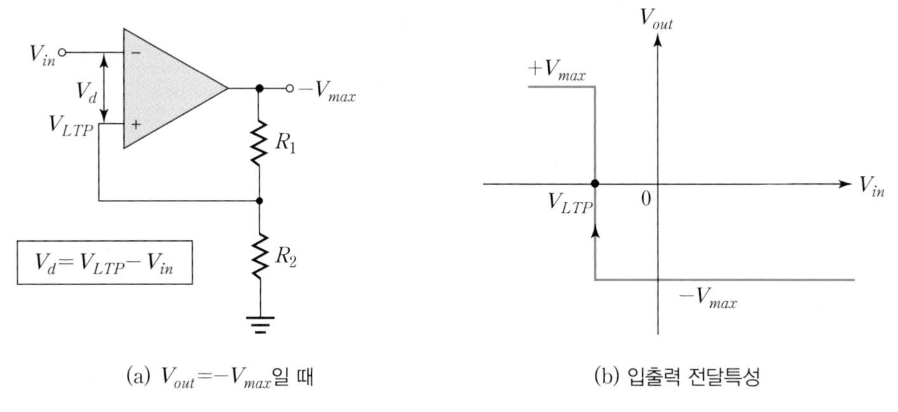

(a) $V_{out} = -V_{max}$일 때 (b) 입출력 전달특성

| 그림 20-8 $-V_{max}$에서 $+V_{max}$로의 변환과정

그림 20-7과 그림 20-8의 전달특성을 함께 통합하면 그림 20-9와 같이 히스테리시스를 가지는 입출력 전달특성곡선을 얻을 수 있다.

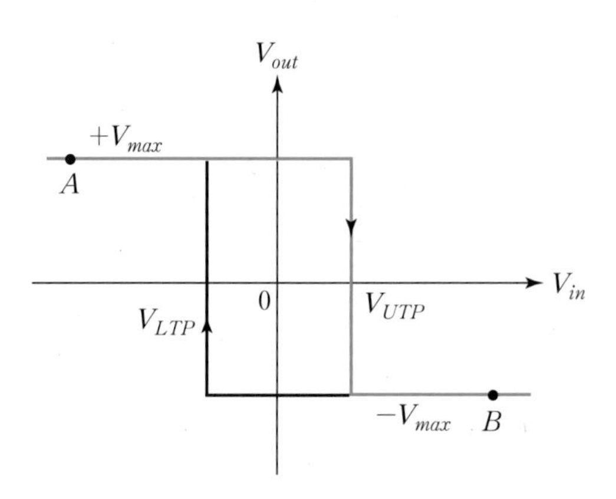

| 그림 20-9 히스테리시스를 가지는 슈미트 트리거의 입출력 전달특성

그림 20-9에서 주의할 점은 상태변환은 화살표 방향으로만 일어난다는 것이다. 예를 들어, A점의 현재 상태가 $+V_{max}$인데 $-V_{max}$로의 상태변환은 V_{in}이 V_{UTP}보다 커지는 순간에 아래로 향하는 화살표 방향으로 진행하면서 상태변환이 일어난다. 또한, B점을 예로 들면 B점의 현재 상태가 $-V_{max}$인데 $+V_{max}$로의 상태변환은 V_{in}이 V_{LTP}보다 작아지는 순간에 위로 향하는 화살표 방향으로 진행하면서 상태변환이 일어난다. 또한 그림 20-9에서 히스테리시스 루프의 폭을 히스테리시스 전압 V_{HYS}로 정의한다. 따라서 V_{HYS}는 V_{UTP}와 V_{LTP}의 차이가 되므로 다음과 같이 표현된다.

$$V_{HYS} = V_{UTP} - V_{LTP} \tag{20.5}$$

(3) 출력제한 비교기

실제의 많은 응용에서 비교기의 출력을 연산증폭기의 포화출력 이하로 제한할 필요가 있게 되는데, 그림 20-10과 같이 제너 다이오드를 사용하게 되면 출력을 제너 다이오드 전압으로 제한할 수 있으며, 이 회로를 양의 출력제한 비교기라고 부른다.

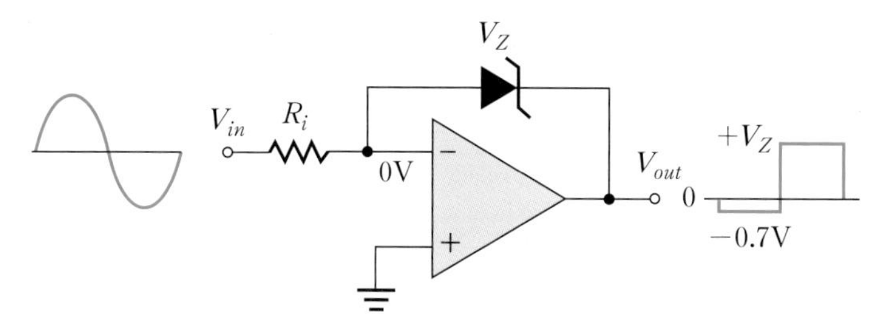

| 그림 20-10 양의 출력제한 비교기

그림 20-10의 회로동작은 다음과 같다. 입력전압 V_{in}이 반전단자에 인가되기 때문에 만일 제너 다이오드가 존재하지 않는다면 그림 20-11과 같은 구형파 출력이 얻어질 것이다. 그런데 제너 다이오드의 양극은 반전단자에 연결되어 있고 반전단자는 가상접지이므로 0V이다. 따라서 출력이 음의 값으로 되면, 제너 다이오드는 순방향으로 바이어스 되어 출력전압은 −0.7V로 제한된다. 만일 출력이 양의 값으로 되면, 제너 다이오드는 항복영역에서 동작하므로 출력전압은 제너전압으로 제한된다. 이 과정을 그림 20-11에 나타내었다.

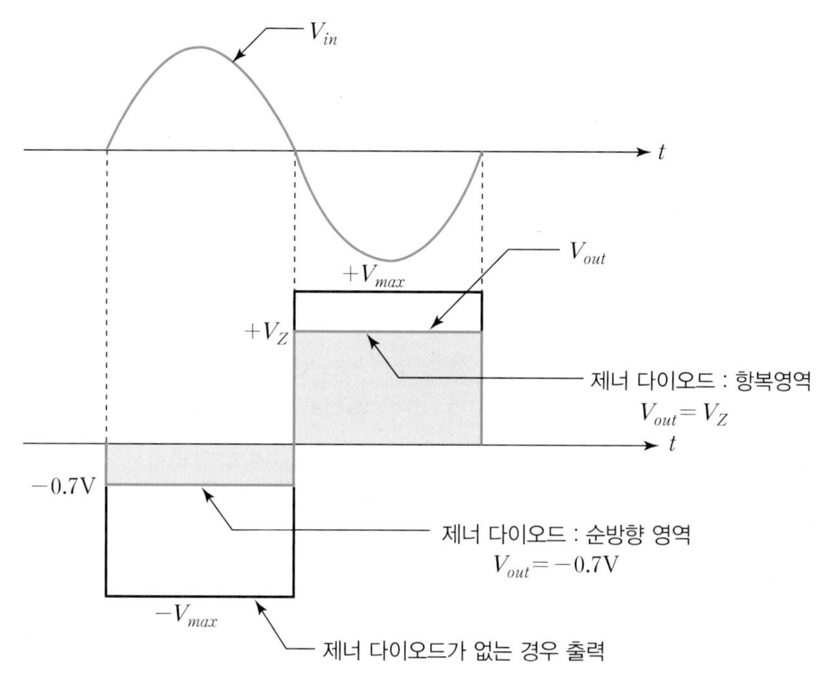

| 그림 20-11 양의 출력제한 비교기의 입출력파형

만일 그림 20-10의 회로에서 제너 다이오드의 방향을 바꾸게 되면 출력은 반대로 되며, 이를 음의 출력제한 비교기라 부른다. 그림 20-12에 회로도와 입출력파형을 도시하였다.

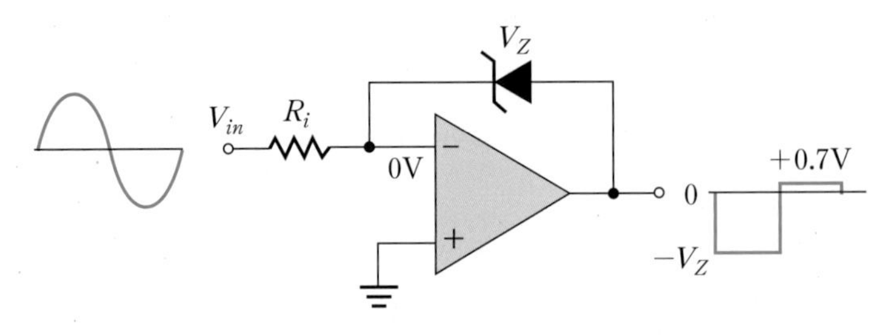

| 그림 20-12 음의 출력제한 비교기

그림 20-13에 앞에서 논의한 양과 음의 출력제한 비교기를 결합한 형태의 비교기를 도시하였는데 이를 이중출력제한 비교기라 부른다.

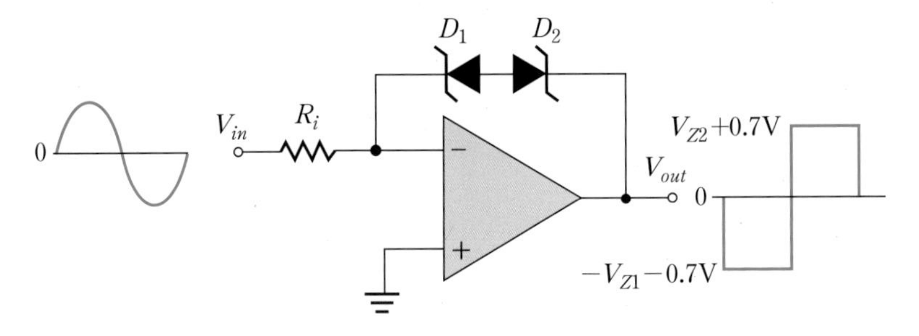

| 그림 20-13 이중출력제한 비교기

그림 20-13에서 제너 다이오드 D_1은 음극이, D_2는 양극이 반전입력 단자에 연결되어 있고 반전단자는 가상접지이므로 0V이다. 만일 출력이 음의 값으로 되면, 제너 다이오드 D_1은 항복영역에서 동작하고 제너 다이오드 D_2는 순방향영역에서 동작하므로 출력전압은 $-V_{Z1}-0.7$V로 제한된다. 또한 출력이 양의 값으로 되면, 제너 다이오드 D_1은 순방향영역에서 동작하고 제너 다이오드 D_2는 항복영역에서 동작하므로 출력전압은 $V_{Z2}+0.7$V로 제한된다. 이 과정을 그림 20-14에 도시하였다.

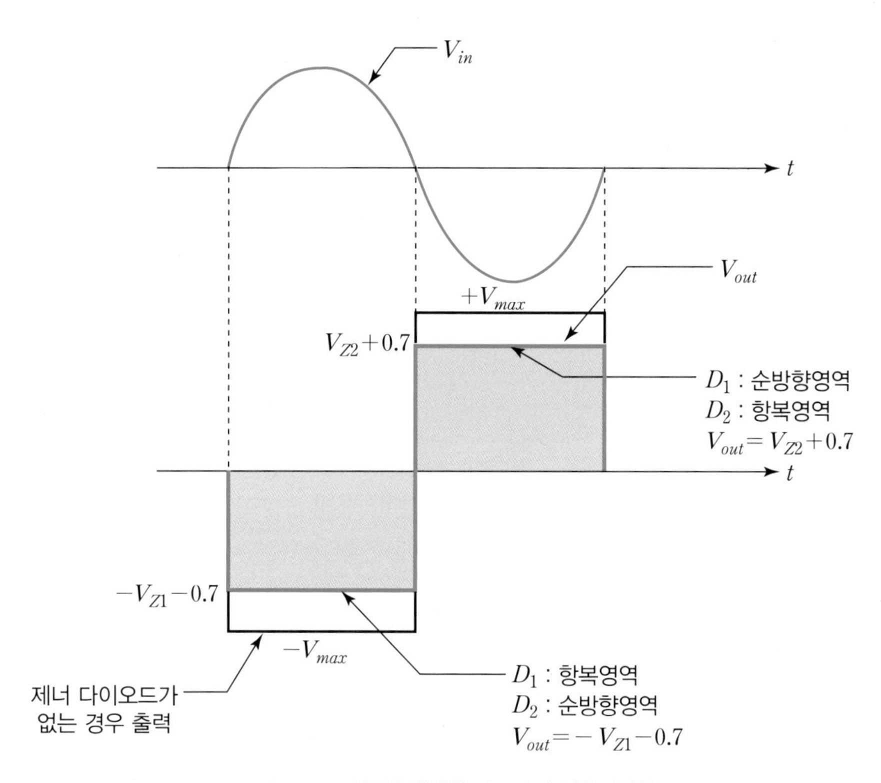

| 그림 20-14 이중출력제한 비교기의 입출력파형

20.2.2 실험원리 요약

비교기

- 비교기는 입력전압이 어떤 일정 레벨을 넘는 것을 감지하는 회로이며, 연산증폭기의 비선형 특성을 이용한 대표적인 응용회로이다.
- 연산증폭기의 비선형 특성

연산증폭기의 개방루프 이득은 매우 크기 때문에 아주 작은 입력전압도 연산증폭기의 출력을 포화상태로 만들 수 있다.

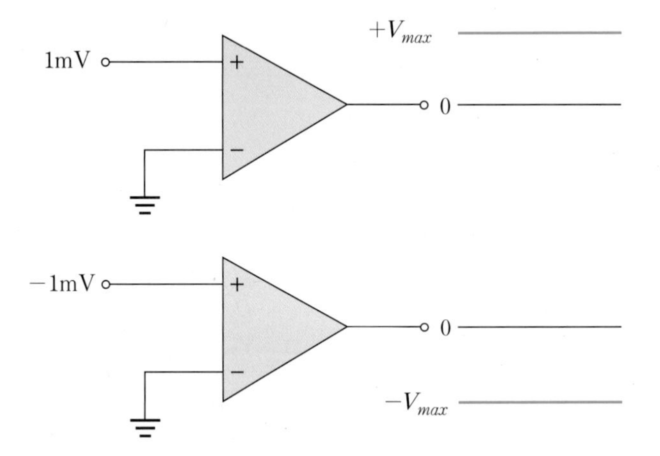

- 전위 검출기로서의 비교기

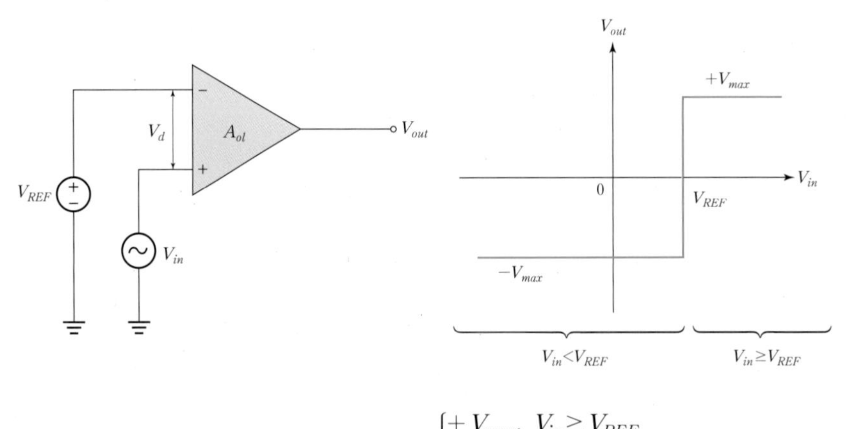

$$V_{out} = A_{ol}(V_{in} - V_{REF}) = \begin{cases} +V_{max}, & V_{in} \geq V_{REF} \\ -V_{max}, & V_{in} < V_{REF} \end{cases}$$

슈미트 트리거

- 비교기에서 잡음(Noise)에 의한 영향을 줄이기 위하여 히스테리시스를 발생시키는 정(+)궤환을 이용하는데 이러한 회로를 슈미트 트리거라 한다.
- $+V_{max}$에서 $-V_{max}$로의 변환과정

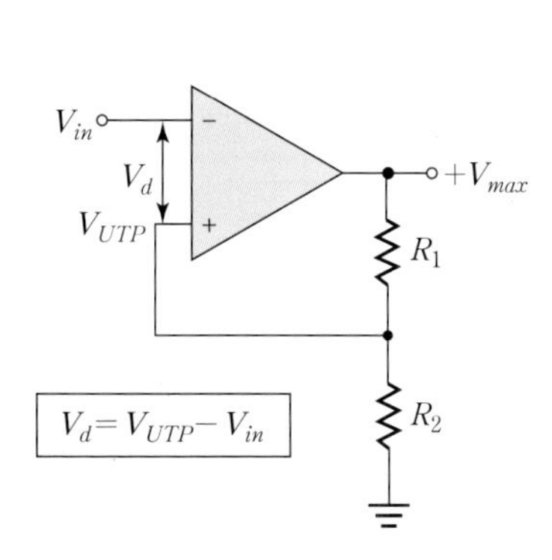

(a) $V_{out} = +V_{max}$일 때

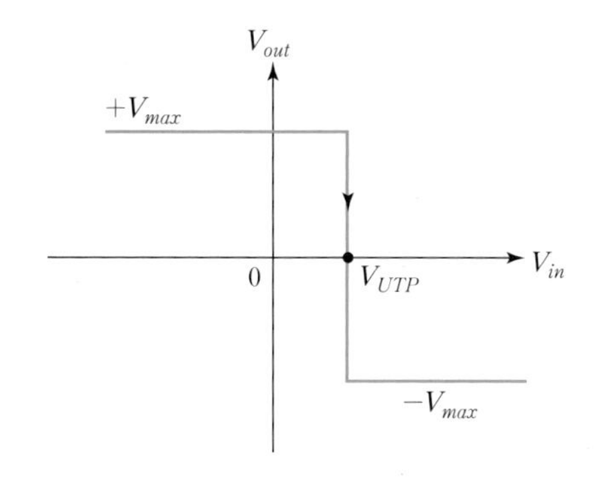

(b) 입출력 전달특성

① 비반전 단자로 궤환되는 전압 $V_{UTP} \triangleq \dfrac{R_2}{R_1 + R_2}(+V_{max}) > 0$

② 출력전압이 $+V_{max}$에서 $-V_{max}$로 변환되기 위해서는 차동전압 $V_d = V_{UTP} - V_{in}$이 음이 되어야 한다.

- $-V_{max}$에서 $+V_{max}$로의 변환과정

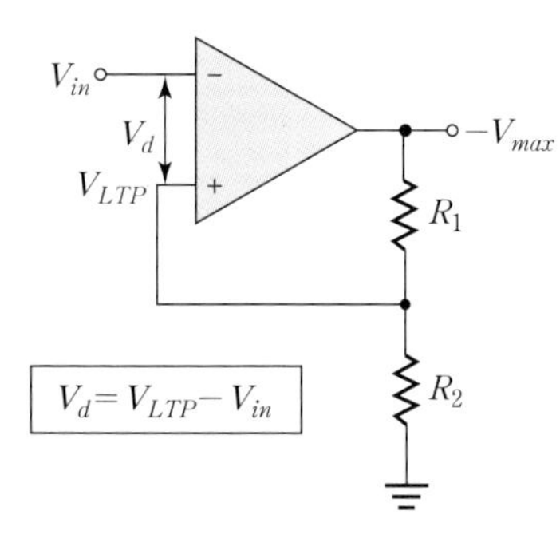

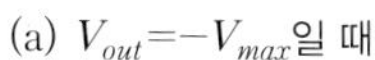
(a) $V_{out} = -V_{max}$일 때

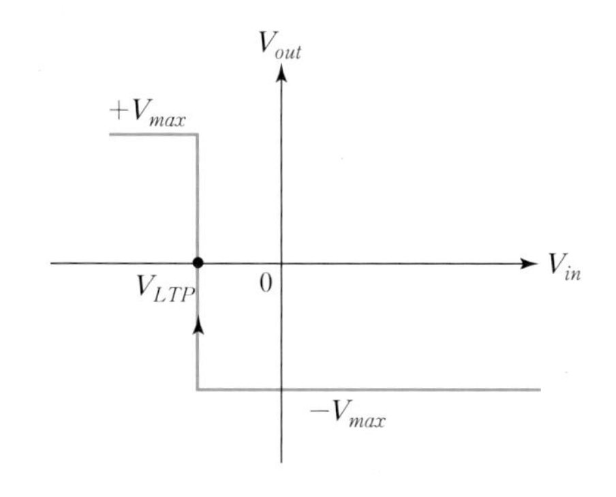

(b) 입출력 전달특성

① 비반전 단자로 궤환되는 전압 $V_{LTP} \triangleq \dfrac{R_2}{R_1 + R_2}(-V_{max}) < 0$

② 출력전압이 $-V_{max}$에서 $+V_{max}$로 변환되기 위해서는 차동전압 $V_d = V_{LTP} - V_{in}$이 양이 되어야 한다.

출력제한 비교기

- 비교기의 출력을 연산증폭기의 포화출력 이하로 제한할 필요가 있는데 궤환 루프에 제너 다이오드를 사용하면 출력전압을 제너항복전압 이하로 제한할 수 있다. 이를 출력제한 비교기라 한다.

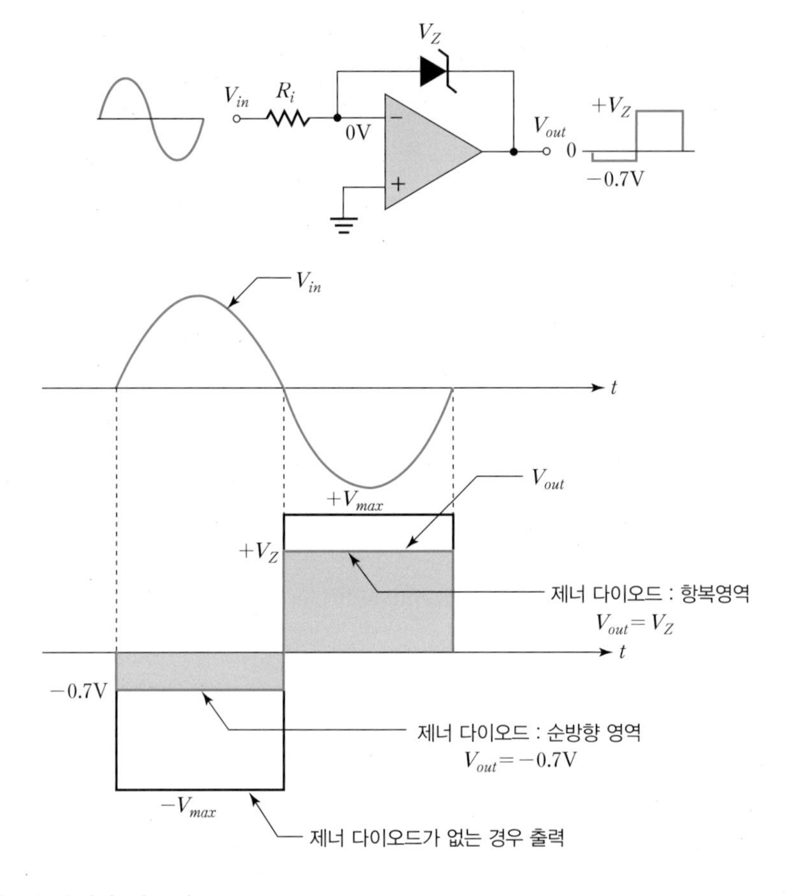

- 이중출력제한 비교기

  양과 음의 출력제한 비교기를 결합한 형태의 비교기로 궤환 루프에 제너 다이오드가 서로 등을 맞댄 구조(Back–to–Back)로 되어 있다.

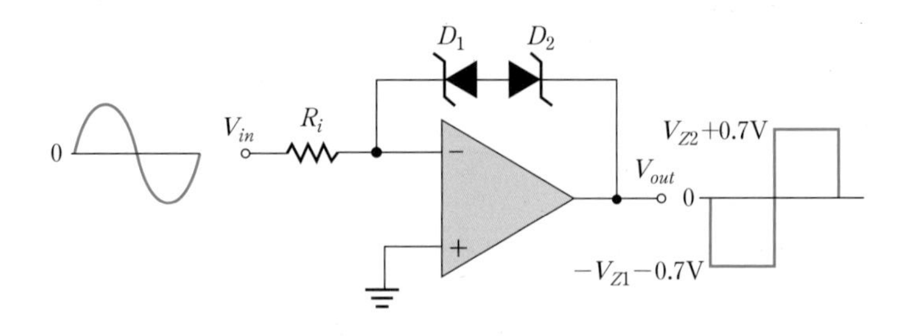

20.3 시뮬레이션 학습실

20.3.1 전압분배기를 이용한 비교기

비교기의 입출력 특성을 살펴보기 위하여 그림 20-15(a)의 회로에 대하여 PSpice 시뮬레이션을 수행한다.

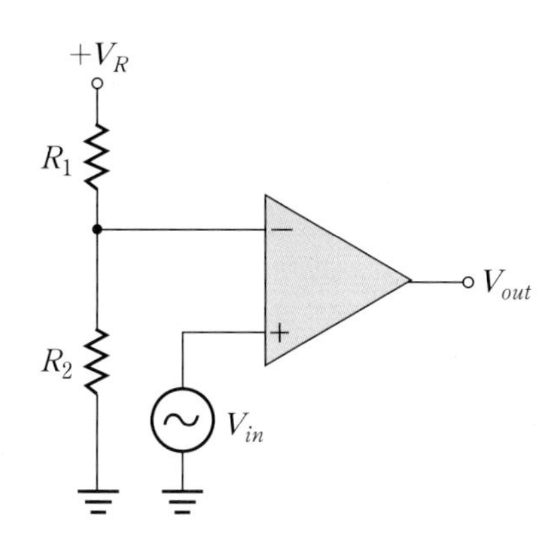

| 그림 20-15(a) 전압분배기를 이용한 비교기

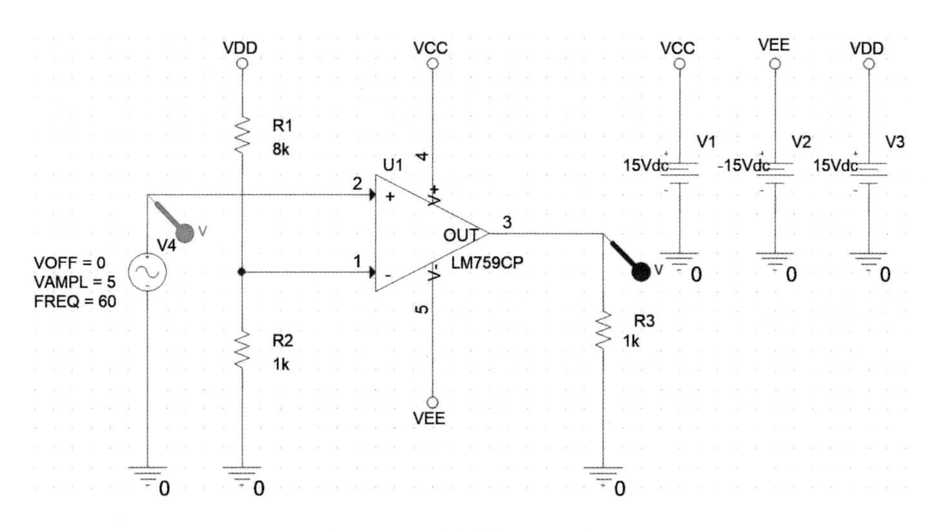

| 그림 20-15(b) PSpice 회로도

시뮬레이션 조건

- 연산증폭기 모델명: LM759CP
- $V_R = 15\text{V}$
- $R_1 = 8\text{k}\Omega,\ R_2 = 1\text{k}\Omega$
- $V_{in} = 5\sin 120\pi t[\text{V}]$
- 정현파 입력에 대한 비교기의 출력 V_{out}을 도시한다.

그림 20-15(b)의 회로에 대한 PSpice 시뮬레이션 결과를 다음에 도시하였다.

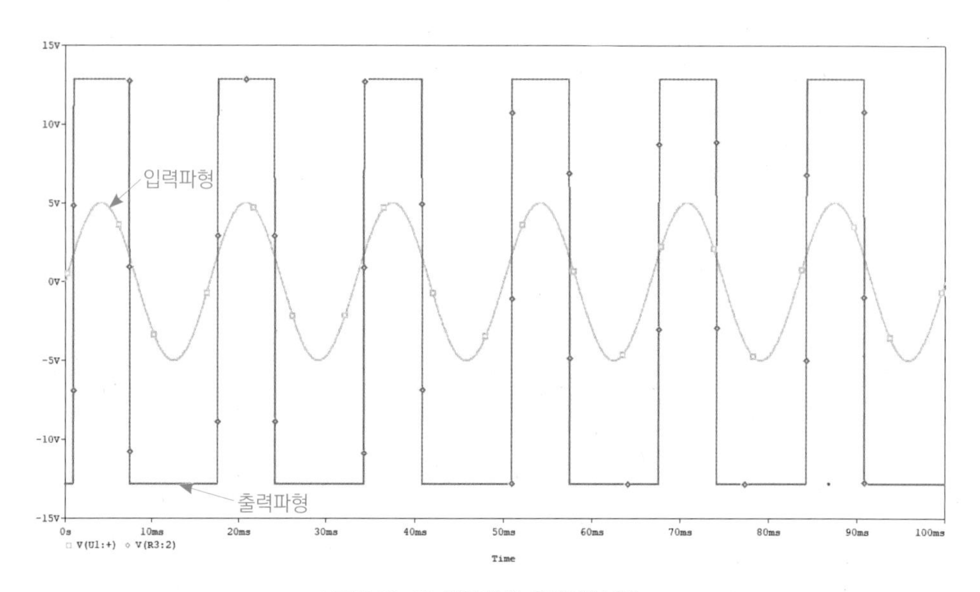

| 그림 20-16 비교기의 출력파형 V_{out}

20.3.2 슈미트 트리거

슈미트 트리거 회로의 입출력특성을 살펴보기 위하여 그림 20-17(a)의 회로에 대하여 PSpice 시뮬레이션을 수행한다.

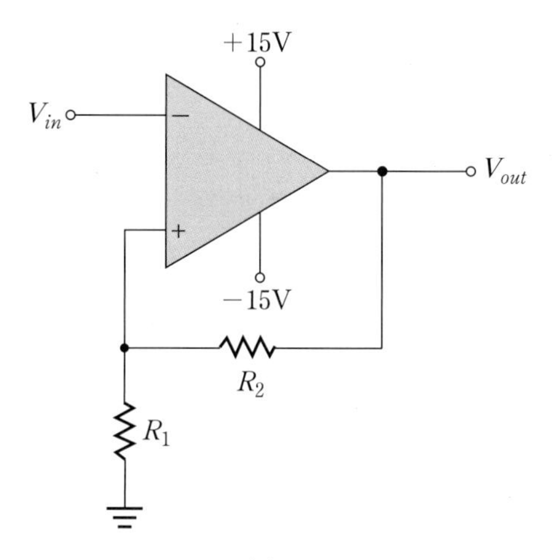

| 그림 20-17(a) 슈미트 트리거

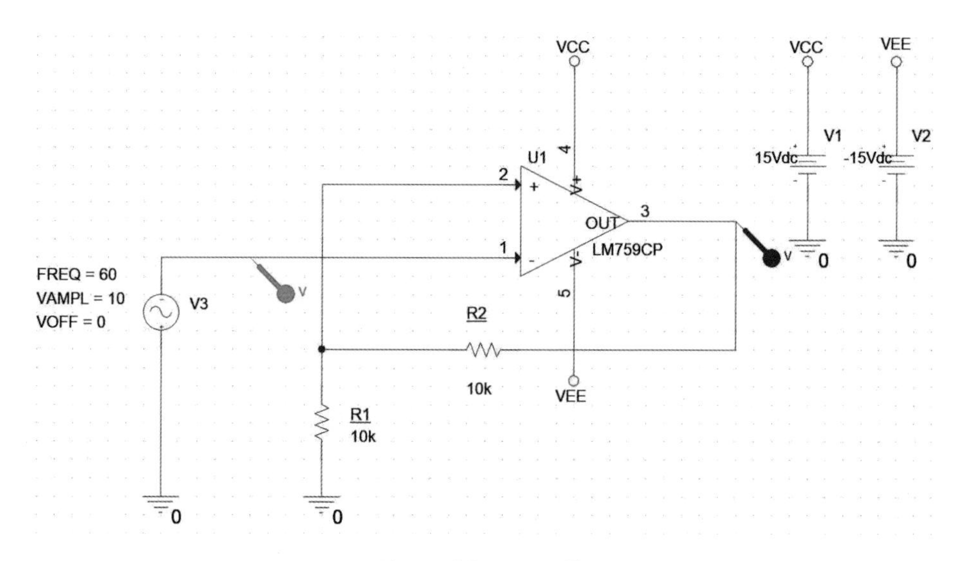

| 그림 20-17(b) PSpice 회로도

시뮬레이션 조건

- 연산증폭기 모델명: LM759CP
- $R_1 = R_2 = 10\text{k}\Omega$
- $V_{in} = 10\sin 120\pi ft[\text{V}]$, $f = 80\text{Hz}$
- 정현파 입력에 대한 슈미트 트리거 출력파형 V_{out}을 도시한다.

그림 20-17(b)의 회로에 대한 PSpice 시뮬레이션 결과를 다음에 도시하였다.

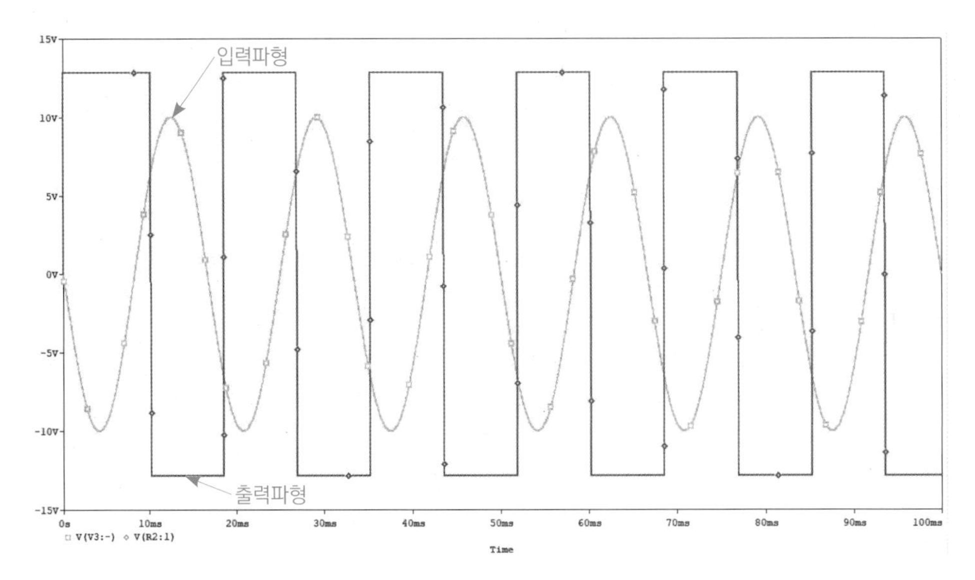

| 그림 20-18 슈미트 트리거의 출력파형 V_{out}

20.3.3 이중출력제한 비교기

출력제한 비교기의 입출력특성을 살펴보기 위하여 그림 20-19(a)의 회로에 대하여 PSpice 시뮬레이션을 수행한다.

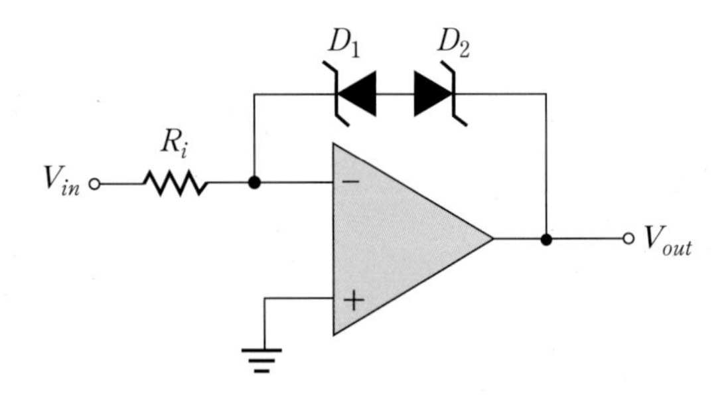

| 그림 20-19(a) 이중출력제한 비교기

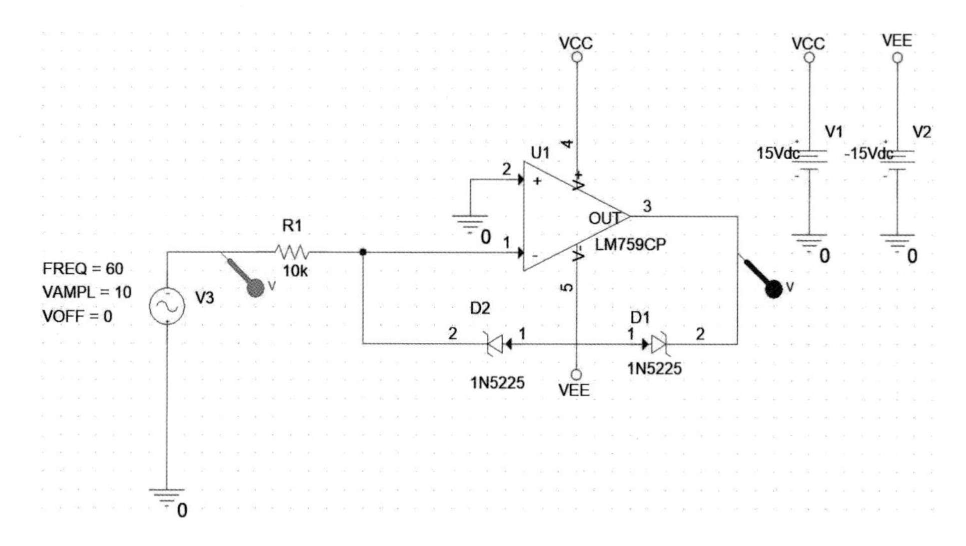

| 그림 20-19(b) PSpice 회로도

시뮬레이션 조건

- 연산증폭기 모델명: LM759CP
- 제너 다이오드 모델명: 1N522B 2개
- $R_1 = 1\text{k}\Omega$
- $V_{in} = 10\sin 120\pi t[\text{V}]$
- 정현파 입력에 대한 이중출력제한 비교기의 출력파형 V_{out} 을 도시한다.

그림 20-19(b)의 회로에 대한 PSpice 시뮬레이션 결과를 다음에 도시하였다.

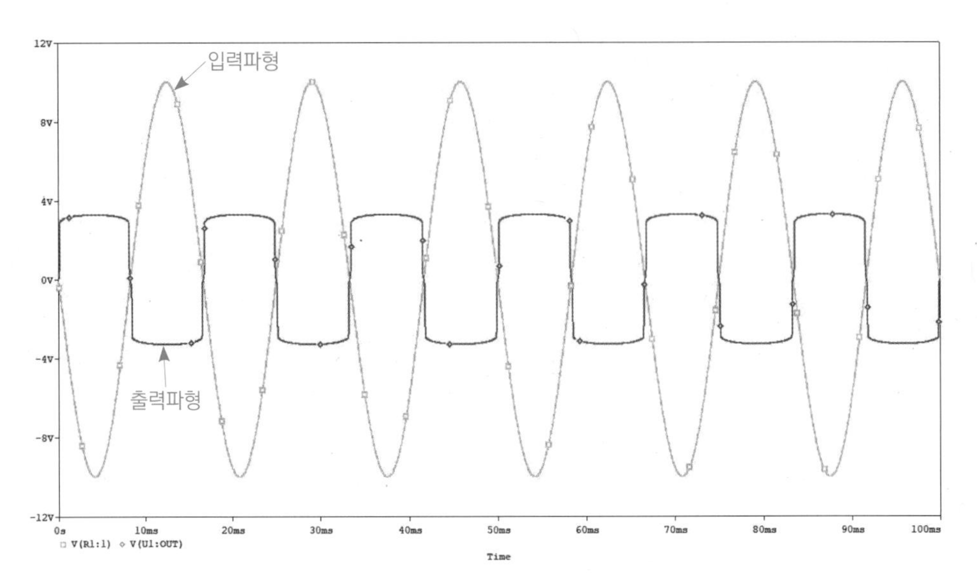

| 그림 20-20 이중출력제한 비교기의 출력전압 V_{out}

20.4 실험기기 및 부품

- 오실로스코프 1대
- 직류전원공급기 1대
- 신호발생기 1대
- 연산증폭기 2개
- 저항 1kΩ, 8kΩ, 10kΩ 각 3개
- 제너 다이오드(V_Z=5V) 2개
- 브레드 보드 1대
- 디지털 멀티미터 1대

20.5 실험방법

20.5.1 전압분배기를 이용한 비교기 실험

(1) 그림 20-21과 같은 회로를 구성하고 직류전원공급기를 연결한다.

(2) 신호발생기로부터 $V_{in}=5\sin 120\pi t[\mathrm{V}]$를 발생시켜 연산증폭기의 비반전 단자에 인

가하고, 반전 단자를 접지에 연결한다.

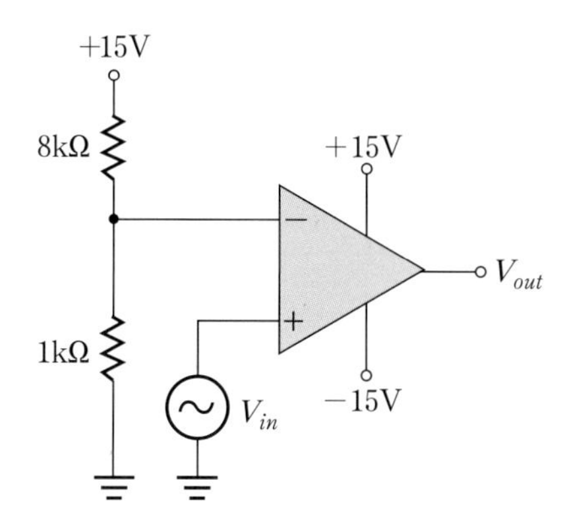

ㅣ그림 20-21 전압분배기를 이용한 비교기 실험

(3) 오실로스코프의 채널 1은 입력전압을 측정하고, 채널 2는 출력전압을 측정하여 각각 의 파형을 그래프 20-1에 도시한다.

20.5.2 슈미트 트리거 실험

(1) 그림 20-22의 회로를 구성하고 직류전원공급기를 연결한다.

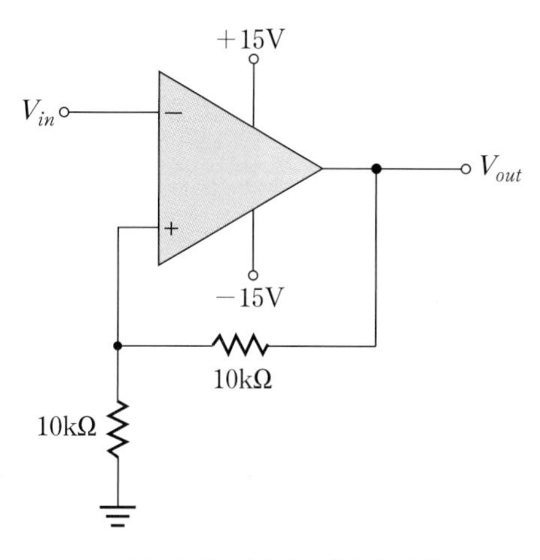

ㅣ그림 20-22 슈미트 트리거 실험

(2) 신호발생기로부터 $V_{in}=5\sin 120\pi t[\mathrm{V}]$를 발생시켜 연산증폭기의 반전 단자에 인가한다.

(3) 오실로스코프의 채널 1은 입력전압을 측정하고, 채널 2는 출력전압을 측정하여 각각의 파형을 그래프 20-2에 도시한다.

20.5.3 이중출력제한 비교기 실험

(1) 그림 20-23과 같은 회로를 구성하고 직류전원공급기를 연결한다. 단, 제너 다이오드의 제너항복전압은 5V이다.

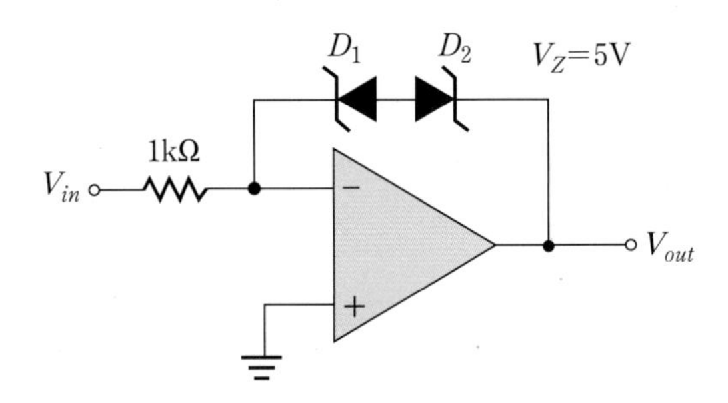

| 그림 20-23 이중출력제한 비교기 실험

(2) 신호발생기로부터 $V_{in}=10\sin 120\pi t[\mathrm{V}]$를 발생시켜 연산증폭기의 반전 단자에 인가한다.

(3) 오실로스코프의 채널 1은 입력전압을 측정하고, 채널 2는 출력전압을 측정하여 각각의 파형을 그래프 20-3에 도시한다.

20.6 실험결과 및 검토

20.6.1 실험결과

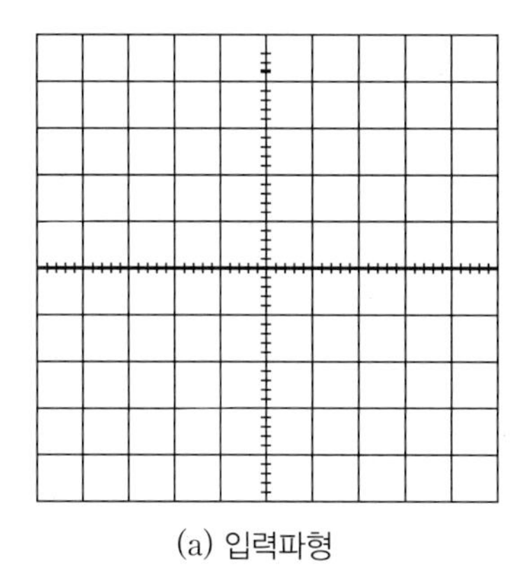

(a) 입력파형

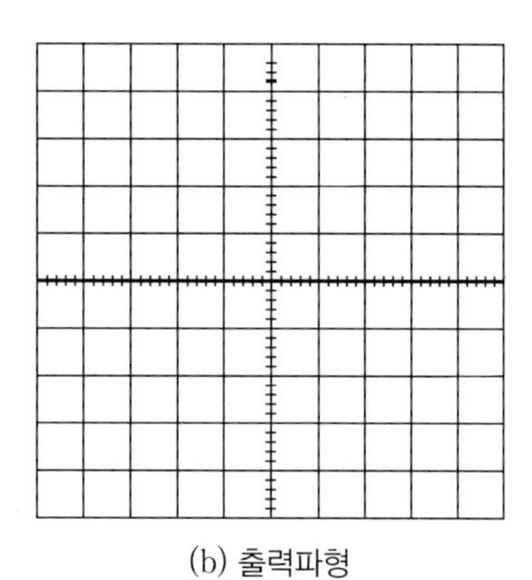

(b) 출력파형

| 그래프 20-1 비교기의 입출력파형

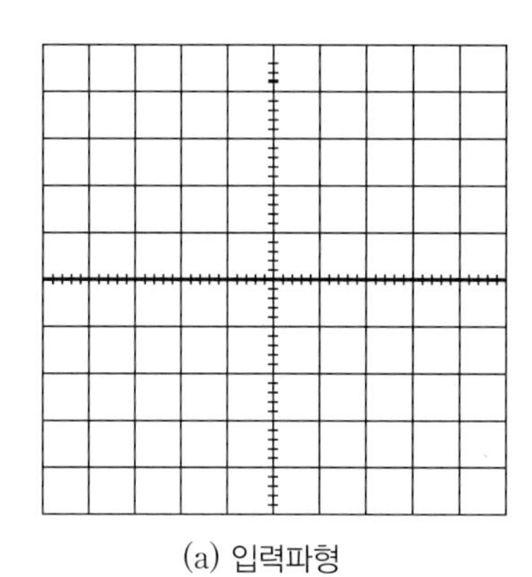

(a) 입력파형

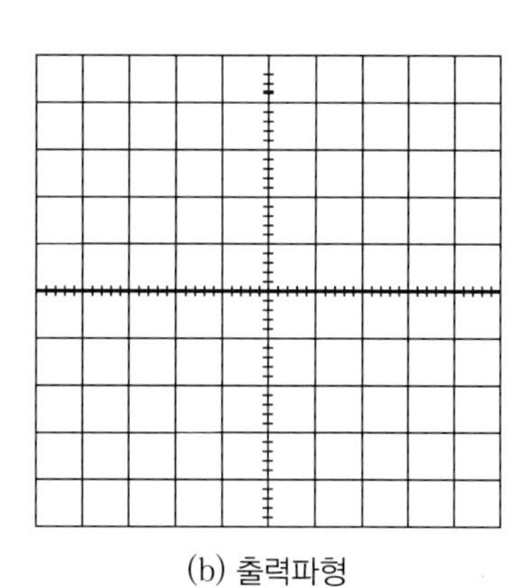

(b) 출력파형

| 그래프 20-2 슈미트 트리거의 입출력파형

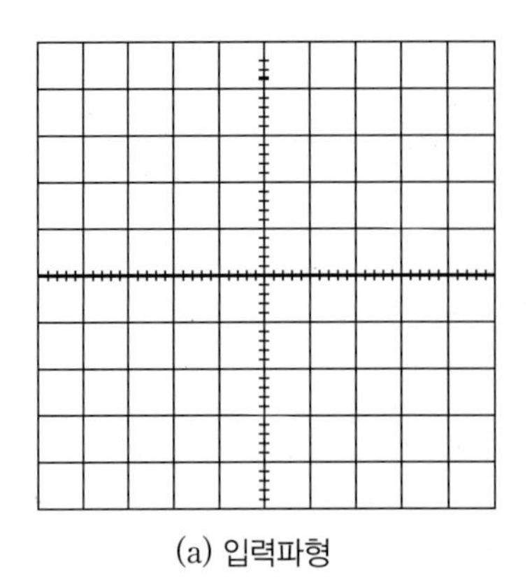
(a) 입력파형

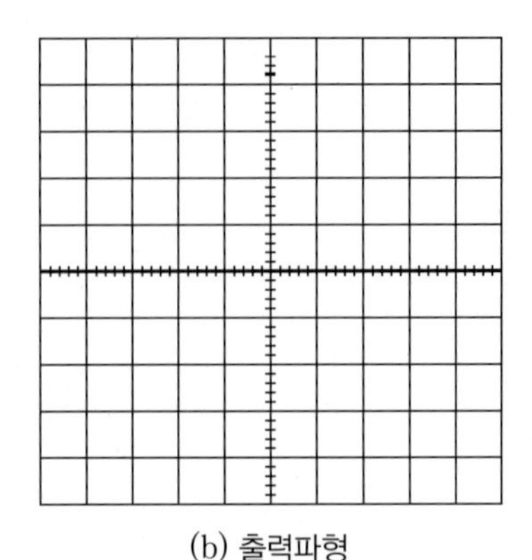
(b) 출력파형

| 그래프 20-3 이중출력제한 비교기의 입출력파형

20.6.2 검토 및 고찰

(1) 제너 다이오드를 이용한 비교기의 동작원리에 대하여 상세히 기술하라.

(2) 이중출력제한 비교기에서 2개의 제너 다이오드의 극성을 반대로 연결할 때, 출력파형에 미치는 영향에 대해 기술하라.

(3) 윈도우 비교기의 회로구성과 동작원리에 대하여 상세히 기술하라.

20.7 실험 이해도 측정 및 평가

20.7.1 객관식 문제

01 히스테리 특성을 갖는 연산증폭기 응용회로는?

① 비교기 ② 적분기
③ 슈미트 트리거 ④ 빈 브리지

02 슈미트 트리거 회로의 특징은?

① 부궤환을 사용한다. ② 정궤환을 사용한다.
③ 전류를 전압으로 변환한다. ④ 전압을 전류로 변환한다.

03 비교기에서 출력파형의 특징은?

① 1차 직선의 형태를 갖는다. ② 사인파의 형태를 갖는다.
③ 구형파의 형태를 갖는다. ④ 삼각파의 형태를 갖는다.

04 다음 설명 중 틀린 것은?

① 연산증폭기를 사용하여 비교기를 설계할 수 있다.
② 출력제한 비교기에 연산증폭기가 사용된다.
③ 비교기의 출력단에 전류제한용 저항을 달아준다.
④ 슈미트 트리거는 차동증폭기의 원리로 동작한다.

20.7.2 주관식 문제

01 그림 20-24의 이중출력제한 비교기와 슈미트 트리거 결합 회로에서 V_{out}의 파형을 도시하라.

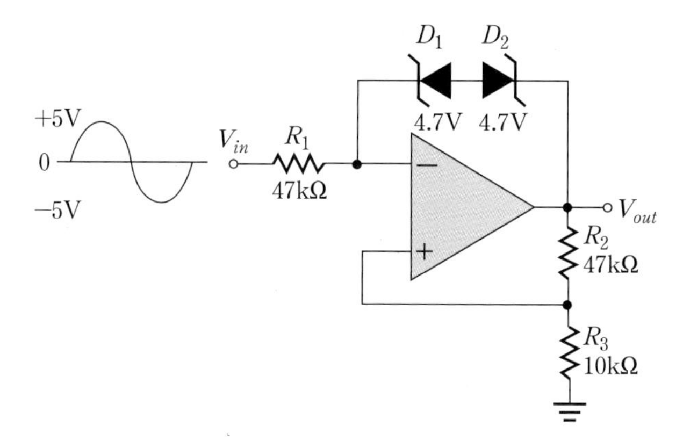

| 그림 20-24

02 그림 20-25의 회로에 대하여 히스테리스 전압을 구하라. 최대출력레벨은 ±11V라 가정한다.

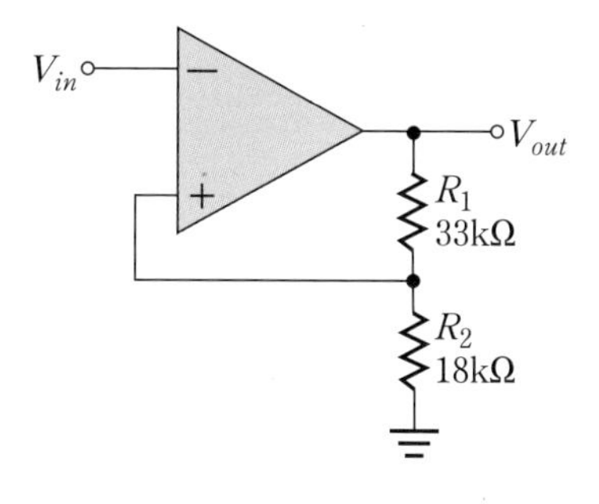

| 그림 20-25

03 그림 20-26의 회로의 동작에 대해 설명하라. 단, 출력단의 제너 다이오드 D_1과 D_2는 V_{Z1}과 V_{Z2}의 제너항복전압을 가지며 이상적으로 동작한다고 가정한다.

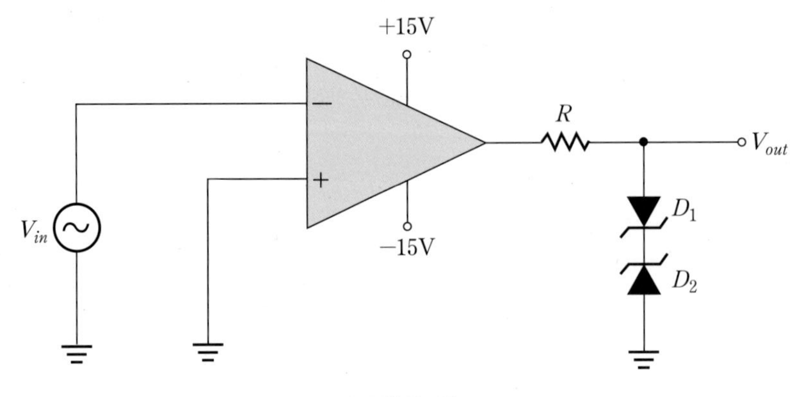

| 그림 20-26

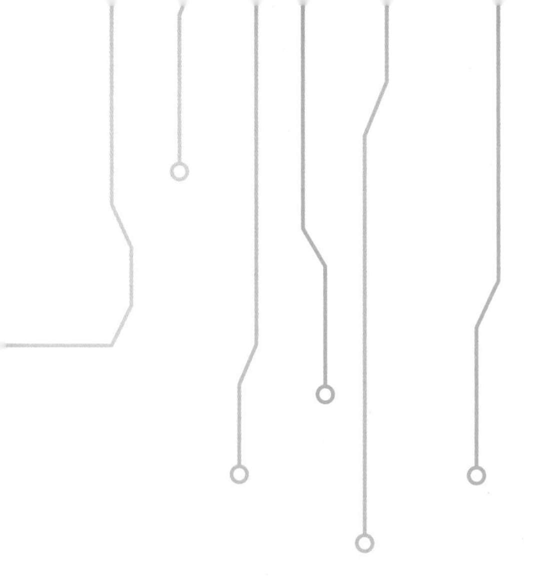

CHAPTER 21

능동 다이오드 회로 실험

contents

21 능동 다이오드 회로 실험

21.1 실험 개요

본 실험은 연산증폭기를 이용한 반파정류, 전파정류회로 및 피크값 검출회로들의 동작 원리를 이해하고 이를 실험적으로 확인한다.

21.2 실험원리 학습실

21.2.1 능동 다이오드 회로

(1) 포화 능동 반파정류회로

그림 21-1의 회로에서 비반전 입력단자에 인가되는 V_{in}이 양의 값을 가질 때, 연산증폭기의 출력은 양의 값을 가지기 때문에 다이오드 D가 도통상태가 된다. 이때 연산증폭기의 구성은 전압 플로어가 되므로 다이오드 양단전압을 무시하면 입력전압과 거의 같은 전압이 출력단에 나타난다.

또한, V_{in}이 음의 값을 가질 때 연산증폭기의 출력은 음의 값을 가지기 때문에 다이오드 D는 차단상태가 된다. 따라서 부하저항 R은 연산증폭기로부터 분리되어 출력전압 V_{out}은 0이 된다.

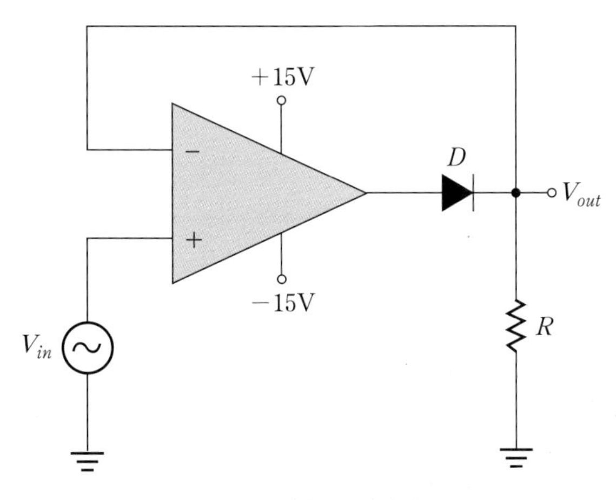

| 그림 21-1 포화 능동 반파정류회로

한편, 1장에서 학습한 반파정류회로에서는 다이오드를 도통시키기 위해 입력전압이 0.7V보다는 크다는 가정하에 반파정류회로를 구성하였다. 만일 입력전압의 진폭이 0.7V보다 작다면 다이오드가 언제나 차단상태에 있기 때문에 정류작용은 일어나지 않는다.

그러나 그림 21-1의 반파정류회로는 입력전압 V_{in}의 진폭이 0.7V 이하라 하더라도 반파정류작용이 가능하다. 그 이유는 연산증폭기의 개방루프 이득이 매우 크기 때문에, 예를 들어 100,000이라 하면 다이오드를 도통상태로 만들기 위한 입력전압 V_{in}의 크기는 0.7V/100,000 = 7μV이면 충분하다. 따라서 7μV의 진폭을 가지는 입력전압에 대하여 반파정류작용이 가능하며, 이때 연산증폭기는 포화상태로 유지하므로 그림 21-1의 회로를 포화 능동 반파정류회로라 부른다.

(2) 비포화 능동 반파정류회로

그림 21-1의 회로와는 달리 연산증폭기를 포화시키지 않으면서 반파정류작용을 할 수 있는 회로를 그림 21-2에 도시하였으며 이 회로의 동작원리를 살펴보면 다음과 같다.

먼저, $V_{in}>0$ 일 경우 연산증폭기의 반전입력은 양의 값을 가지므로 연산증폭기의 출력은 음의 값이 되어, 다이오드 D_1에는 역방향 바이어스가 걸리고, 다이오드 D_2는 순방향 바이어스가 걸리게 된다. 따라서 이 회로는 반전증폭기와 같은 동작을 하기 때문에 출력전압 V_{out}은 $-\frac{R_f}{R_i}V_{in}$ 이 된다.

다음으로 $V_{in}<0$ 일 경우 연산증폭기의 반전입력은 음의 값을 가지므로 연산증폭기의 출

력은 양의 값이 되어, 다이오드 D_1은 순방향으로 바이어스 되고 다이오드 D_2는 역방향으로 바이어스 된다. 따라서 이때 연산증폭기는 궤환 저항이 0 인 반전증폭기처럼 동작하므로 출력전압 V_{out}은 0이 된다.

따라서 $V_{in}>0$ 일 경우 반전증폭기의 이득이 1이 되도록 $R_i = R_f$ 으로 조정한다면 그림 21-2의 회로는 반파정류작용을 할 수 있게 된다. 또한, 그림 21-2의 회로는 연산증폭기의 반전증폭기 특성을 이용하면서 연산증폭기가 포화되지는 않기 때문에 비포화 능동 반파정류기라 부른다.

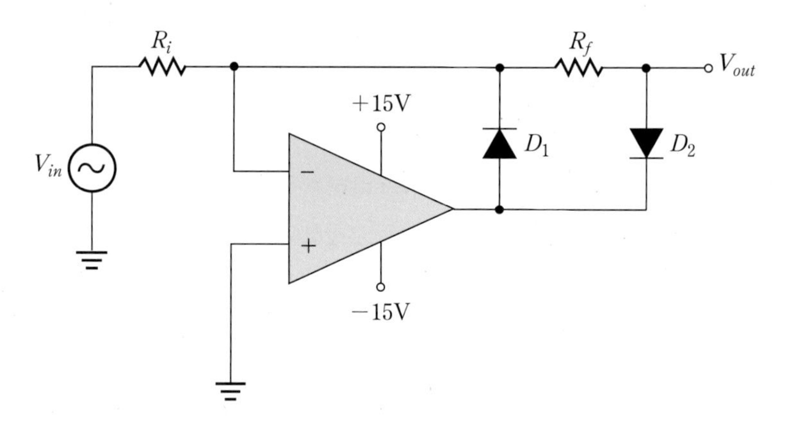

| 그림 21-2 비포화 능동 반파정류회로

(3) 능동 전파정류회로

그림 21-3에 연산증폭기를 이용한 능동 전파정류회로를 도시하였다. 그림 21-3의 왼쪽 부분은 앞에서 학습한 비포화 반파정류회로이고 오른쪽 부분은 반전 가산회로이다. 이 회로의 동작원리는 다음과 같다.

먼저 $V_{in}<0$ 일 경우 왼쪽 부분의 반파정류기의 출력은 0이 되어 반전 가산회로에는 아무런 영향을 미치지 않으며, 단지 바깥쪽의 2개의 저항을 통해 V_{in}이 가산회로의 반전입력단자에 인가된다. 따라서 가산증폭기를 구성하는 2개의 저항(R과 R)이 서로 같기 때문에 전압이득은 −1이 되고 출력은 $V_{out} = -V_{in}$ 이 된다.

다음으로 $V_{in}>0$ 일 경우 왼쪽 부분의 반파정류기의 출력은 $-V_{in}$이 되어 반전 가산회로에 하나의 입력으로 인가되는데 우측의 반전 가산증폭기를 구성하는 2개의 저항값이 $R/2$과 R이므로 $-V_{in}$에 대한 이득은 −2가 되어 출력은 $2V_{in}$이 된다. 그런데 바깥쪽의 2개의 저항(R과 R)을 통해서 V_{in}이 가산회로의 반전입력단자에 동시에 인가되므로 이에 대한 출력은 $-V_{in}$이 된다. 따라서 중첩의 원리에 따라 반전 가산증폭기의 출력 $V_{out}=V_{in}$ 이 된다.

지금까지 설명한 내용을 종합하면 입력 V_{in}이 양의 값을 가지면 출력은 입력과 동일하게 나타나고, 입력 V_{in}이 음의 값을 가지면 출력은 입력이 반전되어 나타나므로 전파정류 동작을 하게 된다.

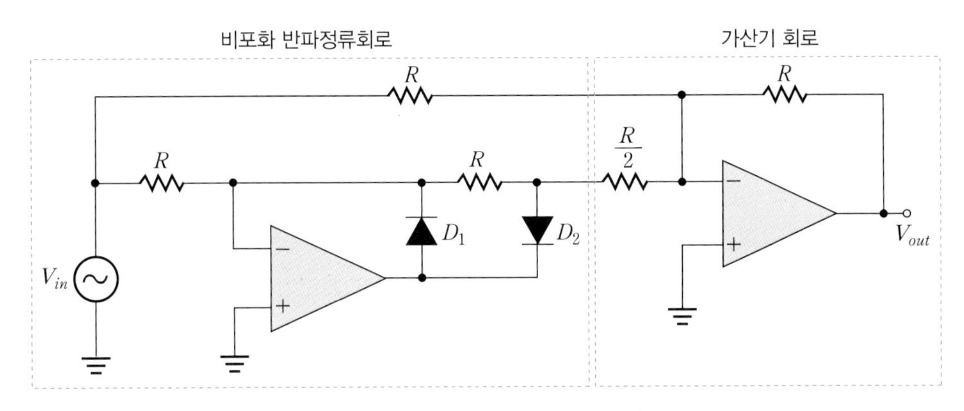

| 그림 21-3 능동 전파정류회로

(4) 능동 피크값 검출회로

능동 피크값 검출기는 입력파형의 최댓값이 직류출력전압으로 나타나는 회로이다. 예를 들어 최댓값이 5V인 정현파가 입력되면 출력은 5V 직류값을 출력한다. 능동 피크값 검출기는 능동 반파정류기 출력단에 캐패시터를 연결하여 구현할 수 있으며 이를 그림 21-4에 도시하였다.

1장에서 언급된 바와 같이 반파정류된 파형이 캐패시터 필터에 연결된 형태이므로 피크값을 검출할 수 있게 된다. 출력단에 있는 캐패시터는 반파정류된 파형의 피크값까지 충전되면, 다이오드가 역방향으로 바이어스 되기 때문에 궤환 루프가 끊어지게 된다. 이때 캐패시터에 충전된 전압이 부하저항을 통해 방전하게 되면서 다이오드의 음극(K)에 걸려 있는 전압과 입력전압 V_{in}과 같아지는 순간에 다시 다이오드는 도통상태로 되어 캐패시터를 충전하게 된다. 캐패시터가 다시 피크값까지 충전되면 다이오드가 역방향으로 바이어스 되어 궤환 루프가 끊어지게 되며 캐패시터는 부하저항을 통해 방전하게 된다. 결국 이와 같은 과정을 반복하면서 피크값 검출기로서의 동작을 수행하게 된다.

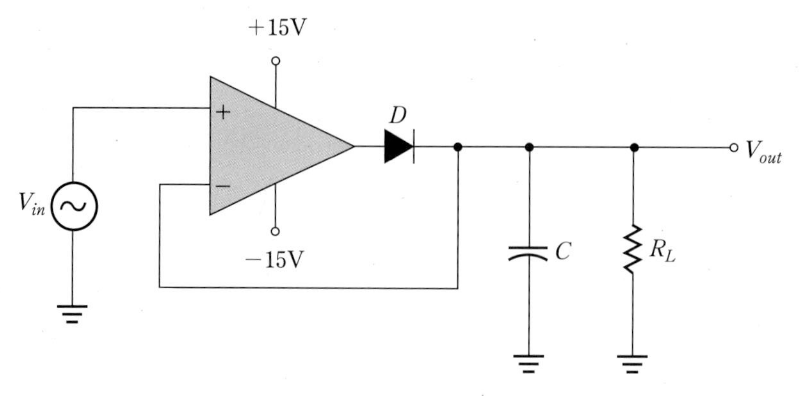

Ⅰ그림 21-4 능동 피크값 검출기

그러나 그림 21-4의 회로에서 캐패시터는 부하저항 R_L에 의해 방전되므로 시간이 지남에 따라 피크값이 감소하게 된다. 방전시간을 충분히 길게 하기 위해서는 입력임피던스가 매우 큰 전압 플로어를 캐패시터와 부하 사이에 연결하면 피크값 검출 효과가 개선되며 리플도 현저하게 줄일 수 있게 된다. 이를 그림 21-5에 도시하였다.

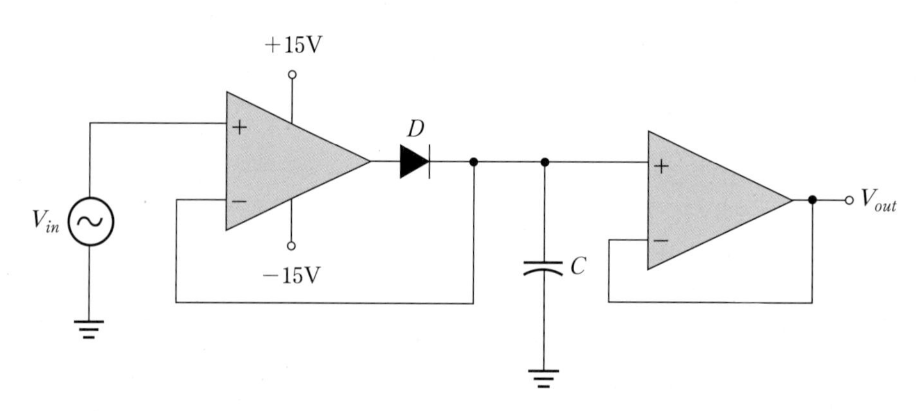

Ⅰ그림 21-5 전압 플로어를 이용한 능동 피크값 검출기

21.2.2 실험원리 요약

능동 반파정류회로

(1) 포화 능동 반파정류회로

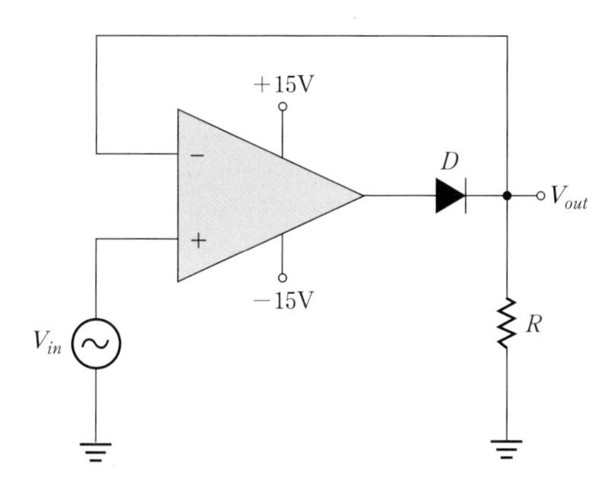

- $V_{in}>0$ 인 경우 다이오드 D는 도통상태: $V_{out}=V_{in}$
- $V_{in}<0$ 인 경우 다이오드 D는 차단상태: $V_{out}\cong 0$

(2) 비포화 능동 반파정류회로

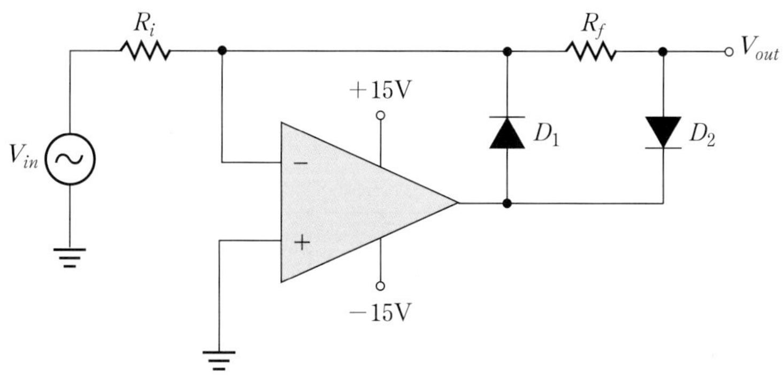

- $V_{in}>0$ 인 경우 D_1은 역방향 바이어스
  D_2는 순방향 바이어스
  → 반전 연산증폭기 $V_{out}=-\frac{R_f}{R_i}V_{in}$
- $V_{in}<0$ 인 경우 D_1은 순방향 바이어스
  D_2는 역방향 바이어스
  → 궤환 저항이 0인 반전 연산증폭기 $V_{out}=0$

능동 전파정류회로

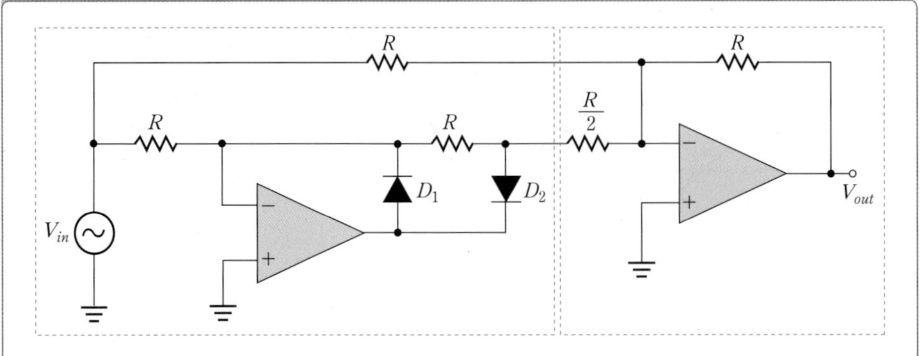

- 회로의 좌측부분: 비포화 반파정류회로
  회로의 우측부분: 가산증폭기 회로
- $V_{in}<0$ 인 경우
  반파정류기 출력은 0이 되어 가산증폭기 회로에 영향을 미치지 않으므로 출력전압 $V_{out}=-\dfrac{R}{R}V_{in}=-V_{in}$ 이 된다.
- $V_{in}>0$ 인 경우
  반파정류기 출력은 $-V_{in}$이 되어 가산증폭기에 입력되고, 저항 R을 통해 V_{in}이 가산증폭기의 다른 단자에 입력되므로 출력전압 $V_{out}=V_{in}$ 이 된다.

능동 피크값 검출회로

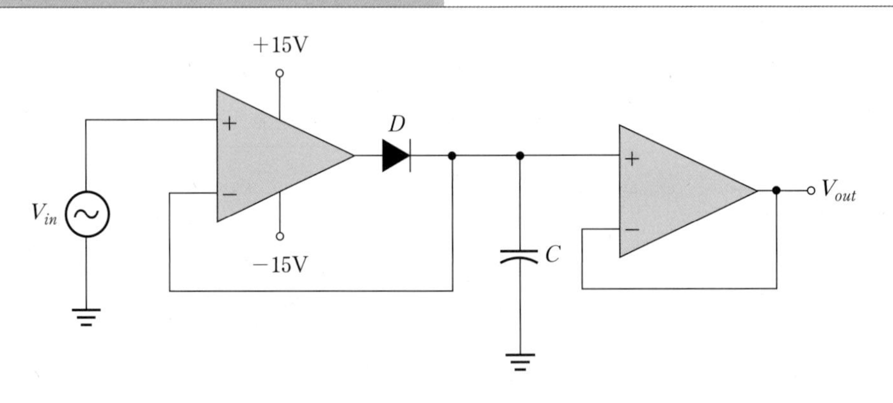

- 출력단의 캐패시터는 반파정류된 파형의 피크값까지 충전되면, 다이오드 D는 역방향 바이어스되어 궤환 루프가 끊어진다.
- 캐패시터에 충전된 전압이 입력임피던스가 매우 큰 전압플로어를 통해 매우 천천히 방전하면서 D의 음극에 걸려 있는 전압과 V_{in}이 같아지는 순간에 D가 다시 도통하

여 캐패시터가 피크값까지 재충전된다.
- 위의 과정이 계속 반복되면서 피크값 검출기로서의 동작을 수행하게 된다. 전압플로어를 부하저항으로 대신 사용함으로써 리플을 현저히 감소시킬 수 있게 된다.

21.3 시뮬레이션 학습실

21.3.1 포화 능동 반파정류회로

포화 능동 반파정류회로의 입출력 특성을 살펴보기 위하여 그림 21-6(a)의 회로에 대하여 PSpice 시뮬레이션을 수행한다.

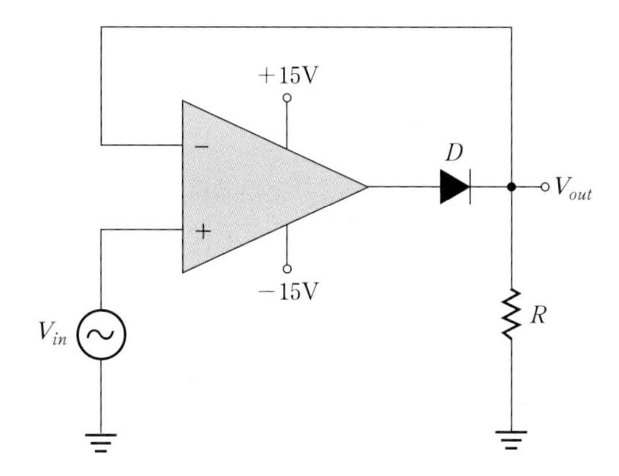

| 그림 21-6(a) 포화 능동 반파정류회로

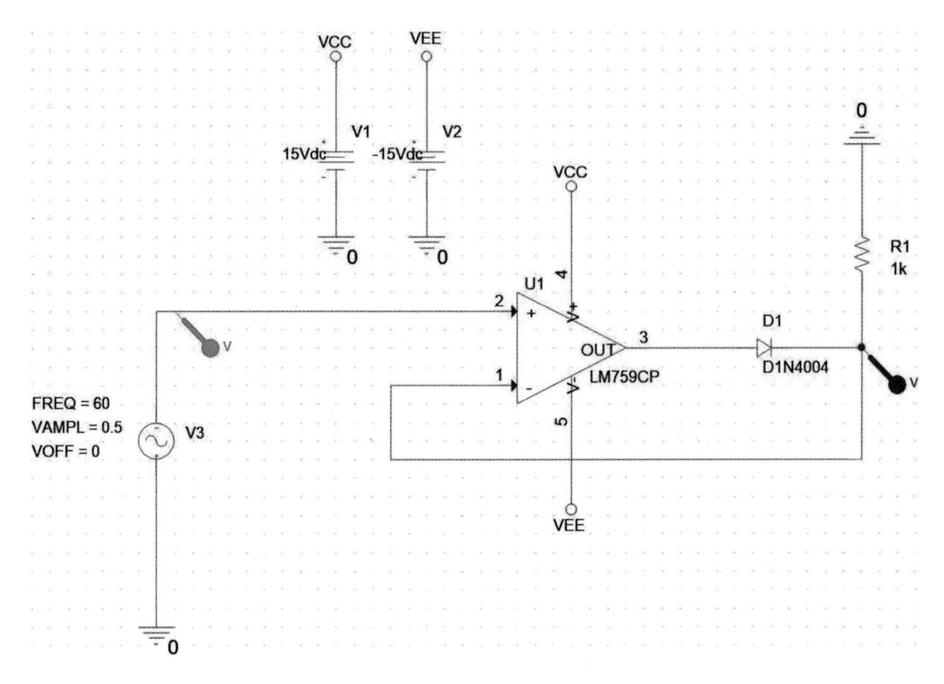

| 그림 21-6(b) PSpice 회로도

시뮬레이션 조건

- 연산증폭기 모델명: LM759CP
- 다이오드 모델명: D1N4004
- $R = 1\text{k}\Omega$
- $V_{in} = 0.5\sin 120\pi t[\text{V}]$
- 정현파 입력에 대한 포화 능동 반파정류회로의 출력을 도시한다.

그림 21-6(b)의 회로에 대한 PSpice 시뮬레이션 결과를 다음에 도시하였다.

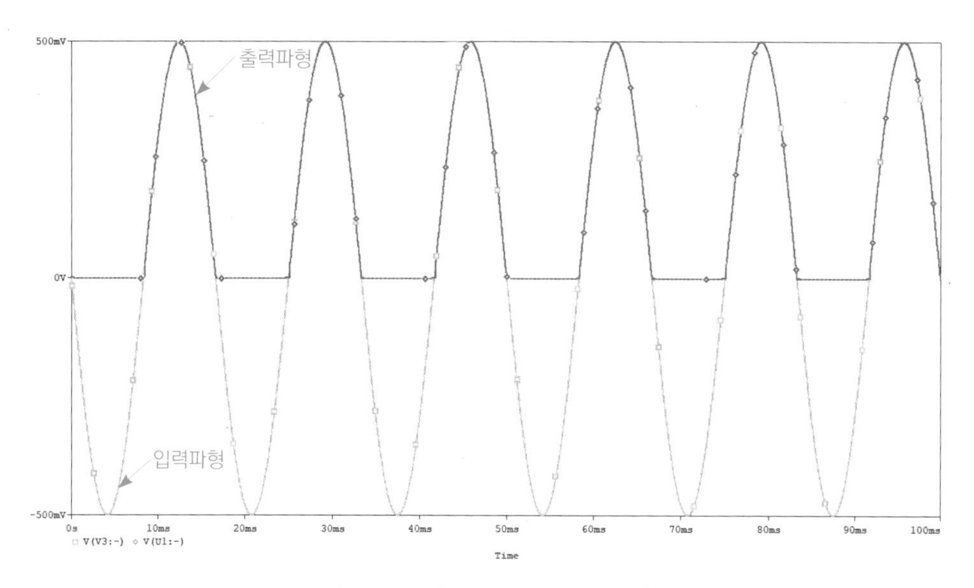

I 그림 21-7 포화 능동 반파정류회로의 출력

21.3.2 비포화 능동 반파정류회로

비포화 능동 반파정류회로의 입출력 특성을 살펴보기 위하여 그림 21-8(a)의 회로에 대하여 PSpice 시뮬레이션을 수행한다.

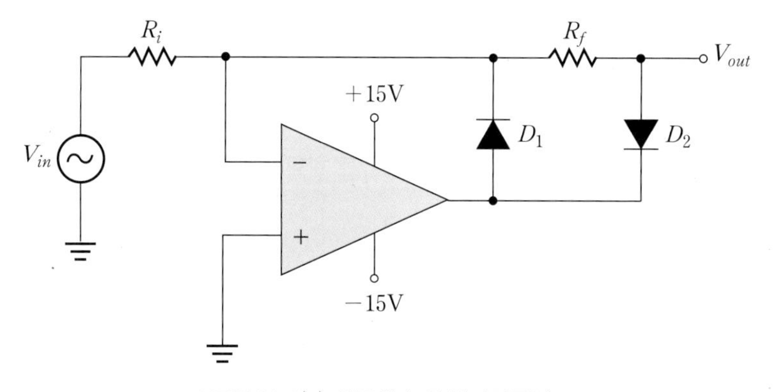

I 그림 21-8(a) 비포화 능동 반파정류회로

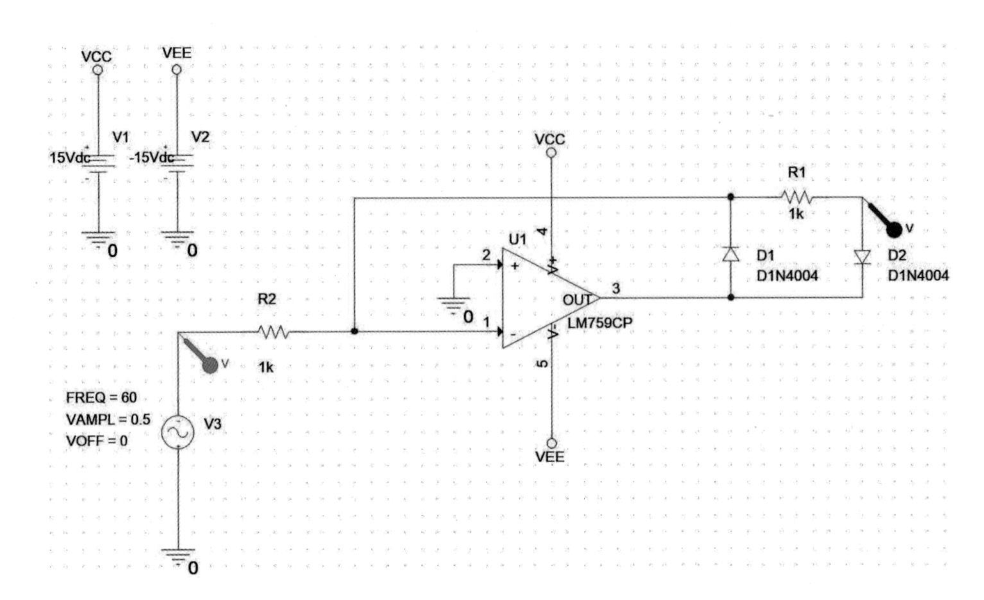

| 그림 21-8(b) PSpice 회로도

시뮬레이션 조건

- 연산증폭기 모델명: LM759CP
- 다이오드 모델명: D1N4004 2개
- $R_i = R_f = 1\text{k}\Omega$
- $V_{in} = 0.5\sin 120\pi t[\text{V}]$
- 정현파 입력에 대한 비포화 능동 반파정류회로의 출력을 도시한다.

그림 21-8(b)의 회로에 대한 PSpice 시뮬레이션 결과를 다음에 도시하였다.

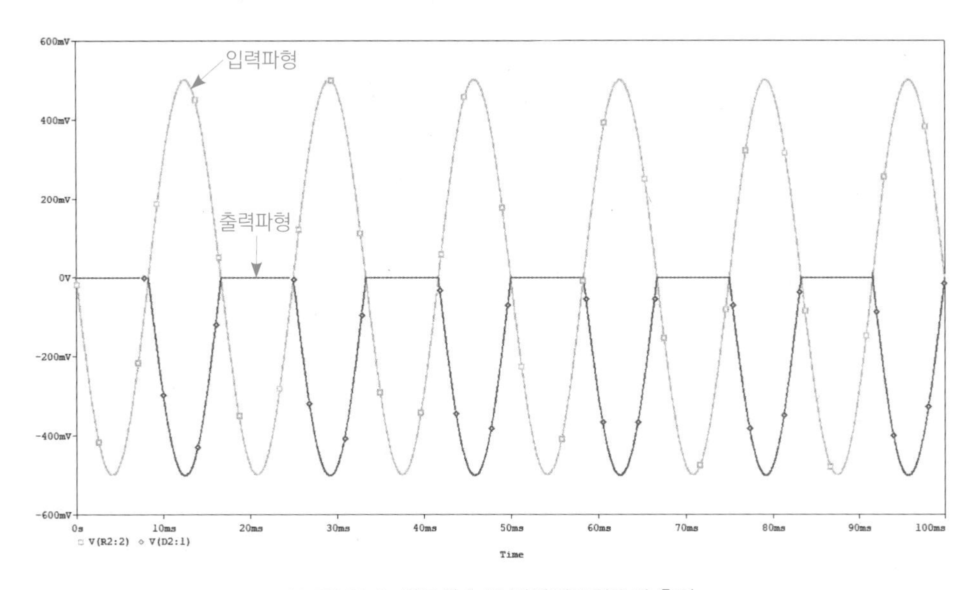

| 그림 21-9 비포화 능동 반파정류회로의 출력

21.3.3 능동 전파정류회로

능동 전파정류회로의 입출력 특성을 살펴보기 위하여 그림 21-10(a)의 회로에 대하여 PSpice 시뮬레이션을 수행한다.

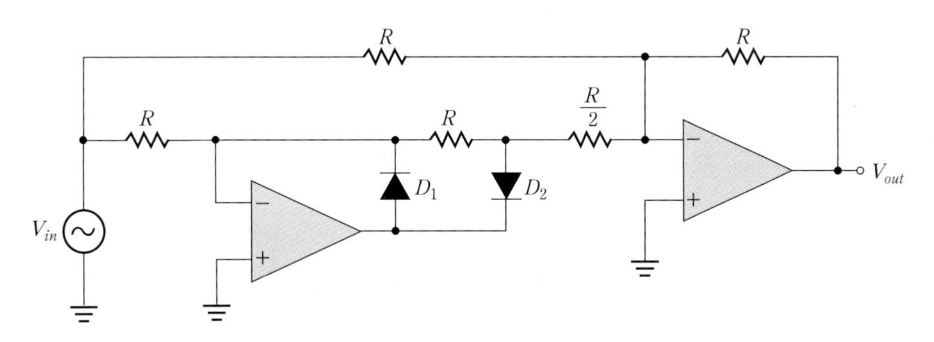

| 그림 21-10(a) 능동 전파정류회로

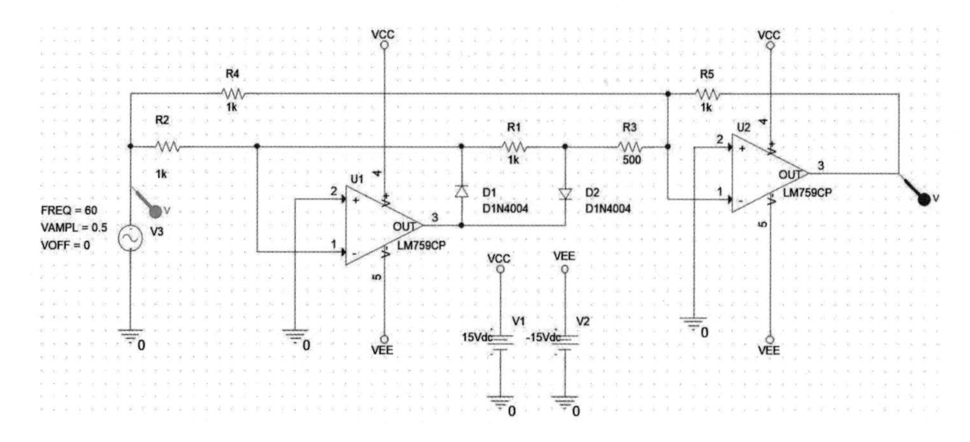

| 그림 21-10(b) PSpice 회로도

시뮬레이션 조건

- 연산증폭기 모델명: LM759CP 2개
- 다이오드 모델명: D1N4004 2개
- $R = 1\text{k}\Omega$
- $V_{in} = 0.5\sin 120\pi t[\text{V}]$
- 정현파 입력에 대한 능동 전파정류회로의 출력파형 V_{out}을 도시한다.

그림 21-10(b)의 회로에 대한 PSpice 시뮬레이션 결과를 다음에 도시하였다.

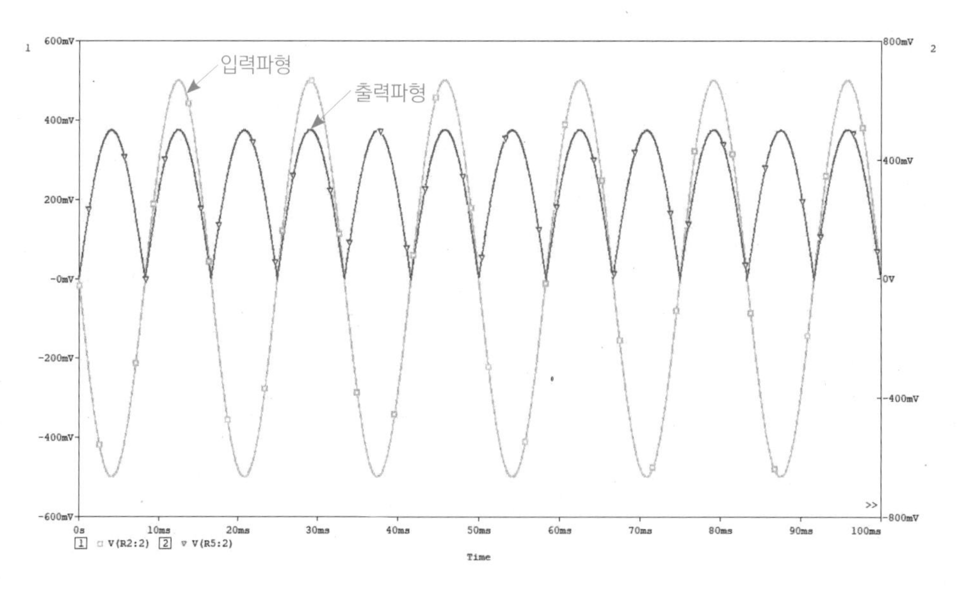

| 그림 21-11 능동 전파정류회로의 출력

21.3.4 능동 피크값 검출회로

능동 피크값 검출회로의 입출력 특성을 살펴보기 위하여 그림 21-12(a)의 회로에 대하여 PSpice 시뮬레이션을 수행한다.

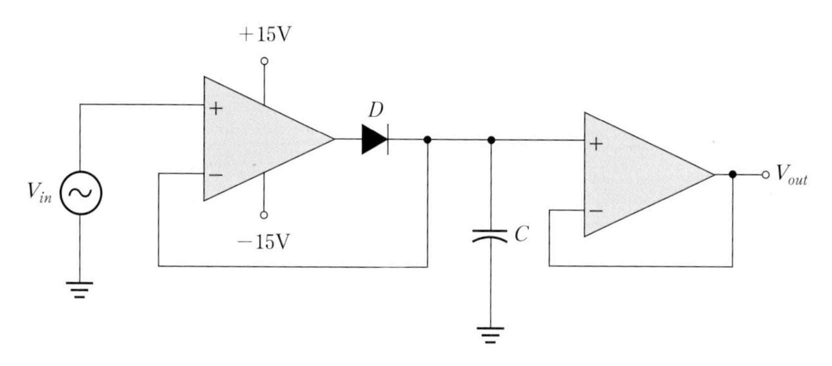

| 그림 21-12(a) 능동 피크값 검출회로

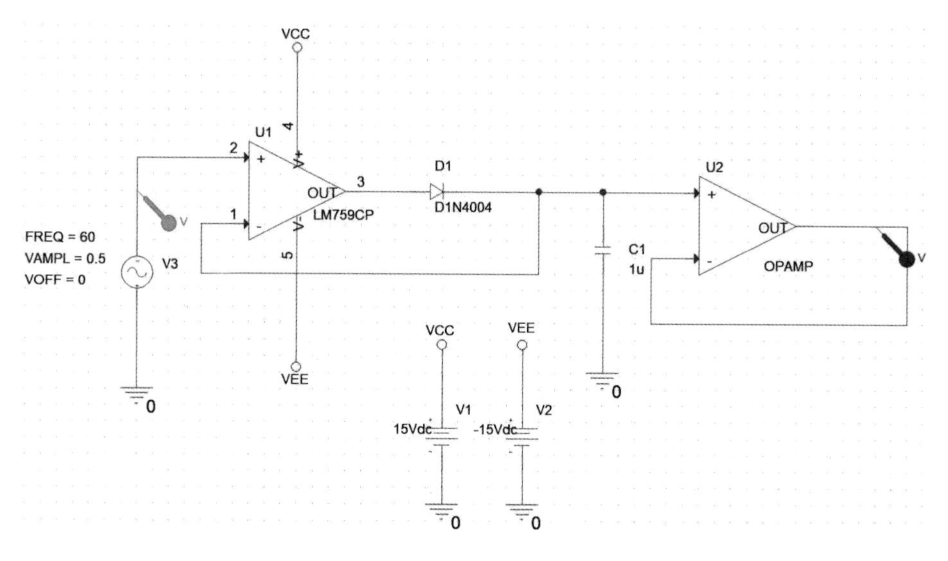

| 그림 21-12(b) PSpice 회로도

시뮬레이션 조건

- 연산증폭기 모델명: LM759CP 2개
- 다이오드 모델명: D1N4004
- $C = 1\mu\text{F}$
- $V_{in} = 0.5\sin 120\pi t[\text{V}]$
- 정현파 입력에 대한 능동 피크값 검출회로의 출력을 도시한다.

그림 21-12(b)의 회로에 대한 PSpice 시뮬레이션 결과를 다음에 도시하였다.

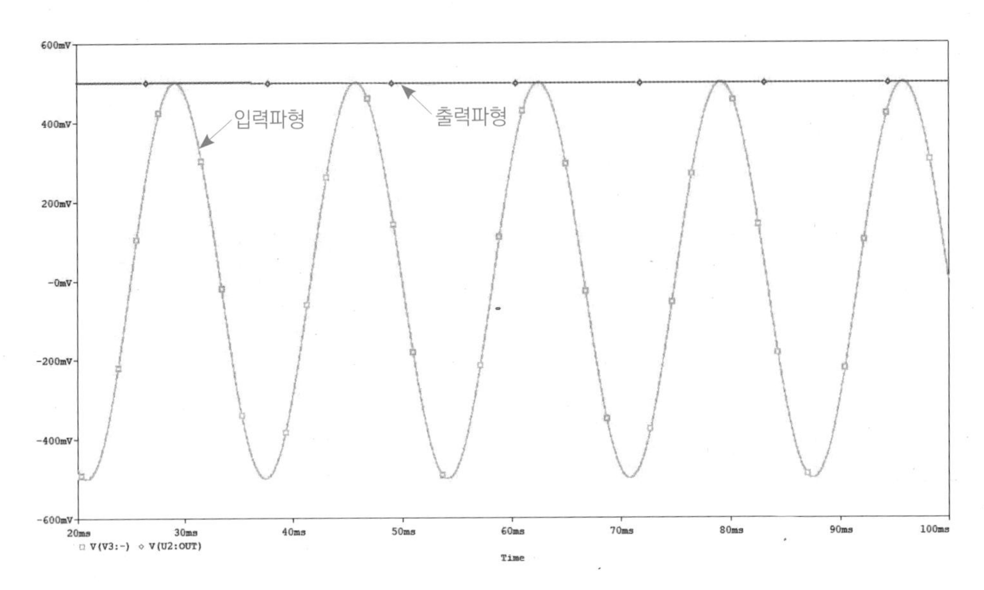

| 그림 21-13 능동 피크값 검출회로의 출력

21.4 실험기기 및 부품

•오실로스코프	1대
•직류전원공급기	1대
•신호발생기	1대
•정류 다이오드	2개
•캐패시터 1μF	1개
•저항 1kΩ	5개
•연산증폭기	2개
•브레드 보드	1대
•디지털 멀티미터	1대

21.5 실험방법

21.5.1 능동 반파정류회로 실험

(1) 그림 21-14의 회로를 결선한다. 신호발생기로부터 $V_{in}=0.5\sin 120\pi t[\mathrm{V}]$를 발생시켜 연산증폭기의 비반전 단자에 인가한다.

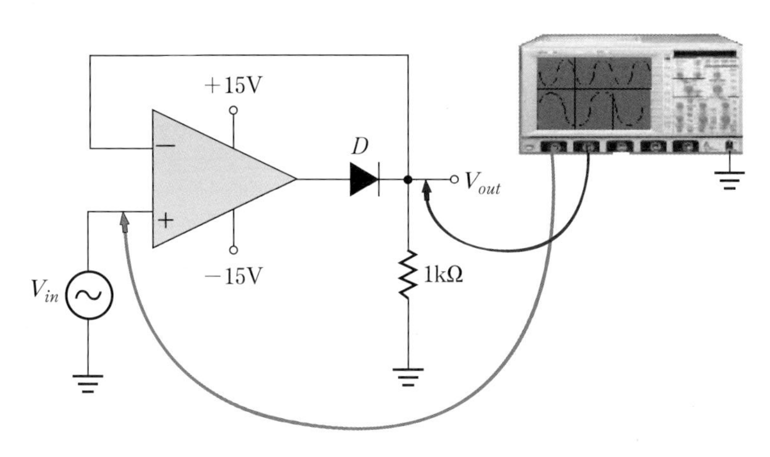

| 그림 21-14 포화 능동 반파정류회로 실험

(2) 오실로스코프의 채널 1은 입력전압을 측정하고, 채널 2는 출력전압을 측정하여 각각의 파형을 그래프 21-1에 도시한다.

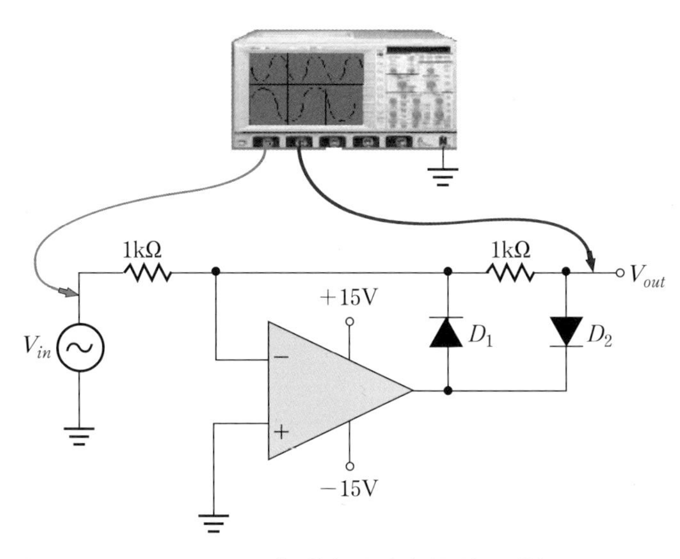

| 그림 21-15 비포화 능동 반파정류회로 실험

(3) 그림 21−15의 회로를 결선한다. 신호발생기로부터 $V_{in}=0.5\sin 120\pi t[\mathrm{V}]$를 발생시켜 연산증폭기의 반전 단자에 인가한다.

(4) 단계 (2)의 과정을 그림 21−15의 회로에 대하여 반복하여 입출력파형을 그래프 21−2에 도시한다.

21.5.2 능동 전파정류회로 및 피크값 검출회로 실험

(1) 그림 21−16의 회로를 결선한다. 신호발생기로부터 $V_{in}=0.5\sin 120\pi t[\mathrm{V}]$를 발생시켜 연산증폭기의 반전 단자에 인가한다.

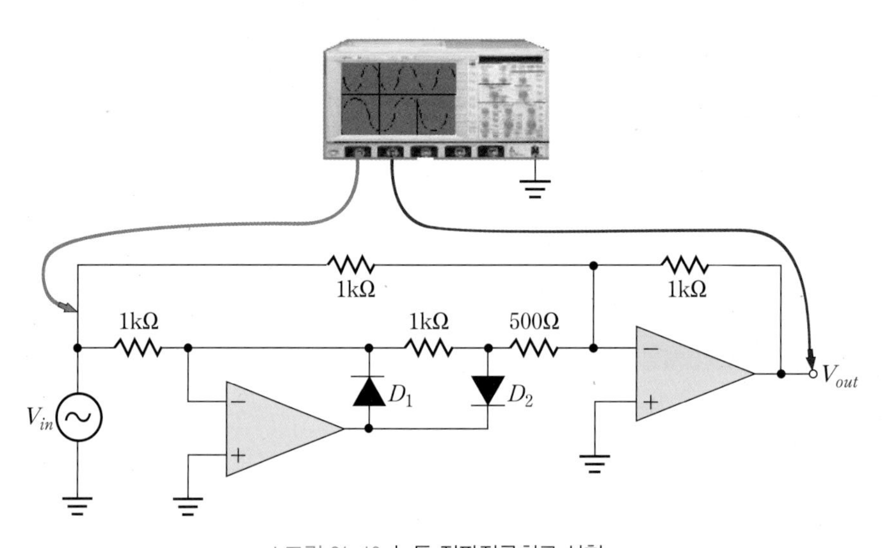

| 그림 21−16 능동 전파정류회로 실험

(2) 오실로스코프의 채널 1은 입력전압을 측정하고, 채널 2는 출력전압을 측정하여 각각의 파형을 그래프 21−3에 도시한다.

(3) 그림 21−17의 회로를 결선한다. 신호발생기로부터 $V_{in}=0.5\sin 120\pi t[\mathrm{V}]$를 발생시켜 연산증폭기의 반전 단자에 인가한다.

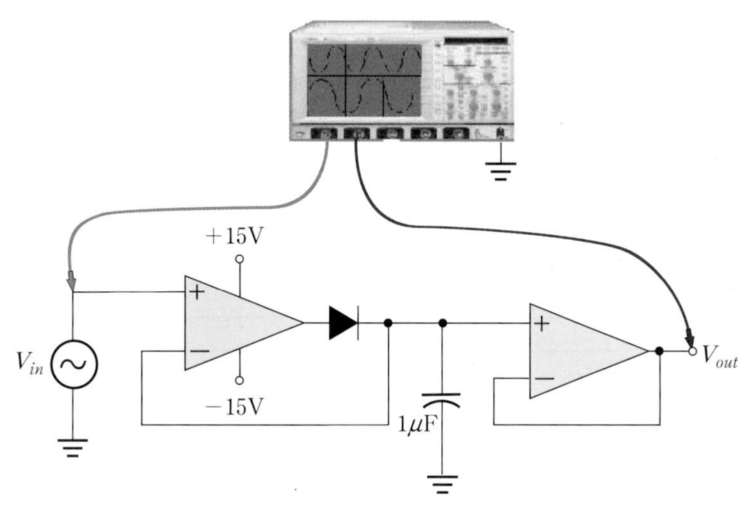

| 그림 21-17 능동 피크값 검출회로 실험

(4) 단계 (2)의 과정을 그림 21-17의 회로에 대하여 반복하여 입출력파형을 그래프 21-4에 도시한다.

21.6 실험결과 및 검토

21.6.1 실험결과

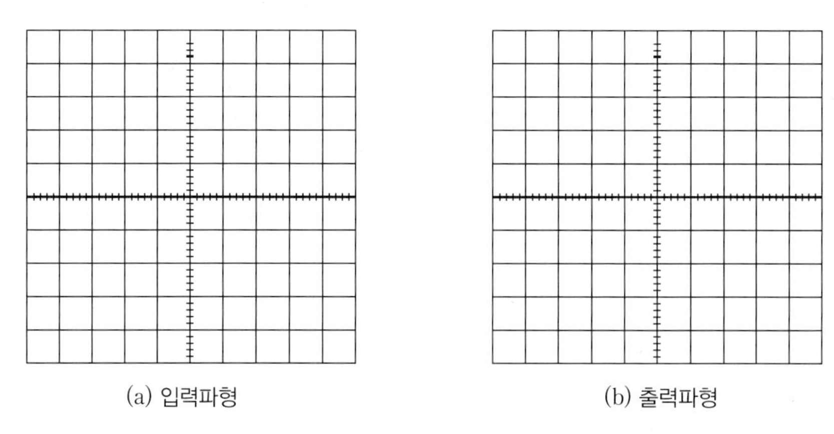

(a) 입력파형 (b) 출력파형

| 그래프 21-1 포화 능동 반파정류회로의 입출력파형

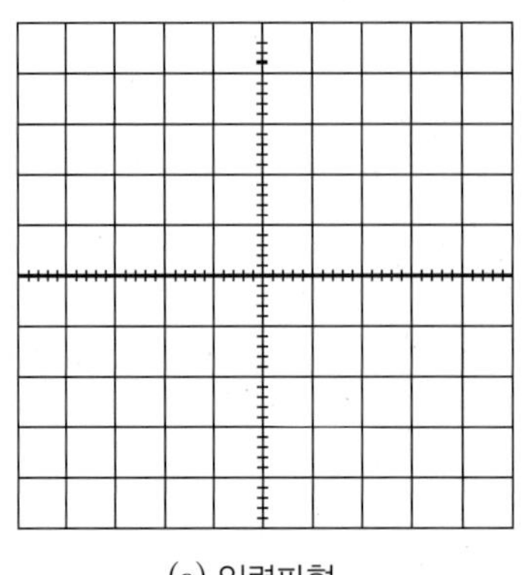

(a) 입력파형

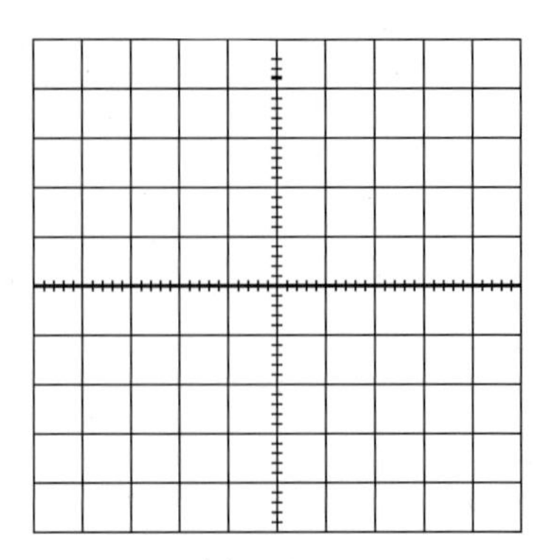

(b) 출력파형

| 그래프 21-2 비포화 능동 반파정류회로의 입출력파형

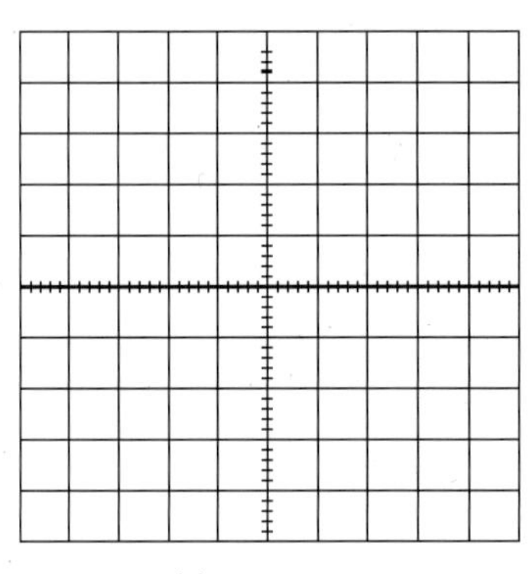

(a) 입력파형

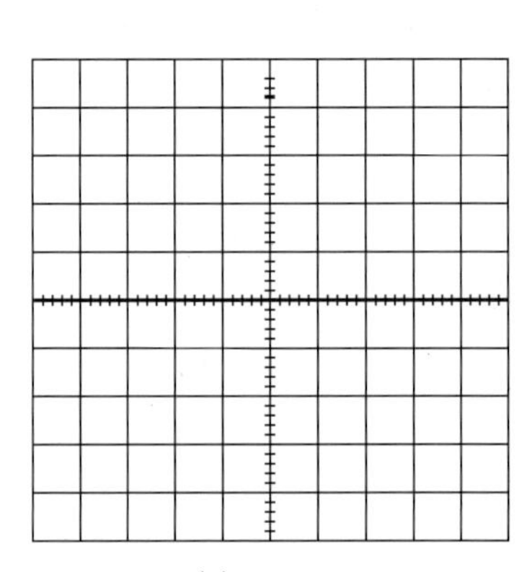

(b) 출력파형

| 그래프 21-3 능동 전파정류회로의 입출력파형

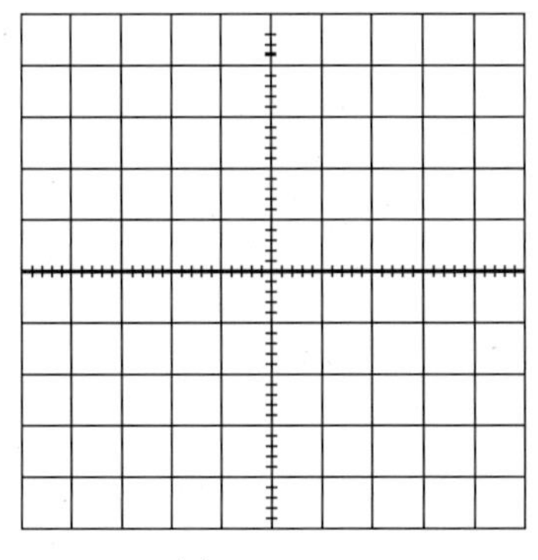

(a) 입력파형

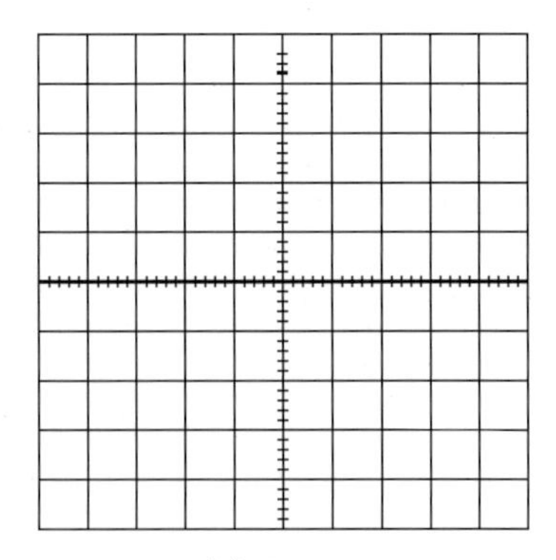

(b) 출력파형

| 그래프 21-4 능동 피크값 검출기의 입출력파형

21.6.2 검토 및 고찰

(1) 포화 반파정류회로에서 입력 레벨을 크게 하면 어떤 결과가 나타나는지 예측해보고 PSpice를 이용하여 시뮬레이션을 수행하여 예측결과와 비교하라.

(2) 비포화 반파정류회로에서 다이오드 D_1, D_2의 방향을 바꾼 회로에 대해 입출력 관계를 유도해보라.

21.7 실험 이해도 측정 및 평가

21.7.1 객관식 문제

01 정류기에 사용되는 것이 아닌 것은?

① 연산증폭기　　② 다이오드

③ FET　　④ 저항

02 다음 설명 중 틀린 것은?

① 연산증폭기 1개로 전파정류기를 만들 수 있다.

② 연산증폭기로 입력신호의 최댓값을 검출할 수 있다.

③ 피크값 검출기에서 피크값의 방전을 막아주기 위해 완충기를 달아준다.

④ 반파정류회로는 연산증폭기를 사용하여 만들 수 있다.

03 다음 설명 중 틀린 것은?

① 다이오드만으로 구성된 정류회로는 미소 레벨 신호를 정류하는 데 적합하지 않다.

② 연산증폭기의 피드백 루프에 다이오드를 삽입하여 정류회로를 만들 수 있다.

③ 미소 레벨 신호를 정류하는 데 연산증폭기와 다이오드가 필요하다.

④ 전파정류회로의 정밀도가 요구될 경우 협대역 연산증폭기를 사용해야 한다.

21.7.2 주관식 문제

01 트랜지스터 스위치가 포함된 그림 21-18의 회로에 대한 동작을 설명하라.

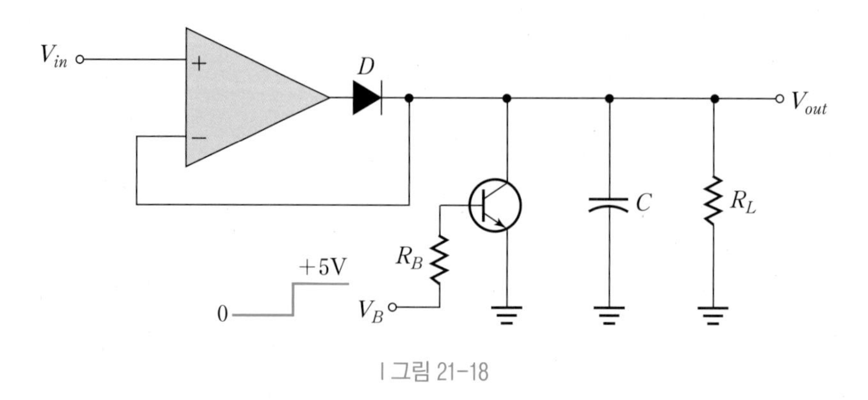

| 그림 21-18

02 연산증폭기를 이용한 정류회로와 다이오드만을 이용한 정류회로의 차이점에 대해 설명하라.

03 연산증폭기, 다이오드 그리고 캐패시터를 이용한 그림 21-19의 회로의 기능과 동작 원리에 대하여 설명하라.

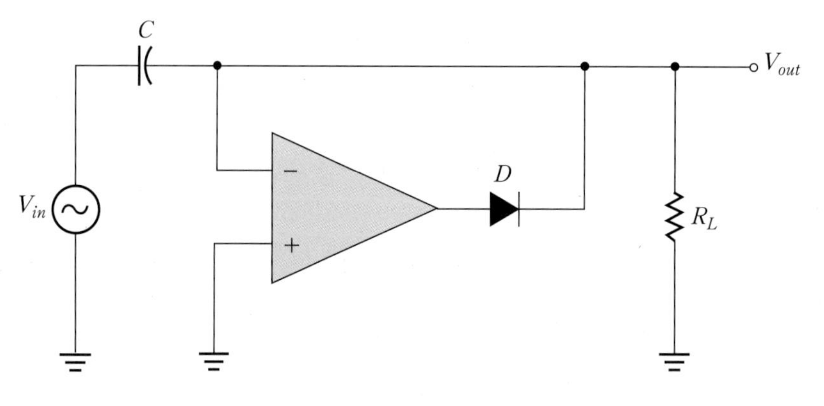

| 그림 21-19

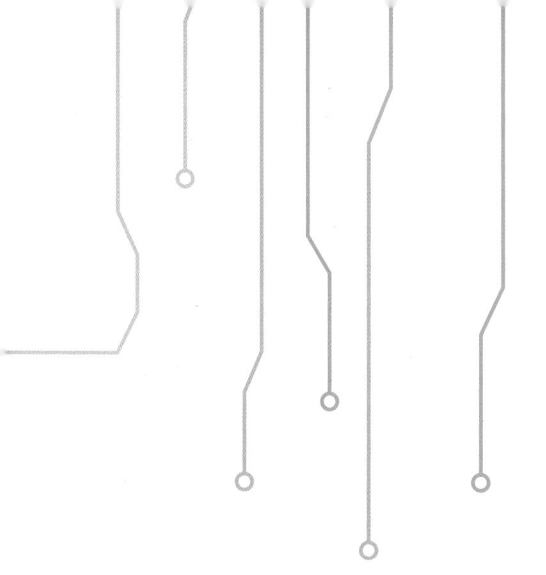

CHAPTER 22
능동 필터 회로 실험

contents

22 능동 필터 회로 실험

22.1 실험 개요

본 실험은 전압이득이나 임피던스 특성을 유지하기 위하여 트랜지스터나 연산증폭기와 같은 능동소자로 구성되는 여러 가지 능동 필터의 구성과 동작원리를 이해하고 이를 실험적으로 확인한다.

22.2 실험원리 학습실

22.2.1 능동 필터 회로

(1) 능동 저역통과 필터

그림 22-1은 능동 저역통과 필터의 회로와 응답특성곡선을 도시한 그림이다. 여기에서 입력회로는 단극(Single Pole) 저역통과 RC 회로로 구성되어 있으며, 단위이득의 부궤환 루프를 갖는 비반전 연산증폭기(전압플로어)와의 결합으로 구현되어 있음을 알 수 있다.

그림 22-1(a)의 회로를 해석하기 위해서는 비반전단자에 나타나는 전압 V_p를 구한 다음, 전압플로어의 입출력 관계를 이용하면 된다.

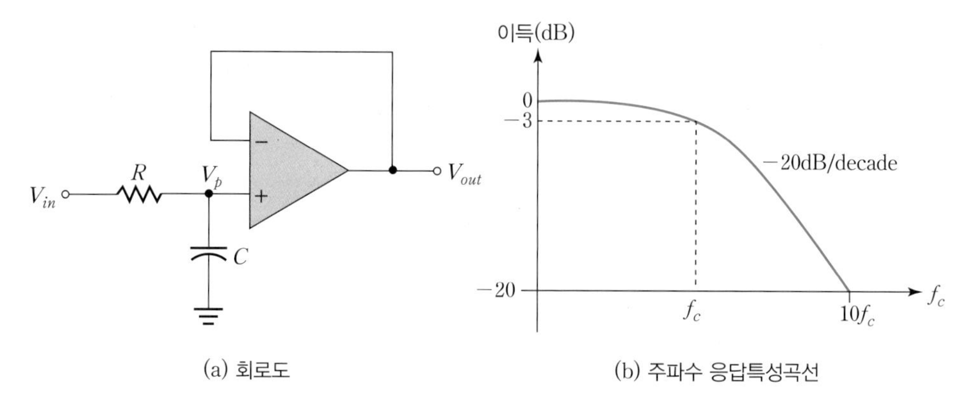

| 그림 22-1 단극(1차) 능동 저역통과 필터

그림 22-1(a)에서 비반전 단자의 전압 V_P는 R과 C의 전압분배기 형태이므로 다음과 같이 구해진다.

$$V_p = \left(\frac{X_C}{\sqrt{R^2 + X_C^2}}\right) V_{in} \tag{22.1}$$

그런데 그림 22-1(a)에서 주어진 연산증폭기는 전압플로어(Voltage Follower)이므로 전압이득은 1이 되므로 출력전압 V_{out}은 다음과 같다.

$$V_{out} = V_p = \left(\frac{X_C}{\sqrt{R^2 + X_C^2}}\right) V_{in} \tag{22.2}$$

만일 연산증폭기의 내부 차단주파수가 저역통과 필터의 차단주파수 f_c 보다 매우 크다고 가정하면, 필터의 전압이득은 −20dB/decade의 기울기를 가지게 된다.

또한 식(22.2)에서 $R = X_C$가 되는 주파수를 차단주파수 f_c 라 정의하면 f_c 는 다음과 같이 표현된다.

$$f_c = \frac{1}{2\pi RC} \tag{22.3}$$

그림 22-1(b)와 같이 −20dB/decade의 기울기를 갖는 하나의 RC 회로로 구성된 필터를 단극 혹은 1차 필터라고 정의한다.

다음으로 2개의 RC 회로를 연산증폭기와 결합하여 능동 저역통과 필터를 구현할 수 있는데, 그림 22-2에 2극(2차) 능동 저역통과 필터를 도시하였다.

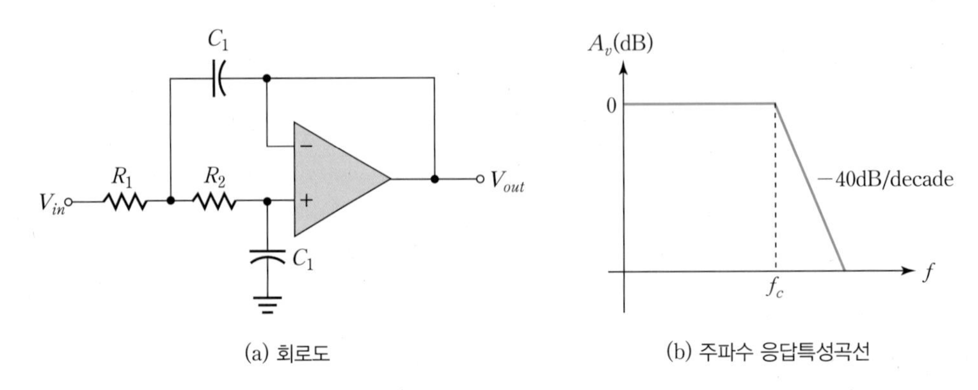

(a) 회로도 (b) 주파수 응답특성곡선

| 그림 22-2 2극 능동저역 통과 필터

그림 22-2의 저역통과 필터는 버터워스(Butterworth)필터라고도 부르며 통과대역에서 매우 평탄한 진폭을 가지기 때문에 "진폭이 가장 평탄한 필터"라고도 한다. 또한 그림 22-2(a)에서 한 RC 회로는 R_1과 C_1으로 구성되어 있고, 다른 RC 회로는 R_2와 C_2로 구성되어 있으므로 차단주파수는 다음 식을 이용하여 계산할 수 있다.

$$f_c = \frac{1}{2\pi\sqrt{R_1 R_2 C_1 C_2}} \tag{22.4}$$

만일 $R_1 = R_2 \triangleq R,\ C_1 = C_2 \triangleq C$ 라 놓으면 식(22.4)는 다음과 같이 간단히 표현된다.

$$f_c = \frac{1}{2\pi RC} \tag{22.5}$$

(2) 능동 고역통과 필터

그림 22-3은 능동 고역통과 필터의 회로와 응답특성곡선을 도시한 그림이다. 여기에서 입력회로는 단극 고역통과 RC 회로로 구성되어 있으며, 단위이득의 부궤환 루프를 갖는 비반전증폭기(전압플로어)와의 결합으로 구현되어 있음을 알 수 있다.

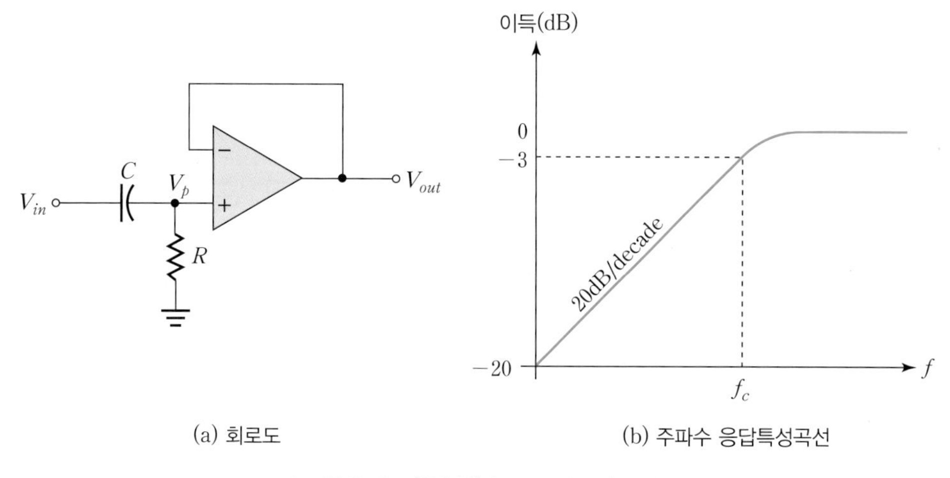

| 그림 22-3 단극(1차) 능동 고역통과 필터

그림 22-3(a)에서 비반전 단자의 전압 V_p는 C와 R의 전압분배기 형태이므로 다음과 같이 구해진다.

$$V_p = \frac{R}{\sqrt{R^2 + X_C^2}} V_{in} \tag{22.6}$$

그런데 그림 22-3(a)에서 주어진 연산증폭기는 전압플로어이므로 전압이득은 1이 되므로 출력전압 V_{out}은 다음과 같다.

$$V_{out} = V_p = \left(\frac{R}{\sqrt{R^2 + X_C^2}} \right) V_{in} \tag{22.7}$$

앞에서 언급한 바와 같이 모든 연산증폭기는 그 내부에 RC 회로를 가지고 있으므로 높은 주파수에서 증폭기의 응답을 제한시킨다. 이러한 이유로 고역통과 필터는 사실상 대역폭이 매우 큰 광대역통과 필터라고 하는 것이 더 의미가 있다. 대부분의 응용에서는 연산증폭기의 내부 고역 차단주파수는 필터의 차단주파수 f_c 보다 훨씬 크기 때문에 무시해도 큰 문제는 없다.

식(22.7)에서 $R = X_C$ 가 되는 주파수를 차단주파수 f_c로 정의하였으므로 f_c는 다음과 같이 표현된다.

$$f_c = \frac{1}{2\pi RC} \tag{22.8}$$

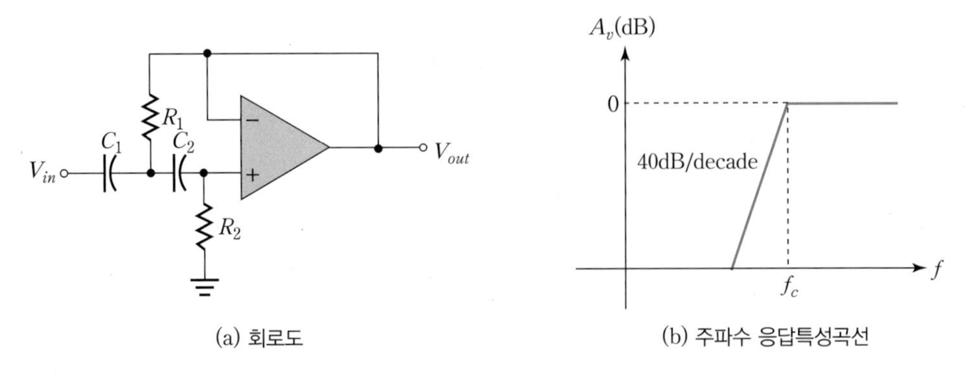

(a) 회로도

(b) 주파수 응답특성곡선

| 그림 22-4 2극 능동 고역통과 필터

그림 22-4는 2차 버터워스(Butterworth) 능동 고역통과 필터인데 저항과 캐패시터의 위치만 바뀌었을 뿐 그림 22-2의 능동 저역통과 필터와 구성이 같음을 알 수 있다. 또한 그림 22-4(a)에서 2개의 RC 회로가 존재하므로 차단주파수는 다음과 같이 계산할 수 있다.

$$f_c = \frac{1}{2\pi\sqrt{R_1 R_2 C_1 C_2}} \tag{22.9}$$

만일 $R_1 = R_2 \triangleq R$ 이고 $C_1 = C_2 \triangleq C$ 라 놓으면 식(22.9)는 다음과 같이 간단히 표현된다.

$$f_c = \frac{1}{2\pi\sqrt{R^2 C^2}} = \frac{1}{2\pi RC} \tag{22.10}$$

(3) 능동 대역통과 필터

대역통과 필터(Band-pass Filter)는 하한 주파수와 상한 주파수 범위내의 모든 신호는 통과시키고 그 외의 신호는 통과시키지 않는 회로이다. 그림 22-5에 일반적인 대역통과 필터의 응답곡선을 도시하였으며, 상한 주파수 f_{c1}과 하한 주파수 f_{c2} 간의 차이를 대역폭(Bandwidth)이라 정의한다. 즉,

$$BW \triangleq f_{c2} - f_{c1} \tag{22.11}$$

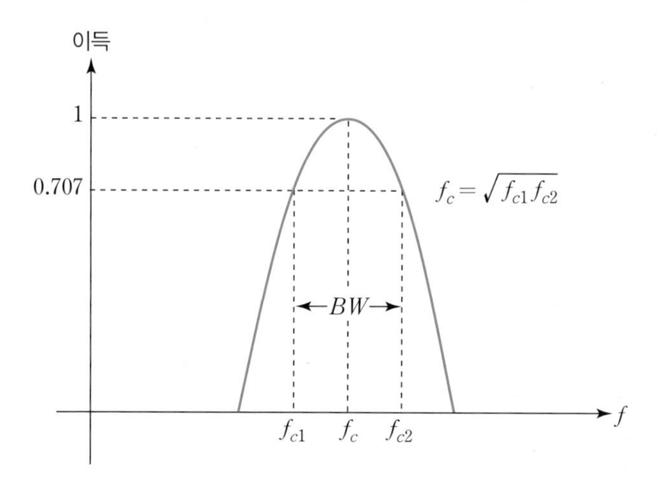

| 그림 22-5 일반적인 대역통과 필터의 응답곡선

그림 22-5에서 통과대역의 중심주파수(Center Frequency)를 f_r이라고 하며, 두 차단 주파수 f_{c1}과 f_{c2}의 기하평균(Geometric Mean)으로 정의한다. 즉,

$$f_r \triangleq \sqrt{f_{c1} f_{c2}} \tag{22.12}$$

능동 대역통과 필터는 고역 및 저역통과 필터로 종속접속하여 그림 22-6과 같이 구성할 수 있다. 물론 저역 고역통과 필터의 차단주파수 f_{c2}와 f_{c1}이 충분히 떨어져 있어야 원하는 대역폭을 가지는 대역통과 필터의 응답곡선을 만들어 낼 수 있다.

그림 22-6에 저역통과 필터와 고역통과 필터를 종속접속하여 얻어진 대역통과 필터의 회로도와 응답곡선을 도시하였다.

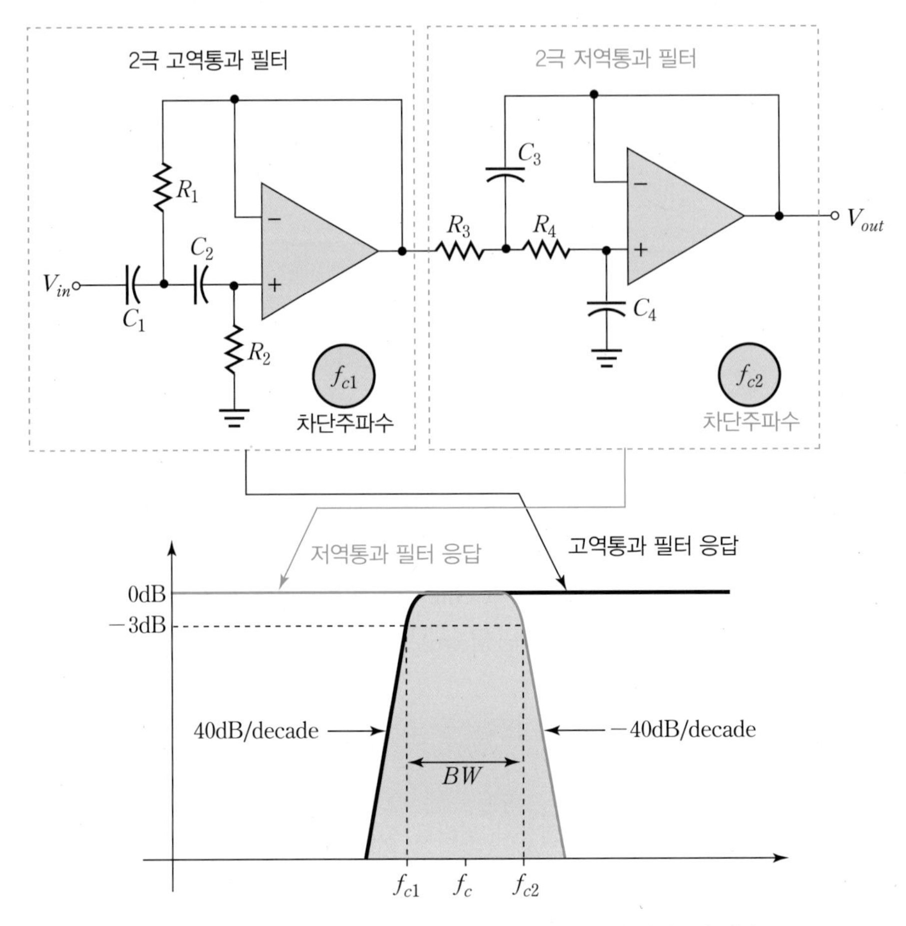

| 그림 22-6 고역통과 필터와 저역통과 필터로 구성된 대역통과 필터

그림 22-6의 응답곡선이 적절하게 얻어지기 위해서 각 필터의 차단주파수는 각 응답곡선이 서로 겹쳐지도록 선택되어야 하고 고역통과 필터의 차단주파수(f_{c1})가 저역통과 필터의 차단주파수(f_{c2})보다 작아야 한다. 중심주파수 f_r은 앞에서 정의된 바와 같이 f_{c1}과 f_{c2}의 기하평균(Geometric Mean) 값이며 각각 다음과 같이 결정된다.

$$f_{c1} = \frac{1}{2\pi\sqrt{R_1 R_2 C_1 C_2}} \tag{22.13}$$

$$f_{c2} = \frac{1}{2\pi\sqrt{R_3 R_4 C_3 C_4}} \tag{22.14}$$

$$f_r = \sqrt{f_{c1} f_{c2}} \tag{22.15}$$

(4) 능동 대역저지 필터

능동필터의 또 다른 한 유형은 대역저지(Band-stop) 필터인데 다른 말로 대역제거(Band-rejection) 필터라고도 부른다. 이 필터는 대역통과 필터의 기능과 정반대의 역할을 하며, 어떤 대역내의 신호는 통과를 저지시키고 그 외의 모든 신호는 통과시키는 필터를 의미한다. 그림 22-7은 일반적인 대역저지 필터의 응답곡선을 도시하였으며, 대역폭은 대역통과 필터의 경우와 마찬가지로 −3dB 사이의 주파수 대역으로 정의된다.

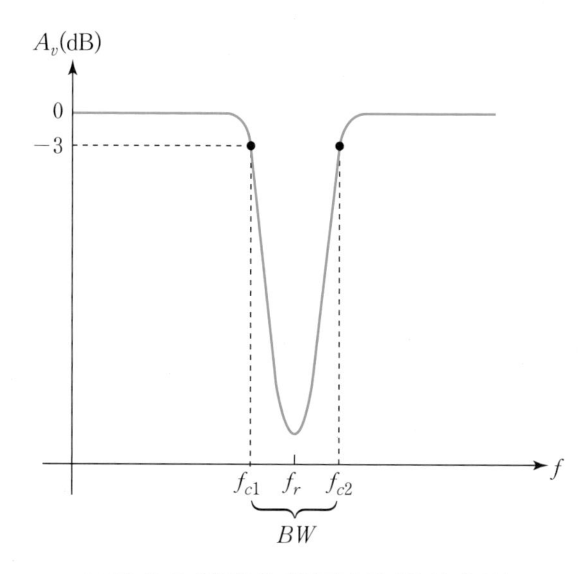

| 그림 22-7 일반적인 대역저지 필터의 응답곡선

능동 대역저지 필터의 한 가지 구성 예로 이중궤환을 이용한 필터회로를 그림 22-8에 도시하였다. 이 그림에서 알 수 있듯이 R_3를 R_A와 R_B로 대체한 것을 제외하고는 일반적인 대역통과 필터의 이중궤환과 유사하게 구성되어 있다.

따라서 $C_1 = C_2 \triangleq C$ 라고 가정하면 그림 12-8의 대역저지 필터의 중심(공진)주파수 f_r은 다음과 같다.

$$f_r = \frac{1}{2\pi C\sqrt{R_1 R_2}} \tag{22.16}$$

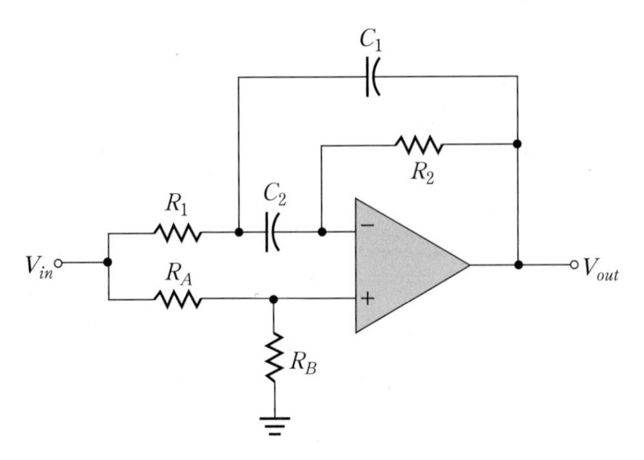

| 그림 22-8 이중궤환을 이용한 대역저지 필터

22.2.2 실험원리 요약

저역통과 필터

- 저역통과 필터는 차단(임계)주파수 f_c 이상의 모든 신호는 충분히 감쇄시키고 차단주파수 이하의 신호는 모두 통과시키는 회로이다.
- 수동 저역통과 필터는 수동소자인 R과 C의 결합으로 구성된다.

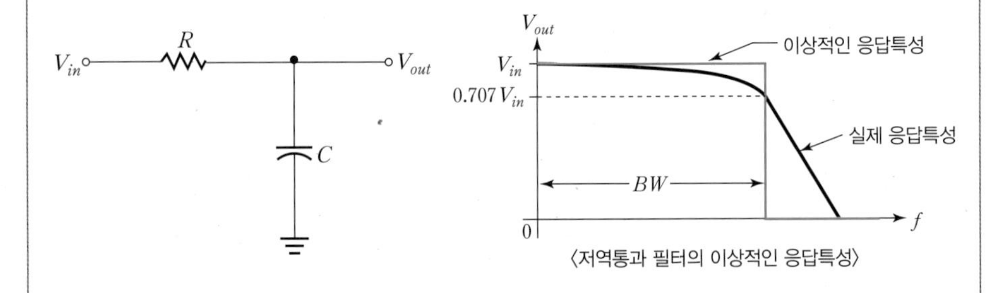

〈저역통과 필터의 이상적인 응답특성〉

- 능동 저역통과 필터는 능동소자로서의 연산증폭기와 R과 C의 결합으로 구성된다. 연산증폭기는 필터를 통과하면서 신호가 감쇄되지 않도록 높은 이득을 제공하며, 높은 입력임피던스로 인해 구동원의 과부하를 막아준다.
  또한, 연산증폭기의 낮은 출력임피던스는 필터가 구동될 때 부하의 영향으로부터 필터를 보호한다.

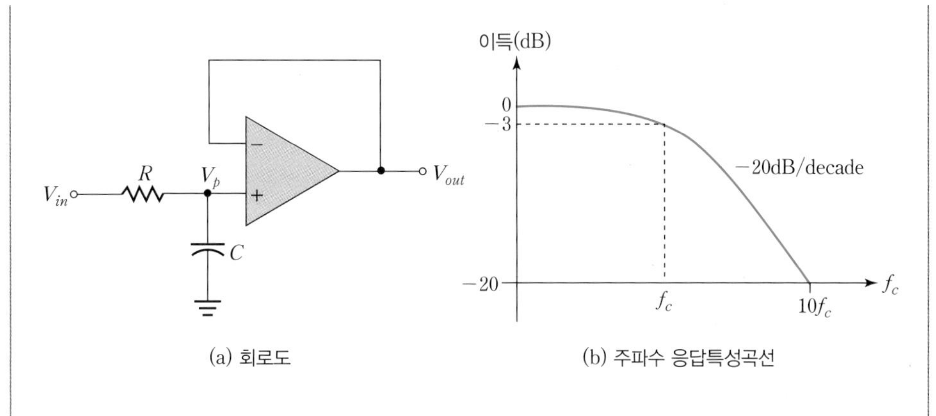

(a) 회로도 (b) 주파수 응답특성곡선

$$\text{차단주파수 } f_c = \frac{1}{2\pi RC}$$

- 몇 개의 능동 저역통과 필터를 종속접속하면 필터의 차수가 높아지는데 이로부터 이상적인 필터에 가까운 응답특성을 얻을 수 있다.

고역통과 필터

- 고역통과 필터는 차단주파수 f_c 이하의 모든 신호는 충분히 감쇄시키고 차단주파수 이상의 신호는 모두 통과시키는 회로이다.
- 수동 고역통과 필터는 수동 저역통과 필터에서 R과 C의 위치가 서로 바뀌어진 형태이다.

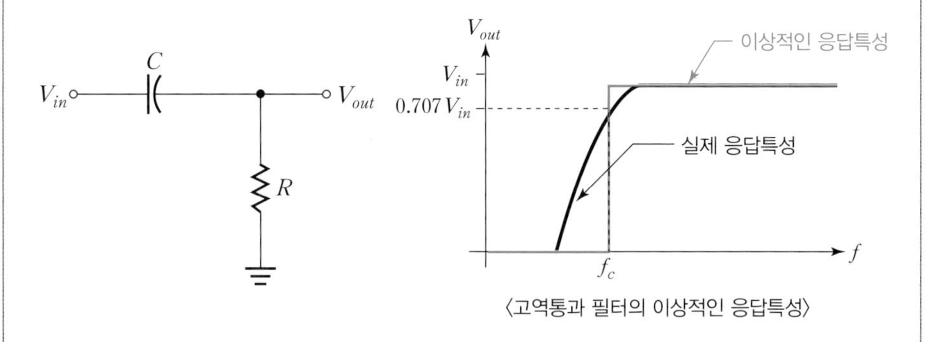

〈고역통과 필터의 이상적인 응답특성〉

- 능동 고역통과 필터는 단위이득의 부궤환 루프를 가지는 비반전증폭기로 구현할 수 있다.

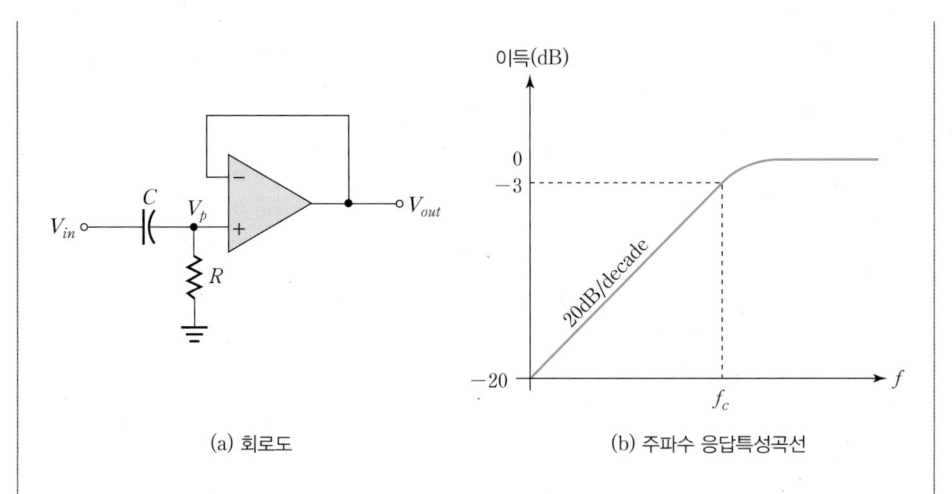

(a) 회로도 (b) 주파수 응답특성곡선

- 대부분의 응용에서 연산증폭기 내부의 고주파 차단주파수는 필터의 차단주파수보다 훨씬 크기 때문에 무시하여도 큰 문제는 없다.
- 몇 개의 능동 고역통과 필터를 종속접속하면 필터의 차수를 높일 수 있으며, 이로부터 이상적인 필터에 가까운 응답특성을 얻을 수 있다.

능동 대역통과 필터

- 대역통과 필터는 하한 주파수와 상한 주파수 범위내에 모든 주파수 신호는 통과시키고 그 외의 신호는 통과시키지 않는 회로이다.
- 대역통과 필터의 응답특성

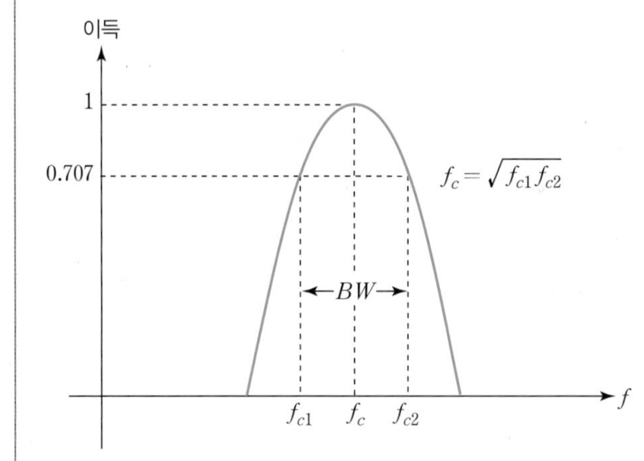

$BW \triangleq f_{c2} - f_{c1}$: 대역폭

$f_r \triangleq \sqrt{f_{c1} f_{c2}}$: 중심주파수

$Q \triangleq \dfrac{f_r}{BW}$: 선택도

- 만일 Q값이 크면 대역폭은 좁아지고 중심주파수 f_r에 대한 선택도는 좋아진다. 반대로 Q값이 작으면 대역폭이 넓어지고 결국 중심주파수에 대한 선택도는 나빠진다.
- 고역통과 필터나 저역통과 필터를 적절하게 종속접속하면 대역통과 필터를 설계할 수 있다.
- 능동 대역통과 필터를 구성하는 또다른 방법으로 다중궤환을 이용하여 저역통과 필터의 응답특성과 고역통과 필터의 응답특성을 함께 얻어 대역통과 필터의 응답특성을 얻을 수 있다.

능동 대역저지 필터

- 대역저지(제거) 필터는 대역통과 필터와는 정반대의 기능을 하며, 어떤 대역내의 신호는 통과를 저지시키고 그 외의 모든 신호는 통과시킨다.
- 대역저지 필터의 응답특성

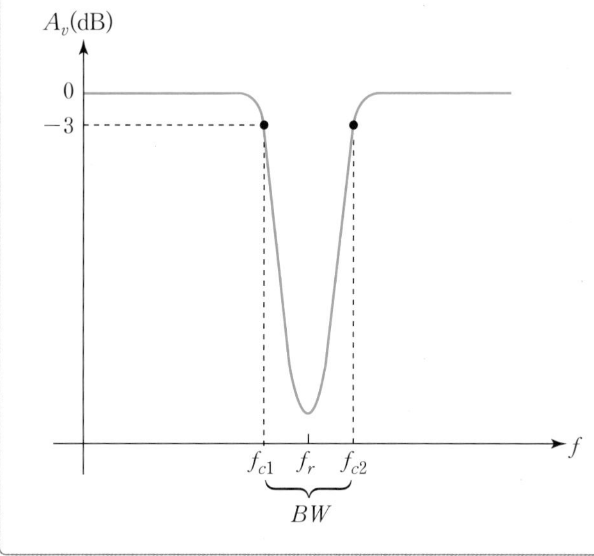

$BW \triangleq f_{c2} - f_{c1}$: 대역폭

$f_r \triangleq \sqrt{f_{c1} f_{c2}}$: 중심주파수

22.3 시뮬레이션 학습실

22.3.1 능동 저역통과 필터

능동 저역통과 필터에서 주파수의 변화에 따른 출력전압의 영향을 살펴보기 위하여 그림 22-9(a)의 회로에 대하여 PSpice 시뮬레이션을 수행한다.

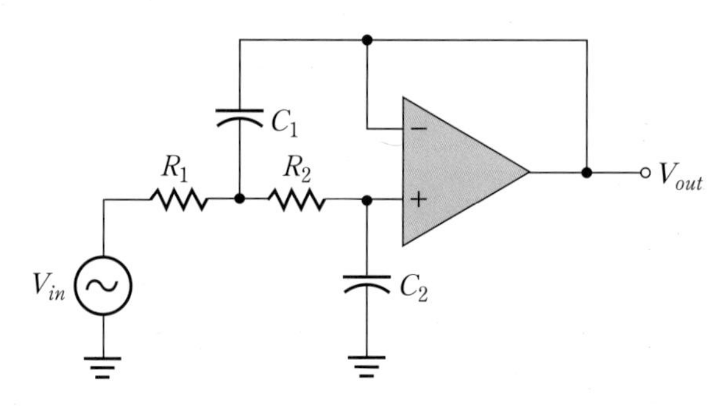

| 그림 22-9(a) 2극 능동 저역통과 필터

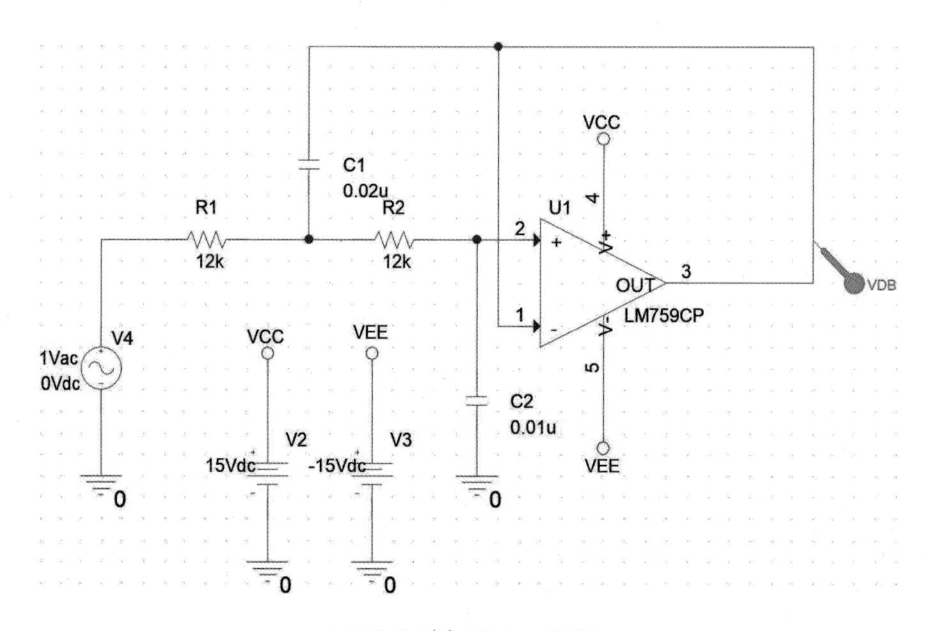

| 그림 22-9(b) PSpice 회로도

시뮬레이션 조건

- 연산증폭기 모델명: LM759CP
- $R_1 = R_2 = 12\text{k}\Omega$
- $C_1 = 0.02\mu\text{F}$, $C_2 = 0.01\mu\text{F}$
- $V_{in} = 2\sin 2\pi ft[\text{V}]$에서 주파수 f와 전압이득 A_v에 대한 주파수 응답특성곡선을 도시한다.

그림 22-9(b)의 회로에 대한 PSpice 시뮬레이션 결과를 다음에 도시하였다.

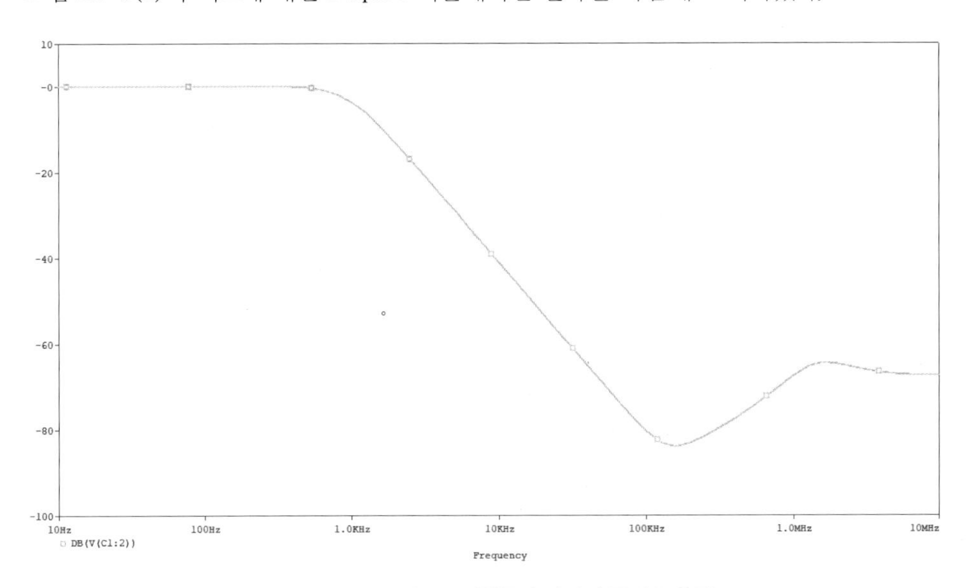

| 그림 22-10 2극 능동 저역통과 필터의 주파수 응답

22.3.2 능동 고역통과 필터

능동 고역통과 필터에서 주파수의 변화에 따른 출력전압의 영향을 살펴보기 위하여 그림 22-11(a)의 회로에 대하여 PSpice 시뮬레이션을 수행한다.

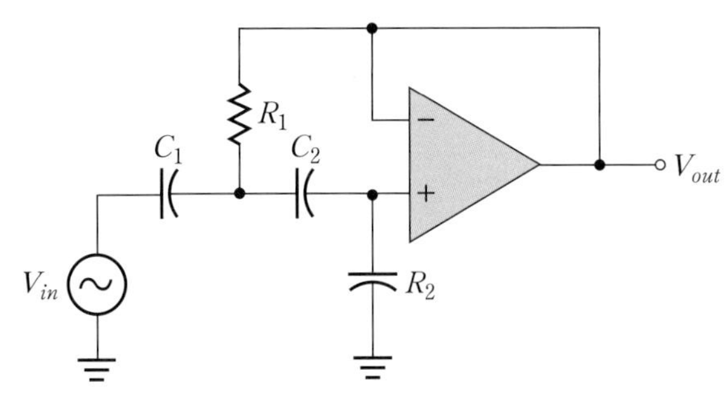

| 그림 22-11(a) 2극 능동 고역통과 필터

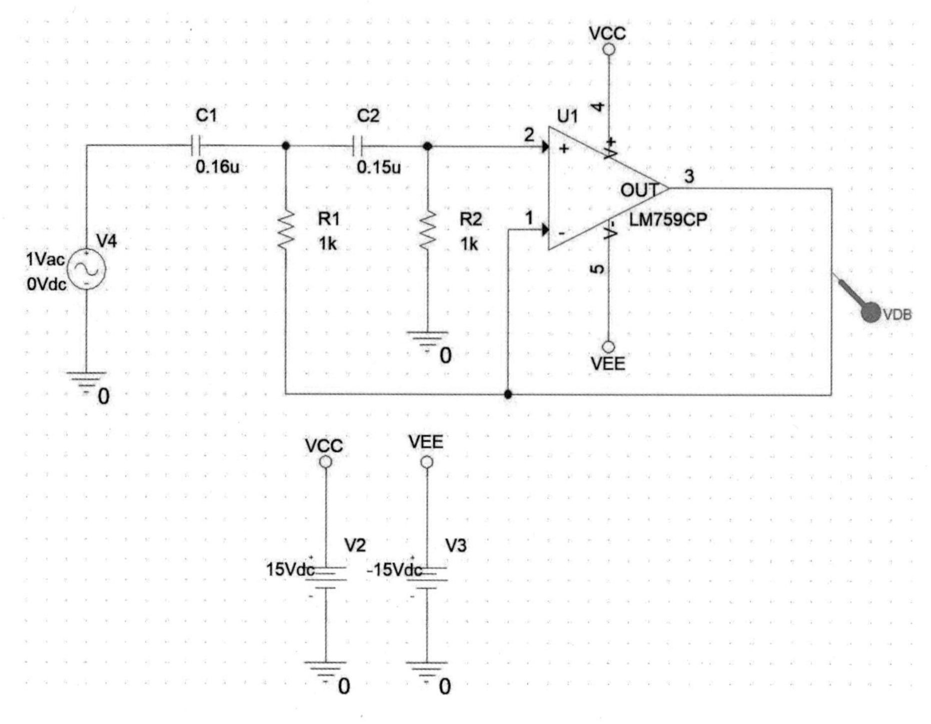

Ⅰ그림 22-11(b) PSpice 회로도

시뮬레이션 조건

- 연산증폭기 모델명: LM759CP
- $R_1 = R_2 = 1\text{k}\Omega$
- $C_1 = C_2 = 0.15\mu\text{F}$
- $V_{in} = 2\sin 2\pi ft[\text{V}]$에서 주파수 f와 전압이득 A_v에 대한 주파수 응답특성곡선을 도시한다.

그림 22-11(b)의 회로에 대한 PSpice 시뮬레이션 결과를 다음에 도시하였다.

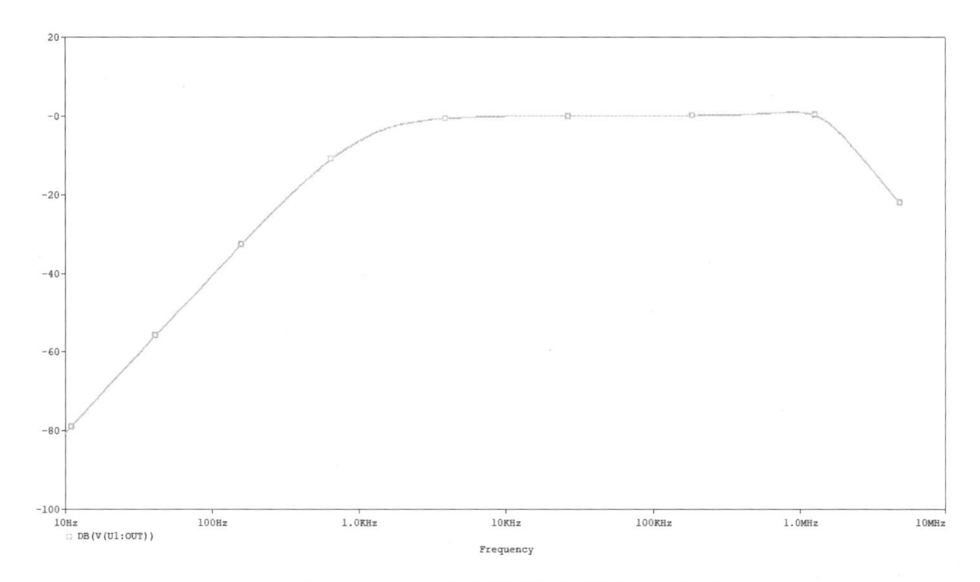

| 그림 22-12 2극 능동 고역통과 필터의 주파수 응답

22.3.3 능동 대역통과 필터

능동 대역통과 필터에서 주파수의 변화에 따른 출력전압의 영향을 살펴보기 위하여 그림 22-13(a)의 회로에 대하여 PSpice 시뮬레이션을 수행한다.

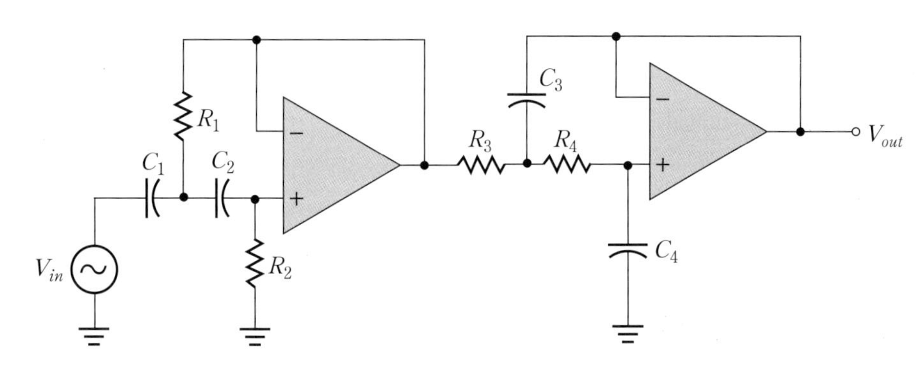

| 그림 22-13(a) 능동 대역통과 필터

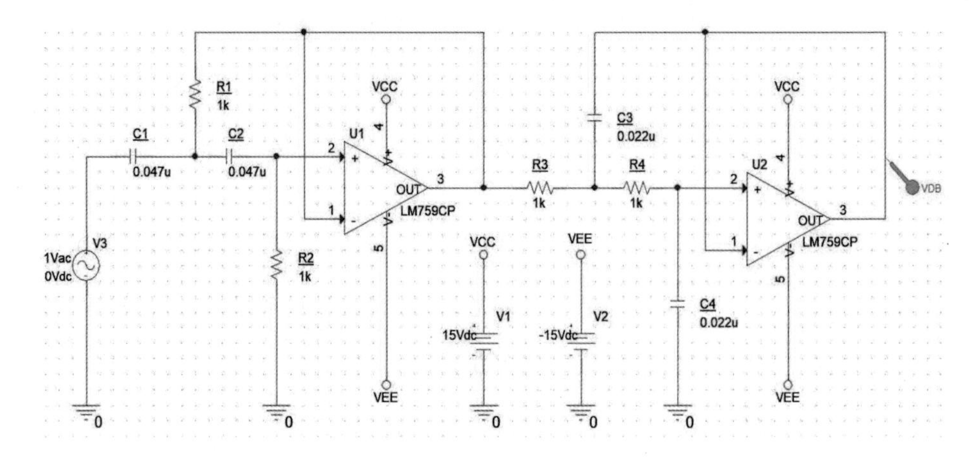

| 그림 22-13(b) PSpice 회로도

시뮬레이션 조건

- 연산증폭기 모델명: LM759CP
- $R_1 = R_2 = 1\text{k}\Omega$, $R_3 = R_4 = 1\text{k}\Omega$
- $C_1 = C_2 = 0.047\mu\text{F}$, $C_3 = C_4 = 0.022\mu\text{F}$
- $V_{in} = 2\sin 2\pi ft[\text{V}]$ 에서 주파수 f와 전압이득 A_v에 대한 주파수 응답특성곡선을 도시한다.

그림 22-13(b)의 회로에 대한 PSpice 시뮬레이션 결과를 다음에 도시하였다.

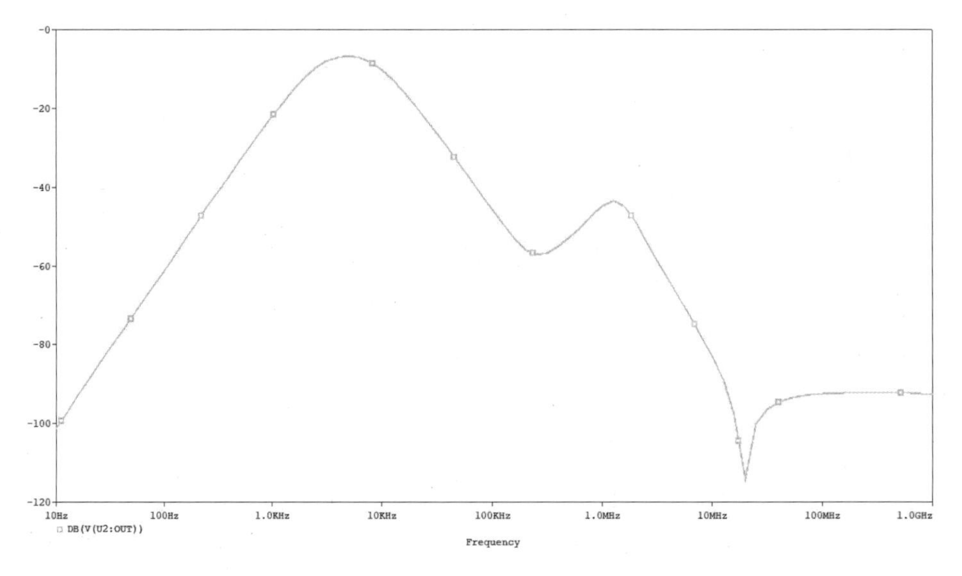

| 그림 22-14 능동 대역통과 필터의 주파수 응답

22.3.4 능동 대역저지 필터

능동 대역저지 필터에서 주파수의 변화에 따른 출력전압의 영향을 살펴보기 위하여 그림 22-15(a)의 회로에 대하여 PSpice 시뮬레이션을 수행한다.

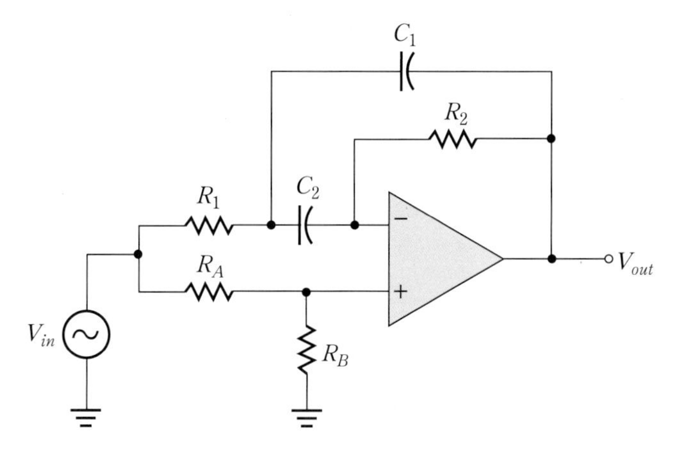

| 그림 22-15(a) 이중 궤환 능동 대역저지 필터

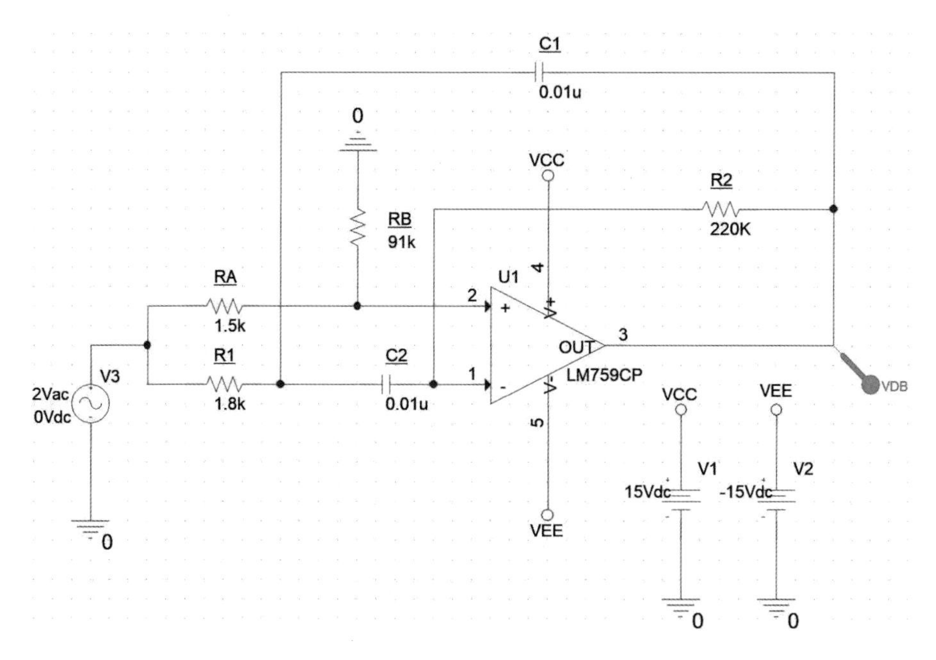

| 그림 22-15(b) PSpice 회로도

시뮬레이션 조건

- 연산증폭기 모델명: LM759CP
- $R_A = 1.5\text{k}\Omega$, $R_B = 91\text{k}\Omega$, $R_1 = 1.8\text{k}\Omega$, $R_2 = 220\text{k}\Omega$
- $C_1 = C_2 = 0.01\mu\text{F}$
- $V_{in} = 2\sin 2\pi ft[\text{V}]$ 에서 주파수 f와 전압이득 A_v에 대한 주파수 응답특성곡선을 도시한다.

그림 22-15(b)의 회로에 대한 PSpice 시뮬레이션 결과를 다음에 도시하였다.

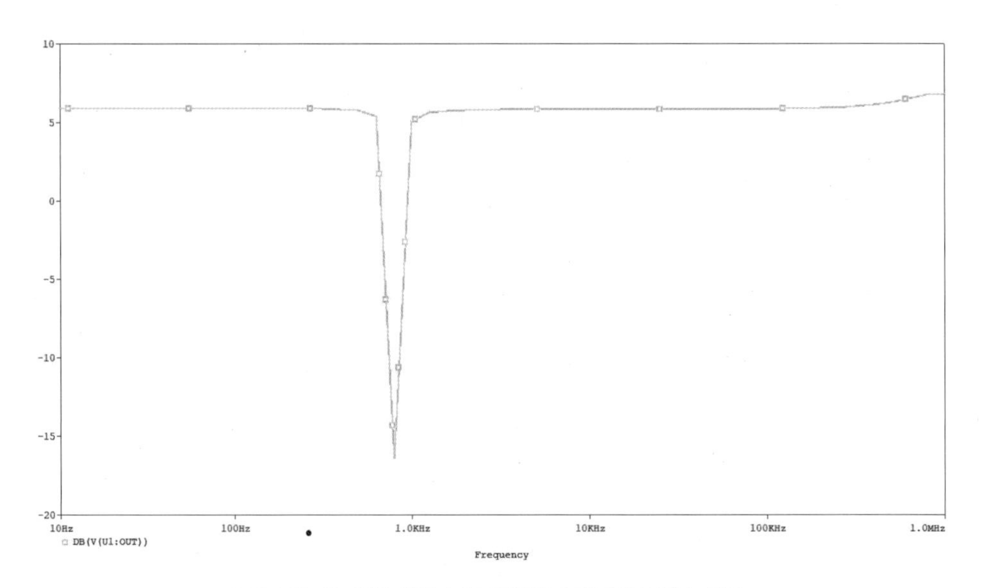

| 그림 22-16 이중 궤환 능동 대역저지 필터의 주파수 응답

22.4 실험기기 및 부품

• 오실로스코프	1대
• 직류전원공급기	1대
• 신호발생기	1대
• 연산증폭기	2개
• 저항 1kΩ, 1.5kΩ, 1.8kΩ,	각 6개
12kΩ, 91kΩ, 220kΩ	각 2개

• 캐패시터 0.01μF, 0.02μF, 0.047μF, 0.022μF, 0.15μF　　각 2개
• 브레드 보드　　1대
• 디지털 멀티미터　　1대

22.5 실험 방법

22.5.1 능동 저역 및 고역통과 필터 실험

(1) 그림 22-17의 회로를 결선한다.

(2) 입력전압 $V_{in}=2\sin 2\pi ft$[V]에서 $f=200$Hz로 선정하여 출력전압 V_{out}을 오실로스코프로 측정한다.

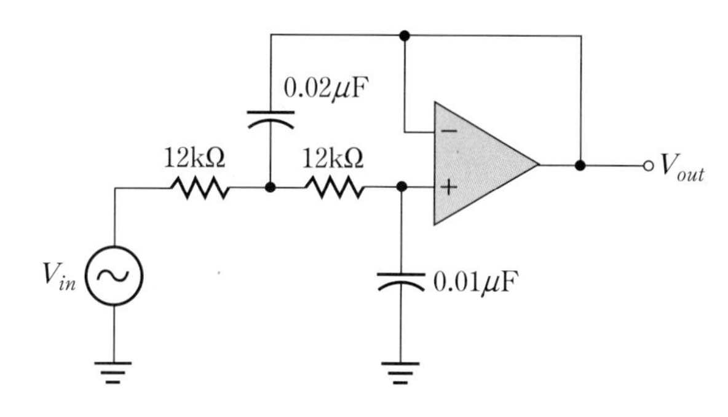

| 그림 22-17 2극 능동 저역통과 필터 실험

(3) f를 점점 증가시키면서 출력전압의 진폭이 단계 (2)에서 측정된 전압값의 70.7%가 되도록 신호주파수를 조정한다. 이때의 주파수 f_c를 기록한다.

(4) 단계 (3)에서 결정된 주파수를 10배 증가하여 출력전압을 측정하여 그래프 22-1에 도시한다.

(5) 그림 22-18의 회로를 결선한다.

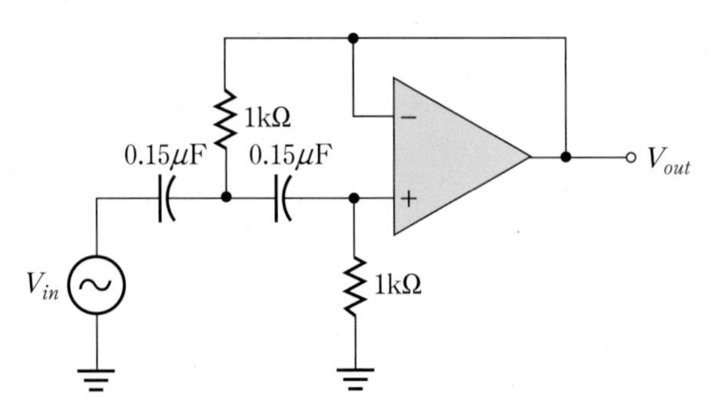

| 그림 22-18 2극 능동 고역통과 필터 실험

(6) 입력전압 $V_{in}=2\sin 2\pi ft[\mathrm{V}]$에서 $f=4\mathrm{kHz}$로 선정하여 출력전압 V_{out}을 오실로스코프로 측정한다.

(7) f를 점점 감소시키면서 출력전압의 진폭이 단계 (6)에서 측정된 전압값의 70.7%가 되도록 신호주파수를 조정한다. 이때의 주파수 f_c를 기록한다.

(8) 단계 (7)에서 결정된 주파수를 1/10배 감소하여 출력전압을 측정하여 그래프 22-2에 도시한다.

22.5.2 능동 대역통과 및 대역저지 필터 실험

(1) 그림 22-19의 회로를 결선한다.

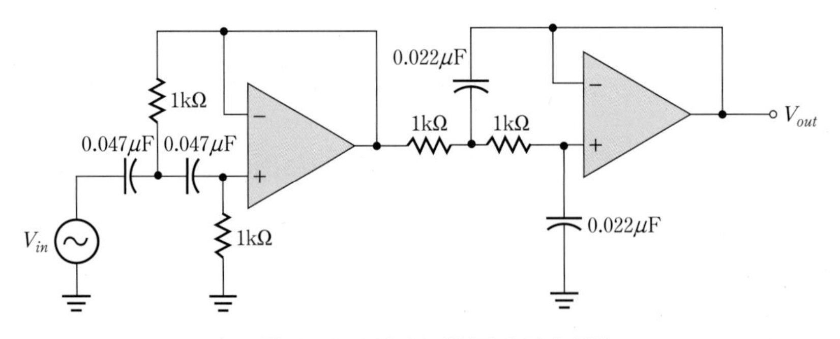

| 그림 22-19 2극 능동 대역통과 필터 실험

(2) 입력전압 $V_{in}=2\sin 2\pi ft[\mathrm{V}]$에서 $f=4.95\mathrm{kHz}$로 선정하여 출력전압 V_{out}을 오실로스코프로 측정한다.

(3) $f=4.95\text{kHz}$ 에서 f를 점점 감소시키면서 출력전압의 진폭이 단계 (2)에서 측정된 전압값의 70.7%가 되도록 신호주파수를 조정한다. 이때의 주파수 f_{c1}을 기록한다.

(4) $f=4.95\text{kHz}$ 에서 f를 점점 증가시키면서 단계 (3)의 과정을 반복한다. 이때의 주파수 f_{c2}를 기록한다.

(5) 단계 (3)~(4)에서 결정한 2개의 주파수의 기하평균을 구하여 이론적으로 계산한 중심주파수 f_r과 비교한다.

(6) 그림 22-20의 회로를 결선한다.

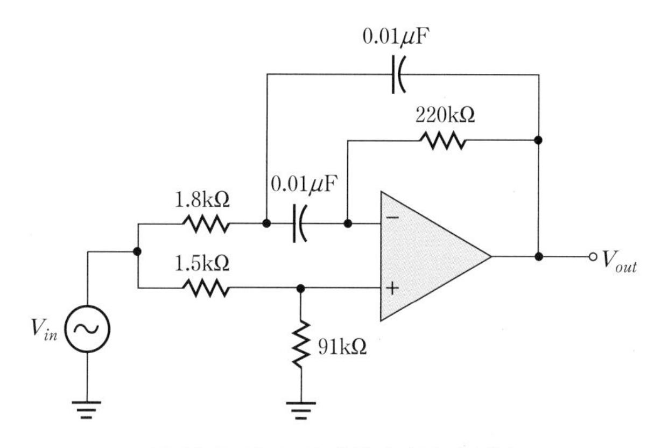

| 그림 22-20 능동 대역저지 필터 실험

(7) 입력전압 $V_{in}=2\sin 2\pi ft[\text{V}]$ 에서 $f=800\text{Hz}$ 로 선정하여 출력전압 V_{out}을 오실로스코프로 측정한다.

(8) $f=800\text{Hz}$ 에서 f를 점점 증가시키면서 출력파형의 진폭이 거의 일정해지는 가장 작은 주파수 f_{min}과 그때의 출력파형의 진폭을 측정한다(그림 22-21 참조).

(9) 단계 (8)에서 결정된 주파수 $f=f_{min}$ 에서 f를 감소시키면서 단계 (8)에서 측정된 전압값의 70.7%가 되도록 신호주파수를 조정한다. 이때의 주파수 f_{c2}를 기록한다.

(10) $f=800\text{Hz}$ 에서 f를 점점 감소시키면서 출력파형의 진폭이 거의 일정해지는 가장 큰 주파수 $f_{\max}$와 그때의 출력파형의 진폭을 측정한다(그림 22-21 참조).

(11) 단계 (10)에서 결정된 주파수 $f=f_{max}$ 에서 f를 증가시키면서 단계 (10)에서 측정된 전압값의 70.7%가 되도록 신호주파수를 조정한다. 이때의 주파수 f_{c1}를 기록한다.

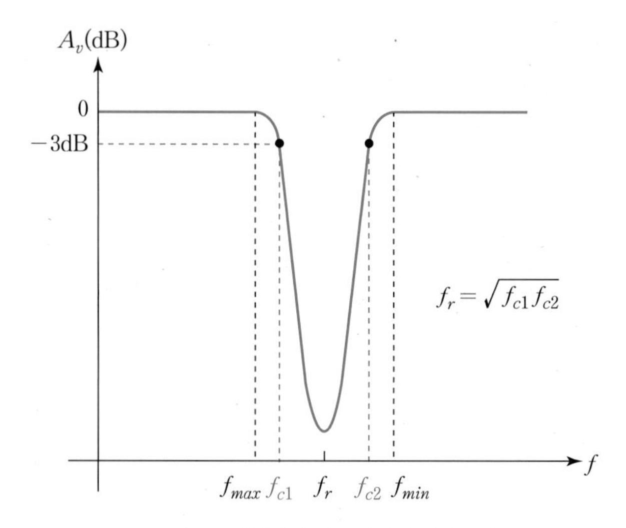

| 그림 22-21 능동 대역저지 필터에서의 차단주파수 결정

22.6 실험결과 및 검토

22.6.1 실험결과

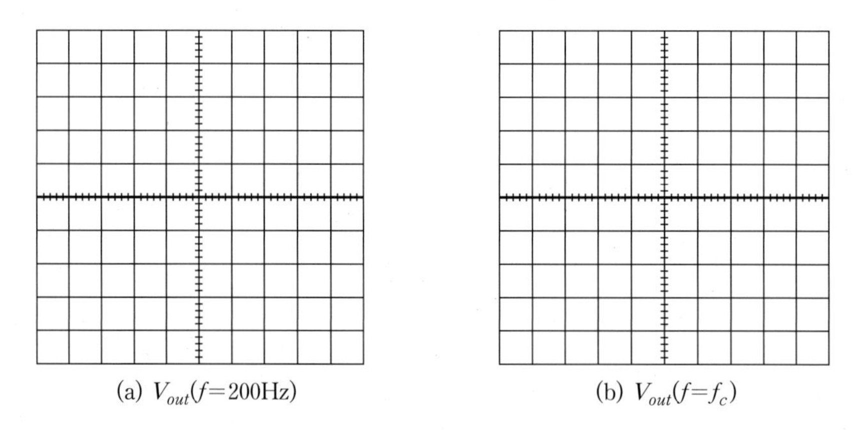

(a) $V_{out}(f=200\text{Hz})$ (b) $V_{out}(f=f_c)$

| 그래프 22-1 2극 능동 저역통과 필터의 출력파형

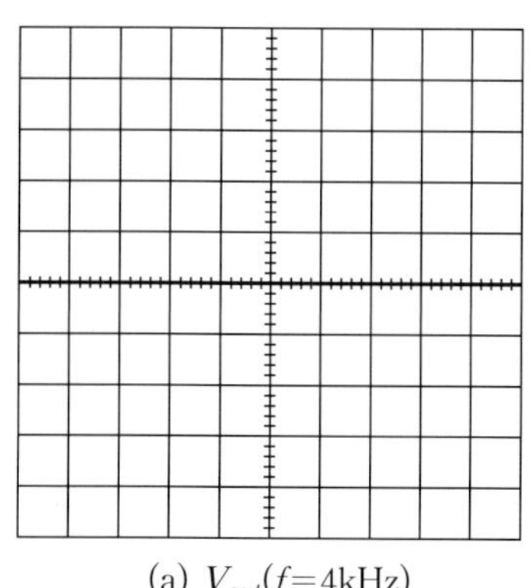

(a) $V_{out}(f=4\text{kHz})$

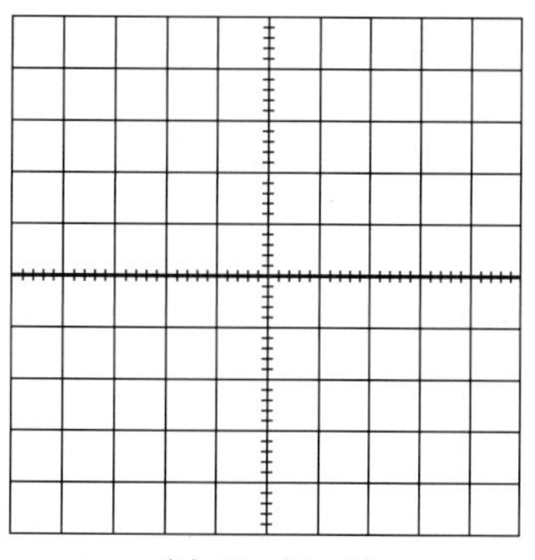

(b) $V_{out}(f=f_c)$

| 그래프 22-2 2극 능동 고역통과 필터의 출력파형

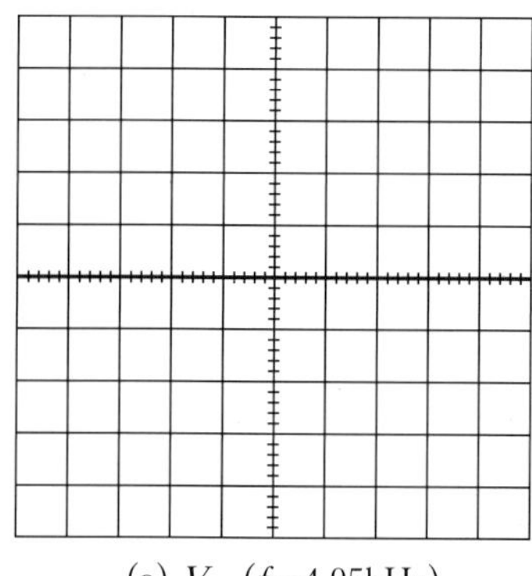

(a) $V_{out}(f=4.95\text{kHz})$

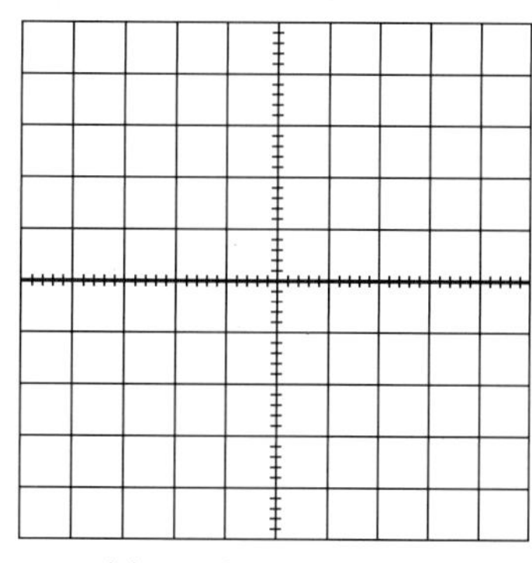

(b) $V_{out}(f=f_{c1}$ 또는 $f_{c2})$

| 그래프 22-3 능동 대역통과 필터의 출력파형

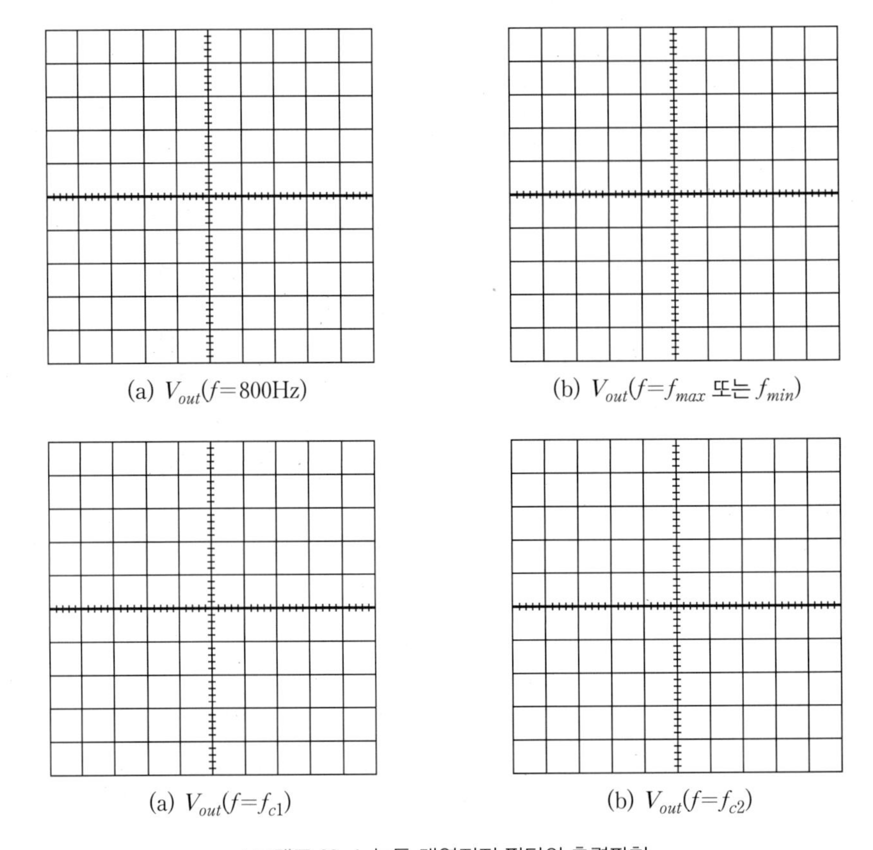
(a) $V_{out}(f=800\text{Hz})$
(b) $V_{out}(f=f_{max}$ 또는 $f_{min})$
(a) $V_{out}(f=f_{c1})$
(b) $V_{out}(f=f_{c2})$

| 그래프 22-4 능동 대역저지 필터의 출력파형

22.6.2 검토 및 고찰

(1) 능동 고역통과 필터를 대역폭이 매우 큰 능동 대역통과 필터로 간주할 수 있는 이유를 설명하라.

(2) 필터의 차수가 증가할 때 필터의 응답특성은 어떻게 달라지는지 기술하라.

(3) 버터워스(Butterworth) 필터와 체비셰프(Chebyshev) 필터의 응답특성을 비교하여 설명하라.

22.7 실험 이해도 측정 및 평가

22.7.1 객관식 문제

01 능동 저역통과 필터와 능동 고역통과 필터의 차단주파수가 증가할 때 대역폭은 각각 어떻게 변하는가?

① 증가, 감소 ② 증가, 증가
③ 감소, 감소 ④ 감소, 증가

02 고역통과 필터와 저역통과 필터가 종속접속된 대역통과 필터에서 고역통과 필터의 차단주파수는?

① 저역통과 필터의 차단주파수보다 작다.
② 저역통과 필터의 차단주파수보다 크다.
③ 저역통과 필터의 차단주파수와 동일하다.
④ 저역통과 필터의 차단주파수와 무관하며 임의로 선정할 수 있다.

03 능동 필터에서 극점(Pole)이란 무엇을 의미하는가?

① 연산증폭기의 폐루프 이득 ② 1개의 RC 회로
③ 차단주파수 ④ 대역폭

04 특정한 대역내의 신호는 모두 저지시키고 그 외의 신호들은 모두 통과시키는 필터는 무엇인가?

① 능동 저역통과 필터 ② 능동 고역통과 필터
③ 능동 대역통과 필터 ④ 능동 대역저지 필터

05 필터의 응답특성 중에서 가장 평탄한 응답특성을 가지나 위상특성이 주파수에 따라 비선형으로 변하는 필터는?

① 베셀 필터 ② 버터워스 필터
③ 체비셰프 필터 ④ 노치 필터

22.7.2 주관식 문제

01 그림 22-22의 2차 필터회로에서 필터의 종류를 말하고 차단주파수를 구하라.

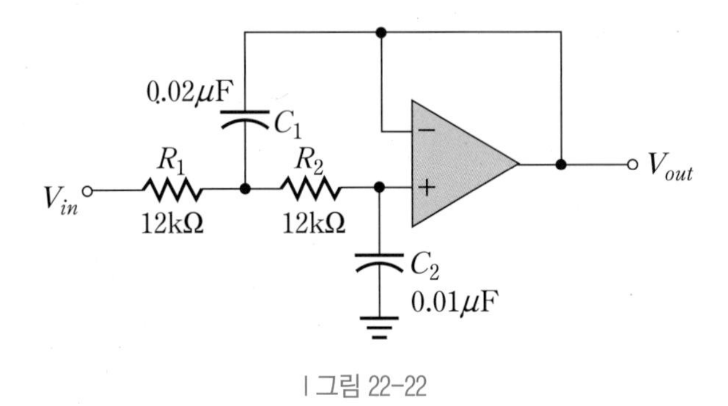

| 그림 22-22

02 그림 22-23의 회로에서 $R_1 = R_2 \triangleq R$ 이라 하고 필터의 차단주파수가 5kHz가 되도록 저항 R의 값을 결정하라.

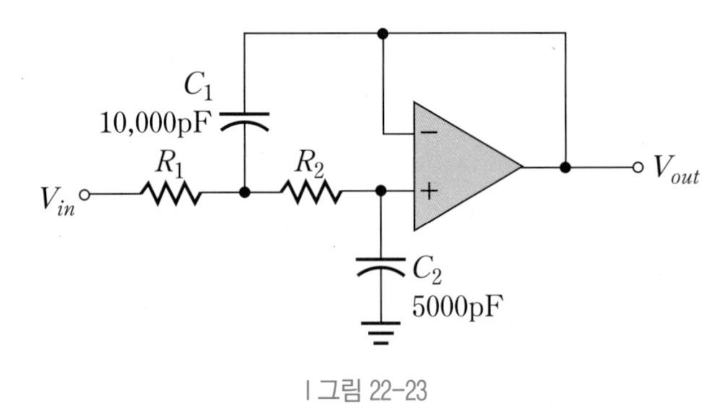

| 그림 22-23

03 그림 22-24의 회로에 대하여 물음에 답하라.

(1) 필터의 종류와 차단주파수를 구하라.

(2) $C_1 = C_2 \triangleq C$ 라 하고 차단주파수가 2.5kHz가 되도록 하는 C의 값을 구하라. 단, 저항값은 그대로 사용한다.

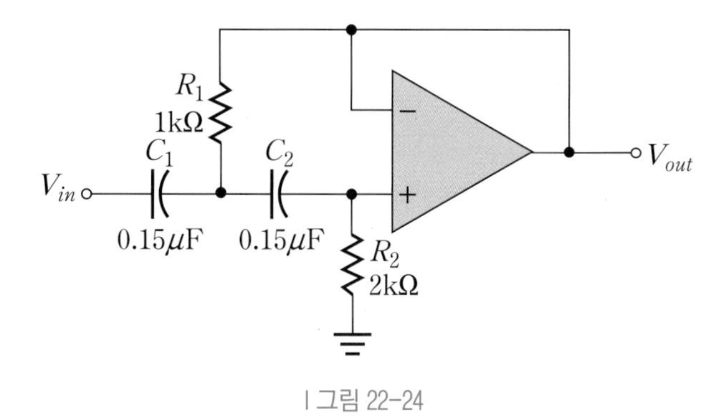

| 그림 22-24

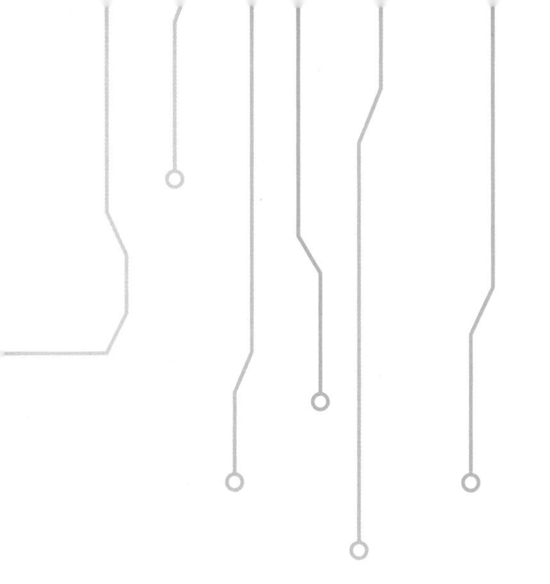

CHAPTER 23
빈 브리지 발진기 회로 실험

contents

빈 브리지 발진기 회로 실험

23.1 실험 개요

본 실험은 정현파 출력을 발생시키기 위하여 저항 R과 캐패시터 C로 구성된 RC 회로를 궤환회로로 사용하는 빈 브리지 발진기의 구성과 동작원리를 이해하고 이를 실험적으로 확인한다.

23.2 실험원리 학습실

23.2.1 빈 브리지 발진기

(1) 발진기의 개념 및 동작원리

발진기(Oscillator)란 그림 23-1에 나타낸 것과 같이 외부로부터 공급되는 직류전원으로부터 교류를 발생시키는 기기라 할 수 있으며, 발생되는 교류파형의 형태에 따라 정현파 혹은 비정현파 발진기로 분류된다.

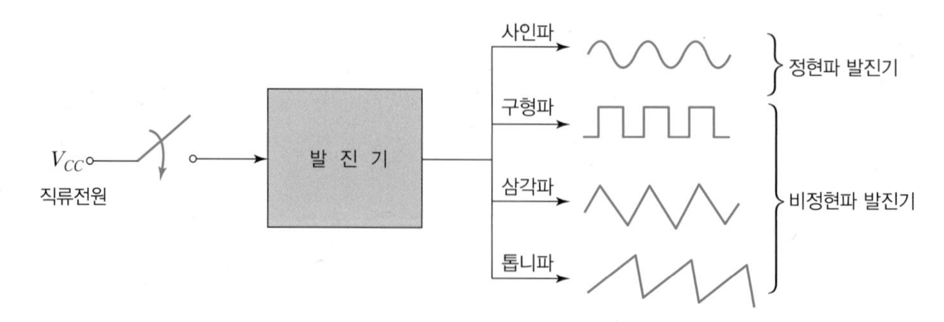

ㅣ그림 23-1 발진기의 기본 개념도

발진기는 외부로부터 어떠한 신호도 입력이 되지 않으므로 자체적으로 입력을 공급하지 않으면 안된다. 따라서 발진기는 본질적으로 출력이 출력자신을 증가시키는 방향으로 궤환되어지는 정궤환(Positive Feedback)을 이용하게 되는데 이에 대해 언급한다. 정궤환은 증폭기의 출력의 일부가 위상천이(Phase Shift)나 출력의 보강없이 입력으로 궤환되는 것을 의미하며 그림 23-2에 개념도를 도시하였다. 그림에서 알 수 있듯이 동상의 궤환전압 V_f 가 증폭이 되어 출력이 되고, 다시 궤환전압이 되므로 루프회로는 연속적인 정현파를 만들어 낸다. 이를 발진(Oscillation)이라 한다.

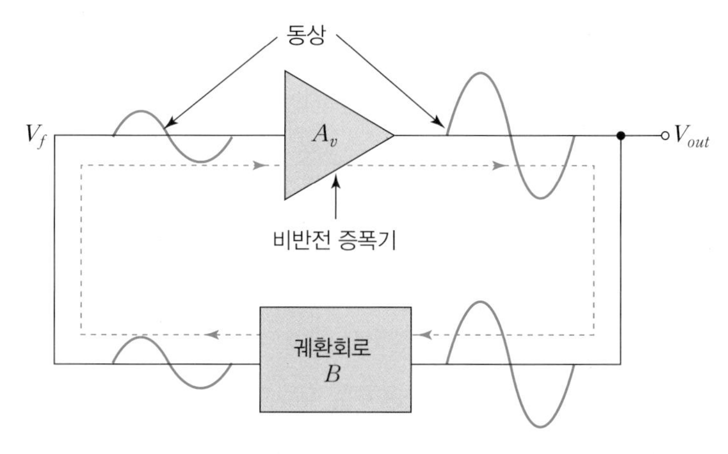

| 그림 23-2 발진기에서의 정궤환

그런데 그림 23-2에서 나타낸 것처럼 발진이 유지되려면 먼저 다음의 2가지 조건이 만족되어야 하며, 이를 그림 23-3에 도시하였다.

① 궤환루프의 위상천이가 0°이어야 한다. 이는 증폭기의 출력이 증가되는 방향으로 궤환이 이루어진다는 것을 의미한다.

② 전체 폐루프의 전압이득 A_{cl}이 1이어야 한다. 여기서 전체 폐루프 전압이득은 증폭기의 전압이득(A_v)과 감쇄율(B)과의 곱이다.

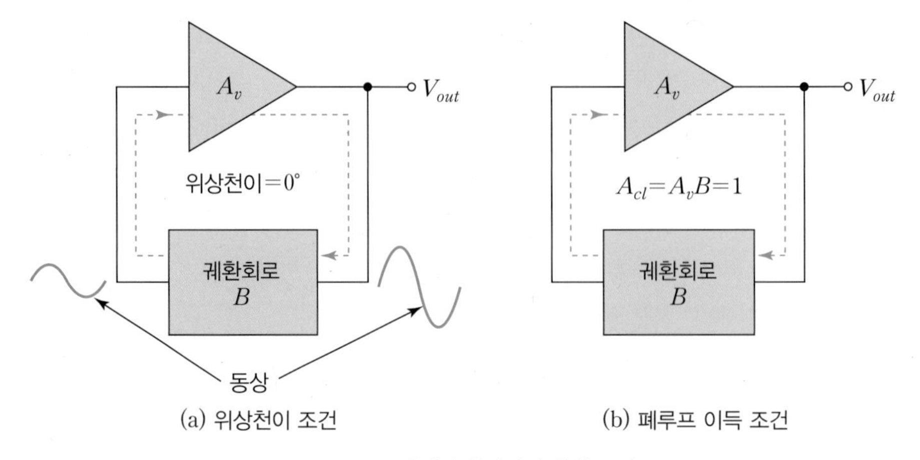

| 그림 23-3 발진이 일어나기 위한 조건

그림 23-3에 나타낸 발진이 일어나기 위한 조건에 대해 자세하게 살펴보면 다음과 같다. 발진조건 ①에서 만일 궤환루프 위상천이가 0°가 아니면 출력 신호와 궤환되어 다시 출력측에 나타난 신호사이의 위상차이로 인해 궤환이 계속됨에 따라 서로 소멸되는 방향으로 합쳐지므로 그림 23-4(a)와 같이 출력이 점차 소멸하게 된다. 한편, 위상천이는 0°라 하더라도 폐루프 이득이 1보다 작은 경우는 원래의 신호에 비해 진폭이 감소한 신호가 나타나므로 이 역시 궤환이 계속됨에 따라 그림 23-4(a)와 같이 점차 출력이 소멸된다.

그리고 위상천이는 0°라 하더라도 폐루프 이득이 1보다 큰 경우는 원래의 신호에 비해 진폭이 증가한 신호가 나타나므로 궤환이 계속됨에 따라 그림 23-4(b)와 같이 점차 출력이 증가한다.

따라서 위상천이가 0°이고 폐루프 이득이 1이 되어야만 원래신호와 궤환을 거쳐 나타난 신호가 크기와 위상이 같기 때문에 그림 23-4(c)와 같이 출력이 소멸되지도 않고 증가하지도 않는 일정한 상태가 유지될 수 있을 것이다.

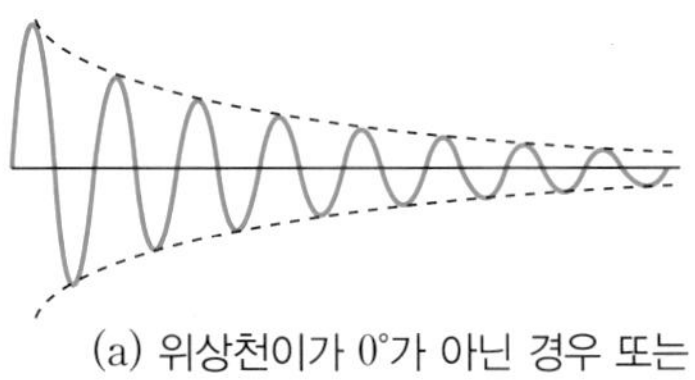

(a) 위상천이가 0°가 아닌 경우 또는
위상천이는 0°이나 $A_{cl}<1$인 경우

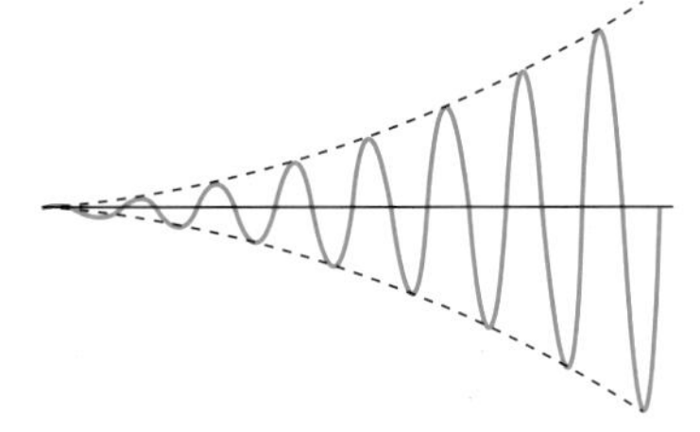

(b) 위상천이가 0°이나 $A_{cl}>1$인 경우

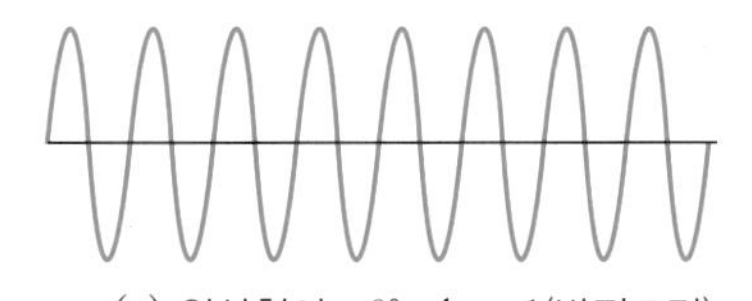

(c) 위상천이=0°, $A_{cl}=1$(발진조건)

| 그림 23-4 위상천이와 A_{cl}에 따른 출력의 변화

(2) 빈 브리지 발진기

빈 브리지 발진기는 정현파 출력을 발생시키는 RC 궤환발진기이며, 궤환회로로서 저항 R과 캐패시터 C로 구성된 RC 회로를 사용한다.

빈 브리지(Wien Bridge) 발진기는 그림 23-5와 같이 위상선행(Phase-Lead) 회로와 위상지연(Phase-Lag) 회로를 결합한 위상선행-지연(Phase Lead-Lag) 회로를 궤환회로로 사용한다.

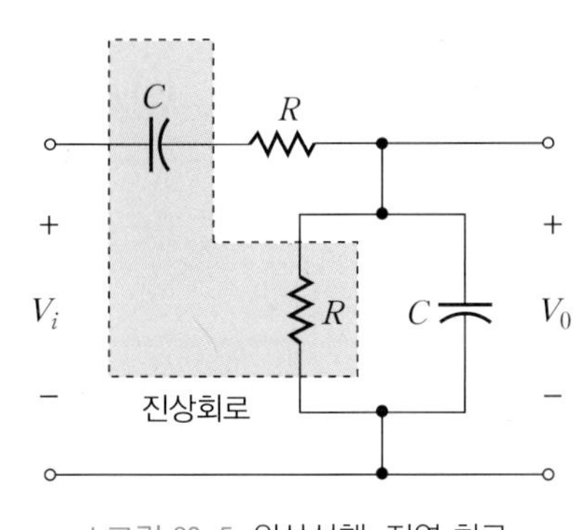

| 그림 23-5 위상선행-지연 회로

그림 23-5에서 입력전압과 출력전압의 비를 페이저로 표현하면 다음과 같다.

$$\frac{\mathbb{V}_0}{\mathbb{V}_i} = \frac{R /\!/ (-jX_C)}{R - jX_C + R /\!/ (-jX_C)} = \frac{1}{\sqrt{9 + (X_C/R - R/X_C)^2}} \angle \theta \tag{23.1}$$

여기서 위상 θ는 다음과 같다.

$$\theta = \tan^{-1}\left(\frac{X_C/R - R/X_C}{3}\right) \tag{23.2}$$

그림 23-5에 대한 주파수 응답특성을 그림 23-6에 도시하였다. 식(23.1)과 식(23.2)에서 $R = X_C$의 관계가 성립하면, $|\mathbb{V}_0/\mathbb{V}_i|$는 1/3로 최대가 되고 위상 θ는 0°가 된다. 이때 주파수 f_r은 다음과 같이 주어진다.

$$f_r = \frac{1}{2\pi RC} \tag{23.3}$$

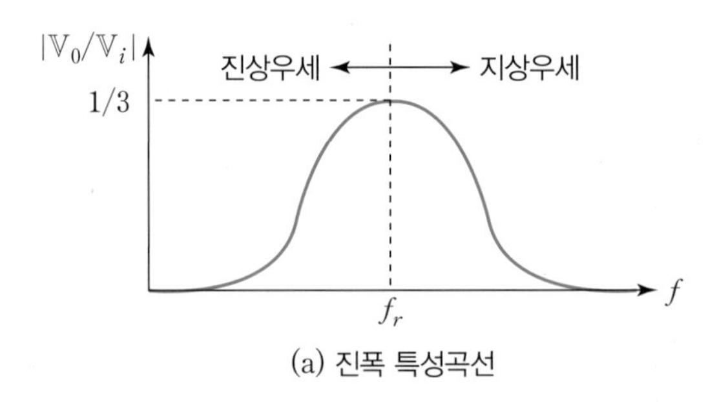

(a) 진폭 특성곡선

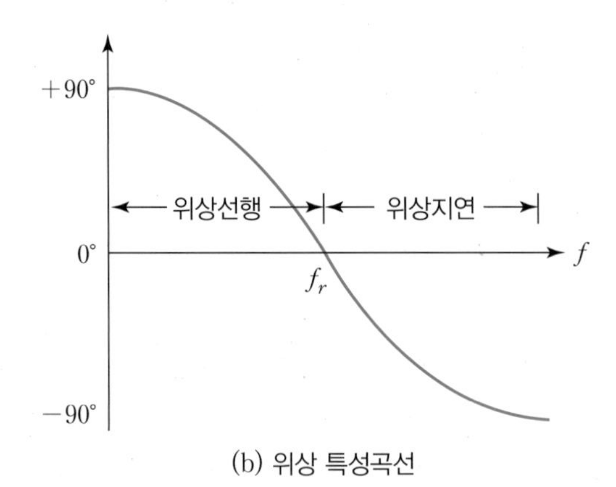

(b) 위상 특성곡선

| 그림 23-6 위상선행-지연 회로의 주파수 응답특성

그림 23-5에서 점선내에 있는 RC 회로는 진상(Lead)회로이고, 점선밖의 RC 회로는 지상(Lag)이다. 낮은 주파수($f<f_r$)에서는 점선내의 캐패시터의 높은 리액턴스로 인해 진상회로가 우세하고, 주파수가 증가함에 따라($f>f_r$) 점선내의 캐패시터의 리액턴스가 감소하여 출력이 증가하게 되므로 지상회로가 우세하게 된다. 그림 23-6의 주파수 응답 곡선을 참고하라.

그림 23-7(a)에 위상선행-지연 회로를 궤환회로로 사용한 빈 브리지 발진기를 나타내었으며, 그림 23-7(b)는 이에 대한 등가회로이다. 그림 23-7(a)에서 상단 점선부분은 비반전증폭기이므로 전압이득은 다음과 같이 결정된다.

$$A_v = \frac{R_1 + R_2}{R_1} = 1 + \frac{R_2}{R_1} \tag{23.4}$$

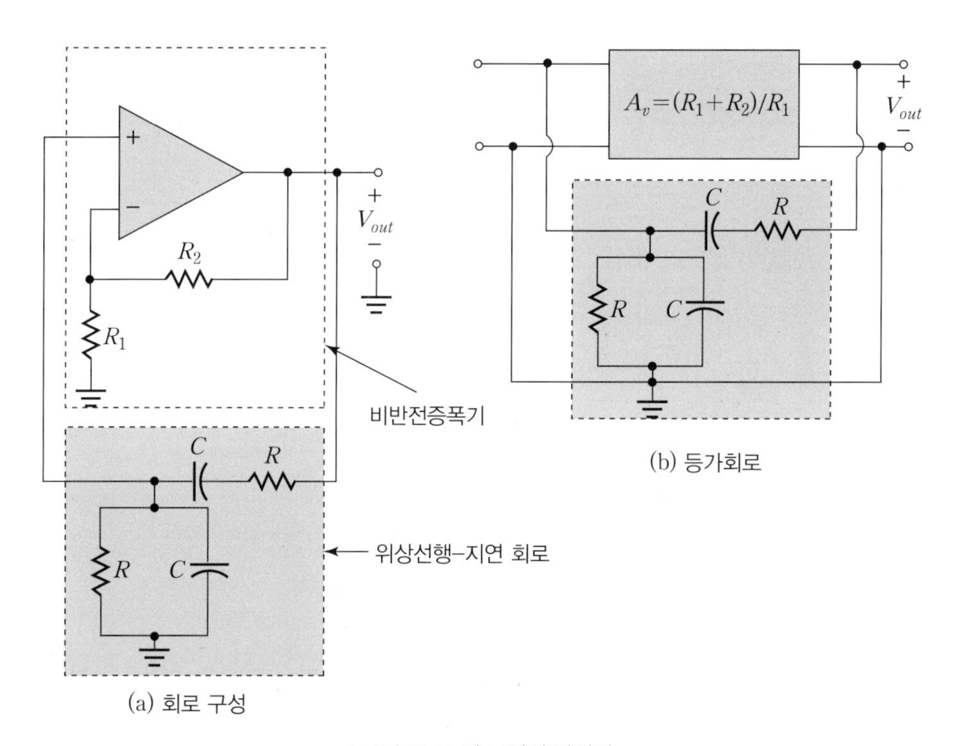

| 그림 23-7 빈 브리지 발진기

그림 23-7(b)의 등가회로에 대해 발진이 일어나기 위한 조건을 검토해 본다. 회로가 발진이 일어나기 위해서는 정궤환 루프의 위상천이가 0°이고 폐루프이득이 1이어야 한다.

먼저 주파수가 f_r일 때 진상-지상회로를 통한 위상천이가 0°이고 연산 증폭기의 비반전 입력에서 출력측으로 위상차가 발생하지 않기 때문에 그림 23-8(a)에서처럼 정궤환 루프의 위상천이는 0°가 된다. 또한 주파수가 f_r 일 때 진상-지상회로의 이득이 1/3(즉, B=1/3)이므로 전체 폐루프 이득이 1이 되기 위해서는 증폭기 이득 A_{cl}은 그림 23-8(b)와 같아야 한다. 즉,

$$A_{cl}=3 \tag{23.5}$$

식(23.5)의 관계가 만족되기 위해서는 그림 23-7(b)의 회로에서 $R_1=2R_2$의 관계가 만족되어야 한다. 결국 빈 브리지 발진기에서 $R_1=2R_2$ 라는 조건이 만족되도록 하면, 주파수가 f_r 인 경우 정궤환 루프의 위상천이가 0°가 되고 폐루프이득이 1이 되므로 발진조건을 만족한다.

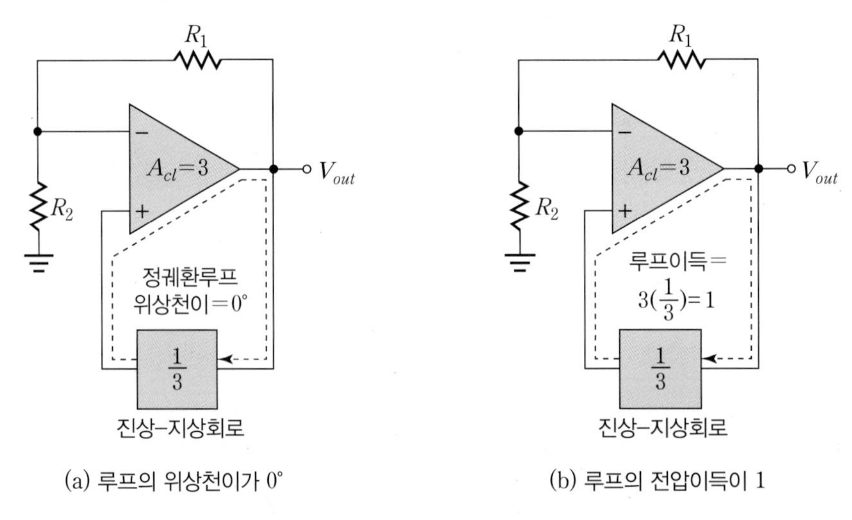

| 그림 23-8 빈 브리지 발진기의 발진조건

그림 23-9에 나타낸 것처럼 발진이 일어날 때 까지는 증폭기의 폐루프 이득 A_{cl}이 3보다 커야 하고($A_{cl}>3$), 발진이 일정하게 유지되기 위해서는 전체 루프이득이 1이 되도록 증폭기의 이득이 3으로 감소되어야 한다. 이를 그림 23-9에 도시하였다.

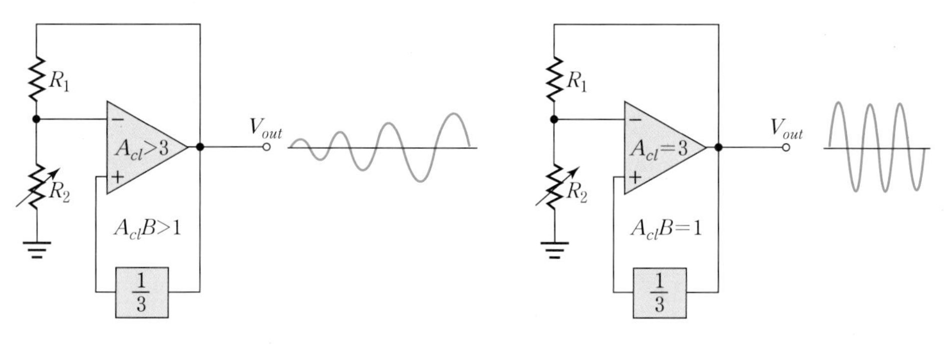

(a) 시동을 위해 루프이득이 1보다 커야 한다.

(b) 루프이득이 1이 되면 일정한 출력을 유지한다.

| 그림 23-9 빈 브리지 발진기의 시동조건

그림 23-9의 시동조건을 구현하기 위한 자기시동(Self-starting) 빈 브리지 발진기를 그림 23-10에 도시하였다. 비반전증폭기의 전압분배 회로에 저항 R_3와 병렬로 연결된 2개의 제너 다이오드 회로가 추가되어 있는 구조이다. 초기에는 직류전압이 인가되어도 2개의 제너 다이오드는 개방상태가 되어 R_1과 R_3는 직렬로 연결되므로 증폭기의 폐루프 전압이득 A_{cl}은 $R_1=2R_2$ 라는 조건하에서 다음과 같다.

$$A_{cl}=\frac{R_1+R_2+R_3}{R_2}=\frac{3R_2+R_3}{R_2}=3+\frac{R_3}{R_2} \tag{23.6}$$

식(23.6)에서 알 수 있듯이 초기의 폐루프 이득 $A_{cl}B>1$의 조건을 만족하므로 그림 23-9(a)의 조건이 구현된다. 또한 출력 V_{out}이 계속 증가하여 제너항복전압에 이르게 되면 단락회로가 되어 결국 R_3가 회로에서 제거된다. 따라서 증폭기의 이득 A_{cl}은 3이 되며, 이 시점에서 폐루프 이득 $A_{cl}B=3\cdot\left(\frac{1}{3}\right)=1$이 되어 출력은 안정되며 발진이 지속된다. 그림 23-10에 제너 다이오드를 이용한 자기시동 빈 브리지 발진기를 도시하였다.

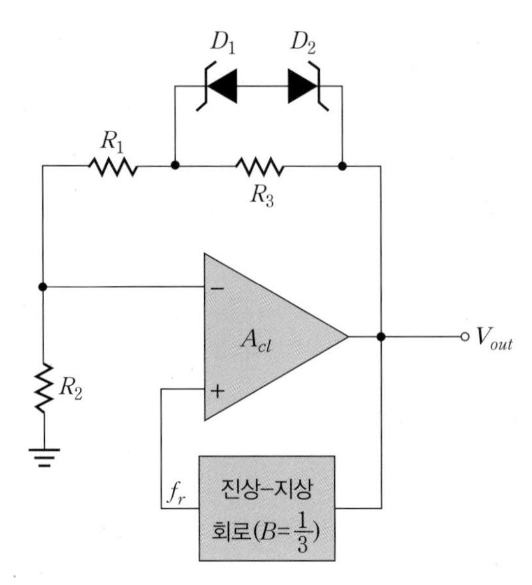

| 그림 23-10 제너 다이오드를 이용한 자기시동 빈 브리지 발진기

23.2.2 실험원리 요약

발진기와 발진조건

- 발진기는 출력이 출력 자신을 증가시키는 방향으로 궤환되어지는 정궤환을 이용하여 교류를 발생시키는 장치이다.
- 발진기에서의 정궤환

동상의 궤환전압 V_f가 증폭이 되어 출력되고, 다시 궤환전압이 되므로 루프 회로는 연속적인 정현파를 만들어내는데, 이를 발진이라 한다.

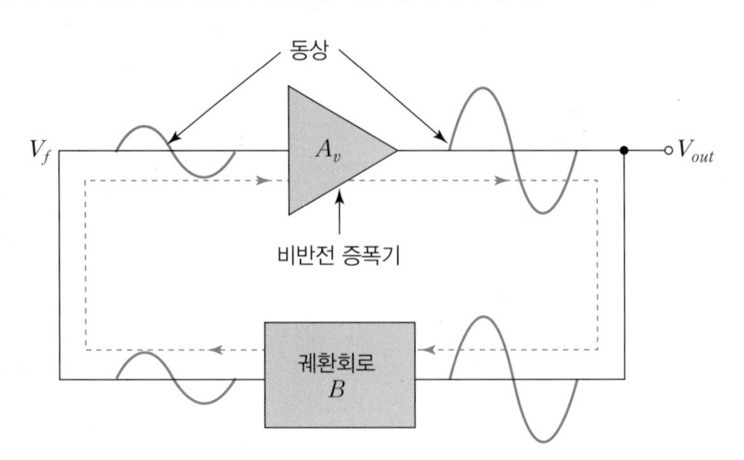

• 발진조건

① 궤환루프의 위상천이가 0°이어야 한다. → 위상천이 조건

② 전체 폐루프의 전압이득 A_{cl} 이 1이어야 한다. → 폐루프 이득 조건

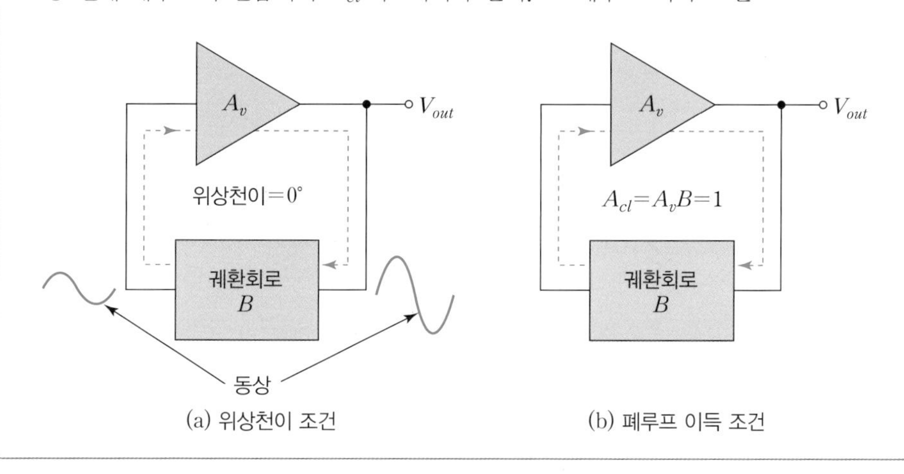

(a) 위상천이 조건 (b) 폐루프 이득 조건

RC 궤환발진기

• 빈 브리지 발진기

위상 선행–지연회로를 궤환회로로 사용하고 기본 증폭기로는 폐루프 전압이득이 3인 비반전증폭기를 사용한다.

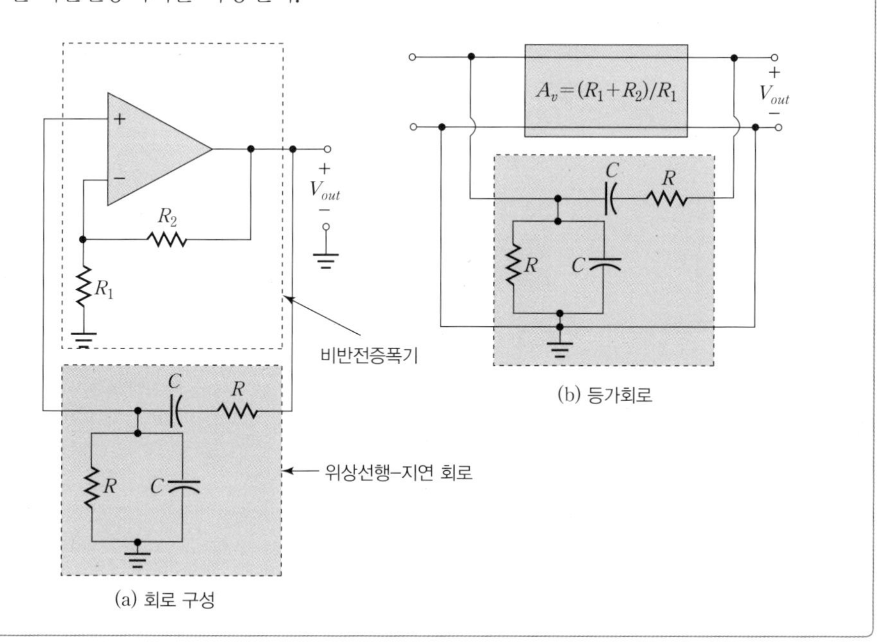

(a) 회로 구성 (b) 등가회로

23.3 시뮬레이션 학습실

빈 브리지 발진기의 출력파형과 발진주파수를 살펴보기 위하여 그림 23-11(a)의 회로에 대하여 PSpice 시뮬레이션을 수행한다.

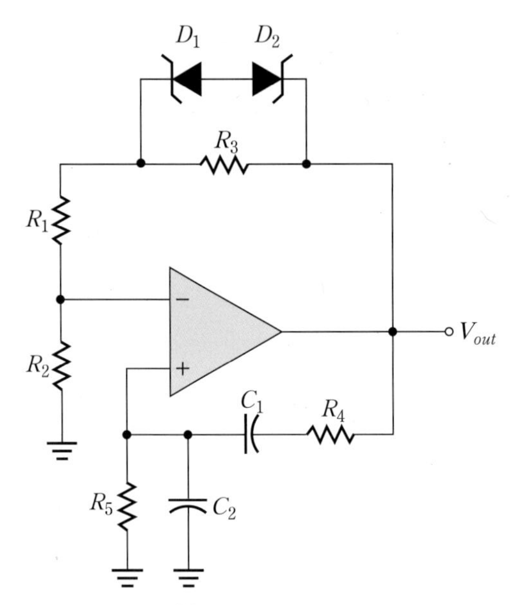

| 그림 23-11(a) 자기 시동 빈 브리지 발진기

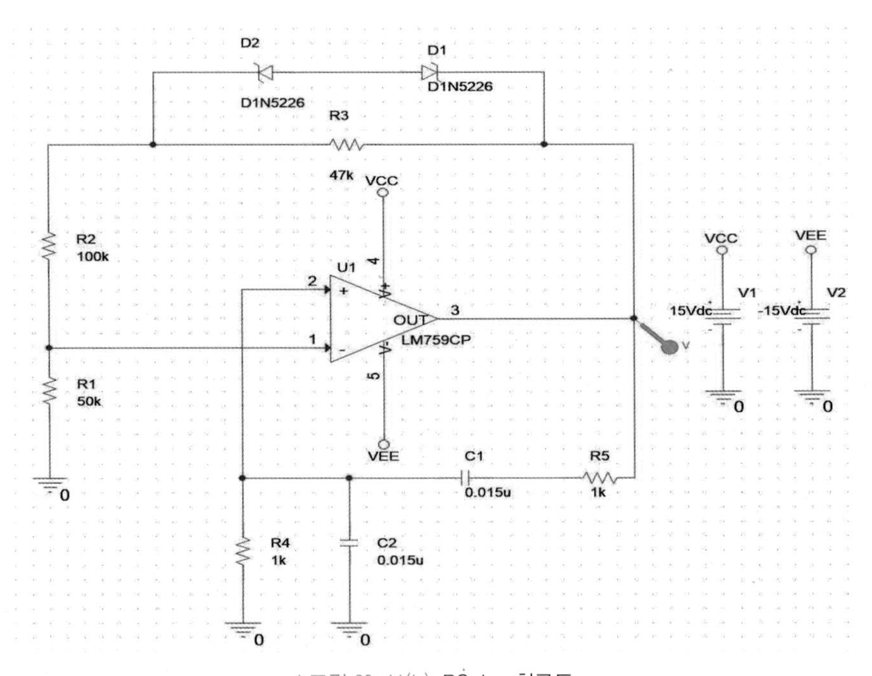

| 그림 23-11(b) PSpice 회로도

시뮬레이션 조건

- 연산증폭기 모델명: LM759CP
- 제너 다이오드(V_z=6.8V) 모델명: D1N5226 2개
- $R_1=100\text{k}\Omega$, $R_2=50\text{k}\Omega$, $R_3=47\text{k}\Omega$, $R_4=1\text{k}\Omega$, $R_5=1\text{k}\Omega$
- $C_1=C_2=0.015\mu\text{F}$
- 출력전압 V_{out}을 도시하고 발진주파수 f_r을 구한다.

그림 23-11(b)의 회로에 대한 PSpice 시뮬레이션 결과를 다음에 도시하였다.

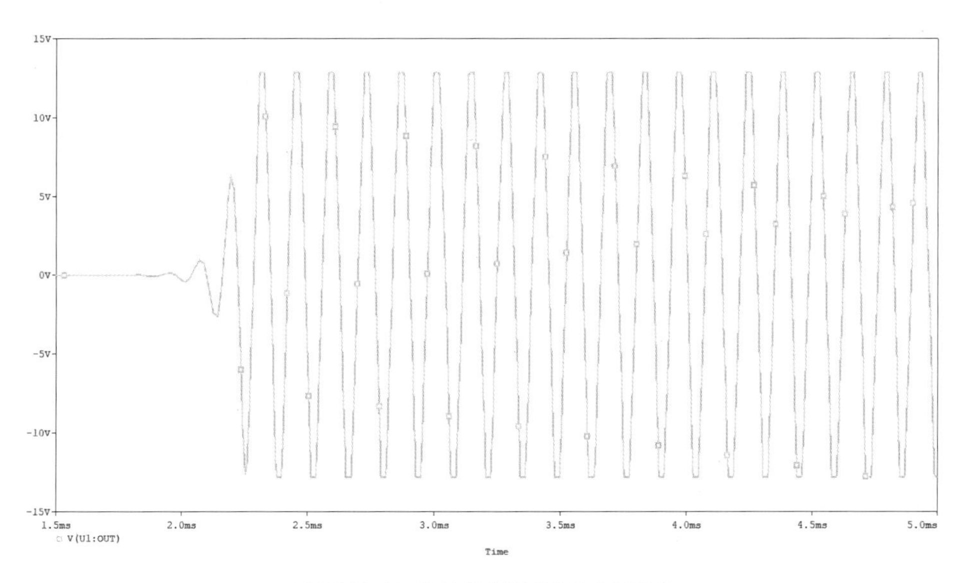

| 그림 23-12 빈 브리지 발진기의 출력파형

23.4 실험기기 및 부품

•오실로스코프	1대
•직류전원공급기	1대
•연산증폭기	1개
•제너 다이오드(V_z=6.8V)	2개
•저항 1kΩ, 47kΩ, 50kΩ, 100kΩ	각 2개
•캐패시터 0.015μF	2개
•브레드 보드	1대
•디지털 멀티미터	1대

23.5 실험방법

(1) 그림 23-13의 회로를 결선한다.

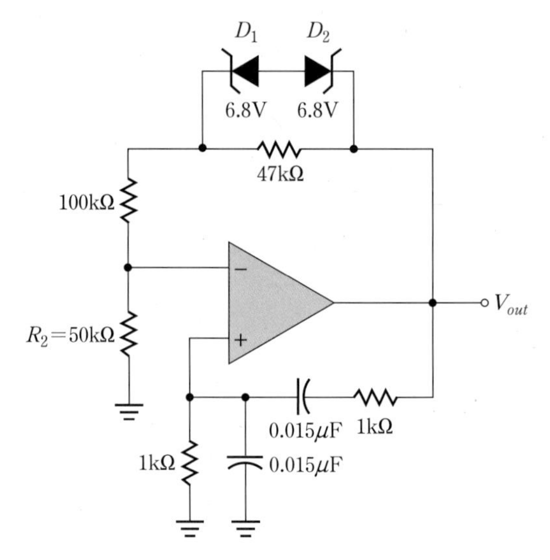

| 그림 23-13 자기 시동 빈 브리지 발진기 실험

(2) 오실로스코프를 이용하여 출력전압 V_{out}을 측정하여 그래프 23-1에 도시한다.

(3) 저항 $R_2 = 100\text{k}\Omega$ 으로 변경하여 단계 (2)의 과정을 반복한다.

23.6 실험결과 및 검토

23.6.1 실험결과

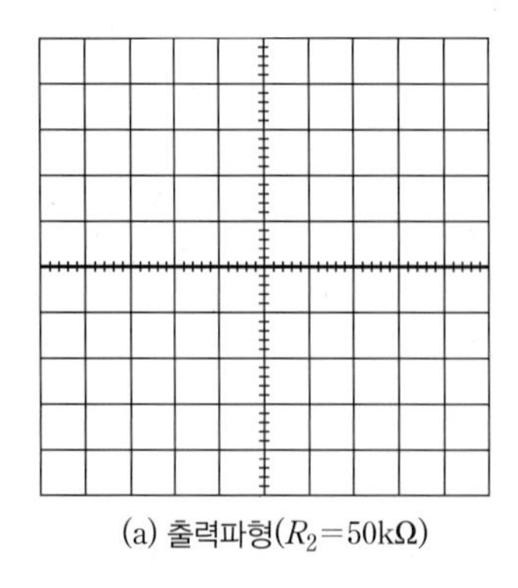

(a) 출력파형(R_2=50kΩ)

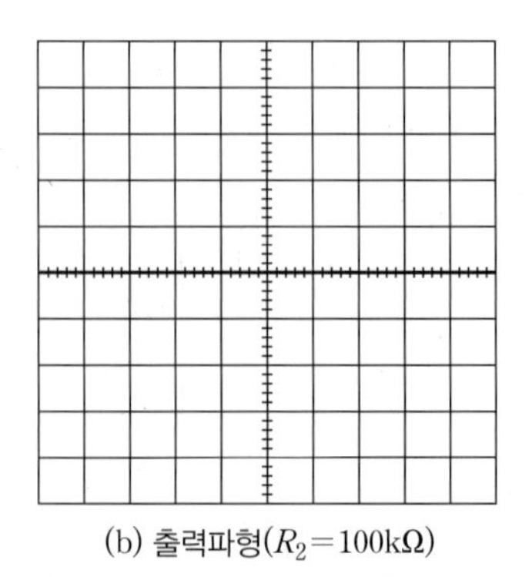

(b) 출력파형(R_2=100kΩ)

| 그래프 23-1 자기 시동 빈 브리지 발진기의 출력파형

23.6.2 검토 및 고찰

(1) 그림 23-13에서 저항 $R_2=100\text{k}\Omega$ 일 때 빈 브리지 발진기가 동작되지 않는 이유를 설명하라.

(2) *RC* 궤환발진기의 또다른 구성으로 위상천이 발진기가 있는데 동작원리를 빈 브리지 발진기와 비교하여 설명하라.

(3) 발진기 회로는 외부에서 인가되는 전원이 존재하지 않는데도 발진기의 출력파형이 나타나는 이유는 무엇인지 기술하라.

23.7 실험 이해도 측정 및 평가

23.7.1 객관식 문제

01 발진기가 증폭기와 다른 점은 무엇인가?

① 이득이 매우 크다.　② 입력신호가 불필요하다.
③ 부궤환을 이용한다.　④ 항상 출력이 동일하다.

02 발진기의 발진조건에 대한 설명 중 올바른 것은?

① 궤환루프의 위상천이가 90°이다.
② 전체 폐루프 이득이 1이 되어야 한다.
③ 폐루프 이득과 위상천이 조건이 만족된다고 하더라도 발진이 일어나지 않을 수 있다.
④ 궤환회로에 대한 위상차가 45°이다.

03 빈 브리지 발진기에서 궤환회로로 사용되는 것은?

① 3단 위상 선행회로　② 위상 선행-지연회로
③ *RL* 회로　④ 캐패시터와 인덕터 병렬회로

04 빈 브리지 발진기의 폐루프 이득은 얼마인가?

① 1　② 2
③ 3　④ 4

23.7.2 주관식 문제

01 그림 23-14의 위상선행-지연회로의 공진주파수가 3.5kHz이다. 주파수가 3.5kHz인 입력신호가 실효값 2.2V로 인가되었을 때 출력의 실효값을 구하라.

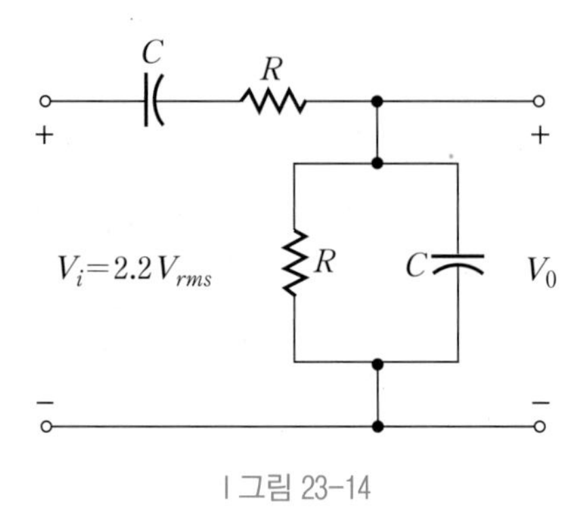

| 그림 23-14

02 그림 23-15의 빈 브리지 발진기에 대해 물음에 답하라.

(1) 제너 다이오드의 순방향 저항을 무시할 때, 발진기가 발진하기 위한 저항 R_2값을 결정하라.

(2) 빈 브리지 발진기의 공진주파수를 구하라.

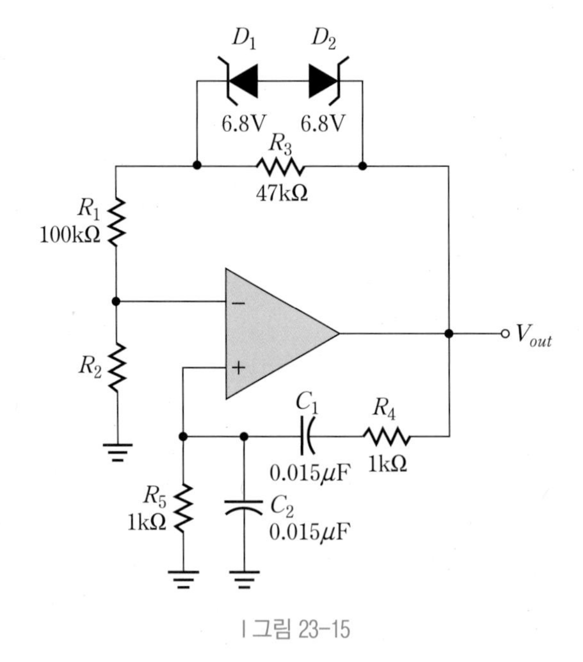

| 그림 23-15

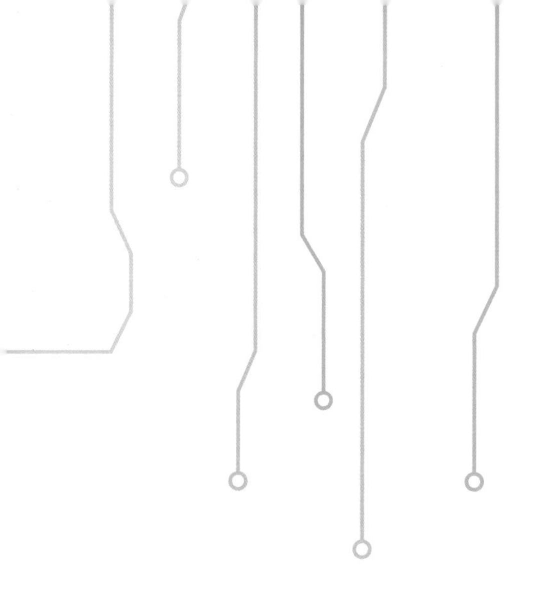

CHAPTER 24

비정현파 발진기 회로 실험

contents

24 비정현파 발진기 회로 실험

24.1 실험 개요

본 실험은 비정현파 출력을 발생시키는 대표적인 발진기인 삼각파 발진기와 구형파 릴랙세이션 발진기의 구성과 동작원리를 이해하고 이를 실험적으로 확인한다.

24.2 실험원리 학습실

24.2.1 비정현파 발진기

(1) 삼각파 발진기

앞에서 학습하였던 적분기를 이용하여 기본 삼각파 발진회로를 구성할 수 있다. 삼각파 발진기의 동작원리를 이해하기 위해 다음의 적분회로를 생각한다. 반전 단자에 접속되는 스위치는 개념적인 설명을 위한 것이며 실제로 이런 방법을 사용하는 것은 아니다.

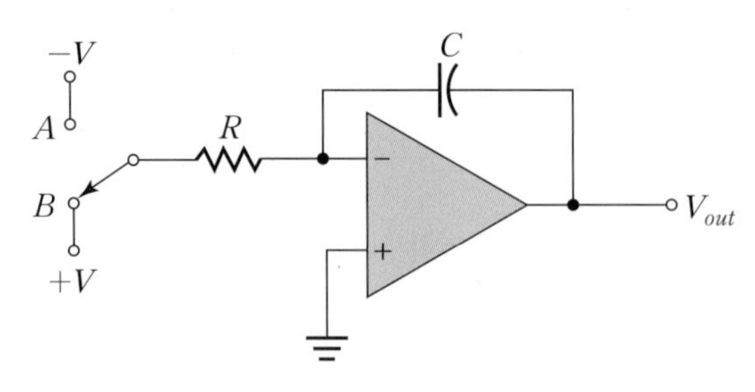

| 그림 24-1 삼각파 발진기의 동작원리

그림 24-1에서 스위치가 A 위치에 있을 때 음의 전압이 인가되므로 출력은 양의 기울기를 가지는 램프(Ramp)가 되고, 스위치가 B 위치에 있을 때는 양의 전압이 인가되므로 출력은 음의 기울기를 가지는 램프가 된다. 따라서 스위치를 일정한 간격으로 A와 B의 위치를 번갈아 접속시키게 되면 그림 24-2와 같은 삼각파가 출력된다.

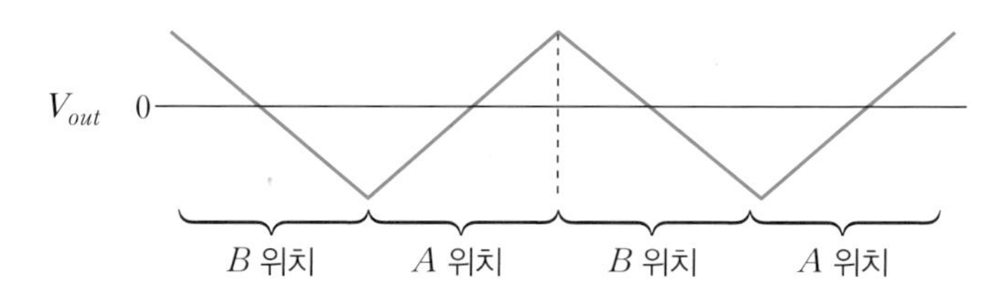

| 그림 24-2 일정 간격으로 스위칭할 때 출력전압

그림 24-1의 회로를 실용적으로 이용할 수 있는 형태로 다시 구성한 삼각파 발진기를 그림 24-3에 도시하였으며, 이 회로의 동작원리는 다음과 같다.

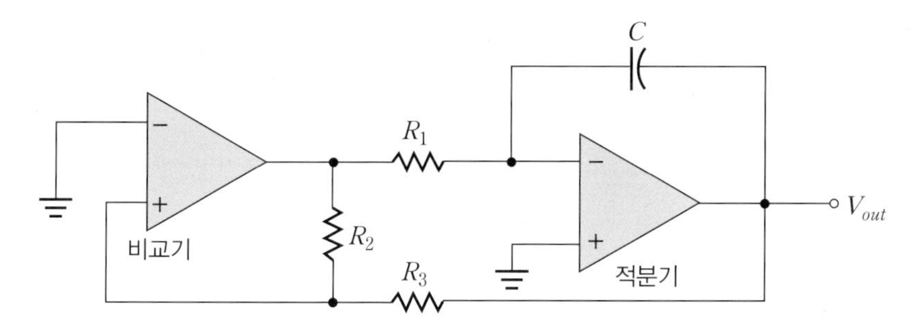

| 그림 24-3 실용적인 삼각파 발진기

먼저, 비교기의 출력전압이 최대 음의 전압을 유지하고 있다고 가정한다. 이 음의 출력이 저항 R_1을 통하여 적분기의 반전입력단자에 연결되어 있으므로 적분기의 출력은 양의 기울기를 가지는 램프가 된다. 이 램프 출력이 V_{UTP} 값에 도달하는 순간 비교기는 최대 양의 전압을 출력하므로 적분기는 다시 음의 램프를 출력한다. 이 음의 램프 출력이 V_{LTP} 값에 도달하는 순간 비교기는 다시 최대 음의 전압을 출력하며 이러한 사이클이 계속 반복된다. 따라서 그림 24-4의 출력파형을 얻을 수 있다.

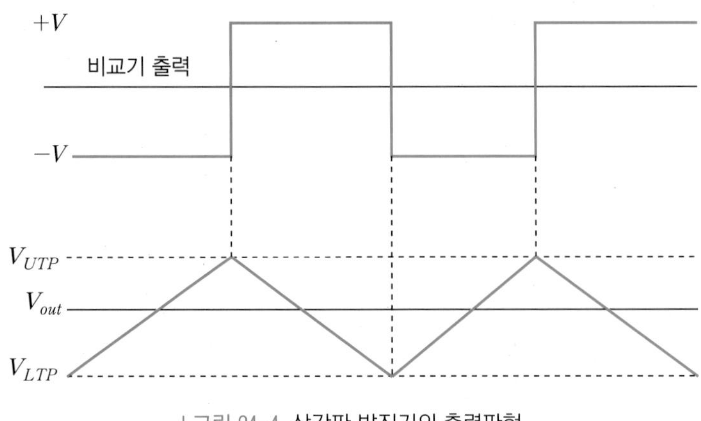

| 그림 24-4 삼각파 발진기의 출력파형

그림 24-4의 출력파형에서 알 수 있듯이 그림 24-3의 삼각파 발진기로부터 구형파 출력(비교기 출력)과 삼각파 출력(적분기 출력)을 얻을 수 있기 때문에 삼각파 및 구형파 발진기로 사용될 수 있다. 이 회로는 하나 이상의 출력파형을 얻을 수 있기 때문에 신호 발생기(Function Generator)라 부른다.

한편, 구형파 출력의 크기는 비교기의 출력스윙(Swing)에 의해 결정되고 삼각파 출력의 크기는 다음의 V_{UTP}와 V_{LTP}에 의해 결정된다.

$$V_{UTP} = V_{max}\left(\frac{R_3}{R_2}\right) \tag{24.1}$$

$$V_{LTP} = -V_{max}\left(\frac{R_3}{R_2}\right) \tag{24.2}$$

여기서 $+V_{max}$와 $-V_{max}$는 비교기의 출력레벨을 의미하며, 두 출력파형(구형파 및 삼각파)의 주파수는 파형의 크기를 결정하는 R_2 및 R_3 뿐만 아니라 시정수 R_1C에 의해 다음과 같이 결정된다.

$$f_r = \frac{1}{4R_1C}\left(\frac{R_2}{R_3}\right) \tag{24.3}$$

따라서 식(24.3)으로부터 출력파형의 크기를 변화시키지 않고 저항 R_1을 가변시키면 발진주파수 f_r 을 조정할 수 있다는 사실에 유의하라.

(2) 구형파 릴랙세이션 발진기

그림 24–5에 비정현파 발진기의 기본회로로 이용되는 구형파 릴랙세이션(Relaxation) 발진기를 도시하였다.

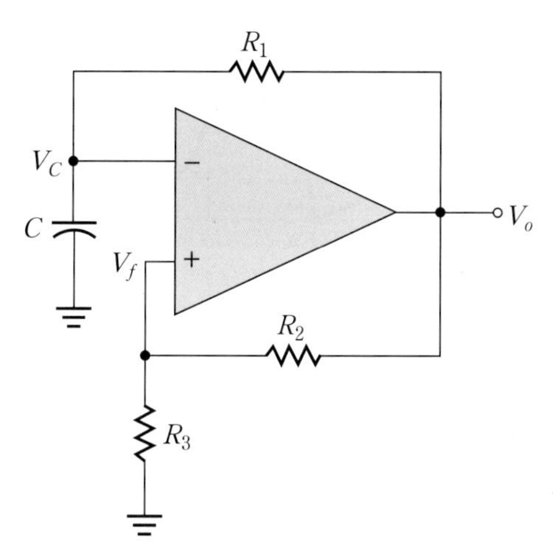

| 그림 24-5 구형파 릴랙세이션 발진기

위의 회로에서 연산증폭기의 반전입력은 캐패시터 양단전압 V_C이며, 비반전입력은 저항 R_2와 R_3를 통해 출력으로부터 궤환되는 전압 V_f 이다. 회로가 턴–온되는 순간 캐패시터에 충전된 전압은 없다고 하면 반전입력은 0V 가 된다. 따라서 연산증폭기의 출력전압은 양의 최댓값인 V_{max}로 유지되며, 궤환전압 V_f 는 다음과 같이 결정된다.

$$V_f = \frac{R_3}{R_2 + R_3} V_{max} \tag{24.4}$$

그리고 캐패시터 C는 저항 R_1을 통해 V_{max}를 향해 충전되며, 이 때 충전시정수는 R_1C이다. 그러나 충전과정에서 V_C가 V_f 와 같아지는 순간부터 반전 입력전압이 비반전 입력전압보다 높아지므로 연산증폭기는 음의 최댓값인 $-V_{max}$로 출력이 전환된다. 따라서 캐패시터 전압 V_C는 V_f 로부터 출발하여 $-V_{max}$를 향해 방전하기 시작하여 궤환전압 V_f 는 다음과 같이 유지된다.

$$V_f = \frac{R_3}{R_2 + R_3}(-V_{max}) \tag{24.5}$$

방전 과정에서도 V_C가 $-V_f$에 이르는 순간부터 반전 입력전압이 비반전 입력전압에 비해 낮아지므로 연산증폭기는 다시 양의 최댓값 V_{max}로 전환되며 캐패시터는 $-V_f$로부터 출발하여 다시 V_{max}를 향해 충전된다. 이러한 과정이 무한히 반복되므로 그림 24-6의 출력파형을 얻을 수 있게 된다.

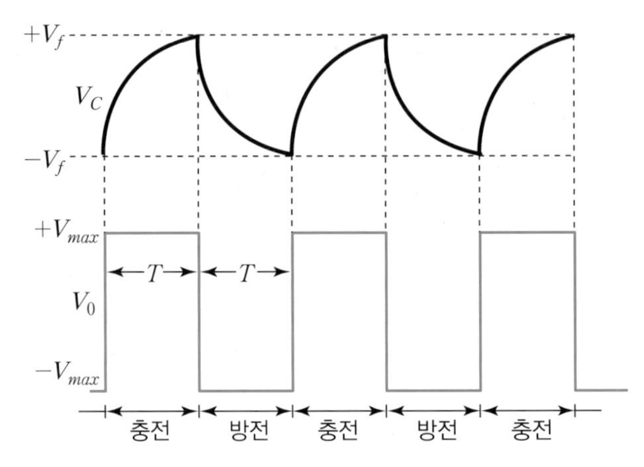

| 그림 24-6 릴랙세이션 발진기의 출력파형

> **여기서 잠깐**
>
> - **발진기:** 발진기를 증폭기의 측면에서 고찰해보면 대역폭이 0 이고 이득이 무한대인 극한상태의 증폭기로 볼 수 있으며, 따라서 입력이 없어도 무한대의 이득에 의해 단 하나의 주파수를 가지는 유한한 출력신호를 얻을 수 있다. 다시 말하면, 발진기의 대역은 발진주파수 f_r 하나에만 국한되므로 발진주파수에서의 이득이 무한대라는 것이며, 이는 역으로 생각하면 발진주파수 이외의 주파수에서는 이득이 0 이라는 것을 의미한다.

24.2.2 실험원리 요약

비정현파 발진기

- 삼각파 발진기

  비교기와 적분기를 이용하여 삼각파를 출력하는 발진기를 설계할 수 있으며, 구형파와 삼각파 출력을 함께 얻을 수 있기 때문에 신호발생기라 부른다.

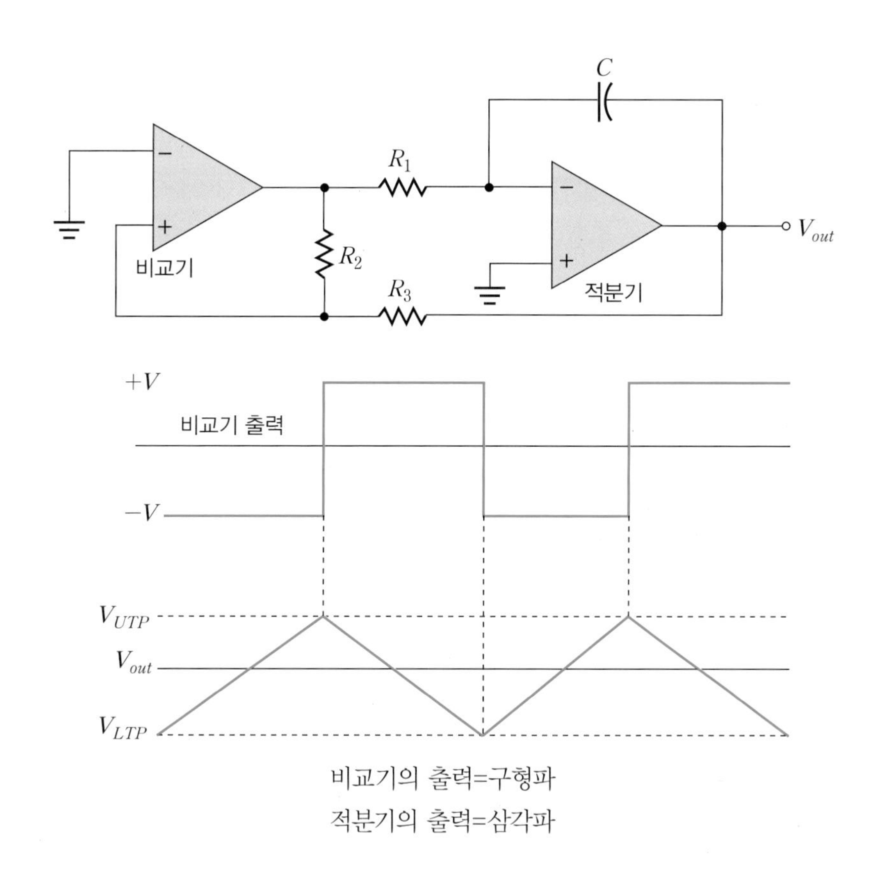

비교기의 출력=구형파
적분기의 출력=삼각파

• 구형파 릴랙세이션 발진기

연산증폭기의 반전입력을 캐패시터 양단전압 V_C이며, 비반전입력은 저항 R_2와 R_3를 통해 출력으로부터 궤환되는 전압 V_f이다.

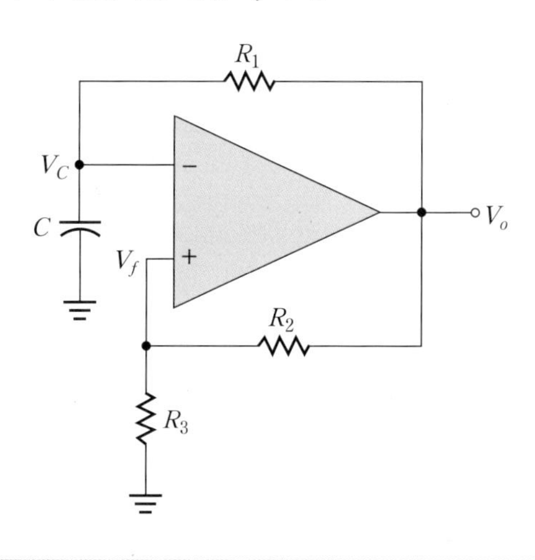

24.3 시뮬레이션 학습실

24.3.1 삼각파 발진기

삼각파 발진기의 출력파형과 발진주파수를 살펴보기 위하여 그림 24-7(a)의 회로에 대하여 PSpice 시뮬레이션을 수행한다.

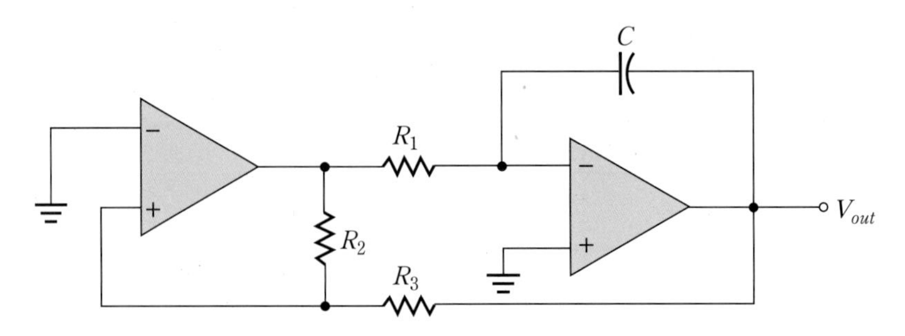

| 그림 24-7(a) 삼각파 발진기

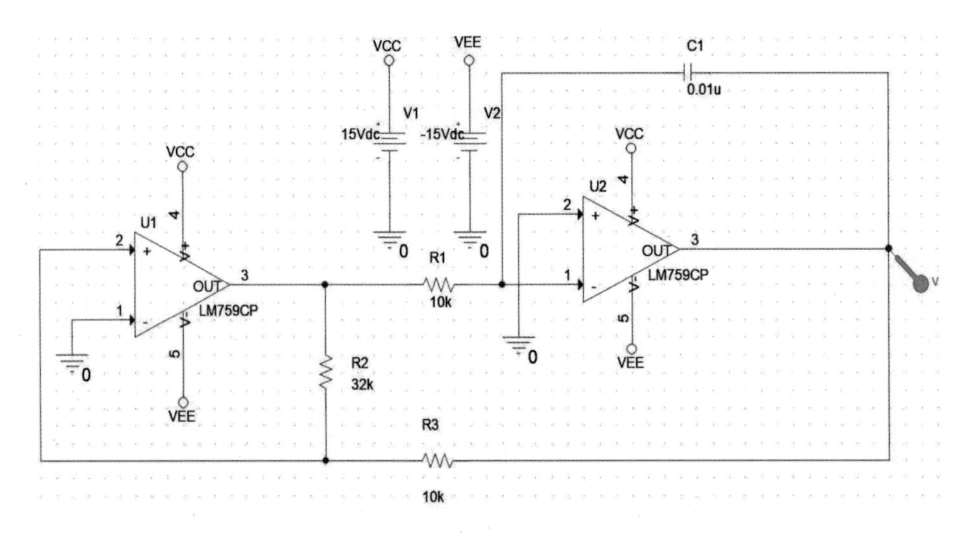

| 그림 24-7(b) PSpice 회로도

시뮬레이션 조건

- 연산증폭기 모델명: LM759CP 2개
- $R_1=10\text{k}\Omega$, $R_2=32\text{k}\Omega$, $R_3=10\text{k}\Omega$
- $C=0.01\mu\text{F}$
- 출력전압 V_{out}을 도시하고 발진주파수 f_r을 구한다.

그림 24-7(b)의 회로에 대한 PSpice 시뮬레이션 결과를 다음에 도시하였다.

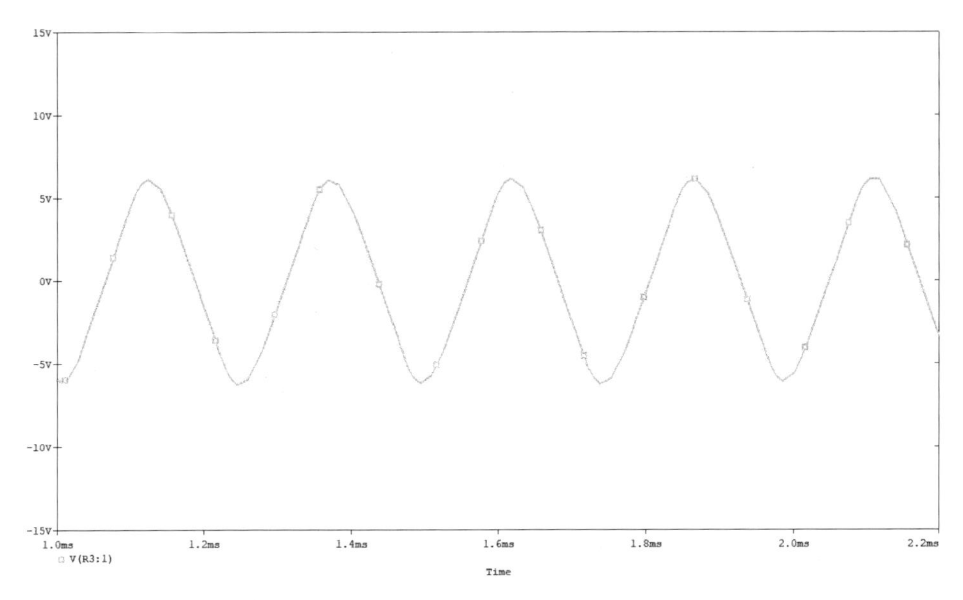

| 그림 24-8 삼각파 발진기의 출력파형

24.3.2 구형파 릴랙세이션 발진기

구형파 릴랙세이션 발진기의 출력파형과 발진주파수를 살펴보기 위하여 그림 24-9(a)의 회로에 대하여 PSpice 시뮬레이션을 수행한다.

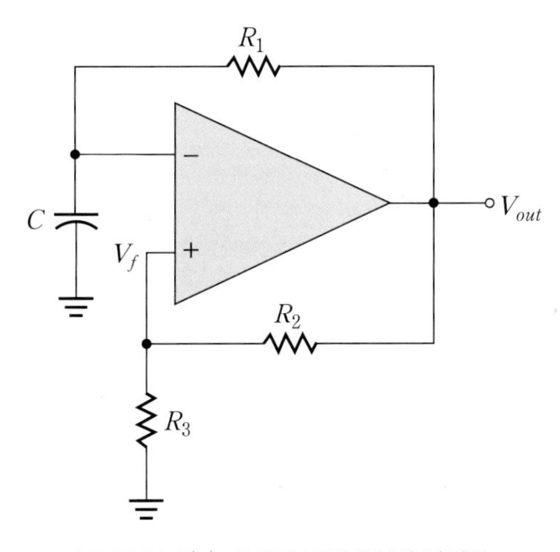

| 그림 24-9(a) 구형파 릴랙세이션 발진기

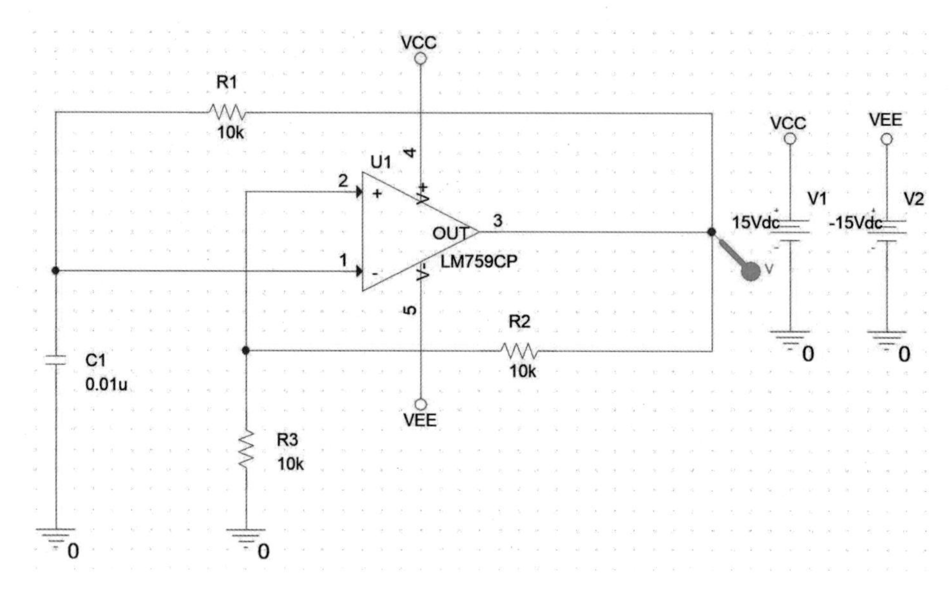

| 그림 24-9(b) PSpice 회로도

시뮬레이션 조건

- 연산증폭기 모델명: LM759CP
- $R_1 = R_2 = 10\text{k}\Omega$, $R_3 = 10\text{k}\Omega$
- $C = 0.01\mu\text{F}$
- 출력전압 V_{out}을 도시하고 발진주파수 f_r 을 구한다.

그림 24-7(b)의 회로에 대한 PSpice 시뮬레이션 결과를 다음에 도시하였다.

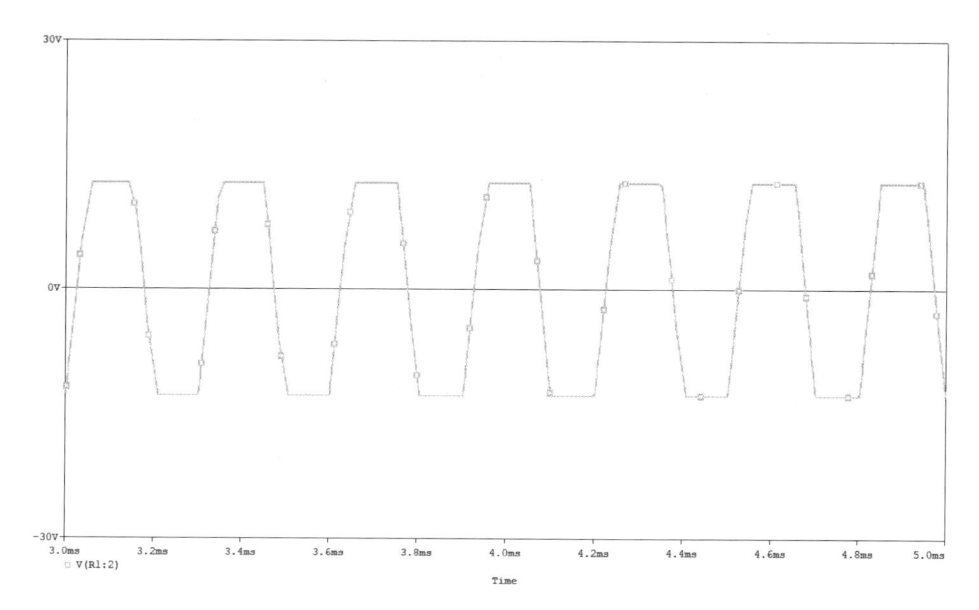

| 그림 24-10 구형파 릴랙세이션 발진기의 출력파형

24.4 실험기기 및 부품

• 오실로스코프	1대
• 직류전원공급기	1대
• 연산증폭기	2개
• 저항 10kΩ, 32kΩ	각 2개
• 캐패시터 0.01μF	1개
• 브레드 보드	1대
• 디지털 멀티미터	1대

24.5 실험방법

24.5.1 삼각파 발진기 회로

(1) 그림 24-11의 회로를 결선한다.

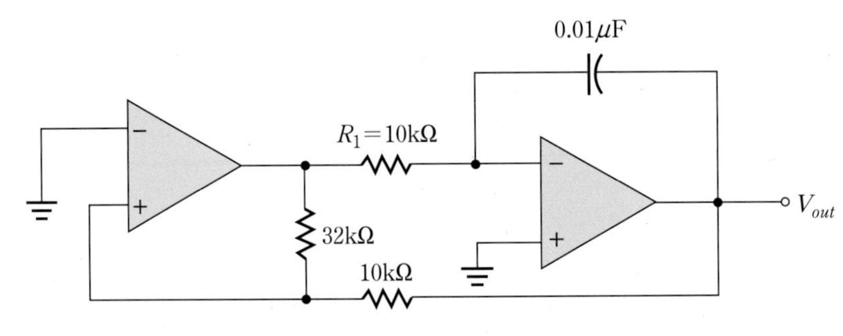

| 그림 24-11 삼각파 발진기 실험

(2) 오실로스코프를 이용하여 출력전압 V_{out}을 측정하여 도시한다.

(3) 저항 $R_1=30\text{k}\Omega$으로 변경한 다음, 삼각파 발진기의 출력파형을 측정하여 그래프 24-1에 도시한다.

24.5.2 구형파 릴랙세이션 발진기 회로

(1) 그림 24-12의 회로를 결선한다.

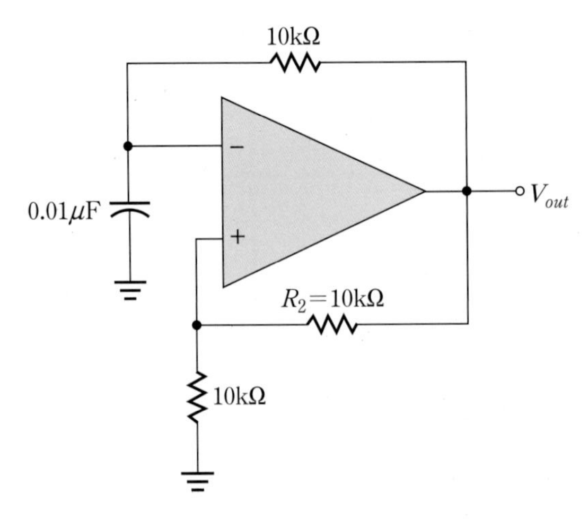

| 그림 24-12 구형파 릴랙세이션 발진기 실험

(2) 오실로스코프를 이용하여 출력전압 V_{out}을 측정하여 도시한다.

(3) 저항 $R_2 = 1\text{k}\Omega$으로 변경한 다음, 구형파 릴랙세이션 발진기의 출력파형을 측정하여 그래프 24-2에 도시한다.

24.6 실험결과 및 검토

24.6.1 실험결과

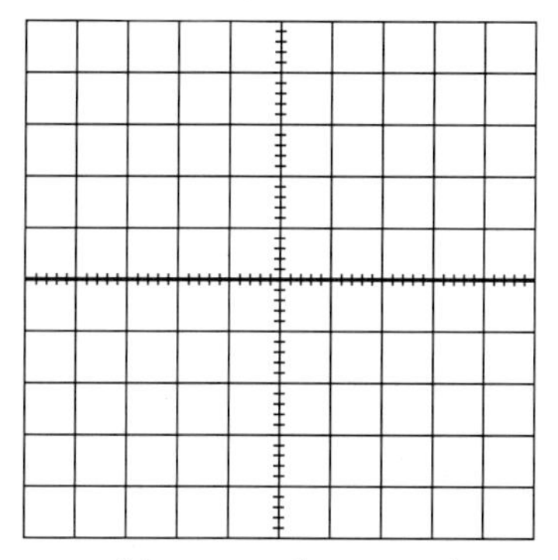

(a) 출력파형($R_1 = 10\text{k}\Omega$)

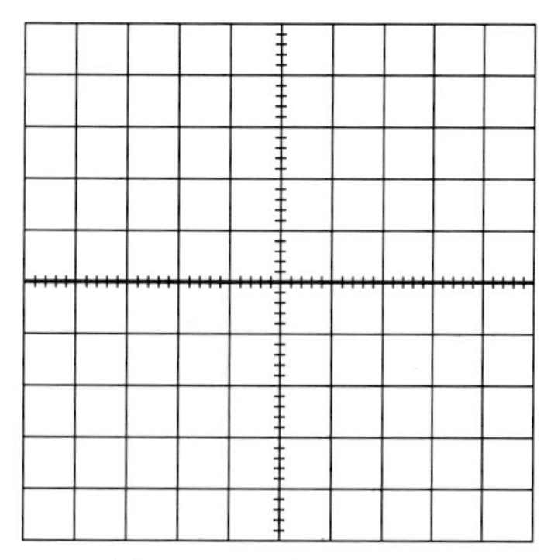

(b) 출력파형($R_1 = 30\text{k}\Omega$)

| 그래프 24-1 삼각파 발진기의 출력파형

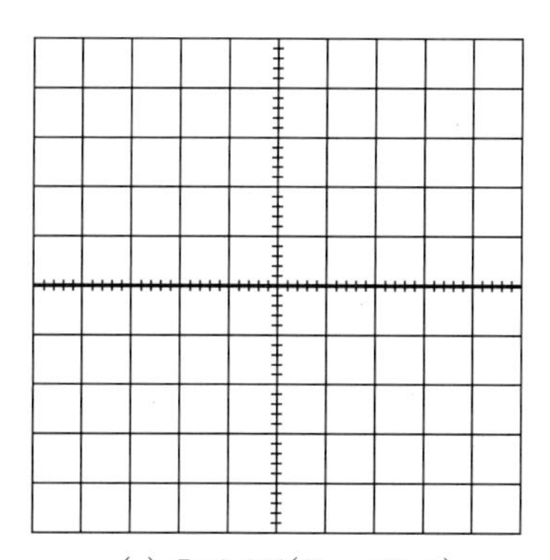

(a) 출력파형($R_2 = 10\text{k}\Omega$)

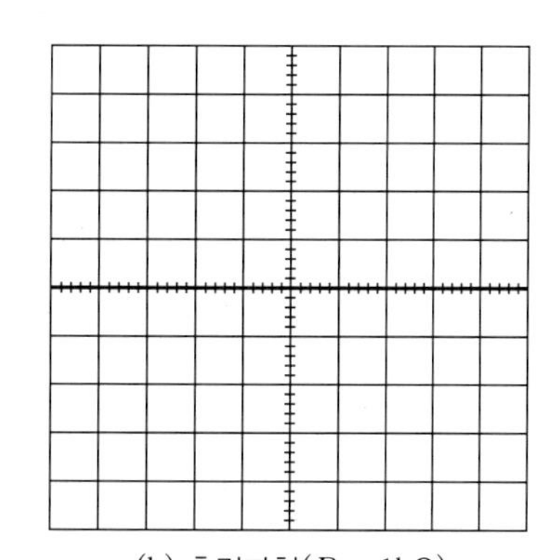

(b) 출력파형($R_2 = 1\text{k}\Omega$)

| 그래프 24-2 구형파 릴랙세이션 발진기의 출력파형

24.6.2 검토 및 고찰

(1) 그림 24-3의 삼각파 발진기에서 출력파형의 크기를 변화시키지 않고 저항 R_1의 값만을 변화시키면 발진주파수를 조정할 수 있는 이유를 설명하라.

(2) 그림 24-5의 구형파 릴랙세이션 발진기에서 저항 R_2의 값을 증가 또는 감소시킬 때 출력파형과 발진주파수의 변화에 대하여 설명하라.

(3) 가변 직류전압에 따라 발진주파수가 변하는 전압제어 발진기(Voltage-Controlled Oscillator) 동작원리에 대하여 설명하라.

24.7 실험 이해도 측정 및 평가

24.7.1 객관식 문제

01 삼각파 발진기로부터 얻을 수 있는 추가적으로 파형은 무엇인가?

① 톱니파 ② 구형파
③ 정현파 ④ 전파정류된 정현파

02 그림 24-3의 삼각파 발진기에서 저항 R_1을 2배 감소시킬 때의 설명 중에서 올바른 것은?

① 출력파형의 크기가 2배 증가되며, 발진주파수는 2배 증가된다.
② 출력파형의 크기와 발진주파수 모두 변화가 없다.
③ 출력파형의 크기는 변화가 없으나 발진주파수는 2배 증가한다.
④ 출력파형의 크기와 발진주파수 모두 1/2배 감소한다.

03 구형파 릴랙세이션 발진기의 동작은 어디에 근거하는가?

① 캐패시터의 충전과 방전 ② 탱크 회로에 의한 에너지 공급
③ 압전 현상 ④ 매우 큰 이득

04 그림 24-5의 구형파 릴랙세이션 발진기에서 저항 R_2가 증가할 때 발진기의 궤환전압은 어떻게 변하는가?

① 증가한다. ② 감소한다.
③ 변화없다. ④ 감소하다가 일정한 값을 유지한다.

24.7.2 주관식 문제

01 그림 24-13의 회로에서 출력파형을 도시하고 출력파형의 주파수를 구하라. 단, 비교기의 최대 출력전압은 ±12V이다.

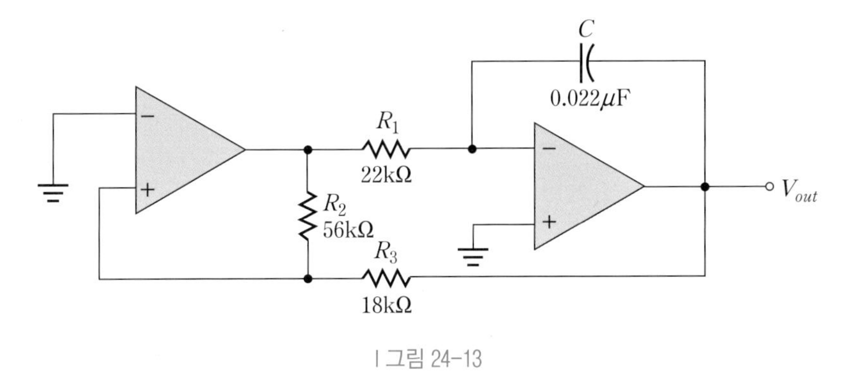

| 그림 24-13

02 그림 24-14에서 캐패시터 양단전압 V_C와 출력파형 V_{out}을 도시하라. 단, 연산증폭기의 최대 출력전압은 ±10V이다.

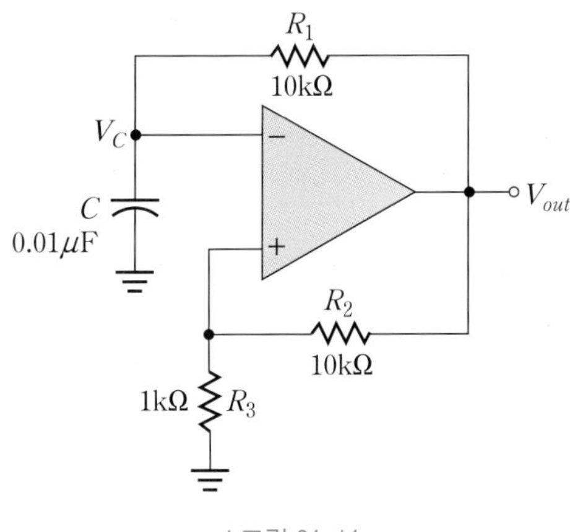

| 그림 24-14

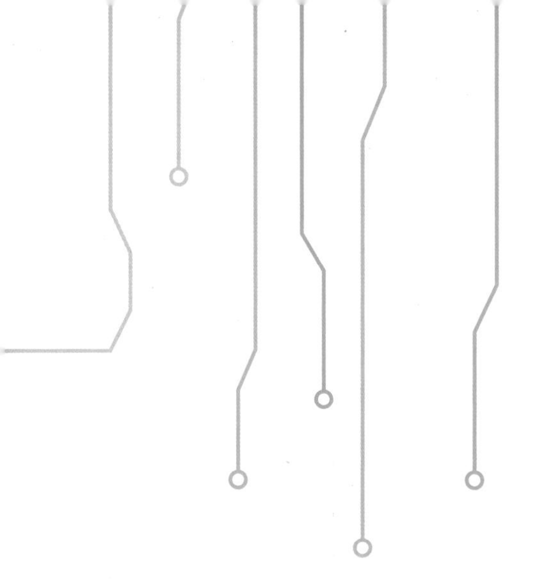

APPENDIX
부록

contents

참고문헌

1. Mitchel E. Schultz, *Grob's Basic Electronics : Fundamentals of DC and AC Circuits*, McGraw-Hill Korea, 2009
2. 김동식, *회로이론 Express*, 생능출판사, 2014
3. 김동식, *공업수학 Express*, 생능출판사, 2011
4. 신윤기, *그림으로 쉽게 배우는 회로이론*, 도서출판 인터비전, 2007
5. 신윤기, *컬러로 배우는 전자회로*, 도서출판 인터비전, 2005
6. Thomas L. Floyd, *Electronic Devices*, Peason Education Korea, 2013
7. Robert L. Boylestad & Louis Nashelsky, *Electronic Devices and Circuit Theory*, Peason Group, 2013
8. Malvino, *Electronic Principles*, McGraw-Hill, 2007
9. Sedra & Smith, *Microelectronic Circuits*, Oxford University Press, 2011
10. Thomas L. Floyd, *Principles of Electric Circuits*, Peason Education Korea, 2002
11. 서경환, *기초전자실험 with PSpice*, 생능출판사, 2022
12. 신경욱, *핵심이 보이는 전자회로실험 with PSpice*, 한빛아카데미, 2017
13. David M. Buchla, *Laboratory Exercises for Electronic Devices*, ITC, 2010
14. 유태훈, 정성순 공역, *Floyd 기초회로실험 : 원리와 응용(9판)*, ITC, 2013

SI 단위계와 접두사

Quantity	SI unit	Symbol
length	meter	m
mass	kilogram	kg
time	second	s
frequency	hertz	Hz
electric current	ampere	A
temperature	kelvin	K
energy	joule	J
force	newton	N
power	watt	W
electric charge	coulomb	C
potential difference	volt	V
resistance	ohm	Ω
capacitance	farad	F
inductance	henry	H

Prefix	Symbol
tera	T
giga	G
mega	M
kilo	k
hecto	h
deca	da
deci	d
centi	c
milli	m
micro	μ
nano	n
pico	p

객관식 및 주관식 문제 해답

1장 다이오드 특성 및 반파정류회로 실험

객관식 문제

1. ③ 2. ② 3. ④ 4. ①

주관식 문제

1. $V_0 = 25.37\text{V}$

2.

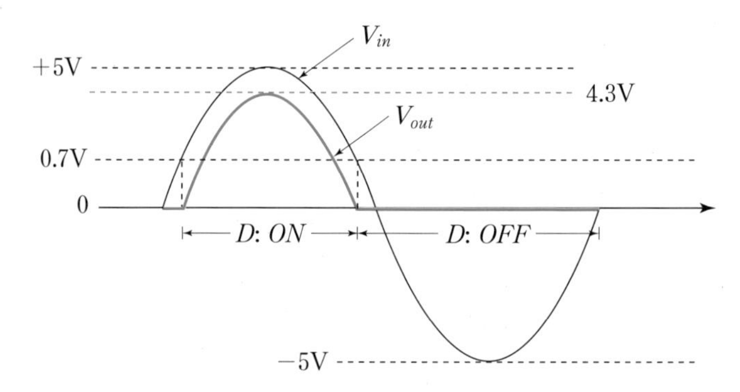

2장 전파정류회로 및 캐패시터 필터회로 실험

객관식 문제

1. ② 2. ① 3. ④ 4. ③

주관식 문제

1. (1) V_{21} 의 피크값 $= 14.14\text{V}$

   (2) ① 처음 반주기: $V_{out} = 13.44\text{V}$

   ② 다음 반주기: $V_{out} = 13.44\text{V}$

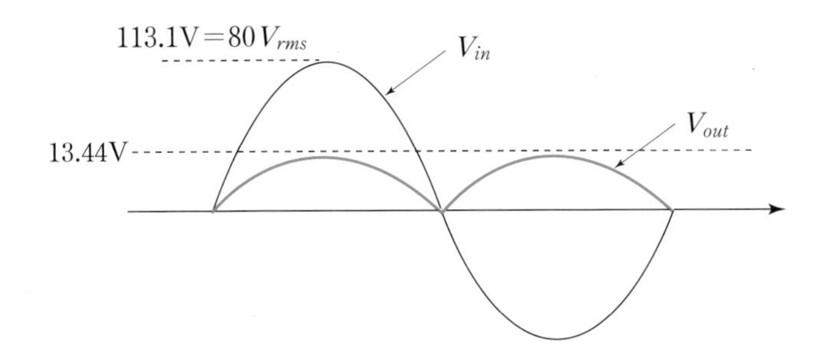

(3) ① 처음 반주기(+)에 흐르는 최대전류 13.7mA($D_1 = ON$, $D_2 = OFF$)

② 처음 반주기(−)에 흐르는 최대전류 13.7mA($D_1 = OFF$, $D_2 = ON$)

∴ 중간 탭 전파정류기이므로 항상 다이오드에 13.7mA의 최대전류가 흐른다.

2.

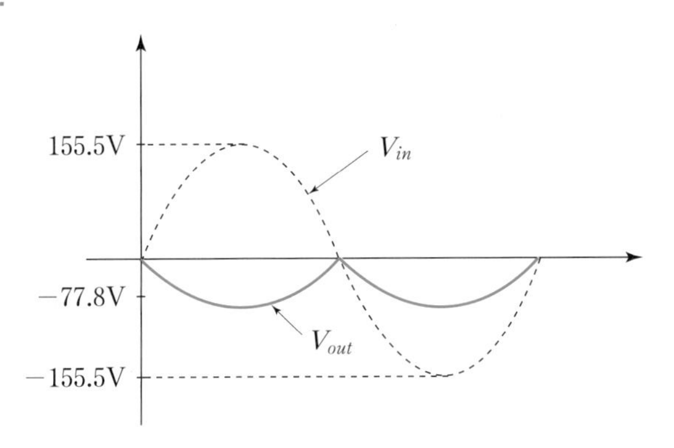

3장 다이오드 클리퍼 및 클램퍼 실험

객관식 문제

1. ④ 2. ② 3. ①

주관식 문제

1. 양의 클램퍼에서 충전시정수는 매우 작으며, 방전시정수는 $R_L C = 10\text{k}\Omega \cdot 10\mu\text{F} =$ 100ms 가 된다. 만일 방전시정수가 충분히 크지 않으면 캐패시터에 충전된 전압이 빠르게 감소되어 클램퍼로서의 기능을 할 수 없게 된다.

2.

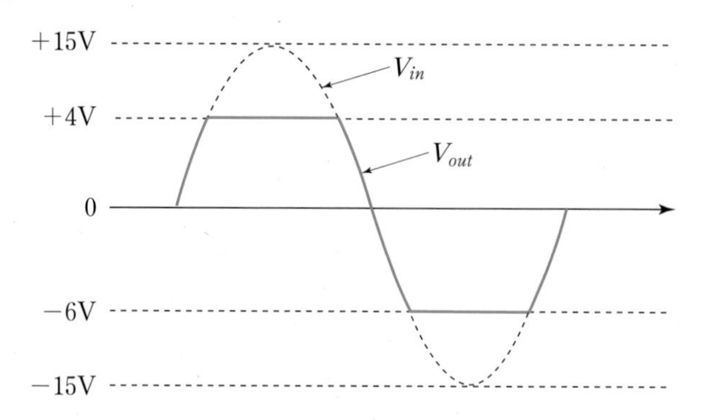

3.

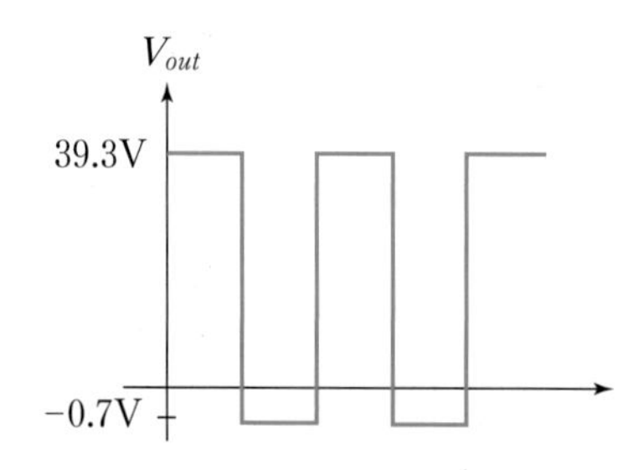

4장 제너 다이오드 특성 및 전압조정기 실험

객관식 문제

1. ④ 2. ② 3. ①

주관식 문제

1. $I_T = 25\text{mA}$, $I_L = 20\text{mA}$, $I_Z = 5\text{mA}$

2. $I_{L(min)} = 20\text{mA} - 10\text{mA} = 10\text{mA}$

   $I_{L(max)} = I_T - I_{ZK} = 20\text{mA} - 1\text{mA} = 19\text{mA}$

   최소 부하저항과 최대 부하저항: $R_{L(min)} = 315.8\Omega$, $R_{L(max)} = 600\Omega$

3. $V_{IN(min)} = 10.2\text{V}$, $V_{IN(max)} = 30\text{V}$

5장 컬렉터 특성 및 트랜지스터 스위치 실험

객관식 문제

1. ① 2. ① 3. ② 4. ① 5. ③ 6. ① 7. ②

주관식 문제

1. $V_{BE}=0.7\text{V}$, $V_{CE}=5.1\text{V}$, $V_{CB}=V_C-V_B=5.1\text{V}-0.7\text{V}=4.4\text{V}$

2. $I_{C(sat)}=\dfrac{V_{CC}-V_{CE(sat)}}{R_C}=\dfrac{5-0}{10\text{k}\Omega}=0.5\text{mA}$

   $I_{B(min)}=\dfrac{I_{C(sat)}}{\beta_{DC}}=\dfrac{0.5\text{mA}}{150}=3.33\mu\text{A}$

   $V_{IN(min)}=I_{B(min)}R_B+0.7\text{V}=3.33\mu\text{A}\cdot 1\text{M}\Omega+0.7\text{V}=4.03\text{V}$

3. $V_{dc}=9.7\text{V}$

6장 트랜지스터 직류 바이어스 실험

객관식 문제

1. ③ 2. ① 3. ② 4. ③ 5. ③ 6. ③

주관식 문제

1. $I_C=6\text{mA}$, $V_{CE}=V_{CC}-I_CR_C=12\text{V}-6\text{mA}\cdot 360\Omega=9.84\text{V}$

2. $I_C\cong I_E=2.85\text{mA}$, $V_{CE}=V_C-V_E=10.73\text{V}-1.94\text{V}=8.79\text{V}$

3. $I_C=1.25\text{mA}$

   $V_B=0.29\text{V}$

   $V_C=0.75\text{V}$

4. $I_E=1.95\text{mA}$

   $V_E=-0.7\text{V}$

   $V_C=V_{CC}-I_CR_C=3.05\text{V}$

   $V_B=0\text{V}$

7장 소신호 에미터 공통 교류증폭기 실험

객관식 문제

1. ② 2. ④ 3. ③ 4. ① 5. ④ 6. ①

주관식 문제

1.

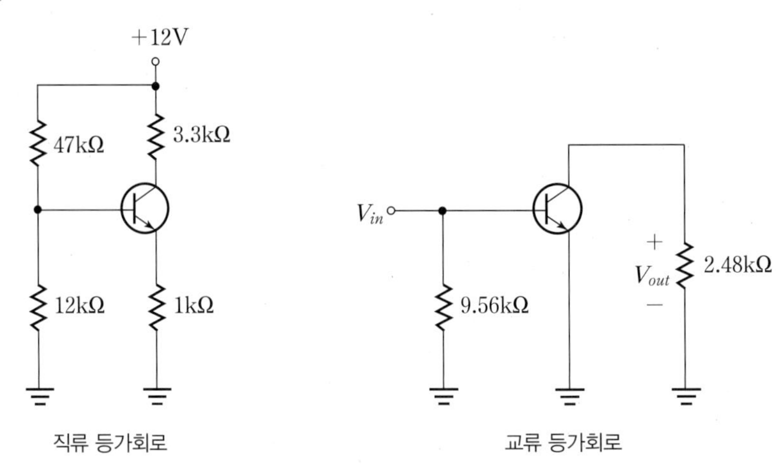

직류 등가회로 교류 등가회로

2. $V_B=2.44\text{V}$, $V_E=V_B-0.7=1.74\text{V}$
   $I_E=1.74\text{mA}$, $r_e'=14.4\Omega$

3. $A_v=-172.3$(위상 반전)
   $R_{in(base)}=\beta r_e'=100\times14.4\Omega=1.44\text{k}\Omega$

4. $A_v=-8.47$(위상 반전)
   캐패시터 개방시 전압이득 $A_v=-2.24$(위상 반전)

5. (1) $R_{in(base)}=591.2\Omega$ (2) $R_{in(base)}=556.7\Omega$ (3) $A_v=-390.5$(위상 반전)

8장 소신호 베이스 공통 교류증폭기 실험

객관식 문제

1. ① 2. ② 3. ② 4. ① 5. ③

주관식 문제

1.

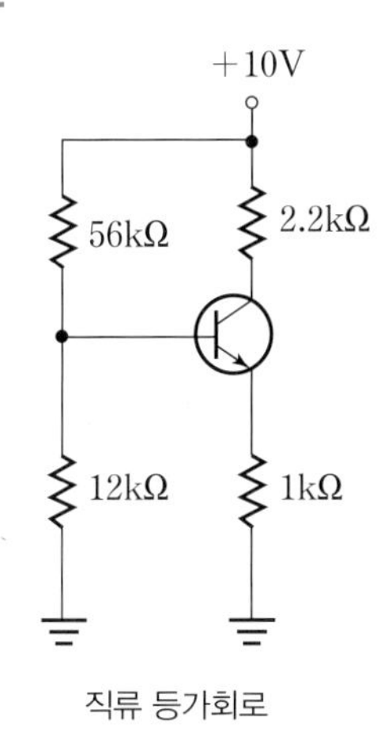

직류 등가회로

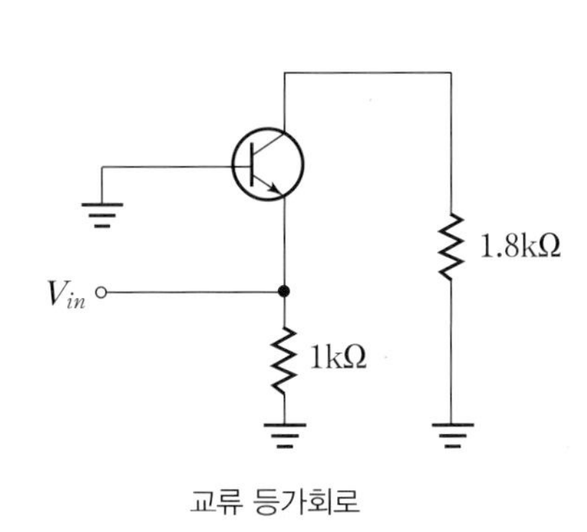

교류 등가회로

2. $V_B = 1.76\text{V}$, $V_E = V_B - 0.7 = 1.06\text{V}$
$I_E = 1.06\text{mA}$, $r_e{}' = 23.6\Omega$

3. 전압이득 $A_v = 1.8\text{k}\Omega / 23.06\Omega = 78.06$(위상 비반전)
입력임피던스 $R_{in(emitter)} = 23.6\Omega \,/\!/\, 1\text{k}\Omega = 23.06\Omega$

4. $A_{vs} = 44.0$, $R_{in(emitter)} = 32.2\Omega$

9장 소신호 컬렉터 공통 교류증폭기 실험

객관식 문제

1. ③ 2. ④ 3. ④ 4. ② 5. ③ 6. ③

주관식 문제

1.

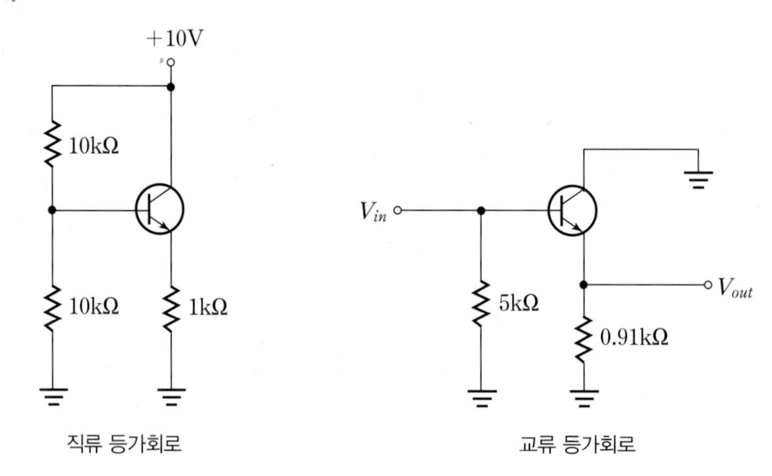

직류 등가회로　　　　　　　　　　교류 등가회로

2. $V_B = 5V$

   $V_{CE} = V_C - V_E = 10V - 4.3V = 5.7V$

   $I_E = 4.3mA$, $r_e' = 5.81\Omega$

3. $A_v = 0.99$(위상 비반전)

   $R_{in(base)} = 100(0.91k\Omega + 5.81\Omega) = 91.58k\Omega$

4. 전체 전압이득=120.5

   에미터 플로우를 제거한 경우의 전체 전압이득=16.3

10장 다단 교류증폭기 실험

객관식 문제

1. ①　2. ②　3. ②　4. ②　5. ②　6. ①

주관식 문제

1. $A_{v1} = -93.8$, $A_{v2} = -302.8$

   전체 전압이득 $A_v = A_{v1} \cdot A_{v2} = (-93.8)(-302.8) = 28402.6$

2. $A_{v1(dB)} = 20\log 93.8 = 39.4dB$

   $A_{v2(dB)} = 20\log 302.8 = 49.6dB$

$A_{v(dB)} = 39.4\text{dB} + 49.6\text{dB} = 89.0\text{dB}$

3. $A_{v(dB)} = 10\text{dB} + 20\text{dB} + 15\text{dB} = 45\text{dB}$

   $A_v = 10^{\frac{9}{4}}$

11장 A, B 및 AB급 푸시풀 전력 증폭기 실험

객관식 문제

1. ① 2. ④ 3. ① 4. ① 5. ① 6. ① 7. ②

주관식 문제

1. $V_{B1} = 10.7\text{V}$

   $V_{B2} = 9.3\text{V}$

   $V_{E1} = V_{E2} = 10\text{V}$

   $V_{CEQ1} = 10\text{V}$, $V_{CEQ2} = -10\text{V}$

2. $V_{out(p)} = 10\text{V}$, $I_{out(p)} = 625\text{mA}$

3. $P_{out} = \frac{1}{4}(20\text{V})(625\text{mA}) = 3.13\text{W}$

   $P_{DC} = \frac{1}{\pi}(20\text{V})(625\text{mA}) = 3.98\text{W}$

4. $V_B = 0.7\text{V}$, $I_C = 0\text{A}$

   $V_C = 20\text{V}$

12장 JFET의 특성 실험

객관식 문제

1. ① 2. ② 3. ④ 4. ③ 5. ① 6. ① 7. ④

주관식 문제

1.

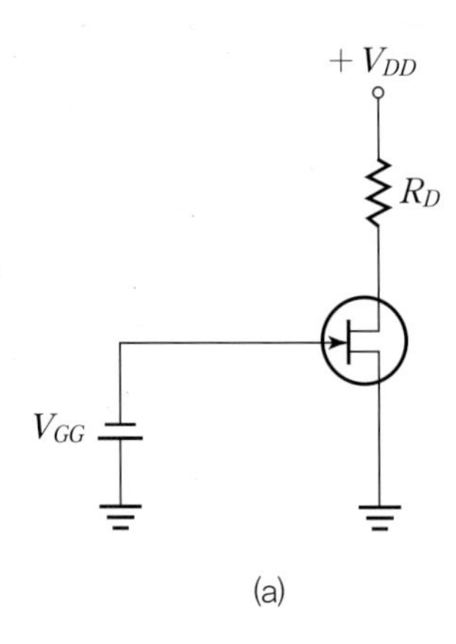

(a)

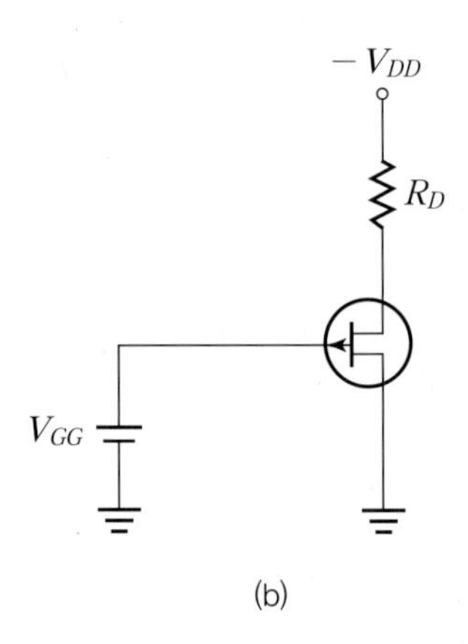

(b)

2. $I_D = I_{DSS} = 10\text{mA}$

3. $g_m = 1.67\text{mS}$, $I_D = 1.1\text{mA}$

13장 MOSFET의 특성 실험

객관식 문제

1. ② 2. ① 3. ② 4. ③ 5. ③ 6. ② 7. ②

주관식 문제

1. (1) n채널

(2)

V_{GS}(V)	−5	−4	−3	−2	−1	0	1	2	3	4	5
I_D(mA)	0	0.32	1.28	2.88	5.12	8	11.52	15.68	20.48	25.92	32

(3)

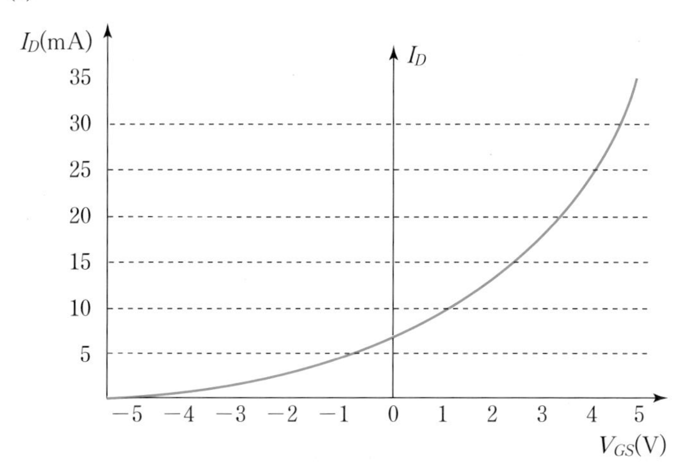

2. $I_D = 1.1\text{mA}$

14장 JFET 및 MOSFET 바이어스 회로 실험

객관식 문제

1. ③ 2. ② 3. ② 4. ③ 5. ② 6. ② 7. ④

주관식 문제

1. $V_{GS} = 3.13\text{V}$, $V_{DS} = 10.84\text{V}$

2. $V_{DS} = 24\text{V} - 8\text{mA} \cdot 1\text{k}\Omega = 16\text{V}$

3. $I_D = 2.15\text{mA}$, $V_D = 7.85\text{V}$

15장 소신호 소스 공통 FET 교류증폭기 실험

객관식 문제

1. ④ 2. ③ 3. ① 4. ① 5. ② 6. ②

주관식 문제

1. $V_{GS} = 6.19\text{V}$, $I_D = 0.67\text{mA}$, $V_{DS} = 12.78\text{V}$
   $V_{out} = 453.75\text{m}V_{rms}$

2. $V_D=4.56\text{V}$

$V_{out}=835.1\text{m}V_{rms}$

3. $A_v=-3.1$(위상 반전)

16장 소신호 드레인 공통 및 게이트 공통 FET 교류증폭기 실험

객관식 문제

1. ② 2. ② 3. ④ 4. ① 5. ② 6. ① 7. ② 8. ③

주관식 문제

1. $A_v=0.9$

2. $A_v=35$, $R_{in}=285.7\Omega$

3. $A_v=0.6$

17장 교류증폭기의 주파수 응답특성 실험

객관식 문제

1. ④ 2. ③ 3. ② 4. ② 5. ③ 6. ② 7. ③ 8. ④

주관식 문제

1. 저주파 입력 RC 회로 $f_c=1.46\text{kHz}$

저주파 출력 RC 회로 $f_c=1.77\text{kHz}$

저주파 바이패스 RC 회로 $f_c=1.71\text{kHz}$

저주파 하한 임계주파수 $f_{cl}=1.77\text{kHz}$

2. 고주파 입력 RC 회로 $f_c=21.35\text{kHz}$

고주파 출력 RC 회로 $f_c=90.4\text{kHz}$

고주파 상한 임계주파수 $f_{cu}=21.35\text{kHz}$

3. 고주파 입력 RC 회로 임계주파수 $f_c=257.7\text{MHz}$

고주파 출력 RC 회로 임계주파수 $f_c=18.1\text{MHz}$

18장 연산증폭기 기초 실험

객관식 문제

1. ③ 2. ④ 3. ① 4. ② 5. ③ 6. ④

주관식 문제

1. $V_0 = -10V_S$

2. $V_0 = 10\text{mV}$

3. $R_2 = 180\text{k}\Omega$

19장 연산증폭기를 이용한 가감산증폭기 및 미적분기

객관식 문제

1. ④ 2. ① 3. ④ 4. ① 5. ④

주관식 문제

1. $V_{out} = -(V_1 + V_2 + V_3) = -(2+3+4) = -9\text{V}$

2. (1) 중첩의 원리를 적용

$$V_{01} = V_1 \text{ 만 존재할 때 출력 } = \frac{R_1 + R_1}{R_1}\frac{R_2 V_1}{R_2 + R_2} = V_1$$

$$V_{02} = V_2 \text{ 만 존재할 때 출력 } = -\frac{R_1}{R_1}V_2 = -V_2$$

$$\therefore V_0 = V_{01} + V_{02} = V_1 - V_2$$

(2) $V_0 = V_1 - V_2 = 5\text{V} - 3\text{V} = 2\text{V}$

3. $R_f = 1\text{k}\Omega$

20장 연산증폭기 비선형 회로 실험

객관식 문제

1. ③ 2. ② 3. ③ 4. ④

주관식 문제

1.

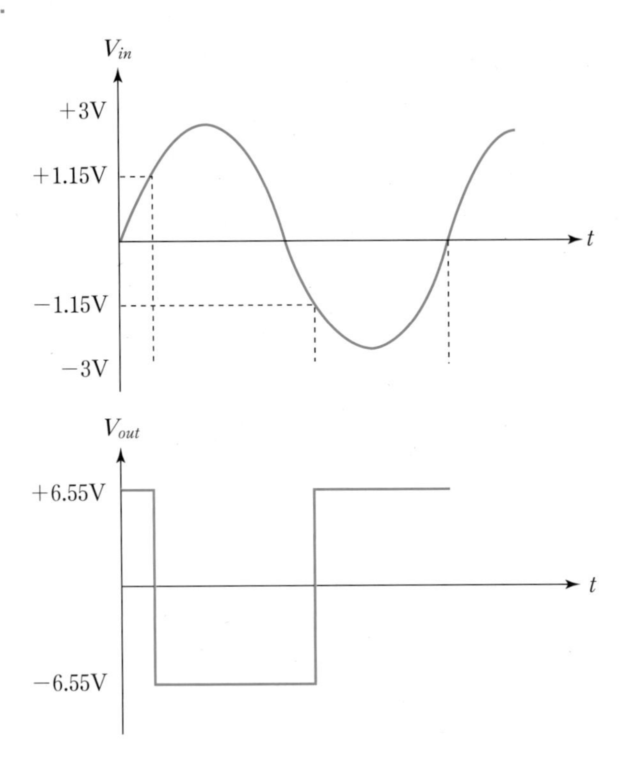

2. $V_{HYS} = V_{UTP} - V_{LTP} = 3.88 - (-3.88) = 7.76\text{V}$

3. 입력의 처음 반주기 D_1: 항복, D_2: 순방향 $V_0 = -V_{Z1}$
   입력의 다음 반주기 D_1: 순방향, D_2: 항복 $V_0 = V_{Z2}$

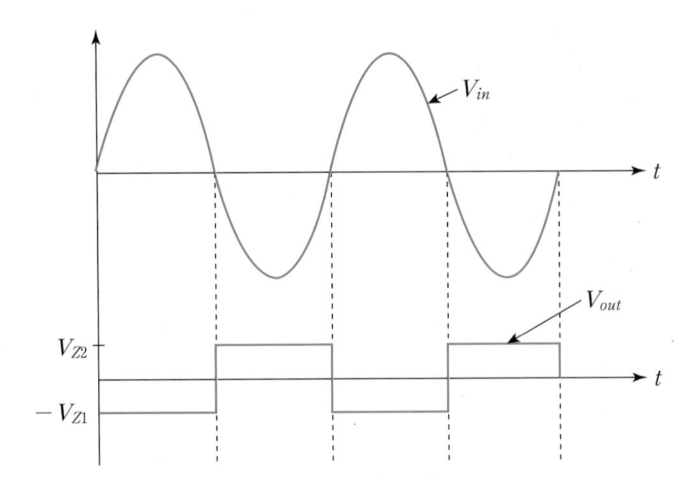

21장 능동 다이오드 회로 실험

객관식 문제

1. ③ 2. ① 3. ④

주관식 문제

1. V_B=0V 이면 트랜지스터는 차단상태이므로 피크값 검출기로서의 기능을 수행한다. V_B=5V 이면 트랜지스터는 포화상태가 되어 캐패시터에 충전된 전압을 빠르게 방전시켜 다른 피크값을 가진 입력신호에 대한 피크값 검출기능을 준비하도록 하는 회로이다.
2. 다이오드는 장벽전위 0.7V가 존재하므로 진폭이 0.7V 미만의 작은 교류신호를 정류할 수 없으나 연산증폭기를 이용하면 정류가 가능하다.
3. 능동 클램퍼 회로이며, 다이오드의 ON, OFF에 따라 캐패시터의 충전과 방전을 통해 클램핑 동작을 한다.

22장 능동 필터 회로 실험

객관식 문제

1. ① 2. ① 3. ② 4. ④ 5. ②

주관식 문제

1. 능동 2차 저역통과 필터, f_c=29.7Hz
2. $R \cong 4.5\text{k}\Omega$
3. (1) 능동 2차 고역통과 필터, f_c=0.75kHz
   (2) C=0.28F

23장 빈 브리지 발진기 회로 실험

객관식 문제

1. ② 2. ② 3. ② 4. ③

주관식 문제

1. 출력전압의 실효값 $=0.73\,V_{rms}$

2. (1) $R_2=50\text{k}\Omega$

   (2) $f_c \cong 10.62\text{kHz}$

24장 비정현파 발진기 회로 실험

객관식 문제

1. ② 2. ③ 3. ① 4. ②

주관식 문제

1. $f_r \cong 1.61\text{kHz}$

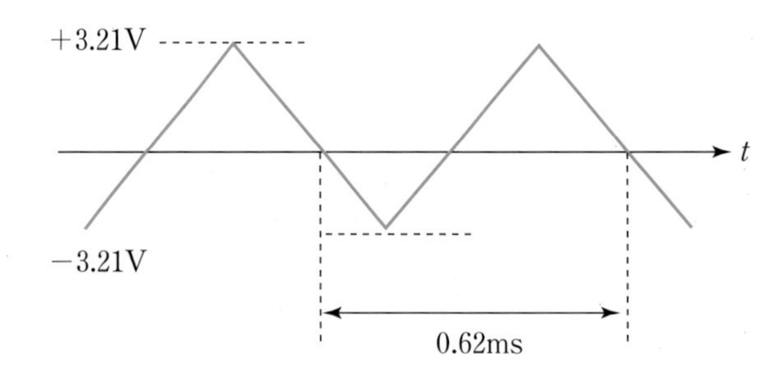

2.

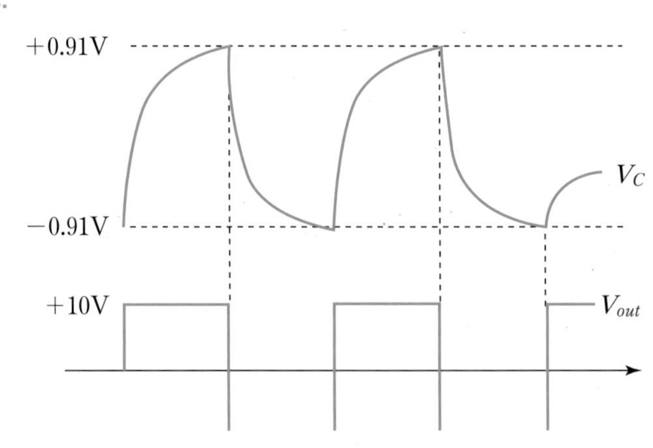

찾아보기

ㅅ

ㅇ

ㅈ

ㅎ